卫生部"十二五"规划教材

全国高等医药教材建设研究会"十二五"规划教材

全国高职高专教材　供五年一贯制护理学专业用

U0644160

人体结构学

第2版

主　编　杨壮来　牟兆新

副主编　苏传怀　孙　威

编　者　（以姓氏笔画为序）

曲永松　（山东省莱阳卫生学校）　　　　汪家龙　（安徽省黄山卫生学校）

邬仁江　（昆明学院医学院）　　　　　　孟庆鸣　（北京卫生学校）

刘启蒙　（重庆医药高等专科学校）　　　夏广军　（黑龙江护理高等专科学校）

孙　威　（黑龙江护理高等专科学校）　　高洪泉　（厦门医学高等专科学校）

牟兆新　（沧州医学高等专科学校）　　　涂腊根　（广州医学院护理学院）

苏传怀　（安徽省淮南卫生学校）　　　　蒋建平　（商丘医学高等专科学校）

杨壮来　（江汉大学卫生技术学院）　　　路兰红　（沧州医学高等专科学校）

余　寅　（无锡卫生高等职业技术学校）　潘　丽　（广州医学院护理学院）

人民卫生出版社

图书在版编目（CIP）数据

人体结构学 / 杨壮来等主编 . —2 版 .—北京：人民卫生
出版社，2011.8
ISBN 978-7-117-14656-2

Ⅰ. ①人… Ⅱ. ①杨… Ⅲ. ①人体结构 – 高等职业
教育 – 教材 Ⅳ. ①Q983

中国版本图书馆 CIP 数据核字（2011）第 148605 号

人卫智网	www.ipmph.com	医学教育、学术、考试、健康，
		购书智慧智能综合服务平台
人卫官网	www.pmph.com	人卫官方资讯发布平台

人 体 结 构 学
第 2 版

主　　编：杨壮来　牟兆新
出版发行：人民卫生出版社（中继线 010-59780011）
地　　址：北京市朝阳区潘家园南里 19 号
邮　　编：100021
E - mail：pmph @ pmph.com
购书热线：010-59787592　010-59787584　010-65264830
印　　刷：北京虎彩文化传播有限公司
经　　销：新华书店
开　　本：787×1092　1/16　　印张：27　　插页：2
字　　数：674 千字
版　　次：2004 年 7 月第 1 版　2022 年 7 月第 2 版第 20 次印刷
标准书号：ISBN 978-7-117-14656-2
定价（含光盘）：79.00 元
打击盗版举报电话：010-59787491　E-mail：WQ @ pmph.com
质量问题联系电话：010-59787234　E-mail：zhiliang @ pmph.com
数字融合服务电话：4001118166　　E-mail：zengzhi @ pmph.com

第二轮全国高职高专五年一贯制护理学专业卫生部规划教材

修订说明

第一轮全国高职高专五年一贯制护理学专业卫生部规划教材是由全国护理学教材评审委员会和卫生部教材办公室2004年规划并组织编写的，在我国高职高专五年一贯制护理学专业教育的起步阶段起到了非常积极的作用，很好地促进了该层次护理学专业教育和教材建设的发展和规范化。

全国高等医药教材建设研究会、全国卫生职业教育护理学专业教材评审委员会在对我国高职高专护理学专业教育现状（专业种类、课程设置、教学要求）和第一轮教材使用意见调查的基础上，按照《教育部关于加强高职高专教育人才培养工作的意见》等相关文件的精神，组织了第二轮教材的修订工作。

本轮修订的基本原则为：①体现"三基五性"的教材编写基本原则：基本理论和基本知识以"必须、够用"为度，可适当扩展，强调基本技能的培养。在保证教材思想性和科学性的基础上，特别强调教材的适用性与先进性。同时，教材融传授知识、培养能力、提高素质为一体，重视培养学生的创新能力、获取信息的能力、终身学习的能力，突出教材的启发性。②符合和满足高职高专教育的培养目标和技能要求：本套教材以高职高专护理学专业培养目标为导向，以护士执业技能的培养为根本，力求达到学生通过学习本套教材具有基础理论知识适度、技术应用能力强、知识面较宽、综合素质良好等特点。③注意与本科教育和中等职业教育的区别。④注意体现护理学专业的特色：本套教材的编写体现对"人"的整体护理观，使用护理程序的工作方法，并加强对学生人文素质的培养。⑤注意修订与新编的区别：本轮修订是在上版教材的基础上进行的修改、完善，力求做到去粗存精，更新知识，保证教材的生命力和教学活动的良好延续。⑥注意全套教材的整体优化：本套教材注重不同教材内容的联系与衔接，避免遗漏和不必要的重复。⑦注意在达到整体要求的基础上凸显课程个性：全套教材有明确的整体要求。如每本教材均有实践指导、教学大纲、中英文名词对照索引、参考文献；每章设置学习目标、思考题、知识链接等内容，以帮助读者更好地使用本套教材。在此基础上，强调凸显各教材的特色，如技能型课程突出技能培训，人文课程增加知识拓展，专业课程增加案例导入或分析等。⑧注意包容性：本套教材供全国不同地区、不同层次的学校使用，因此教材的内容选择力求兼顾全国多数使用者的需求。

全套教材共29种，配套教材15种，配套光盘12种，于2011年9月前由人民卫生出版社出版，供全国高职高专五年一贯制护理学专业师生使用，也可供其他学制使用。

第二轮教材目录

序号	教材名称	配套教材	配套光盘	主编	指导评委
1	人体结构学	✓	✓	杨壮来 牟兆新	赵汉英
2	病理学与病理生理学	✓	✓	陈命家	姜渭强
3	生物化学			赵汉芬	黄 刚
4	生理学			潘丽萍	陈命家
5	病原生物与免疫学	✓		许正敏	金中杰
6	护理药理学	✓	✓	徐 红	姚 宏
7	护理学导论	✓	✓	王瑞敏	杨 红
8	基础护理技术	✓	✓	李晓松	刘登蕉
9	健康评估	✓		薛宏伟	李晓松
10	护理伦理学			曹志平	秦敬民
11	护理心理学		✓	蒋继国	李乐之
12	护理管理与科研基础	✓		殷 翠	姜丽萍
13	营养与膳食			林 杰	路喜存
14	人际沟通			王 斌	李 莘
15	护理礼仪		✓	刘桂瑛	程瑞峰
16	内科护理学	✓	✓	马秀芬 张 展	云 琳
17	外科护理学	✓	✓	党世民	熊云新
18	妇产科护理学	✓	✓	程瑞峰	夏海鸥
19	儿科护理学	✓		黄力毅 张玉兰	梅国建
20	社区护理学			周亚林	高三度
21	中医护理学	✓		陈文松	杨 军
22	老年护理学	✓		罗悦性	尚少梅
23	康复护理学			潘 敏	尚少梅
24	精神科护理学		✓	周意丹	李乐之
25	眼耳鼻咽喉口腔科护理学			李 敏	姜丽萍
26	急危重症护理学	✓		谭 进	党世民
27	社会学基础			关振华	路喜存
28	护理美学基础		✓	朱 红	高贤波
29	卫生法律法规			李建光	王 瑾

第一届全国卫生职业教育护理学专业教材

评审委员会名单

顾　　问：郭燕红　卫生部医政司
李秀华　中华护理学会
尤黎明　中山大学护理学院
姜安丽　第二军医大学
涂明华　九江学院

主任委员：熊云新　柳州医学高等专科学校

副主任委员：金中杰　甘肃省卫生厅
夏海鸥　复旦大学护理学院

委　　员：（按姓名汉语拼音首字母排序）
陈命家　安徽医学高等专科学校
程瑞峰　江西护理职业技术学院
党世民　西安交通大学附设卫生学校
高三度　无锡卫生高等职业技术学校
高贤波　哈尔滨市卫生学校
黄　刚　甘肃省卫生学校
姜丽萍　温州医学院护理学院
姜渭强　苏州卫生职业技术学院
李春艳　北京朝阳医院
李乐之　中南大学湘雅二医院
李晓松　黑龙江护理高等专科学校
李　莘　广东省卫生职业教育协会
刘登蕉　福建卫生职业技术学院
路喜存　承德护理职业学院
梅国建　平顶山学院
秦敬民　山东医学高等专科学校

尚少梅　北京大学护理学院

王　瑾　天津医学高等专科学校

杨　红　重庆医药高等专科学校

杨　军　江汉大学卫生技术学院

姚　宏　本溪卫生学校

云　琳　河南职工医学院

赵汉英　云南医学高等专科学校

秘　　书：皮雪花　人民卫生出版社

第2版前言

　　《人体结构学》是全国高等医药教材建设研究会"十二五"规划教材，也是全国高职高专卫生部规划教材，供五年一贯制护理学专业用。本教材是在2004年第1版的基础上，经过了8年的教学实践，为了使教材的内容更加适应护理专业的岗位需求，编者们广泛收集了第1版教材使用过程中广大教师的意见和建议，并总结教学实践中教材的优点和不足，结合专业特色，对内容进行了整合，重点突出护理应用解剖方面的知识，压缩了理论偏难的内容，进一步结合高职高专护理专业学生需要掌握技能的实际，以培养学生动手能力和实用型人才为编写主导，着重突出实践环节。根据《教育部关于高职高专教育人才培养工作的意见》等相关文件精神，由全国高等医药教材建设研究会、人民卫生出版社共同组织修订编写了第2版教材。

　　具体修订内容有：

　　1. 减少了部分章节偏难的理论内容，如细胞质中部分细胞器的化学成分和电镜结构，躯干、四肢深层肌肉的起止点，中枢神经中部分神经核的位置及作用等。使全书文字内容更加精炼，篇幅较第1版减少约4万字。

　　2. 部分内容作了删减和增加，如删减了颈部深层次局部解剖内容、腹后壁局部解剖内容，增加了头部、颈部、胸部、腹部、盆部、会阴部、上肢、下肢等部位的护理临床应用解剖知识。

　　3. 对绪论、细胞和脉管系统压缩篇幅并重新进行了编写。

　　4. 在每章之前增加了学习目标，包括掌握、理解、了解的内容。

　　5. 在每章之后设置了思考题。

　　6. 将部分黑白线条图改为套色图，使之更具有可读性。

　　本次再版修订后，该教材具备有如下特色：

　　1. 紧密结合培养目标，力求培养实用性技能型护理专门人才。

　　2. 结合专业特点力求"精理论、强实践、重技能"，着重介绍了护理临床应用解剖方面的知识，如穿刺、注射、插管、导尿、急救、康复、体检、产科检查、生命体征测量等。

　　3. 本教材除可作为高职高专护理专业教材之外，还可作为职业资格考试和医护人员晋升考试参考用书。

　　本教材充分体现了"三基"、"五性"的特色，内容精炼，通俗易懂，图文并茂，本书有530余幅插图，其中套（彩）色图90余幅。在学习的过程中应树立局部与整体、形态结构与功能、理论与实践统一的观点，做到多读、多记、多观察标本和模型的方法，力求融会贯通。

　　本书在修订过程中多次得到了全国高等医药教材建设研究会护理学评审委员会赵汉英等专家的指导、帮助，以及各兄弟院校同仁们的支持，在此一并表示衷心感谢。真诚希望广大读者在使用该教材的过程中提出宝贵意见以便修正，使之更加完善。

杨壮来　牟兆新
2011年6月

第1版前言

本书是全国高等职业技术教育五年一贯制护理学专业卫生部规划教材。

全书共13章，内容包括绪论、细胞、基本组织、运动系统、消化系统、呼吸系统、泌尿系统、生殖系统、内分泌系统、脉管系统、感觉器、神经系统、胚胎发育概要和局部解剖学。全书60千字，530余幅插图，其中套（彩）色图90余幅。

《人体结构学》系统地介绍了，护理专业应掌握的人体形态、结构和器官、系统的基本知识，与传统的专业教材相比，本教材有如下特色：①紧扣培养目标着眼于培养实用性、技术型高级护理专门人才。教材内容本着"基本、必需、够用、实用"的原则进行精简融合及优化，适当地介绍了国内、外本学科研究的新动态和新知识，新技术、新方法。②该教材根据护理专业的职业特点，着重介绍了应用解剖方面的知识。如注射、穿刺、插管、导尿、急救、神经反射、生命体征等有关方面的应用解剖知识等，使之更具有实用性。③本教材内容精练，通俗易懂，图文并茂，黑白图线条清晰，套（彩）色图层次分明，增加了可读性。本书除可作为高等职业教育护理专业教材外，还可供在职医护人员晋级考试参考阅读。

本教材在编写的过程中，卫生部教材办公室，全国高等医药教材建设研究会给予了很多支持和指导，江汉大学卫生技术学院，傅汉萍老师负责本书文稿的微机处理工作，江汉大学卫生技术学院，应浩、杨壮来老师负责本书插图的选择，修改、绘制和统稿工作，同时还得到了各参编院校的大力支持，在此表示衷心的感谢!

热诚欢迎使用本教材及与之相配套的《人体结构学学习指南》的广大教师和读者在使用该书过程中，指出其错误和不足，以便修正使之日臻完善。

杨壮来

2004年3月

目 录

绪 论

一、人体结构学的定义及其在护理学科中的地位

人体结构学（body structure）是研究正常人体形态、结构和发生、发育规律的学科。它与医学各学科之间有着密切的联系，在护理科学中应用十分广泛，是一门重要的基础医学主干课程。

学习人体结构学的目的，是为了系统、全面地掌握正常人体形态、结构和发生、发育规律。为学习其他护理基础课程和护理专业课程奠定基础。因为只有在充分认识正常人体形态、结构的基础上，才能够正确认识疾病的发生、发展和演变规律，进而采取相应的治疗和护理措施，协助患者康复。

二、人体结构学的分科

人体结构学属生物科学中形态学范畴，它包括人体解剖学、组织学、细胞学和胚胎学。**人体解剖学**（human anatomy）是从持刀切割尸体和凭借肉眼观察的方法研究人体形态、结构的科学。按其研究和叙述的方法不同，通常分为系统解剖学、局部解剖学等学科。

系统解剖学（systematic anatomy）是按照人体的器官系统（如呼吸系统、消化系统、生殖系统等）阐述各器官形态结构的科学。

局部解剖学（regional anatomy）则是按照人体的部位，由浅入深，逐层描述各部结构的形态及其相互关系的科学。

组织学（histology）是借助组织切片技术和显微镜观察的方法研究正常人体细胞、组织和器官微细结构的科学。随着电子显微镜的问世和放射自显影等新技术的应用，促进了对人体结构研究的深入，已由传统的细胞水平发展到亚细胞水平和分子水平，并形成相应的专门学科，如分子生物学等。

胚胎学（embryology）是研究人体在发生、发育过程中形态变化规律的科学。

由于研究的角度、手段和目的不同，人体解剖学又分出若干门类。如从临床外科应用的角度加以叙述的外科解剖学；用X线技术研究人体器官形态结构的**X线解剖学**；随着X线计算机断层成像、超声波或**磁共振成像**（magnetic resonance imaging,MRI）等诊断技术的发展应用，研究人体层面形态结构的称**断层解剖学**；以研究个体生长发育、年龄变化为特征的**成长解剖学**；以分析研究运动器官形态，提高体育运动效率为目的的**运动解剖学**；还有研究人体外形轮廓和结构比例，为绘画造型打基础的**艺术解剖学**等。

三、人体的组成和系统的划分

人体结构和功能的基本单位是**细胞**（cell）。许多形态相似和功能相近的细胞借细胞间质结合在一起，构成**组织**（tissue）。人体的组织有四大类，即上皮组织、结缔组织、肌组织和神经组织。几种不同的组织构成具有一定形态、完成一定功能的结构，称**器官**（organ），如肝、肾、心、肺、胃等。由若干个功能相关的器官组合在一起，完成一系列生理功能，构成**系统**（system）。人体具有运动、消化、呼吸、泌尿、生殖、内分泌、脉管、感觉器官和神经等多个系统。其中消化、呼吸、泌尿和生殖系统大部分器官均位于胸腔、腹腔和盆腔内，并借一定的管道与外界相通，统称为**内脏**（viscera）。人体内的器官虽都有各自特定的功能，但它们在神经、体液的调节下，彼此联系，相互协调、紧密配合，共同构成一个完整的有机体。

按照人体的形态，可分为**头、颈、躯干和四肢**等四大部分。头的前部称为**面**，颈的后部称为**项**。躯干又可分为**胸、腹、盆、会阴和背**，背的下部称**腰**。四肢分**上肢和下肢**，上肢分为**肩、臂、前臂和手**四部分，下肢又分为**臀、股、小腿和足**四部分（绪论图-1）。

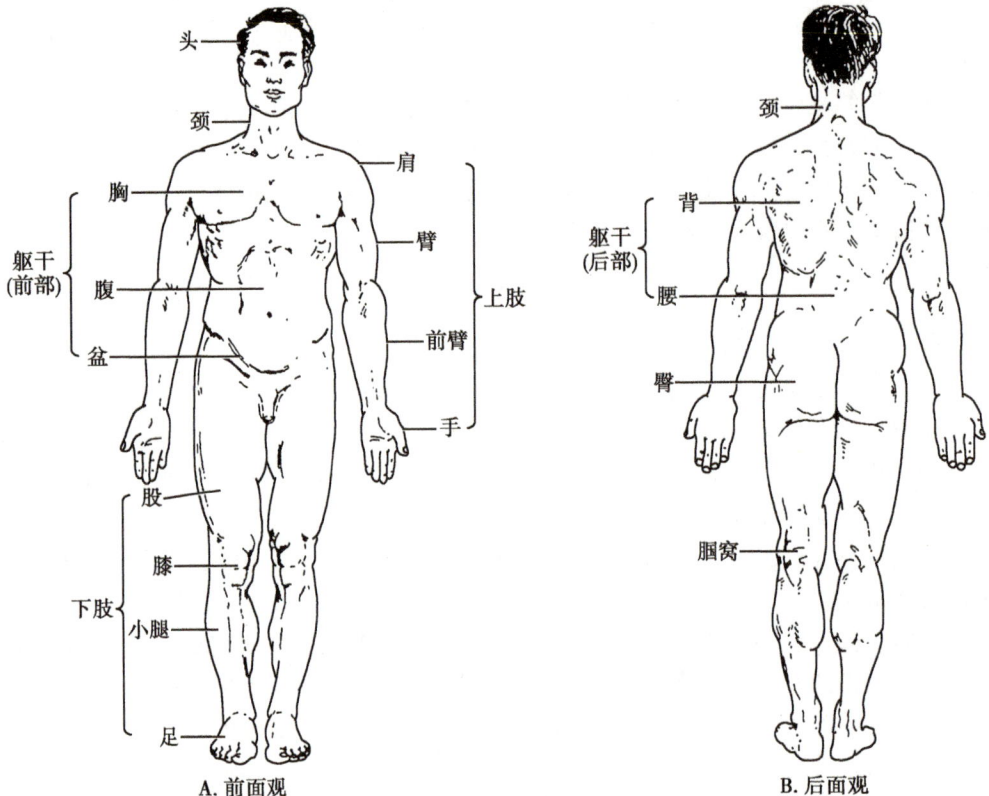

A. 前面观　　　　　　　　　　　　　　　　B. 后面观

绪论图-1　人体的分部

四、人体解剖学姿势、方位术语和轴

人体的构造十分复杂，为了准确描述人体不同部位、不同器官的位置关系，通常使用国际上统一的姿势、方位术语和轴来描述。

（一）解剖学姿势

身体直立，两眼平视正前方，上肢自然下垂于躯干两侧，手掌向前，下肢并拢，足尖向前的姿势称**解剖学姿势**（绪论图–2）。在描述人体各部结构的相互关系时，不管被观察对象处于何种位置，均应以解剖姿势为依据来描述人体结构和器官的位置关系。

（二）方位

有关方位的术语，以解剖学姿势为准，可以正确地描述各结构的相互位置关系。最常用的有（绪论图–3）：

1. **上和下**　靠近头者为上，近足者为下。上和下在胚胎学中则分别采用**头侧**和**尾侧**。
2. **前和后**　近腹者为前，靠近背者为后。前和后在胚胎学中则分别采用**腹侧**和**背侧**。
3. **内侧和外侧**　以身体正中矢状面为准，距正中矢状面近者为内侧，离正中矢状面远者为外侧。在四肢，前臂的内侧又称**尺侧**，外侧又称**桡侧**；小腿的内侧又称**胫侧**，外侧又称**腓侧**。
4. **内和外**　是表示与空腔相互位置关系的术语。在腔内或离腔较近的为**内**，反之为**外**。
5. **浅和深**　以体表为准，近体表者为**浅**，离体表远者为**深**。
6. **近侧和远侧**　多用于四肢。距肢体根部较近者称**近侧**，反之为**远侧**。

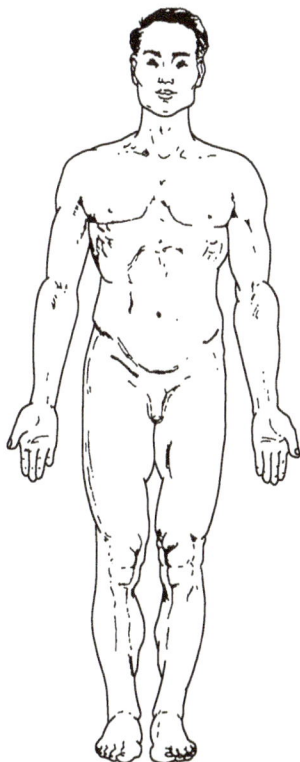

绪论图–2　解剖学姿势　　　　　绪论图–3　人体方位、术语

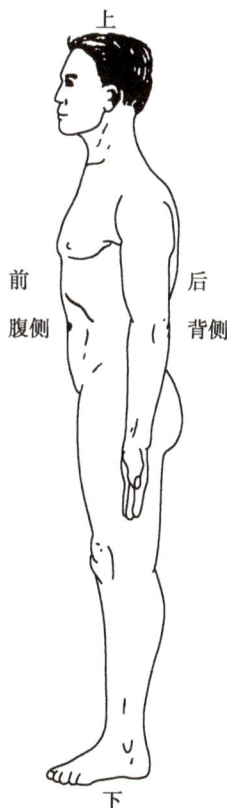

（三）轴

为了分析关节的运动，在解剖学姿势条件下，设置人体三种互相垂直的轴。

1. 垂直轴　上下方向，与地面垂直且与人体长轴平行、水平线垂直的轴，称垂直轴。

2. 矢状轴　前后方向，与地面平行且与人体长轴垂直的轴，称矢状轴。

3. 冠状轴　左右方向，与地面平行且垂直于矢状轴和垂直轴的轴，称冠状轴。

（四）面

人体或其任何一局部都在解剖学姿势条件下互作垂直的三个切面（绪论图-4）。

1. 矢状面　沿前后方向将人体分成左、右两部分的纵切面，称矢状面。其中，通过人体正中线的矢状面，称正中矢状面，它将人体分成左、右对称的两半。

2. 冠状面　从左右方向将人体分成前、后两部分的纵切面，称冠状面。

绪论图-4　人体的轴和面

3. 水平面　与矢状面和冠状面相互垂直且与地面平行的面，称水平面，又称横切面。

在描述器官的切面时，则以器官自身的长轴为标准，与其长轴平行的切面称纵切面，与其长轴垂直的切面称横切面。

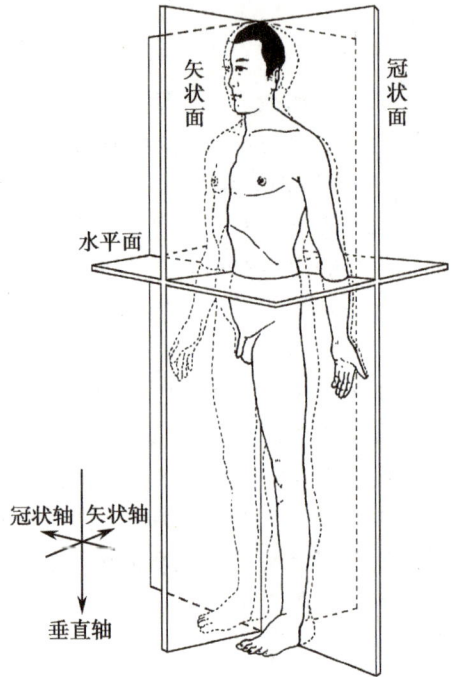

五、学习人体结构学的基本观点和方法

学习人体结构学必须坚持辩证唯物主义的观点，运用理论联系实际的方法，才能正确理解人体形态结构及其演变规律。

（一）进化发展的观点

人类是亿万年来由低等动物进化发展而来，尽管现代人与动物有着本质上的差异，但人体的形态结构至今保留着许多与动物，尤其是与哺乳类动物类似的基本特征。即使是现代人，也在不断演化发展；人出生后也在不断变化，个体间也存在着千差万别。不同人体器官的位置、形态结构基本相同，但也会出现异常、变异。如出现多乳房、多指（趾）、马蹄肾等。因此，只有用进化发展的观点学习人体结构学，才能正确、全面认识人体构造。

（二）形态和功能相互联系的观点

人体每个器官都有其特定的功能，器官的形态结构是完成功能的物质基础，如细长的骨骼肌细胞，有收缩作用，因此由骨骼肌细胞构成的肌，与人体运动功能密切相关。功能的改变又可影响该器官形态结构的发展和变化。如加强体育锻炼，可使骨骼肌细胞变粗，肌发达；长期卧床，可导致骨骼肌萎缩。一切生物体的形态结构与其功能是相互依赖、相互影响的。

（三）局部与整体统一的观点

人体是由许多器官组成的整体。局部与整体之间，在神经、体液的调节下，相互影响，彼此协调，形成一个完整的统一整体。如跑步时人体各器官会加快氧的消耗，机体会以加快呼吸和加快心跳来保证供氧。如脊柱的整体功能体现在各个椎骨和椎间盘的形态上，如某个椎间盘的损伤，则可影响脊柱的运动其至脊柱的整体形态。

（四）理论联系实际的观点

要学习好人体解剖学知识，必须做到三个结合：①文、图结合，图是将名词概念形象化，学习时做到文字和图形并重，两者结合，能帮助理解和记忆；②理论学习与观察解剖标本相结合，通过对实物标本的观察、形成形象记忆，会起到"百闻不如一见"的效果；③理论知识与临床应用相结合，基础是为临床服务的，在学习过程中适度联系临床应用，可激发学习兴趣，增强对某些结构的认识。必须重视实验课，充分观察解剖标本、模型和尸体，利用多媒体等实践性手段学习加深印象，增进理解，帮助记忆。

（杨壮来）

思考题

1. 简述人体器官的组成和系统的划分。
2. 简述人体解剖学标准姿势和基本术语。
3. 学习人体解剖学的基本观点和方法有哪些？

第一章 细 胞

学习目标 📖

掌握: 1.细胞膜的结构和功能。
　　　2.各种细胞器及细胞核的结构和功能。
理解: 细胞周期中各阶段的主要特点。

第一节　细胞的概况

细胞（cell）是生物体形态结构和功能的基本单位。所有生物体都由细胞构成，虽然组成不同组织和器官的细胞大小、形态和功能彼此不同，但细胞的基本结构是相似的。

真核细胞的形态多种多样，均与其执行的功能和所处的环境相适应。游离于体液中的细胞多近于球形，如红细胞和卵细胞；组织中的细胞一般呈椭圆形、立方形、扁平形、梭形和多角形，如上皮细胞多为扁平形或立方形，具有收缩功能的肌肉细胞多为梭形，具有接受和传导各种刺激的神经细胞常呈多角形，并出现多个星状突起，反映出细胞的结构与其功能状态密切相关。

不同类型细胞的大小差异很大，大多数细胞的直径在 $10\sim20\mu m$ 之间。较小的细胞，如小淋巴细胞，直径只有 $6\mu m$；较大的细胞，如成熟的卵细胞，直径约为 $135\mu m$；最长的神经细胞可超过 $1m$。肌细胞大小还可随生理需要发生变化：骨骼肌可因锻炼使肌细胞变粗大；子宫平滑肌的长度在妊娠期可由 $50\mu m$ 增大到 $500\mu m$。构成人体的细胞一般都很小，必须用显微镜才能看到（图1-1）。

组成人体的细胞大小不一，形态各异，其在结构上具有共同特点：在一般光镜下均可分为**细胞膜**（cellmembrane）、**细胞质**（cytoplasm）和**细胞核**（nuclear）三部分（表1-1）。

在电镜下，细胞结构可分为膜性结构和非膜性结构两部分（表1-2）。

表1-1　光镜下细胞结构

```
        ┌ 细胞膜
        │
        │          ┌ 基质
        │ 细胞质  ┤ 细胞器
   细胞 ┤          └ 内含物
        │          ┌ 核膜
        │          │ 核基质
        └ 细胞核  ┤ 核仁
                   └ 染色质（染色体）
```

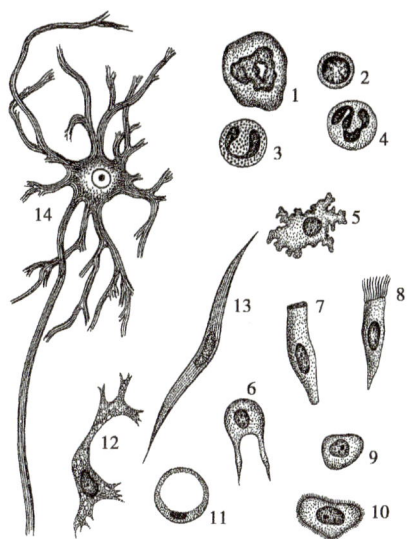

图1-1 细胞种类图

1~4. 血细胞；5~10. 上皮细胞；11、12. 结缔组织细胞；
13. 肌细胞；14. 神经细胞

表1-2 电镜下细胞结构

分 类	细 胞 结 构
膜性结构	细胞膜、高尔基复合体、过氧化物酶体、内质网、溶酶体、线粒体、核膜
非膜性结构	细胞基质、细胞骨架、中心粒、核糖体、核仁、染色质、核基质

第二节 细胞的结构

一、细 胞 膜

细胞膜为包围在细胞外的一层薄膜，又称质膜。它将细胞与外界微环境分隔，形成一种屏障，参与细胞的生命活动。

真核细胞是细胞的最高级形式，除了细胞膜外，在细胞内还有很多膜性结构，称为细胞内膜系统，包括细胞器膜（溶酶体、高尔基复合体、线粒体、过氧化物酶体、内质网）和核膜。它们构成了许多细胞器的界膜，将各种细胞器与细胞质基质分隔开，以执行各自的功能。人们把细胞膜和细胞内膜统称为**生物膜**（biological membrane）。所有生物膜都呈现典型的三层结构，即内、外两层深色的致密层，中间夹着一层浅色的疏松层。一般把细胞膜的三层结构作为一个单位，称为**单位膜**（unit membrane）（图1-2）。

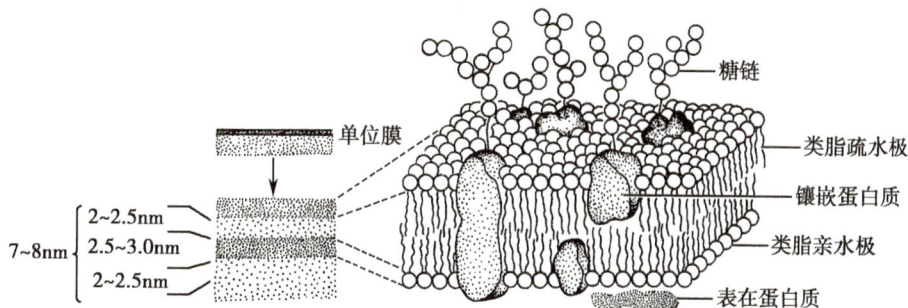

图1-2 生物膜分子结构图

（一）细胞膜的化学组成与分子结构

细胞膜主要由脂类、蛋白质和糖类组成。目前较为公认的是"液态镶嵌模型"学说。这一模型的基本内容是：液态可活动的脂类双分子层构成了细胞膜的基本骨架，细胞膜中的脂类是以磷脂分子为主，磷脂分子是极性分子，一端为头部，称亲水端，分别朝向膜的内外表面；另一端为尾部，称疏水端，朝向膜的中央；蛋白质分子以球状形式镶嵌在脂类双分子层（嵌入蛋白）或附着在其表面（表在蛋白），这些蛋白质分子能在脂类双分子层内或其表面移动；细胞膜中的糖类主要与膜蛋白或膜脂结合形成糖蛋白或糖脂，其中糖链部分多呈树枝状分布在质膜外表面，这种外伸糖链形成的结构称为糖衣（细胞衣）。由于细胞膜的化学组成和分子结构决定了细胞膜具有不对称性和流动性。

（二）细胞膜的功能

细胞膜是细胞与细胞周围环境之间的一道半透膜屏障，对于物质进出细胞有选择性调节作用。这种选择性通透保持了膜内外渗透压的平衡，维持了膜内、外离子浓度差和膜电位，是细胞进行正常生理活动所必需的基本条件。

1. 小分子与离子的跨膜运输　细胞膜对小分子物质和离子的运输主要有三种方式：单纯扩散、协助扩散和主动运输。

（1）单纯扩散：是指一些脂溶性的小分子物质能顺浓度梯度自由穿越脂质双层，既不消耗能量又不需膜蛋白帮助的运输方式。如O_2、CO_2、乙醇和尿素等。

（2）协助扩散：是指一些无机离子、非脂溶性的或亲水性的小分子物质在跨膜蛋白的"帮助"下，顺浓度梯度进行扩散的运输方式。如葡萄糖、氨基酸就是依靠这种方式进出细胞的。

（3）主动运输：是指细胞膜上的载体蛋白直接利用细胞代谢产生的能量将物质逆浓度梯度和电位梯度跨膜转运的过程。最常见的主动运输有钠钾泵、钙泵等。

2. 大分子物质的跨膜运输　膜蛋白可以介导水溶性小分子物质通过细胞膜，但它不能转运大分子和一些颗粒性的物质，如蛋白质、多核苷酸、多聚糖、细菌和细胞的碎片等。研究发现，这些大分子乃至颗粒物质是借助与生物膜结合后形成小泡的方式进行运输的，称"膜泡运输"。"膜泡运输"需要消耗细胞的代谢能，包括胞吞作用和胞吐作用两种形式。

（1）胞吞作用：外界进入细胞的大分子物质先附着在细胞膜的外表面，此处的细胞膜凹陷入细胞内，将该物质包围形成小泡，最后小泡与细胞膜断离而进入细胞内。固态的物质进入细胞内，则称为吞噬作用，吞入的小泡称吞噬体；液态的物质进入细胞内，则称为吞饮作用，其吞入的小泡称吞饮泡。

（2）胞吐作用：大分子物质由细胞内排到细胞外时，被排出的物质先在细胞内被膜包裹，形成小泡，小泡逐渐与细胞膜相接触，并在接触处出现小孔，该物质经小孔排到细胞外。

二、细　胞　质

细胞质膜与细胞核之间的部分为细胞质，又称细胞浆，细胞质在生活状态下为透明胶状物，在固定标本上常呈颗粒状、泡沫状或网状。由基质、细胞器和包含物组成。是细胞新陈代谢与物质合成的重要场所。

（一）基质

基质是细胞中无定型结构的胶状物质，呈液态，构成细胞的内环境。主要由水、无机盐、离子、糖、脂类及蛋白质组成，并含有多种酶，是细胞进行各种物质代谢的场所，也为细胞器提供必需的环境。

（二）细胞器

分布在细胞质基质内、具有特定形态与功能的结构称为细胞器，包括光学显微镜下可见的线粒体、高尔基复合体、中心体等，以及只有在电子显微镜下才可见的内质网、核糖体、溶酶体、微管、微丝等（图1-3）。

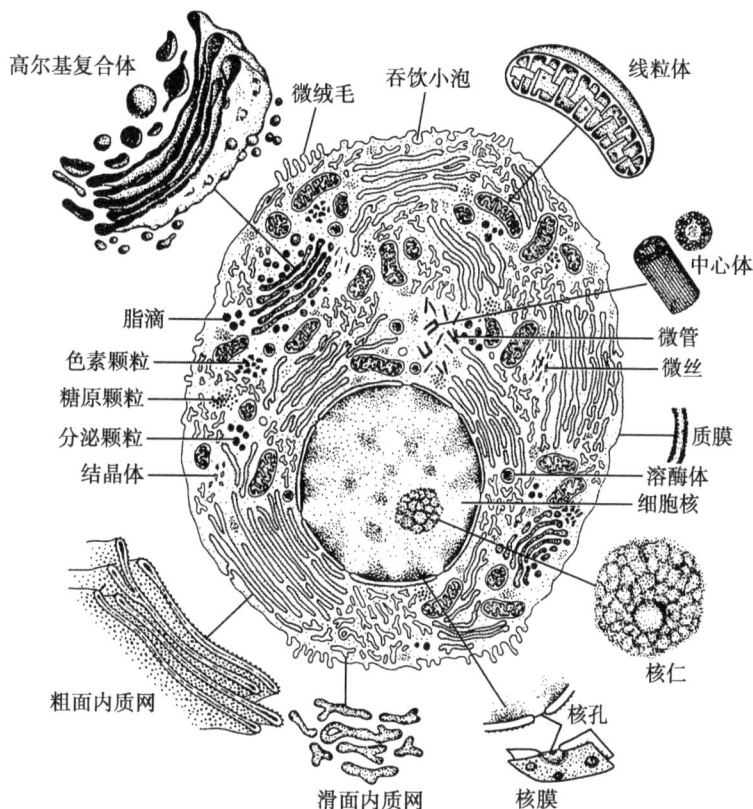

图1-3 细胞的电镜结构

1. 线粒体 在光学显微镜下，呈杆状、线状或颗粒状，直径0.5μm左右，长3～7μm。电镜下由内、外两层单位膜构成封闭的囊状结构，外膜光滑，内膜向内折叠，形成线粒体嵴，线粒体内含有一系列氧化酶系，能将细胞摄入的蛋白质、脂肪、糖等氧化分解而释放出能量，以备细胞生理活动需要。因此，线粒体被称为细胞的"能量工厂"。

2. 内质网 在电子显微镜下观察，内质网是由单位膜形成扁囊状或大小不同的管、泡并互相吻合而成的网状结构。根据内质网膜表面是否有核糖体附着，可将内质网分为两种：

（1）粗面内质网：由平行排列的扁囊和附着在膜外表面的核糖体构成，表面粗糙，主要是合成分泌蛋白质，另外也参与自身所需蛋白质的合成。

（2）滑面内质网：为形状及直径不一的小管，互通成网，小管膜外表面光滑，无核糖体附着。主要参与类固醇的合成，脂类的代谢，糖的分解代谢，细胞解毒和药物代谢作用，以及对激素灭活、调节离子浓度等。

3. 高尔基复合体 在光学显微镜下，多位于细胞核附近，常呈小泡及网状结构，称高尔基复合体，又称内网器。在电子显微镜下，高尔基复合体主要由扁平囊、大囊泡和小囊泡组成，它是细胞内的运输和加工系统，对内质网中合成的蛋白质进一步加工、浓缩并用膜包装起来或形成分泌颗粒。

4. 溶酶体 在电子显微镜下观察，溶酶体是由一层单位膜围成的圆形或卵圆形小泡，内含60多种酸性水解酶，可分解蛋白质、糖类、脂肪、核酸等物质，主要消化经吞噬或吞饮进入细胞内的物质，或细胞自身衰老的结构。在活细胞中，这些酶不能透过溶酶体膜，当被水解的有机物进入溶酶体内部时，酶才发挥作用。一旦膜破裂，酶释放可导致细胞自溶。溶酶体可分为三种：①从高尔基复合体形成、尚未参与消化活动的溶酶体，称为初级溶酶体；②初级溶酶体与来自细胞内、外物质融合后，称为次级溶酶体；③溶酶体中的异物经分解成小分子，通过溶酶体膜扩散到细胞质，剩余一些不能被消化的部分（如脂褐素等）残存在溶酶体内形成的结构称为残余体。

5. 核糖体 又称核蛋白体，是细胞内合成蛋白质的场所。在电子显微镜下观察，核糖体是由大小两个亚单位组成的球形颗粒，其主要化学成分是核糖核酸（RNA）和蛋白质。核糖体可分为游离核糖体和附着核糖体两种：游离核糖体游离于细胞质内，主要参与合成细胞自身需要的内源性蛋白质；附着核糖体附着于内质网或核膜表面，主要参与合成向细胞外输出的分泌性蛋白质（如抗体、激素等）、溶酶体酶和膜蛋白。

6. 微体 又称过氧化物酶体，在电子显微镜下观察，微体是由一层单位膜围成的圆形或椭圆形小体，微体内存在的酶可达40种以上，主要有过氧化物酶、过氧化氢酶以及多种氧化酶等，其中过氧化氢酶（标志酶）能催化过氧化氢生成水并逸出氧，以清除细胞内过多的过氧化氢，对细胞起保护作用。

7. 细胞骨架 是细胞质内细丝状结构的总称，包括微管、微丝、中间丝。

（1）微管：是一种中空圆柱状结构，直径约25nm，管壁厚约5nm。可以分散在细胞质内，也可以聚合成束参与细胞器的构成，如纤毛、鞭毛、纺锤体、中心粒等。微管的主要成分是微管蛋白。微管的主要功能是构成细胞的支架，维持细胞的形状，参与细胞内某些颗粒物质或各类小泡的运输，细胞分裂以及细胞器的运动等。

（2）微丝：是存在于细胞质内的一种实心细丝状结构，直径为5~7nm，主要由肌动蛋白构成。微丝普遍存在于各种细胞内，特别在细胞的周边部，在质膜下形成网。微丝不但参与构成细胞的支架，而且与细胞吞噬、微绒毛收缩、细胞伪足的伸缩、细胞分裂、分泌颗粒的移动和排除、细胞器的移动及肌细胞的收缩有关。

（3）中间丝：是一种实心细丝，直径8~11nm，介于微丝与微管之间。主要由蛋白质构成。散在或成束分布，具有维持细胞收缩和细胞间相互联系等作用。上皮细胞中的张力原纤维、肌细胞Z线处的连接蛋白丝以及神经细胞中的神经丝均属于中间丝。

8. 中心体 在光学显微镜下观察，中心体呈球状，由中心粒和中心球（中心粒周围的细胞基质）构成，在间期细胞中，中心体不易见到，但在细胞进行有丝分裂时特别明显。在电子显微镜下观察，中心粒是两个互相垂直的短筒状小体，在横断面上其壁由9组微管构成。中心粒上有与细胞能量代谢有关的ATP酶，中心粒不仅能自我复制，参与细胞分裂活动，还能为细胞运动和染色体移动提供能量，故称中心体为细胞分裂的推动器。

（三）包含物

包含物是细胞质中的非细胞器结构，是一些有形的代谢产物或储备的营养物质，包括糖原、脂滴、色素及分泌颗粒等。数量随细胞生理状态不同而改变。

三、细 胞 核

细胞核是真核细胞中体积最大、功能最重要的细胞器，是细胞遗传和代谢活动的控制中心，在细胞生命活动中起着决定性的作用。细胞核形态大小一般与细胞的形态大小相适应，圆形、立方形和星形细胞的细胞核多为圆形；柱状、梭形细胞的细胞核多为椭圆形或长杆状等。细胞核多位于细胞中央或基底部，也有的位于周边，如骨骼肌细胞和脂肪细胞。除成熟红细胞外，人体所有的细胞都有细胞核，多数细胞只有一个细胞核，但也有两个或多个的，如骨骼肌细胞可有数百个。

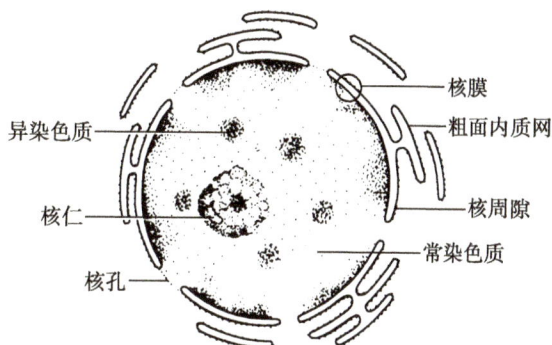

图1-4 细胞核电镜结构

细胞核由核膜、核仁、染色质和核基质四部分构成（图1-4）。

（一）核膜

电镜下，核膜由内、外两层单位膜构成，外层核膜表面有核糖体附着，与粗面内质网结构相似，在某些部位还与粗面内质网相连续；内层核膜表面光滑，无核糖体附着；两层膜之间的间隙称为核周隙，核周隙与内质网腔相通；核膜内、外层彼此融合，形成许多小孔，称核孔，核孔是核与细胞质之间进行物质交换的通道。

（二）核仁

光镜下，核仁呈圆形或卵圆形，其大小、数量及在核内的位置，随细胞功能而变化。电镜下，核仁主要由细丝和颗粒组成，外无膜包被。核仁的化学成分主要是蛋白质与核糖核酸（RNA），功能是装配核糖体亚单位，参与核糖体的合成。

（三）染色质和染色体

染色质和染色体是遗传物质的载体。染色质是间期细胞核内易被碱性染料染色的结构，其化学成分主要是蛋白质和脱氧核糖核酸（DNA）。DNA分子由两条核苷酸链组成，两条长链缠绕成双股右螺旋状。

在分裂间期的细胞核中，DNA分子的螺旋化程度不同，螺旋紧密的部分，光镜下着色深，呈颗粒状或团块状，称异染色质；螺旋松散伸长的部分，在光镜下着色较浅，称常染色质。

在细胞分裂期，染色质DNA分子的双股螺旋全部旋紧、变粗、变短，成为光镜下所见的粗棒状，即为染色体。所以染色质和染色体是同一种物质在细胞周期不同时期的不同表现形式。

人体细胞的染色体为46条，组成23对。其中22对为常染色体，其形态在男女性都一样；其余1对为性染色体，男性为XY，女性为XX，决定性别。

（四）核基质

核基质是无定型胶状物质，为核内代谢活动提供了适宜的环境。其组成除含有水、蛋白质和无机盐外，还有由酸性蛋白构成的核内骨架，对细胞核起支架作用。

●● 知识链接 🔻●●

癌细胞与正常细胞的区别

癌细胞与正常细胞的区别主要有：癌细胞比正常细胞大，形状不规则，核大，染色深，核质比例失调；有丝分裂常呈多极分裂，在一个分裂细胞中出现多个纺锤丝，产生多个细胞。

第三节　细胞的增殖

细胞的增殖是生命体的基本特征之一，细胞的增殖方式是细胞分裂，以此适应人体的生长发育、细胞更新和损伤后的修复等。细胞分裂的方式有三种：无丝分裂、有丝分裂和减数分裂。无丝分裂在人体很少见，减数分裂是生殖细胞的分裂方式，人体的体细胞以有丝分裂为主。

细胞进行有丝分裂是有周期性的，即细胞周期。指连续分裂的细胞，从一次分裂完成时开始，到下一次分裂完成时为止为一个细胞周期，一个细胞周期包括分裂间期和分裂期两个阶段（图1-5）。

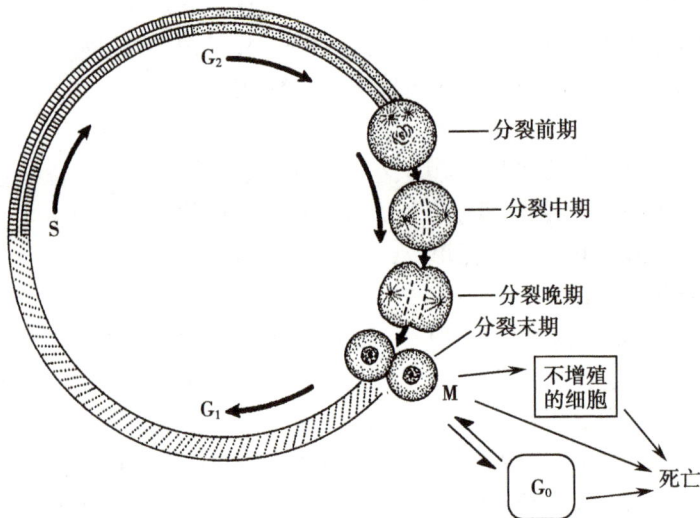

图1-5　细胞周期示意图

一、分　裂　间　期

分裂间期是指从细胞在一次分裂结束之后到下一次分裂之前。可分为：

（一）DNA合成前期（G_1期）

此期细胞内主要为DNA复制做物质准备，如合成必要的核苷酸、蛋白质和酶等。

（二）DNA合成期（S期）

在此期进行DNA复制，使细胞内的DNA含量增加1倍，保证将来分裂时两个子细胞的DNA含量不变。

（三）DNA合成后期（G₂期）

在此期将合成少量RNA、蛋白质和其他物质，为分裂期做准备。

二、分裂期（M期）

在细胞分裂期最明显的变化是细胞核中染色体的变化。根据形态变化将其分为四个时期：即前期、中期、后期和末期。但各期之间没有截然的界限（图1-6）。

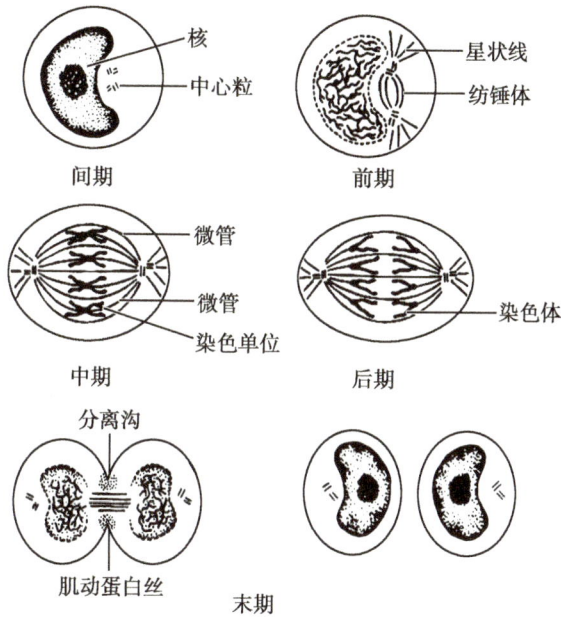

图1-6 细胞有丝分裂过程

（一）前期

前期的主要特点是染色质凝集、核膜崩解、核仁消失和纺锤体形成。染色质凝集：进入有丝分裂前期时染色质就开始不断浓缩，实质上是螺旋化、折叠、包装的过程。光镜下可见染色质呈带颗粒的线团状，进一步缩短变粗，即形成棒状或杆状的染色体。核膜、核仁逐渐消失。前期开始时，细胞中的一对中心粒已复制成两对。两对中心粒沿核膜外边彼此远离，到达相对应位置时决定了细胞的分裂极。中心粒是微管组织中心，两个中心粒之间的微管聚合起来，到前期末，形成纺锤形结构，称纺锤体。

（二）中期

中心粒已分向细胞的两极，纺锤体更发达，并穿过细胞中部。染色体达到最大程度的凝集并排列在细胞的中央，即细胞的赤道板上。分裂中期的细胞，染色体的形态比较固定，数目比较清晰，此期是染色体分析的最佳时期。

（三）后期

排列在赤道部位的每一条染色体的着丝粒纵裂，两条染色单体分开，各染色单体受纺锤体纤维的牵引，逐渐移至细胞的两极，所以分到细胞两极的染色单体与原来染色体的数目相等。成为两条独立的染色体。此时相当于赤道板部位的细胞膜出现环状缩窄，细胞质开始分裂。

（四）末期

细胞拉长，细胞膜进一步缩窄，逐渐将细胞质分开，纤维也随之消失，两个新的子细胞形成。与此同时，已进入细胞两极的染色体解螺旋化，逐渐松开，变成染色质，两个子细胞核形成，核仁又重新出现。至此，细胞完成有丝分裂全过程，两个子核形成。

> ● 知识链接 ▽●
>
> **线粒体与寿命**
>
> 　　线粒体为细胞活动提供能量，被称作"供能站"。研究表明，线粒体与人类的生老病死密切相关。人们一日三餐中的糖、脂质与蛋白质，在细胞线粒体内经生物氧化产生能量，供生理活动所需。当线粒体受到损伤时，就无法为细胞代谢供应能量。像老年糖尿病、帕金森病、心脑血管病等，都与线粒体损伤有关。维护得当，汽车的发动机可以多年不坏，维护不好则很快就不能工作。同样道理，要想延年益寿，就必须维护好线粒体，避免暴饮暴食、超负荷运动和过度劳累，否则线粒体会受到损伤，很难再得到有效恢复。有关线粒体的研究已经表明，随着生命科学的不断发展，今后人们活到150岁不再是梦。

（高洪泉）

思考题

1. 细胞的基本结构有哪些？简述电子显微镜下细胞膜结构与其功能的关系。
2. 细胞器有哪些？其功能如何？简述细胞核的结构与功能。
3. 简述细胞周期的概念。

第二章 基本组织

学习目标

掌握: 1.上皮组织的特征，各类被覆上皮的结构及分布。

2.骨组织的一般结构，骨单位的概念。

3.三种肌组织的结构特点。

4.神经组织的组成，神经元的形态、结构和功能，突触的概念。

理解: 1.固有结缔组织的分类，疏松结缔组织中各种细胞的功能。

2.上皮细胞的游离面和侧面的特殊结构。

3.软骨组织的分类和分布。

4.血液的组成，血清和血浆的概念，各类血细胞的形态和功能。

5.神经元的分类，有髓神经纤维的构造特点，神经末梢的概念。

了解: 1.网状组织的组成与分布。

2.软骨组织和骨组织的一般结构。

3.骨骼肌的超微结构。

人体的组织由细胞和细胞间质构成。根据组织的结构和功能特点，将组织分为四种，即上皮组织、结缔组织、肌组织和神经组织，称为**基本组织**（primary tissue）。

第一节 上皮组织

上皮组织（epithelial tissue）由大量密集排列的上皮细胞和少量细胞间质构成。上皮细胞形状较规则，排列整齐，并具有极性。它的一极朝向身体表面或有腔器官的腔面，称游离面；另一极朝向深部的结缔组织，称基底面。一般借一层很薄的基膜与深层的结缔组织相连。上皮组织内无血管，其所需营养由深层结缔组织中的血管供给。上皮组织中分布着丰富的神经末梢，可感受各种刺激。

根据功能，上皮组织可分为被覆上皮、腺上皮和感觉上皮。被覆上皮被覆于人体表面和体内管腔及囊的内表面，主要具有保护和吸收功能；腺上皮构成腺，以分泌功能为主。

一、被覆上皮

（一）被覆上皮的分类和结构

被覆上皮（covering epithelium）按照上皮细胞层数和形态结构分两类（表2-1）。单层上皮（simple epithelium）由一层细胞组成，所有细胞的基底面都附着于基膜，游离面可伸到上皮表面。复层上皮（stratified epithelium）由多层细胞组成，最深层的细胞附着于基膜上。

表2-1   被覆上皮的类型和主要分布

单层上皮	单层扁平（鳞状）上皮	内皮：心、血管和淋巴管的腔面
		间皮：胸膜、心包膜和腹膜的表面
		其他：肺泡和肾小囊壁层等的上皮
	单层立方上皮：肾小管和甲状腺滤泡等	
	单层柱状上皮：胃、肠和子宫等的腔面	
	假复层纤毛柱状上皮：呼吸道等	
复层上皮	复层扁平（鳞状）上皮	未角化的：口腔、食管和阴道等的腔面
		角化的：皮肤的表皮
	变移上皮：肾盂、输尿管和膀胱等的腔面	

1. 单层扁平上皮　仅由一层扁平细胞组成（图2-1）。从表面看，细胞呈不规则形或多边形，核椭圆形，位于细胞中央，细胞边缘呈锯齿状或波浪状，互相嵌合；从上皮的垂直切面看，细胞核呈扁圆形，胞质很薄，含核的部分略厚。

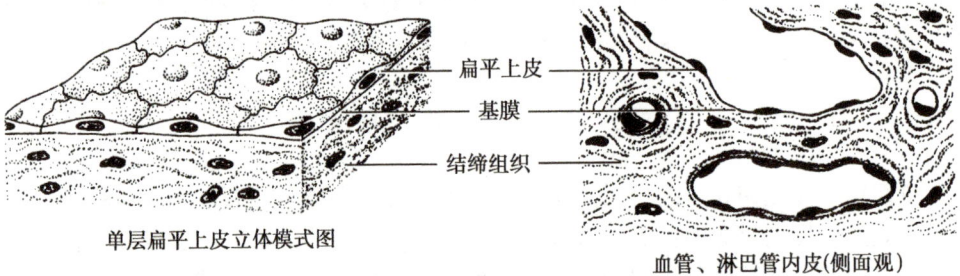

单层扁平上皮立体模式图

血管、淋巴管内皮(侧面观)

扁平上皮
基膜
结缔组织

图2-1   单层扁平上皮

分布在心、血管和淋巴管腔面的单层扁平上皮称**内皮**（endothelium）。内皮细胞很薄，大多呈梭形，游离面光滑，有利于血液和淋巴液流动及物质透过。分布在胸膜、腹膜和心包膜表面的单层扁平上皮称**间皮**（mesothelium），能分泌少量浆液，使细胞游离面湿润光滑，便于内脏运动。

2. 单层立方上皮 由一层立方形细胞组成（图2-2）。从上皮表面看，细胞呈六角形或多角形；从上皮的垂直切面看，细胞呈立方形。细胞核圆形，位于细胞中央。单层立方上皮主要分布于甲状腺、肾小管等处，具有分泌和吸收功能。

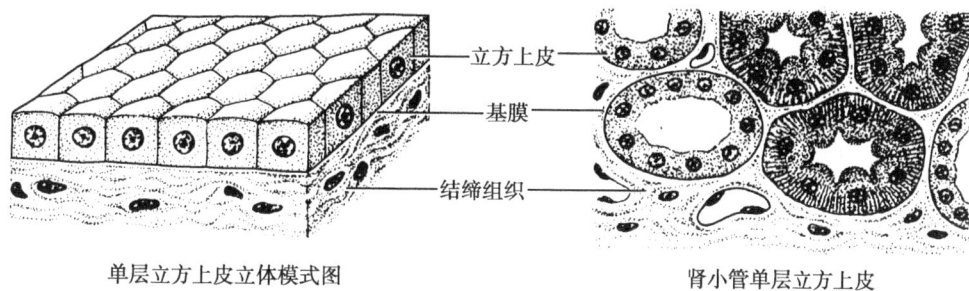

单层立方上皮立体模式图　　　　　　　　肾小管单层立方上皮

图2-2　单层立方上皮

3. 单层柱状上皮 由一层棱柱状细胞组成。从表面看，细胞呈六角形或多角形；从上皮垂直切面看，细胞呈柱状（图2-3），细胞核长椭圆形，多位于细胞近基底部。单层柱状上皮主要分布于胃、肠等处，具有吸收和分泌功能。在小肠和大肠的单层柱状上皮中有许多散在的杯状细胞（图2-3）。杯状细胞形似高脚酒杯，细胞顶部膨大，充满黏液性分泌颗粒，基底部较细窄，胞核染色较深，位于基底部。杯状细胞是一种腺细胞，可分泌黏液，有润滑和保护上皮的作用。

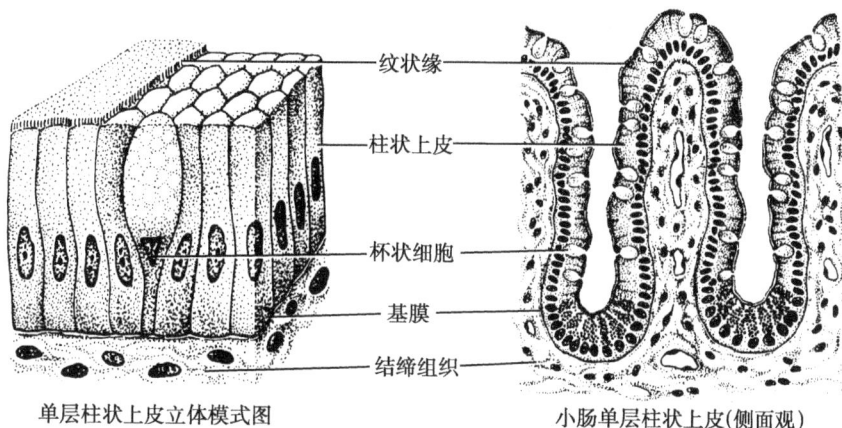

单层柱状上皮立体模式图　　　　　　　　小肠单层柱状上皮(侧面观)

图2-3　单层柱状上皮

4. 假复层纤毛柱状上皮 由柱状细胞、杯状细胞、梭形细胞和锥体形细胞组成。柱状细胞游离面具有纤毛。由于几种细胞高矮不等，只有柱状细胞和杯状细胞的顶端伸到上皮游离面，细胞核的位置也高低不一，故从上皮垂直切面看很像复层上皮。但这些细胞的基底面都附在基膜上，故实际仍为单层上皮（图2-4）。假复层纤毛柱状上皮主要分布于呼吸道黏膜表面。

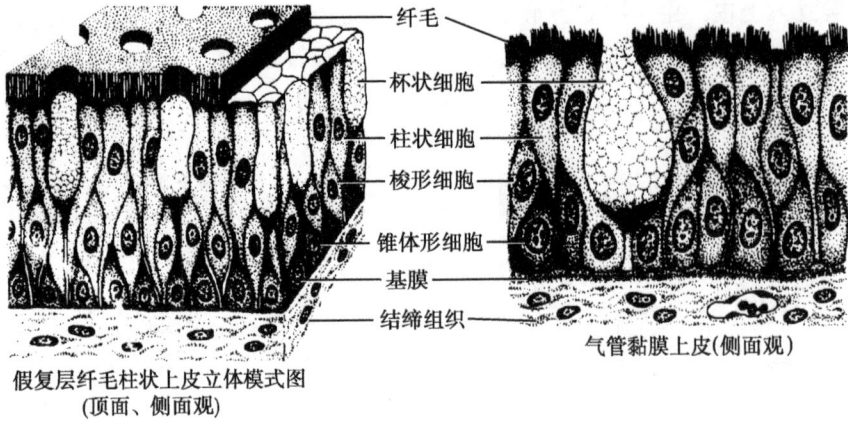

纤毛
杯状细胞
柱状细胞
梭形细胞
锥体形细胞
基膜
结缔组织

气管黏膜上皮(侧面观)

假复层纤毛柱状上皮立体模式图
(顶面、侧面观)

图2-4　假复层纤毛柱状上皮

5. 复层扁平（鳞状）上皮　由十多层或数十层细胞组成（图2-5）。靠近表面的几层细胞为扁平状，基底层细胞能不断分裂增生，以补充表层衰老或损伤脱落的细胞。复层扁平上皮深层的结缔组织内有丰富的毛细血管，有利于复层扁平上皮的营养。

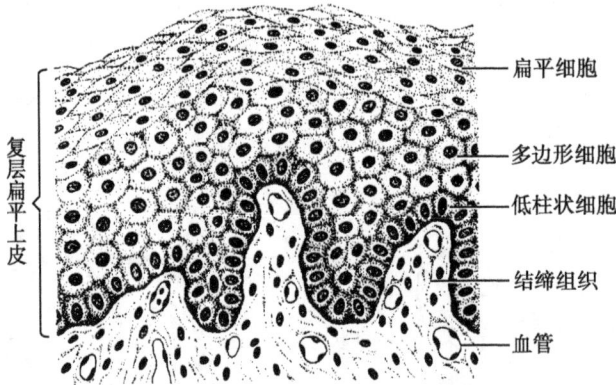

扁平细胞
多边形细胞
低柱状细胞
结缔组织
血管

复层扁平上皮

图2-5　非角化的复层扁平上皮（食管）

复层扁平上皮具有很强的机械性保护作用，主要分布于皮肤表面、口腔、食管、阴道等器官的腔面，具有耐摩擦和阻止异物侵入等作用，受损伤后，上皮有很强的修复能力。

6. 变移上皮　又称移行上皮，由多层细胞组成，衬贴在排尿管道（肾盏、肾盂、输尿管和膀胱）的腔面。上皮细胞的形状和层数可随所在器官的收缩与扩张而发生变化。当膀胱排空缩小时，上皮变厚，细胞层数较多，此时表层细胞呈大立方形，胞质丰富，有的细胞含两个细胞核；中层细胞为多边形或梨形；基底细胞为矮柱状或立方形（图2-6）。当膀胱充盈扩张时，上皮变薄，细胞层数

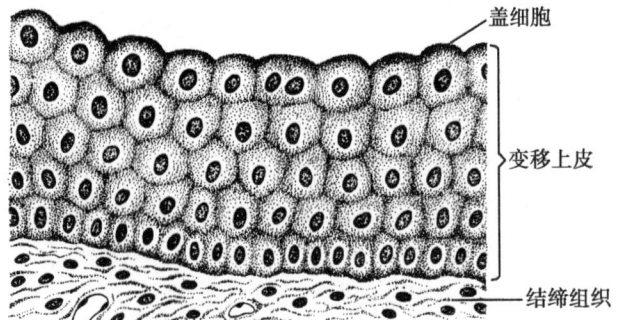

盖细胞
变移上皮
结缔组织

图2-6　变移上皮（膀胱空虚时）

减少，表面细胞形状也变扁（图2-7）。

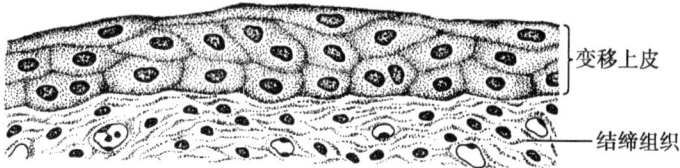

图2-7 变移上皮（膀胱充盈时）

（二）上皮组织的特殊结构

上皮组织与其功能相适应，在上皮细胞的游离面、侧面和基底面常形成各种特殊结构。

1. 上皮细胞的游离面

（1）**微绒毛**（microvillus）：是上皮细胞游离面伸出的细小指状突起，电镜下才能清楚辨认（图2-8）。微绒毛表面为细胞膜，内为细胞质。其中含有许多纵行的微丝。微绒毛扩大了细胞的表面积，利于细胞的吸收。具有活跃吸收功能的上皮细胞有许多较长的微绒毛，且排列整齐，在高倍镜下可见细胞游离面呈纵纹状，称纹状缘或刷状缘。

（2）**纤毛**（cilium）：是细胞游离面伸出的能摆动的较长的突起，比微绒毛粗且长，在光镜下可分辨（图2-4）。纤毛具有向一定方向节律性摆动的能力，如呼吸道大部分的腔面为有纤毛的上皮，借助纤毛的定向摆动，一些分泌物或附着在表面的灰尘、细菌等异物得以清除。电镜下可见纤毛表面有细胞膜，内为细胞质，其中有纵向排列的微管。

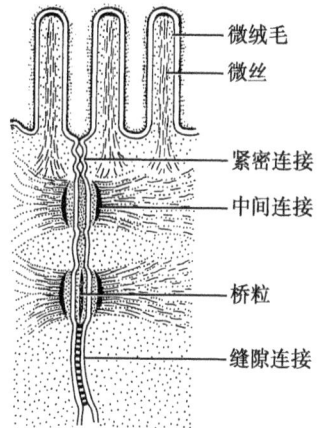

图2-8 单层柱状上皮细胞间的连接

2. 上皮细胞的侧面 细胞排列密集，细胞间隙很窄，在细胞相邻面形成特殊构造的细胞连接（图2-8）。

（1）**紧密连接**（tight junction）：这种连接呈点状、斑状或带状，位于相邻细胞间隙的顶端侧面，呈箍状环绕细胞。紧密连接除有机械连接作用外，更重要的是封闭细胞顶部的细胞间隙，阻挡细胞外的大分子物质经细胞间隙进入组织内。

（2）**中间连接**（intermediate junction）：位于紧密连接下方，相邻细胞间有间隙，间隙中有较致密的丝状物连接相邻细胞的膜。胞质面附着有薄层致密物质和细丝，有牢固的连接作用。

（3）**桥粒**（desmosome）：呈斑状，大小不等，位于中间连接的深部，连接区有细胞间隙，间隙中央有一条致密的中间线。细胞膜的胞质面有较厚的致密物质构成的附着板，板上有许多张力丝附着。桥粒是一种很牢固的细胞连接，在易受机械性刺激和摩擦的复层扁平上皮中多见。

在某些上皮细胞的基底面，即与深层结缔组织的相邻面，还可见半桥粒（图2-9）。半桥粒为上皮细胞一侧形成桥粒一半的结构，将上皮细胞固着在基膜上。

（4）**缝隙连接**（gap junction）：又称通讯连接。细胞间隙很窄，相邻细胞中有许多相连通的小管，借此传递化学信息和电信息。

以上四种连接，只要有两种或两种以上的连接相邻存在，即可称**连接复合体**（junctional complex）。

3. 上皮细胞的基底面

（1）**基膜**（basement membrane）：又称**基底膜**，是上皮基底面与深部结缔组织间的薄膜。基膜由上皮和其下方的结缔组织共同产生。电镜下可分为基板和网板两层（图2-9）。基膜除有支持和连接作用外，还是半透膜，有利于上皮细胞与深部结缔组织进行物质交换。

（2）**质膜内褶**（plasma membrane infolding）：是上皮细胞基底面的细胞膜折向胞质所形成的许多内褶（图2-10）。质膜内褶的主要作用是扩大细胞基底面的表面积，有利于水和电解质的迅速转运。由于转运过程中需要消耗能量，故在质膜内褶附近的胞质内，含有许多纵行排列的线粒体。

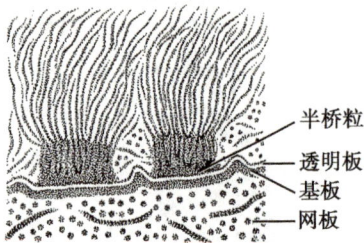

图2-9 半桥粒和基膜超微结构模式图

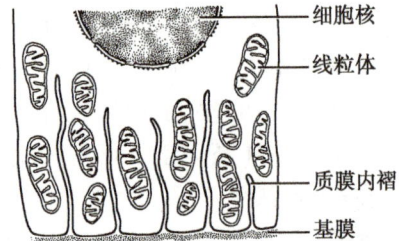

图2-10 上皮细胞基底面质膜内褶超微结构模式图

二、腺上皮和腺

具有分泌功能的上皮，称腺上皮，以腺上皮为主要成分组成的器官称腺（gland）。腺体分为外分泌腺和内分泌腺。

（一）外分泌腺和内分泌腺

腺体有导管通到器官腔面或身体表面，分泌物经导管排出，称**外分泌腺**（exocrine gland），如汗腺、胃腺等；腺体没有导管，分泌物经血液和淋巴输送，称**内分泌腺**（endocrine gland），如甲状腺、肾上腺等。内分泌腺分泌的物质称为激素。

（二）外分泌腺的结构和分类

按组成外分泌腺的细胞数目，外分泌腺可分为单细胞腺和多细胞腺。人体中大多数腺是多细胞腺。多细胞腺大小不等，一般由分泌部和导管两部分组成。

1. 分泌部 一般由一层细胞组成，中央有腺腔。分泌物由腺腔经导管排出。根据分泌部的形状，外分泌腺可分为管状腺、泡状腺和管泡状腺（图2-11）。根据分泌物的性质，一些外分泌腺又可分为浆液性腺、粘液性腺和混合性腺。

2. 导管 与分泌部相连，由单层或复层上皮构成。导管主要作用是排出分泌物，但有些腺的导管还有吸收水、电解质及分泌作用。

单管状腺　　　　　　　　分支管状腺

复泡状腺　　　　　　　　复管泡状腺

黏液性腺腺泡　　　　　　浆液性腺腺泡

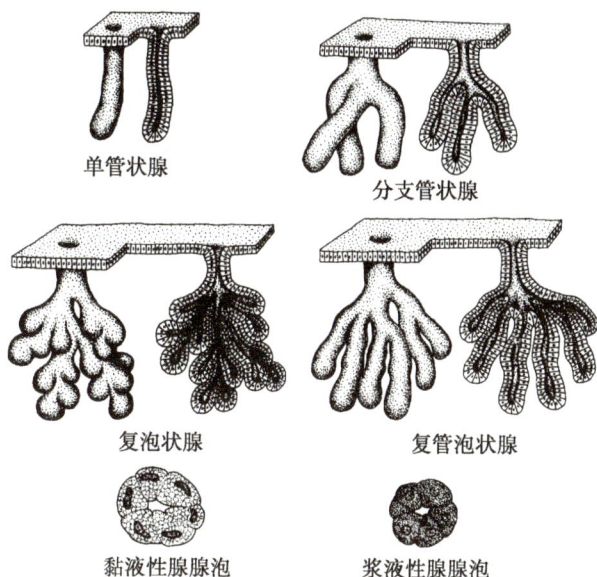

图2-11　外分泌腺的形态、分类

第二节　结 缔 组 织

结缔组织（connectivetissue）由细胞和大量细胞间质所组成。结缔组织有如下特点：①细胞数量少，种类多，散在分布于细胞间质中，细胞分布无极性；②细胞间质多，包括均质状的基质和细丝状的纤维；③不直接与外界环境接触，因而称内环境组织；④分布很广泛且形式多样。⑤起支持、连接、营养、保护和修复等作用。结缔组织分类见表2-2。

表2-2　结缔组织的分类

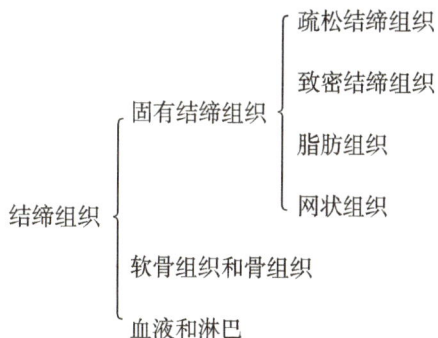

```
                    ┌ 固有结缔组织 ┌ 疏松结缔组织
                    │            │ 致密结缔组织
                    │            │ 脂肪组织
结缔组织  ┤            └ 网状组织
                    │ 软骨组织和骨组织
                    └ 血液和淋巴
```

一、固有结缔组织

固有结缔组织（connective tissue proper）根据其结构和功能又可分为疏松结缔组织、致密结缔组织、脂肪组织和网状组织四种。

（一）疏松结缔组织

疏松结缔组织（loose connective tissue）又称蜂窝组织（areolar tissue），由多种细胞和大量细胞间质构成，排列稀疏，广泛分布于机体各种细胞、组织和器官之间（图2-12）。

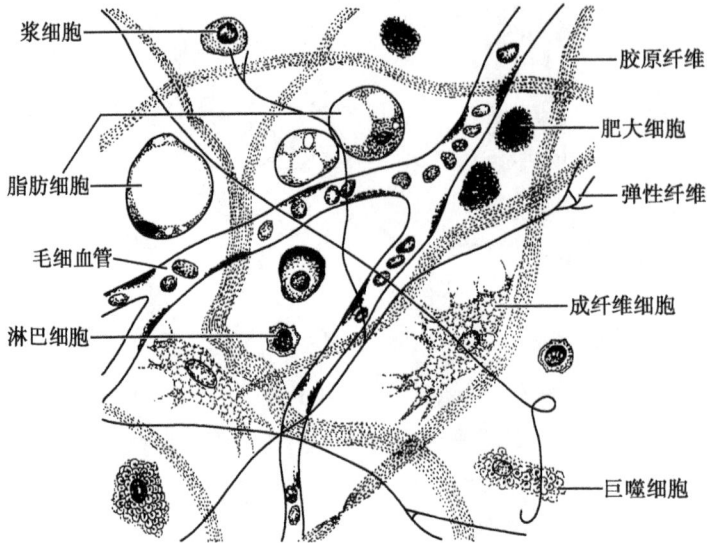

图2-12　疏松结缔组织铺片

1. 细胞　疏松结缔组织的细胞种类较多，包括成纤维细胞、巨噬细胞、浆细胞、肥大细胞、脂肪细胞、未分化的间充质细胞等。分别具有不同的功能。

（1）成纤维细胞（fibroblast）：是疏松结缔组织的主要细胞成分，可产生纤维和基质。细胞扁平、多突，呈星状，胞质较丰富，呈弱嗜碱性。胞核较大，扁卵圆形，染色质疏松着色浅，核仁明显。电镜下，胞质内富含粗面内质网、游离核糖体和发达的高尔基复合体。成纤维细胞处于功能静止状态时，细胞变小，呈长梭形，胞核小，着色深，称为**纤维细胞**（fibrocyte）。

（2）巨噬细胞（macrophage）：又称**组织细胞**（histiocyte），数量多，分布广，细胞形状随功能状态不同而变化，功能活跃者常伸出伪足而呈不规则形。胞核较小，卵圆形或肾形，着色深，胞质丰富，多呈嗜酸性，含空泡和异物颗粒。电镜下，细胞表面有许多皱褶和微绒毛，胞质内含大量溶酶体、高尔基复合体、吞噬体和吞饮小泡等。巨噬细胞的主要功能是吞噬和清除异物与衰老伤亡的细胞，分泌多种生物活性物质（如溶菌酶、干扰素等）。故巨噬细胞是机体防御系统的组成部分。

（3）浆细胞（plasma cell）：呈卵圆形或圆形，核圆形，多偏居细胞一侧，染色质呈粗块状，沿核膜内面呈辐射状排列，使整个细胞核形似车轮状。胞质丰富，嗜碱性，核旁有一浅染区。电镜下，胞质内含有大量平行排列的粗面内质网和发达的高尔基复合体。浆细胞来源于B淋巴细胞，在抗原的反复刺激下，B淋巴细胞增殖、分化，转变为浆细胞，具有合成、贮存与分泌免疫球蛋白即抗体的功能，参与体液免疫应答。

（4）肥大细胞（mast cell）：较大，呈圆形或卵圆形，胞核小而圆，多位于中央。胞质中充满粗大的异染性嗜碱性颗粒，内含组胺、白三烯、肝素和嗜酸性粒细胞趋化因子等。电镜下，可见颗粒内含指纹状或卷筒状的细小微粒。胞质内还有粗面内质网、高尔基复合体等。肥大细胞常沿小血管和小淋巴管成群分布，主要参与机体的过敏反应。肥大细胞释放的组胺和白三烯能使微静脉和毛细血管扩张，通透性增加，组织水肿，还可使支气管平滑肌痉挛；嗜酸性粒细胞趋化因子能吸引嗜酸性粒细胞聚集到过敏反应部位；肝素有抗凝血的作用。

（5）**脂肪细胞**（fat cell）：胞体较大，呈圆球形。胞质含大小不等的脂滴，胞质常被脂滴推挤到细胞周缘，核被挤压成扁圆形，连同部分胞质呈新月形，位于细胞一侧。在HE标本中，脂滴被溶解，细胞呈空泡状。脂肪细胞有合成和贮存脂肪、参与脂质代谢的功能。

（6）**未分化的间充质细胞**（undifferentiated mesenchymal cell）：是结缔组织内一些较原始的细胞，具有分化潜能，其形态结构与成纤维细胞相似，但较小，在切片标本上不易区分。在一定条件下可增殖分化为成纤维细胞、脂肪细胞、血管内皮和平滑肌细胞等。

2. 细胞间质 疏松结缔组织细胞间质多，由纤维和基质组成。

（1）**纤维**：位于基质内，分为三种。

1）**胶原纤维**（collagenous fiber）：数量最多，新鲜时呈白色，有光泽，又名白纤维。HE染色切片中呈嗜酸性，着浅红色。纤维粗细不等，呈波浪形，并互相交织（图2-12）。胶原纤维是由更细的**胶原原纤维**（collagenous fibril）集合而成。电镜下，胶原原纤维呈现出具有64nm明暗交替的周期性横纹。胶原纤维的韧性大，抗拉力强，但弹性差。

2）**弹性纤维**（elastic fiber）：新鲜状态下呈黄色，又名黄纤维，有分支并互相交织成网（图2-12）。在HE标本中，着色轻微。弹性纤维较细，弹性大，韧性小。与胶原纤维交织在一起，使疏松结缔组织既有弹性又有韧性。弹性纤维除分布于疏松结缔组织外，尤其集中分布于椎弓间黄韧带、声带、肺泡壁、弹性动脉及弹性软骨等处。

3）**网状纤维**（reticular fiber）：较细，分支多，交织成网。HE染色标本上不易着色，用银染法，网状纤维呈黑色，故又称嗜银纤维。网状纤维多分布在结缔组织与其他组织交界处，如基膜的网板、毛细血管、平滑肌细胞的周围。

（2）**基质**：是一种无色透明的胶状物质，具有一定黏性。构成基质的主要成分为蛋白多糖，蛋白多糖是由蛋白质与大量多糖结合成的大分子复合物，其中多糖主要是透明质酸，其次是硫酸软骨素等。蛋白多糖复合物的立体构型形成有许多微孔隙的分子筛，小于孔隙的水和溶于水的营养物、代谢产物、激素、气体分子等可以通过，便于血液与细胞之间进行物质交换。大于孔隙的大分子物质，如细菌等不能通过，使基质成为限制细菌扩散的防御屏障。

从毛细血管动脉端渗入基质内的液体称为**组织液**（tissue fluid），经毛细血管静脉端和毛细淋巴管回流入脉管系统，组织液不断更新，有利于血液与细胞进行物质交换，成为组织和细胞赖以生存的内环境。

（二）致密结缔组织

致密结缔组织（dense connective tissue）是一种以纤维为主要成分的固有结缔组织，纤维粗大，排列致密，以支持和连接为其主要功能。包括：①规则致密结缔组织：主要构成肌腱和腱膜；②不规则致密结缔组织：见于真皮、硬脑膜、巩膜等处；③弹性组织：以弹性纤维为主，如项韧带等。

（三）脂肪组织

脂肪组织（adipose tissue）主要由大量群集的脂肪细胞构成，由疏松结缔组织分隔成许多脂肪小叶（图2-13）。脂肪细胞主要分布在皮下、网膜和系膜等处，约占成人体重的10%，是体内最大的贮能库，参与能量代谢，并具有产生热量、维持体温、缓冲保护和支持填充等作用。

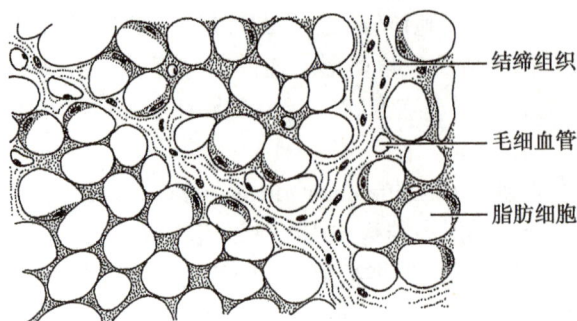

图2-13　脂肪组织

（四）网状组织

网状组织（reticular tissue）是造血器官和淋巴器官的基本组织成分，由网状细胞、网状纤维和基质构成。网状细胞为星形多突起细胞，其突起彼此连接成网，胞质弱嗜碱性，核较大、椭圆形、染色浅、核仁清楚，网状细胞产生网状纤维。网状纤维分支连接成网，与网状细胞共同构成支架，为淋巴细胞发育和血细胞发生提供适宜的微环境。主要分布于淋巴结、脾、扁桃体及红骨髓中。

二、软骨组织与软骨

（一）软骨组织

软骨组织由软骨细胞和细胞间质构成。软骨间质由基质及纤维构成。软骨基质呈凝胶状，主要由水和嗜碱性软骨黏蛋白组成。基质中含有胶原纤维和弹性纤维。软骨细胞位于软骨基质内，其所占据的空间称**软骨陷窝**，陷窝周围有一层含硫酸软骨素较多的基质，称**软骨囊**（图2-14）。靠近软骨膜的软骨细胞较幼稚，细胞扁而小，单个分布；位于软骨中部的软骨细胞大而圆，较成熟，成群分布，每群有2~8个细胞，又称**同源细胞群**。

（二）软骨的分类和各类软骨的结构特点

软骨（cartilage）由软骨组织及其周围的软骨膜构成。软骨是固态的结缔组织，略有弹性，有一定的支持和保护作用。软骨膜由致密结缔组织构成，被覆在软骨的表面，主要起保护和营养作用。根据软骨组织所含纤维的不同，可将软骨分为透明软骨、纤维软骨和弹性软骨三种。

1. 透明软骨（hyaline cartilage）分布于关节软骨、肋软骨及呼吸道等处。新鲜时呈淡蓝色半透明状，较脆易折。透明软骨基质较为丰富，内含纤细的胶原纤维，由于其折光率与基质相似，故在一般组织切片上看不到纤维成分（图2-14）。

2. 纤维软骨（fibrous cartilage）分布于椎间盘、关节盘及耻骨联合等处。其特点是基质很少，其中含有大量的胶原纤维束，平行或交叉排列。软骨细胞单个、成对或成单

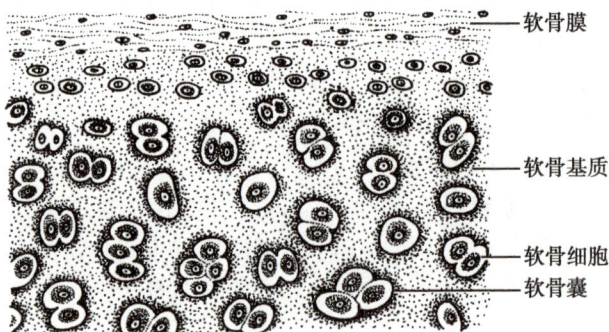

图2-14　透明软骨

行排列，分布于纤维束间（图2-15）。软骨陷窝周围也可见软骨囊。

3. 弹性软骨（elastic cartilage） 分布于耳廓及会厌等处。其构造与透明软骨相似，但间质中有大量交织成网的弹性纤维，将软骨细胞分散隔离（图2-16）。弹性软骨具有较强的弹性。

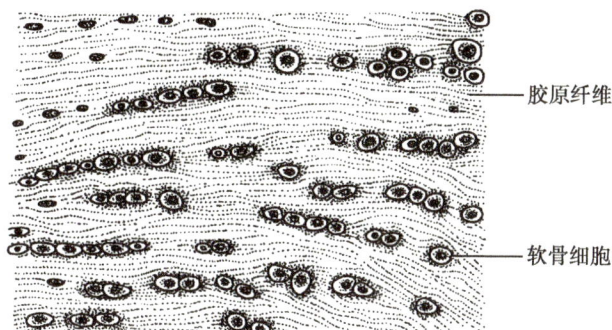

图2-15 纤维软骨

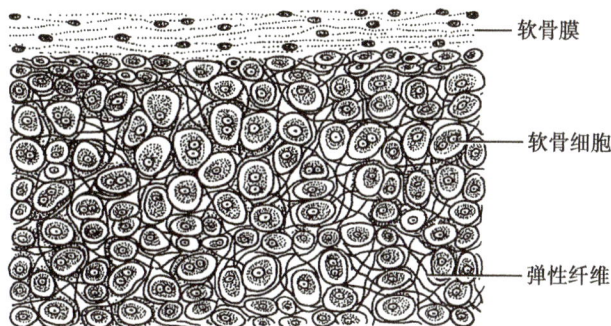

图2-16 弹性软骨

三、骨组织与骨

骨由骨组织、骨膜及骨髓等构成。骨组织是坚硬而有一定韧性的结缔组织。

（一）骨组织的一般结构

骨组织（osseous tissue）由大量钙化的细胞间质及多种细胞组成。

1. 细胞间质 又称**骨基质**，由有机成分和无机成分构成。有机成分由成骨细胞分泌形成，包括大量胶原纤维及少量无定形凝胶状基质。无机成分又称**骨盐**（bone mineral），主要为羟磷灰石结晶。有机成分与无机成分的紧密结合使骨十分坚硬。骨基质结构呈板层状，称为**骨板**（bone lamella）。同一骨板内的纤维相互平行，相邻骨板的纤维则相互垂直，这种结构形式有效地增强了骨的支持力。

2. 细胞 包括骨原细胞、成骨细胞、骨细胞及破骨细胞四种。骨细胞最多，位于骨基质内，其余三种细胞均位于骨组织的边缘。

（1）**骨细胞**（osteocyte）：是有许多细长突起的细胞，胞体较小，呈扁椭圆形，其所在空隙称**骨陷窝**，突起所在的空隙称**骨小管**（图2-17）。相邻骨细胞的突起以缝隙连接相连，骨小管则彼此连通。

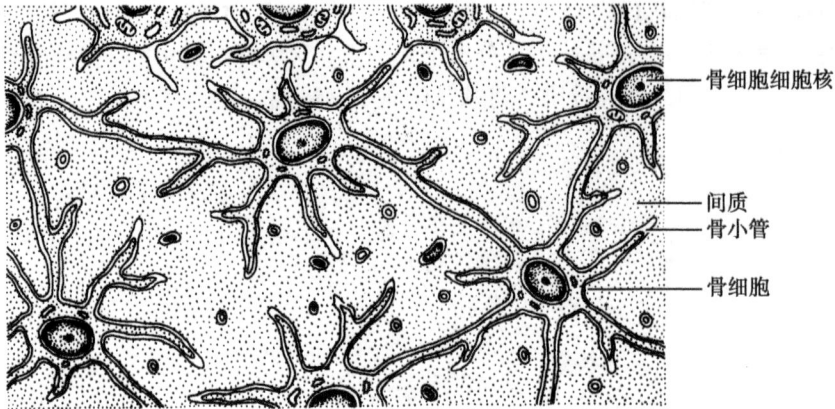

图2-17 骨细胞模式图

（2）**骨原细胞**（osteogenic cell）：是骨组织中的干细胞，位于骨外膜及骨内膜贴近骨质处。细胞较小，呈梭形，核椭圆形，细胞质少，弱嗜碱性。当骨组织生长或改建时，骨原细胞能分裂分化为成骨细胞。

（3）**成骨细胞**（osteoblast）：分布在骨组织表面。胞体大呈矮柱状或椭圆形，并带有小突起，核大而圆、核仁清楚，胞质嗜碱性，含有丰富的碱性磷酸酶。电镜下可见大量粗面内质网和发达的高尔基复合体。当骨生长和再生时，成骨细胞分泌骨基质的有机成分，并将自身包埋于其中，称为类骨质（osteoid），有骨盐沉积后则变为骨组织，成骨细胞则成熟为骨细胞。

（4）**破骨细胞**（osteoclast）：主要分布在骨组织表面，数目较少。破骨细胞是一种多核的大细胞，一般含有2～50个核。光镜下，破骨细胞贴近骨质的一侧有纹状缘，胞质呈泡沫状。电镜下，纹状缘是由许多不规则的微绒毛组成，又称皱褶缘，其基部的胞质内含有大量的溶酶体和吞饮小泡。破骨细胞有溶解和吸收骨质的作用。

（二）骨密质和骨松质的结构特点

长骨由骨松质、骨密质、骨膜、关节软骨及血管、神经等构成。

1. 骨松质（spongy bone）　分布于长骨的骨骺，是大量针状或片状骨小梁相互连接而成的多孔隙网架结构，网孔即骨髓腔，其中充满红骨髓。骨小梁由数层平行排列的骨板和骨细胞构成（图2-18）。

2. 骨密质（compact bone）　多分布于长骨骨干。骨密质内的骨板排列十分致密而规则，按骨板排列方式可分为环骨板、骨单位和间骨板（图2-18）。

（1）**环骨板**（circumferential lamella）：分布于长骨干的外侧面及近骨髓腔的内侧面，分别称为**外环骨板**及**内环骨板**。外环骨板较厚，约有10～20层，较整齐地环绕骨干排列。内环骨板较薄，仅由数层骨板组成，排列不甚规则。外环骨板及内环骨板均有横向穿越的小管，称穿通管，又称福克曼管。穿通管与纵行排列的骨单位中央管相通连，它们都是小血管、神经及骨膜成分的通道，并含有组织液。

（2）**骨单位**（osteon）：又称**哈佛系统**（Haversian system），是长骨干起支持作用的主要结构单位。骨单位位于内、外环骨板之间，数量较多，沿着骨干纵向排列，呈筒状，由10～20层同心圆排列的骨板即哈佛骨板围成，其中央有一条纵行小管，**称中央管**，也称

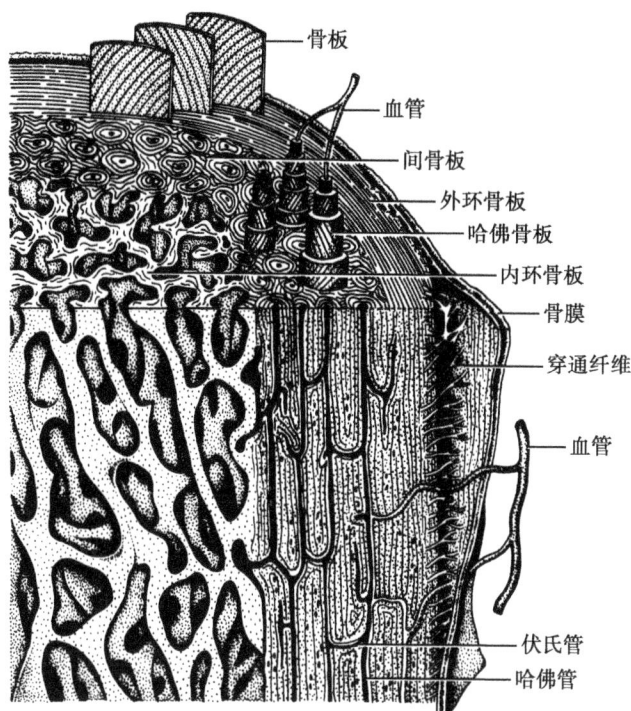

图2-18 长骨结构模式图

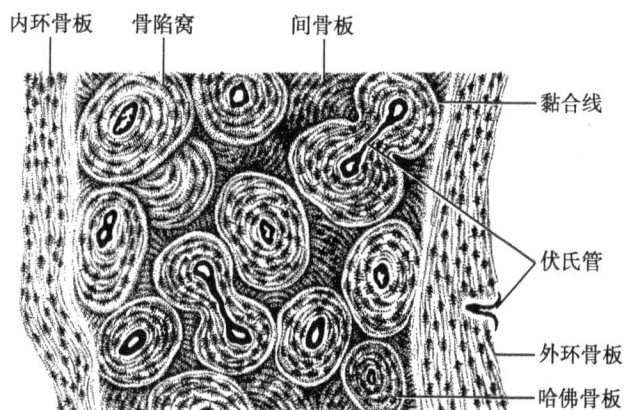

图2-19 长骨磨片（横切面）

哈佛管（图2-19），是血管和神经的通道。各层骨板之间有骨细胞，各层骨细胞的突起经骨小管穿越骨板相互连接。

（3）**间骨板**（interstitial lamella）：是填充在骨单位之间的一些不规则的平行骨板，它们是原有的骨单位或内外环骨板未被吸收的残留部分，内有骨陷窝和骨小管。

3. 骨膜 除关节面以外，骨的内、外表面分别覆以骨内膜和骨外膜。骨外膜分为两层：外层较厚，为致密结缔组织，纤维粗大而密集，有的纤维横向穿入外环骨板，称穿通纤维，起固定骨膜和韧带的作用；内层较薄，为疏松结缔组织，含骨原细胞和成骨细胞及小血管和神经。在骨髓腔面、骨小梁的表面、中央管及穿通管的内表面均衬有薄层疏松结缔组织，即骨内膜，骨内膜的纤维细而少，细胞常排列成一层，似单层扁平上皮，细胞间有缝隙连接。

（三）骨的发生

骨起源于骨原细胞，骨的发生有两种方式，即膜内成骨与软骨内成骨。

1.膜内成骨   由含骨原细胞的结缔组织膜直接骨化而成。人体的顶骨、额骨和锁骨等以此种方式发生。首先，在将要形成骨的部位血管增生，间充质细胞渐密集并分化为骨原细胞，其中部分骨原细胞增大，分化为成骨细胞，成骨细胞分泌类骨质，并被包埋其中，成为骨细胞，类骨质再钙化形成骨组织。最早形成骨组织的部位称为**骨化中心**。新形成的骨组织表面始终保留着成骨细胞或骨原细胞，它们向周围逐渐形成初级骨小梁，进而形成初级骨松质。骨化过程由中心向周围不断扩展，骨松质不断增厚，骨化中心外周的间充质分化为骨膜。骨膜内的成骨细胞在骨松质表面成骨，形成骨密质，即内板和外板，两板之间的骨松质为板障。此后即进入生长与改建阶段。

2.软骨内成骨   由间充质先形成软骨雏形，然后软骨组织不断被骨组织取代。四肢骨、躯干骨及颅底骨等主要以此方式发生。现以长骨的发生为例（图2-20），叙述如下。

（1）软骨雏形形成：在长骨将要发生的部位，间充质细胞密集并分化出骨原细胞，后者继而分化为软骨细胞。软骨细胞分泌软骨基质，细胞也被包埋其中，成为软骨组织。周围的间充质分化为软骨膜，于是形成一块外形与长骨相似的透明软骨，称为软骨雏形。

（2）骨领形成：在软骨雏形中段，软骨膜深层的骨原细胞分化为成骨细胞，成骨细胞在软骨表面产生类骨质，随后钙化为骨基质，于是形成一圈包绕软骨中段的薄层原始骨组

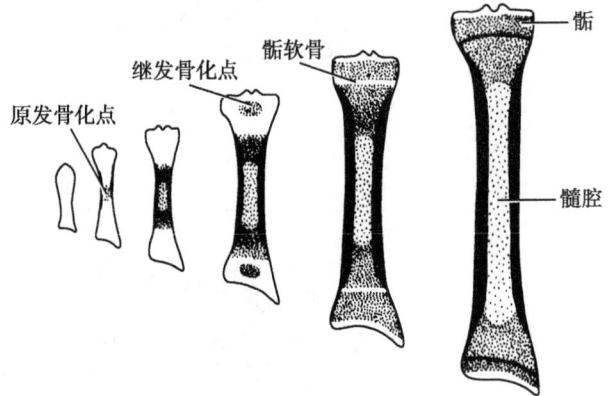

图2-20   软骨内成骨过程

织，形如领圈，称为骨领。骨领表面的软骨膜改称骨外膜。

（3）初级骨化中心形成：在骨领形成同时，软骨雏形中央的软骨细胞肥大并分泌碱性磷酸酶，使软骨基质迅速钙化，随之软骨细胞退化、死亡。该区是软骨内首先成骨的区域，称初级骨化中心。骨外膜的血管与间充质及破骨细胞等穿过骨领，进入初级骨化中心，溶解吸收钙化的软骨基质，形成许多不规则的初级骨髓腔，成骨细胞附于残存的钙化骨基质表面成骨，形成过渡型骨小梁。

（4）骨髓腔形成与骨的增长：初级骨化中心的过渡型骨小梁不久又被破骨细胞溶解吸收，使许多初级骨髓腔融合成一个大的次级骨髓腔。骨领外不断成骨，骨领内表面不断被破骨细胞吸收，使骨干保留适当厚度的同时又不断增粗。初级骨化中心两端的软骨组织也不断生长，紧邻骨髓腔的软骨又不断退化，使初级骨化中心的骨化过程得以从骨干中段持续向两端进行，使骨不断加长，骨髓腔也随之增宽、扩大。

（5）次级骨化中心出现及骨骺形成：次级骨化中心出现在长骨两端，出现的时间有所不同，一般在出生前后。次级骨化中心的骨化是从中央向周围辐射，最后大部分软骨被初

级骨松质取代，使骨干两端变成骨骺。骨骺和骨干之间也保留一层软骨，称骺板，此处的软骨细胞不断分裂增殖，是长骨继续增长的基础。到17~20岁，骺板停止生长，被骨组织取代，留下一骨化痕迹，称骺线，长骨因而不再加长。

四、血 液

血液（blood）是一种液状结缔组织，由血浆和血细胞组成。

（一）血浆

血浆（plasma）是流动的液体，相当于结缔组织的细胞间质，约占血液容积的55%，其中90%是水，其余为血浆蛋白（白蛋白、球蛋白、纤维蛋白原）、脂蛋白、脂滴、无机盐、酶、激素、维生素和各种代谢产物。血液凝固后析出淡黄色透明的液体，称**血清**（serum）。血清中不含纤维蛋白原。

（二）血细胞

血细胞（blood cell）约占血液容积的45%，包括红细胞、白细胞和血小板（见彩图1）。正常人血细胞有一定的形态结构，并有相对稳定的数量。血细胞形态结构通常采用Wright或Giemsa染色的血涂片标本光镜下观察。血细胞的分类和计数正常值如下：

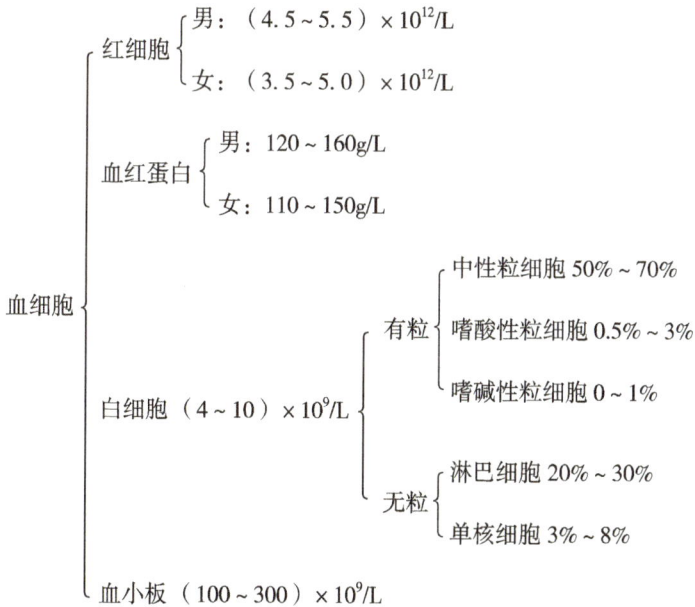

$$
\text{血细胞}
\begin{cases}
\text{红细胞}
\begin{cases}
\text{男：}(4.5\sim5.5)\times10^{12}/L\\
\text{女：}(3.5\sim5.0)\times10^{12}/L
\end{cases}\\
\text{血红蛋白}
\begin{cases}
\text{男：}120\sim160g/L\\
\text{女：}110\sim150g/L
\end{cases}\\
\text{白细胞}(4\sim10)\times10^{9}/L
\begin{cases}
\text{有粒}
\begin{cases}
\text{中性粒细胞 }50\%\sim70\%\\
\text{嗜酸性粒细胞 }0.5\%\sim3\%\\
\text{嗜碱性粒细胞 }0\sim1\%
\end{cases}\\
\text{无粒}
\begin{cases}
\text{淋巴细胞 }20\%\sim30\%\\
\text{单核细胞 }3\%\sim8\%
\end{cases}
\end{cases}\\
\text{血小板}(100\sim300)\times10^{9}/L
\end{cases}
$$

1. 红细胞（red blood cell，RBC） 直径7~8.5μm，呈双凹圆盘状，中央较薄，周缘较厚，故在血涂片标本中呈中央染色较浅、周缘较深。

成熟红细胞无细胞核，也无细胞器，胞质内充满**血红蛋白**（hemoglobin，Hb）。血红蛋白是含铁的蛋白质，约占红细胞重量的33%，它具有结合与运输O_2和CO_2的功能。外周血中除大量成熟红细胞以外，还有少量未完全成熟的红细胞，称为**网织红细胞**（reticulocyte），在成人约为红细胞总数的0.5%~1.5%，新生儿较多，可达3%~6%。网织红细胞的直径略大于成熟红细胞，在常规染色的血涂片中不能与成熟红细胞区分，用煌焦油蓝作体外活体染色，可见细胞胞质内有染成蓝色的细网或颗粒，电镜下观察为细胞内残留的核糖体。网织红细胞仍有合成血红蛋白的功能，一般经1~3天后充分成熟为红细胞。网织红细胞的计数，对血液病的诊断和预后的判定具有一定的临床意义。红细胞的平均寿命约120天。

2. 白细胞（white blood cell，WBC） 是一种有胞核、圆球形的血细胞，体积一般比红细胞大，能变形穿过毛细血管壁进入结缔组织等处，发挥防御和免疫功能。

根据白细胞胞质内有无特殊颗粒，可将其分为有粒白细胞和无粒白细胞两类。有粒白细胞又根据颗粒的嗜色性，分为中性粒细胞、嗜酸性粒细胞和嗜碱性粒细胞三种；无粒白细胞可分为单核细胞和淋巴细胞两种。

（1）中性粒细胞：占白细胞总数的50%～70%，细胞呈球形，直径10～12μm。核的形态多样，有的呈腊肠状，称杆状核；有的呈分叶状，叶间有细丝相连，称分叶核。细胞核一般为2～5叶，正常人以2～3叶者居多。在某些疾病情况下，核1～2叶的细胞百分比增多，称为核左移；核4～5叶的细胞增多，称为核右移。杆状核粒细胞则较幼稚，约占粒细胞总数的5%～10%，在机体受细菌严重感染时，其比例显著增高。

中性粒细胞的胞质染成粉红色，含有许多细小的淡紫色及淡红色颗粒，颗粒可分为嗜天青颗粒和特殊颗粒两种。嗜天青颗粒较少，呈紫色，约占颗粒总数的20%，光镜下着色略深，体积较大，电镜下呈圆形或椭圆形（图2-21）。特殊颗粒数量多，淡红色，约占颗粒总数的80%，颗粒较小。中性粒细胞具有活跃的变形运动和较强吞噬及杀菌的能力。当机体受到细菌等感染时，中性粒细胞起着重要的防御作用。在分解细菌过程中，中性粒细胞可变性坏死，成为脓细胞，与坏死组织及细菌一起成为脓液。

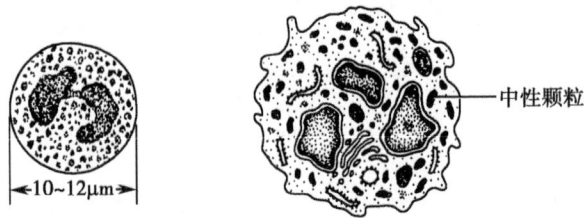

图2-21 中性粒细胞光镜结构（左图）与超微结构（右图）

（2）嗜酸性粒细胞：占白细胞总数的0.5%～3%。细胞呈球形，直径10～15μm，核常为2叶，胞质内充满粗大均匀的嗜酸性颗粒，染成橘红色（图2-22）。电镜下，颗粒多呈椭圆形，内含晶状小体。嗜酸性粒细胞也能作变形运动，可选择性地吞噬抗原抗体复合物，并能释放组胺酶灭活组胺，从而减轻过敏反应，还能借助免疫物质，杀灭寄生虫。在过敏性疾病或寄生虫病时，血液中嗜酸性粒细胞增多。

（3）嗜碱性粒细胞：占白细胞总数的0～1%。细胞呈球形，直径10～12μm。胞核分叶或呈S形或不规则形，着色较浅。胞质内含有嗜碱性颗粒，大小不等，分布不均，染成蓝紫

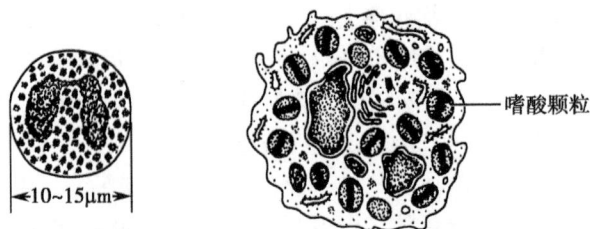

图2-22 嗜酸性粒细胞光镜结构（左图）与超微结构（右图）

色。颗粒具有异染性。电镜下，嗜碱性颗粒内充满细小微粒，呈均匀状或螺纹状分布（图2-23）。颗粒内含有肝素和组胺，白三烯则存在于细胞基质内。肝素具有抗凝血作用，组胺和白三烯参与过敏反应。嗜碱性粒细胞的功能与肥大细胞相似，但两者的关系尚待研究。

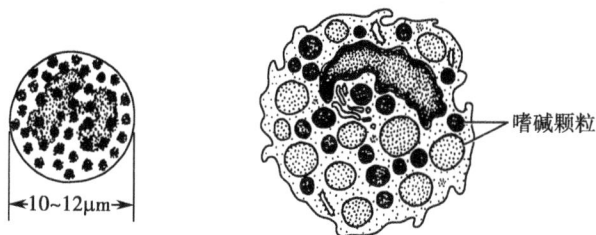

图2-23　嗜碱性粒细胞光镜结构（左图）与超微结构（右图）

（4）淋巴细胞：占白细胞总数的20%～30%，细胞呈圆形或椭圆形，大小不等。直径6～8μm的为小淋巴细胞，9～12μm的为中淋巴细胞，13～20μm的为大淋巴细胞。小淋巴细胞数量最多，细胞核圆形，一侧常有小凹陷，染色质致密，呈块状，着色深，核占细胞的大部，胞质很少，在核周成一窄缘，嗜碱性，染成深蓝色，含少量嗜天青颗粒。中淋巴细胞和大淋巴细胞的核椭圆形，染色质较疏松，故着色较浅，胞质较多，胞质内也可见少量嗜天青颗粒。电镜下，胞质内主要是大量的游离核糖体，其他细胞器均不发达（图2-24）。

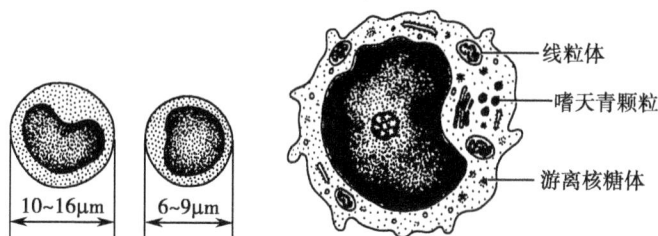

(1) 淋巴细胞

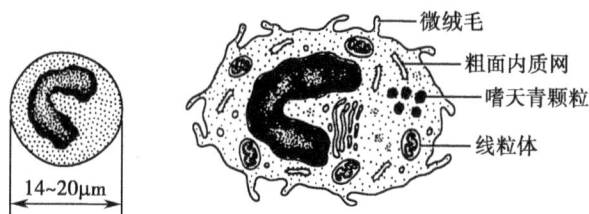

(2) 单核细胞

图2-24　淋巴细胞和单核细胞光镜结构（左图）与超微结构（右图）

根据淋巴细胞的发生部位、表面特性和免疫功能等的不同，淋巴细胞可分为**胸腺依赖淋巴细胞**（thymus dependent lymphocyte）（简称T淋巴细胞）、**骨髓依赖淋巴细胞**（bone marrow dependent lymphocyte）（简称B淋巴细胞）、**杀伤性淋巴细胞**（killer cell）（简称K细胞）和**自然杀伤性淋巴细胞**（natural killer cell）（简称NK细胞）。

T淋巴细胞约占血液中淋巴细胞的75％，它与细胞免疫有关；B淋巴细胞占血液中淋巴细胞的10％～15％，与体液免疫有关。

（5）单核细胞：占白细胞总数的3％～8％。是白细胞中体积最大的细胞，直径14～20μm，呈圆形或椭圆形，胞核形态多样，呈卵圆形、肾形、马蹄形或不规则形等，核常偏位，染色质颗粒细而松散，着色较浅；胞质丰富，呈弱嗜碱性，染成浅灰蓝色，内含嗜天青颗粒。电镜下，细胞表面有皱褶和微绒毛，胞质内有许多吞噬泡、线粒体和粗面内质网。单核细胞有活跃的变形运动及吞噬功能，属于单核吞噬细胞系统成员之一。它可离开血管进入不同组织，在体内不同的微环境内，成为形态和功能不全相同的细胞。如巨噬细胞、肺内的尘细胞、神经组织中的小胶质细胞等。这些细胞均具有吞噬和参与免疫反应的能力。

3. 血小板（blood platelet） 由骨髓中巨核细胞胞质脱落而形成的小块状结构，体积小，直径2～4μm，在血涂片中，血小板常呈多角形，无细胞核，聚集成群。血小板在止血和凝血过程中起重要作用。血液中的血小板正常值为（100～300）×10^9个/L，低于$100×10^9$个/L为血小板减少，低于$50×10^9$个/L则有出血危险。血小板寿命约7～14天。

（三）血细胞的发生

人的血细胞最早是在胚胎卵黄囊壁的血岛生成，胚胎第6周，从卵黄囊迁入肝的造血干细胞开始造血，胚胎第4～5个月，脾内造血干细胞增殖分化产生各种血细胞。从胚胎后期至生后终身，骨髓成为主要的造血器官。

血细胞发生是造血干细胞经增殖、分化直至成为各种成熟血细胞的过程。**造血干细胞**（hemopoietic stem cell）是生成各种血细胞的原始细胞，又称多能干细胞。造血干细胞可增殖分化为造血祖细胞，它也是一种相当原始的具有增殖能力的细胞，能向一个或几个血细胞系定向增殖分化，也称定向干细胞。造血干细胞还能通过自我复制来保持造血干细胞的特性和恒定的数量。

血细胞的发生是一连续发展过程，各种血细胞的发育大致可分为三个阶段：原始阶段、幼稚阶段（又分早、中、晚三期）和成熟阶段。血细胞发生过程中形态变化的一般规律如下：①胞体由大变小；②胞核由大变小，红细胞的核最后消失，粒细胞的核由圆形逐渐变成杆状乃至分叶，染色质由细疏逐渐变粗密，核仁由有到无；③胞质的量由少逐渐增多，胞质嗜碱性逐渐变弱，胞质内的特殊结构如红细胞中的血红蛋白、粒细胞中的特殊颗粒均由无到有；④细胞分裂能力从有到无。

1. 红细胞发生 红细胞发生历经原红细胞、早幼红细胞、中幼红细胞、晚幼红细胞，后者脱去胞核成为网织红细胞，最终成为成熟红细胞。从原红细胞的发育至晚幼红细胞大约需3～4天。巨噬细胞可吞噬晚幼红细胞脱出的胞核和其他代谢产物，并为红细胞的发育提供营养物。

2. 粒细胞发生 粒细胞发生历经原粒细胞、早幼粒细胞、中幼粒细胞、晚幼粒细胞进而分化为成熟的杆状核和分叶核粒细胞。从原粒细胞增殖分化为晚幼粒细胞大约需4～6天。骨髓内的杆状核粒细胞和分叶核粒细胞的贮存量很大，在骨髓停留4～5天后释放入血。

3. 单核细胞发生 单核细胞的发生经过原单核细胞和幼单核细胞变为单核细胞。幼单核细胞增殖力很强，约38％的幼单核细胞处于增殖状态，单核细胞在骨髓中的贮存量不及粒细胞多，当机体出现炎症或免疫功能活跃时，幼单核细胞加速分裂增殖，以提供足量的单核细胞。

4. 血小板发生　原巨核细胞经幼巨核细胞发育为巨核细胞，巨核细胞的胞质块脱落成为血小板。每个巨核细胞可生成约2000个血小板。

第三节　肌　组　织

肌组织（muscle tissue）主要由肌细胞组成，肌细胞之间有少量结缔组织、血管和神经，肌细胞细长，又称肌纤维。肌纤维的细胞膜称**肌膜**，细胞质称**肌浆**，肌浆中有许多与细胞长轴相平行排列的**肌丝**，它是肌纤维舒缩功能的物质基础。根据其结构和功能特点，将肌组织分为三类：骨骼肌、心肌和平滑肌。

一、骨　骼　肌

骨骼肌（skeletal muscle）借肌腱附着在骨骼上。整块肌外面包有结缔组织形成肌外膜，肌外膜伸入肌内分隔和包围大小不等的肌束形成肌束膜，每条肌纤维周围包有少量结缔组织称为肌内膜。肌纤维有明暗相间的横纹，骨骼肌受躯体神经支配，收缩迅速有力，又称随意肌（图2-25）。

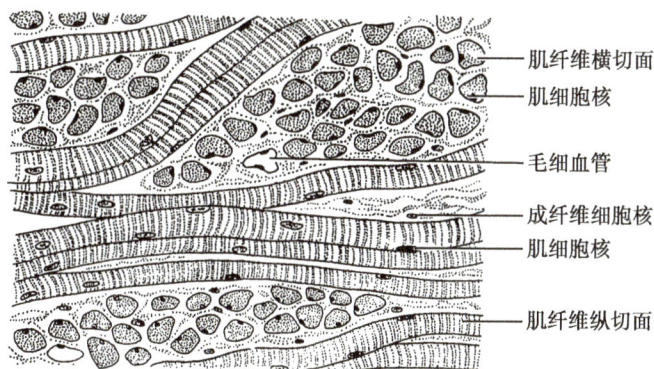

右侧标注（从上到下）：
肌纤维横切面
肌细胞核
毛细血管
成纤维细胞核
肌细胞核
肌纤维纵切面

图2-25　骨骼肌纵切及横切面

（一）骨骼肌纤维的光镜结构

骨骼肌纤维呈细长圆柱形，长1~40mm，直径10~100μm。有多个椭圆形细胞核位于周边靠近肌膜处，核呈扁椭圆形，染色较浅。肌浆中含有丰富的肌原纤维，肌原纤维之间含有大量线粒体、糖原、脂滴等，肌原纤维呈细丝状，沿肌纤维长轴平行排列。每条肌原纤维上都有明暗相间的横纹。由于每条肌原纤维的明暗带都相应的排列在同一平面上，故骨骼肌纤维呈现出明暗相间的横纹。明带又称I带，暗带又称A带，暗带中央有一条浅色窄带称H带，H带中央有一条深色的M线，明带中央有一条深色的Z线。相邻两条Z线之间的一段肌原纤维称肌节，每个肌节由1/2I带 + A带 + 1/2I带构成。肌节是肌原纤维结构和功能的基本单位。

（二）骨骼肌纤维的超微结构

1. 肌原纤维　由粗、细两种肌丝有规律地平行排列组成。粗肌丝位于A带，中央固定于M线，两端游离，细肌丝一端固定于Z线，另一端伸至粗肌丝之间，止于H带外侧。I带内仅有细肌丝，H带内仅有粗肌丝，H带两侧的A带内既有粗肌丝，又有细肌丝（图2-26）。

粗肌丝由肌球蛋白组成。肌球蛋白呈豆芽状，分头和杆两部分，在头和杆连接点及杆上有两处类关节结构，可以屈动。M线两侧的肌球蛋白对称排列，杆部朝向M线，头端朝向Z线并突出于粗肌丝表面形成横桥。肌球蛋白分子的头是ATP酶，能与ATP结合。当肌球蛋白头与肌动蛋白接触时，ATP酶被激活，分解ATP释放能量，使横桥发生屈伸运动。细肌丝由肌动蛋白、原肌球蛋白和肌钙蛋白组成。肌动蛋白单体呈球形，许多单体相互串联成串珠状双股螺旋链，每个单体上都有与肌球蛋白头部结合的位点。原肌球蛋白是由较短的双股螺旋多肽链组成，首尾相连，嵌于肌动蛋白双股螺旋链的浅沟内。肌钙蛋白由TnT、TnI、TnC三个球形亚单位构成，肌钙蛋白借TnT附着于原肌球蛋白分子上，TnC能与钙离子结合，TnI则能抑制肌动蛋白和肌球蛋白相互作用。

2. 横小管 是肌膜向肌浆内凹陷形成的小管，与肌纤维长轴垂直，又称T小管。人和哺乳动物的横小管位于A带和I带交界处。横小管可将肌膜的兴奋迅速传至每个肌节。

3. 肌浆网 是肌纤维内特化的滑面内质网，沿肌纤维长轴纵行排列并环绕肌原纤维，位于横小管之间，又称纵小管（图2-27）。横小管两侧的肌浆网扩大呈扁囊状，称**终池**，每条横小管与其两侧的终池组成**三联体**。肌浆网有调节肌浆中钙离子浓度的作用。

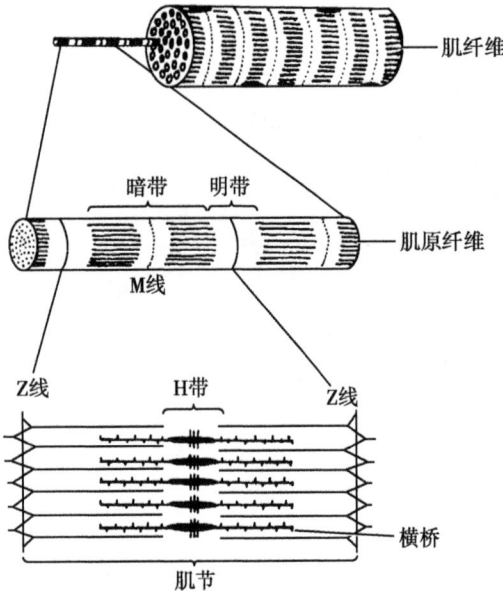

图2-26 骨骼肌纤维逐级放大模式图

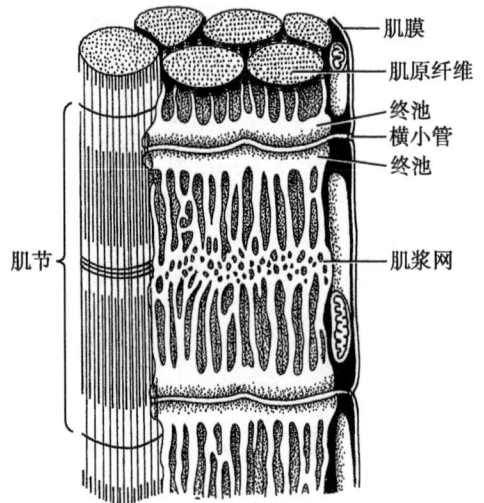

图2-27 骨骼肌肌原纤维与肌浆网

（三）骨骼肌纤维的收缩原理

目前认为，骨骼肌纤维的收缩机制是"肌丝滑行"原理。其过程大致为：①神经冲动经运动终板传至肌膜；②肌膜的兴奋经横小管迅速传至终池和肌浆网，肌浆网膜上的钙泵活动，释放大量钙离子到肌浆内；③钙离子与TnC结合，引起肌钙蛋白和原肌球蛋白构型发生变化，使肌动蛋白活性位点暴露并迅速与肌球蛋白头相接触；④肌球蛋白头上的ATP酶被激活，分解ATP释放能量，肌球蛋白头和杆发生屈动，向M线方向摆动，将细肌丝拉向M线；⑤细肌丝沿粗肌丝向A带内滑入，I带和H带缩窄，A带长度不变，肌节缩短，肌纤维收缩；⑥收缩完毕，钙离子被泵回肌浆网，TnC与钙离子分离，细肌丝脱离粗肌丝并退回原位，肌节复原，肌纤维舒张。

二、心 肌

心肌（cardiac muscle）分布于心和邻近心的大血管近段。心肌收缩具有自动节律性，不易疲劳，属不随意肌。

（一）心肌纤维的光镜结构

心肌纤维呈短柱状，多数有分支，并相互连接成网状。心肌纤维的连接处称**闰盘**，在HE染色的标本中呈着色较深的横形或阶梯状粗线（图2-28）。心肌纤维的核呈卵圆形，1~2个，位居中央。心肌纤维的肌浆较丰富，多聚在核的两端，含有线粒体、脂滴和脂褐素等。心肌纤维的横纹没有骨骼肌明显，肌原纤维较骨骼肌少，多分布在肌纤维的周边。

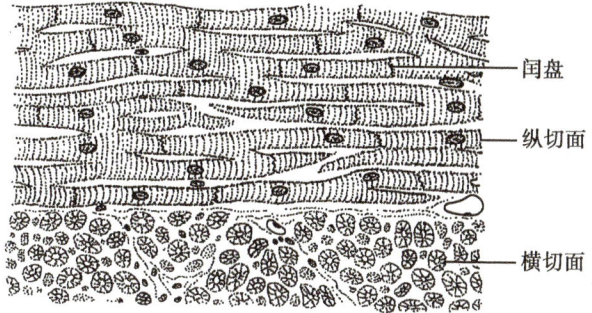

图2-28 心肌

（二）心肌纤维的超微结构

心肌纤维也含有粗、细两种肌丝，它们在肌节内的排列分布与骨骼肌纤维相同，也具有肌浆网和横小管等结构。心肌纤维的超微结构有下列特点：①大量肌丝形成粗细不等的肌丝束，肌原纤维不明显，横纹不明显；②横小管较粗，位于Z线水平；③肌浆网稀疏，终池扁小，横小管与一侧的终池紧贴形成二联体；④闰盘位于Z线水平，呈阶梯状，闰盘的横位部分有中间连接和桥粒，纵位部分有缝隙连接，这对心肌纤维整体活动的同步化十分重要；⑤心房肌纤维除有舒缩功能外，还有内分泌功能，可分泌心房钠尿肽或称心钠素，具有排钠、利尿和扩张血管、降低血压的作用。

三、平 滑 肌

平滑肌（smooth muscle）广泛分布于血管壁和许多内脏器官，又称内脏肌。平滑肌的收缩较为缓慢和持久，属不随意肌。

（一）平滑肌纤维的光镜结构

平滑肌纤维呈长梭形，无横纹。细胞核只有一个，呈长椭圆形或杆状，位于中央（图2-29），核两端的肌浆较丰富。平滑肌纤维长短不一，一般长200μm，小血管壁平滑肌短至20μm，而妊娠子宫平滑肌可长达500μm。

（二）平滑肌纤维的超微结构

平滑肌的肌膜向肌浆内凹陷形成

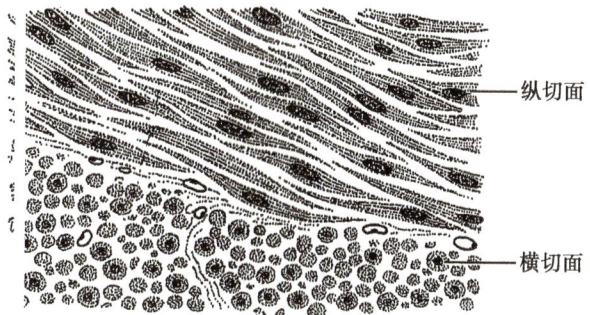

图2-29 平滑肌

众多小凹，相当于横纹肌的横小管。肌浆网稀疏，呈小管状，平滑肌细胞内无肌原纤维及明显的肌节结构。平滑肌的细胞骨架系统比较发达，主要由密斑、密体和中间丝组成。密斑位于肌膜下，为细肌丝附着点，密体位于胞质中，是细肌丝和中间丝的附着点，密体相当于横纹肌的Z线。中间丝连于相邻密体之间。粗、细肌丝主要位于细胞周边部的肌浆中，若干条粗、细肌丝聚集形成肌丝单位，又称收缩单位。相邻平滑肌纤维之间有缝隙连接，利于化学信息和神经冲动的传导，使众多平滑肌同步收缩。

第四节 神 经 组 织

神经组织（nerve tissue）由神经细胞和神经胶质细胞组成。神经细胞又称神经元，是神经系统的结构和功能单位，具有接受刺激、传导神经冲动的功能。神经胶质细胞又称神经胶质，对神经元起着支持、营养、保护和分隔等作用。

一、神 经 元

（一）神经元的形态结构

神经元（neuron）的形态多种多样，大小不一，但基本结构包括细胞体和突起两部分组成（图2-30）。

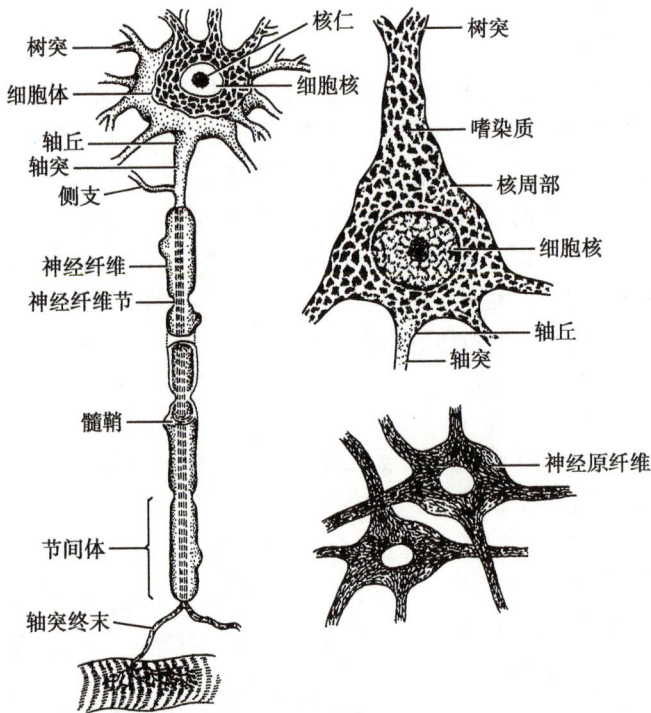

图2-30 神经元和神经纤维结构模式图

1. 细胞体 大小差异很大，直径4～120μm，胞体中央有一个大而圆的细胞核，染色浅，核仁明显。细胞质内除含一般的细胞器和发达的高尔基复合体外，还有丰富的尼氏体和神经原纤维。

（1）**尼氏体**（Nissl body）：又称**嗜染质**（chromophil substance），是胞质内的一种嗜碱性物质，光镜下呈嗜碱性颗粒状或斑块状，电镜下尼氏体由许多平行排列的粗面内质网和游离核糖体构成，这表明神经细胞具有合成蛋白质的旺盛功能。

（2）**神经原纤维**：光镜下可见棕黑色细长神经原纤维交错成网，并伸入树突和轴突。

电镜下神经原纤维是由排列成束的神经丝和微管构成，它们构成神经元的细胞骨架，参与物质的运输。

2. 突起 根据突起的形态、数量和长短不同，又分为**树突**（dendrite）和**轴突**（axon）两种。

（1）**树突**：多呈树状分支，有一条或多条，其分支表面常见大量棘状小突，它是神经元之间形成突触的主要部位。树突的功能主要是接受刺激，棘状小突和树突大大增加了神经元的接受面。

（2）**轴突**：呈细索状，一个神经元只有一条轴突，表面光滑，细而长，分支少，可见侧支呈直角分出，轴突末端的分支较多，形成轴突终末；胞体发出轴突的部位常呈圆锥形，称轴丘，光镜下无尼氏体，染色淡。轴突的细胞膜称轴膜，细胞质称轴质。轴突内无尼氏体和高尔基复合体，故不能合成蛋白质，轴突成分的更新及神经递质合成所需的酶和蛋白质，是在胞体内合成后输送到轴突及其末梢的。一个神经元通过轴突及其分支可和若干个其他细胞相联系。轴突能将神经冲动从胞体传送到末梢，引起末梢释放化学物质，进而影响与它联系的各种细胞的生理活动。轴突也能由其他神经元引起兴奋。

（二）神经元的分类

1. 根据神经元突起的多少分类（图2-31） ①**多极神经元**：有一个轴突和多个树突；②**双极神经元**：有一个树突，一个轴突；③**假单极神经元**：从胞体发出一个突起，距胞体不远又分为两支，一支分布到外周其他组织器官，称周围突，另一支进入中枢神经系统，称中枢突。

2. 根据神经元的功能分类（图2-32） ①**感觉神经元**或称**传入神经元**：多为假单极神经元，胞体主要位于脑、脊神经节内，其周围突的末梢分布在皮肤和肌肉感受器等处，接受刺激，将神经冲动传向中枢；②**运动神经元**或称**传出神经元**：多为多极神经元，胞体主要位于脑、脊髓和自主神经节内，将神经冲动传给效应器如肌肉或腺体，产生效应；③**中间神经元**或称**联络神经元**：多为多极神经元，介于前两种神经元之间。

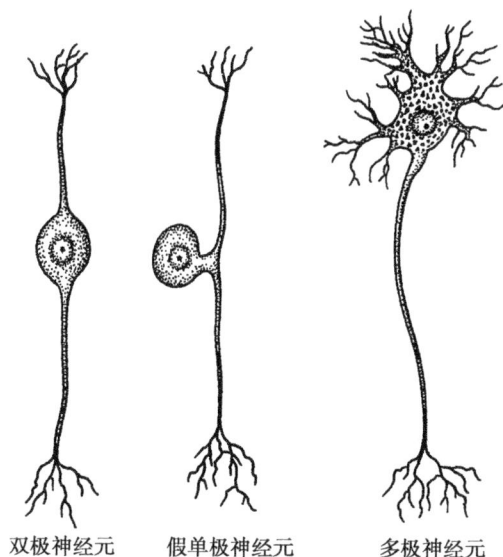

双极神经元　　假单极神经元　　多极神经元

图2-31　各类神经元

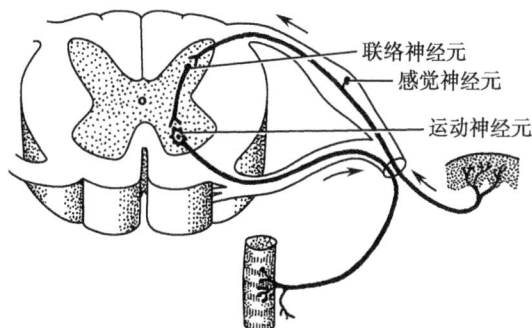

联络神经元
感觉神经元
运动神经元

图2-32　不同功能的神经元

3. 根据神经元释放的神经递质分类 分为胆碱能神经元、肾上腺素能神经元和肽能神经元等。

（三）突触

突触（synapse）是神经元与神经元之间，或神经元与非神经细胞之间的一种特化的细胞连接。突触可分为**化学性突触**和电突触两大类。化学性突触以神经递质作为传递媒介，是最常见的连接方式；电突触即缝隙连接，以电讯号传递信息。电镜下，化学性突触可分为三部分（图2-33）。

1. 突触前成分 是神经元轴突终末的膨大部分，该处的轴膜为**突触前膜**，轴质内含有许多突触小泡、线粒体、微丝和微管等。突触小泡内含多种神经递质，如乙酰胆碱、去甲肾上腺素等。

2. 突触后成分 是后一个神经元或效应细胞与突触前成分相对应的部分。与突触前膜相接触部位的轴膜为**突触后膜**。膜上有特异性受体，能与相应的神经递质结合而使突触后膜产生兴奋或抑制。

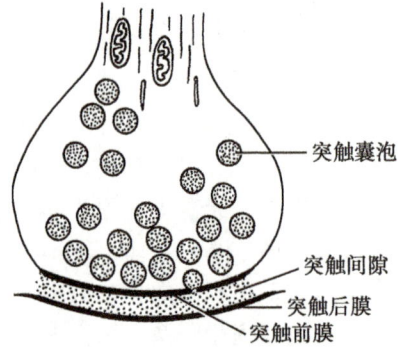

图2-33 突触的超微结构示意图

3. 突触间隙 为突触前膜和突触后膜之间的狭窄间隙。

当神经冲动传到突触前膜时，突触小泡紧贴突触前膜并释放神经递质，经突触间隙与突触后膜特异性受体结合并产生生理效应，将信息传递给后一个神经元或效应细胞。

二、神经胶质细胞

神经胶质细胞广泛分布于神经系统，胶质细胞与神经元数目之比约10：1～50：1。胶质细胞具有突起，但无树突和轴突之分，也不能传导神经冲动。

（一）中枢神经系统内的神经胶质细胞（图2-34）

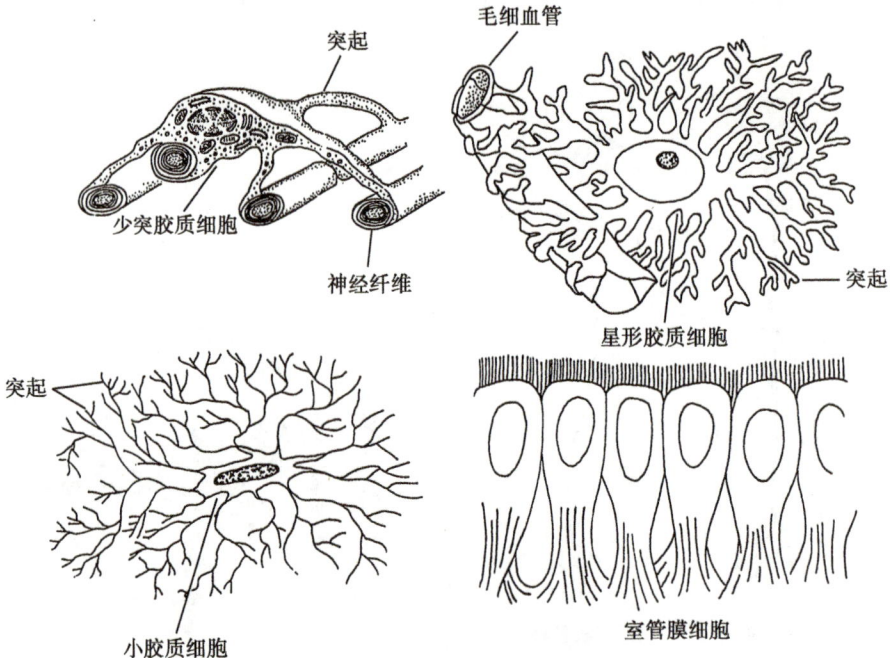

图2-34 中枢神经系统的神经胶质细胞

1. **星形胶质细胞** 是最大的一种神经胶质细胞，可分两种，即纤维性星形胶质细胞和原浆性星形胶质细胞。星形胶质细胞从胞体发出的突起充填在神经元胞体及其突起之间，起支持和绝缘作用，有些突起末端扩大形成脚板样胶质膜，附于毛细血管上，与毛细血管的内皮及其基膜共同组建成血–脑屏障，可将血液中的营养物质转运给神经元，并防止血液中的毒素及其他有害物质进入脑实质内，维持神经系统内环境的相对恒定。

2. **少突胶质细胞** 在银染色标本中，细胞突起较少，突起末端扩展成扁平薄膜，呈同心圆包卷神经元的轴突形成髓鞘，是中枢神经系统的髓鞘形成细胞，起绝缘、保护和营养作用。

3. **小胶质细胞** 是最小的胶质细胞，具有吞噬功能，属单核吞噬细胞系统。中枢神经系统损伤时，小胶质细胞可吞噬细胞碎屑及退化变性的髓鞘。

4. **室管膜细胞** 立方形或柱形，成单层分布于脑室和脊髓中央管的腔面，形成室管膜，可防止脑脊液进入脑和脊髓组织。

（二）周围神经系统内的神经胶质细胞

1. **神经膜细胞** 又称**施万细胞**（Schwann cell）。细胞呈薄片状，胞质少，排列成串地包卷周围神经纤维的轴突，形成周围有髓神经纤维的髓鞘（图2-35）。

2. **卫星细胞** 包裹在神经节细胞的周围，又称被囊细胞。

血–脑屏障（blood-brain barrier）是存在于血液与脑组织之间的一种屏障，由连续型毛细血管内皮细胞及其基膜和星形胶质细胞形成的神经胶质膜等共同构成，可限制血液中某些物质进入脑组织（图2-36）。

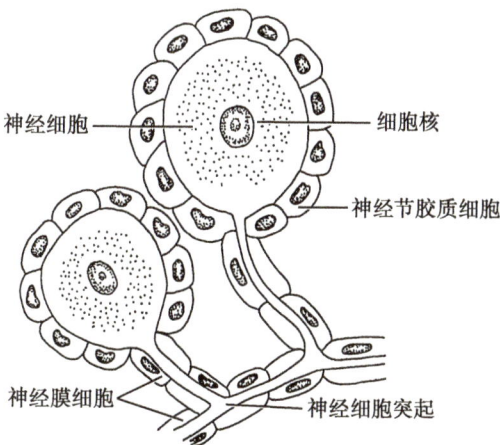

图2-35 周围神经系统的神经胶质细胞

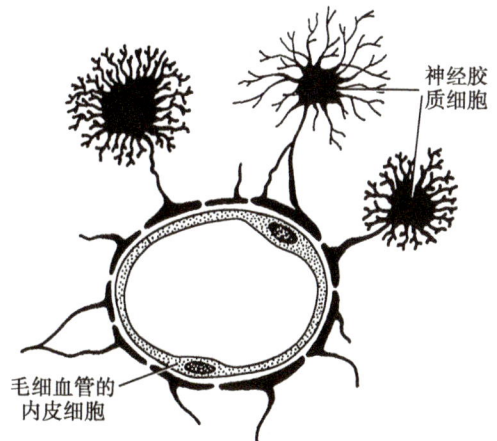

图2-36 血–脑屏障结构模式图

三、神经纤维和神经

（一）神经纤维

神经纤维（nerve fiber）由神经元的长突起及其外面包绕的神经胶质细胞构成。根据神经胶质细胞是否形成**髓鞘**（myelin sheath），可分为有髓神经纤维和无髓神经纤维两种。

1. **有髓神经纤维**（myelinated nerve fiber） 在神经元长突起的表面包绕一层髓鞘和神经膜。髓鞘呈节段性，每一节是由有一个神经膜细胞的胞膜包卷神经元长突起而形成的多层膜结构，相邻节段之间的缩窄处无髓鞘，称**郎飞结**（Ranvier node），相邻两个郎飞结之间的一段神经纤维称**结间体**（internode），髓鞘的外面包有一层基膜（图2-37）。

2.**无髓神经纤维**　无髓神经纤维由轴索及包在它外面的神经膜细胞构成（见图2-38），没有髓鞘和郎飞结。神经纤维的功能是传导神经冲动。冲动的传导是在轴膜上进行的，有髓神经纤维较粗，并有郎飞结，加上髓鞘的绝缘作用，神经冲动只能在郎飞节处呈跳跃式的从一个结到另一个结的传导，传导速度快。无髓神经纤维因无髓鞘和郎飞结，神经冲动只能沿轴膜连续传导，故传导速度慢。

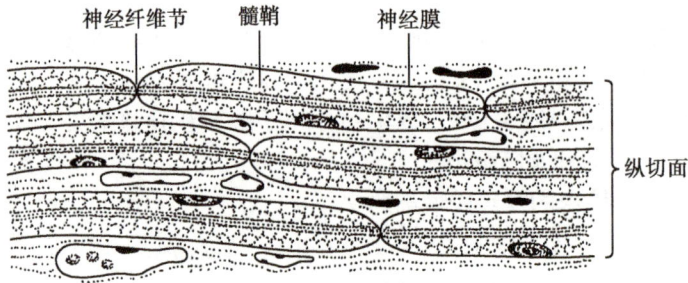

图2-37　有髓神经纤维

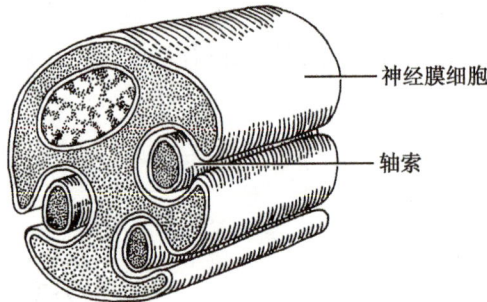

图2-38　无髓神经纤维模式图

（二）神经

周围神经系统的许多神经纤维平行排列外包结缔组织膜，构成**神经**（nerve），分布到全身各器官和组织。大多数神经同时含有感觉、运动和自主神经纤维。每条神经含若干神经束，每条神经束又含许多神经纤维；神经、神经束和神经纤维均有结缔组织包裹，这些结缔组织分别称为神经外膜、神经束膜和神经内膜。

四、神经末梢

周围神经纤维的终末部分终止于全身各组织或器官内，形成**神经末梢**（nerve ending），按其功能可分感觉神经末梢和运动神经末梢两类。

（一）感觉神经末梢

感觉神经末梢（sensory nerve ending）是感觉神经元周围突的终末部分，与其周围结构共同组成感受器，能接受刺激，并将刺激转化为神经冲动，传向中枢，产生感觉。按其形态结构分为两类（图2-39）。

1.**游离神经末梢**　由较细的有髓或无髓神经纤维的终末反复分支而成。分布在表皮、角膜、毛囊上皮及结缔组织等，感受冷热、轻触、疼痛等刺激。

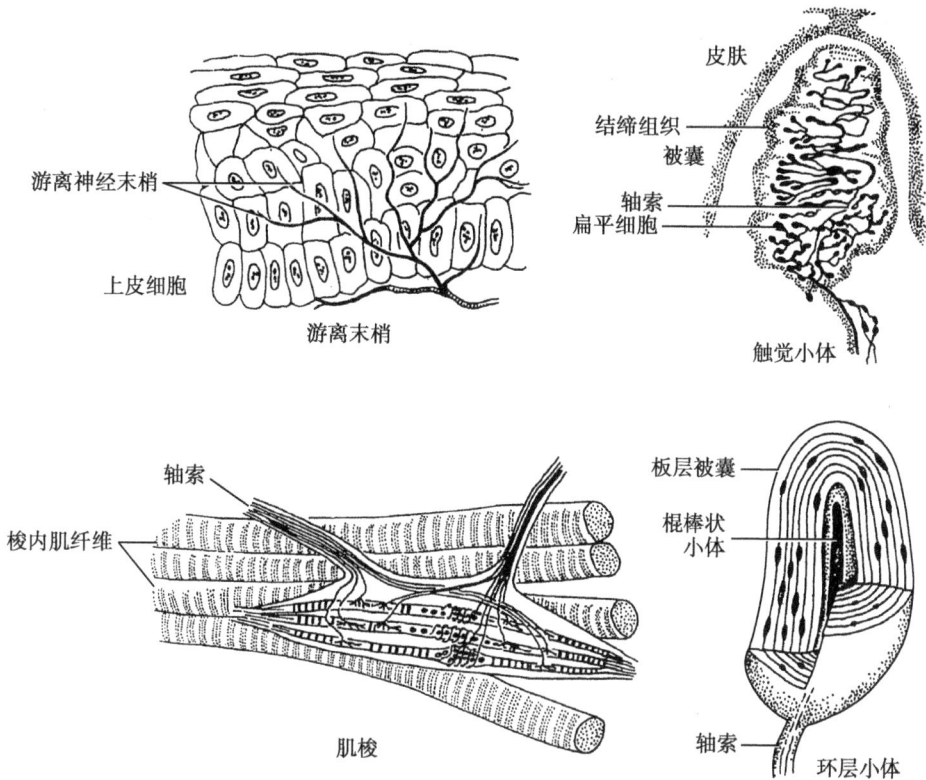

图2-39 各种感觉神经末梢

2. 有被囊神经末梢 神经纤维的终末均包裹有结缔组织被囊，种类很多，常分为三类。

（1）**触觉小体**：多分布在手指、足趾掌侧皮肤真皮乳头内，呈卵圆形，长轴与皮肤表面垂直，外包有结缔组织囊，小体内有许多扁平的触觉细胞。有髓神经纤维进入小体时失去髓鞘，轴突分成细支盘绕在扁平细胞间，感受触觉。

（2）**环层小体**：多分布在皮下组织、肠系膜、韧带和关节囊等处，被囊由数十层呈同心圆排列的扁平细胞组成，小体中央有一条均质状的圆柱体，裸露轴突穿行于小体中央的圆柱体内。感受压觉和振动觉。

（3）**肌梭**：分布于骨骼肌纤维之间，被囊内含数条细小的骨骼肌纤维，称梭内肌纤维，裸露的轴突细支呈环状包绕梭内肌纤维的两端。主要感受肌纤维的伸缩变化，调节骨骼肌纤维的张力。

（二）运动神经末梢

运动神经末梢（motor nerve ending）是运动神经元的轴突分布于肌组织和腺体内的终末结构，与周围组织共同组成效应器，支配肌纤维的收缩或腺体的分泌，分为两类。

1. 躯体运动神经末梢 指分布于骨骼肌的运动神经末梢，其轴突反复分支，形成纽扣状膨大与骨骼肌纤维建立突触连接，呈椭圆形板状隆起，又称**运动终板**（motor end plate）或神经肌连接。电镜下它属于化学性突触（图2-40）。

2. 内脏运动神经末梢 为内脏运动神经节后纤维的轴突终末部分，呈小结状或串珠状，分布于内脏及血管平滑肌、心肌和腺上皮等处，并构成突触，引起效应细胞不同的生理效应。

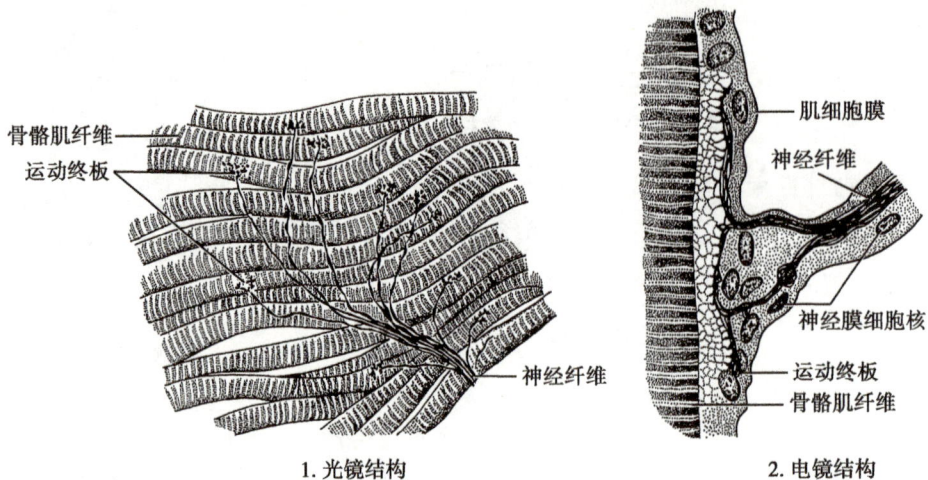

骨骼肌纤维

运动终板

神经纤维

肌细胞膜

神经纤维

神经膜细胞核

运动终板

骨骼肌纤维

1. 光镜结构　　　　　　　　　　2. 电镜结构

图2-40　运动终板模式图

● **知识链接** ●

皮肤和黏膜的保护作用

　　人体表面有皮肤包裹，其内脏器官腔壁有黏膜覆盖，两者表层均为上皮组织。由于结构紧密，可形成完整的屏障，阻挡病原微生物的侵入。皮肤和黏膜还可以分泌多种杀菌物质，如皮肤中的皮脂腺可以分泌脂肪酸、汗腺分泌乳酸、胃黏膜中的壁细胞可以分泌胃酸，这些物质均具有杀灭病原微生物（细菌和病毒等）的作用，防止人体感染。由于用药不当、X线过量照射、手术或外伤等原因损伤了这一屏障，使机体抗感染能力及免疫能力降低，机体就容易发生感染性疾病。

（潘　丽　涂腊根）

思考题

1. 被覆上皮的一般特征有哪些？各类被覆上皮的结构特点和分布如何？
2. 固有结缔组织的分类和各种组织的分布如何？
3. 疏松结缔组织中的纤维、细胞和基质成分有哪些？
4. 各种血细胞的形态、结构特点和功能如何？
5. 何谓闰盘、肌节和三联体？
6. 神经元的组成、分类及功能如何？突触的结构、有髓神经纤维的构成如何？
7. 神经末梢包括哪些？各有何作用？

第三章 运动系统

学习目标

掌握：1. 骨的构造，关节的一般结构。
　　　2. 肩关节、肘关节的组成及结构特点。
　　　3. 腕关节、髋关节、膝关节、踝关节的组成及作用。
　　　4. 骨盆的组成，男、女性骨盆的差异。
　　　5. 腹股沟管、盆膈的结构。
　　　6. 头颈、躯干、四肢的骨性和肌性标志。
理解：1. 运动系统的组成，躯干骨、四肢骨的形态结构。
　　　2. 脊柱、胸廓的组成。
　　　3. 新生儿颅的特征。
　　　4. 躯干肌、四肢肌的形态、结构。
了解：颅骨的名称及颅的整体观。全身骨的名称。

运动系统（locomotor system）由骨、骨连结和肌三部分组成，约占人体重量的60%~70%，骨和骨连结构成人体的支架，称**骨骼**（图3-1）。肌附于骨的表面，它与骨骼共同完成支持人体、保护体腔内的器官和杠杆运动等作用。运动是由肌收缩牵引骨骼而产生的，在运动过程中，骨是运动的杠杆，骨连结是运动的枢纽，肌是运动的动力。

在人体的某些部位，肌或骨常在人体表面形成比较明显的隆起或凹陷，称为肌性或骨性标志。在临床护理工作中，常利用这些在体表可被识别或触到的肌性或骨性标志作为确定器官的位置、判定神经和血管的走向、选择手术切口的部位以及作为穿刺和注射等的定位依据。

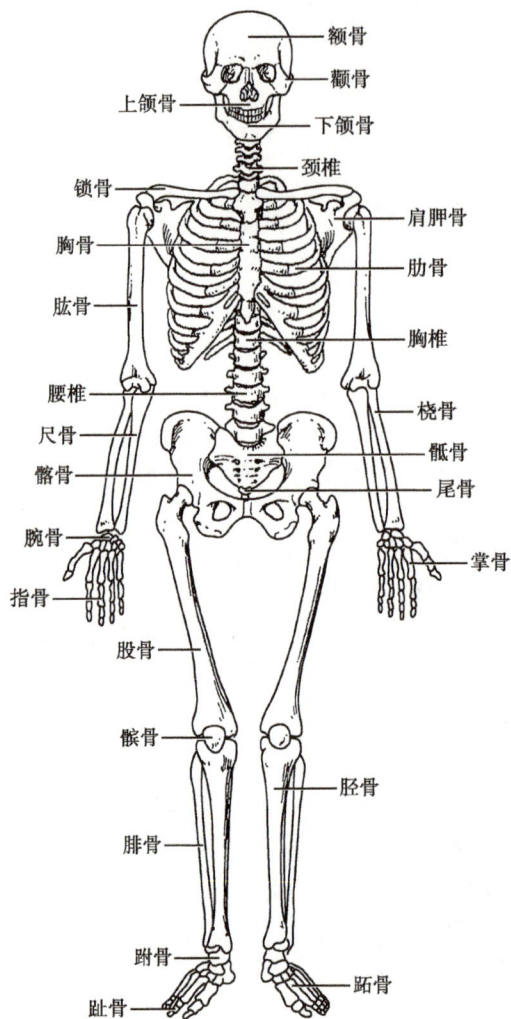

图3-1　人体的骨骼（前面）

第一节　骨和骨连结

一、概　述

（一）骨

　　骨（bone）是坚硬并具有生命的器官，每块骨由骨细胞、胶原纤维和骨基质构成，随年龄的增长和活动状况的不同而发生变化，经常活动锻炼的人骨发育粗壮而坚实；长期不活动时骨就会萎缩。成人骨有206块，按部位可分为躯干骨、颅骨（含听小骨）、上肢骨和下肢骨。骨约占体重的20%。每块骨都具有一定的形态和分布，有血管、神经，能生长发育，骨折后能愈合修复。骨还有造血和储存钙磷的作用。

　　1. 骨的形态　根据骨的外形，骨可分为长骨、短骨、扁骨和不规则骨四种。**长骨**（long bone）呈长管状，多分布于四肢如肱骨和股骨，骨的两端膨大称**骨骺**（epiphysis），其表面有光滑的关节面，面上附有一层**关节软骨**（articular cartilage）。中部细长称为**骨干**

（diaphysis）或**骨体**（shaft），其内的空腔称**骨髓腔**。**短骨**（short bone）呈立方形，短小，如腕骨和跗骨等。**扁骨**（flat bone）扁薄，如颅盖诸骨、胸骨和肋等。**不规则骨**（irregular bone）形状不规则，如椎骨和颞骨等。

2.骨的构造　骨主要由骨膜、骨质和骨髓三部分构成（图3-2）。

（1）**骨膜**（periosteum）：骨的表面除关节面以外的部位均覆盖有骨膜，由一层致密结缔组织构成，纤维膜呈淡红色，质地薄而坚韧，含有丰富的血管、神经、淋巴管和大量的成骨细胞，对骨有营养和保护作用，在骨损伤后修复和骨生长发育中具有重要作用。

（2）**骨质**（bony substance）：即骨组织，可分为骨密质和骨松质。是骨的实质，**骨密质**（compact bone）布于骨的表面，骨干处较厚形成骨皮质，由紧密排列成层的骨板构成，其抗压力强。**骨松质**（spongy bone）位于骨的内部，由骨小梁构成，结构疏松，骨小梁按骨的压力曲线和张力曲线排列。

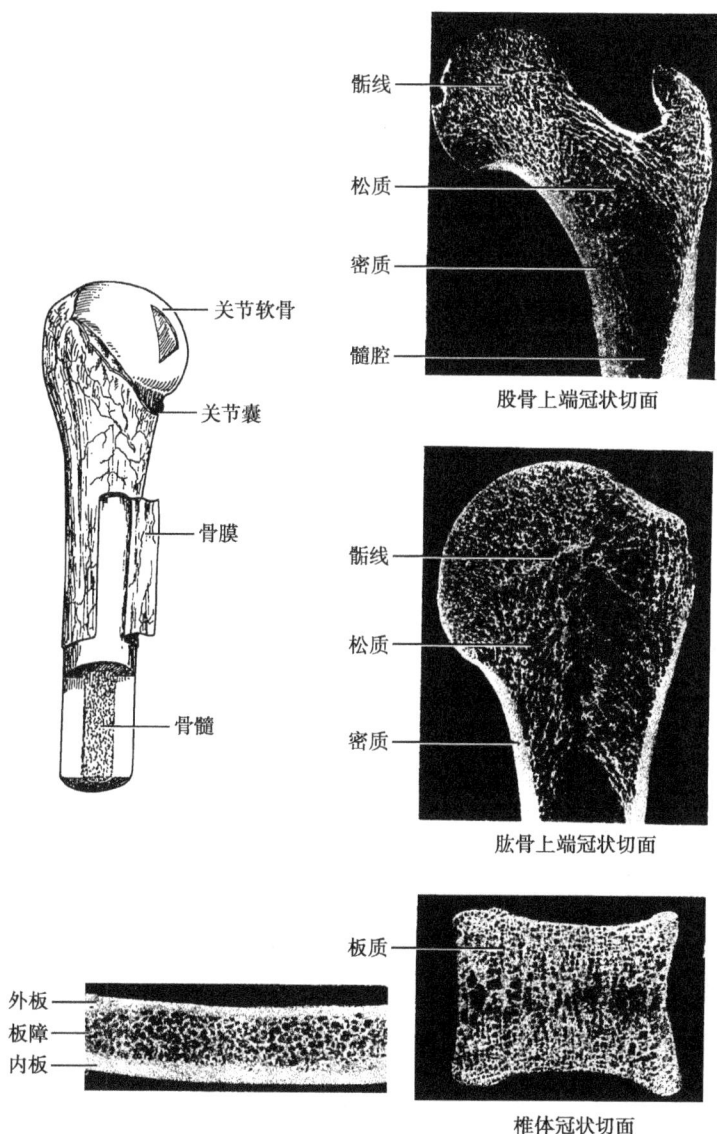

关节软骨
关节囊
骨膜
骨髓

骺线
松质
密质
髓腔

股骨上端冠状切面

骺线
松质
密质

肱骨上端冠状切面

板质
外板
板障
内板

椎体冠状切面

图3-2　骨的构造

不同形态的骨，其骨密质和骨松质的配布也不相同。长骨的骨干主要由骨密质构成，而两端表面的骨密质很薄，骨松质很发达。短骨的构造与长骨的两端相似，扁骨为两层骨密质夹着一层骨松质构成。颅盖诸扁骨的内、外两层骨密质，分别称为**内板**和**外板**，中间的骨松质称**板障**。

（3）**骨髓**（bone marrow）：是充填在髓腔和骨松质间隙内的软组织，富含血管，成人总量约1500ml，占体重的4.6%。可分为红骨髓和黄骨髓两种，**红骨髓**（redbone marrow）呈深红色，主要由网状组织和大量不同发育阶段的血细胞、少量脂肪细胞等构成，是造血的场所。胎儿和婴儿的骨髓都是红骨髓。随着年龄的增长，从6岁前后开始，长骨内红骨髓逐渐减少。成年人的红骨髓主要分布于长骨的两端、短骨、扁骨和不规则骨内。**黄骨髓**（yellow bone marrow）呈黄色，分布于长骨髓腔内，主要为脂肪组织，已不具备造血的功能。但当大量失血时，它仍可能转化为红骨髓进行造血。由于髂骨、胸骨和椎骨等处终身保持着红骨髓，因此，临床需要检查骨髓的造血功能时，常选择这些骨的某处进行穿刺抽取红骨髓进行检查。

3. 骨的化学成分和物理特性　骨的化学成分是由65%的无机质和35%的有机质组成。无机质主要有磷酸钙 $[Ca_3(PO_4)_2]$ 和碳酸钙（$CaCO_3$），它能使骨坚硬；有机质主要由骨胶原纤维和黏多糖蛋白组成，它使骨具有韧性和一定的弹性。骨的化学成分可因年龄、营养状况等因素的影响而变化。幼年时期的骨有机质的比例较成人多，骨的弹性和韧性都较大，在外力的影响下，易发生变形，而不易发生完全性骨折。故青年人，尤其是儿童应注意养成良好的坐、立姿势，以避免骨的变形。老年时期的骨，无机质的比例多于有机质，易发生骨折。

（二）骨的连结

骨与骨之间的连结装置称**骨连结**（joint, articulation）（图3-3）。根据骨连结的构造形式，可分为直接连结和间接连结两类。

1. 直接连结　骨与骨之间借致密结缔组织，软骨或骨直接相连，其间没有腔隙。这类连结，运动性很小或完全不能运动。如颅骨之间的缝，椎骨之间的椎间盘等。

2. 间接连结　又称滑膜关节或关节，是骨与骨之间借膜性的结缔组织囊相连，在相对应的骨面之间具有腔隙。这种连结具有较大的活动性，是人体骨连结的主要形式。

（1）**关节的基本结构**：人体各部关节的构造虽不尽相同，但每个关节都具有关节面、关节囊和关节腔等基本结构（图3-4）。

关节面（articular surface）是构成关节各骨的邻接面多为一骨的关节面隆凸构成关节头，另一骨的关面凹陷形成关节窝。关节面无滑膜，但表面覆盖有一层具有弹性的透明软骨称关节软骨，其表面光滑可减少关节运动时的摩擦，能缓冲外力的冲击。

关节囊（articular capsule）为结缔组织膜构成的囊，分内、外两层。外层为**纤维膜**，由致密结缔组织构成，两端厚而坚韧；附着于关节面的周缘及其附近的骨面上，内层为**滑膜**，薄而柔软。紧贴纤维层内面，并附于关节软骨周缘，除关节软骨和关节盘外，滑膜被覆关节内一切结构。滑膜能分泌滑液，滑液有润滑关节作用，以减少关节运动时的摩擦。

关节腔（articular cavity）是关节软骨与滑膜围成的密闭腔隙，内含少量滑液，腔内为负压，有助于关节的稳定性。

关节除上述基本结构之外，还有韧带，关节盘、关节唇等辅助结构。**韧带**（ligaments）呈扁带状，多由关节囊的纤维膜局部增厚而成，有增强关节的稳固性和限制关节运动幅度

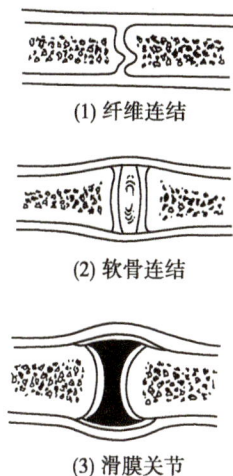

(1) 纤维连结

(2) 软骨连结

(3) 滑膜关节

图3-3　骨的连结方式

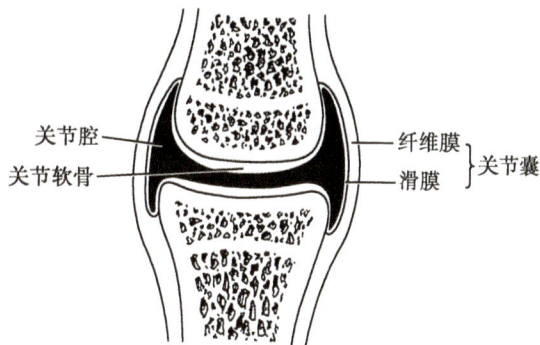

关节腔 关节软骨　　　纤维膜 滑膜 }关节囊

图3-4　滑膜关节的结构

等作用。**关节盘**（articular disc）只见于少数关节，分别呈盘状和半月状，均由纤维软骨构成，位于构成关节的两关节面之间，其周缘附于关节囊的内面。它能使相邻关节面的形态相适应，能增强关节的稳固性和灵活性。**关节唇**（articular labrum）是附着于关节窝周缘的纤维软骨环，能使关节窝加深加大以增加关节的稳定性。

（2）**关节的运动**：关节一般都是围绕一定的运动轴而转动，围绕某一运动轴可产生两种方向相反的运动形式。根据运动轴的方位不同，关节的运动形式可分为以下4组。

屈和伸：是围绕冠状轴的运动，一般两骨之间夹角变小为屈，反之为伸。

内收和外展：是围绕矢状轴的运动，骨向正中矢状轴靠拢为内收，反之为外展。

旋转：是围绕垂直轴的运动，骨的前面转向内侧为旋内，反之为旋外。在前臂则称旋前和旋后，手背转向前方为旋前，反之为旋后。

环转：是屈、外展、伸和内收四种动作的连续运动。运动时，骨的近端在原位转动，远端作圆周运动。

关节运动幅度的大小，主要取决于关节两骨关节面大小的差别。相邻两关节面大小差别愈大，且接触面积小，运动的幅度就愈大；反之，则较小。

二、躯干骨及其连结

躯干骨包括椎骨、胸骨和肋，它们借骨连结构成脊柱和胸廓。

（一）**脊柱**（vertebral column）

位于躯干后壁的正中，未成年前由32~34块椎骨构成，成年后由24块椎骨、1块骶骨和1块尾骨借骨连接组成。脊柱参与胸廓、腹后壁和骨盆的构成，具有支撑躯干、保护内脏器官和参与运动等功能。

1. **椎骨**　包括颈椎7块，胸椎12块，腰椎5块，骶椎5块，尾椎3~5块，成年后5块骶椎骨融合成1块骶骨。尾椎骨也逐渐融合成1块尾骨。

（1）**椎骨的一般形态**：椎骨（vertebrae）可分为前、后两部（图3-5）。前部呈短圆柱状，称**椎体**（vertebral body），是承受压力的主要部位。愈向下，椎体的横断面积愈大。其表面的骨密质很薄，其内主要由骨松质构成。在暴力影响下易导致压缩性骨折。后半部呈

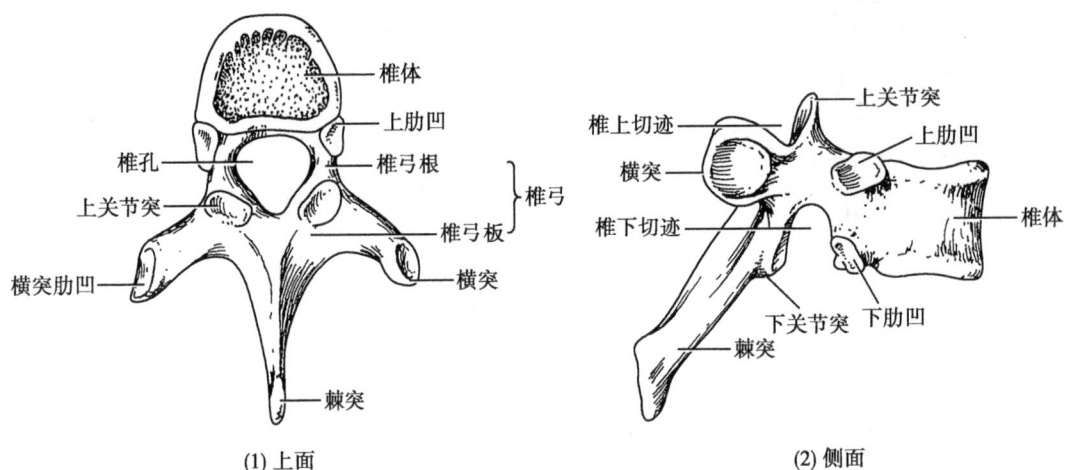

(1) 上面　　　　　　　　　　　　　　(2) 侧面

图3-5　椎骨的一般形态（胸椎）

半环状，称**椎弓**（vertebral arch），两端与椎体相连，共同围成**椎孔**（vertebral foramen）。全部椎骨的椎孔连成**椎管**（vertebral canal），管内容纳有脊髓。椎弓的后部较薄，称**椎弓板**，前部椎弓与椎体相连接的部分较细，称**椎弓根**，其上方有较浅的椎上切迹，下方有较深的椎下切迹，上下相邻的**切迹**所围成的孔，称**椎间孔**（intervertebral foramen），孔内有脊神经和血管通过。从椎弓板上发出7个突起：即向后方伸出的一个称**棘突**（spinous process），向两侧伸出的一对称**横突**（transverse process），向上方和下方各伸出的一对突起，分别称**上关节突**和**下关节突**，其上各有一个小关节面。

（2）**各部分椎骨的特点**：各部椎骨除上述形态外，由于其所处的部位和受力大小、方向的差异，不同部位的椎骨在形态上又各有特点。①**颈椎**（cervical vertebrae）（图3-6）椎体小，7个颈椎的横突均有一孔，称横突孔。横突末端各有2个结节和脊神经沟。此外，第2~6颈椎棘突分叉，第1颈椎无椎体和棘突，呈环形，由前弓、后弓和两个侧块构成，又称**寰椎**（atlas）（图3-7）。第2颈椎从椎体向上方伸出齿突，又称**枢椎**（axis）（图3-8）。②第3~7颈椎椎体上面的外侧缘向上微突，称**椎体钩**。它与上位椎体构成钩椎关节，若椎体钩骨质增生使椎间孔缩小，压迫脊神经，可产生相应的临床症状。③第7颈椎棘突长，又称**隆椎**（vertebra prominens）（图3-9），易在体表摸到，临床上常常作为计数椎骨序数的重要标志。④**胸椎**（thoracic vertebrae）椎体的两侧和横突末端均有与肋相连结的关节面，分别称上肋凹、下肋凹和横突肋凹。棘突细长并向后下方倾斜，椎体似心形，椎孔较小呈圆形（见图3-5）。⑤**腰椎**（lumbar vertebrae）（图3-10）椎体特别大，能承受较大的压力。椎弓较发达，椎孔较大近似三角形。棘突宽水平后伸，棘突间隙较宽，腰椎穿刺即从棘突间隙中进行。⑥**骶骨**（sacrum）（图3-11，图3-12）由5块骶椎融合而成，略呈三角形。底朝上，与第5腰椎相接，前缘中份明显前突，称**骶骨岬**（promontory）；尖向下，接尾骨。前面光滑微凹，有4对骶前孔，后面粗糙凸隆，有4对骶后孔。骶骨内有纵行的**骶管**（sacral canal），上通椎管，前后分别与骶前、骶后孔相通，下端终止于**骶管裂孔**（sacral hiatus），骶管裂孔两侧有**骶角**，体表可以触及，临床上常以它为标志进行骶管麻醉。骶骨两侧面的上部有**耳状面**。⑦**尾骨**（coccyx）由3~5块退化的**尾椎**融合而成，其上部与骶骨尖相接，下部游离于肛门的后方。

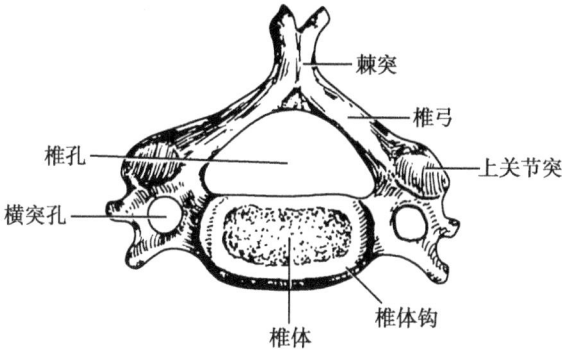

图3-6 颈椎（上面）

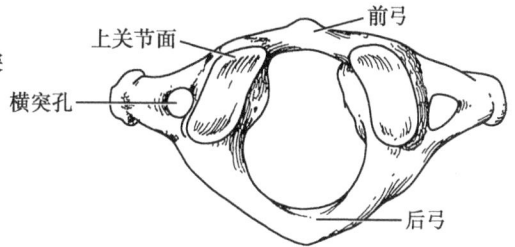

图3-7 寰椎（上面）

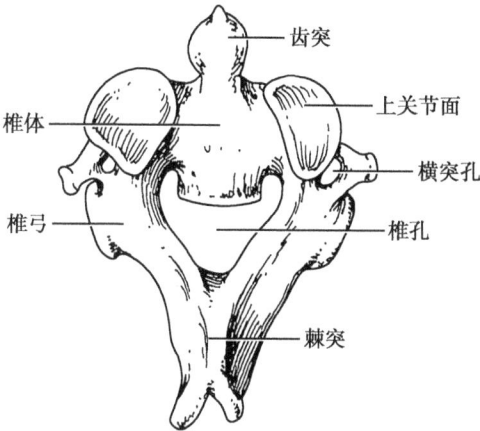

图3-8 枢椎

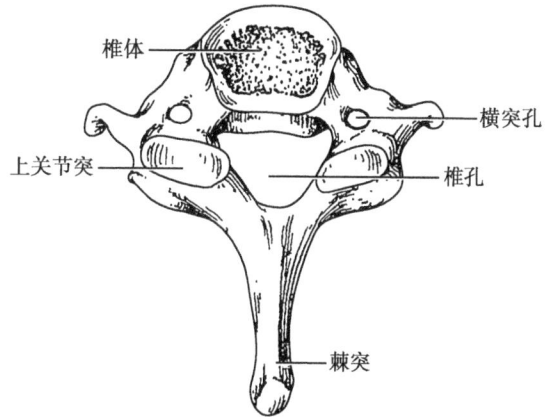

图3-9 隆椎（上面）

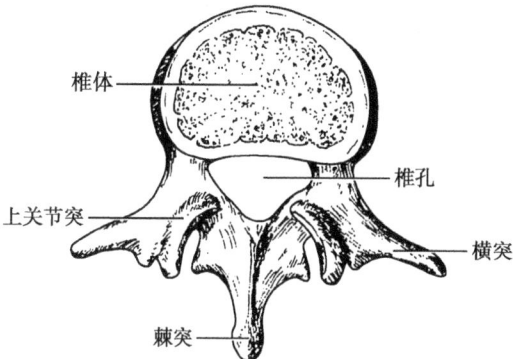

(1) 上面

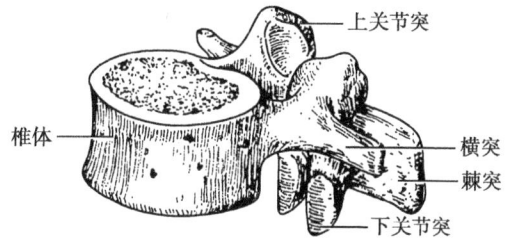

(2) 侧面

图3-10 腰椎

2. **椎骨的连结** 椎骨之间借椎间盘、韧带和关节等相连结。

（1）**椎间盘**（inter vertebral discs）：位于相邻的两个椎体之间。周围部称**纤维环**，由多层呈同心圆排列的纤维软骨构成，围绕在髓核周围。中央部称**髓核**（图3-13），是富有弹性的胶状物质。椎间盘坚固而富有弹性，可承受压力，减缓冲击有利于脊柱的运动。整个脊柱有23个椎间盘。各部椎间盘厚薄不一，腰部最厚，颈部次之，中胸部最薄。纤维环的后部较薄弱，可受外伤等因素的影响而发生破裂，髓核突入椎管或椎间孔时产生压迫神经的症状。

（2）**韧带**：连接椎骨的韧带有长、短两类（图3-14）。长韧带接近脊柱全长，共有3条，即**前纵韧带**（anterior longitudinal ligament）、**后纵韧带**（posterior）和**棘上韧带**（supraspinal ligament）。前、后纵韧带都较宽阔，分别位于椎体和椎间盘的前面和后面，有限制脊柱过度后伸和前屈的作用。棘上韧带细长坚韧，附着在棘突末端，但从第7颈椎以上逐渐增宽，成为**膜状的项韧带**。短韧带连结相邻的两个椎骨：①**黄韧带**（ligamenta flava）：连于上、下两椎弓板之间，此韧带厚而坚韧，可增强脊柱弹性和限制脊柱过分前

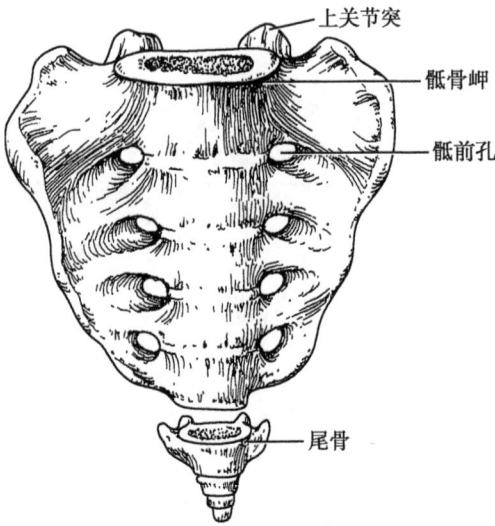

图3-11　骶骨和尾骨（前面）

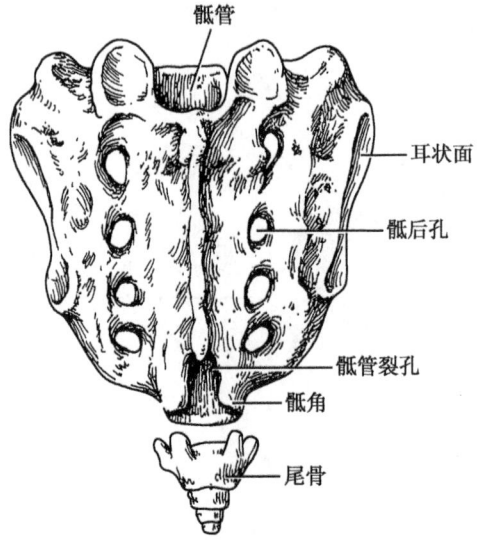

图3-12　骶骨和尾骨（后面）

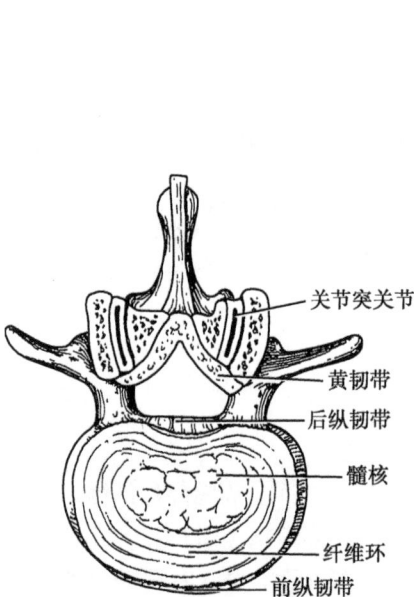

图3-13　椎间盘和椎间关节

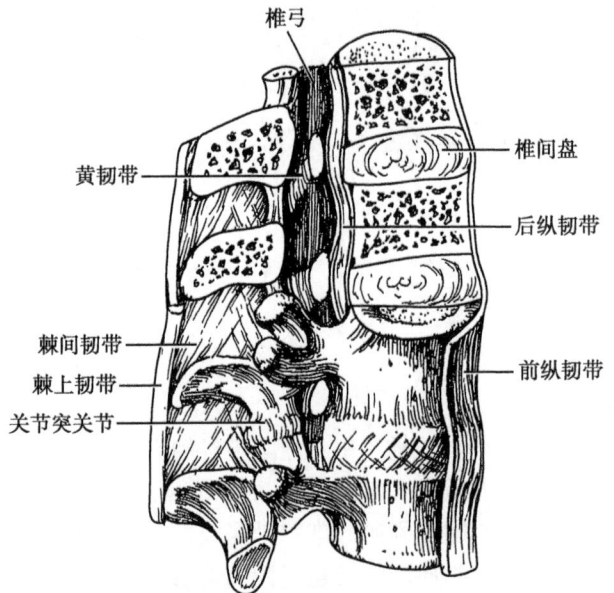

图3-14　椎骨的连结

屈；②**棘间韧带**（interspinal ligaments）：较薄弱，连于棘突之间，它前接黄韧带，后续棘上韧带。故腰椎穿刺时，穿刺针由浅入深，需依次经过棘上韧带、棘间韧带和黄韧带。

（3）**关节**：主要由相邻椎骨的上、下关节突构成**关节突关节**（图3-13）。寰椎与枢椎构成寰枢关节，寰椎与枕骨髁构成**寰枕关节**。

3.脊柱的整体观

（1）**前面观**：可见脊柱的椎体自上而下逐渐增大，从骶骨耳状面以下又渐次缩小，椎体大小的这种变化，与脊柱承受的重力有关。

（2）**侧面观**：可见脊柱有4个生理性弯曲（图3-15），即**颈曲**、**腰曲**向前凸，**胸曲**、**骶曲**向后凸，这些弯曲增强了脊柱的弹性，在行走和跳跃时，有减轻对脑和内脏器官的冲击与震荡作用。

（3）**后面观**：可见脊柱的棘突纵行排列于后正中线上。颈椎棘突均较短，第7颈椎棘突水平后伸，明显高于其他颈椎的棘突，胸椎棘突向斜后下方，呈叠瓦状，排列较紧密；腰椎棘突水平后伸，棘突之间，间隙较大。

（4）**脊柱的功能**，脊柱是躯干的支柱，具有支持和传导重力的作用，脊柱参与胸廓和骨盆的组成，参与胸腔、腹腔和盆腔后壁的组成，具有支持和保护体腔内器官的作用，脊柱内有椎管，可容纳和保护脊髓及脊神经根。虽然相邻两椎骨间的运动幅度很小，但由于脊柱运动时是许多关节突关节同时运动，故运动幅度大。脊柱的主要运动有前屈、后伸、侧屈和旋转四类。

（二）胸廓（thoracic cage）

由12块胸椎、12对肋和1块胸骨连结而成，具有支持和保护胸腔内脏器、参与呼吸运动等功能。

1.胸骨（sternum） 位于胸前壁正中，全部可从体表摸到，自上而下分为**胸骨柄**、**胸骨体**和**剑突**三部分（图3-16）。胸骨柄上缘的中部微凹，称**颈静脉切迹**。外侧与锁骨相连接处称**锁切迹**，胸骨柄和胸骨体连接处微向前凸形成的骨性隆起称**胸骨角**（sternal angle）。两侧接第2肋软骨，是计数肋的重要标志，胸骨体为长方形扁骨，外侧缘有与第2~7肋软骨相接触的肋切迹。剑突薄而狭长，末端分叉或有孔。

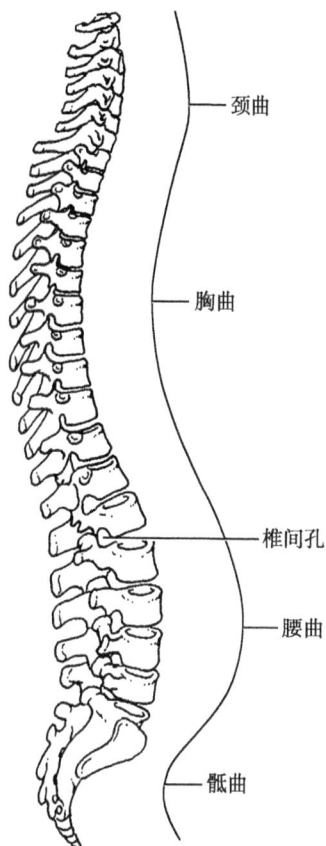

图3-15 脊柱的整体观（侧面）

颈曲

胸曲

椎间孔

腰曲

骶曲

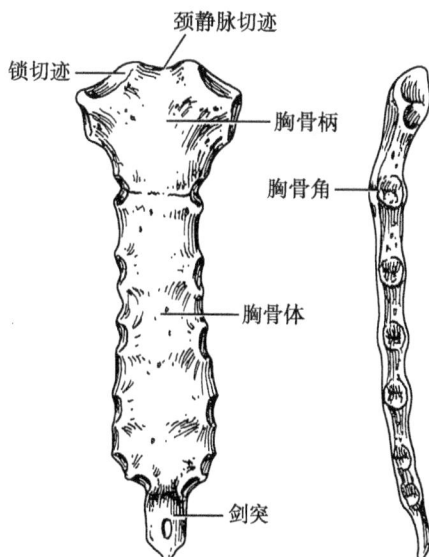

图3-16 胸骨前面观和侧面观

颈静脉切迹

锁切迹

胸骨柄

胸骨角

胸骨体

剑突

2. 肋（ribs） 呈弓形，分前后两部，后部是**肋骨**（costal bone），前部是**肋软骨**（costal cartilage）（图3-17），左右共12对，每一对肋骨后端膨大称**肋头**，肋头外侧稍细的部分称**肋颈**，转向前方为**肋体**，颈体交界处后外侧有突出的**肋结节**，肋体内面近下缘处有一浅沟称**肋沟**，肋间神经与肋间后动脉行于其中，肋后端与椎体连结形成**肋头关节**和**肋横头关节**，两者合称**肋椎关节**（costovertebral joints）。

肋前端的连结形式不完全相同：第1肋与胸骨柄直接相连；第2~7肋分别与胸骨的外侧缘形成**胸肋关节**（sternocostal joints）；第8~10肋的前端不到达胸骨，而是各以肋软骨依次连于上位肋软骨下缘，因而形成一条连续的软骨缘，即**肋弓**，第11、12肋的前端游离于腹肌内。

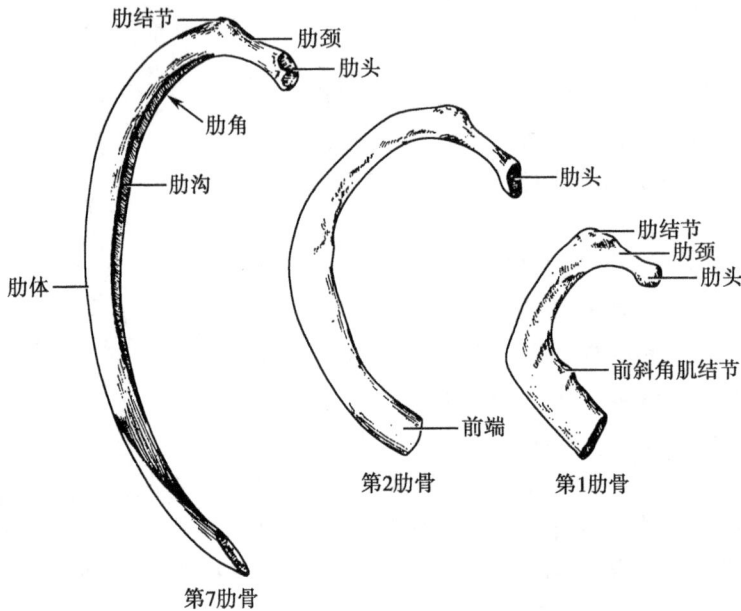

图3-17　肋骨（右侧）

3. 胸廓的形态 成人胸廓呈前后略扁的圆锥形。**胸廓上口较小**，自后上方向前下方倾斜，由第1胸椎体、第1肋和胸骨柄上缘围成，是颈部与胸腔之间的通道。**胸廓下口较大**，由第12胸椎体、第12肋前端、肋弓和剑突围成。两侧肋弓之间的夹角称**胸骨下角**（图3-18）。相邻两肋之间的间隙称**肋间隙**，共有11对。剑突和肋弓是重要的体表标志。

胸廓的形态和大小与年龄、性别、体型及健康状况有密切关系。新生儿的胸廓呈圆桶状，前后径和横径相近，成年人的胸廓呈扁圆锥形，前后径小于横径。老年人则因肋的弹性减退，运动减弱胸廓变得更扁而长。

4. 胸廓的运动 主要参与呼吸运动。在呼吸肌的作用下，肋的前外侧部可上升或下降。上升时，胸廓向前方和两侧扩大，胸腔容积相对增大，助吸气；下降时胸廓恢复原状，胸腔容积也随之缩小，助呼气。

（三）躯干的骨性标志

第7颈椎棘突，全部胸、腰椎棘突，骶角，颈静脉切迹，胸骨角，剑突，肋，肋间隙和肋弓。

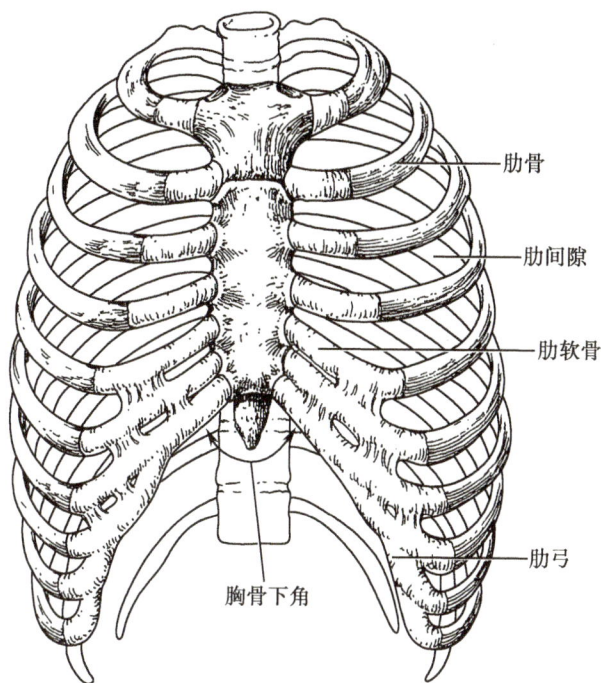

图3-18 胸廓（前面）

以下标注（从上到下）：肋骨、肋间隙、肋软骨、肋弓、胸骨下角

三、颅骨及其连结

颅骨共23块（3对听小骨未计在内）借骨连结相连而成，借寰枕关节与脊柱相连。

（一）颅的组成

颅分脑颅和面颅两部分（图3-19）。脑颅（bones of cerebral cranium）位于颅的后上部，由8块颅骨构成，包括成对的**顶骨**（parietal bone）、**颞骨**（temporal bone）和不成对的**额骨**（frontal bone）、**枕骨**（occipital bone）、**筛骨**（ethmoid bone）和**蝶骨**（sphenoid bone），它们共同围成颅腔，容纳并保护脑。颅腔的顶称颅盖，底称颅底，位于颅底中央的是蝶骨，蝶骨中部的前方是筛骨。构成颅盖的骨，自前向后依次是额骨、左右顶骨、枕骨以及顶骨外下方的颞骨。其中额骨、枕骨和颞骨还分别参与颅底的构成。

面颅（bones of facial cranium）位于颅的前下方，由15块颅骨构成，包括犁骨、下颌骨、舌骨各1块，上颌骨、鼻骨、泪骨、颧骨、腭骨、下鼻甲各2块。它们形成面部的骨性基础，参与构成眶、鼻腔和口腔，容纳视觉、嗅觉和味觉器官。最下方有一块能活动的**下颌骨**（mandible），其上方是**上颌骨**（maxilla），紧靠上颌骨后方有**腭骨**（palatine bone），两上颌骨之间有形成鼻背的**鼻骨**（nasal bone），上颌骨外上方有向外上突出的**颧骨**（zygomatic bone），鼻腔正中有**犁骨**（vomer），鼻腔外侧鼻下方有**下鼻甲**（inferior nasal concha），两眶内侧壁各有一个小的**泪骨**（lacrimal bone），此外还有位于颈部上方游离的一块**舌骨**（hyoid bone）。

下颌骨分为一体两支。**下颌体**位于前部，呈马蹄铁形，它的上缘形成牙槽弓，牙槽弓有一列深窝，称牙槽，容纳牙根。下颌体两外侧各有一小孔，称**颏孔**（mental foramen），下颌支位于**后部**，略呈长方形，向上有两个突起，前方的突起称**冠突**，后方的粗大突起称

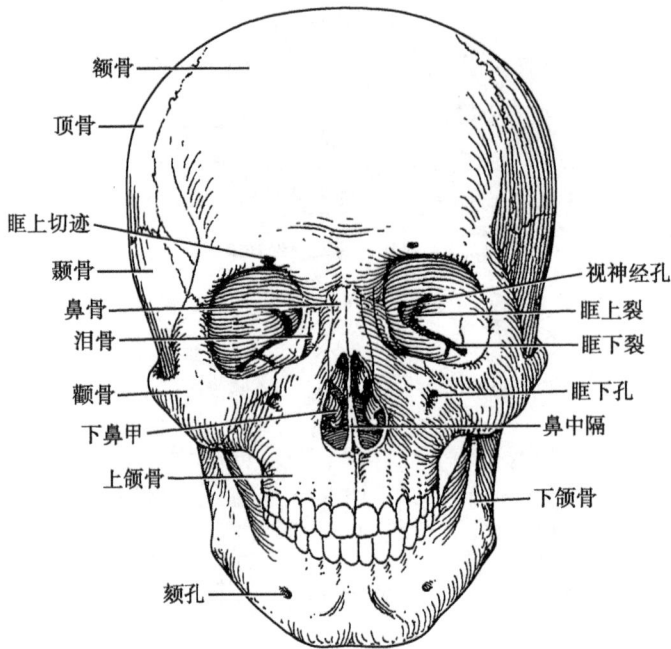

图3-19　颅（前面）

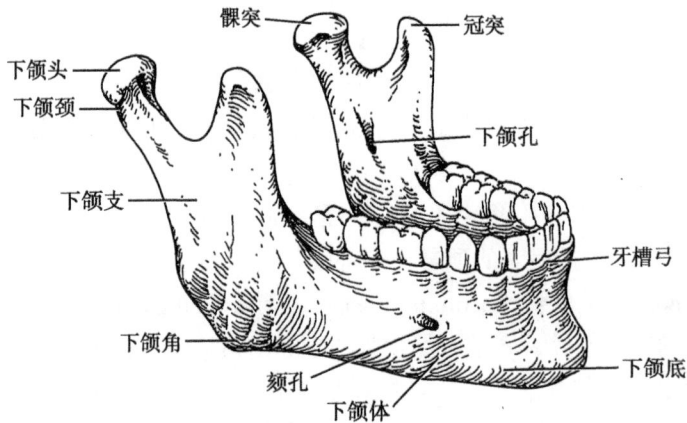

图3-20　下颌骨（外侧面）

髁突（condylar process），髁突又分为上端膨大的下颌头及其下方缩细的**下颌颈**，后下部下颌体和两侧下颌支相交处形成的钝角，称**下颌角**（angle of mandible），在体表可摸到。**下颌支**内面的中部有**下颌孔**，由此通入**下颌管**。下颌管在下颌骨内走向前下方，并与颏孔相通，此孔有下牙槽血管和神经通过（图3-20）。

（二）颅的整体观

1. 颅顶面观　颅盖各骨之间借缝紧密相连。额骨与顶骨之间的缝称**冠状缝**（coronal suture），左、右顶骨之间的缝称**矢状缝**（sagittal suture），顶骨与枕骨之间的缝是**人字缝**（lambdoid suture），这些缝一般在40岁以后逐渐融合。

2. 颅底内面观　颅底内面凹凸不平，与脑下面的形态相适应，由前向后可依次分为颅前、中、后三个窝（图3-21）。

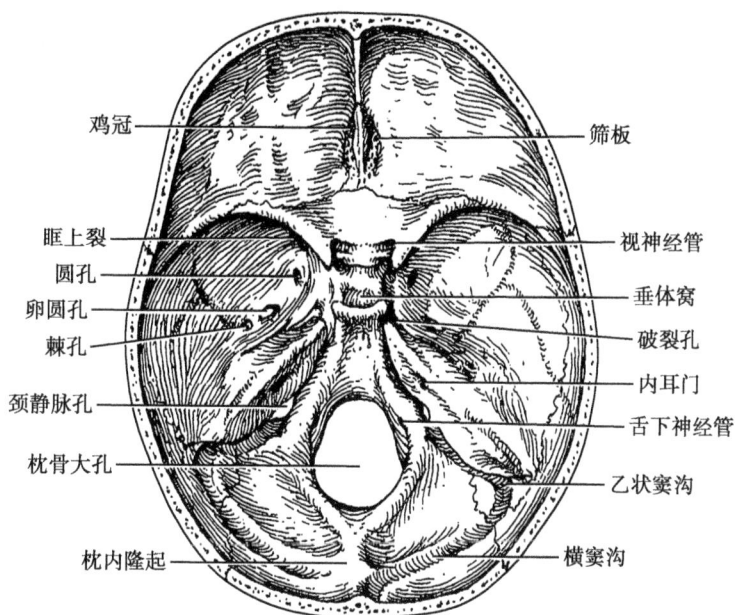

图3-21 颅底（内面）

（1）**颅前窝**（anterior cranial fossa）：位置最浅，由额骨、筛骨、蝶骨构成。窝的前部中央有**筛板**，筛板上有**筛孔**通鼻腔，筛板前端的中央部有一突起，称**鸡冠**。颅前窝容纳大脑额叶。

（2）**颅中窝**（middle cranial fossa）：由蝶骨和颞骨组成。颅中窝中部隆起，形如马鞍，称为**蝶鞍**，其中央凹陷，称为**垂体窝**（hypohysial fossa）；此窝前外侧有一与眶相通的圆形短管，称**视神经管**，垂体窝的两侧由前向后依次有**眶上裂**、**圆孔**、**卵圆孔**和**棘孔**，卵圆孔和棘孔的后方有一三棱锥状骨突为颞骨**岩部**，在颅中窝外侧的鼓室上方有一层薄骨片称**鼓室盖**。

（3）**颅后窝**（posterior cranial fossa）：最深，容纳小脑及脑干，窝底由枕骨和颞骨岩部的后部构成。在窝底中央有**枕骨大孔**，向下与椎管相接。枕骨大孔的前外侧缘有一通向颅外的短管，称**舌下神经管**，枕骨内面隆起称**枕内隆凸**，由此向两侧横行的沟，称**横窦沟**，该沟向外侧折向前下，延续为**乙状窦沟**，其末端终于**颈静脉孔**。颞骨岩部后面的中份有**内耳门**（internal acoustic pore）及**内耳道**。

上述颅底的孔、管、沟、裂中均有血管、神经等通过。

3. 颅底外面观 分前、后两部（图3-22）。

（1）**前部**：为上颌骨和腭骨构成的**骨腭**，它构成口腔的顶和鼻腔的底。骨腭前方及两侧为牙槽弓。牙槽弓的游离缘有牙槽，后上方有一对鼻后孔，骨腭前部正中的孔称切牙孔，腭后两侧的孔称**腭大孔**。牙齿后方的突起称**翼突**。

（2）**后部**：中央有**枕骨大孔**，其前外侧有一对隆起，称**枕髁**（occipital condyle），与寰椎构成寰枕关节。髁的前外方有一孔称**颈静脉孔**（jugular foramen）。颈静脉孔前内侧有**颈动脉管外口**（carotid canal），颈静脉孔前外侧有一细长突起称**茎突**，茎突根部的后外侧有**茎乳孔**（stylomastoid foramen）；孔内为**面神经管**，茎乳孔外侧的锥形突起称**乳突**，是重要的骨性标志，乳突前方的光滑凹陷称**下颌窝**（mandibular fossa），窝前的突起称**关节结**

节。枕髁根部有一向前外方开口的**舌下神经管外口**。枕骨大孔的后上方有**枕外隆凸**，它的两侧有横向突起的**上项线**。

4. 颅的侧面观　颅的侧面（图3-23）可见颞骨乳突，乳突前方有**外耳门**（external acoustic pore），外耳门前方的弓形骨桥称**颧弓**（zygomatic arch），颧弓可在体表摸到。颧弓上方的凹窝，称**颞窝**（temporal fossa），颞窝内侧壁，由额、顶、蝶、颞四骨组成，四骨

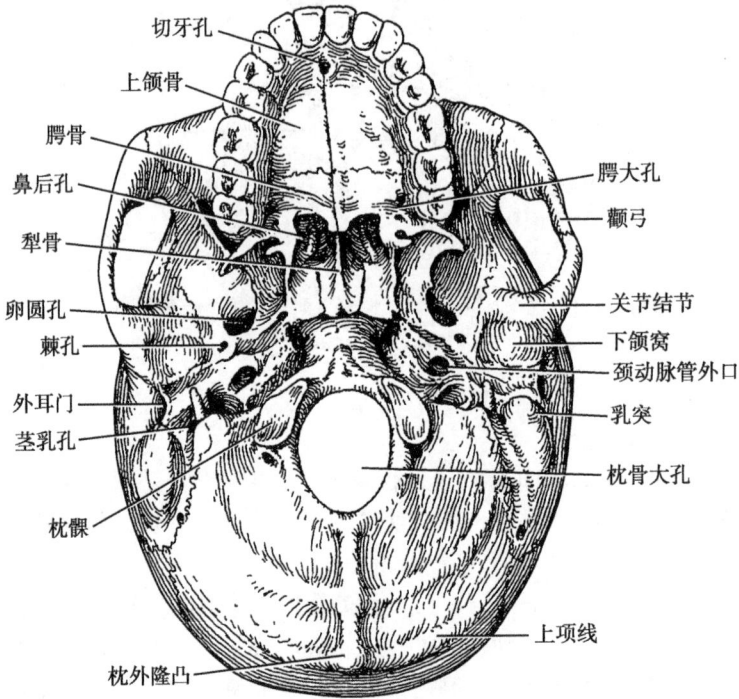

图3-22　颅底（外面）

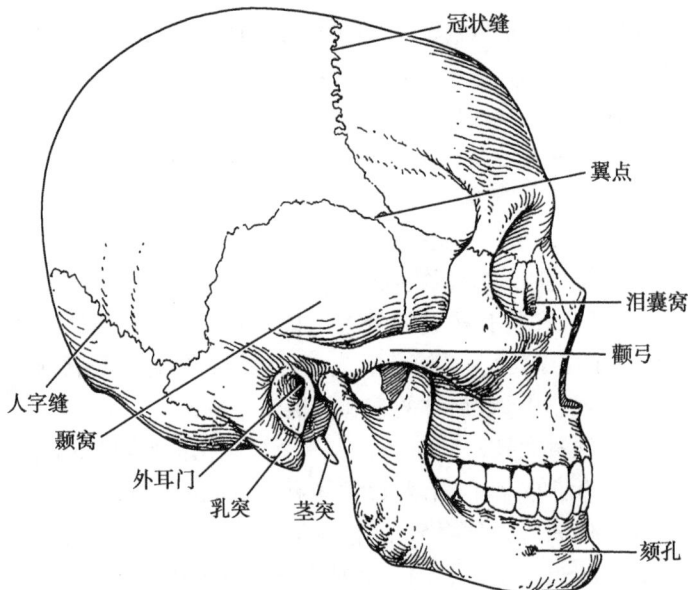

图3-23　颅（侧面）

相接处称**翼点**（pterion），针灸的"太阳穴"即位于翼点处。该处骨质较薄，易受外力打击而发生骨折，伤及行经其内面的脑膜中动、静脉，引起颅内出血。颞窝下方的窝称颞下窝，窝内有三角形间隙称翼腭窝，此窝可通向鼻腔、眶腔、口腔和颅腔。

5. 颅的前面观 颅前面上方四棱锥形的深窝称为眶，两侧上颌骨之间是骨性鼻腔，下部由上、下颌骨构成骨性口腔（见图3-19）。

（1）**眶**（orbit）：容纳视器略呈四棱锥体形腔，可分为眶尖、眶口和四壁。后方的眶尖借**视神经管**（optic canal）与颅中窝相通；前方的眶底称眶口；口的上、下缘分别称**眶上缘**与**眶下缘**。眶上缘内、中1/3交接处，有**眶上切迹**（supraorbital notch）或眶上孔，眶下缘中点的下方约1cm处有**眶下孔**（infraorbital foramen），眶内侧壁的前部有**泪囊窝**（fossa for lacrimal sac），此窝向下经**鼻泪管**（nasolacrimal canal）通向鼻腔，上壁前部外侧面有一容纳泪腺的泪腺窝，下壁中部有眶下沟（infraorbital groove），此沟向前经眶下管与眶下孔相通，外侧壁最厚，上壁与外侧壁之间的后方为**眶上裂**，下壁与外侧壁之间有**眶下裂**，其内均有血管和神经通过。

（2）**骨性鼻腔**（bony nasal cavity）：正中有**骨鼻中隔**将腔分为左、右两部分，前方共同的开口称**梨状孔**（piriform aperture），后借两个**鼻后孔**（posterior nasal aperture）通咽部。骨性鼻腔的外侧壁上有三片卷曲的薄骨片，自上而下依次称为**上鼻甲、中鼻甲**和**下鼻甲**（inferior nasal concha）。各鼻甲下方分别有上、中、**下鼻道**（inferior nasal meatus）。在上鼻甲后上方有**蝶筛隐窝**（图3-24）

6. 鼻旁窦 见呼吸系统。

（三）颅骨的连结

颅骨之间多数以致密结缔组织或软骨直接相连，只有下颌骨与颞骨之间以颞下颌关节相连。

颞下颌关节（temporomandibular joint）通常称**下颌关节**，由颞骨的下颌窝，关节结节与下颌骨的髁突构成，关节囊较松弛，囊外有韧带加强，囊内有关节盘，将关节腔分为上、

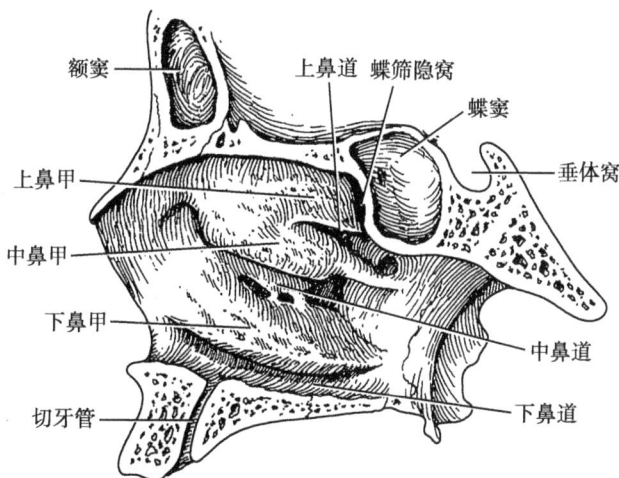

图3-24 骨性鼻腔的外侧壁

下两部（图3-25）。两侧颞下颌关节的联合运动，能使下颌骨上提、下降和向前、后及侧方运动。当口张大时髁突连同关节盘一起滑到关节结节下方。

（四）新生儿颅的特征

新生儿的脑颅远大于面颅（图3-26）。颅盖诸骨的骨化尚未完成，骨与骨之间，间隙较大，由结缔组织膜连接称为**囟**，在矢状缝前、后分别称**前囟**（anterior fontanelle）和**后囟**（posterior fontanelle），前囟一般于1~2岁时闭合，后囟于生后不久即闭合。前囟闭合的早晚可作为婴儿发育的标志和颅内压力变化的测试窗口。

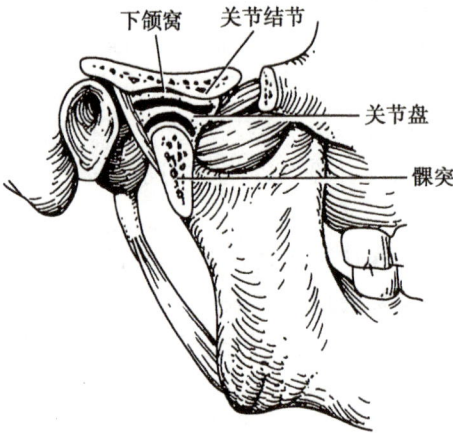

图3-25 颞下颌关节

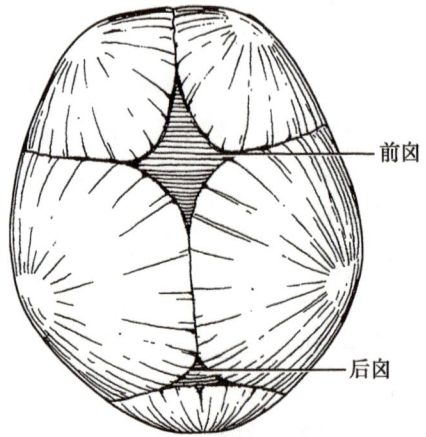

图3-26 新生儿的颅（上面）

（五）颅骨主要的骨性标志

枕外隆凸，乳突，髁突、颧弓、下颌角，眶上缘、眶下缘，眉弓、翼点等。

四、四肢骨及其连结

（一）上肢骨及其连结

1.上肢骨 每侧32块包括（锁骨、肩胛骨、肱骨、尺骨、桡骨各1块，手骨27块）。

（1）锁骨（clavicle）（图3-27）：位于颈部和胸部之间，全长于皮下均可摸到，是重要的骨性标志，为横位"~"形弯曲的骨，上面较平滑，下面粗糙，分为一体两端。内侧端粗大称**胸骨端**，与胸骨柄相连形成胸锁关节。外侧端扁平称**肩峰端**，与肩峰相关节，锁骨体有两个弯曲，内侧2/3凸向前，外侧1/3凸向后。锁骨外、中1/3交界处较细，骨折易发生于此处。

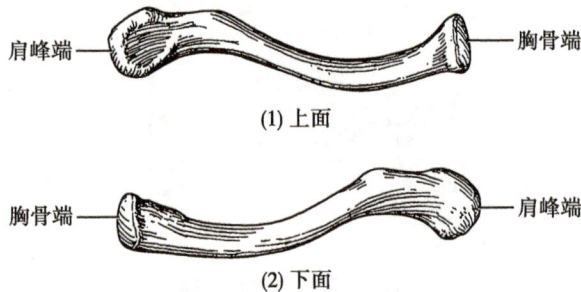

肩峰端———   ———胸骨端

(1) 上面

胸骨端———   ———肩峰端

(2) 下面

图3-27 锁骨（右侧）

（2）**肩胛骨**（scapula）（图3-28，图3-29）：位于胸廓后面外上方，是三角形的扁骨，有三缘、三角及两面。内侧缘又称**脊柱缘**，当上肢上举时，此缘正是肺斜裂的体表投影。**外侧缘**较厚，对向腋窝又称**腋缘**。**上缘**近外侧角处有一小切迹称**肩胛切迹**，其中有肩胛上神经通过，自切迹的外侧向前伸出一手指状突起称**喙突**（coracoid process），外侧角膨大，有一梨形的关节面称**关节盂**，与肱骨头构成肩关节，关节盂上下分别有盂上结节和盂下结节。肩胛骨**上角**与第2肋相对应，下角对应第7肋，易于摸到，它是确定肋骨序数的体表标志。肩胛骨的前面微凹称**肩胛下窝**，后面有横行隆起的骨嵴，称**肩胛冈**（spine of scapula），冈的外侧端扁平称**肩峰**（acromion），肩胛冈的上、下方凹陷，分别称**冈上窝**和**冈下窝**。

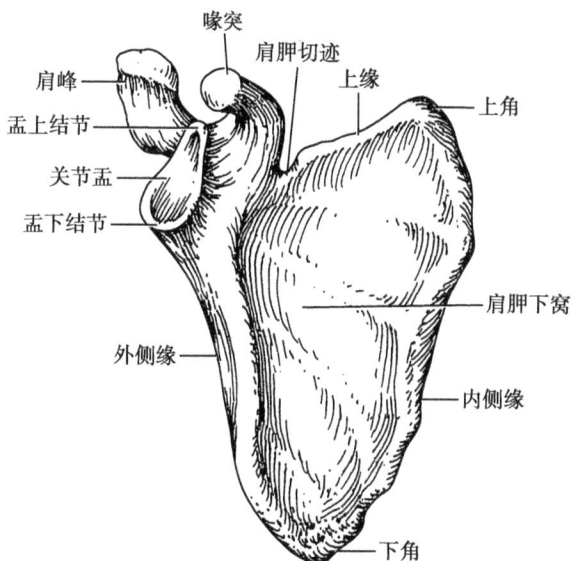

图3-28　肩胛骨（右侧，前面）

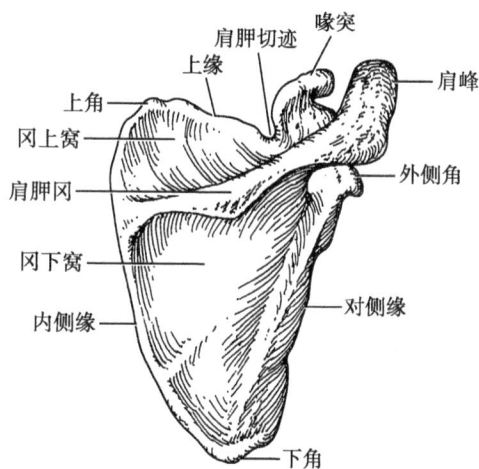

图3-29　肩胛骨（右侧，后面）

（3）**肱骨**（humerus）（图3-30，图3-31）：位于上臂，是典型的长骨，包括两端、一体。上端有朝向后上内侧的半球形**肱骨头**（head of humerus）。与肩胛骨的关节盂构成肩关节，其外侧的突起称**大结节**，大结节前方的突起，称**小结节**，两结节向下延伸的骨嵴，分别称为大结节嵴和小结节嵴，两结节之间的纵沟称**结节间沟**，其中有肱二头肌长头腱经过。上端与肱骨体交界处稍细，称**外科颈**（surgical neck），是较易发生骨折的部位。

肱骨体中部外侧面有一"V"形隆起的粗糙骨面称**三角肌粗隆**，是三角肌的附着处，粗隆的后下方有一条由内上斜向外下的浅沟，称**桡神经沟**（sulcus for redial nerve），桡神经紧贴沟中经过，因而此段骨折易损伤桡神经。

下端略向前弯曲，前后略扁，左右较宽，末端有两个关节面，外侧较小，呈球形，称**肱骨小头**，它与桡骨相关节，内侧的称**肱骨滑车**，它与尺骨相关节，在滑车的后上方，有一深窝称鹰嘴窝，下端的两侧各有一突起分别称**内上髁**（medial epicondyle）和**外上髁**（lateral epicondyle）。两者均可在体表摸到。内上髁后面有尺神经沟，其中有尺神经经过。

（4）**桡骨**（radius）（图3-32，图3-33）：位于前臂外侧，上端小，下端大，中部为桡骨体。上端有圆柱形的**桡骨头**（head of radius），其上面有**关节凹**，它与肱骨小头相关节。头的周围有**环状关节面**，与尺骨上端相关节，桡骨头下方缩细的部分为**桡骨颈**（neck of radius），颈下有向前内侧突出的**桡骨粗隆**。呈三棱形，下端粗大，内侧有**尺切迹**与尺骨头相关节。下端外侧向下突出的部分称**桡骨茎突**，临床上常在此附近计数桡动脉搏动，是重要的体表标志。桡骨下端有**腕关节面**，它与腕骨形成桡腕关节。

（5）**尺骨**（ulna）：位于前臂内侧，上端大，下端小，中部为尺骨体。上端前方有半月形的关节面，**称滑车切迹**，与肱骨滑车构成关节。滑车切迹后上方的突起称**鹰嘴**。前下方的骨突称**冠突**，在滑车切迹的下外侧有微凹的关节面，**称桡切迹**，与桡骨小头相关节，体呈三棱柱形，下端细小，有球形膨大的**尺骨头**（head of ulna）与桡骨的尺切迹相关节，头后方内侧有向下的突起，称**尺骨茎突**。

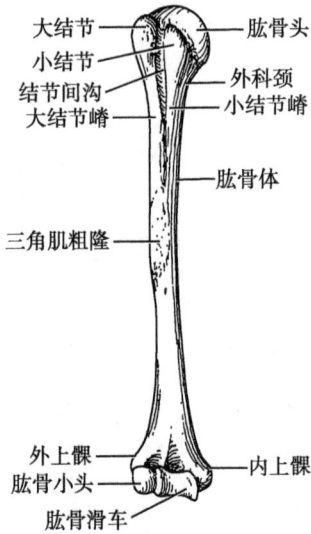

图3-30　肱骨（右侧，前面）

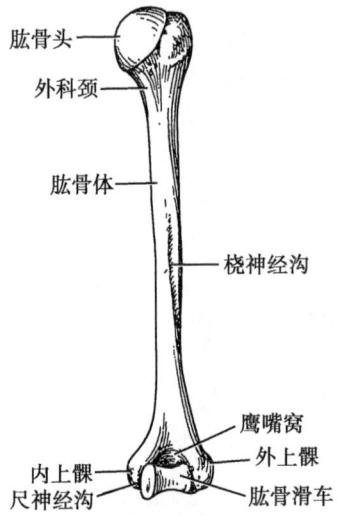

图3-31　肱骨（右侧，后面）

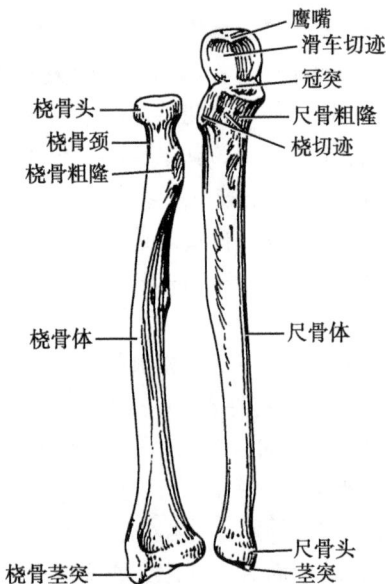

图3-32　桡骨和尺骨（前面）

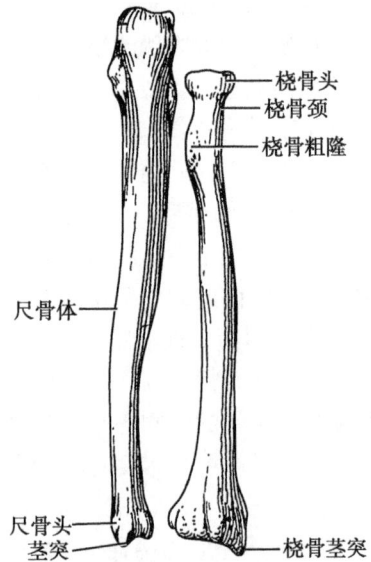

图3-33　桡骨和尺骨（后面）

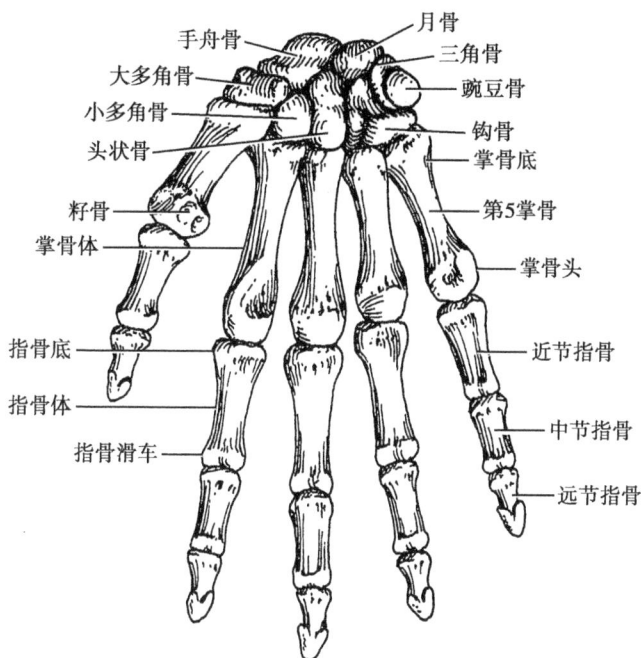

图3-34 手骨（右侧，前面）

（6）**手骨**（bones of hand）：由腕骨、掌骨、指骨组成（图3-34）。

1）**腕骨**（carpal bones）：位于手腕部，均属于短骨，共8块，排成近侧、远侧两列：近侧列由桡侧向尺侧依次为**手舟骨**（scaphoidbone）、**月骨**（lunate bone）、**三角骨**（triquetral bone）和**豌豆骨**（pisiformbone）；远侧列依次为**大多角骨**（trapezium bone）、**小多角骨**（trapezoid bone）、**头状骨**（capitate bone）和**钩骨**（hamate bone）；8块腕骨并列，后方凸，前方凹陷，形成腕骨沟。

2）**掌骨**（metacarpal bones）：属长骨，共5块。从外侧向内侧依次排列为第1~5掌骨，各掌骨的上端（近侧）为掌骨**底**，中部为掌骨**体**，下端（远侧）为掌骨**头**，头与近节指骨形成掌指关节。

3）**指骨**（phalanges of fingers）：属长骨，共14块，除拇指为两节外，其他各指均为3节，由近侧至远侧依次为**近节指骨**、**中节指骨**和**远节指骨**，每个指节骨均分为指骨底、指骨体和指骨滑车。

4）**籽骨**（sesamoid bone）：是包于肌腱内形如豆状的小骨，数量不等，多在第1掌骨头和第5掌骨头前方。

2. 上肢骨的连结

（1）**胸锁关节**（sternoclavicular joint）（图3-35）：由胸骨的锁切迹与锁骨的胸骨端构成，是上肢骨与躯干骨之间唯一的关节。关节囊坚韧，并有韧带加强，囊内有关节盘，该关节能使锁骨外侧端小幅度地进行向上、下、前、后和旋转、环转运动。

（2）**肩锁关节**（acromioclavicular joint）：由肩胛骨的肩峰与锁骨的肩峰端构成，属微动关节。

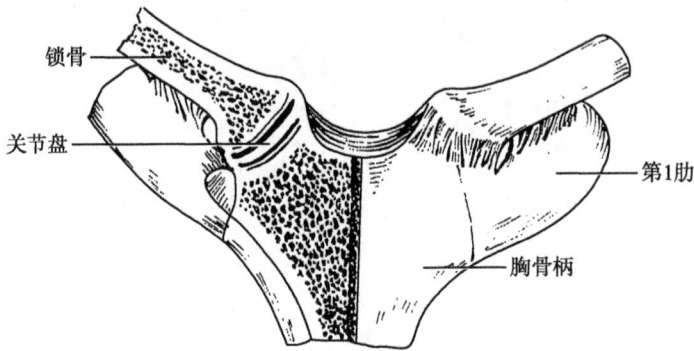

图3-35 胸锁关节

（3）**肩关节**（shoulder joint）（图3-36，图3-37）：由肱骨头与肩胛骨的关节盂构成，肩关节的形态结构特点是：肱骨头大、关节盂浅而小，关节囊薄而松弛，因而肩关节不仅运动灵活，而且运动幅度也较大，关节囊的前部、上部和后部因有肌腱和肌加强而下壁薄弱，成为肩关节最常见的脱位部位，肱二头肌长头腱穿过关节囊。肩胛骨喙突、肩峰及连于其间的喙肩韧带，位于肩关节上方保护肩关节，防止肱骨向上脱位。肩关节是人体运动幅度最大的关节，能做屈、伸、内收、外展、旋转和环转运动。

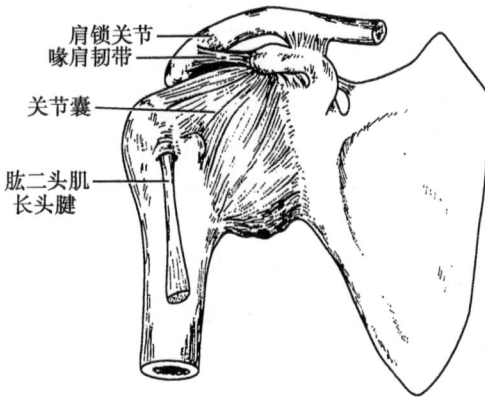

图3-36 肩关节（右侧，前面）

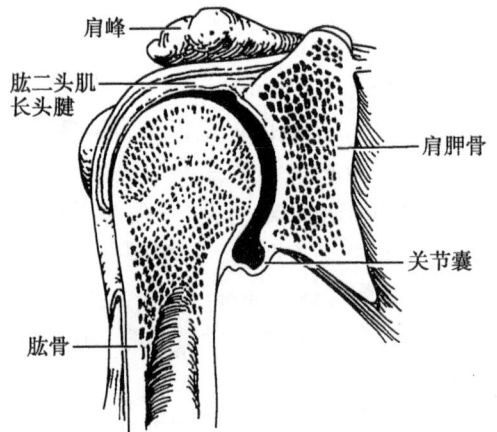

图3-37 肩关节（右侧，冠状切面）

（4）**肘关节**（elbow joint）：由肱骨下端与桡骨、尺骨上端共同组成，包括三个关节（图3-38，图3-39）。**肱尺关节**（humeroulnar joint）由肱骨滑车与尺骨的滑车切迹构成。**肱桡关节**（humeroradial joint）由肱骨小头与桡骨小头凹构成。**桡尺近侧关节**（proximal radioulnar joint）由桡骨头环状关节面与尺骨的桡切迹构成。以上三个关节包于同一个关节囊内，关节囊的前、后部薄而松弛，后部尤为薄弱，故肘关节脱位时，尺、桡骨常向后脱位。关节囊的两侧分别有**尺侧副韧带**和**桡侧副韧带**加强，关节囊环绕在桡骨头周围的部分增厚，形成**桡骨环状韧带**，可防止桡骨头滑脱。肘关节能做屈伸运动，肘关节伸直时肱骨内、外上髁和尺骨鹰嘴三点都在一条直线上，屈肘至90°时，三点成一等腰三角形。肘关节脱位时这种位置关系就会发生改变。

（5）**前臂骨的连结**：包括桡尺近侧关节，**前臂骨间膜**和**桡尺远侧关节**相连。前臂骨间

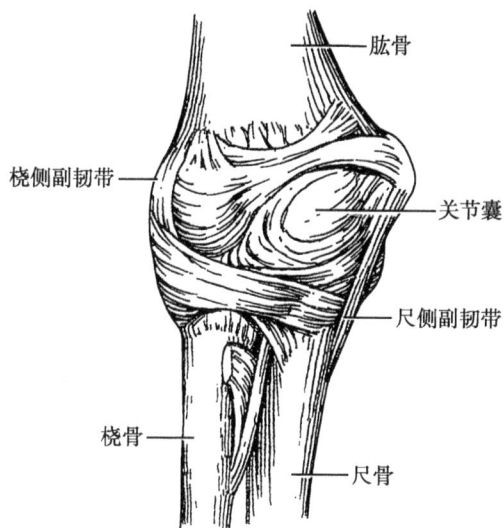

图3-38 肘关节（右侧，前面）

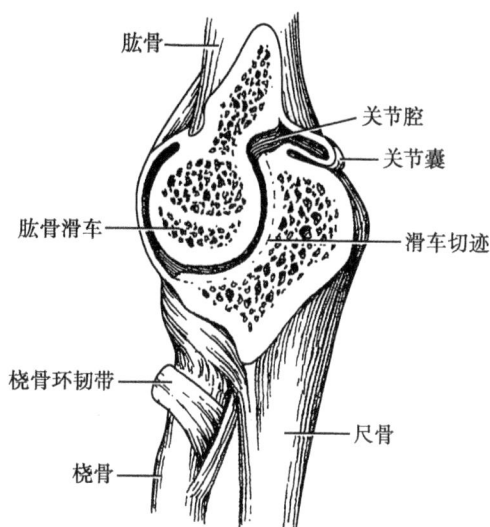

图3-39 肘关节（右侧，冠状切面）

膜为坚韧的致密结缔组织构成的薄膜，连结桡骨体和尺骨体。桡尺远侧关节由桡骨的尺切迹和尺骨头组成。

桡尺近侧关节和桡尺远侧关节同时活动时，可使前臂做旋前和旋后运动。旋前是指桡骨下部转向尺骨内前方，桡、尺二骨交叉，手背朝前的运动，反之桡骨转向与尺骨平行，手背朝后的运动，称为旋后（图3-40）。

（6）**手骨的连结**：包括**桡腕关节**、**腕骨间关节**、**腕掌关节**、**掌指关节**和**指骨间关节**（图3-41），各关节的名称均与构成关节各骨的名称相应。

桡腕关节（radiocarpal joint）通常称**腕关节**（wrist joint），由桡骨下端的腕关节面和尺骨下端的关节盘与手舟骨、月骨、三角骨共同构成，关节囊松弛，周围有韧带加强。能做屈、伸、内收、外展和环转运动。

3. 上肢重要的骨性标志 锁骨、肩胛冈、肩峰、喙突、肩胛骨上角和下角、肱骨大结节和小结节、肱骨内上髁和外上髁、尺骨茎头、桡骨茎突、尺骨鹰嘴、舟骨和豌豆骨等。

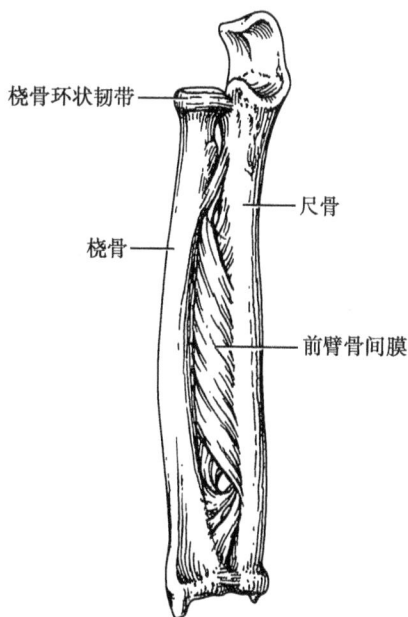

图3-40 前臂骨的连结（右侧，前面）

（二）下肢骨及其连结

1. 下肢骨 每侧31块，包括髋骨、股骨、髌骨、胫骨、腓骨各1块，足骨26块。

（1）**髋骨**（hip bone）：由髂骨、耻骨和坐骨组成（图3-42，图3-43），一般在15岁前三块骨之间由软骨连结，15岁以后软骨逐渐骨化，使三块骨融合成一块骨。在融合处外侧面有一深窝，称**髋臼**（acetabulum），髋臼内有一半月形关节面，与股骨头形成髋关节，髋臼下缘缺口处称**髋臼切迹**，左右髋骨与骶骨连接成骨盆。髋臼前下方的卵圆形

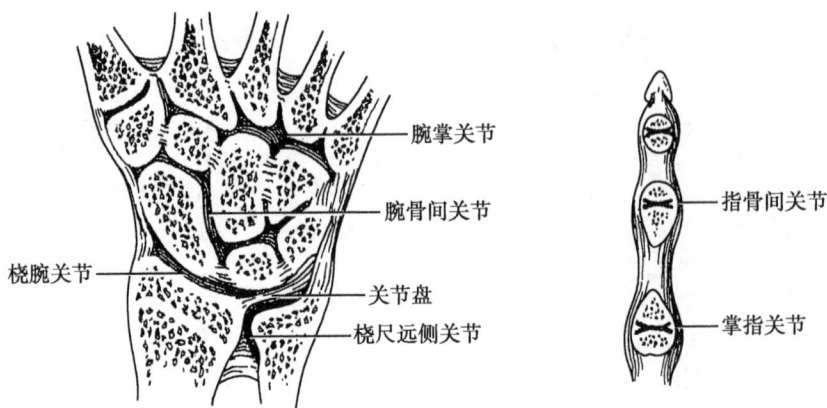

图3-41　手骨连结

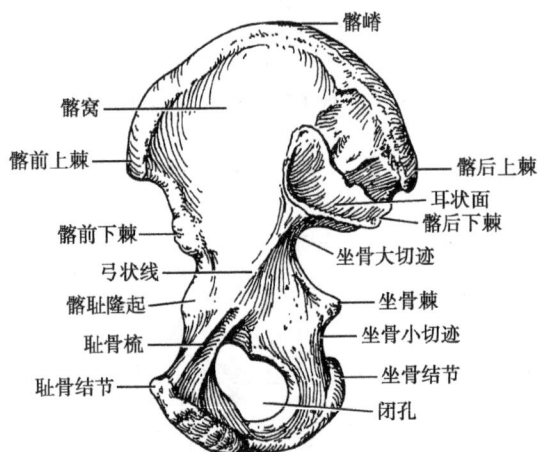

图3-42　髋骨（右侧，内面）

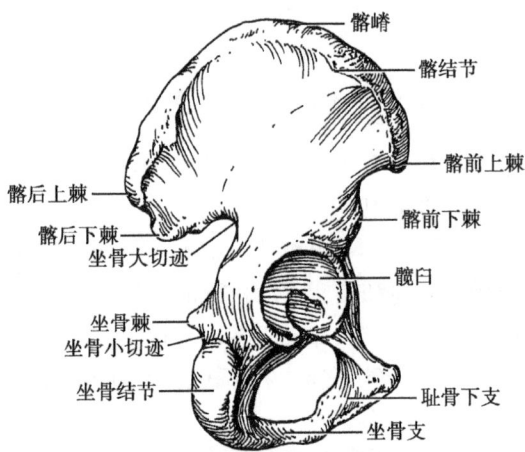

图3-43　髋骨（右侧，外面）

孔，称**闭孔**（obturator foramen），由耻骨与坐骨围成。

　　髂骨（ilium）位于髋骨的后上部，其上缘称**髂嵴**（iliac crest），髂嵴的前、中1/3交界处向外侧突出称**髂结节**（tubercle of iliac crest），临床上常在此处进行骨髓穿刺，抽取红骨髓检查其造血功能。两侧髂嵴最高点的连线约平对第4腰椎棘突，这是从下部确定椎骨序数的方法，临床上腰椎穿刺或麻醉多用此法定位。髂嵴的前后突起分别称为**髂前上棘**和**髂后上棘**，它们的下方各有一突起，分别称为**髂前下棘**和**髂后下棘**。髂骨内面稍凹处称**髂窝**（iliac fossa），窝的下界为突出的**弓状线**（arcuate line），窝的后下方有**耳状面**，与骶骨的耳状面形成**骶髂关节**。

　　坐骨（ischium）位于髋骨的后下部，下端肥厚粗糙，称**坐骨结节**（ischial tuberosity），坐骨结节后上方有一三角形的锐棘，称**坐骨棘**（ischial spine），棘的上方为**坐骨大切迹**（greater sciatic notch），下方为**坐骨小切迹**。

　　耻骨（pubis）位于髋骨前下部，分体和上、下两支。耻骨体构成髋臼的前下部，肥厚粗壮，它与髂骨融合处形成稍凸的突起称**髂耻隆起**。从体向前下延伸为耻骨上支，再转向后下方为**耻骨下支**。左右耻骨相连接的面称**耻骨联合面**（symphysial surface），耻骨联合面外上方的突起称**耻骨结节**（pubic tubercle），自耻骨结节向后上延伸到髂耻隆起为一条锐嵴，称**耻骨梳**（pecten pubis）。

（2）**股骨**（femur）：位于大腿内，是人体最粗大的长骨，约占身长的1/4，可分为上、下两端和一体（图3-44，图3-45）。

上端弯向内上方，其末端的半球形膨大为**股骨头**（femoral head），其上有**股骨头凹**，股骨头韧带附于此凹。头下方缩细部分为**股骨颈**（neck of femur），它与体之间形成一角度称**颈体角**。此角具有性别和年龄的差异，男性平均为132°，女性平均为127°，儿童为150°～160°。颈与体交界处的上外侧和后内侧各有一突起，分别称为**大转子**（greater trochanter）和**小转子**（lesser trochanter），两转子间前面有**转子间线**，后面有**转子间嵴**相连。大转子可在体表摸到，是一重要的骨性标志。股骨体呈略凸向前的圆柱形骨管，后面上外侧部骨面粗糙为**臀肌粗隆**（gluteal tuberosity），它是臀肌的附着处。在股骨体中部有滋养孔，营养股骨的主要血管经此孔出入。下端向两侧膨大并向后弯曲形成**内侧髁**和**外侧髁**，两髁之间的深窝称**髁间窝**，与髌骨相关节的部位称**髌面**，两髁侧面上方分别还有突出的**内上髁**和**外上髁**，在体表易于摸到。

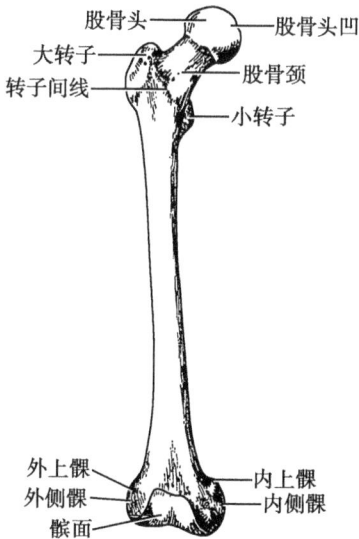

图3-44 股骨（右侧，前面）

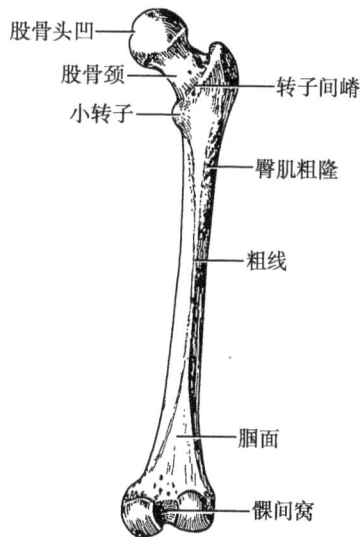

图3-45 股骨（右侧，后面）

（3）**髌骨**（patella）：位于股骨下端膝关节的前方，略呈底向上、尖向下的三角形，是全身最大的籽骨，股四头肌腱包于它的前面，参与构成膝关节（图3-46）。

（4）**胫骨**（tibia）：位于小腿内侧（图3-47，图3-48）上端膨大，形成**内侧髁**和**外侧髁**，其上面的关节面与股骨的内、外侧髁相关节，两髁之间有向上的隆起，称**髁间隆起**，胫骨上端有一个三角形的粗糙骨面称**胫骨粗隆**（tibial tuberosity），它是股四头肌腱的附着处，胫骨体呈三棱柱形，前缘锐利，内侧面平坦，紧贴皮下在体表可摸到，下端向内下方的突起称**内踝**（medialmalleolus）。

（5）**腓骨**（fibula）：（图3-47，图3-48）位于小腿的后外侧，细长，上端膨大称**腓骨头**（fibular head），头向下缩细部分为**腓骨颈**（neck of fibula），下端膨大为**外踝**（lateral malleolus），较内踝低一横指。外踝和腓骨头

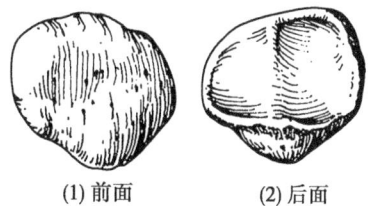

(1) 前面　(2) 后面

图3-46 髌骨

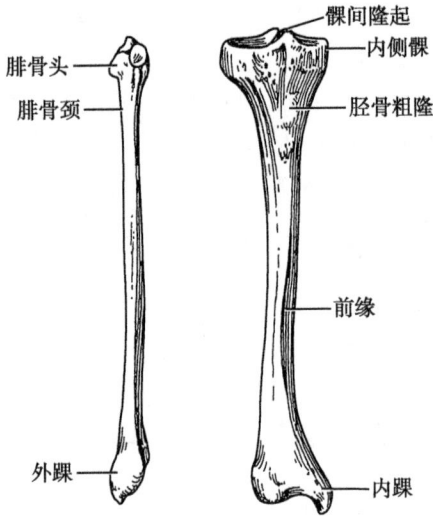

图3-47 胫骨和腓骨（右侧，前面）

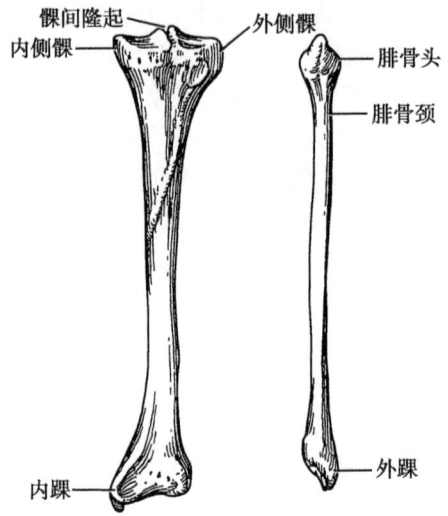

图3-48 胫骨和腓骨（右侧，后面）

都可在体表摸到，为重要的体表标志。

（6）**足骨**：由跗骨、跖骨、趾骨组成（图3-49）。

跗骨（tarsal bones）共7块，包括**距骨**（talus）、**跟骨**（calcaneus）、**足舟骨**（navicular bone）、**骰骨**（cuboid bone）和**内侧楔骨**（medial cuneiform bone）、**中间楔骨**（intermedial cuneiform bone）、**外侧楔骨**（lateral cuneiform bone），上方紧连胫、腓骨的为距骨，其下方为跟骨，前方为足舟骨，再向前由内侧向外侧依次为内侧楔骨、中间楔骨、外侧楔骨和骰骨。跟骨后下方的骨性突起为**跟骨结节**（calcaneal tuberosity）。

跖骨（metatarsal bones），共5块，属长骨，由内侧向外侧依次为第1～5跖骨，每根跖骨均分为后端的**跖骨底**、中部的**跖骨体**和前端的**跖骨头**3部分。

趾骨（phalanges of toes）共14块，踇趾为2节，其余各趾均为3节。

2. 下肢骨的连结

（1）髋骨的连结：左右髋骨在后方借骶髂关节及韧带与骶骨相连，前方借耻骨联合相连（图3-50，图3-51）。

骶髂关节（sacroiliac joint），由骶骨与髋骨的耳状面构成，关节囊厚而紧张，关节的运动性能很小，后下方在骶骨与坐骨之间有两条韧带相连，一条称**骶结节韧带**（sacrotuberous ligament），从骶、尾骨侧缘连至坐骨结节，呈扇形，另一条称**骶棘韧带**（sacrospinous ligament），

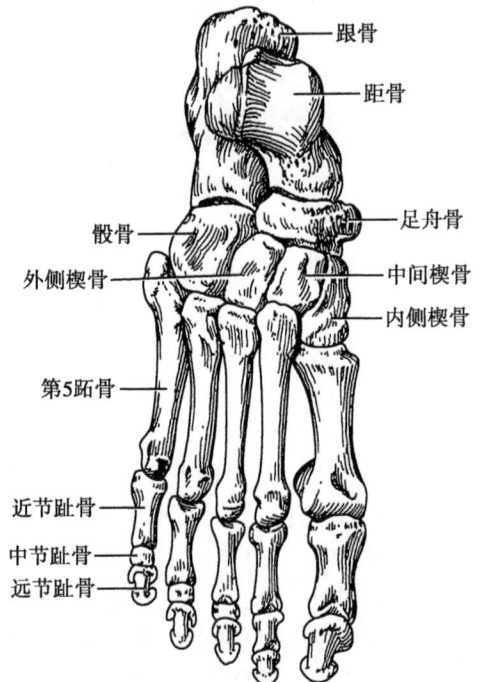

图3-49 足骨（右侧，上面）

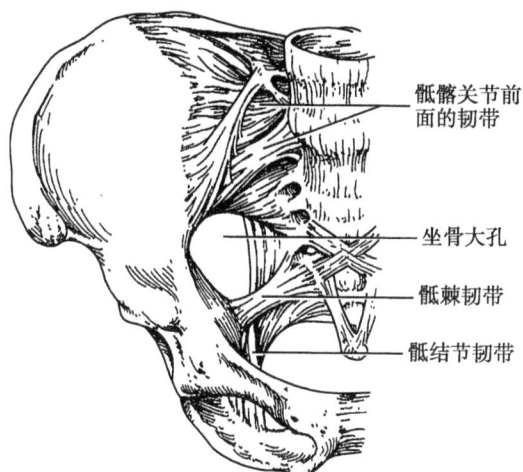

图3-50 骨盆的连结（右侧，前面）

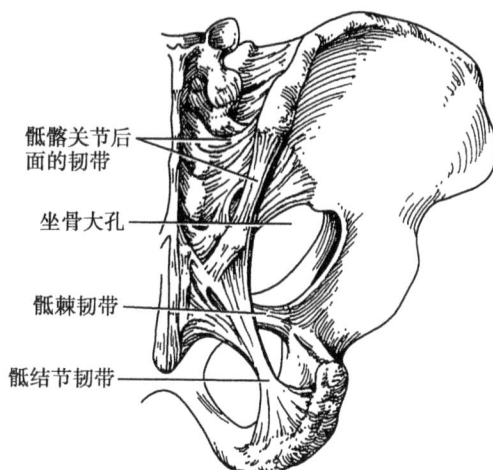

图3-51 骨盆的连结（右侧，后面）

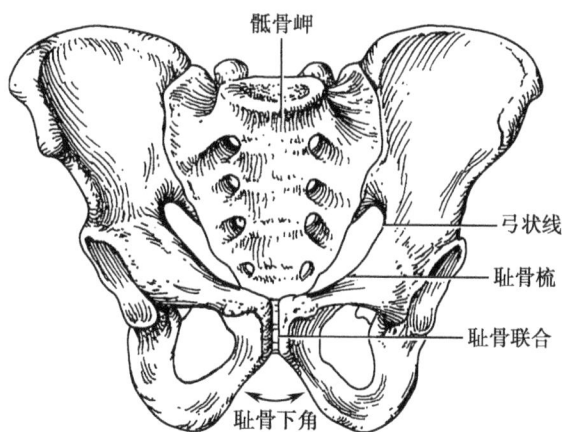

图3-52 骨盆

位于骶结节韧带前方，从骶、尾骨侧缘连至坐骨棘，呈三角形，两条韧带分别将坐骨大切迹和坐骨小切迹围成**坐骨大孔**与**坐骨小孔**。

耻骨联合（pubic symphysis）由两侧耻骨联合面借纤维软骨连结而成，内有一条矢状位裂隙，女性分娩时稍分离有利于胎儿娩出。

骨盆由骶骨、尾骨和左右髋骨及其骨连结构成，具有保护盆腔内器官和传导重力的作用，女性骨盆还是胎儿娩出的产道（图3-52），骨盆被骶骨岬、两侧弓状线、耻骨梳、耻骨联合上缘依次连接而成的界线分大、小骨盆。大骨盆腔是腹腔的一部分，通常所说的盆腔是指小骨盆腔而言。小骨盆腔有上、下两口，上口由界线围成，下口由尾骨、骶结节韧带、坐骨结节、坐骨支和耻骨下支围成，两耻骨下支之间的夹角称**耻骨下角**，女性由于妊娠和分娩，骨盆形态与男性有所不同（表3-1）。

（2）**髋关节**（hip joint）：由髋臼与股骨头构成，髋臼深陷，股骨头全部纳入髋臼内，关节囊厚而坚韧，股骨颈除其后面的外侧部之外，都被包入囊内，故股骨颈骨折，有囊内和囊外之分，关节囊周围均有韧带加强，其中以前方的**髂股韧带**最为强厚，它限制髋

表3-1   骨盆的性别差异

	男性	女性
骨盆形状	窄而长	宽而短
骨盆上口	心形	椭圆形
骨盆下口	狭小	宽大
骨盆腔	漏斗形	桶状形
骶骨岬	突出明显	突出不明显
耻骨下角	70°~75°	90°~100°

关节过度后伸对维持人体直立有一定的作用。关节囊内有连于股骨头与髋臼的**股骨头韧带**，内有营养股骨头的血管通过（图3-53，图3-54）。

髋关节能做屈、伸、内收、外展、旋转和环转运动，其运动的幅度都较肩关节小。但具有较大的稳固性，以适应下肢负重行走功能的需要。

（3）**膝关节**（knee joint）（图3-55，图3-56）：是人体最复杂的关节，由股骨下端、胫骨上端和髌骨构成，其中股骨内、外侧髁分别与胫骨内、外侧髁相对，髌骨与股骨的髌面相对，膝关节前方有股四头肌腱及其延续而成的**髌韧带**，从髌骨下缘止于胫骨粗隆。膝关节两侧分别有**胫侧副韧带**和**腓侧副韧带**加强。

在关节囊内有**膝交叉韧带**和**关节半月板**，膝交叉韧带连结胫骨和股骨，**分前、后交叉韧带**，分别限制胫骨向前、后移位，起稳定关节的作用。在股骨与胫骨的关节面之间垫有两块半月板，分别称**内侧半月板**和**外侧半月板**，内侧半月板呈"C"形；外侧半月板呈"O"形，每块半月板周缘较厚，内缘较薄，上面微凹，下面平坦，从而使股骨和胫骨的相邻关节面更加适应，以增强膝关节的稳固性（图3-57）。膝关节周围的滑膜囊（见本章第二节）较发达，其中最大的是髌上囊。它位于髌骨上方，股骨和股四头肌腱之间。髌上囊的下部与膝关节的关节腔相通，故常把它看成是关节囊的滑膜向上突出的部分。

膝关节能做屈伸运动，在半屈位时，还可做轻度的旋内和旋外运动。

（4）**小腿骨的连结**：腓骨的上端形成微动的胫腓关节，体和下端分别以**小腿骨间膜**和韧带相连（图3-58），因此两骨之间的运动极微弱。

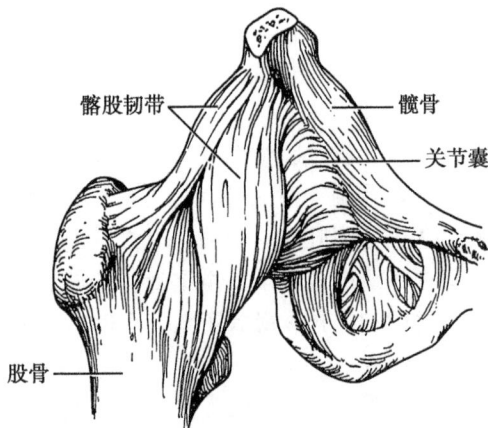

图3-53 髋关节（右侧，前面）

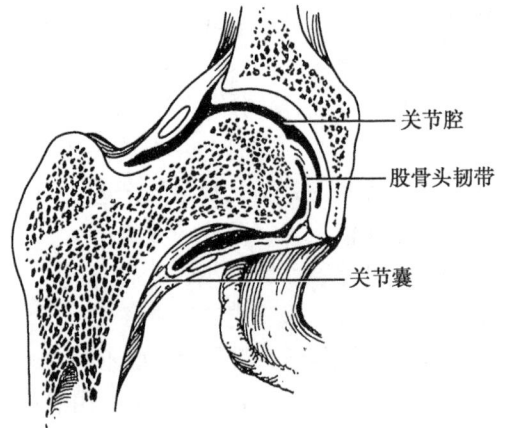

图3-54 髋关节（右侧，冠状切面）

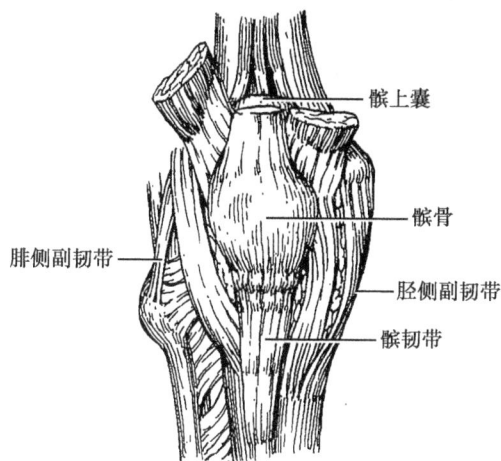

图3-55 膝关节（右侧，前面）

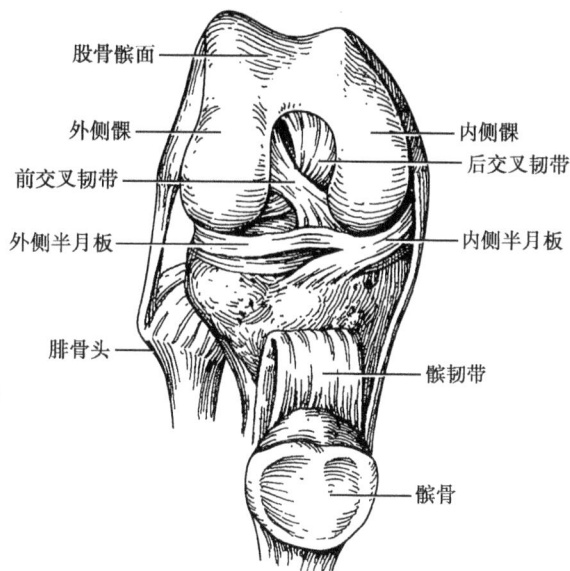

图3-56 膝关节的内部结构（右侧，前面）

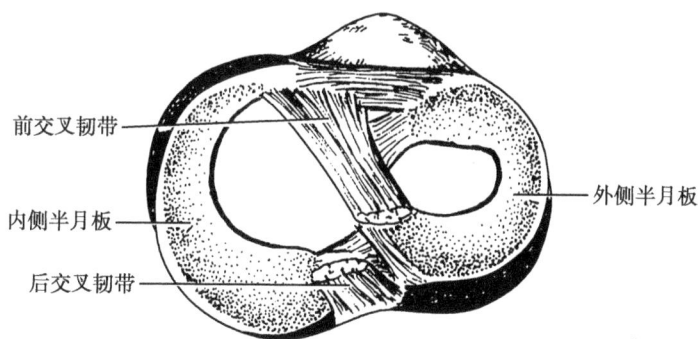

图3-57 膝关节半月板（上面）

（5）**足骨的连结**：包括距小腿关节、跗骨间关节、跗跖关节、跖趾关节和趾骨间关节（图3-59），均由与关节名称相应的骨组成。

距小腿关节（talocrural joint）通常称**踝关节**（ankle joint），由胫、腓骨的下端与距骨组成，关节囊的前、后壁薄弱而松弛，两侧壁有韧带加强，**内侧韧带**较强大，**外侧韧带**较薄弱，在足过度内翻时容易引起外侧韧带扭伤。

距小腿关节可做背屈（伸）和跖屈（屈）运动，与跗骨间关节协同作用时，可使足内翻和外翻，足底朝向内侧的运动叫内翻，足底朝向外的运动叫外翻。

足弓（arches of foot）是跗骨与跖骨借关节和韧带紧密相连，在纵、横方向上都形成凸向上的弓形，称足弓（图3-60）。人体站立时，足以跟骨结节，第1、5跖骨头三处为主要受力点着地，足弓具有弹性缓冲作用，可减轻行走或跑跳时地面对人体的冲击力，借以保护体内的脏器，同时也具有保护足底血管和神经免受压迫的功能。足弓的维持除连结各骨的韧带外，足底肌和小腿长肌腱的牵拉也起重要作用。如果这些韧带、肌和腱发育不良、萎缩松弛或损伤，便可造成足弓塌陷，足底平坦，影响正常功能，临床上称平足症。

3. 下肢重要的骨性标志　髂前上棘、髂嵴、髂后上棘、耻骨结节、坐骨结节、股骨大转子、股骨内上髁和外上髁、髌骨、胫骨粗隆、腓骨小头、内踝、外踝、跟结节。

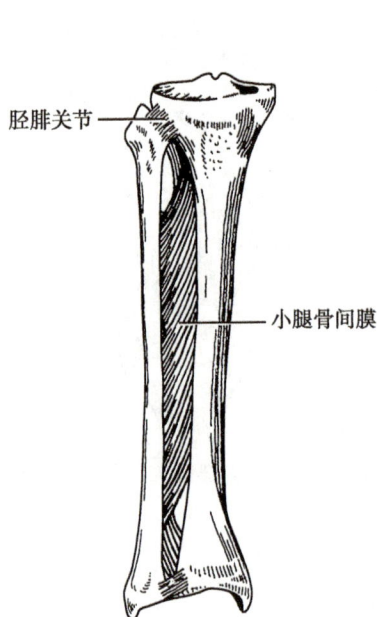

图3-58　小腿骨的连结（右侧）

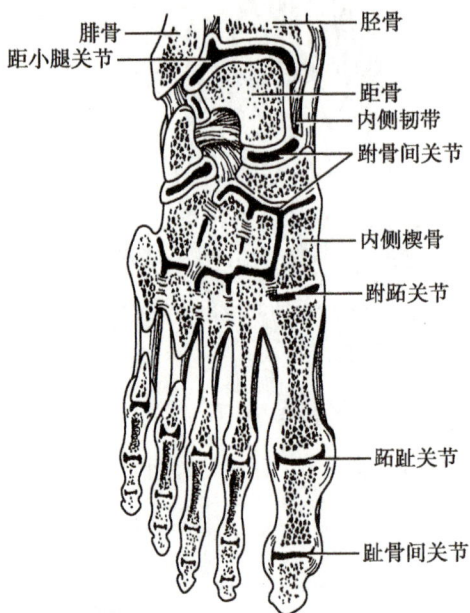

图3-59　足关节（右侧，斜切面）

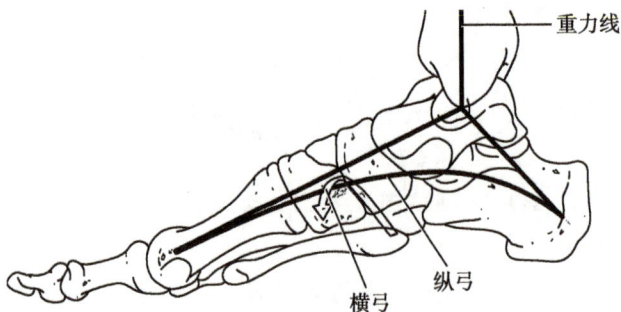

图3-60　足弓

● 知识链接 ●

神奇的胫骨

　　据科学家测定，骨的抗压能力比花岗岩高25倍。而胫骨单独负担从膝关节传递到距小腿关节（踝关节）的全身重量，能承受超过人体数倍的重量。胫骨上端的内、外侧髁与股骨的内、外侧髁及髌骨连接成膝关节，由于上端的宽度几乎与股骨下端相等，从而增强了股骨附着的牢固性与膝关节的稳定性。胫骨后侧的腓骨虽不直接负重，但对胫骨起固定作用。所以，当你看到杂技演员身上负重多人时，你应当想到这些人的重量都压到了两根神奇的胫骨上。

第二节 肌

一、概 述

运动系统的肌均属于骨骼肌，多附着于骨上，在神经系统的支配下产生随意运动，亦称随意肌。骨骼肌数量众多，分布广泛，有600余块，占体重的40％左右。每块肌都是一个器官，都具有一定的形态、结构和功能，有丰富的血管分布和一定的神经支配，当肌的血液供应障碍或神经支配阻断时，将会引起肌坏死或瘫痪（彩图2，彩图3）。

（一）肌的分类和构造

根据肌的形态，可将肌分为长肌、短肌、扁肌和轮匝肌（图3-61）。

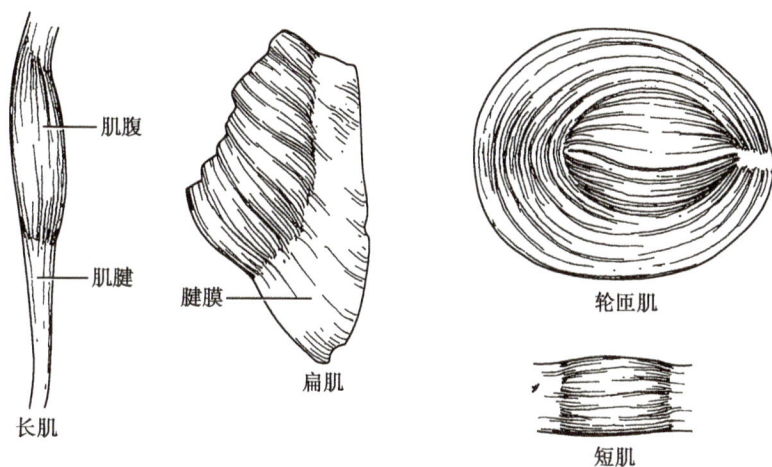

肌腹
肌腱
腱膜
扁肌
长肌
轮匝肌
短肌

图3-61 肌的形态

长肌呈长梭形或带状，多分布于四肢，收缩时能产生大幅度的运动，**短肌**多见于躯干的深层，收缩时运动幅度小。**扁肌**扁薄宽阔，多分布于胸、腹壁，除运动功能外，还有保护体内器官的作用。**轮匝肌**呈环形，位于孔裂周围，收缩时能关闭孔裂，如眼轮匝肌。

根据肌的作用，肌可分为屈肌、伸肌、收肌、展肌、旋内肌和旋外肌等。

根据肌所在部位，可分为头肌、颈肌、躯干肌和四肢肌。每块肌由肌腹和肌腱构成，**肌腹**主要由肌纤维组成，色红，位于肌的中部，有收缩能力，**肌腱**主要由致密结缔组织构成，色白，位于肌腹的两端，坚韧、无收缩能力，长肌的腱多呈条索状，扁肌的腱多薄而宽阔，呈膜片状，称**腱膜**。

（二）肌的起止和作用

肌通常都越过一个或多个关节，其两端分别附于一块或数块骨的表面，肌收缩时，一骨的位置相对固定，另一骨相对移动，肌在固定骨上的附着点称为**起点**，移动骨上的附着点称**止点**。一般而言，靠近人体正中线或四肢近侧端的附着点称**定点**，反之为**动点**，肌在骨上的起止点是固定的，而定点或动点，在一定的功能状态下是可以互换的（图3-62）。

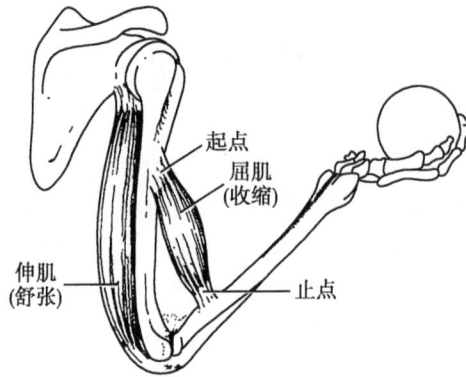

图3-62 肌的起止点和功能示意图

（三）肌的配布

多数肌都成群配布在关节的周围，它的配布形式与关节的运动轴密切相关，通常把配布在运动轴同一侧，完成同一运动的肌或肌群称协同肌，如分布在肘关节前面的各肌群。而在每一个运动轴的两侧都配布有作用相反的两群肌，这两个互相对抗的肌或肌群称为**拮抗肌**，例如肘关节前方的屈肌群和后方的伸肌群，两者互相对抗，又互相依存，在神经系统支配下，彼此协调，使动作准确有序。例如屈肌收缩时，伸肌必须同时相应地舒张，才能产生屈；反之，伸肌收缩时，屈肌也必须适当地舒张，才能完成伸。人体各种准确动作的完成，都必须依赖于肌的这种协调关系。

（四）肌的辅助结构

肌的辅助结构有筋膜、滑膜囊和腱鞘。

1. 筋膜（fascia） 分浅、深两种（图3-63）

（1）**浅筋膜**（superficial fascia）：位于真皮之下，又称皮下筋膜，主要由疏松结缔组织构成，其内含有脂肪、浅动脉、静脉、神经、淋巴管等。临床上常用的皮下注射，即将药物注入浅筋膜内。

（2）**深筋膜**（deep fascia）：位于浅筋膜深面，又称固有筋膜。分布广泛，由致密结缔组织构成，在四肢深筋膜插入肌群之间，并附着于骨上形成肌间隔，深筋膜包绕肌群形成筋膜鞘，包裹大血管、神经，构成**血管神经鞘**。

2. 滑膜囊（synovial bursa） 由结缔组织构成的密闭小囊，扁薄，内含少量滑液，多存在于肌、韧带与皮肤或骨面之间，具有减少相邻结构之间摩擦的作用。

3. 腱鞘（tendinous sheath） 套在长肌腱外面，为密闭的双层圆筒形结构。外层为**纤维层**，内层是**滑膜层**，滑膜层又分为脏、壁两层，脏层贴附于肌腱外表面，壁层衬于纤维层的内表面，两层在腱的深面相互移行，围成一密闭的腔隙，内有少量滑液，可减少腱与骨面之间的摩擦（图3-64）。

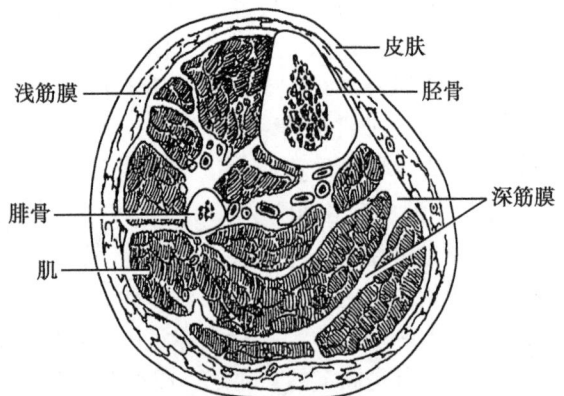

图3-63 小腿中部横切面模式图（示筋膜）

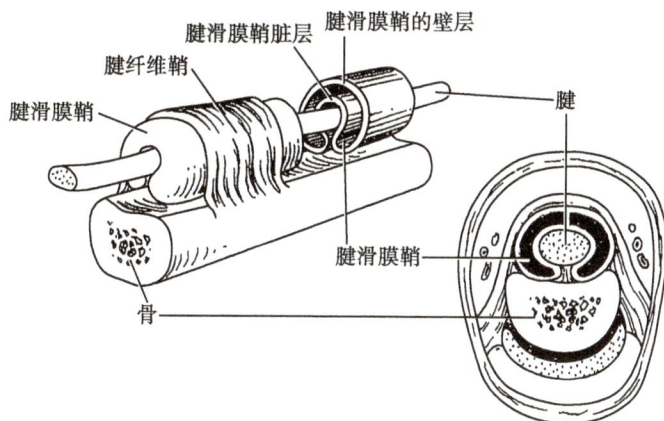

图3-64　腱鞘示意图

二、头颈肌

（一）头肌

头肌分为面肌和咀嚼肌两部分（图3-65）。

1.**面肌**　为扁薄的皮肌，位置表浅，大多数起自颅骨的不同部位，止于面部皮肤，多分布于眼裂、口裂和鼻孔周围，有**环形肌**和**辐射状**肌两种，收缩时使孔裂开大或闭合，同时牵动皮肤，显示出各种不同的表情，故又称**表情肌**。

在颅盖中线的两侧各有一块**枕额肌**（occipito frontal m.），有两个肌腹（枕腹和额腹），分别位于额部和枕部的皮下。二者之间连有**帽状腱膜**。颅顶皮肤、浅筋膜和帽状腱膜共同构成头皮。它与深部组织连接疏松。额腹收缩能提睑扬眉，形成额纹。在睑裂、口裂周围分别有**眼轮匝肌**（orbicularis oculi）和**口轮匝肌**（orbicularis oris），收缩时能使睑裂、口裂闭合。

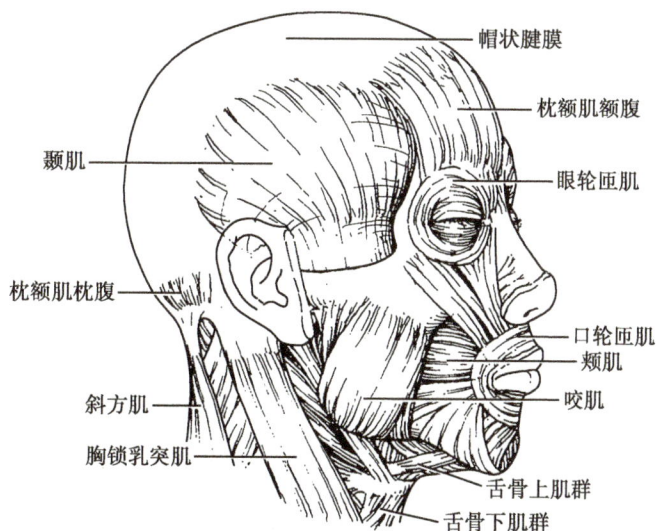

图3-65　头颈肌

2. 咀嚼肌 是运动颞下颌关节参与咀嚼运动的肌肉，共4对，即咬肌、颞肌、翼内肌和翼外肌。

咬肌（masseter）长方形，位于下颌支的外面，起自颧弓，止于下颌角。

颞肌（temporalis）扇形，起自颞窝，止于下颌骨冠突。

翼内肌（medial pterygoid）起自翼突，止于下颌角内面。

翼外肌（lateral pterygoid）起自翼突，止于下颌颈。

咀嚼肌收缩均能上提下颌骨，使牙咬合。两侧翼外肌同时收缩，使下颌向前，助张口。两侧翼内、外肌交替收缩，使下颌骨向左右移动。

（二）颈肌

位于颅和胸廓之间，分为浅、深两群（图3-65）。

1. 浅群 包括颈阔肌，胸锁乳突肌，舌骨上、下肌群。

（1）**颈阔肌**（platysma）：位于颈前部两侧浅筋膜中，为扁阔的皮肌。作用：收缩时降口角，并使颈部出现皱褶。

（2）**胸锁乳突肌**（sternocleidomastoid）：位于颈外侧部，以两头分别起自胸骨柄和锁骨的胸骨端，两头会合后，斜向后上方止于颞骨乳突。作用：一侧收缩使头向同侧倾斜，面转向对侧，两侧同时收缩，使头后仰。

（3）**舌骨上肌群**：位于下颌骨与舌骨之间，参与口腔底的构成。包括**二腹肌**、**下颌舌骨肌**、**颏舌骨肌**和**茎突舌骨肌**。

（4）**舌骨下肌群**：位于舌骨与胸骨之间，包括**胸骨舌骨肌**、**肩胛舌骨肌**、**胸骨甲状肌**、**甲状舌骨肌**。

舌骨上、下肌群的作用：固定舌骨和喉或使之上下移动，配合张口、吞咽、发音等作用。

2. 深群 主要有**前、中、后斜角肌**，它们均起自颈椎横突，分别止于第1肋和第2肋。在前、中斜角肌之间有一三角形间隙，称斜角肌间隙，锁骨下动脉和臂丛神经由此进入腋窝。

三、躯 干 肌

躯干肌包括背肌、胸肌、膈、腹肌和会阴肌。

（一）背肌

位于躯干背面，分为浅、深两群（图3-66）。

1. 浅群 是连于躯干和上肢的肌，主要有：斜方肌、背阔肌、肩胛提肌、菱形肌。

（1）**斜方肌**（trapezius）：位于项部和背上部，一侧呈三角形，两侧相合为斜方形，起自枕外隆凸、项韧带及全部胸椎棘突，肌束从外上、中、下三个方向分别止于锁骨、肩胛冈肩峰等处，斜方肌收缩时拉肩胛骨向脊柱靠拢，上、下部肌纤维收缩可分别上提或下降肩胛骨，肩胛骨固定，两侧上部肌纤维同时收缩可使头后仰。

（2）**背阔肌**（latissimus dorsi）：为全身最大的扁肌，位于背下部、腰部和胸侧壁，起自第6胸椎以下的全部椎骨棘突和髂嵴背面，肌束向外上集中止于肱骨小结节下方。该肌收缩能使臂内收、旋内和后伸。上肢上举固定时，可上提躯干。

（3）**肩胛提肌**（levator scapulae）：在斜方肌深面，作用：收缩时能上提肩胛骨。

（4）**菱形肌**（rhomboideus）：在斜方肌中部深面呈菱形，作用：收缩时拉肩胛骨移向内上方。

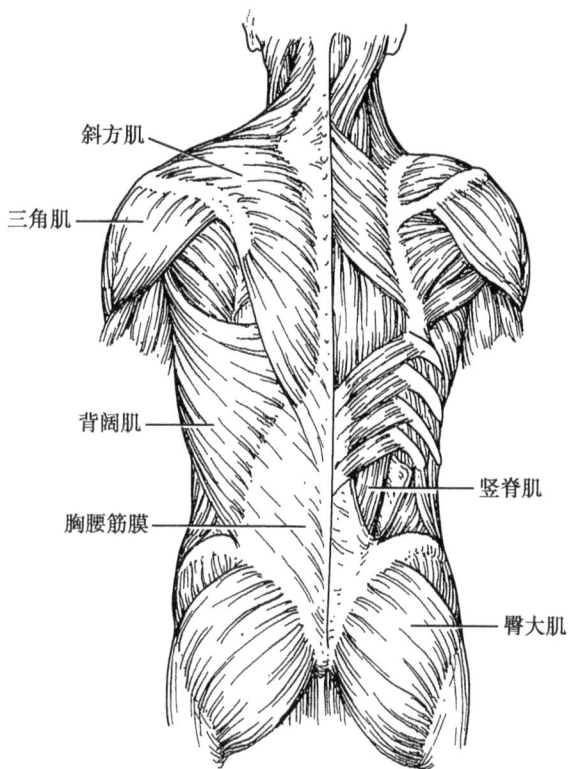

图3-66 背肌

2. **深群** 位于背深面棘突两侧，主要有**竖脊肌**（erector spinae），又称**骶脊肌**，起自骶骨和髂骨后面，向上分出多条肌束，分别止于椎骨、肋骨及枕骨。作用：收缩时可伸脊柱和仰头。

在背阔肌与臀大肌之间筋膜增厚形成**胸腰筋膜**（thoracolumbar fascia）。

（二）胸肌

参与构成胸壁，包括胸大肌、胸小肌、前锯肌和肋间肌等（图3-67）。

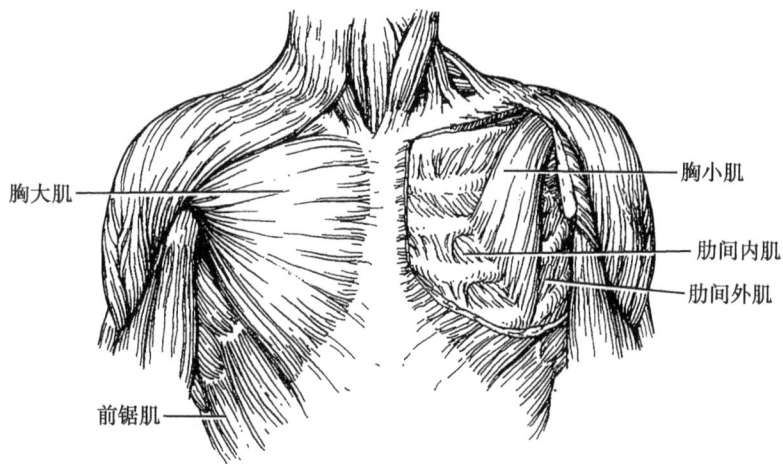

图3-67 胸肌

1. 胸大肌（pectoralis major）　位于胸前壁上部的浅层，起自锁骨内侧份、胸骨和第1~6肋软骨，肌束向外集中止于肱骨大结节嵴。作用：可使上臂内收、旋内和前屈，上肢上举固定时，可上提躯干并可提肋，助吸气。

2. 胸小肌（pectoralis minor）　位于胸大肌深面，三角形，作用：牵拉肩胛骨向前下。

3. 前锯肌（serratus anterior）　位于胸廓外侧壁，起自第1~8肋外侧，肌束斜向后上方，止于肩胛骨内侧缘及下角。作用：向前牵引肩胛骨及协肋臂上举。

4. 肋间肌　位于肋间隙内，共11对，分浅、深两层。浅层称**肋间外肌**（intercostales externi），肌束斜向前下，止于下位肋骨上缘，收缩时可提肋助吸气。深层称**肋间内肌**（intercostales interni），起自下位肋骨上缘，肌束方向与肋间外肌相反，走向前上方，止于上位肋骨下缘，收缩时可降肋助呼气。

（三）膈

膈（diaphragm）分隔胸腔和腹腔，是一块向上膨隆的穹隆状扁肌（图3-68），膈的周围部由肌束构成，附着于胸廓下口及其附近的骨面；中央部称**中心腱**。膈上有三个裂孔：在第12胸椎前方，有**主动脉裂孔**，在主动脉裂孔的左前方，约在第10胸椎的高度有**食管裂孔**，在食管裂孔的右前方，约在第8胸椎的高度有**腔静脉孔**，分别有主动脉、食管和下腔静脉通过。

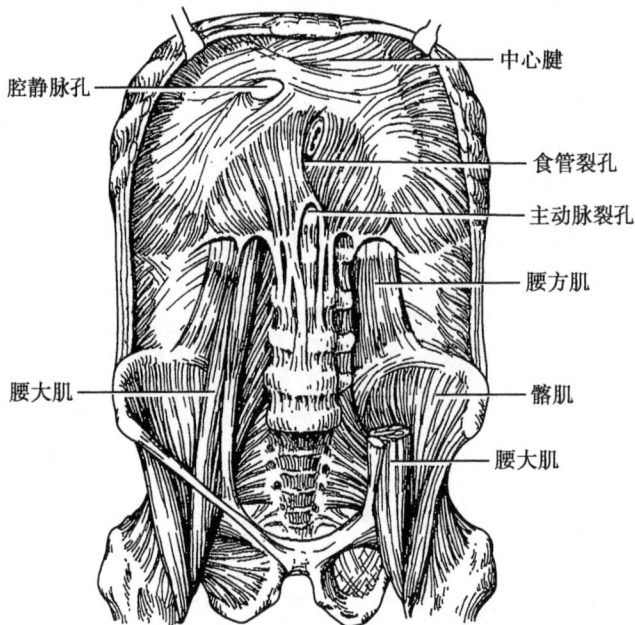

图3-68　膈和腹后壁肌

吸气是由于膈肌收缩，膈顶下降，胸腔容积增大而引起；呼气是由于膈肌舒张，膈顶复位，胸腔容积缩小而引起。因此，膈肌是重要的呼吸肌。

（四）腹肌

腹肌位于胸廓下部与骨盆上缘之间，参与组成腹腔的前壁、侧壁和后壁，分为前外侧群和后群（图3-69，图3-70）。

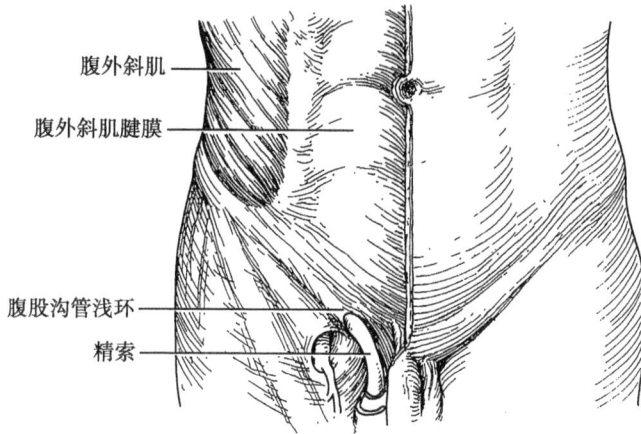

图3-69 腹前外侧壁肌（浅层）

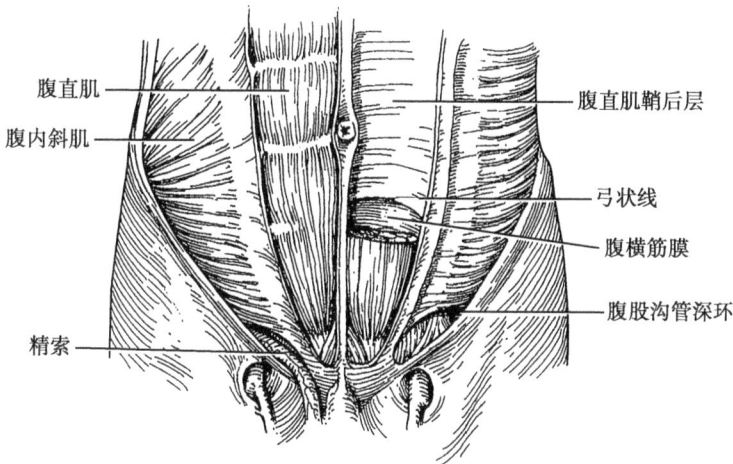

图3-70 腹前外侧壁肌（深层）

1. 前外侧群 有腹直肌、腹外斜肌、腹内斜和腹横肌等。

（1）**腹直肌**（rectus abdominis）：位于前正中线两侧，呈长带状，包于腹直肌鞘内，起自耻骨嵴，向上止于剑突和第5~7肋软骨，腹直肌被3~4条横行的腱划分成多个肌腹。腱划与腹直肌鞘的前层结合紧密，不能分离。

（2）**腹外斜肌**（obliquus externus abdominis）：为腹前外侧壁最浅层的扁肌，起端呈锯齿状，起自下8肋外面，肌束斜向前下方，近腹直肌外缘移行为腱膜，参与组成腹直肌鞘的前层和腹前壁正中的白线。

腹外斜肌腱膜的下缘增厚卷曲，张于髂前上棘和耻骨结节之间，称为**腹股沟韧带**（inguinal ligament），在耻骨结节外上方，腱膜分裂形成一个略呈三角形的裂孔，称**腹股沟管浅（皮下）环**（superficial inguinal ring）。

（3）**腹内斜肌**（obliquus internus abdominis）：位于腹外斜肌深面，起自胸腰筋膜、髂嵴和腹股沟韧带的外侧半，肌束呈扇形展开，其腱膜在腹直肌外侧缘分为前、后两层，包绕腹直肌，参与白线组成。

（4）**腹横肌**（transversus abdominis）：位于腹内斜肌深面，起自下位6根肋骨内面，胸腰筋膜、髂嵴和腹股沟韧带外1/3，肌束横行向前，延为腱膜，终于白线。贴附于腹横肌和腹直肌鞘深面的筋膜，称**腹横筋膜**，在耻骨梳附近参与**腹股沟镰**（inguinal falx）构成。腹内斜肌和腹横肌的部分肌纤维向下包绕精索和睾丸，称为**提睾肌**（cremaster），收缩时可上提睾丸。

2. 后群 主要有腰方肌，腰方肌位于腹后壁腰椎体两侧。

腹肌的作用：保护腹腔脏器，增加腹压，协助排便、排尿等，并可使脊柱进行前屈、侧屈和旋转运动。

3. 腹前外侧壁的局部结构

（1）**腹直肌鞘**（sheath of rectus abdominis）：是由腹前外侧群三块扁肌的腱膜包裹腹直肌而形成的腱膜鞘（图3-71）。其中腹外斜肌腱膜与腹内斜肌腱膜的前部结合构成鞘的**前层**，腹横肌腱膜与腹内斜肌腱膜的后部结合构成鞘的**后层**，但在脐下3~4cm处腹直肌鞘后层缺少，其下缘游离，呈弧形，称**弓状线**（arcuate line）（半环线）。自弓状线以下，腹直肌的后面直接与腹横肌筋膜相贴。

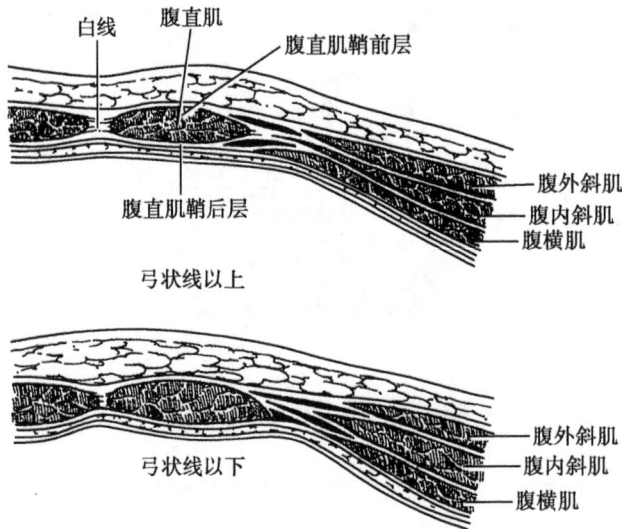

图3-71 腹前壁的横切面

（2）**白线**（linea alba）：由三对扁肌的腱膜，在腹前壁正中线上交织而成，自剑突直达耻骨联合，白线上宽下窄，坚韧、血管少，常作为腹部手术入口。脐周围的腱膜形成脐环，此处较为薄弱，若腹腔内容物由此膨出，则形成脐疝。

（3）**腹股沟管**（inguinal canal）：位于腹股沟韧带内侧半的上方，为腹壁扁肌间的一条斜行裂隙，长约4~5cm（图3-69，图3-70），男性的精索、女性的子宫圆韧带通过此管。

腹股沟管有两口、四壁：内口称**腹股沟管深（腹）环**，位于腹股沟韧带中点上方约1.5cm处，由腹横筋膜构成，外口即腹股沟管浅（皮下）环；管的前壁为腹外斜肌腱膜，后壁为腹横筋膜和腹股沟镰，上壁是腹内斜肌和腹横肌的弓形下缘，下壁是腹股沟韧带（图3-72）。腹股沟管是腹壁结构的薄弱区，是腹股沟斜疝的好发部位。

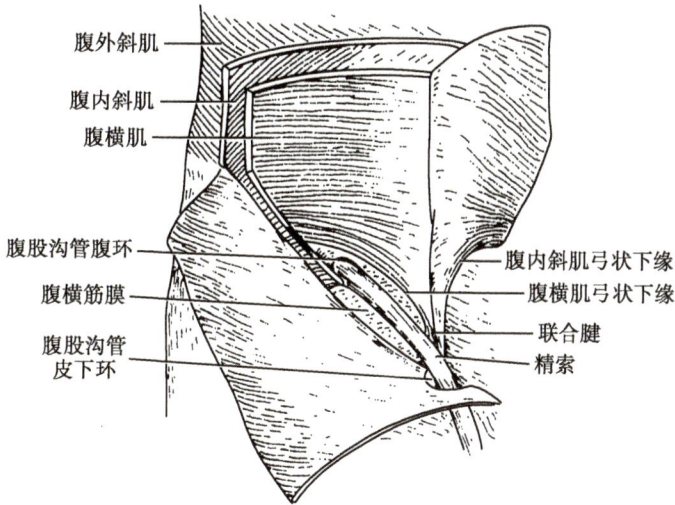

图3-72 腹股沟管

标注：腹外斜肌、腹内斜肌、腹横肌、腹股沟管腹环、腹横筋膜、腹股沟管皮下环、腹内斜肌弓状下缘、腹横肌弓状下缘、联合腱、精索

（五）会阴肌

会阴肌（图3-73）是指封闭小骨盆下口的诸肌，主要有肛提肌，会阴浅、深横肌，尿道括约肌等。

1. **肛提肌**（levatorani） 漏斗形，封闭小骨盆下口的大部分，起自小骨盆前、外侧壁的内面，肌束行向后内下方，其中小部分肌束止于直肠壁，大部分肌纤维止于阴道壁和尾骨尖，能承托盆腔脏器，和协助括约肌紧缩肛门、阴道等。

2. **会阴深横肌**（deep transverse muscle of perineum） 位于小骨盆下口的前下部，肌束横行，两侧附着于坐骨支。

3. **尿道括约肌**（sphincter of urethra） 位于会阴深横肌的前方，肌束围绕尿道膜部，在女性则围绕尿道和阴道，称尿道阴道括约肌。

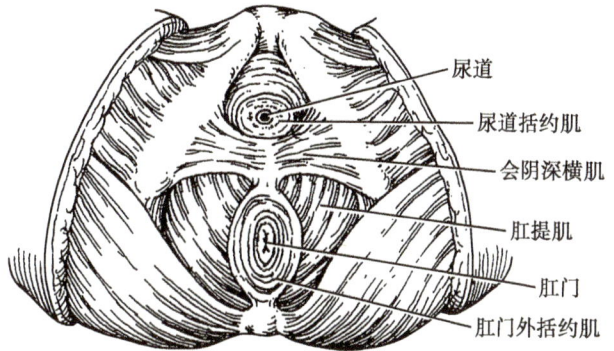

图3-73 会阴肌

标注：尿道、尿道括约肌、会阴深横肌、肛提肌、肛门、肛门外括约肌

四、四 肢 肌

（一）上肢肌

按部位分为肩肌、臂肌、前臂肌和手肌。

1. **肩肌** 配布于肩关节周围，能运动肩关节，并能增强肩关节在运动时的稳固性（图3-74，图3-75）。肩肌与深面的肩关节或附近的骨之间，滑膜囊较多，是滑囊炎的多发部位。

（1）**三角肌**（deltoid）：略呈三角形，起自锁骨外侧端、肩峰和肩胛冈，肌束从前、后和外侧三面包围肩关节，止于肱骨的三角肌粗隆。外部肌纤维收缩时使肩关节外展。前部收缩肩关节前屈并旋内，后部收缩，肩关节后伸并旋外，其外上部较为肥厚，且无重要

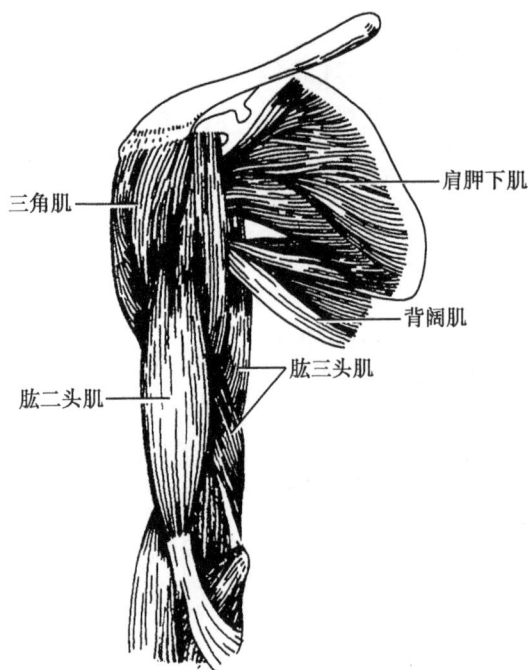

图3-74 肩肌和臂肌（前群）

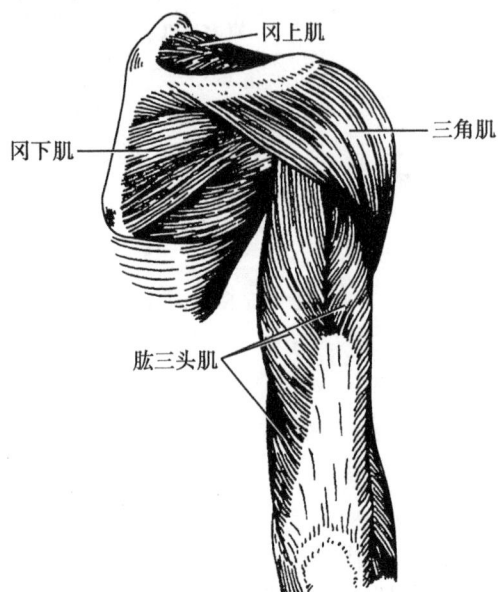

图3-75 肩肌和臂肌（后群）

的神经和血管通过，是临床进行肌肉注射除臀部之外的常选部位。

（2）**肩胛下肌**（subscapularis）：起自肩胛下窝，止于肱骨小结节，作用：使肩关节内收和旋内。

（3）**冈上肌**（supraspinatus）：位于斜方肌深方，起自冈上窝经肩关节上方，止于肱骨大结节，作用：使肩关节外展。

（4）**冈下肌**（infraspinatus）：起自冈下窝，部分被斜方肌和三角肌覆盖，经肩关节后方，止于肱骨大结节，作用：使肩关节外旋。

2. **臂肌**   配布于肱骨周围，主要作用于肘关节，分为前、后两群，前群是屈肌，后群是伸肌。

（1）**前群**：主要有肱二头肌和肱肌（图3-74）。

肱二头肌（biceps brachii）位于臂前部浅层，起端有长、短两个头，长头起自肩胛骨的盂上结节，长头腱穿过肩关节囊，沿肱骨的结节间沟下降；短头起于肩胛骨喙突，两头向下合成一个肌腹，向下以扁腱止于桡骨粗隆。主要作用是屈前臂、前臂旋后，并可协助屈肩关节。

肱肌（brachialis）位于肱二头肌下半部的深面，止于尺骨粗隆，作用：屈前臂。

（2）**后群**：主要有肱三头肌（图3-75）。

肱三头肌（triceps brachii）位于臂后部，起端有三个头，长头起自肩胛骨盂下结节，内侧头和外侧头均起自肱骨背面，三头合并后以扁腱止于尺骨鹰嘴，作用：伸前臂。

3. **前臂肌**   分布于桡、尺骨的周围，多数起于肱骨的下端，少数起自桡、尺骨和前臂骨间膜，止于腕骨、掌骨或指骨。前臂肌分为前、后两群，前群主要是屈肌和旋前肌，后群主要是伸肌和旋后肌，各肌的作用大致与其名称相一致，前臂肌的前后群都分为浅、深两层，每层内各肌的位置由桡侧向尺侧依次是（旋前方肌除外）：

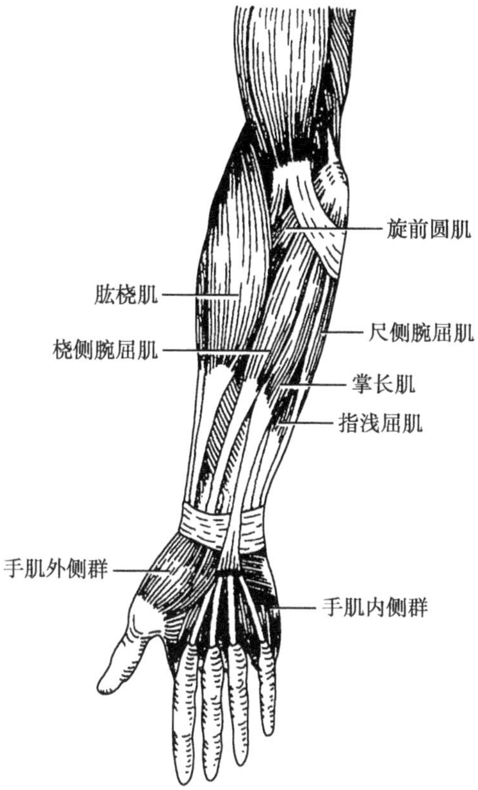

图3-76 前臂肌前群和手肌（浅层）

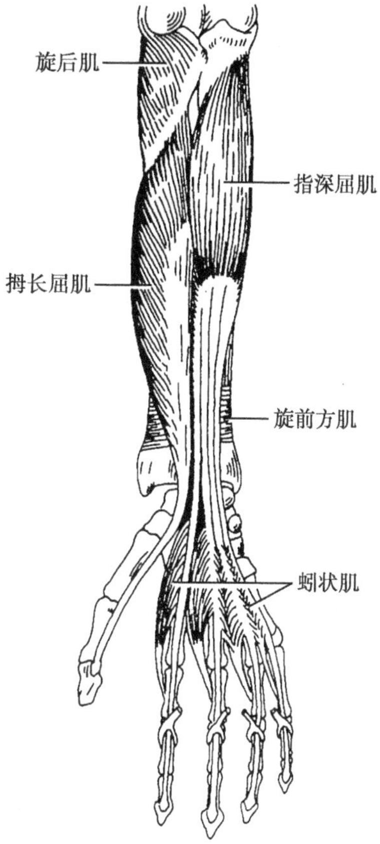

图3-77 前臂肌前群和手肌（深层）

（1）**前群**（图3-76，图3-77）

浅层：肱桡肌（brachioradialis）、**旋前圆肌**（pronator）、**桡侧腕屈肌**（flexor carpi radialis）、**掌长肌**（palmaris longus）、**指浅屈肌**（flexor digitorum superficialis）、**尺侧腕屈肌**（flexor carpi ulnaris）。

深层：拇长屈肌（flexor pollicis longus）、**指深屈肌**（flexor digitorum profundus）、**旋前方肌**（pronator quadratus）。

拇长屈肌和指浅、深屈肌，前者止于拇指的远节指骨，后两者向远侧都分为4腱止于第2~5指，其中指浅屈肌腱止于中节指骨，指深屈肌腱止于远侧指骨。

（2）**后群**（图3-78，图3-79）

浅层：桡侧腕长伸肌（extensor carpi radialis longus）、**桡侧腕短伸肌**（extensor carpi radialis brevis）、**指伸肌**（extensor digitorum）、**小指伸肌**（extensor digiti minimi）和**尺侧腕伸肌**（extensor carpi ulnaris）。

深层：旋后肌（supinator）、**拇长展肌**（abductor pollicis longus）、**拇短伸肌**（extensor pollicis brevis）、**拇长伸肌**（extensor pollicis longus）和**示指伸肌**（extensor indicis）。

4. 手肌　短小，集中配布于手的掌面。主要运动手指。分外侧群、内侧群和中间群。

（1）**外侧群**：位于手掌拇指侧，由数块肌形成的丰满隆起称**鱼际**（thenar）。此群肌可使拇指作内收、外展、屈和对掌运动（拇指指腹与其他各指指腹相对的动作称对掌）。

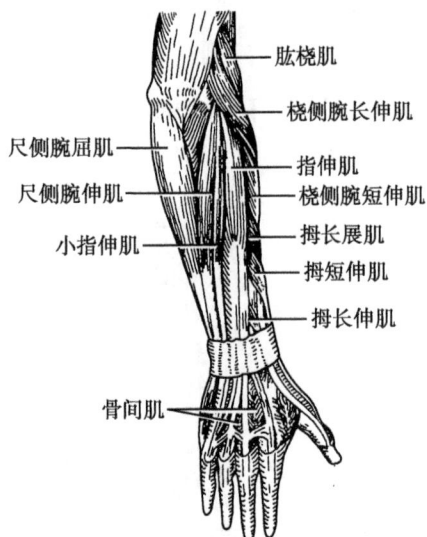

图3-78   前臂肌后群和手肌（浅层）

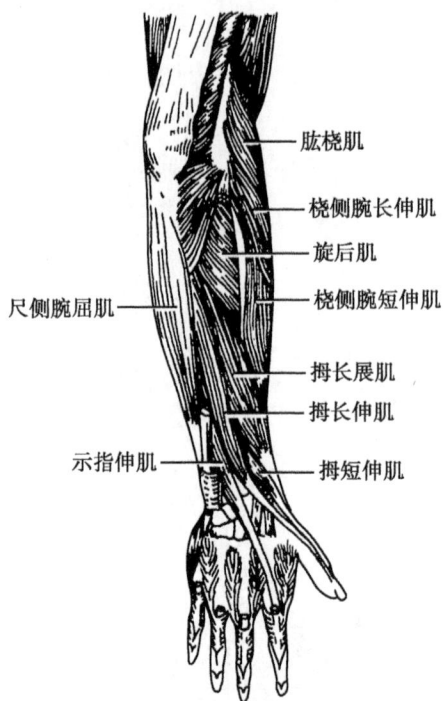

图3-79   前臂肌后群和手肌（深层）

（2）**内侧群**：位于手掌小指侧，由数块肌共同形成，也较丰满。称**小鱼际**（hypothenar），其主要作用是屈小指和使小指外展。

（3）**中间群**：包括**蚓状肌**和**骨间掌（背）侧肌**，它们分别位于掌心和掌骨之间，作用是使第2~4指内收和外展（手指向中指靠拢的动作称内收，反之称外展）。

5. **上肢的筋膜和腱鞘**   臂部的深筋膜在前后肌群之间插入，附着于肱骨上，形成臂内、外侧肌间隔。前臂深筋膜在桡腕关节处增厚，分别形成**腕掌侧韧带**、**腕背侧韧带**和**腕横韧带**。手掌面中间的深筋膜，坚韧厚实，呈三角形，称掌腱膜。经过腕部的屈指肌腱、伸腕和伸指肌腱均有腱滑膜鞘包绕。手指的屈肌腱被指腱鞘包绕，对肌腱起约束和滑车作用。

6. **上肢的局部结构**

（1）**腋腔**（axillary cavity）：位于胸外侧壁与臂上部之间，是一个四棱锥形的空隙，有尖、底和四壁。腋腔的尖由第1肋、锁骨和肩胛骨的上缘围成，腋窝借此与颈部相通。底被筋膜和皮肤所封闭。前壁为胸大肌、胸小肌。后壁为肩胛下肌、背阔肌。内侧壁为胸前壁上部和前锯肌。外侧壁为肱骨、肱二头肌。腋窝内有血管、神经和淋巴结等结构。

（2）**肘窝**（cubital fossa）：为位于肘关节前方的三角形浅窝，内有血管、神经和肱二头肌、肌腱等结构。

（3）**腕管**（carpal canal）：位于腕部掌侧，由腕骨和结缔组织连接而成，其内有屈指肌腱和正中神经从管内通过。

（二）**下肢肌**

按部位分为髋肌，大腿肌、小腿肌和足肌。

1. **髋肌**   分布于髋关节周围，多数起自骨盆侧壁内、外面，跨过髋关节，止于股骨上端。主要运动髋关节。髋肌分为前、后两群。

（1）**前群**：主要有**髂腰肌**（iliopsoas）：由**髂肌和腰大肌**结合而成，髂肌起自髂窝，腰大肌起自腰椎体侧面及横突，两肌会合向下，经腹股沟韧带后方，止于股骨小转子。作用：使髋关节前屈和旋外，下肢固定时，可使躯干前屈（图3-80）。

（2）**后群**：位于臀部，故又称**臀肌**，主要有臀大、中、小肌和梨状肌（图3-81，图3-82）。

臀大肌（gluteus maximus）位于臀部浅层，呈四边形，大而肥厚，与皮下组织一起形成臀部隆起。起自髂骨和骶骨的背面，肌束斜向外下，止于股骨上部的臀肌粗隆。作用：伸大腿并旋外，在人体直立时，固定盆骨，防止躯干前倾，其外上部是肌肉注射最常选用的部位。

臀中肌（gluteus medius）和**臀小肌**（gluteus minimus）：臀中肌呈扇形，位于臀部外上份，其下部被臀大肌覆盖，臀小肌在臀中肌的深面。两肌作用：使大腿外展和旋内。

梨状肌（piriformis）位于臀大肌深面，臀中肌下方起自骶骨前面，穿坐骨大孔出盆腔到臀部，止于大转子。作用：使大腿外展，外旋。

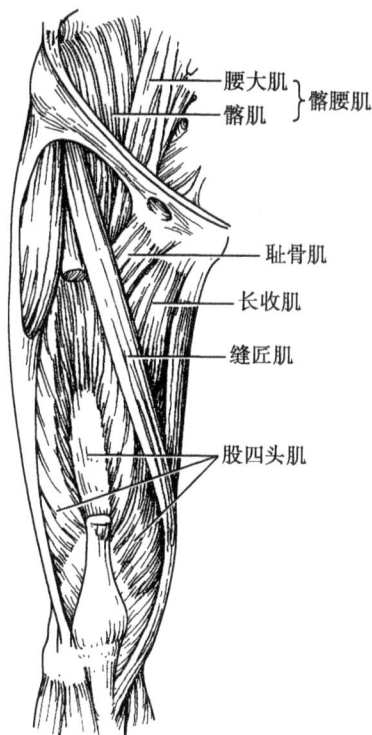

图3-80 髋肌前群、大腿肌前群和内侧群

坐骨大孔被梨状肌分隔成梨状肌上孔和梨状肌下孔，孔内有血管、神经通过。

2. 大腿肌（图3-80，图3-81） 配布在股骨周围，分前群、内侧群和后群。

（1）**前群**：位于大腿前面，有缝匠肌和股四头肌。

缝匠肌（sartorius），呈长扁带状，起自髂前上棘，向内下方，止于胫骨上端内侧，作用：屈大腿，屈小腿。

股四头肌（quadriceps femoris），特别发达，是人体中体积最大的肌，它有4个头，分别称为**股直肌**，**股内侧肌**、**股外侧肌**和**股中间肌**，除股直肌起于髂前下棘外，其余的均起于股骨干。4头合并向下移行为腱，包绕髌骨的周缘和前面，继而向下延续为**髌韧带**，止于胫骨粗隆。作用：伸膝关节，股直肌还可屈髋关节。

（2）**内侧群**：位于大腿内侧，其中位于缝匠肌中份内上方的称**长收肌**（adductor longus），在长收肌外上方的称**耻骨肌**（pectineus）。作用：内侧群肌的作用主要是使大腿内收并内旋。

（3）**后群**：位于股骨后方，包括股二头肌、半腱肌和半膜肌。

股二头肌（biceps femoris）位于股后外侧，有长短两头，长头起自坐骨结节，短头起自股骨中段，两头会合后，以长腱止于腓骨头。作用：屈小腿、伸大腿。

半腱肌（semitendinosus）和**半膜肌**（semimembranosus）：半腱肌位于股后内侧，其外下方深面为半膜肌。后群肌的作用：屈小腿、伸大腿。

3. 小腿肌 配布于胫、腓骨周围，分为前群、外侧群和后群。

（1）**前群**：位于小腿前面，有3块肌，从内侧向外侧，依次为**胫骨前肌**（tibialisanterior）、

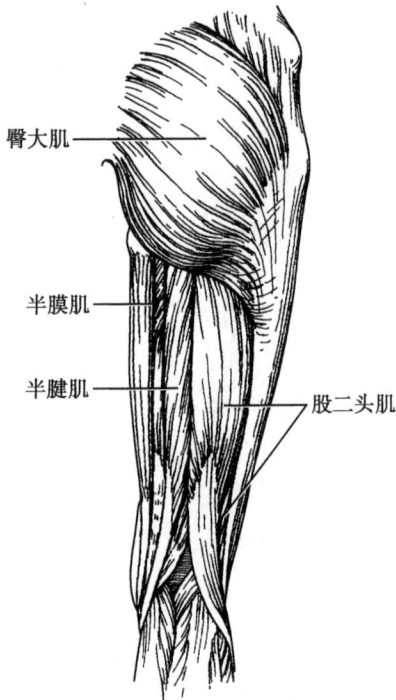

图3-81　髋肌后群和大腿肌后群　　　　图3-82　髋肌后群（中层）

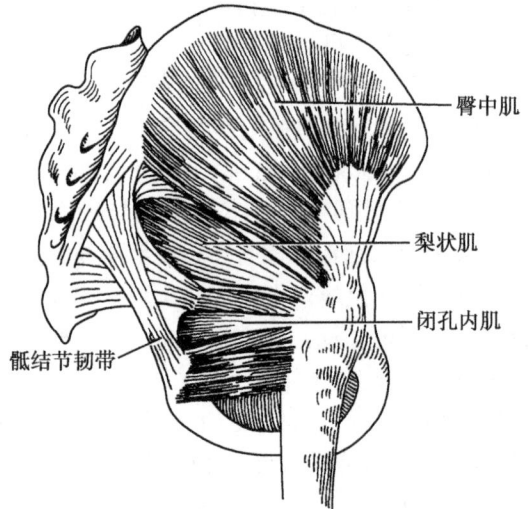

踇长伸肌（extensor hallucis longus）和**趾长伸肌**（extensor digitorum longus）。3块肌均起于胫腓骨上端和骨间膜，下行至足背，胫骨前肌止于内侧楔骨和第1跖骨底，使足背屈和内翻。踇长伸肌，止于踇趾远节趾骨，趾长伸肌分成四条长腱，止于第2~5趾，两肌均能使足背屈和伸趾（图3-83）。

（2）**外侧群**：位于腓骨外侧，由浅层的**腓骨长肌**（peroneus longus）和深层的**腓骨短肌**（peroneus brevis）组成（图3-84）。两肌的腱经外踝后方绕到足底，长肌止于第1跖骨，短肌止于第5跖骨底。作用：使足外翻和跖屈。

（3）**后群**：位于小腿后方，分浅、深两层（图3-85，图3-86）。

浅层：为**小腿三头肌**（triceps surae），粗大肥厚，在小腿后方形成膨隆的外形，俗称"小腿肚"，它是由浅层的**腓肠肌**（gastrocnemius）和深层的**比目鱼肌**（soleus）合成。腓肠肌分别以两个头起自股骨内、外侧髁，比目鱼肌起自胫、腓骨上端的后面。两肌合成一个肌腹，向下移行为粗壮的**跟腱**（tendo calcaneus），止于**跟骨结节**。作用：提足跟，使足跖屈。小腿三头肌、股四头肌、臀大肌是维持人体直立的3块主要肌。

深层：与前群肌相对应，也有3块肌，从内侧向外侧依次为**趾长屈肌**（flexor digitorum longus）、**胫骨后肌**（tibialis posterior）和**踇长屈肌**（flexor hallucis longus）。它们都起于胫、腓骨后面和骨间膜，向下移行为肌腱，经内踝后方转到足底，胫骨后肌止于足舟骨，可使足跖屈和内翻，趾长屈肌腱分成四腱，分别止于第2~5趾。踇长屈肌止于踇趾。两肌均能使足跖屈和屈趾。

4. **足肌**　分为足背肌和足底肌。足背肌作用为助伸趾。足底肌的配布和作用与手肌相似，也分为内侧、外侧和中间三群，其作用为助屈趾和维持足弓。

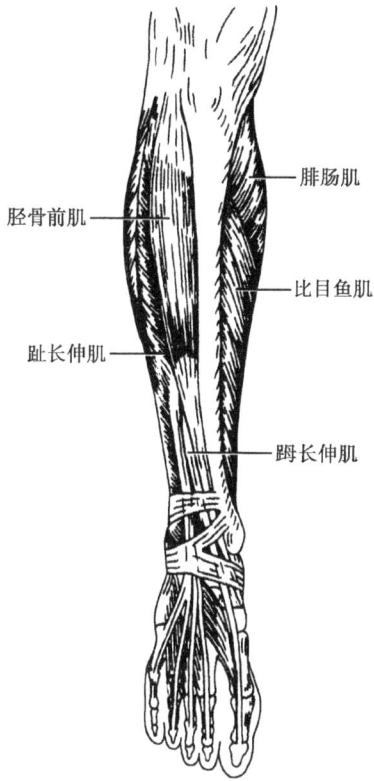

图3-83 小腿肌前群

胫骨前肌
腓肠肌
比目鱼肌
趾长伸肌
拇长伸肌

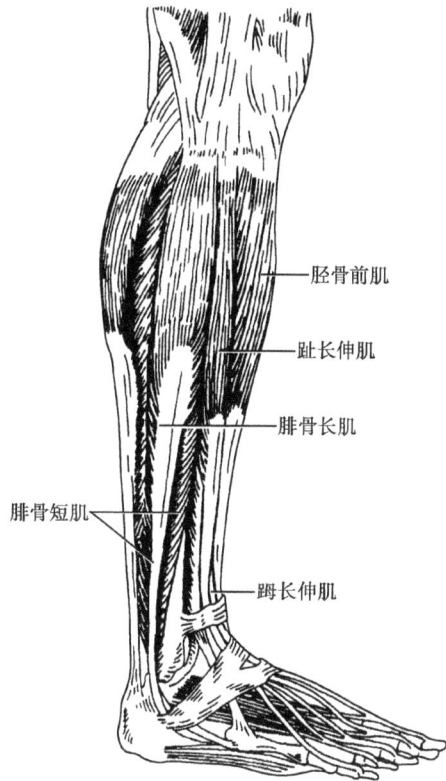

图3-84 小腿肌外侧群

胫骨前肌
趾长伸肌
腓骨长肌
腓骨短肌
拇长伸肌

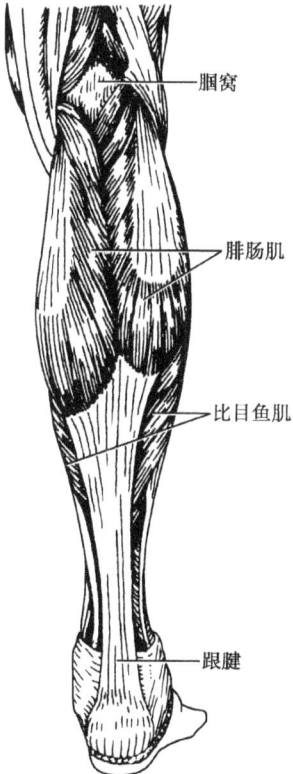

图3-85 小腿肌后群（浅层）

腘窝
腓肠肌
比目鱼肌
跟腱

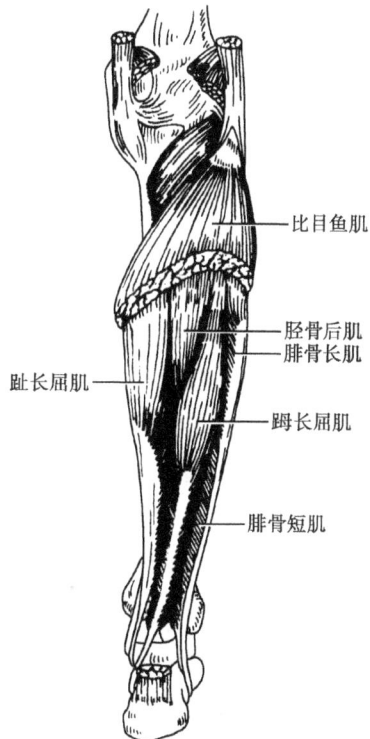

图3-86 小腿肌后群（深层）

比目鱼肌
胫骨后肌
腓骨长肌
趾长屈肌
拇长屈肌
腓骨短肌

附：全身主要肌简表（表3-2）

表3-2　全身主要肌简表

一、头　肌

肌群	名称	起点	止点	主要作用	神经支配
面肌	枕额肌	帽状腱膜上项线	眉部皮肤	提眉	面神经
	口轮匝肌	口裂周围		口裂闭合	
	眼轮匝肌	眼裂周围		眼裂闭合	
咀嚼肌	咬肌	颧弓	下颌角	上提下颌（闭口）	三叉神经
	颞肌	颞窝	下颌骨冠突	上提下颌（闭口）	
	翼内肌	翼突	下颌骨	上提下颌（闭口）	
	翼外肌	翼突	下颌骨	拉下颌向前或对侧	

二、颈　肌

肌群	名称		起点	止点	主要作用	神经支配
颈浅肌群	颈阔肌		颈前部浅筋膜	颈前部皮肤	颈部皮肤起皱	面神经
	胸锁乳突肌		胸骨柄、锁骨内侧端	颞骨乳突	一侧收缩头偏向同侧，两侧收缩使头后仰	副神经
颈中肌群	舌骨下肌群	肩胛舌骨肌、胸骨舌骨肌、胸骨甲状肌、甲状舌骨肌	起、止点与名称一致		下降舌骨	舌下神经，颈丛（C_{1-3}）
	舌骨上肌群	二腹肌	乳突和下颌骨体	舌骨体	降下颌骨、提舌骨	面神经、三叉神经
		下颌舌骨肌颏舌骨肌茎突舌骨肌	起、止点与名称一致		上提舌骨	三叉神经
颈深肌群	前斜角肌		颈椎横突	第1肋上面	上提肋助吸气	颈丛（C_{3-4}）
	中斜角肌		颈椎横突	第1肋上面		
	后斜角肌		颈椎横突	第2肋上面		

三、背 肌

肌群	名称	起点	止点	主要作用	神经支配
浅肌群	斜方肌	枕外隆起,项韧带全部胸椎棘突	锁骨外1/3、肩峰、肩胛冈	拉肩胛骨向脊柱靠拢	副神经
	背阔肌	第6胸椎以下的全部椎骨棘突,髂嵴	肱骨小结节下方	上臂后伸、内收并内旋	胸背神经(C6-8)
	肩胛提肌	上位颈椎横突	肩胛骨内侧角	上提肩胛骨	肩胛背神经(C4-6)
	菱形肌	下位颈椎横突	肩胛骨内侧缘	上提和内牵肩胛骨	
深肌群	竖脊肌	骶骨后面,下位椎骨棘突、横突、肋骨等	上位椎骨的棘突、横突、肋骨等	伸脊柱、仰头	脊神经后支

四、胸 肌

肌群	名称	起点	止点	主要作用	神经支配
	胸大肌	锁骨内侧半,胸骨第1~6肋软骨	肱骨大结节下方	内收、内旋、屈上臂	胸前神经(C5~T1)
	胸小肌	第3~5肋骨	肩胛骨喙突	拉肩胛骨向前下	
	前锯肌	第1~8肋外侧	肩胛骨内侧缘及下角	拉肩胛骨向前	胸长神经(C5-7)
	肋间外肌	上位肋骨下缘	下位肋骨上缘	提肋助吸气	肋间神经
	肋间内肌	下位肋骨上缘	上位肋骨下缘	降肋助呼气	T1~12
	膈	胸廓下口周围	中心腱	助吸气、增加腹压	膈神经(C3-5)

五、腹 肌

肌群	名称	起点	止点	主要作用	神经支配
前外侧群	腹直肌	耻骨嵴	胸骨剑突,第5~7肋软骨	脊柱前屈	第5~12肋间神经、髂腹股沟神经、髂腹下神经
	腹外斜肌	下8肋外面	白线、髂嵴、腹股沟韧带	增加腹压、使脊柱前屈或旋转躯干	
	腹内斜肌	胸腰筋膜、髂嵴、腹股沟韧带	白线		
	腹横肌	胸腰筋膜、腹股沟韧带	白线		
后群	腰方肌	髂嵴	第12肋	降第12肋、脊柱腰部侧屈	腰神经前支

六、上 肢 肌

（一）肩肌

肌群	名称	起点	止点	主要作用	神经支配
浅层	三角肌	锁外侧1/3、肩胛冈、肩峰	肱骨三角肌粗隆	上臂外展、前屈或后伸	腋神经（$C_{5\sim7}$）
深层	肩胛下肌	肩胛下窝	肱骨小结节	上臂内旋	臂丛神经（$C_{5\text{-}6}$）
	冈上肌	冈上窝	肱骨大结节上份	上臂外展	
	冈下肌	冈下窝	肱骨大结节中份	上臂外旋	

（二）臂肌

肌群	名称	起点	止点	主要作用	神经支配
前群	肱二头肌	长头：肩胛骨关节盂上方　短头：肩胛骨喙突	桡骨粗隆	屈前臂、前臂旋后	肌皮神经（$C_{5\sim7}$）
	肱肌	肱骨体下半前面	尺骨上端	屈前臂	肌皮神经（$C_{5\sim7}$）
后群	肱三头肌	长头：肩胛骨关节盂下方　内（外）侧头：肱骨背面	尺骨鹰嘴	伸前臂	桡神经（$C_5\sim T_1$）

（三）前臂肌

肌群		名称	起点	止点	主要作用	神经支配
前群	浅层（6块）	肱桡肌、旋前圆肌、桡侧腕屈肌、掌长肌、尺侧腕屈肌、指浅屈肌	肱骨内、上髁，尺、桡骨及前臂、骨间膜等掌侧等处	桡骨下端、腕骨、掌骨及第2~5指节骨	屈前臂、屈腕及屈指	正中神经、尺神经（$C_5\sim T_1$）
	深层（3块）	拇长屈肌、指深屈肌、旋前方肌	同上	同上	同上	尺神经（$C_5\sim T_1$）
后群	浅层（5块）	桡侧腕长伸肌、桡侧腕短伸肌、指伸肌、小指伸肌、尺侧腕伸肌	肱骨外上髁	掌骨及指骨底面	伸腕、伸指	桡神经（$C_5\sim T_1$）
	深层（5块）	旋后肌、拇长展肌、拇短伸肌、拇长伸肌、示指伸肌	肱骨外上髁及尺桡骨背面	桡骨上端、第1掌骨底及指骨	前臂旋后、拇指外展、伸拇指、伸示指	桡神经（$C_8\sim T_1$）

（四）手肌

肌群	名称	起点	止点	主要作用	神经支配
外侧群（大鱼际）	4块肌	腕横韧带，腕骨，第3掌骨	拇指及第1掌骨	拇指屈、内收、外展、对掌	正中神经
内侧群（小鱼际）	3块肌	腕横韧带，腕骨	小指，第5掌骨	小指屈、外展、对掌	尺神经（$C_{6\sim7}$）
中间群（蚓状肌、骨间肌）	3块肌	掌骨	第2~5指近节指骨底		尺神经（$C_8\sim T_1$）

七、下 肢 肌

（一）髋肌

肌群	名称	起点	止点	主要作用	神经支配
前群	髂腰肌	腰椎体两侧、髂窝	股骨小转子	屈髋关节	腰神经
后群	臀大肌	髂骨、骶骨背面	股骨臀肌粗隆	伸大腿并外旋	臀下神经（$C_4\sim S_1$）
	臀中（小）肌	髂骨外面	股骨大转子	大腿外展	臀上神经（$C_4\sim S_2$）
	梨状肌	骶骨，骶前孔外侧	股骨大转子	大腿外展、外旋	骶丛分支（$S_{1\sim2}$）

（二）大腿肌

肌群	名称	起点	止点	主要作用	神经支配
前群	缝匠肌	髂前上棘	胫骨上端内侧	屈大腿、屈小腿	股神经（$L_{2\sim4}$）
	股四头肌	髂前下棘、股骨干	胫骨粗隆	伸小腿	
内侧群	长收肌和耻骨肌	耻骨支、坐骨支	胫骨上端和股骨中段	内收大腿并内旋	闭孔神经（L_{2-4}）
后侧群	股二头肌	长头：坐骨结节 短头：股骨中段	腓骨小头	伸大腿 屈小腿	坐骨神经（L_{4-5}）
	半腱肌和半膜肌	坐骨结节	胫骨上端内侧	同上	同上

（三）小腿肌

肌群	名称	起点	止点	主要作用	神经支配
前群	胫骨前肌	胫腓骨上端和骨间膜前面	内侧楔骨和第1跖骨底	足背屈、内翻	腓深神经（L_{4-5}）
	拇长伸肌	同上	趾远节骨	伸拇趾	腓深神经（$L_4\sim S_2$）
	趾长伸肌	同上	第2~5趾，中远节骨	伸2~5趾	

续表

肌群	名称	起点	止点	主要作用	神经支配
外侧群	腓骨长肌	腓骨	第1跖骨底	足跖屈、外翻	腓浅神经（$L_4 \sim S_1$）
	腓骨短肌	腓骨	第5跖骨底	足跖屈、外翻	
后群 浅层	腓肠肌	股骨内、外上髁	跟骨结节	屈小腿、足跖屈	胫神经（$L_4 \sim S_3$）
	比目鱼肌	胫腓骨上端			
后群 深层	胫骨后肌	胫腓骨后面	舟骨	跖屈、内翻	胫神经（$L_4 \sim S_3$）
	拇长屈肌		趾远节骨	屈蹰趾	
	趾长屈肌		第2~5趾远节骨	伸2~5趾	

（四）足肌

肌群		主要作用	神经支配
足背肌		伸趾	腓深神经
足底肌	内侧群 外侧群 中间群	外展、内收、屈趾等	足底内、外侧神经

● 知识链接 ●

人的力量有多大?

　　骨骼肌收缩或紧张会产生力量，你知道人的力量有多大吗？力量的决定因素有很多，最主要的因素是肌肉生理横断面积和初长度。所谓生理横断面积，是一块肌肉所有肌纤维横切面积之和。根据美国学者莫里斯（Morris）研究发现，人体每平方厘米生理横断面积的最大力量，男性是9.2kg，女性是7.1kg。以此推算，人的上臂屈肌群的力量可达到300kg左右（双侧），臂肌和大腿肌的力量可达到1200kg，小腿三头肌的力量则达到400kg。即使是小小的咀嚼肌群，也能使上下齿产生10kg咬合力。而全身的肌肉加在一起的力量竟有22 000kg之多，也就是22吨。

　　肌肉的初长度，是开始肌肉收缩的长度。在生理范围之内，肌肉的初长度加大，就能增大肌肉收缩的力量。有人研究发现，预先拉长小腿三头肌，可使其肌力由384kg增大到598kg。在体育运动中，利用这种机制的实例很普遍。例如，拳击运动中出拳之前先屈肘的动作，踢球之前大小腿的预先后摆等。

（牟兆新　路兰红）

思考题

1. 腰椎穿刺从棘突到椎管，穿刺针要经过哪些韧带？

2. 一位患者中鼻道内发现有脓性分泌物，请问应检查哪几个鼻旁窦是否发炎？

3. 为什么肩关节容易发生脱位？

4. 青春期后，男、女性骨盆有何差异？

5. 为什么肘关节的活动范围不及肩关节？

6. 与呼吸运动有关的肌主要有哪些？说明它们的作用。

第四章　消　化　系　统

学习目标

掌握：1.消化系统的组成。

　　　2.牙的形态和构造。

　　　3.腮腺的位置及导管的开口。

　　　4.胃的形态和分部、胃的微细结构特点、胃腺的功能。

　　　5.大肠的分部、结肠外形特征、阑尾的位置及体表投影。

　　　6.肝的形态、位置及微细结构。

　　　7.胆囊和输胆管系统的组成。

理解：1.消化管的一般结构。

　　　2.咽的分部。

　　　3.食管的狭窄。

　　　4.小肠的分部和微细结构。

　　　5.肛管的结构。

　　　6.胰腺的位置、形态和微细结构。

了解：1.胸部的标志线和腹部的分区。

　　　2.口腔三对唾液腺位置及开口。

　　　3.腹膜与脏器的关系及腹膜形成的结构。

第一节　概　　述

消化系统（digestive system）是内脏的一部分，由消化管和消化腺组成（图4-1）。

消化管是从口腔到肛门粗细不等迂曲的管道。包括口腔、咽、食管、胃、小肠（十二指肠、空肠、回肠）和大肠（盲肠、阑尾、结肠、直肠、肛管）。临床上通常把十二指肠以上部分称**上消化道**，空肠以下部分称**下消化道**。消化腺包括口腔腺、肝、胰和消化管壁内的小腺体，它们都开口于消化管腔。

消化系统的主要功能是消化食物，吸收营养物质和排出食物残渣。

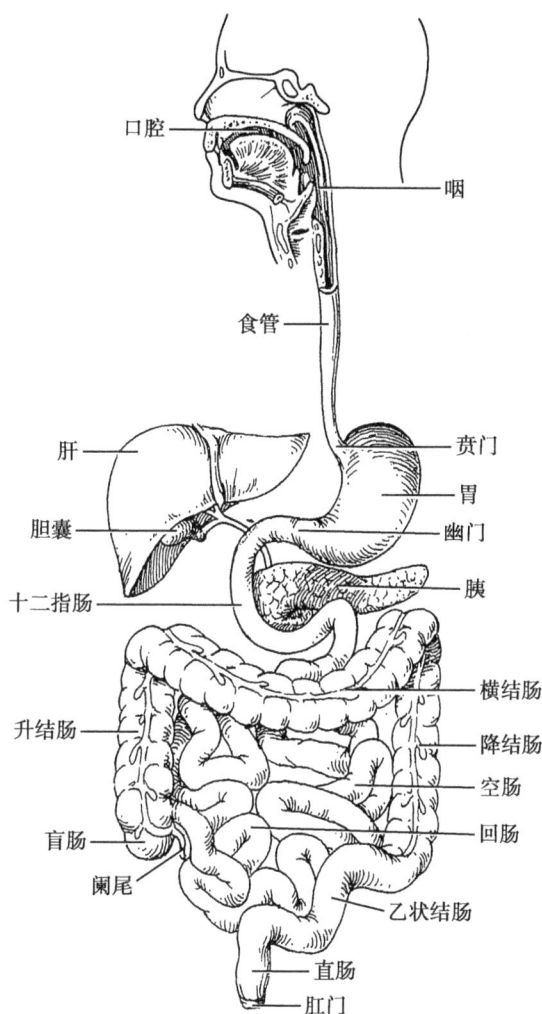

图4-1 消化系统概观

消化器官大部分位于胸、腹腔内，为便于描述各器官的位置和体表投影，通常在胸、腹部体表确定若干标志线，将腹部分为若干区。常用的标志线和分区如图4-2。

（一）胸部标志线

1. **前正中线** 沿人体前面正中所作的垂直线。

2. **胸骨线** 沿胸骨外侧缘所作的垂直线。

3. **锁骨中线** 通过锁骨中点所作的垂直线。

4. **腋前线** 通过腋前襞所作的垂直线。

5. **腋后线** 通过腋后襞所作的垂直线。

6. **腋中线** 通过腋前、后线之间中点所作的垂直线。

7. **肩胛线** 通过肩胛下角所作的垂直线。

8. **后正中线** 沿人体后面正中所作的垂直线。

（二）腹部的分区

在腹部前面通过两条横线和两条纵线将腹部分为九个区。两条横线分别是两肋弓最低点的连线和两髂结节间的连线；两条纵线分别是通过左右腹股沟韧带中点的垂直线。九个

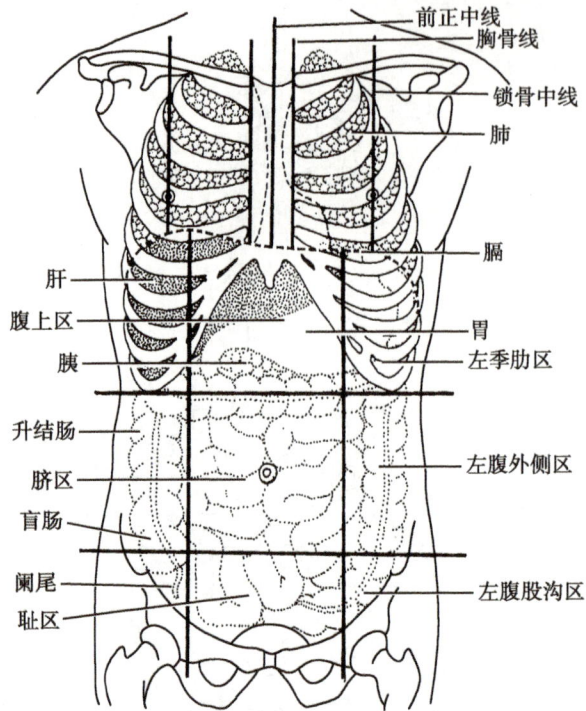

图4-2　胸部标志线及腹部分区

区分别是**左、右季肋区、腹上区、左右腹外侧区、脐区、左右腹股沟区和耻区**。

临床上，有时通过脐作一横线和垂直线，将腹部分为右上腹、左上腹、右下腹、左下腹四个区。

第二节　消化管

一、消化管壁一般结构

除口腔与咽外，消化管壁由内向外分为黏膜、黏膜下层、肌层和外膜四层（图4-3）。

（一）黏膜

黏膜（tunica mucosa）位于管壁最内层，是消化管各段结构差异最大、功能最重要的部分。黏膜由上皮、固有层和黏膜肌层组成。

1. **上皮**　衬于消化管腔面。口腔、咽、食管和肛管的下部是复层扁平上皮，耐摩擦，具有保护作用；其余部分为单层柱状上皮，主要具有消化和吸收的作用。

2. **固有层**　位于上皮深面，为疏松结缔组织，内含血管、淋巴管和淋巴组织。淋巴组织以咽、回肠及阑尾最多，具有防御功能。胃肠固有层内还有腺体，开口于上皮。

3. **黏膜肌层**　由1～2层平滑机构成。其收缩与舒张可改变黏膜形态，促进分泌物质排出和血液、淋巴的运行，有助于食物的消化和吸收。

（二）黏膜下层

黏膜下层（tela submucosa）由疏松结缔组织构成，内含较大的血管、淋巴管、淋巴组织和黏膜下神经丛。

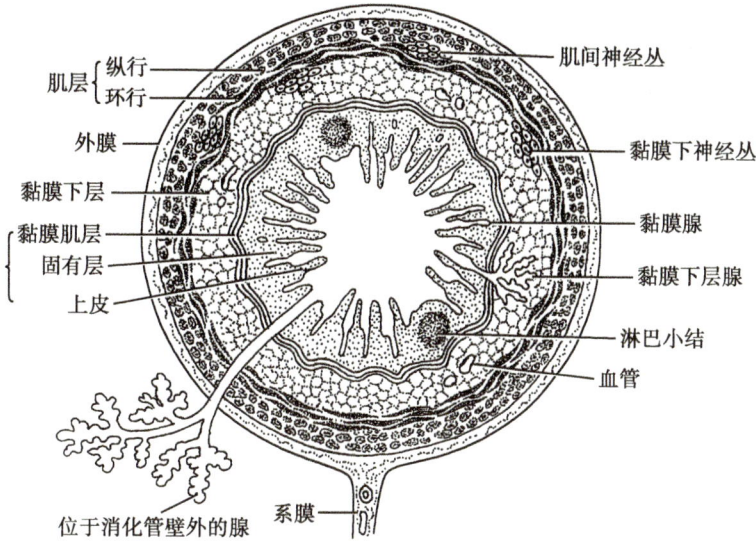

图4-3 消化管微细结构模式图

在消化管的某些部位，黏膜和部分黏膜下层共同突向管腔，形成纵行或环形皱襞，以扩大表面积，有利于营养物质的吸收。

（三）肌层

肌层（tunica muscularis）在口腔、咽、食管上段和肛门外括约肌是骨骼肌，其余部分都是平滑肌。肌层一般呈内环外纵两层排列，肌层之间有肌间神经丛。某些部位环行肌增厚，形成**括约肌**。

（四）外膜

外膜（tunica adventitia）是消化管的最外层。在咽、食管和直肠下部的外膜由薄层结缔组织构成，称纤维膜；其他部位外膜由结缔组织和间皮共同构成，称浆膜，其表面光滑湿润，有利于器官的活动。

二、口　腔

口腔（oral cavity）是消化管的起始部，向前经口裂通向外界，向后经咽峡通咽。口腔上壁为腭，下壁为口腔底，前壁为上、下唇，两侧壁为颊。

口腔以上、下牙弓为界分为前外侧方的**口腔前庭**和后内侧方的**固有口腔**。上、下牙咬合时，二者仅借最后一个磨牙后方的间隙相通。临床上可通过此间隙对牙关紧闭的病人灌注营养物质或急救药物。

（一）口唇和颊

口唇（oral lips）分为上唇和下唇，两唇之间的裂隙称**口裂**，上、下唇两侧结合处称**口角**。上唇外面正中有一纵行浅沟称**人中**，昏迷病人急救时，可在此处进行指压或针刺。上唇两侧与颊交界处的弧形浅沟称**鼻唇沟**。

颊（cheek）位于口腔两侧。在正对上颌第二磨牙处的颊黏膜上有腮腺导管的开口。

（二）腭

腭（palate）（图4-4）构成口腔的顶，分隔鼻腔与口腔。腭的前2/3以骨腭为基础被覆黏膜，称**硬腭**；后1/3由肌和腱为基础外被黏膜构成，称**软腭**。

软腭后缘游离，中央有一向下突起，称**腭垂**。腭垂两侧各有一对弓形皱襞，前方的一对向下续于舌根，称**腭舌弓**，后方一对向下延至咽侧壁，称**腭咽弓**。腭垂、左右腭舌弓和舌根共同围成**咽峡**，是口腔与咽的分界。软腭后部结构松弛、塌陷可导致打鼾。

（三）舌

舌（tongue）位于口腔底，具有搅拌食物，协助吞咽、感受味觉、辅助发音的功能。

1. 舌的形态（图4-5） 舌呈扁椭圆形，分上、下两面，上面拱起称舌背。舌后1/3为**舌根**，舌前2/3为**舌体**，舌体的前端称**舌尖**。

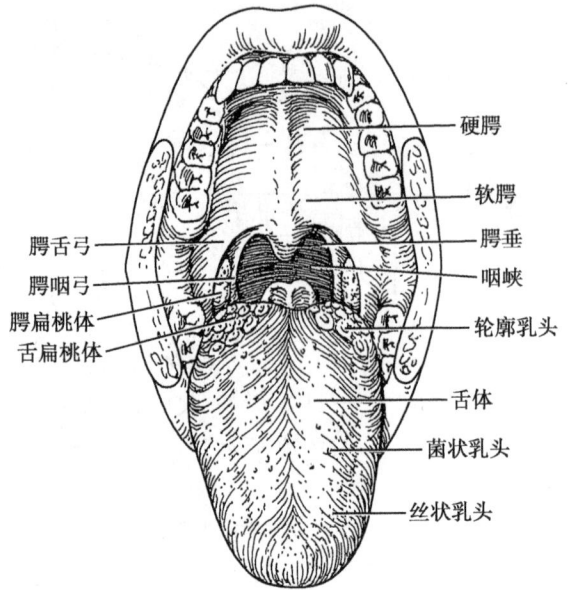

图4-4 口腔与咽峡

舌下面中线处有连于口腔底的黏膜皱襞，称**舌系带**。如舌系带过短，可影响舌的运动，导致吐字不清。舌系带根部两侧各有一个圆形隆起，称**舌下阜**，是下颌下腺导管和舌下腺大管的共同开口。舌下阜后外侧延续成带状黏膜皱襞，称**舌下襞**，其深面有舌下腺，舌下腺小管开口于舌下襞（图4-6）。

2. 舌的结构 由舌黏膜和舌肌构成。

（1）**舌黏膜**：呈淡红色，覆于舌的表面。在舌背和舌的侧缘有许多大小不等的黏膜隆起，称**舌乳头**，具有触觉和味觉等功能。在舌根部的黏膜内，有许多由淋巴组织集聚而成的突起，称**舌扁桃体**。

部分乳头浅层上皮细胞不断角化脱落，并与食物残渣、细菌等混杂在一起，附于黏膜表面，形成**舌苔**。健康人的舌苔白色淡薄。舌苔是中医诊断疾病的重要依据之一。

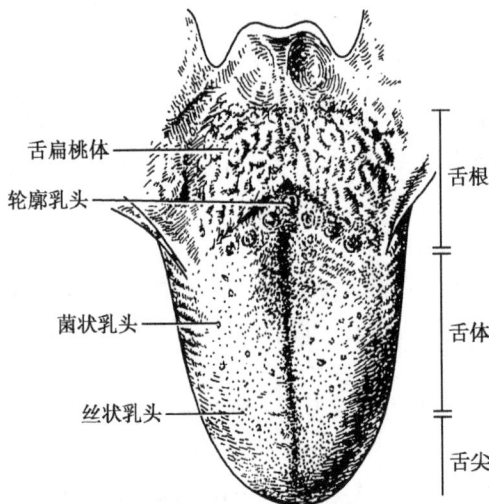

图4-5 舌

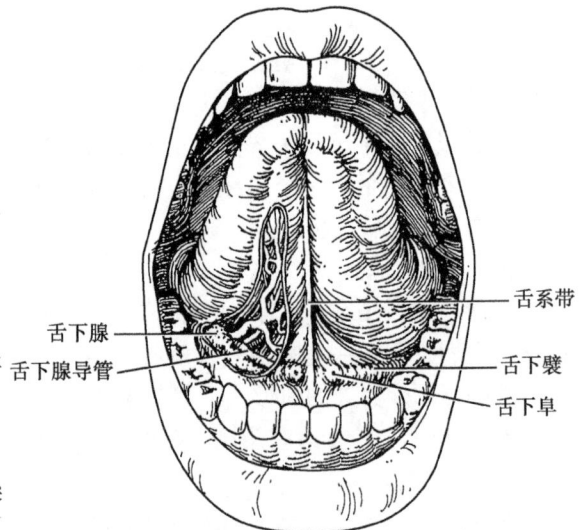

图4-6 口腔底和舌下面的黏膜

（2）舌肌：是骨骼肌，分为舌内肌和舌外肌（图4-7）。舌内肌起止点均在舌内，构成舌的主体，肌束呈纵、横、垂直三个方向排列，收缩时可改变舌的外形。舌外肌起自舌周围的结构而止于舌内，收缩时可改变舌的位置。其中最重要的是颏舌肌，该肌左右各一，起自下颌骨内面中线两侧，肌束呈扇形伸入舌内。两侧颏舌肌同时收缩，舌前伸，一侧收缩，舌尖偏向对侧。

（四）牙

牙（tooth）是人体最坚硬的器官，嵌于上、下颌骨的牙槽内。具有咬切、撕裂、磨碎食物和辅助发音的功能。

1. 牙的形态和构造（图4-8） 每个牙的外形分为**牙冠**，暴露在口腔内；**牙根**，嵌入牙槽窝内；**牙颈**，介于牙冠与牙根之间被牙龈覆盖。牙的中央有牙腔。位于牙冠内较大的叫**牙冠腔**。位于牙根内的叫**牙根管**，其尖端有小孔与牙槽相通。

牙主要由牙质、釉质、牙骨质和牙髓构成。牙质构成牙的主体。在牙冠部，牙质的表面覆有**釉质**；在牙颈和牙根，牙质的表面包有**牙骨质**。**牙髓**位于牙腔内，由神经、血管、淋巴管、结缔组织共同构成。

2. 牙的分类和排列 人的牙根据发生的顺序可分为乳牙和恒牙两套。小儿出生后6个

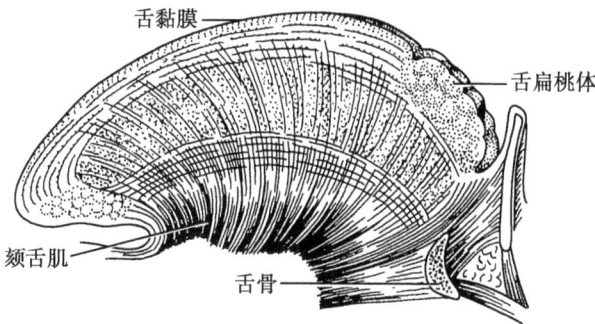

图4-7 舌的纵面

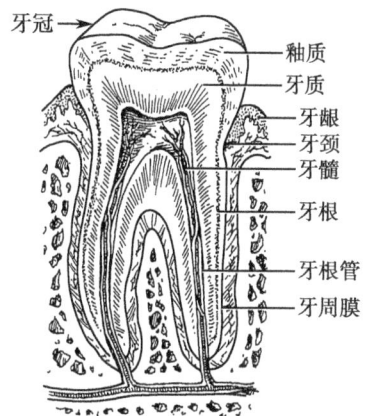

图4-8 牙的形态和构造

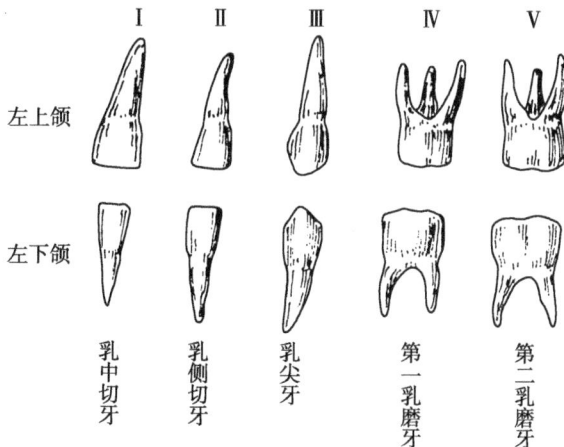

图4-9 乳牙的名称和符号

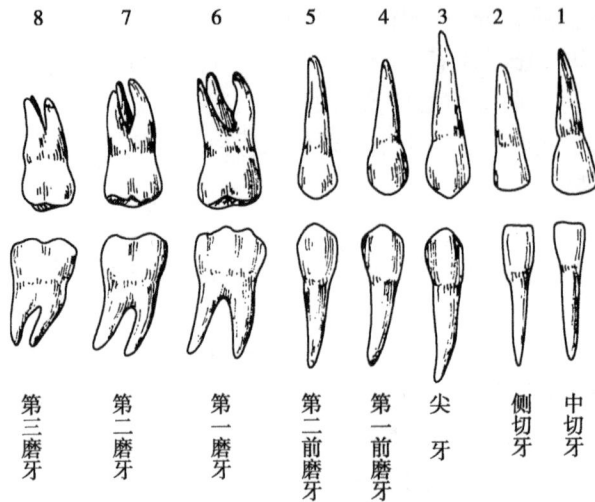

8	7	6	5	4	3	2	1
第三磨牙	第二磨牙	第一磨牙	第二前磨牙	第一前磨牙	尖牙	侧切牙	中切牙

图4-10 恒牙的名称和符号

月，乳牙开始萌出，3岁前出齐，共计20颗，分为乳切牙、乳尖牙、乳磨牙（图4-9）。乳牙萌出时间过晚，可考虑佝偻病、呆小症等原因。6岁起乳牙陆续脱落，恒牙相继萌出，共计32颗，分为切牙、尖牙、前磨牙、磨牙（图4-10），约13~14岁基本出齐，只有第三磨牙往往在18~28岁或更晚才萌出，故又称迟牙或智齿，有的终身不萌出。

临床上为了记录牙的位置，以被检查者的方位为准，以"+"记号划分四区，表示上、下颌左、右侧的牙位，以罗马数字Ⅰ~Ⅴ表示乳牙，以阿拉伯数字1~8表示恒牙。如 V̲ 表示右上颌第二乳磨牙，|4 表示左下颌第一前磨牙。

3. 牙周组织   包括**牙槽骨、牙周膜**和**牙龈**三部分。对牙起保护、固定和支持作用。

牙槽骨是牙根周围的骨质。牙周膜是介于牙根与牙槽骨之间的致密结缔组织，固定牙根，并可缓冲咀嚼时的压力。牙龈是包被牙颈并与牙槽骨的骨膜紧密相连的口腔黏膜。富含血管，色淡红。牙周疾病极为常见。可引起牙龈出血、牙松动和牙龈萎缩等，故必须注意口腔卫生。疾病时更应重视口腔护理。

（五）口腔腺

口腔腺（oral glands）分泌唾液，又称唾液腺。是所有开口于口腔腺体的总称。唾液有湿润口腔黏膜、帮助消化等功能。除唇腺、颊腺等小腺外，主要有三对大唾液腺（图4-11）。

1. 腮腺（parotid gland）   是最大的一对，呈不规则的三角形，位于耳廓的前下方和下颌支与胸锁乳突肌之间的窝内。腮腺管从腮腺前缘的上部发出，在颧弓下方一横指处沿咬肌表面水平前行至前缘转向内侧深部、穿颊肌，开口于正对上颌第二磨牙的颊黏膜。

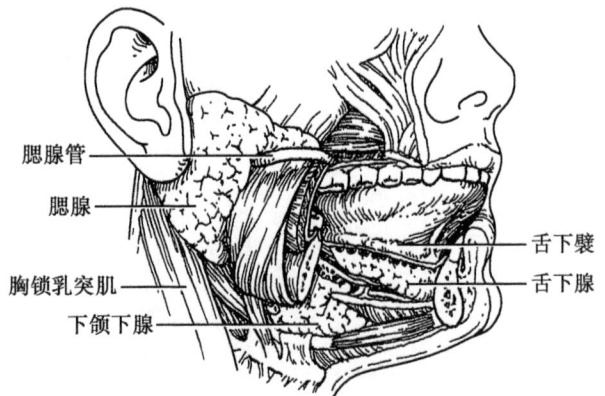

腮腺管
腮腺
胸锁乳突肌
下颌下腺
舌下襞
舌下腺

图4-11 口腔腺

2. 下颌下腺（submandibular gland） 位于下颌体的深面，呈卵圆形，其导管开口于舌下阜。

3. 舌下腺（sublingual gland） 位于口腔底舌下襞的深面，略扁而长，其导管开口于舌下襞和舌下阜。

● 知识链接 ●

氟与牙代谢的关系

牙是人体最硬的器官，其主要成分为羟基磷灰石结晶。不过在牙的组成中，除钙磷以外，氟也是牙至关重要的无机成分之一，参与羟基磷灰石结晶的形成。氟能增加牙的硬度，少量的氟对牙有保护作用，能在牙表面形成氟磷酸石保护层，有耐酸作用，能防龋齿。因为酸是造成龋齿的重要因素，氟可抑制细菌内酶的活性，防止其使糖变酸，不致使局部酸性增高导致牙产生龋洞。成人每日摄取0.3～0.4mg的氟就能够预防龋齿病的发生。

但过量的氟，则可致斑釉症、使牙冠表面出现黄褐色斑，釉质失去光泽变得粗糙。严重的可引起脊柱等全身骨骼发生变化，即氟骨症、四肢麻木、腰背酸痛、骨骼变形等。

三、咽

咽（pharynx）是消化道和呼吸道的共同通道，为前后略扁的漏斗形肌性管道。位于颈椎前方，上起颅底，向下于第6颈椎体下缘平面与食管相续，全长约12cm。咽的后壁和侧壁完整，而前壁不完整，分别与鼻腔、口腔和喉腔相通，因而分为鼻咽、口咽、喉咽三部分。（图4-12）

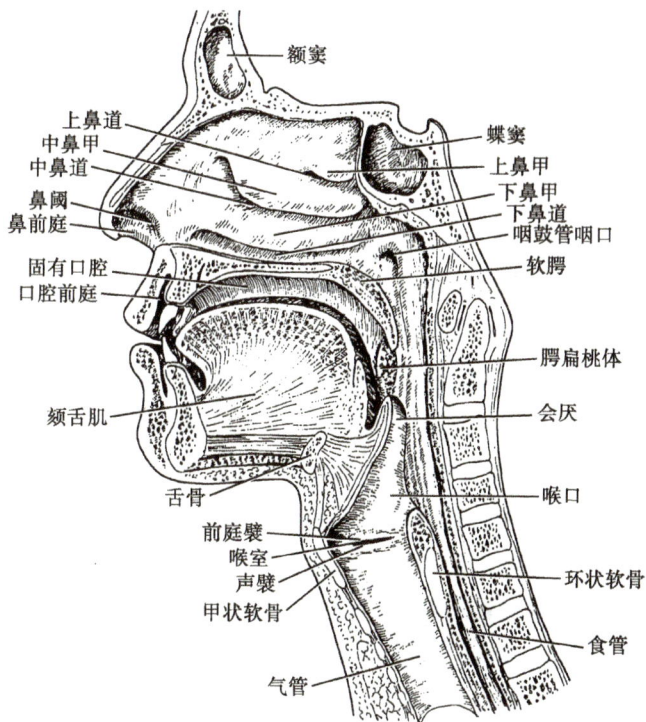

图4-12 鼻腔、口腔、咽和喉的正中矢状切面

（一）鼻咽

位于软腭平面以上，向前经鼻后孔通鼻腔。在鼻咽两侧壁，相当于上鼻甲后方约1cm处，有**咽鼓管咽口**，通向中耳鼓室。口的周缘有一向上的马蹄铁形隆起，称**咽鼓管圆枕**，在圆枕的后方有一纵行的凹陷，称**咽隐窝**，为鼻咽癌的好发部位。咽后上壁的黏膜内有丰富的淋巴组织，**称咽扁桃体**，在幼儿时期最为发达。

（二）口咽

位于软腭与会厌上缘平面之间，向前经咽峡通口腔。外侧壁上腭舌弓与腭咽弓之间有一凹陷称**扁桃体窝**，容纳**腭扁桃体**。腭扁桃体是扁椭圆形的淋巴器官，其表面的黏膜凹陷，形成10~20个**扁桃体小窝**，是食物残渣、脓液易于滞留的部位。

腭扁桃体、咽扁桃体和舌扁桃体等，在呼吸道和消化管上端，共同形成**咽淋巴环**，具有重要的防御功能。

（三）喉咽

在会厌上缘平面以下，至第6颈椎体下缘与食管相续连处，向前经喉口与喉腔相通。在喉口两侧各有一个深窝，称**梨状隐窝**，是异物易于滞留的部位。

四、食　管

（一）食管的形态、位置和分部

食管（esophagus）为一前后扁平的肌性管道，上端在第6颈椎下缘与咽相连，下端穿膈的食管裂孔，在第11胸椎体左侧与胃的贲门相续。全长约25cm。按其行程可分为颈部、胸部和腹部三部（图4-13）。颈部长约5cm，其前壁与气管相贴，后方与脊柱相邻，两侧有颈部的大血管；**胸部**长18~20cm，前方自上而下依次有气管、左主支气管和心包；**腹部**最短，长仅1~2cm，在膈的下方与贲门相续。

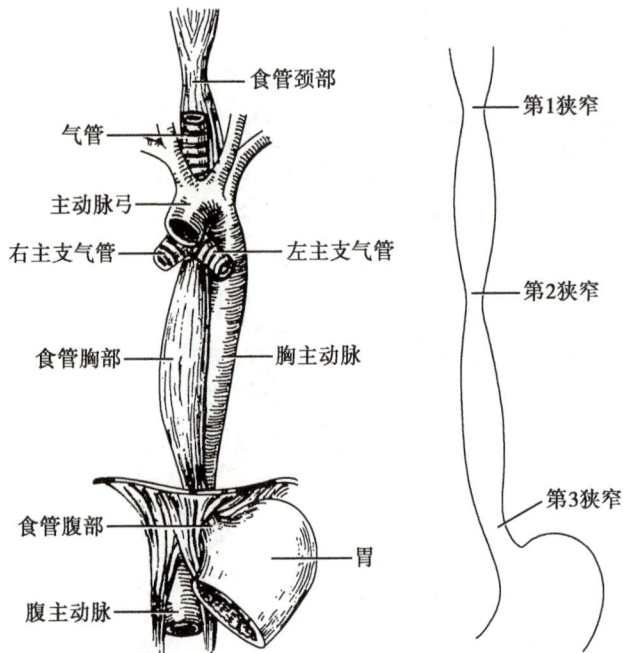

图4-13　食管前面观及三个狭窄

（二）食管的狭窄

食管有三处生理性狭窄，第一处狭窄在食管起始处，距中切牙约15cm；第二处狭窄在食管与左主支气管交叉处，距中切牙约25cm；第三处狭窄在食管穿膈处，距中切牙约40cm。这些狭窄是食管肿瘤的好发部位，也是异物易滞留处。在进行食管内插管时，要注意这三处狭窄。

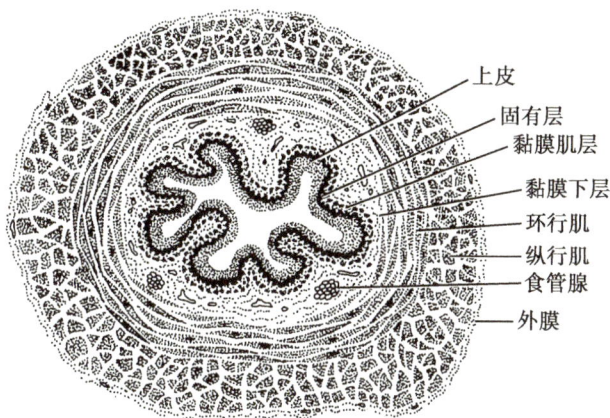

图4-14 食管壁微细结构

（三）食管壁的组织结构特点

食管壁内面是黏膜层，有7～10条纵行的皱襞（图4-14），当食物通过时，皱襞消失，管腔扩大。食管黏膜的上皮是复层扁平上皮，具有保护功能。黏膜下层内含有大量食管腺，其导管穿过黏膜开口于食管腔。肌层，上段为骨骼肌，下段为平滑肌，中段由骨骼肌和平滑肌混合构成。外膜是纤维膜，较薄。

五、胃

胃（stomach）是消化管中最膨大的部分，成人容量约1500ml。胃能接纳和初步消化食物，还具有内分泌功能。

（一）胃的形态和分部

胃具有两壁、两口和两缘。两壁即胃的前、后壁。入口称**贲门**，与食管相连；出口称**幽门**，与十二指肠相续。上缘较短，凹向右上方称**胃小弯**，其最低处形成一切迹，称**角切迹**；下缘较长，凸向左下方称**胃大弯**（图4-15）。

胃通常分为四部：贲门附近的部分称**贲门部**；贲门平面向左上方凸出的部分称**胃底**；胃的中间部分称**胃**

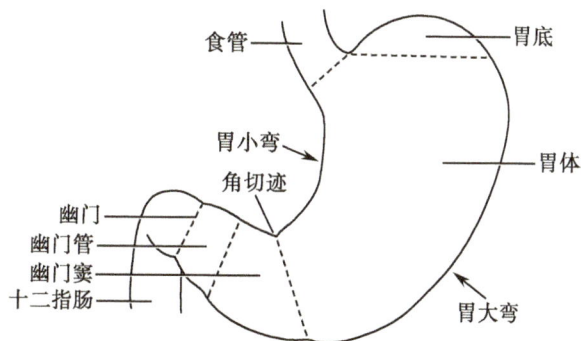

图4-15 胃的外形与分部

体；自角切迹向右至幽门之间的部分称**幽门部**。幽门部的大弯侧有一不明显的浅沟，把幽门部分为左侧的**幽门窦**和右侧的**幽门管**。临床上常将幽门部称为**胃窦**。胃小弯和幽门部是胃溃疡及胃癌的好发部位。

（二）胃的位置和毗邻

胃在中等充盈时，大部分位于左季肋区，小部分位于腹上区。

胃前壁的右侧与肝右叶相邻；左侧与膈相邻，被左肋弓遮掩；左、右肋弓之间的部分，直接与腹前壁相贴，是胃的触诊部位。胃后壁与左肾、左肾上腺、横结肠、胰和脾等器官相邻。

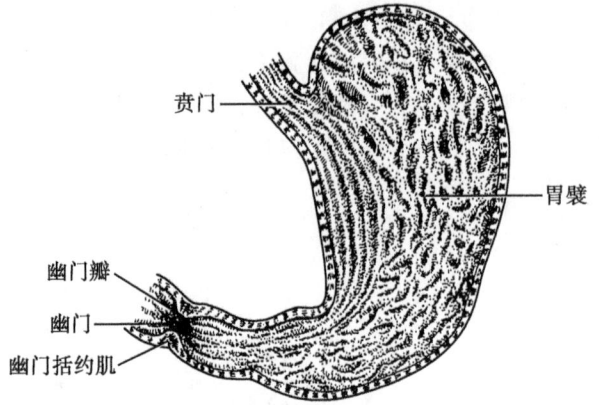

图4-16　胃的黏膜（冠状切面）

（三）胃壁的组织结构特点

胃壁具有消化管壁的四层结构，特点主要在黏膜层和肌层。

1. 黏膜层　胃空虚或半充盈时黏膜形成许多皱襞（图4-16），充盈时皱襞变低或消失。黏膜表面有许多针尖状小窝，称**胃小凹**（gastric pit），凹底有胃腺开口。

（1）上皮：为单层柱状上皮（图4-17）。上皮细胞分泌黏液，覆盖在上皮的游离面，与上皮细胞的紧密连接构成胃黏膜屏障，有阻止胃液内盐酸和胃蛋白酶对黏膜自身的消化作用。

（2）固有层：由结缔组织构成，内含大量管状的胃腺。根据所在部位和结构不同，胃腺可分为**贲门腺**、**幽门腺**和**胃底腺**。

贲门腺和幽门腺分别位于贲门部和幽门部的固有层内，分泌黏液、溶菌酶等。

胃底腺位于胃底部的固有层内，是分泌胃液的主要腺体，其主要由两种细胞构成。

1）**主细胞**（chief cell）（胃酶细胞）：数量较多，多分布在腺的中、下部。细胞呈柱状，核圆形，靠近细胞的基底部，胞质呈嗜碱性。主细胞分泌胃蛋白酶原。胃蛋白酶原经盐酸激活成为有活性的胃蛋白酶，参与分解蛋白质。

2）**壁细胞**（parietal cell）（盐酸细胞）：在腺体的上、中部较多。细胞呈圆形或锥形，核圆形，位于细胞中央，胞质呈嗜酸性。壁细胞分泌盐酸，盐酸有激活胃蛋白酶原和杀菌等作用。人的壁细胞还分泌内因子，能促进回肠对维生素B_{12}的吸收。

2. 肌层　较厚，由内斜、中环、外纵三层平滑肌组成。环行肌在幽门处增厚，形成**幽门括约肌**。

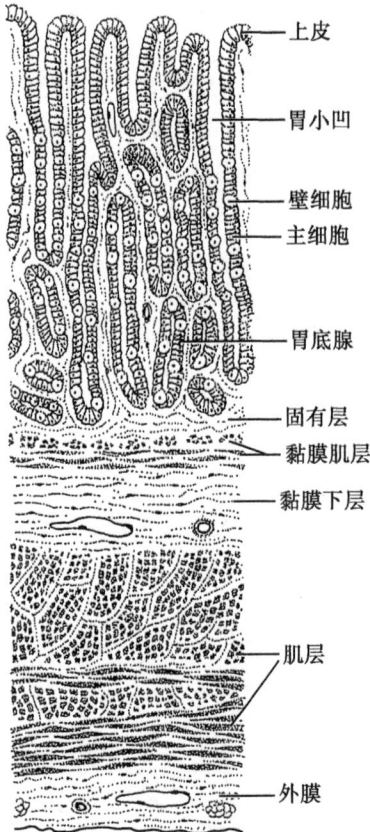

图4-17　胃壁的微细结构

六、小 肠

小肠（small intestine）平均长5~7m，是消化管中最长的一段，也是消化和吸收的主要场所。它上起幽门，下连盲肠，从上向下依次分为十二指肠、空肠和回肠三部分。

（一）十二指肠

十二指肠（duodenum）是小肠的起始段，长约25cm，其大部分紧贴腹后壁，位置深，几乎无活动度。十二指肠呈 "C" 字形从右侧包绕胰头。可分为四部（图4-18）。

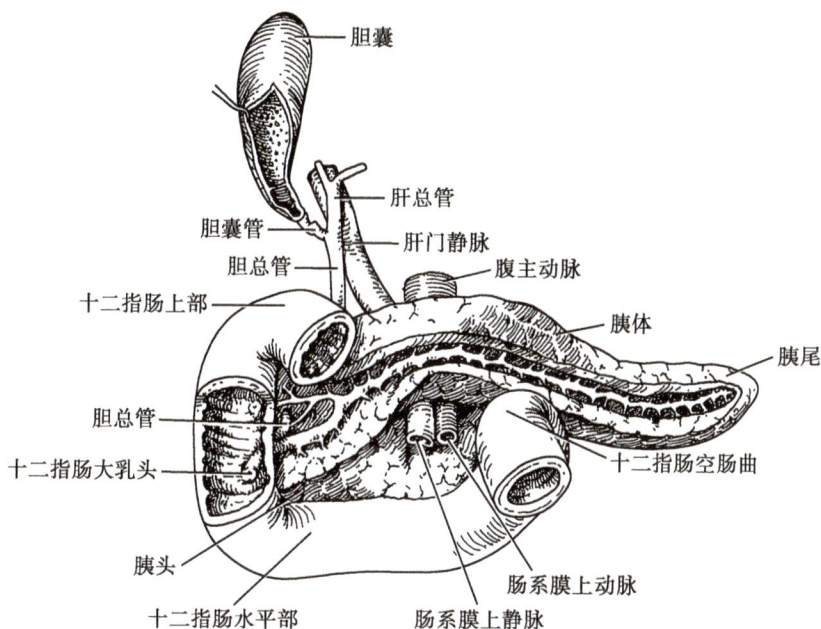

图4-18 十二指肠与胰

1. **上部** 在第1腰椎体右侧起于幽门，斜向右上方至胆囊颈的附近急转向下移行为十二指肠降部。其起始部肠壁较薄，黏膜面较光滑，称十二指肠球，是十二指肠溃疡的好发部位。

2. **降部** 在第1腰椎右侧下降至第3腰椎体下缘平面向左与水平部相续。降部后内侧壁上有一纵行黏膜皱襞，称十二指肠纵皱襞，其下端有一隆起，称十二指肠大乳头，是胆总管和胰管共同开口处，距中切牙约75cm，可作为十二指肠引流插管长度的参考。

3. **水平部** 在第3腰椎平面横行向左，跨过下腔静脉至腹主动脉前方与升部相续。

4. **升部** 斜向左上至第2腰椎体左侧急转向前下方，形成**十二指肠空肠曲**，移行为空肠。此曲被**十二指肠悬肌**固定于腹后壁，十二指肠悬肌和包绕其下段的腹膜皱襞共同构成**十二指肠悬韧带**，又称Treitz韧带，是手术中确认空肠始端的标志。

（二）空肠和回肠

空肠（jejunum）上端接十二指肠，回肠（ileum）下端连盲肠，两者迂回盘曲在腹腔的中、下部，相互延续呈袢状，称**肠袢**。空、回肠无明显界线，通常将近侧2/5称空肠，主要位于左上腹、管径较大、管壁较厚、血管较多、颜色较红；远侧3/5称回肠，主要位于右下腹、管径较小、管壁薄、颜色较淡。空、回肠均由系膜连于腹后壁，有较大的活动度。

（三）小肠壁的组织结构特点

小肠壁结构特点主要是管壁腔面有环形皱襞和肠绒毛，固有层内有肠腺和淋巴组织（图4-19）。

1. 环形皱襞　小肠各段的腔面，除十二指肠起始段较光滑外，其余各段多布满环形皱襞。在小肠的近段高而密，向远侧逐渐减少并变低。

2. 肠绒毛（intestinal villus）　由上皮和固有层共同向肠腔形成的细小突起，是小肠黏膜特有的结构（图4-20）。

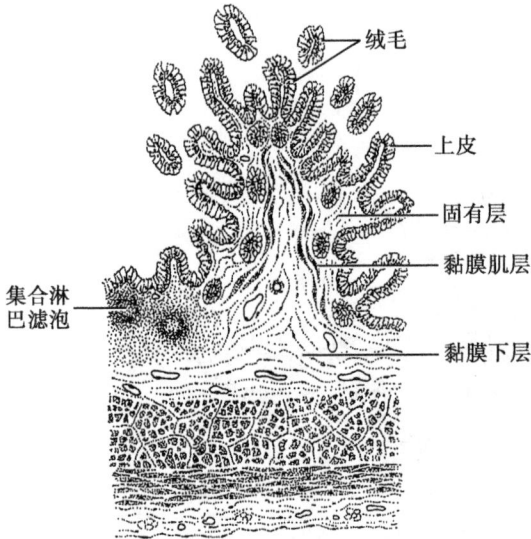

图4-19　回肠纵切

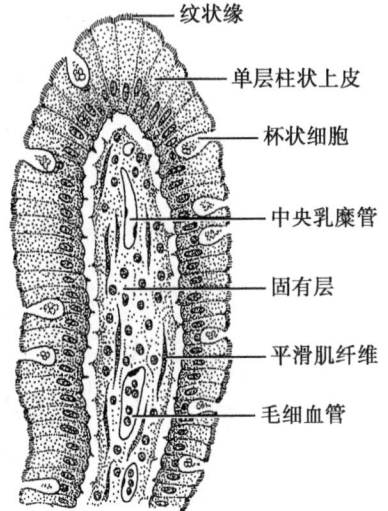

图4-20　小肠绒毛

（1）上皮：为单层柱状上皮，主要由吸收细胞和杯状细胞构成。

1）吸收细胞：数量多、呈高柱状，细胞核呈椭圆形，位于细胞基底部。细胞游离面有**纹状缘**，电镜下可见纹状缘由密集排列的**微绒毛**构成。

环状皱襞、肠绒毛和微绒毛使小肠内表面积扩大约600倍，有利于小肠的吸收功能。

2）杯状细胞：散在于吸收细胞间，在小肠上段较少，下段较多。杯状细胞分泌黏液，有润滑和保护黏膜的作用。

（2）固有层：位于上皮深面并形成绒毛中轴，由结缔组织构成。中央有1～2条纵行走向的毛细淋巴管，称**中央乳糜管**，其周围有丰富的毛细血管和散在的平滑肌，平滑肌舒缩有利于物质的吸收及血液、淋巴的运行。

3. 小肠腺（small intestinal gland）　是上皮下陷于固有层形成的管状腺，开口于绒毛根部。其上皮与绒毛上皮相延续。肠腺主要由柱状细胞、杯状细胞和帕内特细胞（Paneth cell）构成（图4-21）。柱状细胞分泌多种消化酶；帕内特细胞位于肠腺底部，胞质内含有嗜酸颗粒，能分泌溶菌酶、二肽酶等。

十二指肠的黏膜下层有**十二指肠腺**。导管穿过黏膜肌层，开口于肠腺的底部，分泌碱性黏液，有保护十二指肠黏膜免受酸性胃液侵蚀的作用。

4. 淋巴组织　小肠固有层内有许多淋巴组织。是小肠重要的防御结构。淋巴组织在十二指肠较少，排列疏散；在空肠较多，并形成大小不一的孤立淋巴滤泡；在回肠最多，尤其是回肠末段，淋巴滤泡多聚集在一起形成集合淋巴滤泡（图4-22）。

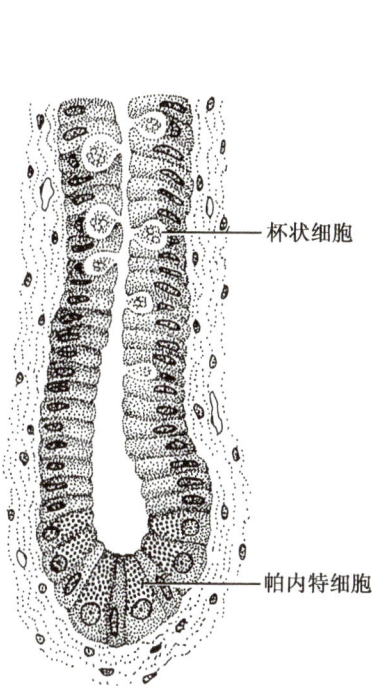

图4-21　肠腺纵切面

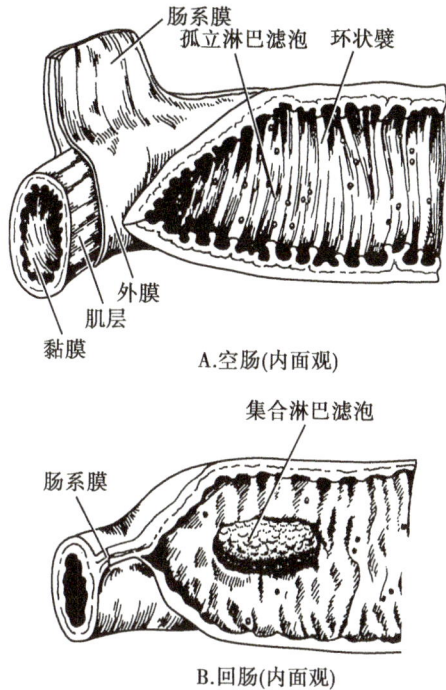

A.空肠(内面观)

B.回肠(内面观)

图4-22　小肠黏膜的淋巴滤泡

七、大　肠

大肠（large intestine）全长约1.5m，起自右髂窝处的回肠末端，终于肛门。全程围绕在空、回肠周围，分为盲肠、阑尾、结肠、直肠和肛管五部分。

盲肠和结肠在外形上有三个特征性结构（图4-23）：①**结肠带**：由肠壁纵行平滑肌增厚而成，共三条，沿肠的纵轴排列，并汇集于阑尾根部；②**结肠袋**：是肠壁向外呈囊袋状膨出的部分；③**肠脂垂**：是沿结肠带两侧分布的许多大、小不等的脂肪突起。以上结构是肉眼区别盲肠、结肠与小肠的重要依据。

（一）盲肠

盲肠（cecum）是大肠的起始段，长约6～8cm，位于右髂窝内。盲肠呈囊袋状，其上续升结肠，左接回肠。回肠末端开口于盲肠，开口处有上、下两片唇状皱襞称**回盲瓣**（图4-24），此瓣可阻止小肠内容物过快进入大肠，并防止大肠内容物逆流入回肠。在回盲瓣下方约2cm处，有阑尾的开口。

（二）阑尾

阑尾（vermiform appendix）为一蚓状盲管，一般长约6～8cm。阑尾多位于右髂窝内，因末端

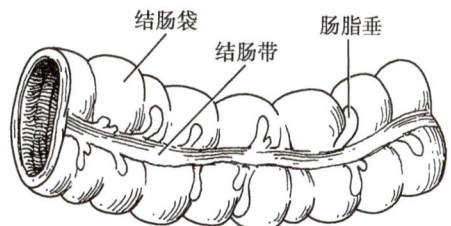

图4-23　结肠的特征性结构

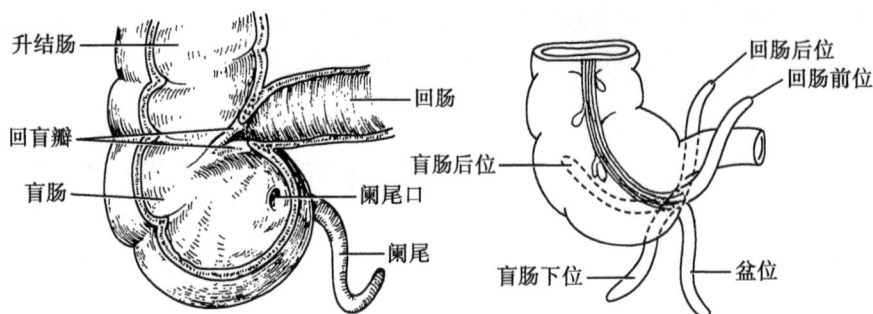

图4-24　盲肠与阑尾

游离，其位置变化较大，但根部连于盲肠后内侧壁，位置较固定，是三条结肠带汇集处。手术时，可据此寻找阑尾。

阑尾根部的体表投影，约在脐与右髂前上棘连线的中、外1/3交点处，称麦氏（McBurney）点。急性阑尾炎时，此点附近常有明显的压痛。

（三）结肠

结肠（colon）围绕在空、回肠的周围，呈向下开放的方框形。分为**升结肠**、**横结肠**、**降结肠**和**乙状结肠**四部分。升结肠是盲肠的直接延续，在右腹外侧区上升至肝右叶下方，弯向左前方移行于**横结肠**，弯曲部称结肠右曲。横结肠向左行至脾的下方，以锐角与**降结肠**相连，弯曲部称结肠左曲。横结肠活动度较大，常下垂成弓形，最低点可达脐平面或脐下方。降结肠在左腹外侧区下降，至左髂嵴处移行为**乙状结肠**。乙状结肠在左髂区内，呈乙字形弯曲，活动度较大，向下至第3骶椎平面，移行于直肠。

结肠腔面有半环行皱襞，黏膜平滑无肠绒毛。黏膜上皮为单层柱状上皮，上皮内有许多杯状细胞。固有层内有密集排列的管状大肠腺，腺上皮内有大量杯状细胞。淋巴组织发达，常穿过黏膜肌层，突入黏膜下层。

（四）直肠

直肠（rectum）长约10~14cm，位于小骨盆腔后部，在第3骶椎前方续乙状结肠，沿骶、尾骨前方下行，穿过盆膈移行于肛管。直肠并非直行的肠管，在矢状面上有两个弯曲（图4-25）：位于骶骨前方，凸向后的弯曲，称骶曲；位于尾骨尖前方转向后下，形成一凸向前的弯曲，称**会阴曲**。

直肠的下段肠腔膨大，形成直肠壶腹。直肠内面有上、中、下三个半月形皱襞，称**直肠横襞**（图4-26），由黏膜和环形肌构成。中间的直肠横襞最大且最为恒定，位于直肠右前壁，距肛门约7cm。临床上做直肠镜、乙状结肠镜检查时，应注意直肠的横襞和弯曲，以免损伤肠壁。

（五）肛管

肛管（anal canal）是盆膈以下的消化管，长约3~4cm，上续直肠，末端终于肛门。肛管内有6~10条纵行的黏膜皱襞，称**肛柱**。相邻肛柱下端之间的半月状黏膜皱襞，称**肛瓣**。肛瓣与相邻肛柱下端共同围成向上开口的小隐窝，称**肛窦**。窦内常有粪便存留，易诱发感染。

肛柱下端与各肛瓣边缘共同连成锯齿状的环行线，称**齿状线**。齿状线是皮肤与黏膜分界线，此线以上为黏膜，以下为皮肤。在齿状线下方，有狭窄而隆起的光滑区，称**肛梳**。

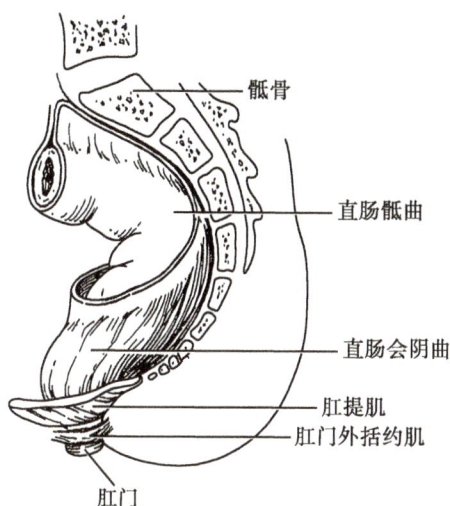

图4-25 直肠的位置和外形

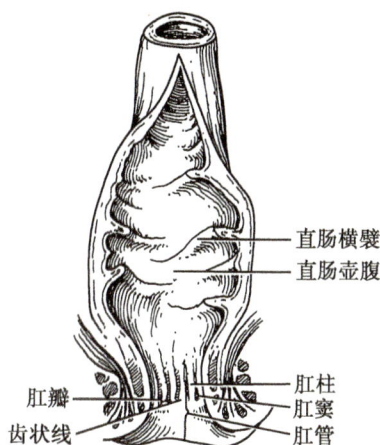

图4-26 直肠和肛管的内面观

在肛门上方1~1.5cm处，有一环形浅沟，称**白线**，活体指检可触及。肛柱的黏膜和肛梳的皮下组织中均有丰富的静脉丛。病理情况下静脉丛淤血曲张形成痔。发生在齿状线以上的痔为内痔，齿状线以下的为外痔，齿状线上、下同时出现的为混合痔。

肛管周围有内、外两种括约肌环绕。**肛门内括约肌**属平滑肌，由肠壁的环形肌增厚形成，收缩时可协助排便，但无明显的括约功能；**肛门外括约肌**为骨骼肌，位于肛门内括约肌周围，有括约肛门功能。手术中应防止损伤此肌，以免造成大便失禁。肛门周围的皮肤富有汗腺和皮脂腺。

> ●── **知识链接** ──●
>
> ### 你知道阑尾为什么会发炎吗？
>
> 原因有：①阑尾像一条"死胡同"，一端与盲肠相通，另一端为盲端，内腔直径约0.3~0.4cm，其底部更细小，呈漏斗形。阑尾系膜又比阑尾短，造成阑尾曲折扭转，导致阑尾腔引流不畅。②阑尾的血供较差，易引起阑尾缺血坏死。③阑尾的黏膜下层有丰富的淋巴组织，常呈增生状，细菌易停留在阑尾腔内生长繁殖，使阑尾腔狭窄或梗阻，导致引流不畅。④粪石、结石、寄生虫易进阑尾腔出不来，造成阑尾腔狭窄、梗阻，内压升高，血液循环受阻，进而组织坏死、感染。⑤机体抵抗力下降。

第三节 消 化 腺

人体消化腺除口腔腺、胃肠道的消化腺外，还有肝和胰。消化腺的主要功能是分泌消化液，参与食物的消化。

一、肝

肝（liver）是人体最大的腺体。肝不仅能分泌胆汁，参与食物的消化，还具有物质代谢、解毒和防御等功能。

（一）肝的形态和位置

肝呈红褐色，质软而脆，似楔形，一般分为前、后两缘，上、下两面。前缘锐薄，后缘钝圆。肝上面隆凸，与膈相贴，称**膈面**（图4-27），其上借矢状位的镰状韧带分为小而薄的肝左叶和大而厚的肝右叶。肝下面凹凸不平，与腹腔脏器相邻，称**脏面**（图4-28）。脏面有略呈"H"形的三条沟，即两条矢状位的纵沟和位于纵沟之间的横沟。横沟称肝门，是左、右肝管、肝固有动脉、肝门静脉、神经等出入肝的部位。左纵沟前部有肝圆韧带，后部有静脉韧带。右纵沟前部有一浅窝容纳胆囊称胆囊窝，后部有下腔静脉通过。肝的脏面被"H"形的沟分为四叶：右纵沟右侧的右叶，左纵沟左侧的左叶，横沟前方的方叶和后方的尾状叶。

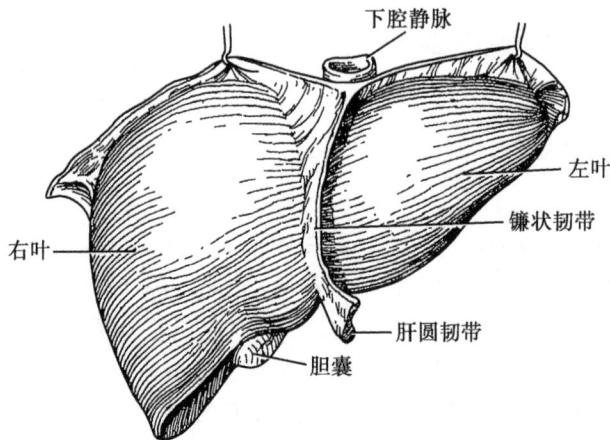

图4-27 肝的膈面

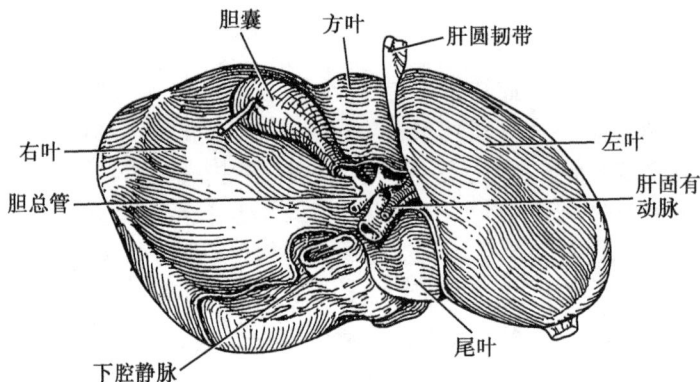

图4-28 肝的脏面

肝大部分位于右季肋区及腹上区，小部分位于左季肋区。肝的上界与膈穹隆一致，其最高点在右侧相当于右锁骨中线与右第5肋的交点，左侧相当于左锁骨中线与第5肋间隙的交点处。肝的下界，右侧大致与右肋弓一致，在腹上区可达剑突下方3～5cm。7岁以下的儿童，肝的下界可超出肋弓下缘2cm以内。肝的位置随膈的运动而上、下移动，在平静呼吸时肝可上、下移动23cm。

（二）肝的微细结构

肝表面被覆致密结缔组织被膜，内含较多的弹性纤维。在肝门处，结缔组织随血管、神经和肝管的分支伸入肝实质，将其分隔成50万～100万个肝小叶（图4-29）。相邻肝小叶间有肝门管区。

1. 肝小叶（hepatic lobule） 是肝的基本结构和功能单位，呈多面棱柱状。主要由肝细胞构成。正常人肝小叶之间结缔组织较少，界限不明显。每个肝小叶中央有一条纵行的**中央静脉**，肝细胞单层排列呈板状称**肝板**，在切片上，肝板的断面呈索状，故又称**肝索**。肝板以中央静脉为中轴，大致呈放射排列，相邻的肝板连接呈网状，其间有不规则的腔隙是**肝血窦**，肝板内有胆小管（图4-30）。

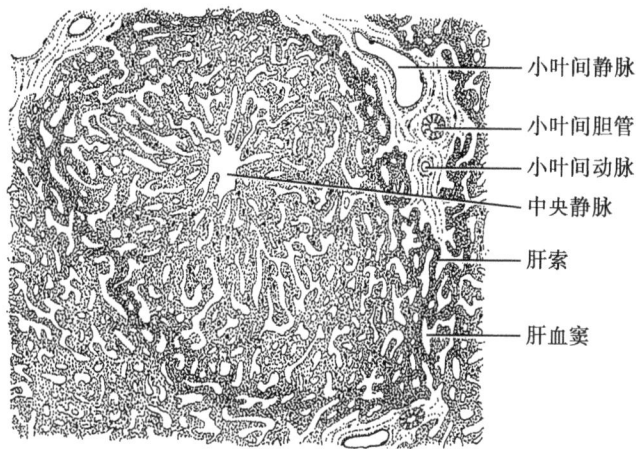

图4-29 肝小叶（低倍）

小叶间静脉
小叶间胆管
小叶间动脉
中央静脉
肝索
肝血窦

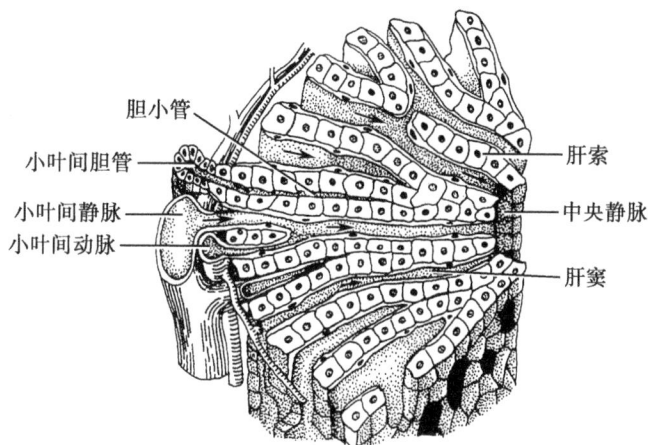

图4-30 肝板与肝血窦

胆小管
小叶间胆管
小叶间静脉
小叶间动脉
肝索
中央静脉
肝窦

（1）**肝细胞**（hepatocyte）：呈多边形，体积较大。细胞核大而圆，位于细胞中央，核仁明显，有的可见双核。细胞质呈嗜酸性，胞质内各种细胞器十分发达，这与肝细胞复杂多样的功能有关（图4-31）。

线粒体为肝细胞功能活动提供能量。粗面内质网能合成血浆蛋白质，如白蛋白、纤维蛋白原、凝血酶原等多种蛋白质。滑面内质网具有合成胆汁、参与脂质代谢、固醇类激素的灭活及解毒等多方面的功能。溶酶体可消化分解肝细胞吞噬吞饮的物质和退化的细胞器

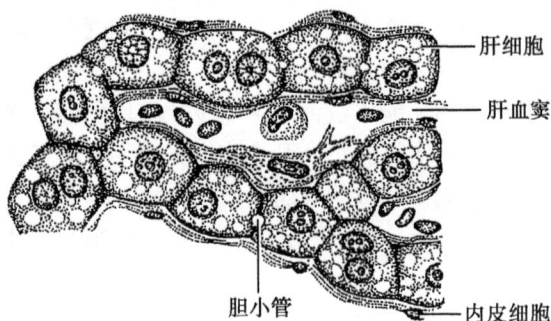

图4-31　肝的微细结构（高倍）

等。高尔基复合体与肝细胞的分泌活动有关。此外，肝细胞内还含有糖原、脂滴等。

（2）**肝血窦**（hepatic sinusoid）：位于肝板间的网状管道，形态不规则，其内有来自肝固有动脉和肝门静脉的血液。血液从周边流经肝血窦，然后汇入中央静脉。窦壁由内皮细胞构成，内皮细胞有孔，细胞之间有较大间隙，内皮外无基膜，因此通透性较大，肝细胞分泌的蛋白质和血液中的血浆成分均可通过，有利于肝细胞与血液间的物质交换。肝血窦内散在有多突起的**肝巨噬细胞**（Kupffer cell），它具有很强的吞噬能力，能吞噬血液中的细菌、异物和衰老的红细胞等。

电镜显示，肝血窦的内皮细胞与肝细胞之间有一狭窄间隙，称**窦周间隙**，其内充满由肝血窦渗出的血浆，肝细胞的微绒毛伸入其间浸润于血浆中，有利于肝细胞与血液间的物质交换。窦周间隙内还有一种贮脂细胞，有贮存维生素A和产生网状纤维的功能。

（3）**胆小管**（bile canaliculi）：是位于肝细胞之间的微细管道，互相吻合成网状。管壁由相邻肝细胞邻接面的细胞膜局部向胞质内凹陷而形成。在胆小管的两侧，相邻的肝细胞形成紧密连接可阻止胆小管内容物渗出管外。肝细胞分泌的胆汁进入胆小管，从中央向周边流到小叶间胆管。当肝的病变引起肝细胞的紧密连接被破坏时，胆汁可经肝细胞之间的间隙，流入窦周间隙和肝血窦，这是黄疸形成的原因之一。

2. **门管区**（portal area）　是相邻肝小叶间结缔组织较多的区域（图4-29）。内有小叶间胆管、小叶间动脉、小叶间静脉通过。小叶间胆管由胆小管汇集而成，管径小，管壁为单层立方上皮；小叶间动脉是肝固有动脉的分支，管腔小，管壁相对较厚，内皮细胞外面有数层平滑肌围绕；小叶间静脉是肝门静脉的分支，管腔大而不规则，管壁薄。

3. **肝的血液循环**　肝的血液供应丰富，入肝的血管主要有肝固有动脉和肝门静脉，出肝的是肝静脉。肝的血液循环途径如下：

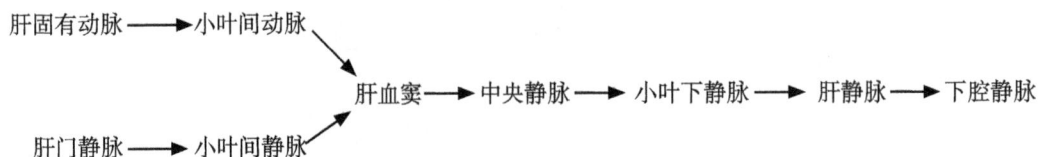

```
肝固有动脉 ──→ 小叶间动脉
                          ↘
                           肝血窦 ──→ 中央静脉 ──→ 小叶下静脉 ──→ 肝静脉 ──→ 下腔静脉
                          ↗
肝门静脉 ──→ 小叶间静脉
```

（三）胆囊和输胆管道

1. **胆囊**（gallbladder）　位于右季肋区肝脏面的胆囊窝内，上面借结缔组织与肝相连，下面游离与横结肠的起始部和十二指肠上部相邻。胆囊有贮存和浓缩胆汁的作用。

胆囊呈梨形，分为四部分：前端钝圆称**胆囊底**；中间称**胆囊体**；后端变细称**胆囊颈**；颈弯向左下移行为**胆囊管**（图4-32）。

胆囊底常露出于肝的前缘，与腹前壁相贴，其体表投影在右锁骨中线与右肋弓交点处的稍下方。胆囊炎时，此处常有明显的压痛。胆囊内面衬有黏膜，在胆囊管和胆囊颈处黏膜呈螺旋状突入管腔，形成螺旋襞，有调节胆汁进出的作用。胆囊结石易嵌顿于此处。

2. **输胆管道**（图4-33） 是将胆汁输送到十二指肠的管道，分肝内和肝外两部分。肝内胆道胆小管、小叶间胆管等，肝外胆道包括肝左管、肝右管、肝总管、胆囊和胆总管。肝内的小叶间胆管逐渐汇合成**肝左管**和**肝右管**，肝左、右管汇合成**肝总管**，肝总管下行与胆囊管合成**胆总管**。

胆总管长约4~8cm，直径0.3~0.6cm。在肝十二指肠韧带游离缘内下行，经十二指肠上部的后方，至十二指肠降部与胰头之间与胰管汇合，形成略膨大的**肝胰壶腹**（Vater壶腹），斜穿十二指肠降部的后内侧壁，开口于十二指肠大乳头。在肝胰壶腹周围有增厚的环行平滑肌环绕，称**肝胰壶腹括约肌**（Oddi括约肌）。肝胰壶腹括约肌的收缩舒张，可控制胆汁和胰液的排出。胆汁由肝细胞分泌排出到十二指肠腔的途径，可归纳如下：

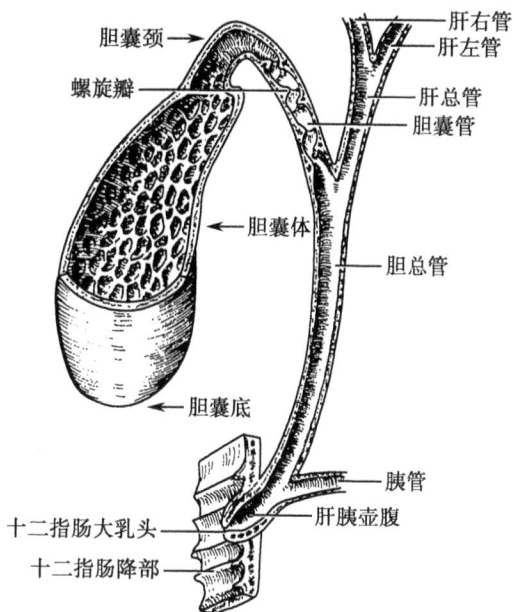

图4-32 胆囊及胆汁排出管道

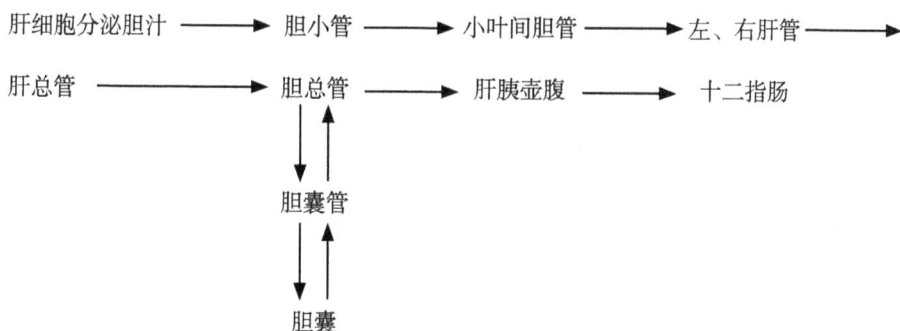

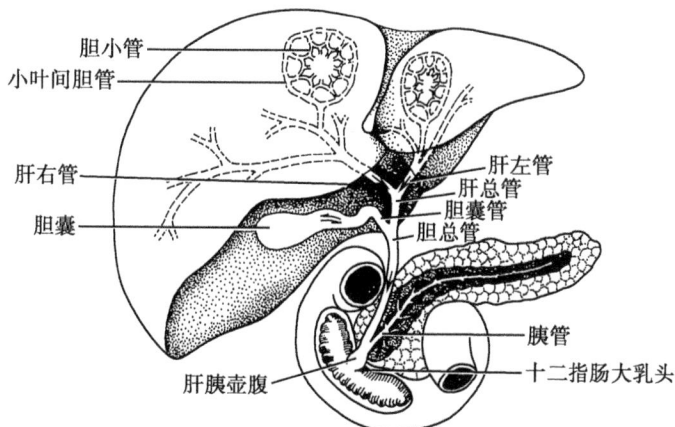

肝细胞分泌胆汁 ⟶ 胆小管 ⟶ 小叶间胆管 ⟶ 左、右肝管 ⟶

肝总管 ⟶ 胆总管 ⟶ 肝胰壶腹 ⟶ 十二指肠

胆囊管

胆囊

图4-33 输胆管道示意图

二、胰

胰是人体第二大腺体，由内分泌部和外分泌部两部分构成。具有参与调节糖代谢和参与消化过程的重要作用。

（一）胰的位置与形态

胰（pancreas）位于胃的后方，在第1、2腰椎水平横贴于腹后壁，其前面被有腹膜。胰质软，色灰红。胰分为胰头、胰体、胰尾三部：胰右端膨大被十二指肠环抱的，称**胰头**；中间部呈棱柱状为**胰体**；左端较细，伸向脾门称**胰尾**。

在胰实质内，有一条从胰尾至胰头的输出管，称**胰管**，它沿途收集各级小管，输送胰液，与胆总管汇合后，共同开口于十二指肠大乳头。

（二）胰的微细结构

胰的实质由外分泌部和内分泌部构成（图4-34）。

1. 外分泌部　占胰的大部分，由腺泡和导管组成。腺泡由浆液性细胞围成，细胞呈锥体形，细胞核圆，位于细胞基底部，顶部胞质含嗜酸性的酶原颗粒。导管起始于腺泡腔，逐级汇合成小叶内导管、小叶间导管和胰管。胰的外分泌部分泌胰液，内含多种消化酶，经导管排入十二指肠，参与糖、蛋白质、脂肪的消化。

2. 内分泌部　是散在于腺泡之间大小不等的细胞团，又称**胰岛**（pancreas islet）。胰岛主要有 α 、β 、δ 三种内分泌细胞。在HE染色切片中胰岛细胞的种类不易区别。α 细胞多分布于胰岛的周围

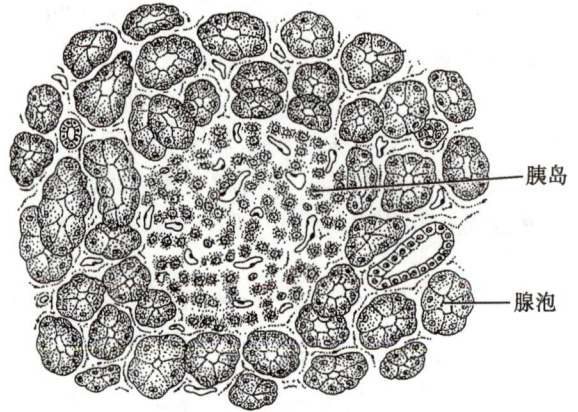

图4-34　胰的微细结构

（胰岛、腺泡）

部，分泌胰高血糖素，可促进肝糖原分解和抑制糖原合成，使血糖升高。β 细胞多分布在胰岛中央，数量最多，能分泌胰岛素，胰岛素最主要的作用是促进血液中的葡萄糖进入细胞内作为细胞代谢的主要能源，同时也促进血液中的葡萄糖合成肝糖原而被贮存起来，其作用与胰高血糖素相反，降低血糖。δ 细胞数量较少，分泌生长抑素，以调节 α 、β 细胞的分泌活动。

第四节　腹　　膜

腹膜（peritoneum）是位于腹、盆壁内面和腹、盆腔脏器表面的一层薄而光滑的浆膜。其中，被覆于腹、盆腔壁内面的称**壁腹膜**，被覆于腹、盆腔脏器表面的称**脏腹膜**。脏腹膜和壁腹膜相互延续、移行，共同围成不规则潜在的腔隙，称**腹膜腔**，腔内仅有少量浆液（图4-35）。男性腹膜腔是封闭的，女性腹膜腔则由于输卵管开口于腹膜腔，故可借输卵管、子宫和阴道与体外间接相通。

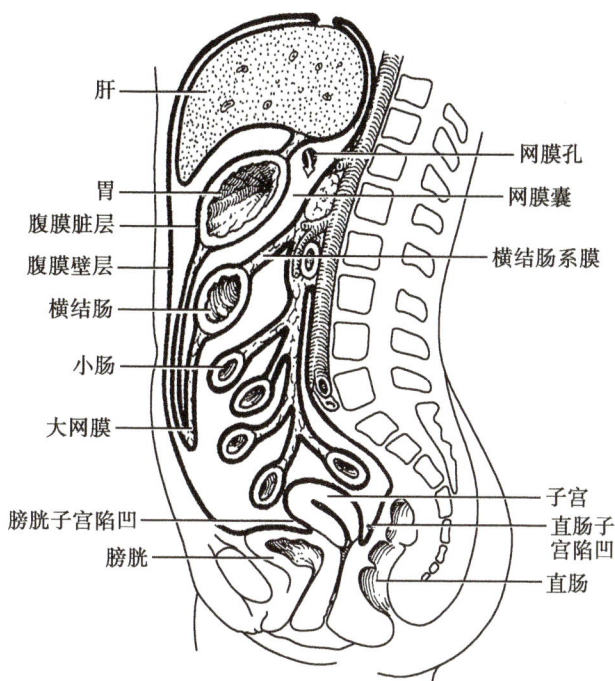

图4-35 腹膜的配布（女性矢状切面）

腹膜具有分泌、吸收、保护、支持、修复等功能。正常腹膜分泌少量浆液，起润滑和减少脏器间摩擦的作用。腹膜的吸收能力以上部最强，下部较弱，因此临床上对腹膜炎或腹部手术后的病人多采取半卧位，以减少和延缓腹膜对毒素的吸收。

一、腹膜与脏器的关系

根据腹、盆腔脏器被腹膜覆盖的范围不同，可将腹、盆腔脏器分为三类（图4-36）。

1. 腹膜内位器官 脏器表面均被腹膜覆盖。如胃，空、回肠，阑尾，横结肠，乙状结肠和脾等。这类器官活动度大。

2. 腹膜间位器官 脏器表面大部分或三面被腹膜覆盖。如升结肠、降结肠、肝、胆囊、子宫和膀胱等。这类器官活动度较小。

3. 腹膜外位器官 脏器一面被腹膜覆盖。如肾、输尿管、胰、十二指肠降部和下部等。其位置固定，几乎不能活动。

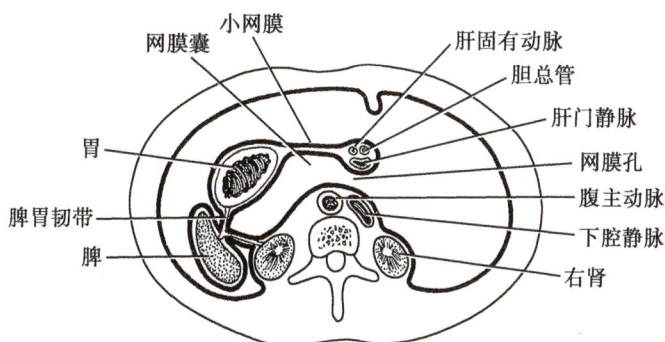

图4-36 腹膜与脏器的关系及网膜囊

二、腹膜形成的主要结构

腹膜从腹、盆腔内面移行于脏器的表面，或由一个脏器向另一个脏器移行的过程中，形成了网膜、系膜、韧带和陷凹等结构。它们对器官起连接和固定作用，也常常是血管、神经出入脏器的途径。

（一）韧带

韧带是连于腹、盆壁与脏器之间，或连于相邻脏器之间的腹膜结构，对器官有固定或悬吊作用。

1. 肝的韧带   包括位于肝下方的肝胃韧带和肝十二指肠韧带，以及肝上方的镰状韧带、冠状韧带和三角韧带。镰状韧带是腹膜自腹前壁上部移行至膈与肝的膈面之间的双层腹膜结构，其下缘内含有肝圆韧带。冠状韧带是膈与肝之间，呈冠状位的双层腹膜结构，分前后两层，两层之间为肝裸区。在冠状韧带左右两端处，两层合并，形成左右三角韧带。

2. 脾的韧带   主要有胃脾韧带和脾肾韧带。胃脾韧带连于胃底和脾门之间；脾肾韧带连于脾门和左肾之间。

（二）系膜

主要是指将肠管连于腹后壁的双层腹膜结构。两层腹膜间有血管、神经、淋巴管和淋巴结等。

1. 肠系膜（mesentery）   是指空、回肠的系膜。空、回肠连于腹后壁，其附着处称**肠系膜根**，起自第2腰椎体左侧，斜向右下方，至右骶髂关节前方。因肠系膜长而宽阔，故空、回肠的活动性大。

2. 横结肠系膜（transverse mesocolon）   连于横结肠与腹后壁之间。其中份较长，因而横结肠中份呈悬垂状。

3. 乙状结肠系膜（sigmoid mesocolon）   将乙状结肠连于左下腹。该系膜较长，因而乙状结肠活动度较大，易于发生肠扭转。

4. 阑尾系膜（mesoappendix）   是阑尾与回肠末端之间的三角形腹膜双层皱襞，其游离缘内有阑尾动、静脉等。

（三）网膜

网膜（omentum）包括小网膜和大网膜（图4-37）。

1. 小网膜（lesser omentum）   是肝门至胃小弯和十二指肠上部之间的双层腹膜结构。其中连于肝门和胃小弯之间的称**肝胃韧带**，构成小网膜的左半部；连于肝门和十二指肠上部之间的称**肝十二指肠韧带**，构成小网膜的右半部。肝十二指肠韧带内有肝固有动脉、肝门静脉和胆总管通过。小网膜游离缘的后方为网膜孔，经此孔可通网膜囊。

网膜囊（omental bursa）是位于小网膜和胃后方的腹膜间隙，是腹膜腔的一小部分。网膜囊的前壁是小网膜和胃后壁，后壁是覆盖在胰、左肾、左肾上腺表面的腹膜（图4-36）。网膜囊经网膜孔与腹膜腔的其他部分相通。

2. 大网膜（greater omentum）   是连于胃大弯与横结肠之间的四层腹膜结构。呈围裙状悬垂于横结肠、小肠前面。大网膜内有丰富的血管、脂肪等，其中含有许多巨噬细胞，具有重要的防御功能。大网膜下垂部常可移动位置，当腹腔器官有炎症时，可向病变处移动，并将病灶包裹，限制炎症蔓延。因此，在腹部手术时，可根据大网膜的移动情况，探查病变部位。小儿的大网膜较短，当下腹部器官炎症或阑尾炎穿孔时，病灶不易被包裹，

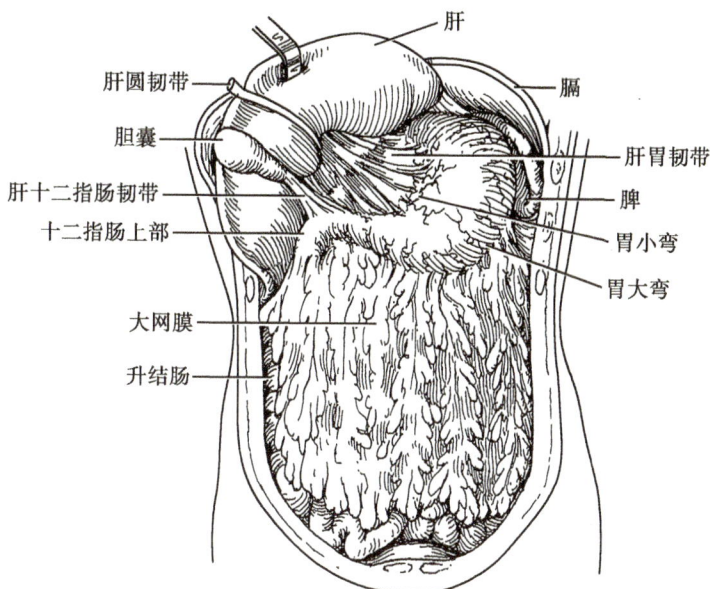

图4-37 网膜

炎症扩散的机会较多。

（四）陷凹与隐窝

腹膜在盆腔器官之间形成深浅不等的**陷凹**（pouch）。男性在直肠与膀胱之间有**直肠膀胱陷凹**。女性在膀胱与子宫之间有**膀胱子宫陷凹**；直肠与子宫之间有直肠子宫陷凹，该陷凹较深与阴道后穹仅隔一薄层阴道后壁（图4-35）。站立或者半卧位时，这些陷凹是腹膜腔的最低点，如腹膜腔内有积液时，易在这些陷凹内积存。

肝肾隐窝（hepatorenal recess）位于肝右叶下面与右肾和结肠右曲之间，仰卧时为腹膜腔最低处，为液体易于积聚的部位。

（余　寅）

思考题

1. 试述一个豆瓣从"口腔–肛门–体外"的经过途径。
2. 腹部手术时怎样区别结肠和小肠？怎样寻找空肠的起始部？怎样寻找阑尾？
3. 用箭头表示胆汁从肝脏产生至十二指肠腔的排出途径。
4. 肝、胃在腹部的位置和分部如何？

第五章 呼吸系统

学习目标

掌握：1. 呼吸系统的组成。

2. 鼻旁窦的位置及开口处。

3. 喉的构成、位置、喉腔的结构。

4. 气管、主支气管的位置、左右主支气管的形态区别及微细结构。

5. 肺的位置和形态结构。肋膈隐窝、纵隔的概念。

6. 肺组织结构和血-气屏障的概念。

理解：1. 胸腔、胸膜和胸膜腔的概念。

2. 胸膜与肺的体表投影。

了解：纵隔的概念、分部及内容。

呼吸系统（respiratory system）由呼吸道和肺两部分组成。呼吸道是传送气体的管道，肺是完成气体交换的器官（图5-1）。呼吸系统的功能是从外界吸入氧，呼出二氧化碳，完成气体交换。同时，鼻又是嗅觉器官，喉还有发音功能。

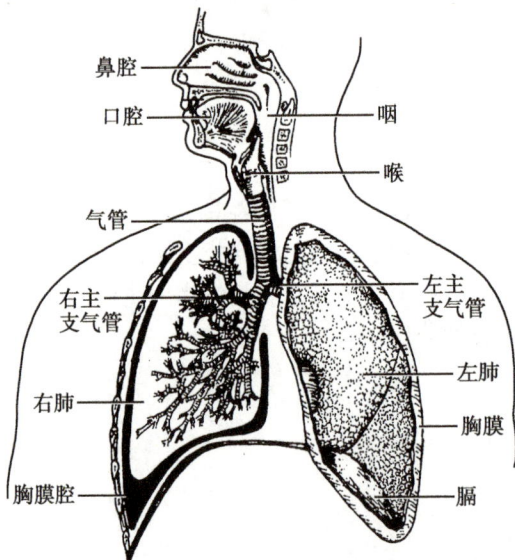

图5-1 呼吸系统概观

116

第一节 呼 吸 道

呼吸道包括鼻、咽、喉、气管和主支气管等器官。临床上通常将鼻、咽、喉三部分称为**上呼吸道**，将气管、主支气管及其在肺内的分支称为**下呼吸道**。

一、鼻

鼻（nose）是呼吸道的起始部，并具有感受嗅觉的功能。鼻可分外鼻、鼻腔和鼻旁窦三部分。

（一）外鼻

外鼻（external nose）位于面部的中央，由骨和软骨作为支架，外面被覆皮肤而成。外鼻的上端较狭窄的部分称**鼻根**，鼻根向下移行为**鼻背**，鼻背的下端隆起为**鼻尖**。鼻尖两侧呈弧形扩大的部分称**鼻翼**。外鼻的下端有一对**鼻孔**，是气体出入的通道（图5-2）。

（二）鼻腔

鼻腔（nasal cavity）以骨和软骨为基础，内面衬以黏膜和皮肤。鼻腔的中央被鼻中隔分为左、右两腔。在鼻中隔的前下部有一区域血管丰富而表浅，当受到外伤或空气干燥时，易发生出血，故称易出血区。

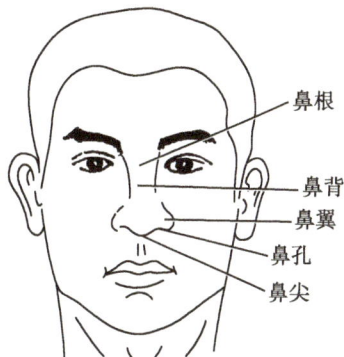

图5-2 外鼻的形态

鼻腔向前经鼻孔通外界，向后经鼻后孔通咽，每侧鼻腔可分为两部分：

1. 鼻前庭（nasal vestibule） 位于鼻腔的前下部，为鼻翼内面的部分，内衬皮肤，生有鼻毛，具有滤过和净化空气的作用。

2. 固有鼻腔（nasal cavity proper） 为鼻腔的主要部分。其外侧壁自上而下有上、中、下三个鼻甲，各鼻甲的下方，分别为上、中、下鼻道，在上鼻甲的后上方有**蝶筛隐窝**。上、中鼻道及蝶筛隐窝分别有鼻旁窦的开口，下鼻道的前部有鼻泪管的开口（图5-3）。

固有鼻腔的黏膜，按其生理功能分为两部分：位于上鼻甲的内侧面和与其相对的鼻中隔上部称嗅区，在活体时呈淡黄色，内含嗅细胞，具有感受嗅觉的功能。除去嗅区以外的

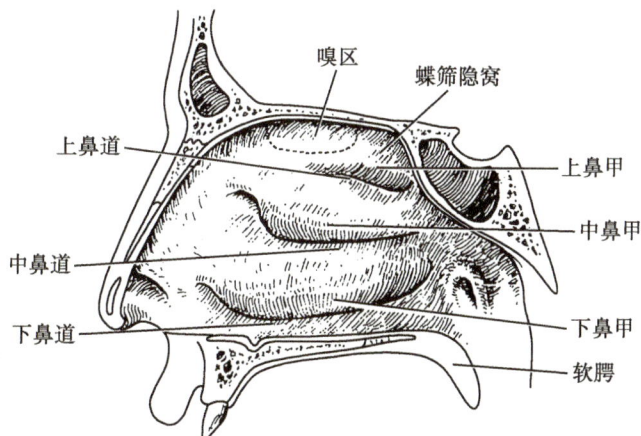

图5-3 鼻腔外侧壁（右侧）

其他部分称**呼吸区**，活体时呈淡红色，富含血管和腺体，可对吸入的空气起湿润、温暖和净化作用。

（三）鼻旁窦

鼻旁窦（paranasal sinuses）由骨性鼻旁窦内衬黏膜而成，共有四对，即**上颌窦、额窦、筛窦和蝶窦**，分别位于同名的颅骨内，筛窦又分为前、中、后三部分。各鼻旁窦均开口于鼻腔的外侧壁，其中上颌窦、额窦、前筛窦和中筛窦开口于中鼻道，后筛窦开口于上鼻道，蝶窦开口于蝶筛隐窝。鼻旁窦能调节吸入空气的温度和湿度，并对发音起共鸣作用（图5-4）。

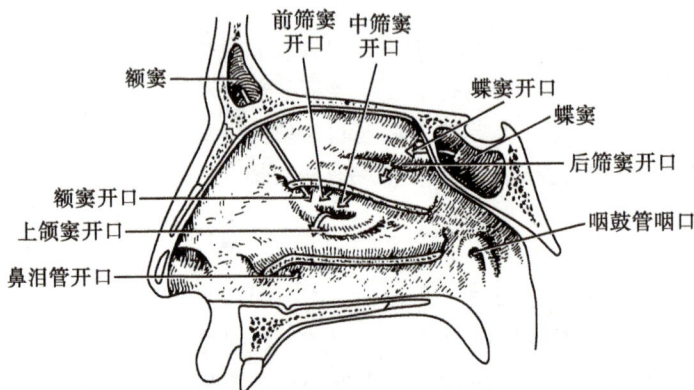

图5-4　鼻旁窦及鼻泪管的开口

由于鼻旁窦的黏膜与鼻腔黏膜相延续，故鼻腔炎症易引起鼻旁窦发炎。其中上颌窦是鼻旁窦中最大的一对，因开口位于其内侧壁的最高处，一旦有分泌物不易排出。所以鼻旁窦的慢性炎症中，以上颌窦炎最为常见（图5-5）。

二、咽

见第四章消化系统第二节消化管（三）。

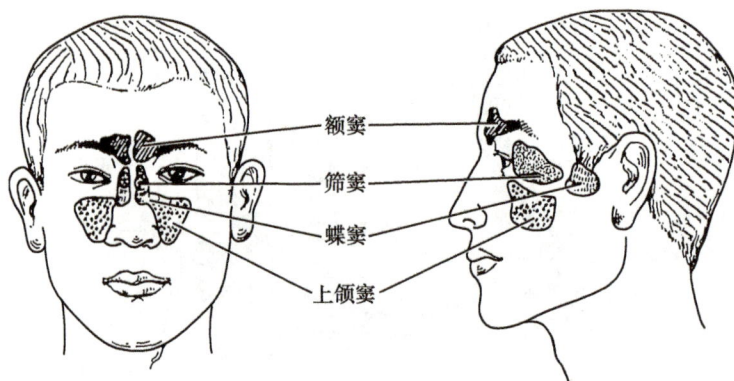

图5-5　鼻旁窦体表投影

三、喉

喉（larynx）既是呼吸的管道，也是发声的器官。

（一）喉的位置

喉位于颈前部正中，在喉咽部的前方，成人的喉相当于第5~6颈椎的高度，小儿喉的位置略高于成年人。喉的上部借韧带与舌骨相连，下部与气管相续。喉的前面被舌骨下肌群覆盖，两侧为颈部的大血管和甲状腺侧叶。喉的活动性较大，可随吞咽而上、下移动。

（二）喉的构造

喉以软骨作为支架，软骨之间借关节、韧带和肌相连结，内面衬以黏膜构成。

1. 喉的软骨 喉软骨主要有甲状软骨、环状软骨、杓状软骨和会厌软骨等（图5-6）。

（1）**甲状软骨**（thyroid cartilage）：为喉软骨中最大的一块，构成了喉的前外侧壁。甲状软骨由两块近似方形的甲状软骨板在前方愈合而成，其前缘愈合处称**前角**，前角的上端向前突出，称**喉结**，成年男子特别明显。甲状软骨板的后缘向上和向下均有突起，分别称上角和下角。

（2）**环状软骨**（cricoidcartilage）：位于甲状软骨的下方，向下接气管。环状软骨呈环形，由前部较窄的**环状软骨弓**和后部较宽的**环状软骨板**构成。环状软骨弓在体表易触及，是颈部重要的标志之一。环状软骨是喉软骨中唯一呈环形的软骨，对维持呼吸道的通畅起重要作用。

（3）**杓状软骨**（arytenoid cartilage）：左、右各一，位于环状软骨板的上方。杓状软骨呈三棱锥体形，尖向上，底朝下。杓状软骨底有两个突起，向前伸出的突起称**声带突**，有声韧带附着，向外侧伸出的突起称**肌突**，有喉肌附着。

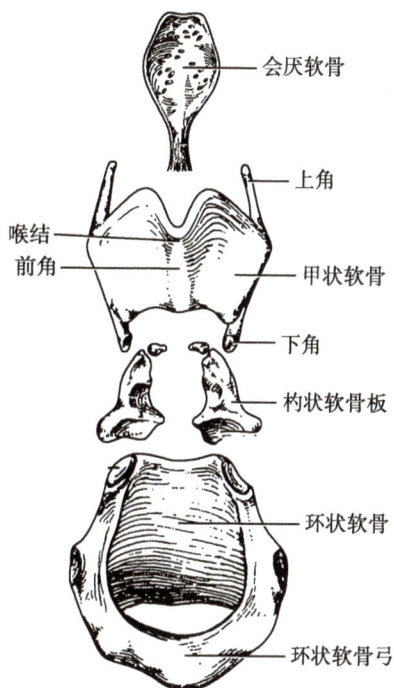

图5-6 分离的喉软骨

（4）**会厌软骨**（epiglottic cartilage）：上宽下窄，形似树叶，下端借韧带连于甲状软骨前角的后面。会厌软骨具有弹性，其外覆黏膜形成会厌。

2. 喉的连结 包括喉软骨之间的连结以及喉与舌骨和气管之间的连结（图5-7）。

（1）**环甲关节**（cricothyroid joint）：由甲状软骨下角和环状软骨的侧方构成。甲状软骨可在冠状轴上作前倾和复位运动，紧张或松弛声带。

（2）**环杓关节**（cricoarytenoid joint）：由杓状软骨底和环状软骨板的上缘构成。杓状软骨可在垂直轴上作旋转运动，使声带突向内、外侧转动，从而开大或缩小声门裂。

（3）**甲状舌骨膜**（thyrohyoid membrane）：为连结于甲状软骨上缘与舌骨之间的纤维膜。

（4）**环甲正中韧带**（median cricothyroid ligament）：连结于甲状软骨下缘与环状软骨弓之间，当急性喉阻塞时，可穿刺环甲正中韧带，建立临时性的通气道，以挽救患者生命。

（5）**声韧带**（vocal ligament）：由弹性纤维构成，紧张于甲状软骨前角后面与杓状软骨声带突之间。

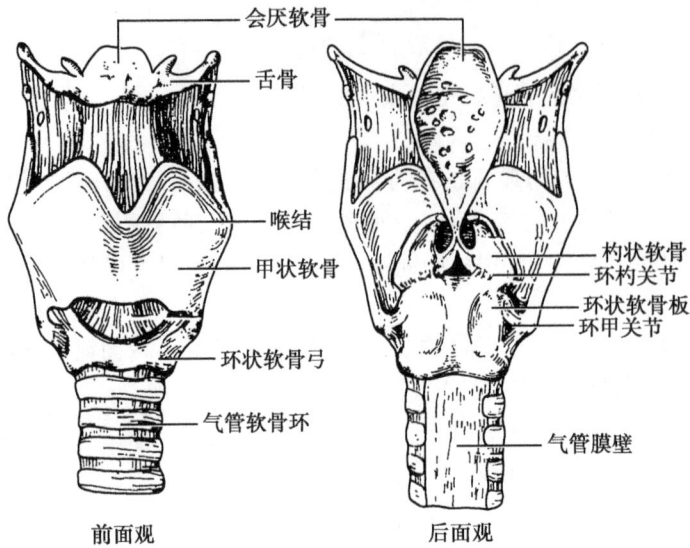

前面观　　　　　　　　　　后面观

图5-7　喉软骨连结

3. 喉肌（laryngeal muscle）　均属骨骼肌，附着于喉软骨，按其功能可分两群：一群运动环甲关节，通过紧张或松弛声带，调节音调的高低。另一群运动环杓关节，通过开大或缩小声门裂，控制发音的强弱。

4. 喉腔（laryngeal cavity）　即喉的内腔，向上经喉口通喉咽部，向下与气管相续。**喉口**是喉腔的入口，朝向后上方，其前部为会厌，当吞咽食物时，喉上提，会厌可盖住喉口，阻止食物误入喉腔（图5-8）。

在喉腔中部的侧壁上，喉黏膜形成了上、下两对呈矢状位的黏膜皱襞，上方的一对为**前庭襞**，两侧前庭襞之间的裂隙称**前庭裂**。下方的一对为**声襞**，两侧声襞之间的裂隙称**声门裂**。声门裂是喉腔中最狭窄的部位。

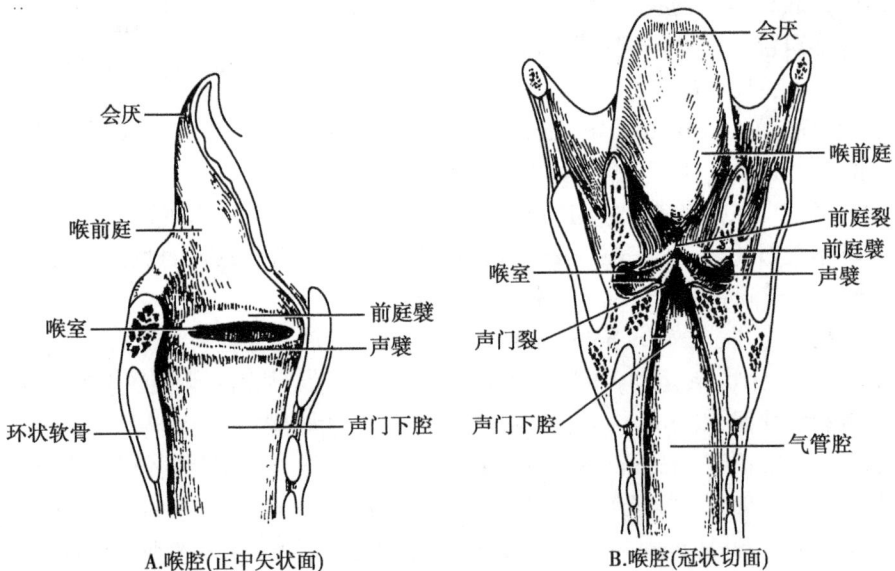

A.喉腔(正中矢状面)　　　　　B.喉腔(冠状切面)

图5-8　喉腔

声襞的内侧缘覆盖其深方的声韧带和声带肌，共同形成**声带**。当气流通过声门裂时，可冲击声带，使其振动，发出声音。

喉腔可借两个裂隙分为三部分：①前庭裂以上的部分称**喉前庭**。②前庭裂与声门裂之间的部分称**喉中间腔**，喉中间腔向两侧突出的隐窝称**喉室**。③声门裂以下的部分称**声门下腔**。声门下腔的黏膜下组织比较疏松，炎症时易发生水肿，导致呼吸困难。小儿的喉腔较窄小，严重者易引起窒息。

四、气管和主支气管

气管和主支气管是连通于喉与肺之间的管道，它们均由若干个**气管软骨环**借韧带连结而成。气管软骨环呈"C"形，其缺口朝后，由结缔组织和平滑肌形成的**膜壁**封闭，因此气管和主支气管的后壁均为扁平状，并有一定的弹性（图5-9）。

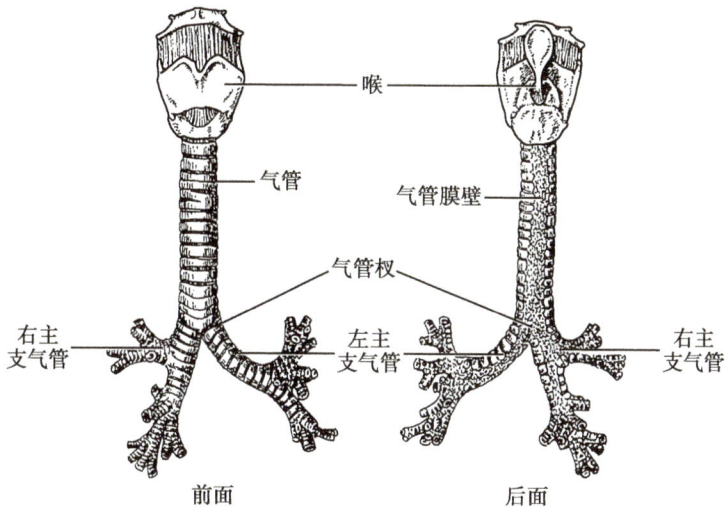

图5-9 气管与主支气管

（一）气管

气管（trachea）由14~16个气管软骨环构成，位于食管的前方。气管上端连于喉的环状软骨下缘，向下经胸廓上口进入胸腔，至胸骨角平面分为左、右主支气管。

气管以胸骨的颈静脉切迹为界，分为颈部和胸部两部分。颈部较短，位于颈前部的正中，位置表浅，两侧有颈部的大血管和甲状腺侧叶。临床上做气管切开时，通常选取在第3~5气管软骨环处进行。胸部较长，位于胸腔内。前面有大血管和胸腺，后面贴近食管。

（二）主支气管

主支气管（principal bronchus）左、右各一，自气管发出后，行向外下方，经左、右肺门入肺。

左、右主支气管在形态上有明显的区别。**左主支气管**细而长，平均长4~5cm，走行方向较倾斜；**右主支气管**粗而短，平均长2~3cm，走行方向较垂直，故临床上进入气管腔内的异物多坠入右主支气管。

（三）气管和主支气管的微细结构

气管与主支气管的管壁由内向外依次由黏膜、黏膜下层和外膜构成（图5-10）。

1. 黏膜　由上皮和固有层构成。上皮为假复层纤毛柱状上皮，并含有大量的杯状细胞。固有层由结缔组织构成，内含小血管、弹性纤维和散在的淋巴组织。

2. 黏膜下层　由疏松结缔组织构成，含有较多的血管、淋巴管和丰富的腺体。腺的导管经固有层开口于上皮的表面。

杯状细胞与黏膜下层内腺体的分泌物，可覆盖在上皮的表面，

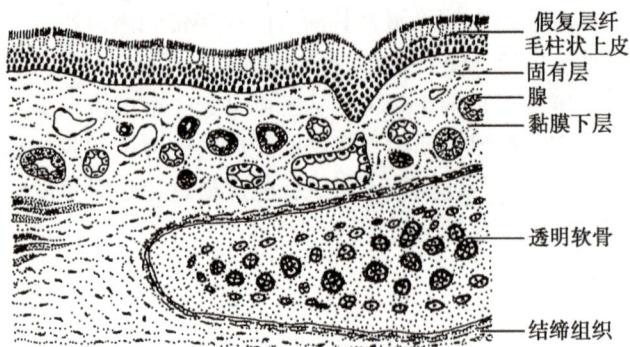

图5-10　气管的微细结构

黏附吸入空气中的灰尘颗粒，经上皮纤毛有节律的向咽部摆动，将灰尘排出。

3. 外膜　较厚，主要由结缔组织和"C"形的气管软骨环构成，软骨环的缺口处，有横行的平滑肌和结缔组织。

● **知识链接** ●

支气管异物

支气管异物是临床上最为常见的儿童呼吸道疾病。临床资料统计，左、右主支气管的发病比例为5：9。支气管异物的典型表现主要有：剧烈的咳嗽、面部潮红、胸闷、憋气、呼吸困难。病人还可出现高热、支气管炎及肺炎等并发症状。其异物主要是花生米，其次是蚕豆、豌豆、瓜子、纽扣等。支气管异物的治疗方法，主要是采取直接喉镜或支气管镜取出异物，如不成功，也可采用开胸手术取出。

第二节　肺

一、肺的位置和形态

肺（lung）位于胸腔内，纵隔的两侧，左、右各一。肺内因含有大量的空气，故轻而柔软，呈海绵状并富有弹性。肺的表面光滑湿润，可见许多呈多边形的肺小叶轮廓。幼儿的肺呈淡红色，随着年龄的增长，吸入空气中的灰尘不断沉积于肺，使肺的颜色逐渐变为灰暗，生活在烟尘污染严重环境中的人比一般人的肺颜色要深一些，长期大量吸烟者的肺可呈棕黑色。

右肺因受肝的影响较宽而短，**左肺**因心偏左故狭而长。

每侧肺的形态都近似半圆锥形，具有一尖、一底、两面和三缘。肺的上端钝圆，称**肺尖**，可突至颈根部，高出锁骨内侧1/3以上2～3cm。肺的下端宽大而凹陷，称**肺底**，因紧贴于膈，又称**膈面**。

肺的外侧面隆凸，邻接肋和肋间肌，又称**肋面**。内侧面邻近纵隔，也称**纵隔面**。纵隔面的中部凹陷，称**肺门**，是主支气管、肺动脉、肺静脉、淋巴管和神经等出入肺的部位。这些出入肺门的结构被结缔组织和胸膜包绕，形成一束，称**肺根**。

肺的**下缘**和**前缘**均薄而锐利，左肺的前缘下部有一弧形切迹，称**左肺心切迹**。肺的**后缘**钝圆，位于脊柱两侧的肺沟中。

每侧肺都被深入到肺内的裂隙分成若干个肺叶。左肺被自后上斜向前下的**斜裂**分为上、下两叶。右肺除去斜裂外，还被一条近于水平方向的**水平裂**，分为上、中、下三叶（图5-11，图5-12）。

二、肺内支气管和支气管肺段

左、右主支气管进入肺门后，先分为**肺叶支气管**，左肺上、下两支，右肺上、中、下三支，分别进入相应的肺叶。肺叶支气管在肺叶内再分为**肺段支气管**，左、右两个肺均为10个肺段（图5-13）。肺段支气管又反复分支，越分越细，最后与肺泡相连。主支气管进入肺内的各级分支，因呈树枝状，故称**支气管树**。

每一肺段支气管及其分支和它连属的肺组织，构成一个**支气管肺段**，简称肺段。每侧

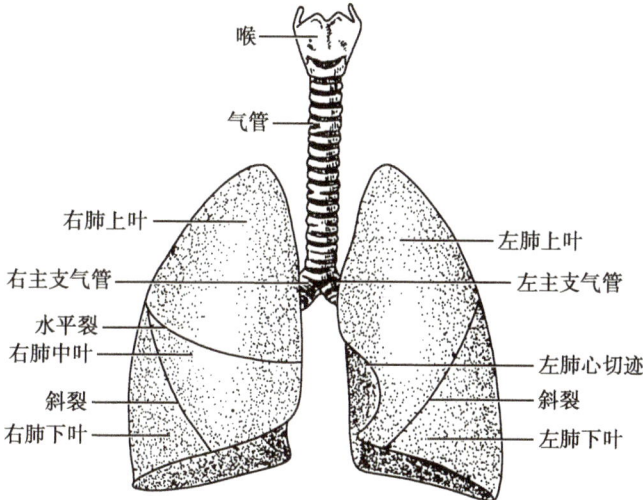

图5-11 肺（前面）

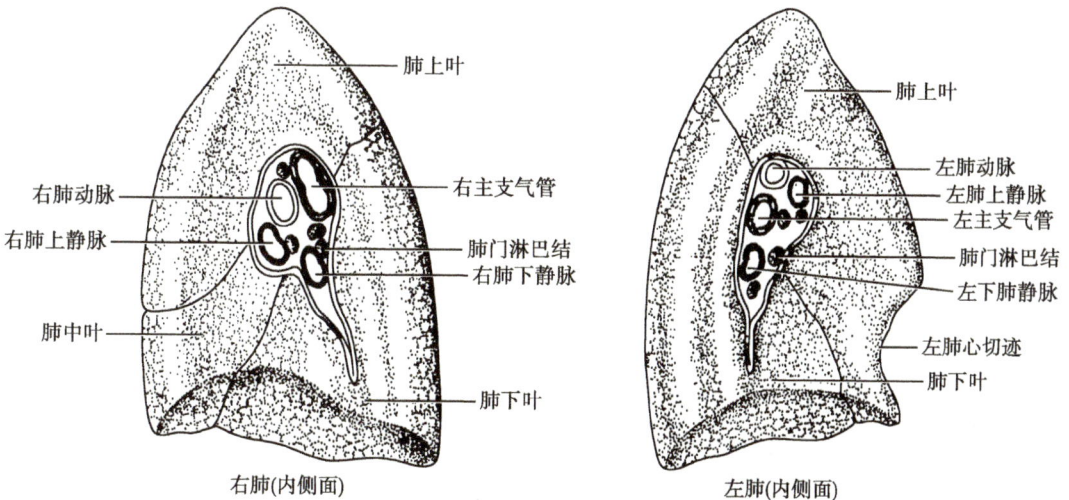

图5-12 肺（侧面）

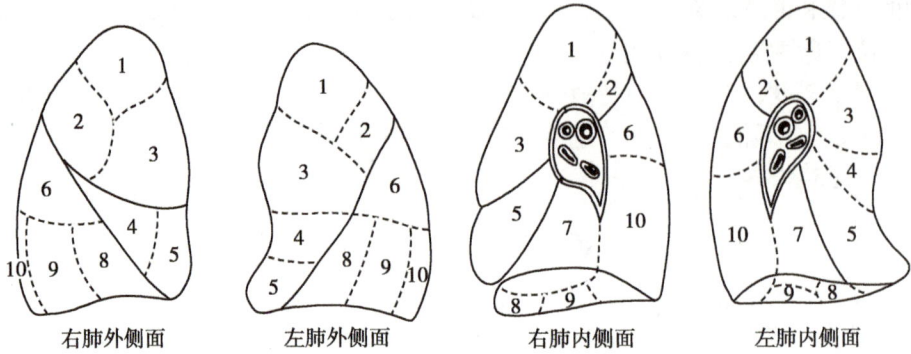

图5-13　肺段模式图

右肺外侧面　　　左肺外侧面　　　右肺内侧面　　　左肺内侧面

肺均为10个肺段。肺段呈圆锥形，其尖朝向肺门，底朝向肺的表面，各肺段之间被疏松结缔组织分隔。由于每个肺段从结构和功能上都是一个独立的单位，因此临床上常可按照病变涉及的范围，实施肺段切除术。

三、肺的微细结构

肺的表面包有一层浆膜，即胸膜的脏层。

肺分**实质**和**间质**两部分，肺实质为肺内的各级支气管和肺泡，肺间质是指肺内的结缔组织、血管、淋巴管和神经等。

主支气管入肺后，首先分为肺叶支气管和肺段支气管，肺段支气管又反复分支，统称**小支气管**，当小支气管的管径小于1mm时，称**细支气管**，细支气管的分支为**终末细支气管**，终末细支气管又反复分支，直至肺泡（图5-14）。

一个细支气管连同它的各级分支及其所属的肺组织，构成一个**肺小叶**。肺小叶呈锥体形，尖朝向肺门，底朝向肺的表面。

肺实质根据其功能不同，分为导气部和呼吸部两部分。

（一）导气部

导气部是指肺内支气管中只能传送气体，不能进行气体交换的部分，包括肺叶支气管、肺段支气管、小支气管、细支气管和终末细支气管。

导气部的各级支气管，随着管径变细，管壁逐渐变薄，管壁的微细结构也发生了相应的变化，其主要变化规律是：黏膜的上皮由假复层纤毛柱状上皮逐渐移行为单层纤毛柱状上皮和单层柱状上皮，杯状细胞逐渐减少，直至消失；黏膜下层内的腺体逐渐减少，直至消失；外膜中的软骨环变成软骨碎片，且碎片逐渐减少，直至消失；外膜中的平滑肌逐渐增多，到终末细支气管时，可形成完整的平滑肌层。

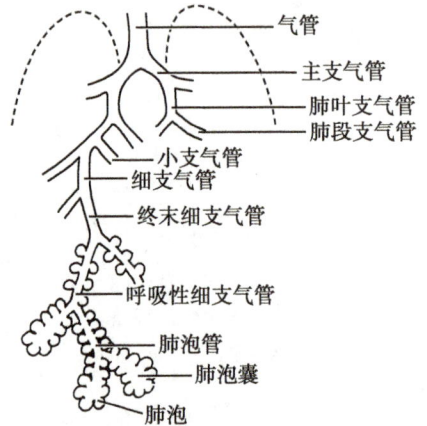

图5-14　肺内结构模式图

气管
主支气管
肺叶支气管
肺段支气管
小支气管
细支气管
终末细支气管
呼吸性细支气管
肺泡管
肺泡囊
肺泡

细支气管和终末细支气管内的平滑肌收缩与舒张，可改变其管径的大小，从而控制出入肺泡的气体流量。临床上的支气管哮喘即为该平滑肌发生痉挛性收缩，致使管径减小，气体进出肺泡的阻力增大，出现的呼吸困难。

（二）呼吸部

呼吸部是进行气体交换的部分，包括呼吸性细支气管、肺泡管、肺泡囊和肺泡（图5-15）。

1. 呼吸性细支气管　为终末细支气管的分支，管壁内有部分平滑肌，并且有少量肺泡开口在管壁上。

2. 肺泡管　为呼吸性细支气管的分支，管壁上有较多的肺泡开口。由于在管壁内仍有少量平滑肌，故在切片上观察，肺泡开口处的肺泡隔末端，呈结节性膨大。

3. 肺泡囊　与肺泡管相连续，为数个肺泡共同开口的管腔。管壁内已无平滑肌，因此在切片中，肺泡隔末端无结节性膨大。

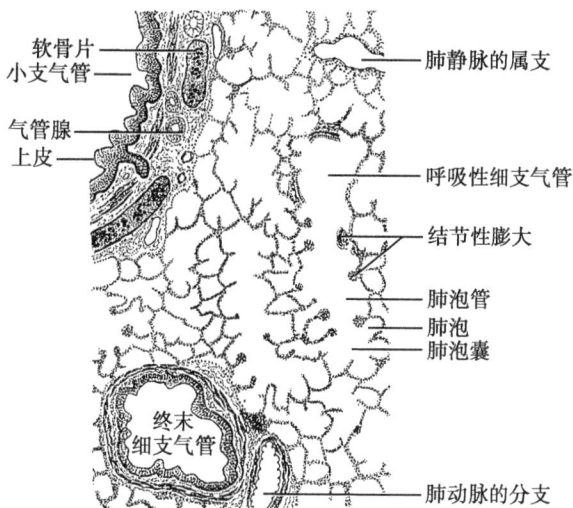

图5-15　肺微细结构模式图

4. 肺泡（pulmonary alveolus）　为气体交换的场所，呈多面形的囊泡状。成人肺内约有肺泡3亿~4亿个，总面积可达70~80m^2。

肺泡的壁极薄，由肺泡上皮和基膜构成。肺泡上皮为单层上皮，包括两种类型的上皮细胞：①Ⅰ型肺泡细胞：数量多，覆盖面广，细胞呈扁平形，极薄。Ⅰ型肺泡细胞为气体交换提供了一个广而薄的表面积。②Ⅱ型肺泡细胞：数量少，细胞呈圆形或立方形，位于Ⅰ型肺泡细胞之间。Ⅱ型肺泡细胞能分泌表面活性物质，覆盖在肺泡腔的内表面，可降低肺泡的表面张力，从而稳定肺泡的大小（图5-16）。

肺泡之间的薄层结缔组织，称**肺泡隔**，内含大量的毛细血管、弹性纤维和肺泡巨噬细胞。相邻的肺泡之间有小孔相通，称**肺泡孔**，当细支气管阻塞时，可通过肺泡孔建立侧支通气道。

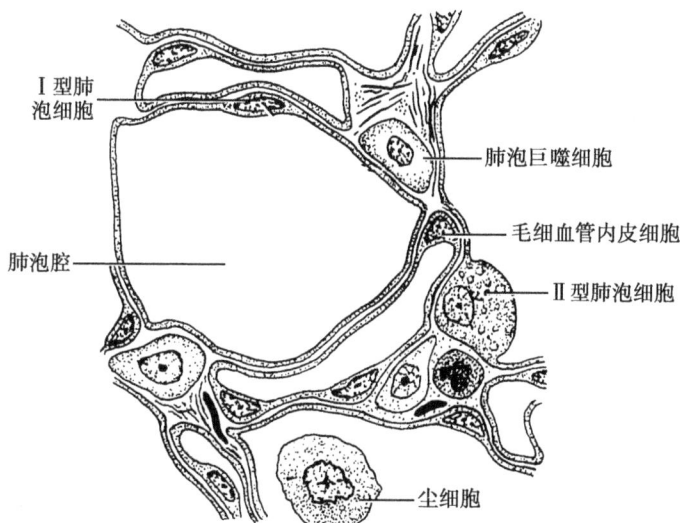

图5-16　肺泡结构模式图

肺泡隔内的毛细血管与肺泡上皮之间仅隔薄层结缔组织，因而肺泡内的气体可与毛细血管内的血液进行气体交换。这种气体交换所要通过的结构称为**气血屏障**（blood-air barrier），包括 I 型肺泡细胞及基膜、薄层结缔组织、毛细血管基膜及内皮细胞等结构。肺泡隔内的弹性纤维可使肺泡具有良好的回缩力。**肺泡巨噬细胞**的体积较大，具有吞噬细菌和异物的能力。吞噬了灰尘颗粒后的肺泡巨噬细胞称**尘细胞**，可随呼吸道分泌物排出体外或沉积在肺间质内。

第三节　胸　　膜

一、胸腔、胸膜与胸膜腔的概念

胸腔（thoracic cavity）由胸廓与膈围成，上界为胸廓上口，下界借膈与腹腔分隔。胸腔内可分为3部分：左、右两侧为胸膜腔和肺，中间为纵隔。

胸膜（pleura）是一层薄而光滑的浆膜，可分**脏胸膜**与**壁胸膜**两部分。脏胸膜紧贴在肺的表面，并伸入到肺裂内。壁胸膜贴附于胸壁的内面、膈的上面和纵隔的侧面。

脏胸膜与壁胸膜在肺根处相互移行，两者之间可围成密闭的潜在性腔隙，称**胸膜腔**。胸膜腔左、右各一，互不相通，腔内呈负压，仅含少量浆液，可减少呼吸时两层胸膜间的摩擦（图5-17）。

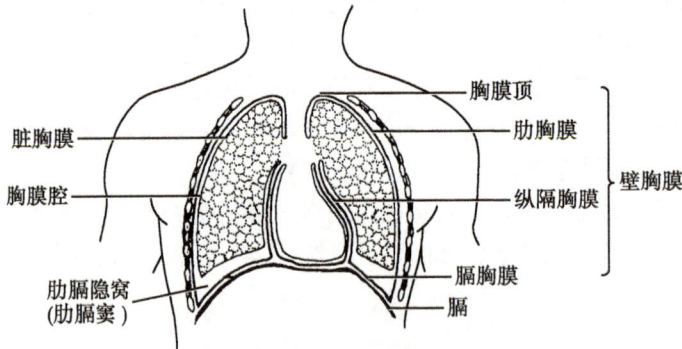

图5-17　胸膜和胸膜腔模式图

二、胸膜的分部及胸膜隐窝

脏胸膜紧贴在肺的表面，与肺实质紧密相连，故又称**肺胸膜**。壁胸膜因贴附的部位不同可分为四部分：①**肋胸膜**贴附于胸壁的内面；②**膈胸膜**贴附于膈的上面；③**纵隔胸膜**贴附于纵隔的外侧面；④**胸膜顶**覆盖于肺尖的上方。

壁胸膜相互移行转折处可形成一些潜在性间隙，称**胸膜隐窝**（pleural recesses），即使在深吸气时肺缘也不能伸入其内，其中最大而尤为重要的为肋膈隐窝。**肋膈隐窝**是在肋胸膜与膈胸膜相互移行处，形成的一个半环形隐窝，它是胸膜腔的最低处，当胸膜腔出现积液时，可积聚于此，为临床上胸膜腔穿刺或引流常选用的部位。

三、胸膜与肺的体表投影

（一）胸膜的体表投影

胸膜的体表投影是指壁胸膜各部互相移行所形成的反折线在体表的投影位置。包括胸膜前界的体表投影与胸膜下界的体表投影。

胸膜前界的体表投影即肋胸膜与纵隔胸膜之间的反折线。两侧均起自胸膜顶，斜向内下，经胸锁关节的后方至第2胸肋关节水平，左、右两侧靠拢并垂直下降。右侧直达第6胸肋关节处，移行为胸膜下界。左肺下降至第4胸肋关节处斜向外下方，沿胸骨左缘外侧约2～2.5cm处下行，至第6肋软骨处，移行为胸膜下界。

胸膜下界的体表投影即肋胸膜与膈胸膜之间的折返线，右侧起自第6胸肋关节处，左侧起自第6肋软骨的后方，均行向外下，在锁骨中线处与第8肋相交，在腋中线处与第10肋相交，在肩胛线处与第11肋相交，最后终于第12胸椎棘突的外侧。

（二）肺的体表投影

肺的体表投影包括肺前界和肺下界的体表投影。

肺前界的体表投影与胸膜前界的体表投影基本相同。

肺下界的体表投影比胸膜下界的体表投影高出约两个肋，平静呼吸时，两肺下界在锁骨中线处与第6肋相交，在腋中线处与第8肋相交，在肩胛线处与第10肋相交，最后终于第10胸椎棘突的外侧。当深呼吸时，两肺的下界均可向上、下移动2～3cm（图5-18～图5-20）。

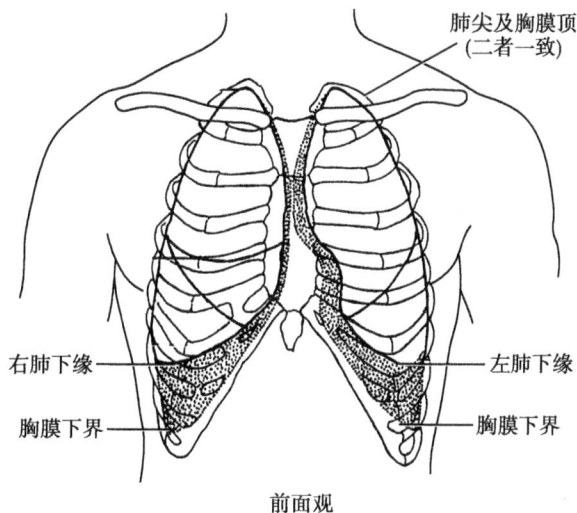

图5-18　肺与胸膜的体表投影（前面观）

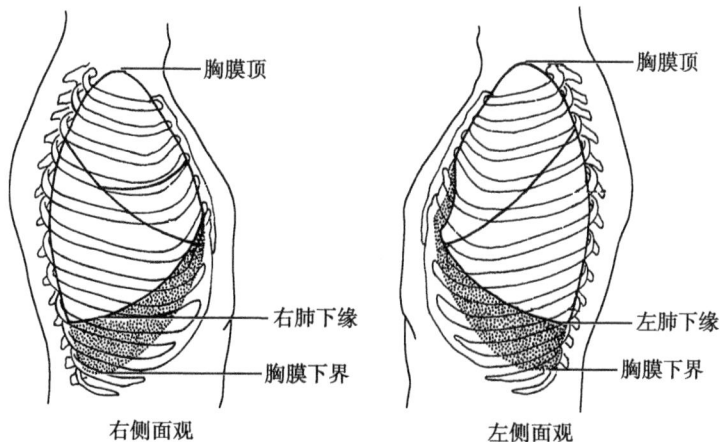

图5-19　肺与胸膜的体表投影（侧面观）

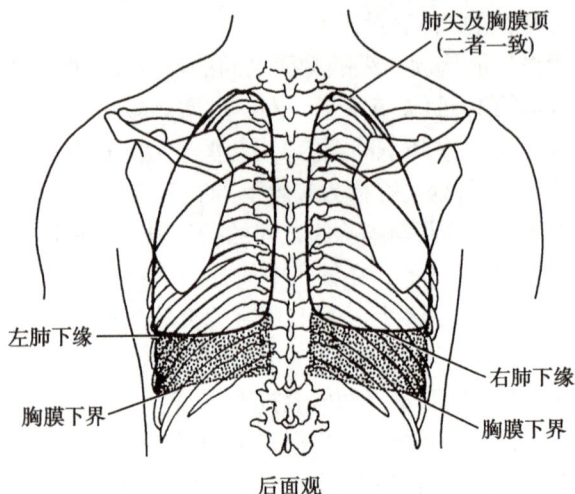

图5-20 肺与胸膜的体表投影（后面观）

第四节 纵 隔

一、纵隔的概念及境界

纵隔（mediastinum）是指两侧纵隔胸膜之间所有的器官和组织的总称。

纵隔的前界是胸骨，后界为脊柱的胸段，两侧界为纵隔胸膜，上界是胸廓上口，下界为膈。

二、纵隔的分部及内容

纵隔通常以通过胸骨角的平面为界，分为上纵隔和下纵隔，下纵隔再以心包为界，分为前纵隔、中纵隔和后纵隔（图5-21）。

上纵隔内主要有胸腺、出入心的大血管、迷走神经、膈神经、气管、食管和胸导管等。

前纵隔位于胸骨与心包之间，内有疏松结缔组织和淋巴结等。

中纵隔位于前、后纵隔之间，内有心、心包和出入心的大血管根部等。

后纵隔位于心包与脊柱之间，内有食管、主支气管、胸主动脉、胸导管、奇静脉、迷走神经和交感干等。

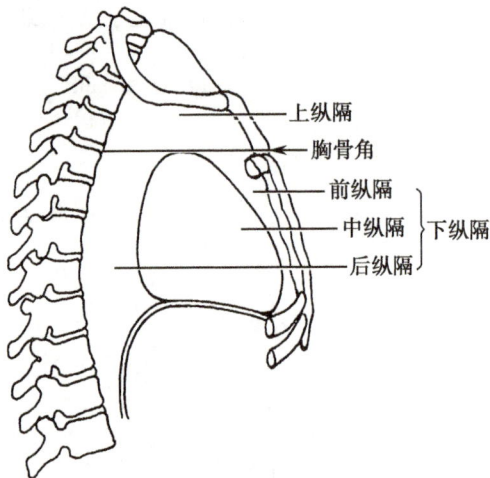

图5-21 纵隔的分部

● **知识链接** ▽ ●

吸烟与肺癌

香烟燃烧时所产生的烟雾中至少含有2000余种有害成分，其中多种物质均有致癌作用。吸烟时，烟雾中的致癌物被吸入肺部，虽然大部分被呼出体外，但少部分会沉积在肺内，随着时间的延长，沉积在肺内的致癌物就会越来越多，导致肺癌的发生。另外，部分致癌物还可进入血液循环，随血液流向全身，导致其他部位的癌症产生。

据统计资料显示，过去的5年中，中国的肺癌患者增加了约12万人；发病年龄每5年降低1岁；每4个癌症死亡者中就有1人是肺癌患者。这是与我国近些年来吸烟者逐渐低龄化有密切关系的。如不控制吸烟，中国每年患肺癌的患者将超过100万人，成为世界第一"肺癌大国"。

（孟庆鸣）

思考题

1. 喉与发音有关的结构有哪些?
2. 一位患者误吸异物，其异物坠入右侧主支气管，根据主支气管的结构特点试述原因。
3. 一位患者心跳骤停，请你选择气管切开的部位。
4. 在腋中线作胸腔穿刺，请表述穿刺针所穿过的结构。
5. 一位长期吸烟的患者，试述烟中有害物质经过哪些呼吸器官并造成危害。

第六章 泌尿系统

学习目标

掌握：1. 肾的形态、位置、构造。
　　　2. 肾的微细结构。
　　　3. 输尿管的狭窄。
理解：1. 泌尿系统的组成和功能。
　　　2. 膀胱三角的位置、特点及意义。
了解：1. 肾的被膜。
　　　2. 肾的血液循环特点。
　　　3. 女性尿道的形态特点。

泌尿系统（urinary system）由肾、输尿管、膀胱及尿道组成（图6-1）。机体在新陈代谢过程中所产生的废物，如尿素、尿酸、多余的无机盐和水分等，随血液运送到肾，在肾内形成尿液，经输尿管流入膀胱暂时贮存，当尿液达到一定量后，再经尿道排出体外。肾是人体重要的排泄器官，同时也参与调节机体的体液总量、电解质和酸碱平衡，对保持人体内环境的相对稳定起重要作用。当肾功能发生障碍时，由于代谢产物的蓄积，破坏了机体内环境的相对稳定，从而影响正常新陈代谢的进行，严重时可出现尿毒症而危及生命。

第一节 肾

一、肾的位置和形态

肾（kidney）位于脊柱两侧，紧贴腹后壁

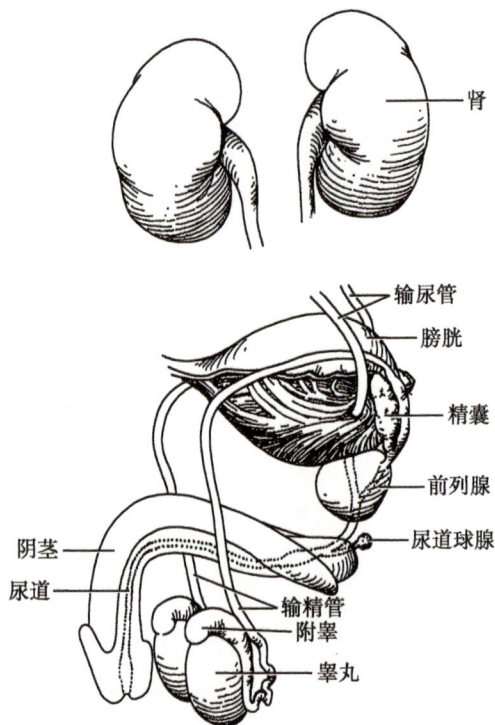

图6-1　男性泌尿（生殖）系统模式图

的上部，腹膜后方，是腹膜外位器官（图6-2）。肾的长轴向外下倾斜，左肾上端平第12胸椎上缘，下端平第3腰椎上缘；右肾由于受肝的影响比左肾略低，上端平第12胸椎下缘，下端平第3腰椎下缘。第12肋斜过左肾后面的中部、右肾后面的上部（图6-3）。

肾的位置有个体差异。女性略低于男性，儿童低于成人，新生儿肾的位置最低。成人的肾门约平第1腰椎平面，距正中线约5cm。在躯干背面，竖脊肌外侧缘与第12肋的夹角处称**肾区**（肋脊角）。当肾患某些疾病时，叩击或触压此区可引起疼痛。

肾为成对的实质性器官，形似蚕豆。成人的肾表面光滑，新鲜肾呈红褐色，质柔软。肾的大小因人而异，男性的肾略大于女性。肾可分上、下两端，前、后两面，内侧和外侧两缘。肾的上、下端钝圆。肾的前面较凸，后面较扁平，紧贴腹后壁。外侧缘隆凸，内侧缘中部凹陷，称**肾门**（renal hilum），是肾的血管、神经、淋巴管和肾盂出入肾的部位，这些出入肾门的结构合称**肾蒂**（renal pedicle）。肾蒂主要结构的排列关系：由前向后依次为肾静脉、肾动

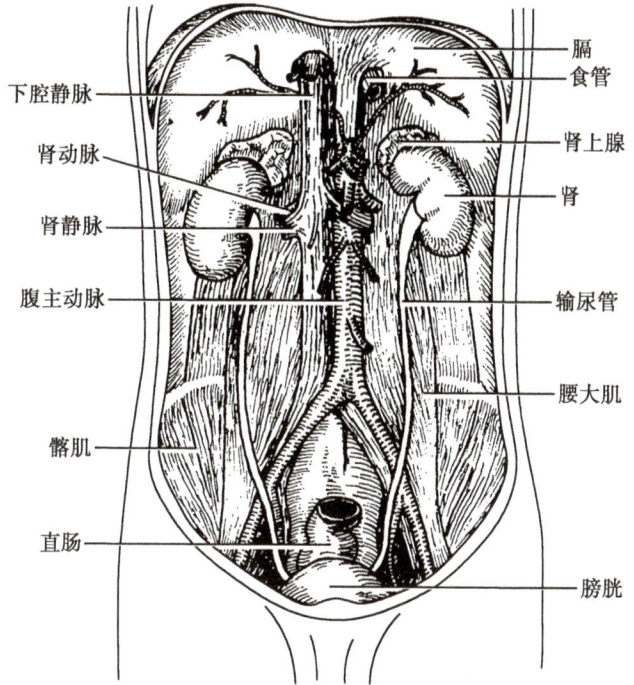

图6-2 肾的位置（前面观）

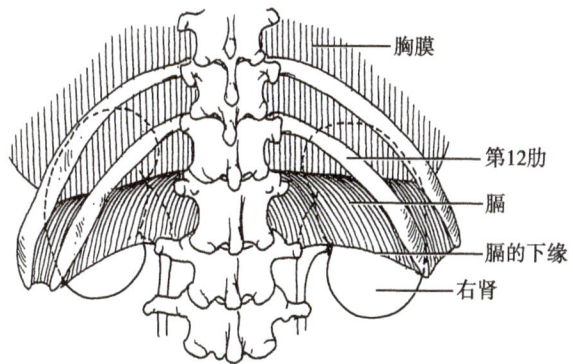

图6-3 肾的位置（后面观）

脉和肾盂；从上向下依次为肾动脉、肾静脉和肾盂。右侧肾蒂较左侧者短，故右肾的手术难度较大。肾门向肾内凹陷形成一个较大的腔，称**肾窦**（renal sinus），其内容有肾小盏、肾大盏、肾盂、肾血管、淋巴管、神经及脂肪组织等。

二、肾的剖面结构

在肾的冠状切面上，可见肾实质分为皮质和髓质两部分（图6-4）。

肾皮质（renal cortex）主要位于肾的浅部，富含血管，新鲜标本呈红褐色，主要由肾小体和肾小管组成，前者肉眼可见，呈密布的细小红色颗粒，肾皮质伸入肾髓质内的部分称**肾柱**（renal columns）。**肾髓质**（renal medulla）位于肾皮质的深部，血管较少，色泽较浅，由许多密集的肾小管组成。肾髓质由15～20个**肾锥体**（renal pyramids）组成。肾锥体

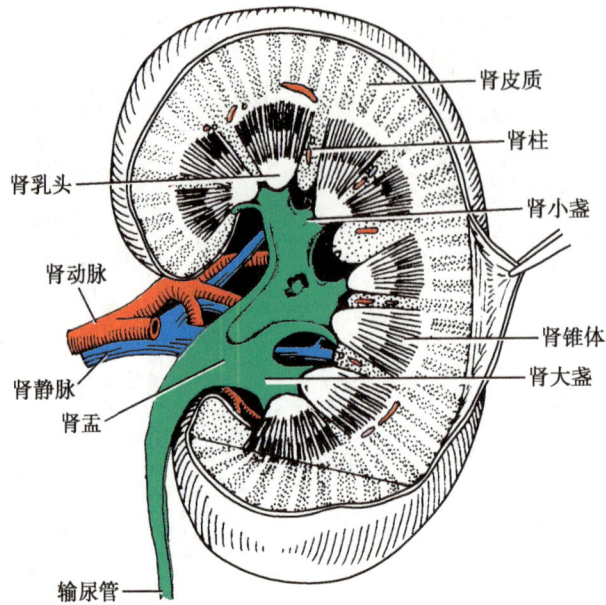

图6-4   右肾的冠状切面

呈圆锥形，其底朝向皮质，尖端钝圆，稍伸入肾小盏，称**肾乳头**（renal papillae）。肾乳头的尖端有许多乳头管的开口，尿液由此流入**肾小盏**（minor renal calices）。肾小盏是漏斗状的膜性管道，包绕肾乳头。2～3个肾小盏合成一个**肾大盏**（major renal calices）。每肾约有2～3个肾大盏。它们共同汇合成**肾盂**（renal pelvis）。肾盂出肾门后逐渐变细，弯行向下，移行为输尿管。

三、肾 的 被 膜

肾的表面有三层被膜，由内向外依次为纤维囊、脂肪囊和肾筋膜（图6-5，图6-6）。

（一）纤维囊

纤维囊（fibrous capsule）是贴附于肾表面的薄层致密结缔组织膜，内含少量弹性纤维。纤维囊与肾连结疏松，易于剥离，但在病理情况下，则与肾实质发生粘连，不易剥离。在修复肾破裂或肾部分切除时，需缝合此膜。

（二）脂肪囊

脂肪囊（adipose capsule）是包被在纤维囊外周的囊状脂肪层，并通过肾门与肾窦内的脂肪组织相连续。肾囊封闭时，药物即注入此层。

（三）肾筋膜

肾筋膜（renal fascia）位于脂肪囊的外面，分前、后两层，包被肾及肾上腺。两层在肾上腺上方和肾的外侧缘互相吻合，向下仍分开，其间有输尿管通过。前层延至腹主动脉和下腔静脉的前

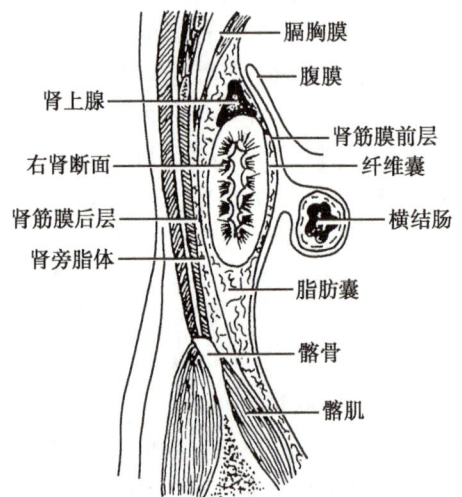

图6-5   肾的被膜（矢状面）

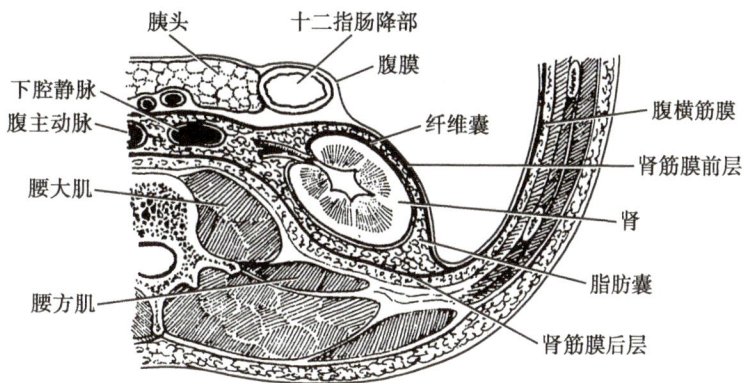

图6-6 肾的被膜（横断面）

面与对侧前层相续，后层与腰大肌筋膜相融合。肾筋膜向深部发出许多结缔组织小束，穿过脂肪囊与纤维囊相连，对肾有固定作用。

肾的正常位置依赖于肾的被膜以及肾血管、肾的邻近器官、腹膜和腹内压等多种因素维持，当上述因素不健全时，可引起肾下垂或游走肾。

四、肾的微细结构

肾实质含有大量泌尿小管，其间有少量的结缔组织、血管、淋巴管和神经等构成肾的间质。泌尿小管是形成尿的结构，它包括肾单位和集合小管两部分（图6-7）。

（一）肾单位

肾单位（nephron）由肾小体和肾小管组成，是肾的结构和功能的基本单位，每个肾约有100万～150万个肾单位。

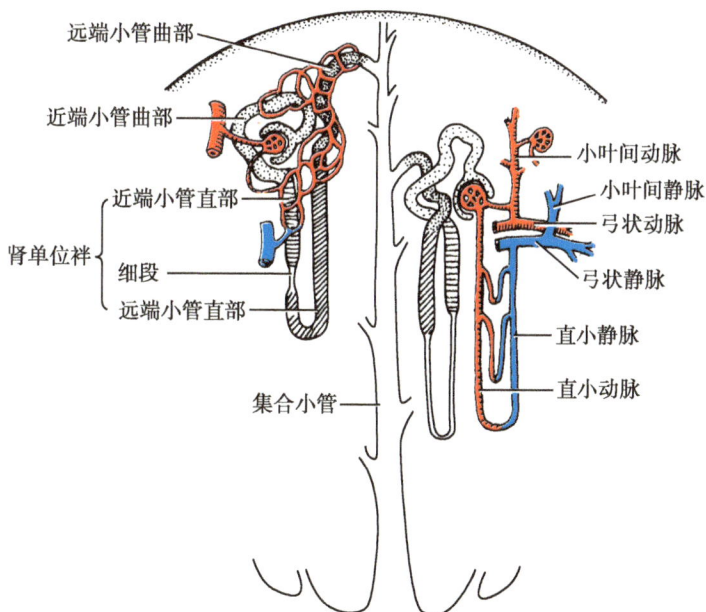

图6-7 泌尿小管和肾血管模式图

```
                                      ┌─ 血管球
                            ┌─ 肾小体 ┤
                            │        └─ 肾小囊
                   ┌─ 肾单位 ┤                  ┌─ 近端小管曲部
                   │        │        ┌─ 近端小管 ┤
                   │        │        │          └─ 近端小管直部 ┐
         泌尿小管 ┤        └─ 肾小管 ┤  细段 ─────────────────── ├ 肾单位袢
                   │                 │          ┌─ 远端小管直部 ┘
                   │                 └─ 远端小管 ┤
                   │                            └─ 远端小管曲部
                   └─ 集合小管
```

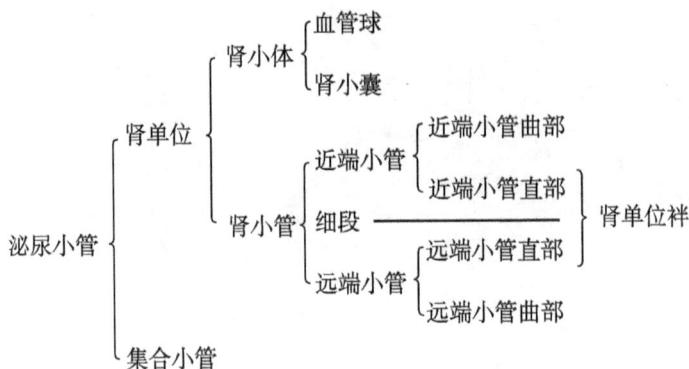

1. 肾小体（renal corpuscle） 也称肾小球，位于肾皮质内，呈球形。每个肾小体分两个极：血管进出处为血管极，此处有两条小血管，一条为短而粗的入球微动脉，另一条为细而长的出球微动脉；与血管极相对的为尿极，同肾小管相连。肾小体由血管球与肾小囊两部分组成（图6-8）。

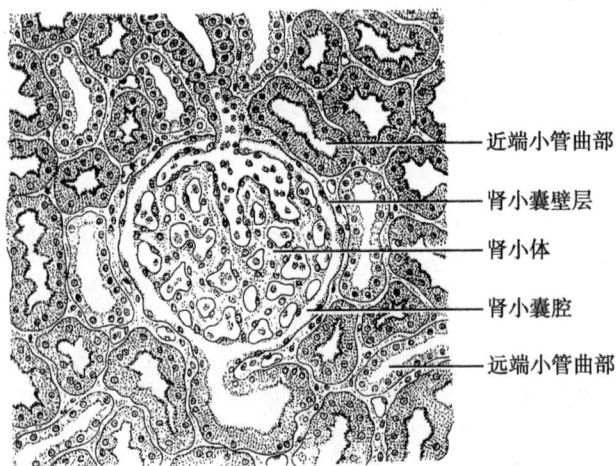

图6-8 肾皮质微细结构

近端小管曲部
肾小囊壁层
肾小体
肾小囊腔
远端小管曲部

（1）**血管球**（glomerulus）：是肾小体内入球微动脉与出球微动脉之间一团盘曲成球状的毛细血管。入球微动脉从血管极进入肾小体后，经反复分支成若干条毛细血管，毛细血管之间互相吻合成毛细血管网。毛细血管再汇合成出球微动脉，从血管极离开肾小体。在电镜下，毛细血管壁由一层内皮细胞及其外面的基膜构成。内皮细胞有很多小孔，直径 $50 \sim 100nm$。

（2）**肾小囊**（renal capsule）：是肾小管起始部膨大并凹陷而成的杯状双层囊。两层之间的腔隙为肾小囊腔。壁层是单层扁平上皮，在尿极处与肾小管上皮相连。脏层的上皮细胞贴附在毛细血管基膜外面，称为**足细胞**（podocyte）（图6-9）。足细胞的胞体较大，从胞体伸出几个较大的初级突起，初级突起再伸出许多指状的次级突起，相邻的次级突起相互镶嵌，形成栅栏状紧包在毛细血管外面，镶嵌的次级突起间有宽约25nm的裂隙，称为**裂孔**（slit pore）。孔上覆以薄膜称**裂孔膜**（slit membrane）。

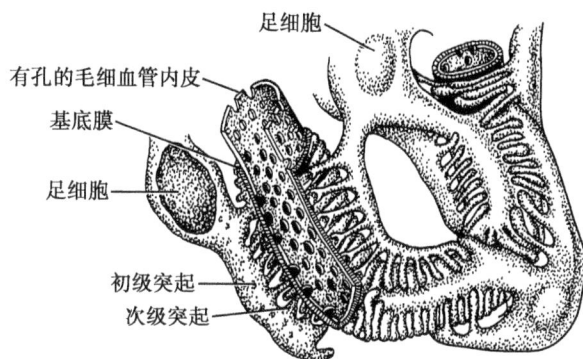

图6-9 肾小体足细胞与毛细血管超微结构模式图

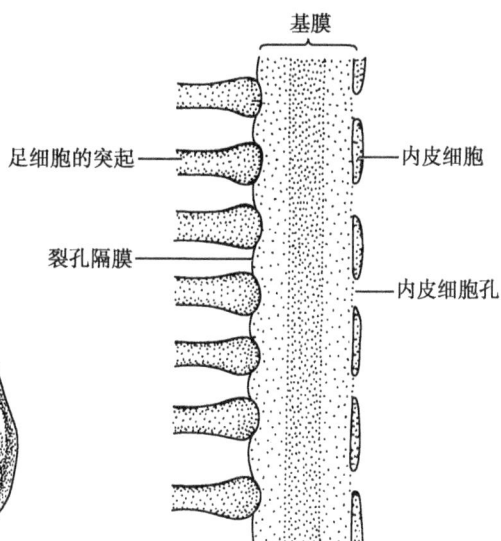

图6-10 滤过屏障模式图

血液从血管球的毛细血管渗入肾小囊腔内形成原尿时，必须通过毛细血管内皮、基膜和裂孔膜，这三层结构组成**滤过膜**（filtration membrane），亦称**滤过屏障**（filtrationbarrier）（图6-10）。若滤过屏障受损，则大分子物质，甚至血细胞都可漏入肾小囊腔内，出现蛋白尿或血尿。

2. **肾小管**（renal tubule） 是单层上皮性小管，有重吸收原尿中的某些成分和排泄等作用。根据肾小管的形态结构、分布位置和功能不同，由近侧端向远侧端依次分为近端小管、细段和远端小管三部（图6-7）。

（1）**近端小管**（proximal tubule）：是肾小管的起始部，与肾小囊腔相连。按其行程和结构分为曲部和直部。

1）近端小管曲部（**近曲小管**）（proximal convoluted tubule）：是肾小管最粗最长的一段。光镜下，管壁厚、管腔小而不规则。管壁由单层立方形或锥体状细胞构成，细胞界限不清晰，胞质嗜酸性，核圆位于基底部，其游离面有刷状缘（图6-8）。电镜观察，刷状缘就是排列整齐的微绒毛。它们扩大了细胞的表面积，有利于近端小管对水、营养物质和部分无机盐的重吸收。

2）近端小管直部：近侧端与曲部相续，远侧端管径突然变细移行为细段。其结构与曲部相似，但上皮细胞高度略低，微绒毛不如曲部发达，因而其重吸收功能也差于曲部。

（2）**细段**（thin segment）：呈U字形，它与近端小管直部和远端小管直部共同构成肾单位袢，亦称亨利（Henle）袢。肾单位袢的主要功能是减缓原尿在肾小管内的流速，吸收原尿中的水分和部分无机盐。细段管径是肾小管三部中最小的部分，由单层扁平上皮组成。上皮细胞胞质弱嗜酸性，着色较淡，核椭圆形，凸向管腔（图6-11）。

（3）**远端小管**（distal tubule）：连接于细段和集合管之间，按其行程可分为直部和曲部，两者都由单层立方上皮构成。

1）远端小管直部：近侧端与细段相续，远侧端与曲部相连，其管壁上皮的结构与近端小管直部相似。

2）远端小管曲部（**远曲小管**）（distal convoluted tubule）：远端小管的曲部比近端小管的曲部短，盘曲于肾小体的附近，管壁上皮细胞的游离面微绒毛短而少（图6-8）。远曲小管的功能是继续吸收水和Na^+，并向管腔内分泌K^+、H^+和NH_3，对维持血液的酸碱平衡有重要作用。肾上腺皮质分泌的醛固酮和神经垂体释放的抗利尿激素对此段有调节作用。

（二）集合小管

续接远端小管曲部，自肾皮质行向肾髓质，当到达髓质深部后，陆续与其他集合小管汇合，最后形成管径较粗的乳头管，开口于肾乳头。其管壁的上皮细胞由单层立方上皮渐变为单层柱状，乳头管处的上皮细胞为高柱状。上皮细胞的特点是：胞质清明，分界清楚，核圆或卵圆形，位于细胞中央，核染色较深（图6-11）。

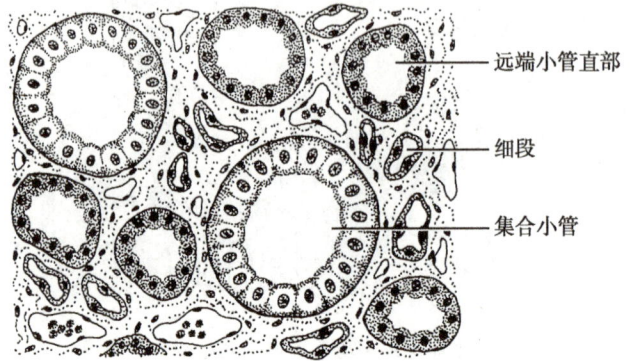

图6-11　肾髓质的微细结构

（三）球旁复合体

球旁复合体（juxtaglomerular complex）由球旁细胞和致密斑等组成（图6-12）。

1. 球旁细胞（juxtaglomerular cell, JC）　它是入球微动脉近血管极处，由中膜平滑肌细胞特化而成的上皮样细胞。细胞呈立方形或多边形，细胞核呈圆形，胞质内有分泌颗粒，颗粒内含有**肾素**。肾素是一种蛋白水解酶，在血液内经过复杂的生化反应后，能使血压升高。某些肾病伴有高血压，与肾素分泌有关。

2. 致密斑（macular densa）　是远曲小管近血管极一侧的管壁上皮细胞变形所形成的椭圆形的结构。此处细胞变高变窄，排列紧密，细胞核多位于细胞的顶部。致密斑是一种离子感受器，有调节球旁细胞分泌肾素的作用。

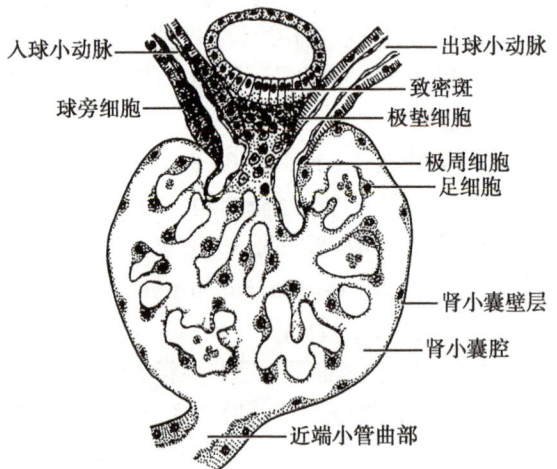

图6-12　球旁复合体模式图

五、肾的血液循环

肾血液循环的作用，一是营养肾组织，二是参与尿的生成。其特点是：①肾动脉直接起于腹主动脉，血管短粗，流速快且流量大；②血管球的入球微动脉短粗，出球微动脉细长，使血管球内的压力较高，有利于血管球的滤过作用，可及时清除血液中的废物和有害物质。③肾血循环中动脉两次形成毛细血管，第一次是入球微动脉形成血管球，第二次是出球微动脉在肾小管周围形成毛细血管网。前者有利于原尿的形成，后者有利于肾小管对原尿中水分和无机盐的重吸收。

肾的血液循环

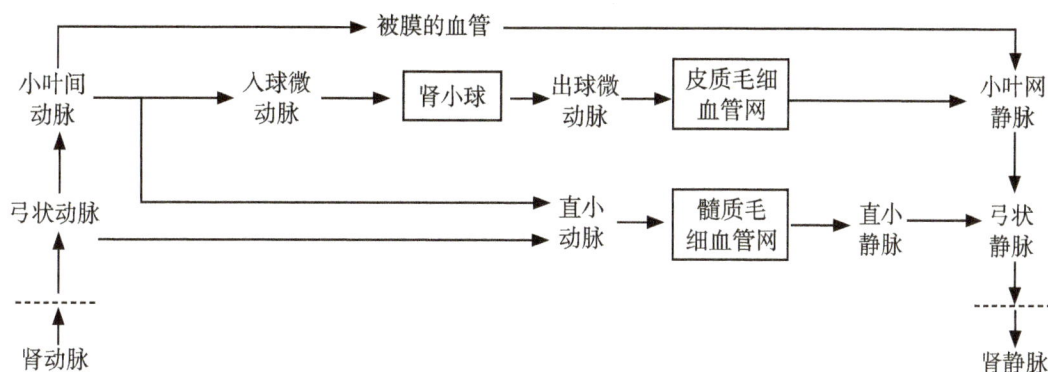

第二节 输 尿 管

　　输尿管（ureter）（图6-2）为一对细长的肌性管道，起于肾盂，终于膀胱，长约25～30cm，直径0.5～0.7cm。管壁有较厚的平滑肌，通过节律性蠕动，使尿液不断流入膀胱。

　　输尿管根据其行程分为三段，即腹段、盆段和壁内段。腹段位于腹膜后方，沿腰大肌的前面下行，至小骨盆上口处，左、右输尿管分别跨越左髂总动脉末端和右髂外动脉起始部的前面（图6-2），进入盆腔移行于盆段。盆段仍下行于腹膜后方，沿盆壁的血管神经表面行向前，男性输尿管与输精管交叉后转向前内侧斜穿膀胱底；女性输尿管入盆腔后，行经子宫颈两侧达膀胱底，壁内段为输尿管斜穿膀胱壁的部分，长约1.5～2.0cm，以输尿管口开口于膀胱内面。

　　输尿管全长粗细不均，一般有三处较明显的狭窄：①肾盂与输尿管移行处；②输尿管与髂血管交叉处；③输尿管穿过膀胱壁处。当尿路结石下降时，易嵌顿于狭窄处。

第三节 膀 胱

　　膀胱（urinary bladder）（图6-13）是一个肌性囊状的贮尿器官，其形状、大小、位置及壁的厚度均随尿液的充盈程度、年龄、性别不同而异。正常成人膀胱的容量一般为300～500ml，最大容量可达800ml。新生儿膀胱的容量约为50ml。老年人由于膀胱肌张力降

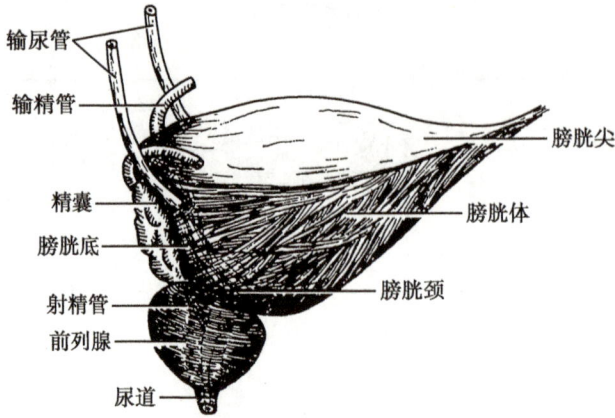

图6-13 膀胱（右面观）

低，容量增大。女性膀胱容量较男性为小。

一、膀胱的位置、毗邻和形态

成人的膀胱位于盆腔的前部，耻骨联合的后方。膀胱空虚时，其尖一般不超过耻骨联合上缘（图6-14）；充盈时，膀胱尖上升至耻骨联合以上，这时由于腹前壁反折向膀胱的腹膜也随之上移，使膀胱的前下壁直接与腹前壁相贴（6-15）。因此当膀胱充盈时在耻骨联合上缘进行膀胱穿刺，穿刺针可不经腹膜腔直接进入膀胱，以免损伤腹膜。膀胱底在男性与精囊腺、输精管末端和直肠相邻（图6-16）；在女性则与子宫颈和阴道相邻（图

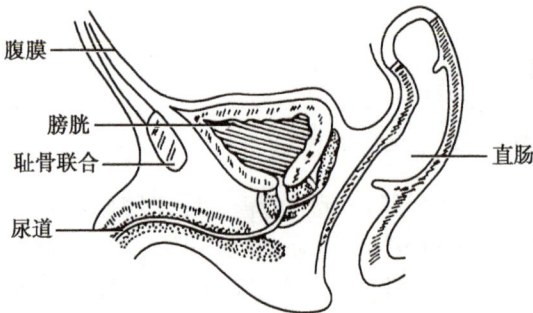

图6-14 膀胱空虚时的位置

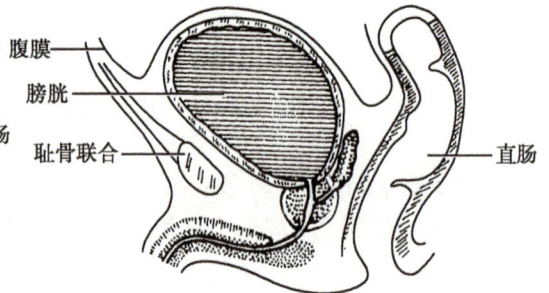

图6-15 膀胱充盈时与腹膜的关系

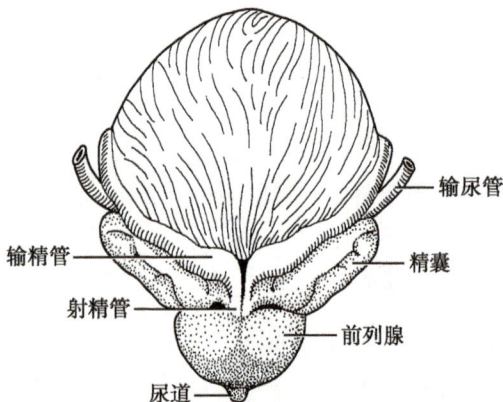

图6-16 男性膀胱后面的毗邻

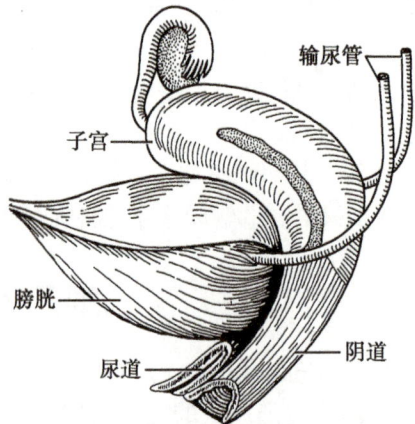

图6-17 女性膀胱后面的毗邻

6-17）；男性的膀胱颈与前列腺相邻，女性的膀胱颈直接与尿生殖膈相邻。

新生儿膀胱位置比成人的高，大部分位于腹腔内。随着年龄的增长和盆腔的发育逐渐入盆腔，至青春期达成人位置。老年人因盆底肌松弛。膀胱位置则更低。

膀胱充盈时，略呈卵圆形，膀胱空虚时呈三棱锥体形（图6-13），可分为尖、底、体、颈四部分。其尖朝向前上方，称**膀胱尖**（apex vesicae）；底近似三角形，朝向后下方，称**膀胱底**（fundus vesicae）；膀胱底与膀胱尖之间的部分称**膀胱体**（corpus vesicae）；膀胱的最下部称**膀胱颈**（cervix vesicae）。颈的下端有**尿道内口**（internal urethral orifice）与尿道相接。

二、膀胱壁的构造

膀胱壁由内向外依次为黏膜、肌层和外膜。

（一）黏膜

黏膜的上皮是变移上皮，空虚时黏膜由于肌层的收缩而形成许多皱襞，当膀胱充盈时皱襞则消失。膀胱底的内面，位于两输尿管口与尿道内口之间的三角形区域，黏膜光滑无皱襞，称**膀胱三角**（trigone of bladder）（图6-18）。由于此区缺少黏膜下层，黏膜与肌层紧密相连，无论膀胱处于空虚或充盈时，黏膜均保持平滑状态。膀胱三角区是肿瘤好发部位。两输尿管口之间的横行皱襞，称**输尿管间襞**（interureteric fold），呈苍白色。膀胱镜检时，是寻找输尿管口的标志。

（二）肌层

肌层由平滑肌构成，可分为内纵、中环、外纵，这三层肌束相互交错，共同构成逼尿肌。在尿道内口处有环形的括约肌。

（三）外膜

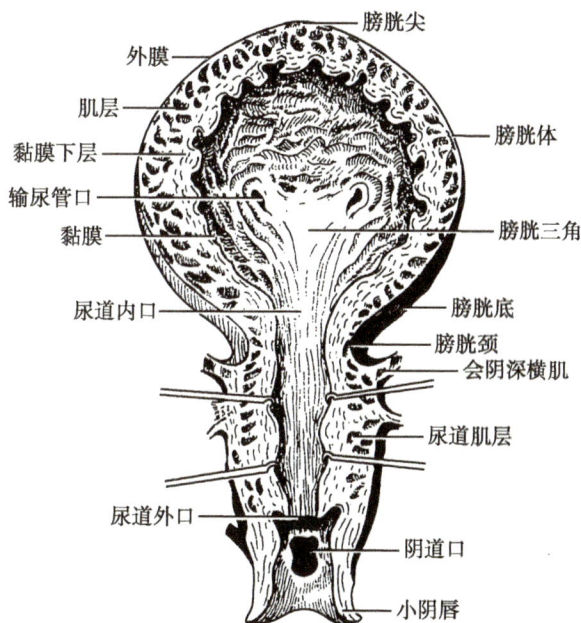

图6-18　女性膀胱与尿道冠状切面（前面观）

膀胱的上面为浆膜，其他部分多为疏松结缔组织。

第四节 尿 道

尿道（urethra）是膀胱与体外相通的一段管道。男、女性尿道有很大差异，男性尿道在男性生殖系统内叙述。

女性尿道（female urethra）（见图6-18）短、宽而直，易于扩张，长3~5cm，仅有排尿功能。起于膀胱的尿道内口，经耻骨联合与阴道之间下行，穿过尿生殖膈以**尿道外口**（external orifice urethra）开口于阴道前庭。由于女性尿道与阴道相邻，且短、宽、直，故易引起逆行尿路感染。

（蒋建平）

思考题

1. 试述尿液由肾脏产生后经何途径排出体外。
2. 一位男性患者右肾盂结石，试述结石最容易嵌顿在输尿管和尿道的何处。
3. 为何膀胱高度充盈时，沿耻骨联合上缘进行膀胱穿刺可不伤及腹膜?
4. 用解剖结构特点，解释女性尿路易发生逆行感染的原因。

第七章 生殖系统

学习目标

掌握：1. 男、女性生殖系统的组成。

2. 睾丸、卵巢的微细结构。

3. 男性尿道的分部、狭窄及弯曲的临床意义。

4. 子宫的位置、形态、分部及固定装置。

理解：1. 睾丸、卵巢的形态、位置和结构。

2. 前列腺的形态、位置与毗邻。

3. 输卵管的分部和临床意义。

4. 子宫壁微细结构及内膜的周期性变化。

了解：1. 附睾、输精管的组成与分部。

2. 阴道的位置和毗邻。

3. 男、女外生殖器的形态结构。

生殖系统（reproductive system）由繁殖后代的一系列器官组成。包括男性生殖器和女性生殖器。男、女性生殖器按部位都可分为内生殖器和外生殖器两部分。内生殖器多数位于盆腔内，主要包括产生生殖细胞并分泌激素的生殖腺和输送生殖细胞的输送管道及附属腺；外生殖器则显露于体表，主要为性交接器官。生殖器的主要功能是产生生殖细胞和分泌性激素。

第一节 男性生殖器

男性内生殖器由生殖腺（睾丸）、输送管道（附睾、输精管、射精管）和附属腺体（精囊、前列腺、尿道球腺）三部分组成。男性外生殖器包括阴囊和阴茎（见图6-1，图7-1）。

一、内生殖器

（一）睾丸

睾丸是产生精子和分泌男性激素的器官。

141

1. 睾丸的位置和形态 睾丸（testis）位于阴囊内，左、右各一。睾丸呈扁椭圆形，表面光滑，可分为上、下两端，前、后两缘和内、外侧两面。前缘游离，后缘和上端有附睾贴附（图7-1），睾丸的血管、神经和淋巴管经后缘出入。睾丸除后缘外，均被有腹膜，称睾丸鞘膜。鞘膜分脏、壁两层，脏层紧贴睾丸的表面；壁层则附于阴囊的内面。脏、壁两层在睾丸后缘处相互移行，构成一个封闭的囊腔，称**鞘膜腔**。腔内含有少量浆液，起润滑作用。

2. 睾丸的微细结构 睾丸表面包有一层坚厚的结缔组织膜，称**白膜**（tunica albuginea）。白膜包被整个睾丸，由于白膜坚韧并缺乏弹性，当睾丸发炎肿胀，或受外力撞击时，可产生剧痛。白膜在睾丸后缘增

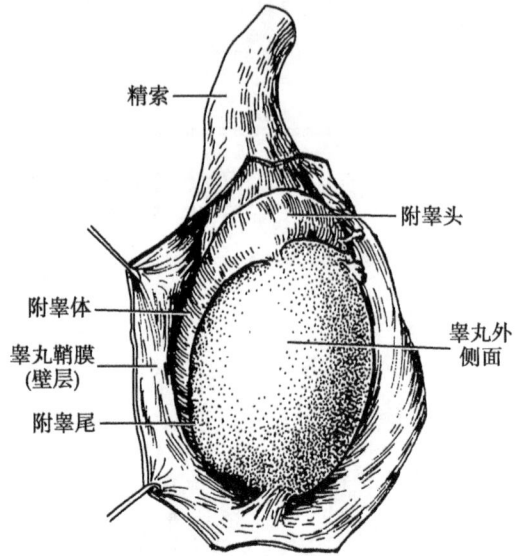

图7-1 右侧睾丸及附睾

厚并突入睾丸内形成**睾丸纵隔**（mediastinum testis）。从睾丸纵隔发出许多小束，呈放射状伸入睾丸实质，将其分为200多个锥体形的**睾丸小叶**（lobuli testis）（图7-2）。每个睾丸小叶内含有1~4条盘曲的**精曲小管**（tubuli seminiferi contorti）。精曲小管在小叶的尖部汇合成**精直小管**（tubuli seminiferi recti），进入睾丸纵隔内吻合成**睾丸网**（rete testis）。由睾丸网发出12~15条**睾丸输出小管**（ductuli efferentes testis），经睾丸后缘上部进入附睾头。精曲小管之间的疏松结缔组织，称**睾丸间质**。

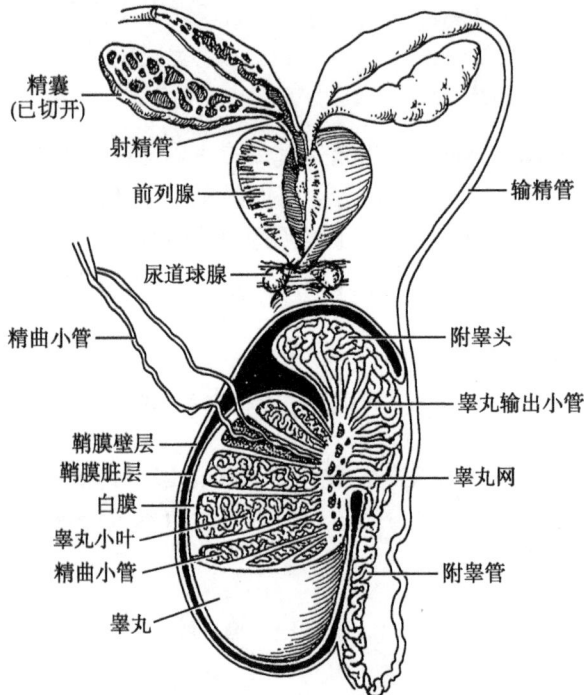

图7-2 睾丸的结构和排精途径模式图

（1）精曲小管：精曲小管的上皮由两类细胞组成：生精细胞和支持细胞（图7-3）。前者是形成精子的细胞，后者是起支持、营养和分泌等作用的细胞。

1）生精细胞：是一系列不同发育阶段的男性生殖细胞的总称。自精曲小管基底部至腔面，依次有精原细胞、初级精母细胞、次级精母细胞、精子细胞和精子。

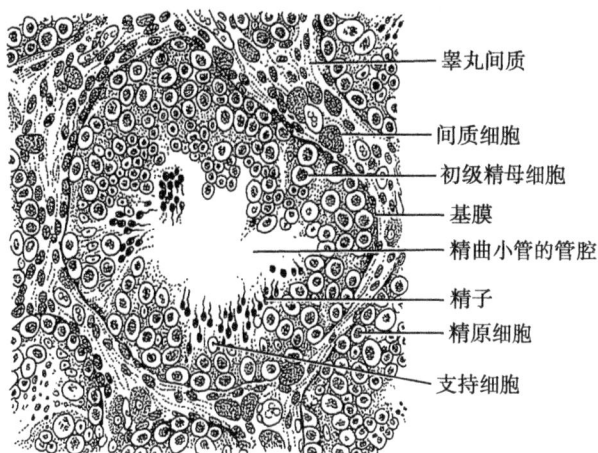

图7-3 精曲小管的微细结构

精原细胞（spermatogonium）：是最幼稚的生精细胞。位于基膜上，细胞呈圆形或卵圆形，体积较小，胞质染色较浅，核圆形，染色浅。自青春期开始，在垂体促性腺激素的作用下，精原细胞不断分裂增生，其中一部分多次分裂体积增大，离开基膜向管腔面移动，形成初级精母细胞。另一部分体积不增大，保持在基膜上，并保留继续分裂产生新的精原细胞的能力。

初级精母细胞（primary spermatocyte）：位于精原细胞内面，圆形，体积较大，核大而圆，常有数层。初级精母细胞进行第一次成熟分裂后，产生两个次级精母细胞。由于第一次成熟分裂的分裂前期历时较长，所以在精曲小管的切面中常可见到处于不同增殖阶段的初级精母细胞。

次级精母细胞（secondary spermatocyte）：位于初级精母细胞的内面，体积较小，核圆形，染色较深。次级精母细胞迅速进行第二次成熟分裂，产生2个精子细胞。1个初级精母细胞经连续2次成熟分裂，使细胞的染色体数目减少一半，所以精子细胞为单倍体（22加X或者Y）。

精子细胞（spermatid）：位于精曲小管的近腔面，数量较多，核圆，染色质细密。精子细胞不再分裂，经过复杂的形态变化，由圆形的精子细胞逐渐转变为精子。

精子（spermatozoon）：是一种形态很特殊的细胞，形似蝌蚪，分为头和尾两部（图7-4）。新形成的精子，其头部往往仍镶嵌在支持细胞的顶部，尾部游离于管腔。头由精子细胞的细胞核浓缩而成，其前2/3部被顶体所覆盖。顶体是一囊状结构，囊内含有许多水解酶，如透明质酸酶、顶体蛋白酶、酸性磷酸酶等，在受精中起重要作用。精子的尾细而长，能摆动，使精子向前游动。

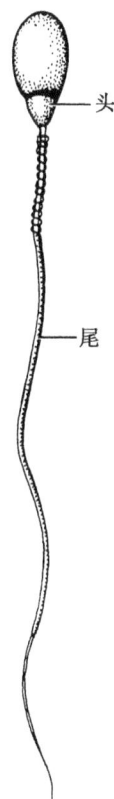

图7-4 精子的形态

2）**支持细胞**（sustentacular cell）：较大，呈不规则的高锥体形，细胞基部附着在基膜上，顶部伸至精曲小管腔面。由于其侧面镶嵌着各级生精细胞，故光镜下细胞轮廓不清。核呈三角形或不规则形，染色浅，核仁明显。电镜下，胞质内有大量滑面内质网和一些粗面内质网，高尔基复合体发达，线粒体和溶酶体较多，并有许多脂滴和糖原等。成人的支持细胞不再分裂，数量恒定。支持细胞对生精细胞有支持和营养作用。

（2）睾丸间质：是指位于精曲小管之间的富含血管和淋巴管的疏松结缔组织，其内有

睾丸间质细胞（testicular interstitial cell）。细胞呈圆形或多边形，核圆居中，胞质嗜酸性，单个或成群分布（图7-3）。从青春期开始，在下丘脑分泌的间质细胞刺激素的作用下，能促使睾丸间质细胞分泌雄激素。雄激素可促进男性生殖器官发育、精子形成以及激发和维持第二性征。

（二）附睾

附睾（epididymis）（图7-1，图7-2）紧贴睾丸的上端和后缘，为一长条状结构。上端膨大为**附睾头**（caput epididymidis），中部为**附睾体**（corpus epididymidis），下部变细为**附睾尾**（cauda epididymidis）。附睾头由十多条睾丸输出小管盘曲而成。输出小管的末端汇合成一条附睾管。附睾管迂回盘曲而成附睾体和尾。附睾管尾向后上折转，移行于输精管。

附睾的功能除暂时贮存精子外，其分泌的液体可供精子营养，并促进精子继续发育成熟。附睾是结核病的好发部位。

（三）输精管和射精管

输精管（ductus deferens）是附睾管的直接延续，长约40~50cm。管壁肌层较厚，管腔细小。输精管行程较长，全程可分为四部：**睾丸部**为输精管的起始段，自附睾尾端沿睾丸后缘及附睾内侧上升，至睾丸上端进入精索移行为精索部；**精索部**介于睾丸上端与腹股沟管皮下环之间，此段输精管位置表浅，活体触摸时呈较硬的细圆索状，输精管结扎术常在此部进行；**腹股沟管部**是输精管位于腹股沟管内的一段；**盆部**是输精管最长的一段，穿过腹股沟管腹环，向下沿盆侧壁行向后下，经输尿管末端的前方至膀胱底的后面，在此两侧输精管逐渐靠近并扩大成**输精管壶腹**。其下端变细，与精囊的排泄管汇合成**射精管**（ejaculatory duct）（图7-5）。射精管长约2cm，从后上方穿入前列腺实质，开口于尿道的前列腺部。

输精管从睾丸上端到腹股沟管深环这一段，有睾丸动脉、蔓状静脉丛、淋巴管和神经伴行，其外包有内含提睾肌的被膜。它们共同形成一条较柔软的圆索状的结构，称**精索**（spermatic cord）（图7-6）。结扎输精管时，必须剥开精索的被膜才能找到输精管。

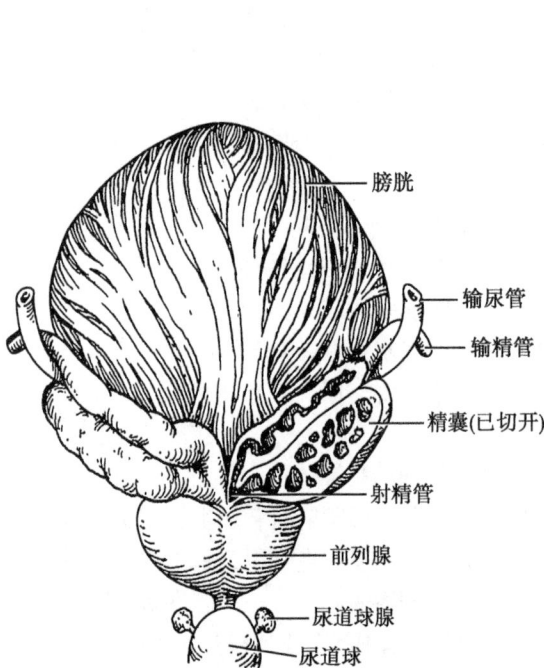

图7-5　精囊、前列腺和尿道球腺

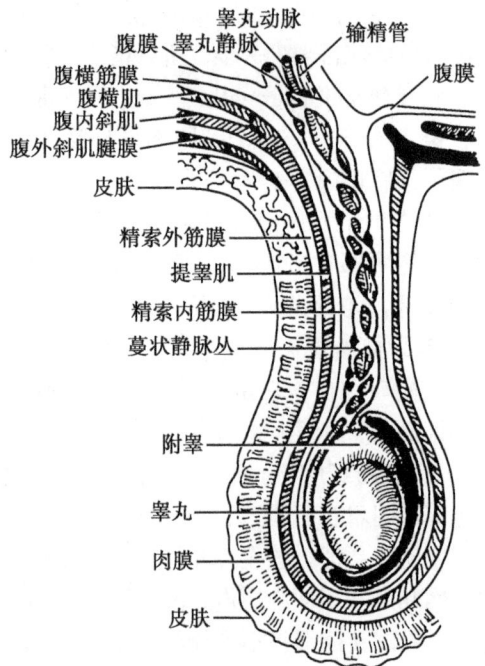

图7-6　阴囊结构模式图

（四）精囊

精囊（seminal vesicle）（图7-5）又称精囊腺，为一对长椭圆形的囊状腺，表面有许多囊状膨出，位于膀胱底的后方及输精管的外侧。其排泄管与输精管壶腹的末端汇合成射精管。精囊腺分泌的液体参与组成精液。

（五）前列腺

前列腺（prostate）为不成对的实质性器官，位于膀胱与尿生殖膈之间，有尿道和射精管穿过（图7-7）。前列腺形似栗子，底向上，尖向下，后面与直肠邻近，且正中线处有一纵行浅沟，称前列腺沟，故经直肠指诊可以触及前列腺及前列腺沟。前列腺主要分四叶，即中叶、左叶、右叶和后叶。中叶位于尿道和射精管之间；左、右叶分别在尿道和中叶的两侧。中叶和左、右叶与尿道关系密切，肥大时都可压迫尿道，引起排尿困难，后叶位于中叶和左、右叶的后方，是前列腺癌的易发部位。

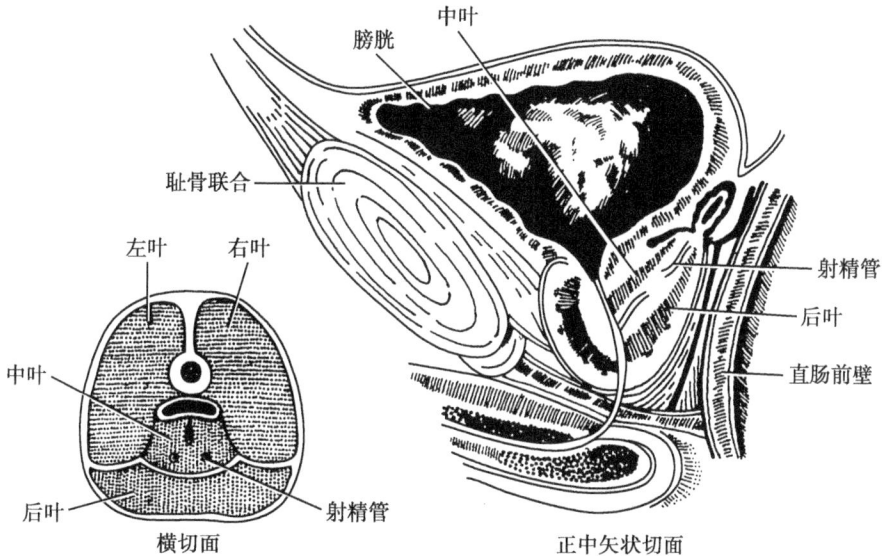

图7-7 前列腺的位置和分叶

前列腺主要由腺组织、平滑肌和结缔组织构成，质地较坚实，前列腺的排泄管开口于尿道前列腺部。前列腺分泌的液体直接排入尿道，参与精液的组成。

小儿的前列腺甚小，腺组织不发育，性成熟期腺组织迅速生长，24岁左右达高峰，老年期腺组织渐萎缩，整个腺体随之缩小，若腺内结缔组织增生，则形成前列腺肥大，压迫尿道引起排尿困难。

（六）尿道球腺

尿道球腺（bulbourethral gland）为一对豌豆大的球形腺体，位于尿生殖膈内。尿道球腺分泌的液体经排泄管排入尿道球部，参与精液的组成。

精液由输精管和附属腺体的分泌物及精子共同构成，为乳白色的液体，呈弱碱性，适于精子的生存和活动。一次射精约2~5ml，其中含有精子约3亿~5亿个。输精管结扎后，精子排出的道路被阻断，但各附属腺体分泌物的排出不受影响，因此射精时仍有无精子的精液排出体外。

二、外生殖器

（一）阴囊

阴囊（scrotum）位于阴茎的后下方，为一皮肤囊袋。阴囊壁主要由皮肤和肉膜组成（图7-6）。皮肤薄而柔软，色深暗，成人生有少量阴毛，正中有一纵行的**阴囊缝**。**肉膜**（dartos coat）是阴囊的浅筋膜，内含平滑肌纤维。肉膜在正中线处向阴囊深处发出**阴囊中隔**，将阴囊分隔为左、右两部，分别容纳两侧的睾丸、附睾和输精管的起始部。肉膜平滑肌纤维的舒缩，可使阴囊皮肤松弛或皱缩，从而调节阴囊内的温度，以适应精子的生存和发育。

（二）阴茎

阴茎（penis）悬垂于耻骨联合的前下方，分为头、体、根三部分（图7-8）。阴茎的前端膨大，称**阴茎头**，其尖端有尿道外口；后端埋于阴囊的深部，称**阴茎根**，附于耻骨下支、坐骨支及尿生殖膈；头、根之间的部分称**阴茎体**。

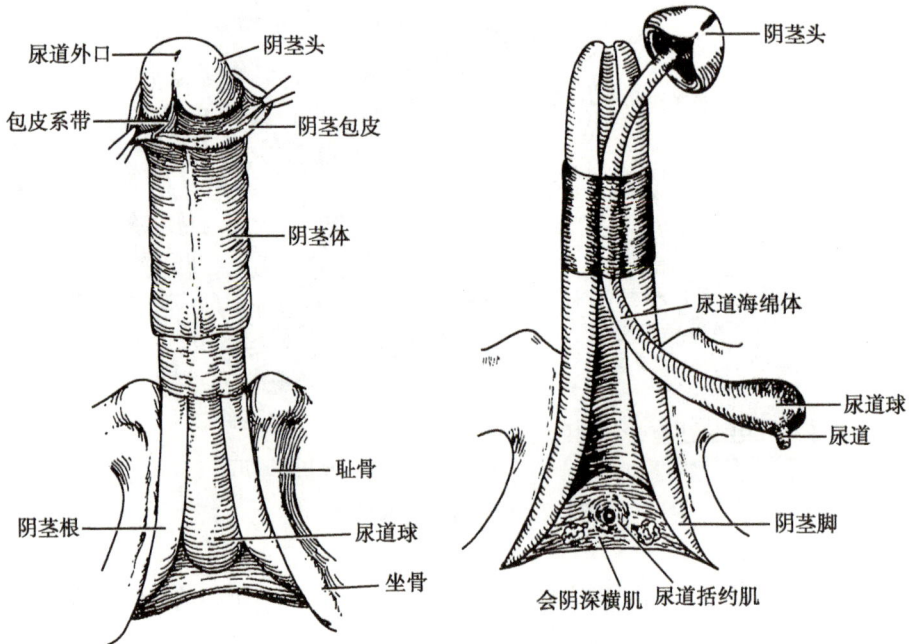

图7-8 阴茎外形与构造

阴茎主要由两个阴茎海绵体和一个尿道海绵体组成，外面包以筋膜和皮肤（图7-9）。**阴茎海绵体**（cavernous body of penis）左、右各一，位于阴茎的背侧。左、右两侧紧密结合向前延伸，前端变细嵌入阴茎头后面的凹陷内。其后端分开，形成左、右阴茎脚，分别附着于两侧的坐骨支和耻骨下支；**尿道海绵体**（cavernous body of urethra）位于两阴茎海绵体的腹侧，尿道贯穿其全长。尿道海绵体中部呈圆柱形，其前、后膨大。前端的膨大部，即阴茎头，后端的膨大部，称**尿道球**（bulb of urethra）。尿道球位于两阴茎脚之间，附于尿生殖膈的下面。

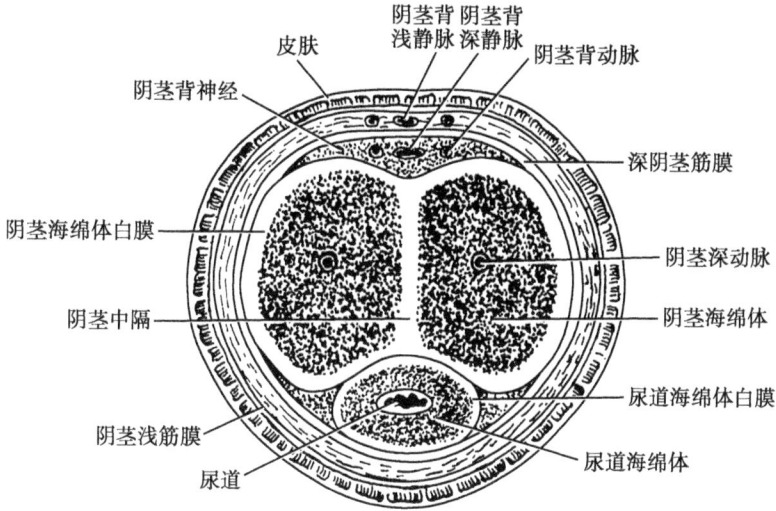

图7-9 阴茎横断面

每个海绵体的表面均包有一层坚厚的纤维膜，称海绵体白膜。海绵体由许多海绵体小梁及其间的腔隙组成，腔隙是与血管相通的窦隙。当腔隙充血时，阴茎即变粗变硬而勃起。三个海绵体外面共同包有阴茎深、浅筋膜和皮肤。阴茎浅筋膜疏松而无脂肪。阴茎的皮肤薄而柔软，富有延展性。它在阴茎体前端，向前形成双层游离的皱襞包绕阴茎头，称**阴茎包皮**（prepuce of penis）。阴茎包皮与阴茎头的腹侧中线处连有一条皮肤皱襞，称**包皮系带**（frenulum of prepuce）。做包皮手术时，注意勿损伤此系带。包皮的长短因人而异，幼儿包皮较长，包着整个阴茎头，随着年龄的增长，包皮逐渐向后退缩，若成人仍包被阴茎头或不能退缩，称包皮过长或包茎，包皮腔内易积存包皮垢，可引起阴茎头包皮炎，也可刺激诱发阴茎癌。

（三）男尿道

男尿道（male urethra）（图7-10，图7-11）兼有排尿和排精功能。它起于膀胱的尿道内口，终于阴茎头的尿道外口，成年男性尿道长16~22cm。全长分为三部：即前列腺部、膜部和海绵体部。临床上称前列腺部和膜部为后尿道，海绵体部为前尿道。

1.前列腺部（prostatic part） 为尿道贯穿前列腺的部分，长约2.5cm，管腔中部扩大呈梭形。其后壁上有射精管和前列腺排泄管的开口。

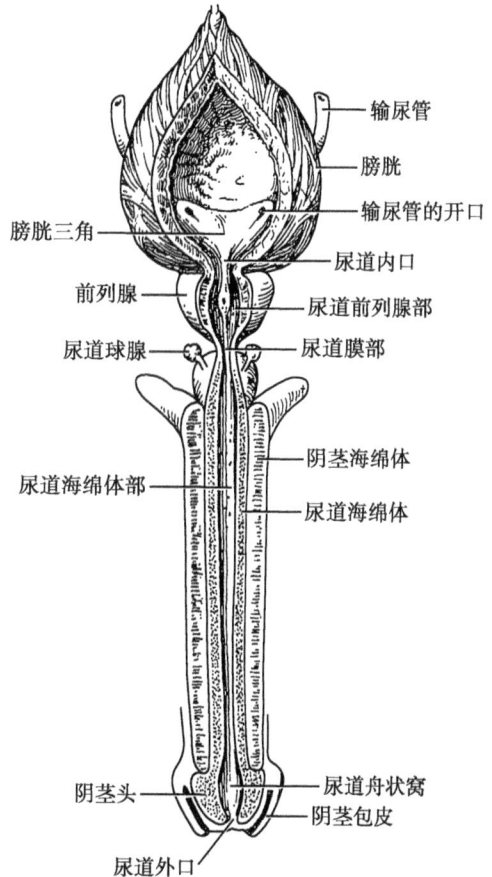

图7-10 男性尿道

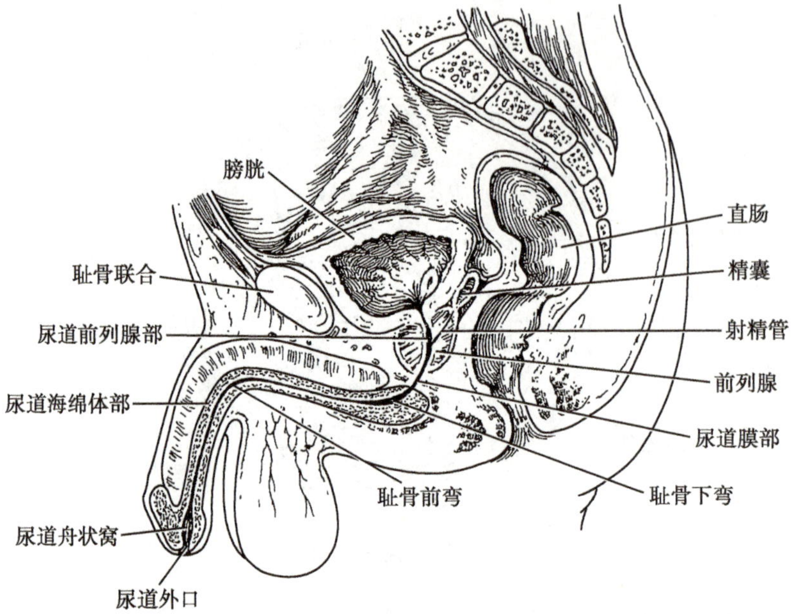

图7-11   男性盆腔正中矢状切面

2. 膜部（membranous part）   为尿道贯穿尿生殖膈的部分，短而窄，长约1.2cm，其周围有尿道括约肌（骨骼肌）环绕，可控制排尿。

3. 海绵体部（cavernous part）   为尿道贯穿海绵体的部分，长约15cm，此部的后端位于尿道球内，管腔稍扩大，称**尿道球部**，尿道球腺管开口于此。在阴茎头内尿道扩大成**尿道舟状窝**。

男尿道在行径中粗细不一，它有三处狭窄、三处扩大和两个弯曲。三处狭窄分别位于尿道内口、膜部和尿道外口。三处扩大分别位于前列腺部、尿道球部和尿道舟状窝。两个弯曲：一为**耻骨下弯**（curvatura infrapubica），在耻骨联合下方，凹向前上方，位于前列腺部、膜部和海绵体部的起始端，此弯恒定无变化；另一个弯曲为**耻骨前弯**（curvatura prepubica）在耻骨联合前下方，凹向后下方，位于海绵体部，如将阴茎向上提起，此弯曲可以消失。临床上向男尿道插入导尿管或器械时，便采取这种位置。

第二节   女性生殖器

女性内生殖器由生殖腺（卵巢）和输送管道（输卵管、子宫和阴道）组成（图7-12，图7-13）。女性外生殖器即女阴。此外，女性乳房与生殖功能密切相关，故也在本节叙述。

一、内生殖器

（一）巢卵

卵巢是女性生殖腺，有产生卵细胞和分泌女性激素的功能。

1. 卵巢的位置和形态   卵巢（ovary）位于子宫两侧、小骨盆侧壁由髂内、外动脉所夹成的卵巢窝内（图7-13）。卵巢为成对的实质性器官，呈扁卵圆形。它分为内、外侧两

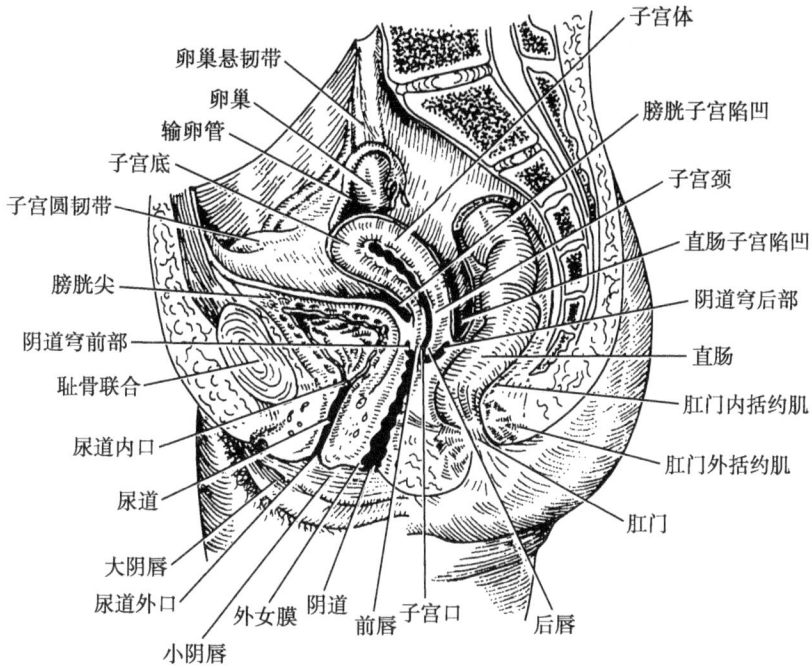

图7-12　女性盆腔正中矢状切面

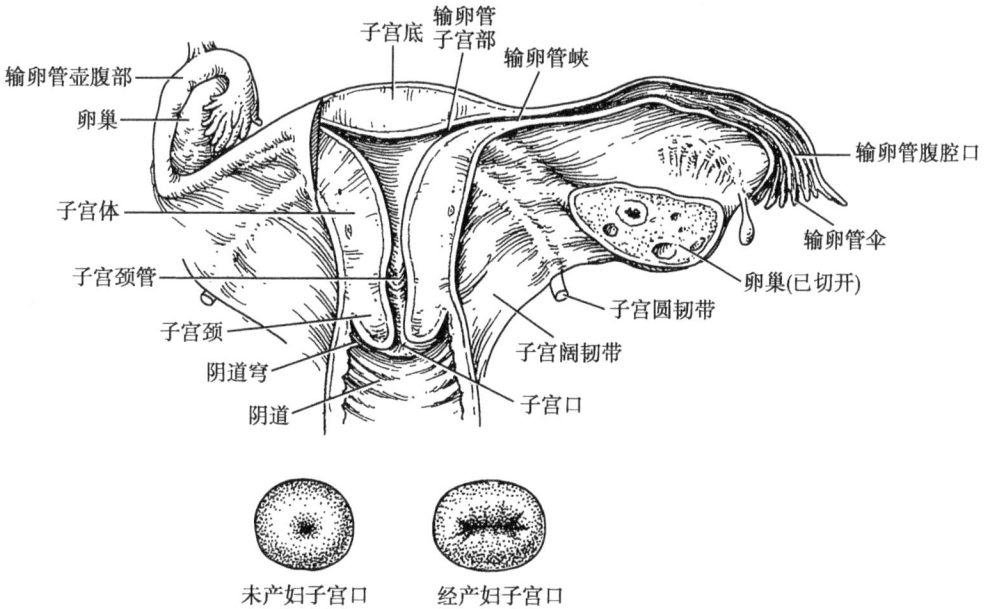

图7-13　女性内生殖器

面，前、后两缘和上、下两端。卵巢外侧面贴于盆腔侧壁的卵巢窝，内侧面朝向盆腔，大多与小肠邻接。上端借卵巢悬韧带连于盆壁。**卵巢悬韧带**（suspensory ligament of ovary）为腹膜形成的皱襞，其内含有卵巢的血管、淋巴管和神经丛等。卵巢下端借**卵巢固有韧带**（proper ligament of ovary）连于子宫底的两侧，此韧带由结缔组织和平滑肌构成，表面盖以腹膜。卵巢后缘游离，前缘借卵巢系膜连于子宫阔韧带，前缘中部有血管、神经等出入，称**卵巢门**（hilum of ovary）。

卵巢的大小和形态随年龄而变化，幼女卵巢比较小，表面光滑，性成熟期卵巢最大。此后由于多次排卵，卵巢表面形成许多瘢痕，显得凹凸不平。35～40岁卵巢开始缩小，50岁左右逐渐萎缩，月经随之停止。

2. 卵巢的微细结构　卵巢表面有一层上皮，与腹膜的间皮相连，称**表面上皮**。幼年时为单层立方上皮或柱状，随着年龄增长而逐渐变为单层扁平上皮。上皮的深面有一层致密结缔组织，新鲜时呈白色，称**白膜**。卵巢实质分为周围的**皮质**和中央的**髓质**。皮质很厚，含有不同发育阶段的卵泡、黄体和白体等。髓质由疏松结缔组织、神经、血管和淋巴管等组成。卵巢的皮质与髓质并无明显的界限。近卵巢门处的结缔组织中有少许**门细胞**（hilus cell），其结构和功能类似睾丸间质细胞，可分泌雄激素（图7-14）。

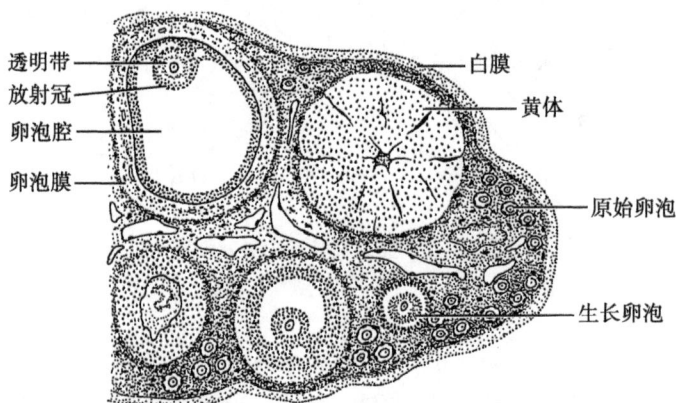

图7-14　卵巢的微细结构

（1）卵泡的发育：**卵泡**（follicle）是由中央的一个卵母细胞及其周围的卵泡细胞组成的一个球状结构。卵泡的发育是一个连续过程，并无严格的阶段可分，但根据某些结构特点，人为地把卵泡的发育分为原始卵泡、生长卵泡和成熟卵泡三个阶段。青春期时两侧卵巢共含有原始卵泡4万个。青春期后，在垂体分泌的卵泡刺激素和黄体生成素刺激下，每个月经周期有一批卵泡发育，其中之一发育成熟并排卵。女性一生中约排400个卵，余者相继退化。绝经期后，排卵停止。

1）**原始卵泡**（primordial follicle）：是由中央一个较大的**初级卵母细胞**（primary oocyte）及周围一层小而扁平的**卵泡细胞**（follicular cell）组成。原始卵泡体积小，数量多，位于卵巢皮质浅层，它是相对静止的卵泡。初级卵母细胞为圆形，胞质嗜酸性，核大而圆，染色浅，核仁明显。卵母细胞是卵细胞的幼稚阶段，卵泡细胞对卵母细胞起支持和营养作用。

2）**生长卵泡**（growing follicle）：从青春期开始，在垂体促性腺激素的作用下，部分原始卵泡开始生长发育，卵泡细胞分裂增生，由扁平变为立方形或柱状，由单层变为多层；初级卵母细胞逐渐增大，并在其表面出现一层厚度均匀的嗜酸性膜，称**透明带**（zona pellucid）。随着卵泡细胞的不断增殖，卵泡细胞之间出现一些含液体的小腔隙，卵泡继续发育，这些小腔相互融合，最终成为一个半月形的**卵泡腔**（follicular antrum），腔内充满卵泡液。在卵泡腔的形成过程中，靠近卵母细胞的卵泡细胞逐渐变为柱状，围绕透明带呈放射状排列，称**放射冠**（corona radiate）；其他的卵泡细胞主要构成了卵泡壁。随着卵泡的发育，卵泡周围的结缔组织也逐渐发生变化，形成富含细胞和血管的**卵泡膜**（theca folliculi）。在青春期虽然同时有许多个原始卵泡生长发育，但一般只有一个卵泡达到成熟。

3）**成熟卵泡**（mature follicle）：是卵泡发育的最后阶段，卵泡细胞停止增殖，但卵泡液仍继续增多，卵泡体积显著增大，直径可达8～10mm，并向卵巢表面隆起，在排卵前36～48小时，初级卵母细胞完成第一次成熟分裂，产生一个**次级卵母细胞**（secondary oocyte）和**第一极体**（first polar body）。第一极体很小，含极少量胞质，位于次级卵母细胞与透明带之间的间隙内。次级卵母细胞迅速进入第二次成熟分裂，停滞在分裂中期。

（2）排卵：成熟卵泡突出于卵巢表面，随着卵泡液剧增，内压的升高，使突出部分的卵巢组织愈来愈薄，最后破裂，次级卵母细胞连同周围的透明带、放射冠和卵泡液，脱离卵巢，进入腹膜腔，这一过程称**排卵**（ovulation）。排出的卵细胞如24小时内未受精，卵细胞即退化消失；若受精，次级卵母细胞很快完成第二次成熟分裂，产生一个成熟的**卵细胞**（ovum）和一个第二极体。第二极体也位于卵细胞和透明带之间的腔隙内，由于第一极体也分裂，因此前后共有三个极体。卵母细胞经过两次成熟分裂后，染色体数目减半，即（23，X）。在生育年龄期，一般每隔28天排卵一次。排卵发生于月经周期的第12～16天。一般是左、右卵巢交替排卵，每次排卵1个，偶尔亦有同时排出2个或2个以上的卵细胞。

卵泡细胞和卵泡膜的细胞与雌激素的生成和分泌有密切关系。雌激素不但能刺激女性生殖器官的发育和第二性征的出现和维持，而且能促使子宫内膜增生。

（3）黄体的形成与退化：排卵后，残留的卵泡壁塌陷，卵泡膜和血管也随之陷入，在黄体生成素的影响下，逐渐发育成一个体积较大的且富有血管的细胞团，因细胞内含有较多脂色素，新鲜时呈黄色，故称**黄体**（corpus luteum）（图7-14）。黄体能分泌黄体酮及少量的雌激素。黄体酮有促进子宫内膜增生，子宫腺分泌、乳腺发育和抑制子宫平滑肌收缩等作用。黄体的大小、持续时间的长短完全取决于排出的卵细胞是否受精，如果卵细胞未受精，则黄体小，约在排卵后14天左右开始退化，这种黄体称为**月经黄体**。如果排出的卵细胞受精，黄体继续发育，约维持到妊娠6个月后，才开始退化，这种黄体称**妊娠黄体**。不管哪种黄体，最后总是萎缩退化，并逐渐由结缔组织代替，形成瘢痕，称**白体**（corpus albicans）。

从胎儿时期到出生后，乃至整个生殖期，绝大多数卵泡不能发育成熟，它们在发育的各个阶段停止生长并退化，退化的卵泡称**闭锁卵泡**（atretic follicle）。

（二）输卵管

输卵管（uterine tube）（图7-13）是一对粗细不均的弯曲管道，长约10～12cm。

1.输卵管的位置和分部　输卵管位于子宫底的两侧，包裹在子宫阔韧带上缘内。其外侧端游离以**输卵管腹腔口**（abdominal orifice of uterine tube）开口于腹膜腔，内侧端连于子宫以**输卵管子宫口**开口于子宫腔。故女性腹膜腔经输卵管、子宫、阴道与外界相通。输卵管由内侧向外侧可分四部：

（1）**子宫部**（pars uterina）：为输卵管贯穿子宫壁的部分。

（2）**输卵管峡**（isthmus tubae uterinae）：紧接子宫底外侧，短直而狭细，壁较厚，水平向外移行于输卵管壶腹部。输卵管结扎术常在此部进行。

（3）**输卵管壶腹**（ampulla tubae uterinae）：管径粗而较长，约占输卵管全长的2/3。行程弯曲，卵通常在此处受精。若受精卵未能移入子宫而在输卵管内发育，则为输卵管妊娠。

（4）**输卵管漏斗**（infundibulum tubae uterinae）：是输卵管外侧端膨大部分，呈漏斗状。漏斗中央有输卵管腹腔口开口于腹膜腔，卵巢排出的卵由此进入输卵管。漏斗的游离缘，有许多指状突起，称**输卵管伞**，是手术时识别输卵管的标志。

　　2. **输卵管壁的微细结构**　输卵管的管壁由黏膜、肌层和浆膜组成。黏膜的上皮为单层柱状上皮，由两种细胞组成：分泌细胞和纤毛细胞。分泌细胞的分泌物参加输卵管液的组成，管内液体借纤毛细胞的纤毛摆动和肌层的收缩，缓慢地向子宫方向流动，有利于受精卵的运行。肌层为平滑肌，大致可分为内环、外纵两层。浆膜即腹膜，故输卵管为腹膜内位器官。

　　临床上将卵巢和输卵管称为子宫附件。

　　（三）子宫

　　子宫（uterus）是壁厚而腔窄的肌性器官，富有延展性，为胎儿生长发育的场所。

　　1. **子宫的位置及固定装置**　子宫位于盆腔的中央，在膀胱和直肠之间，下端突入阴道，两侧连有输卵管和子宫阔韧带。成年未孕的子宫底位于骨盆上口平面以下，子宫颈下端在坐骨棘平面上方。正常子宫呈前倾前屈位（图7-15）。前倾是指整个子宫向前倾斜，子宫的长轴与阴道的长轴形成一个向前开放的钝角；前屈是指子宫体长轴与子宫颈长轴之间凹向前的弯曲，亦呈钝角。当人体直立、膀胱空虚时，子宫体伏于膀胱上面，几乎与地面平行。膀胱和直肠的充盈程度可影响子宫的位置。临床上可经直肠检查子宫的位置和大小。子宫的正常位置依赖于盆底肌和阴道的承托以及周围韧带的牵拉和固定。如果子宫的固定装置薄弱或损伤，可导致子宫位置异常，形成不同程度的子宫脱垂，严重者子宫可脱出阴道。维持子宫正常位置的韧带有（图7-13，图7-16）：

　　（1）**子宫阔韧带**（broad ligament of uterus）：为子宫的两侧缘延伸至骨盆侧壁的双层腹膜皱襞。其上缘游离，内包输卵管。下缘和外侧缘连至盆壁移行于盆壁的腹膜。子宫阔韧带两层之间包有输卵管、卵巢、卵巢固有韧带、子宫圆韧带、血管、淋巴管、神经和结缔组织等。子宫阔韧带有限制子宫向两侧移动的作用。

　　（2）**子宫圆韧带**（round ligament of uterus）：由平滑肌和结缔组织构成，呈圆索状。其上端附着于输卵管穿行子宫壁处的稍下方，在子宫阔韧带前层腹膜的覆盖下向前外侧弯行，然后通过腹股沟管止于阴阜和大阴唇的皮下。此韧带是维持子宫前倾的主要结构。

　　（3）**子宫主韧带**（cardinal ligament of uterus）：位于子宫阔韧带下方，两层腹膜之

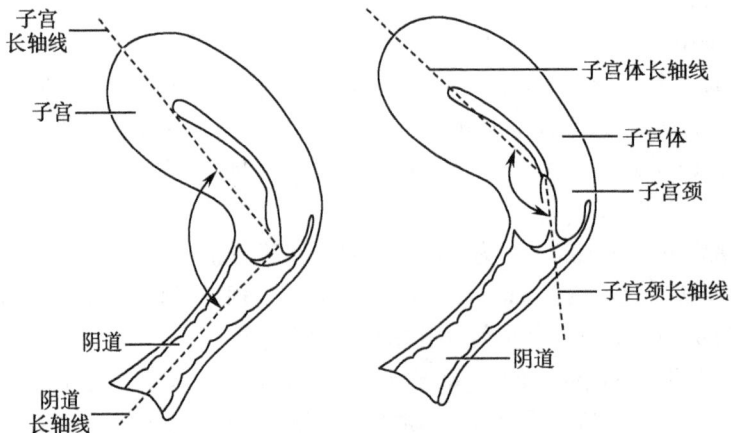

图7-15　子宫前倾、前屈位示意图

间，从子宫颈阴道上部连至骨盆侧壁。
由结缔组织束和平滑肌构成。此韧带将
子宫颈阴道上部连于骨盆侧壁，它有固
定子宫颈，防止子宫下垂的作用。

（4）**骶子宫韧带**（sacrouterine
ligament）：由平滑肌和结缔组织构成，
起于子宫颈阴道上部后面，向后绕过直
肠的两侧，附着于骶骨的前面。此韧带
表面盖以腹膜，形成弧形皱襞，作成直
肠子宫陷凹的侧界。此韧带对维持子宫
呈前倾前屈位有重要作用。

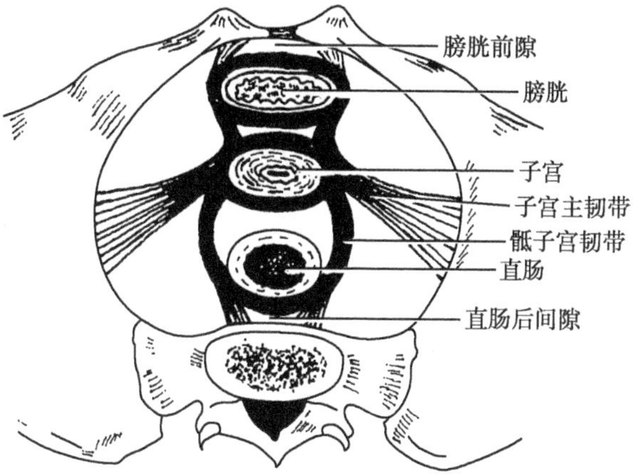

图7-16　子宫的固定装置模式图

2. **子宫的形态和分部**　　成年未
产妇的子宫，呈前后略扁的倒置梨形，长约7～8cm，最宽径约4cm，厚约2～3cm。可分
为底、体、颈三部分（图7-13）。两侧输卵管子宫口以上圆凸的部分为**子宫底**（fundus of
uterus）。子宫的下部缩细，呈圆柱状，称**子宫颈**（neck of uterus），子宫颈是肿瘤的好发
部位。子宫颈的下1/3伸入阴道内，称**子宫颈阴道部**（vaginal part of cervix），上2/3位于阴
道上方，称**子宫颈阴道上部**（supravaginal part of cervix）。子宫颈与子宫底之间的部分，称
子宫体（body of uterus）。子宫颈阴道上部的上端与子宫体相接的部分稍窄细，称**子宫峡**
（isthmus of uterus）。非妊娠期，子宫峡不明显，长仅1cm；妊娠末期可长达7～11cm。产
科常在此实施剖宫取胎手术，可避免进入腹膜
腔，减少感染的机会。

非妊娠期子宫的内腔较狭窄，分上、下两
部。上部由子宫底、体围成，称**子宫腔**（cavity
of uterus），呈三角形，底向上，两侧角通输
卵管；尖向下，通子宫颈管。子宫内腔的下
部在子宫颈内，称**子宫颈管**（canal of cervix of
uterus）。子宫颈管呈梭形，上口通子宫腔，下
口通阴道称**子宫口**（orifice of uterus）。未产妇的
子宫口呈圆形，经产妇的子宫口则变为横裂状。

子宫的年龄变化：新生女婴子宫位置高
于骨盆上口（输卵管和卵巢也位于髂窝内），
子宫颈比子宫体粗而长，性成熟前期子宫体发
育迅速，壁增厚。至性成熟期，子宫体、颈长
度几乎相等。经产妇子宫较大，壁厚内腔也
大。老年绝经后，子宫萎缩变小，壁也变薄。

3. **子宫壁的微细结构**　　子宫壁很厚，由内
向外依次分为子宫内膜、子宫肌层和子宫外膜
（图7-17）。

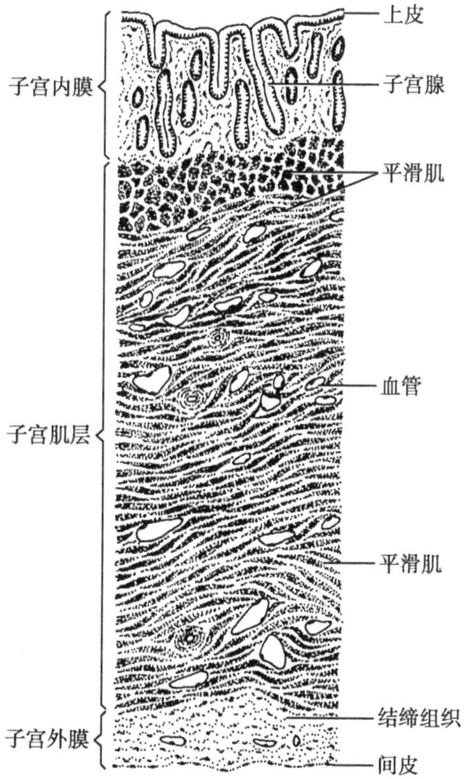

（1）**子宫内膜**：即子宫的黏膜，由单层柱
状上皮和固有层组成。上皮由**分泌细胞**和散在的

图7-17　子宫的微细结构

纤毛细胞组成。固有层由增殖、分化能力较强的结缔组织组成，其内含有大量低分化的梭形或星形的**基质细胞**、网状纤维和**子宫腺**（uterine gland）。子宫腺为单管状腺，由上皮下陷而成。

子宫内膜可分为表浅的**功能层**（functional layer）和深部的**基底层**（basal layer）。功能层较厚，自青春期开始，在卵巢激素的作用下，发生周期性剥脱出血，即**月经**（mensis）。基底层较薄，不参与月经形成，在月经期后能增生修复功能层。

子宫动脉的分支进入肌层的中间层后呈弓状走行，向子宫内膜发出许多分支。其主干进入功能层后呈螺旋走行，称**螺旋动脉**（coiled artery），它对卵巢激素极为敏感。螺旋动脉再分支形成毛细血管网和血窦，然后汇合为小静脉，穿过肌层后汇入子宫静脉。

（2）子宫肌层：子宫肌层很厚，由分层排列的平滑肌组成，肌纤维排列的方向较乱，各层之间有较大的血管穿行。

（3）子宫外膜：大部分为浆膜，小部分为纤维膜。

4. 子宫内膜的周期性变化及其与卵巢周期性变化的关系   自青春期开始，子宫内膜在卵巢分泌的激素作用下呈现周期性变化，即每隔28天左右发生一次子宫内膜功能层剥脱、出血、修复和增生（图7-18），这种周期性变化，称**月经周期**（menstrual cycle）。每一月经周期中，子宫内膜结构变化，一般分为三期：

（1）**月经期**（menstrual phase）：为月经周期的第1～4天，一般历时3～5天。由于排卵未受精，月经黄体退化，雌激素和孕激素急剧减少，使子宫内膜中的螺旋动脉收缩，导致子宫内膜功能层缺血坏死，子宫腺停止分泌，内膜萎缩。随后螺旋动脉又突然充血扩张，使毛细血管破裂以致出血，与坏死的功能层经阴道流出体外，即为月经。在月经期末，功能层全部脱落，基底层的子宫腺细胞及基质细胞迅速分裂增生，向表面铺展，修复内膜上皮，进入增生期。

（2）**增生期**（proliferative phase）:为月经周期的第5～14天，一般历时8～10天。此期卵巢内有一批原始卵泡开始生长发育，故又称卵泡期。由于卵泡生长并开始分泌雌激素，在雌激素的作用下，脱落的子宫内膜的功能层由基底层增生修补，并逐渐增厚；子宫腺和螺旋动脉也逐渐增长和弯曲，至增生期末，卵巢内卵泡已趋于成熟、排卵，子宫内膜进入分泌期。

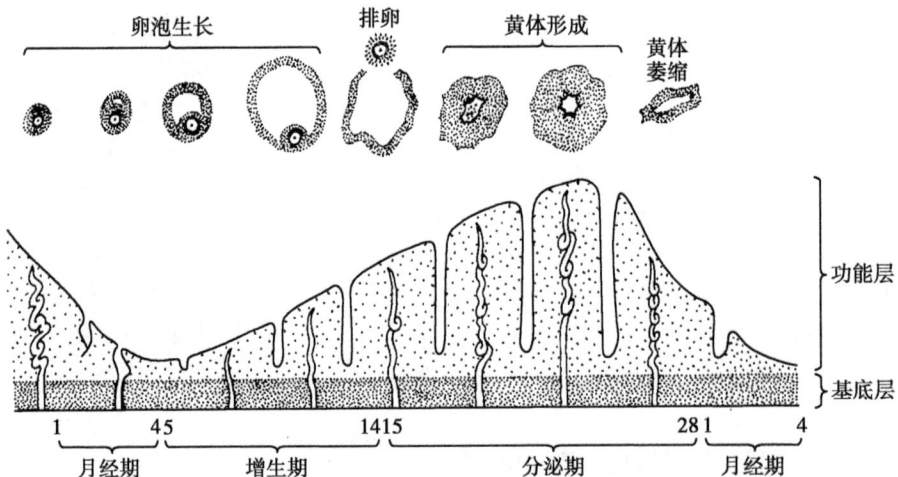

图7-18   子宫内膜周期性变化与卵巢周期性变化的关系示意图

（3）**分泌期**（secretory phase）：为月经周期的15～28天，一般历时14天左右。此期卵巢内卵泡发育成熟，排卵后逐渐形成黄体，故又称黄体期。在黄体分泌的孕激素和雌激素作用下，子宫内膜继续增厚,子宫腺极度弯曲，腺腔膨胀，充满腺细胞的分泌物，内有大量糖原。固有层基质中含有大量组织液而呈现生理性水肿。螺旋动脉增长、更加弯曲。此时的子宫内膜适于胚泡的植入和发育，如果妊娠成立，子宫内膜在孕激素的作用下，继续发育、增厚。否则随着黄体的退化，孕激素量急剧下降，子宫内膜则于第28天开始脱落，进入月经期。

（四）阴道

阴道（vagina）（图7-12，图7-13）是连接子宫和外生殖器的肌性管道。它是导入精液、排出月经和娩出胎儿的产道。

1. **阴道的位置和形态**　它既是女性的交接器官，也是排出月经和分娩胎儿的通道。阴道位于盆腔的中央，后壁邻直肠，前壁与膀胱和尿道相邻。如邻接部位损伤，可发生尿道阴道瘘或直肠阴道瘘，致使尿液或粪便进入阴道。阴道为前后略扁的肌性管道。阴道壁虽薄，但富有伸展性，前壁较短，后壁较长，前、后壁经常处于相贴状态。阴道上部较宽阔，呈穹隆状环抱子宫颈阴道部，两者之间形成环状间隙，**称阴道穹**（fornix of vagina）。阴道穹分前、后和两侧部，以阴道穹后部为最深，并与直肠子宫陷凹紧密相邻，两者之间仅隔以阴道后壁和腹膜。当直肠子宫陷凹有积液时，可经阴道穹后部进行穿刺或引流。阴道的下部较窄，以**阴道口**（vaginal orifice）开口于阴道前庭。未婚女子的阴道口周围有处女膜。

2. **阴道壁的微细结构**　阴道壁由黏膜、肌层和外膜构成。

阴道黏膜平时呈淡红色，由上皮和固有层构成，黏膜突起形成许多环行皱襞。阴道下部的皱襞密而高，少女更为明显。黏膜的上皮为复层扁平上皮，在雌激素的刺激下，发生周期性变化，当雌激素分泌量增高时，阴道上皮角化细胞增多。上皮细胞合成大量糖原，阴道浅层上皮也不断脱落更新，脱落细胞内的糖原，游离于阴道腔，在阴道杆菌的作用下转变为乳酸，使阴道内保持酸性，有防止细菌侵入和繁殖的作用。老年人血液的雌激素含量降低，上皮细胞内的糖原和阴道内的游离糖原均减少，可引起致病菌繁殖而感染。阴道中的脱落细胞还含有从子宫内膜和子宫颈脱落的上皮细胞，做阴道脱落细胞的涂片已广泛应用于临床检查生殖道的疾病，特别是发病率高的子宫颈癌。黏膜的固有层含有丰富的毛细血管和弹性纤维。

肌层较薄，为左、右螺旋相互交织成格子状的平滑肌束，使阴道壁易于扩张；肌束间弹性纤维丰富。阴道外口为环形骨骼肌形成的尿道阴道括约肌。

外膜是富含弹性纤维的致密结缔组织。

二、外 生 殖 器

女性外生殖器又称**女阴**（female pudendum）（图7-19），包括阴阜、大阴唇、小阴唇、阴道前庭、阴蒂、前庭球和前庭大腺等。

（一）阴阜

阴阜（mons pubis）为耻骨联合前面的皮肤隆起，深面有较多的脂肪组织。性成熟期以后，皮肤生有阴毛。

（二）大阴唇

大阴唇（greater lip of pudendum）为一对纵长隆起的富有色素和生有阴毛的皮肤皱襞。

构成女阴的外侧界，其内部是富含弹性纤维的疏松结缔组织。大阴唇的前端和后端左右互相连合，形成唇前连合和唇后连合。

（三）小阴唇

小阴唇（lesser lip of pudendum）是位于大阴唇内侧的一对较薄的皮肤皱襞，表面光滑无阴毛。两侧小阴唇后端互相连合形成阴唇系带。小阴唇的前端分为两个小皱襞，内侧的在阴蒂下端与对侧者结合成阴蒂系带，向上连于阴蒂；外侧的在阴蒂背面与对侧者连合形成阴蒂包皮。

（四）阴道前庭

阴道前庭（vaginal vestibule）是位于两侧小阴唇之间的裂隙，其前部有较小的尿道外

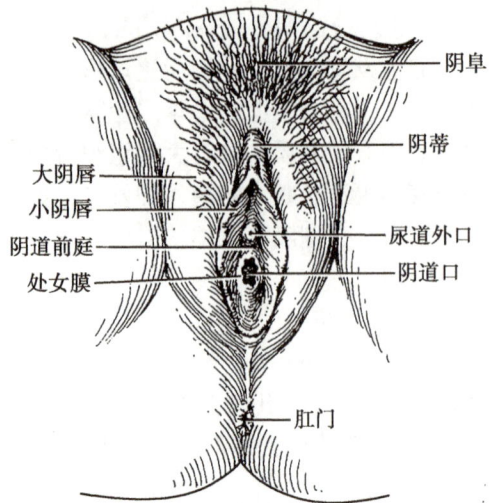

图7-19　女性外生殖器

口，后部有较大的阴道口，处女的阴道口周缘附有环状或半月形的黏膜皱襞，称为**处女膜**（hymen），破裂后成为处女膜痕。个别人处女膜厚而无孔称处女膜闭锁或无孔处女膜。

（五）阴蒂

阴蒂（clitoris）位于尿道外口的前方，由两个阴蒂海绵体构成，相当于男性的阴茎海绵体。其后部主要位于大阴唇前部的深面，以两个阴蒂脚固定于耻骨下支和坐骨支，前部位于小阴唇前端连合处的上方，其裸露部分称阴蒂头，阴蒂海绵体也是勃起组织，阴蒂头富有神经末梢，感觉十分敏锐。

（六）前庭球

前庭球（bulb of vestibule）相当于男性尿道海绵体，呈马蹄铁形，主要位于阴道前庭的两侧，大阴唇的深部，前端在阴蒂下方左右相连接。

（七）前庭大腺

前庭大腺（greater vestibular gland）为女性生殖管道的附属腺体，位于阴道口的两侧，前庭球的后端，形如豌豆，以细小导管向内侧开口于阴道口与小阴唇之间的沟内，在小阴唇中、下1/3交界处，分泌物有润滑阴道口的作用。

第三节　乳房和会阴

一、乳　房

乳房（mamma）为哺乳动物特有的器官。人的乳房为成对器官。女性乳房与生殖器的功能活动关系密切，自青春期开始逐渐发育，乳腺随月经周期而有周期性变化，妊娠的后几个月和哺乳期迅速发育增大，并有分泌活动。男性乳房不发育。

（一）乳房的位置和形态

乳房位于胸大肌的表面，上起自第2~3肋，下至第6~7肋，内侧至胸骨旁线，外侧可达腋中线。乳头平第4肋间隙或第5肋。成年女性未经哺乳，乳房呈半球形，紧张而富有弹性。乳房的中央有**乳头**（mammary papilla），其顶端有输乳管的开口（图7-20）。乳头

周围的环形色素沉着区称**乳晕**（areola of breast），表面有许多圆形小隆起，其深部有乳晕腺，可分泌脂性物质润滑乳头。乳头和乳晕的皮肤较薄弱，易于损伤。哺乳期尤应注意卫生，以防感染。

妊娠后期和哺乳期乳腺增生，乳房明显增大。停止哺乳以后，乳腺萎缩，乳房变小。老年妇女乳房萎缩更加明显。

（二）乳房的结构

乳房由皮肤、乳腺、脂肪组织和纤维组织构成。乳腺位于胸肌筋膜和皮肤之间，被脂肪组织和纤维组织分隔成15～20个**乳腺小叶**（lobes of mammary gland）。每一乳腺小叶有一条排泄管，称**输乳管**（lactiferous ducts）。输乳管在近乳头处膨大称**输乳管窦**（lactiferous sinuses），其末端变细开口于乳头。由于乳腺小叶和输乳管围绕乳头呈放射状排列，故乳房手术时，应尽量采取放射状切口，以尽量减少对输乳管的损伤。乳房皮肤与乳腺深面的胸肌筋膜之间，连有许多结缔组织小束，称**乳房悬韧带**（suspensory ligaments of breast），它对乳房有固定作用。乳腺癌时，乳房悬韧带可受侵犯而缩短，牵拉表面皮肤产生凹陷，这是乳腺癌早期常见的体征。

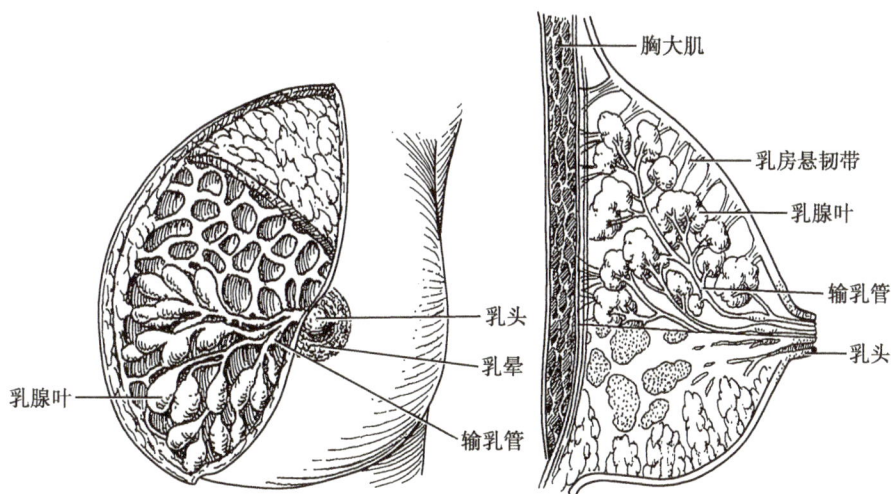

图7-20 女性乳房

二、会 阴

会阴（perineum）有狭义和广义之分。临床上，习惯将肛门与外生殖器之间的狭小区域，称为会阴，即所谓狭义会阴或称之为产科会阴。妇女分娩时应注意保护此区，以免造成会阴撕裂。广义会阴是指盆膈以下封闭小骨盆下口的全部软组织结构。其境界呈菱形，与骨盆下口基本一致：前为耻骨联合下缘，后为尾骨尖，两侧为耻骨下支、坐骨支、坐骨结节和骶结节韧带。以两侧坐骨结节的连线为界，将会阴分为前、后两个三角区：前方的称**尿生殖区**（尿生殖三角），男性有尿道穿过，女性则有尿道和阴道穿过；后方称**肛区**（肛门三角），有肛管穿过。两个三角区均被肌肉和筋膜封闭。

知识链接

你知道试管婴儿吗?

1978年英国专家Steptoe和Edwards定制了世界上第一个试管婴儿，被称为人类医学史上的奇迹。"试管婴儿"并不是真正在试管里长大的婴儿，而是从卵巢内取出几个卵子，在实验室里让它们与男方的精子结合，形成胚胎，然后转移胚胎到子宫内，使之在妈妈的子宫内着床、妊娠。正常的受孕需要精子和卵子在输卵管相遇，二者结合，形成受精卵，然后受精卵再回到子宫腔，继续妊娠。所以"试管婴儿"可以简单地理解成由实验室的试管代替了输卵管的功能而称为"试管婴儿"。

（邬仁江）

思考题

1.男、女内生殖器各有哪些器官，何谓生殖腺?

2.精子穿经哪些部位到达体外?

3.男、女性节育术最常采取的部位在何处?

4.子宫全切手术中，在宫颈周围应特别注意哪些毗邻关系?

第八章 内分泌系统

学习目标

掌握： 肾上腺的微细结构及分泌的激素。

熟悉： 甲状腺、甲状旁腺、肾上腺、垂体的微细结构和功能。

了解： 内分泌腺的位置和形态。

内分泌系统（endocrine system）包括**内分泌器官**和**内分泌组织**两部分。内分泌器官即**内分泌腺**，它是由内分泌细胞所组成的独立性器官，如甲状腺、甲状旁腺、肾上腺和垂体等。内分泌组织是指散布在其他器官组织中的内分泌细胞团块，如胰腺中的胰岛、睾丸中的间质细胞和卵巢中的黄体等（图8-1）。

内分泌腺在组织结构上有共同的特点，其腺细胞排列呈索条状、团块状或围成滤泡，其间有丰富的毛细血管和毛细淋巴管。内分泌细胞分泌的**激素**（hormone）直接渗入毛细血管或毛细淋巴管，随血液循环到达全身，以体液的形式对人体的新陈代谢、生长发育和生殖功能等进行调节。

每个内分泌腺一般只分泌一种或几种激素，而每种激素只能作用于特定的器官或细胞，这种对某种激素产生特定效应的器官或细胞，称为该激素的**靶器官**或**靶细胞**。

内分泌系统和神经系统，两者在结构上和功能上有着密切的联系。几乎所有的内分泌腺和内分泌组织，都直接或间接的受神经系统的调节和控制，而内分泌系统也可影响神经系统的功能。如神经系统可以控制甲状腺合成和分泌甲状腺素，而甲状腺素又能影响脑的发育和功能。另外，某些神经元也具有分泌激素的功能，如下丘脑的视上核和室旁核中的神经元等，这些具有分泌功能的神经元，

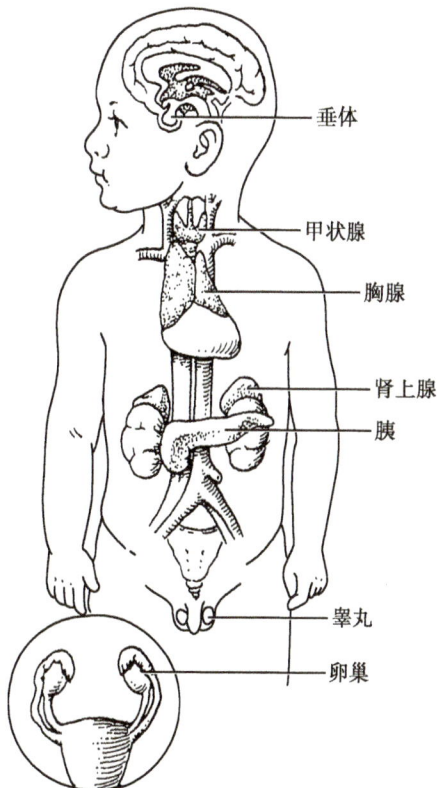

图8-1 人体的内分泌腺

垂体

甲状腺

胸腺

肾上腺

胰

睾丸

卵巢

称**分泌神经元**。由分泌神经元分泌的激素，称神经激素。

人体内的内分泌腺有甲状腺、甲状旁腺、肾上腺、垂体、松果体和胸腺。本章只介绍甲状腺、甲状旁腺、肾上腺、垂体和松果体。

第一节 甲 状 腺

甲状腺（thyroid gland）是人体最大的内分泌腺，其主要功能是促进机体的新陈代谢。

一、甲状腺的形态和位置

甲状腺质地柔软，呈红棕色，近似"H"形，分为左、右两个侧叶，中间以甲状腺峡相连。峡的上缘，常有一向上伸出的**锥状叶**（图8-2）。

甲状腺的侧叶紧贴于喉的下部和气管上部的两侧，甲状腺峡多位于第2～4气管软骨环的前方。甲状腺的表面有纤维囊包裹，并通过筋膜形成的韧带固定于喉软骨上，故吞咽时甲状腺可随喉上下移动。

二、甲状腺的微细结构

甲状腺的实质被结缔组织分为若干个小叶，小叶内含有许多**甲状腺滤泡**，滤泡是由单层腺上皮围成的球形或椭圆形泡状结构，滤泡的上皮细胞有以下两种：

1.滤泡上皮细胞 为单层排列的立方形细胞，细胞核呈球形，位于细胞的中央。滤泡上皮细胞可合成和分泌**甲状腺素**，甲状腺素的主要功能是提高神经兴奋性、促进机体的物质代谢和生长发育，尤其是脑和骨骼的发育影响显著。在小儿，如甲状腺功能低下，可导致身材矮小、智力低下，称呆小症。如甲状腺功能过强，甲状腺素分泌增多，称甲状腺功能亢进（图8-3），新陈代谢率增高，可导致突眼性甲状腺肿。

2.滤泡旁细胞 位于滤泡上皮细胞之间和滤泡之间的结缔组织内，单个或成群分布。细胞呈卵圆形或多边形，体积较大，胞质染色较浅。滤泡旁细胞可分泌**降钙素**，使血钙浓度降低。

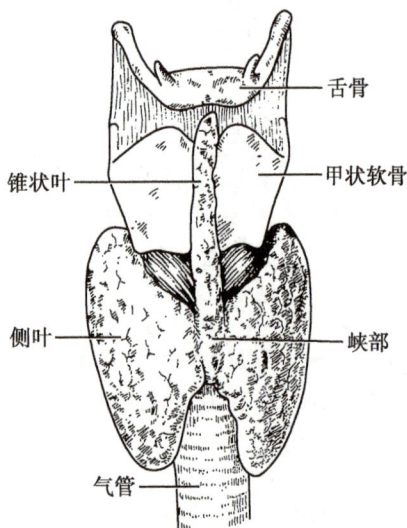

图8-2 甲状腺的形态和位置

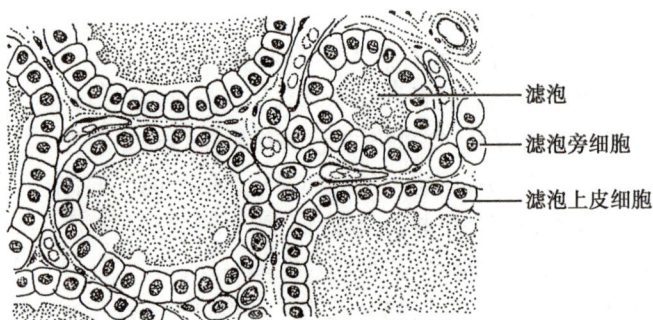

图8-3 甲状腺的微细结构

第二节　甲　状　旁　腺

一、甲状旁腺的形态和位置

甲状旁腺（parathyroid gland）为棕黄色的扁圆形小体，位于甲状腺侧叶的后方，上、下各一对，也偶见埋入甲状腺实质内（图8-4）。

二、甲状旁腺的微细结构

甲状旁腺的细胞呈索状或团状排列，包括主细胞和嗜酸性细胞两种。

1. **主细胞**　为甲状旁腺的主要细胞，细胞较小，圆形或多边形，核圆，位于细胞的中央，胞质染色较浅。

主细胞可分泌**甲状旁腺素**，其作用可促进小肠和肾小管对钙的吸收，同时增强破骨细胞的活动，促使骨质溶解，使血钙浓度升高。甲状旁腺功能亢进时，可引起骨质疏松，易发生骨折。

2. **嗜酸性细胞**　数量较少，细胞体积较大，胞质中含有许多嗜酸性颗粒。该细胞的功能尚不清楚（图8-5）。

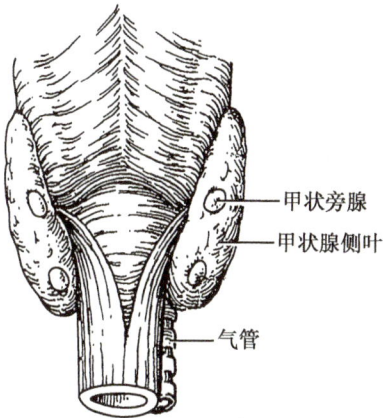

图8-4　甲状旁腺

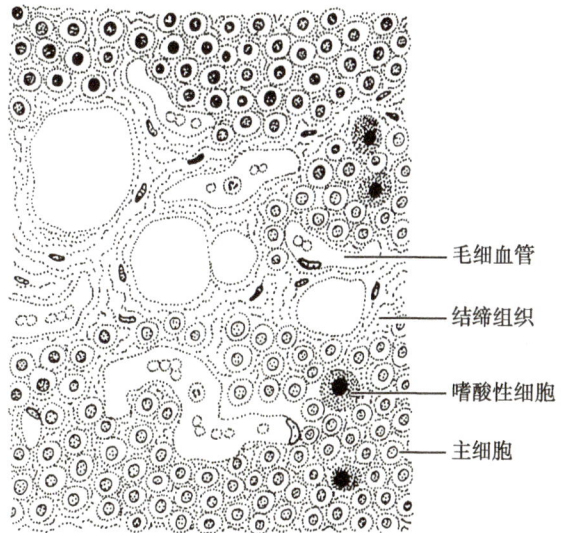

图8-5　甲状旁腺的微细结构

第三节　肾　上　腺

一、肾上腺的形态和位置

肾上腺（suprarenal gland）是一对淡黄色、柔软的实质性器官，位于两肾的上端。左侧为半月形，右侧为三角形。肾上腺与肾共同包被于肾筋膜内。

二、肾上腺的微细结构

肾上腺的外面包有一层结缔组织被膜，肾上腺的实质可分为皮质和髓质两部分（图8-6）。

（一）皮质

皮质（cortex）为肾上腺的周围部，约占肾上腺体积的80%～90%。根据细胞的形态和排列，可将皮质由外向内分为三部分：

1. **球状带**　位于皮质的浅层，约占皮质的15%。细胞排列成环状或半环状的细胞团，细胞团之间有血窦和结缔组织。球状带细胞较小，呈低柱状或多边形，胞质呈嗜酸性，核小，染色深。

球状带细胞分泌**盐皮质激素**，主要成分为醛固酮，可调节体内的钠、钾和水的平衡。

2. **束状带**　位于球状带的深层，较厚，约占皮质的78%。细胞排列成索，并由髓质向皮质呈放射状分布，细胞索之间也有血窦。束状带细胞较大，呈多边形，胞质呈空泡状，核圆，染色浅，位于细胞中央。

图8-6　肾上腺（剖面观）

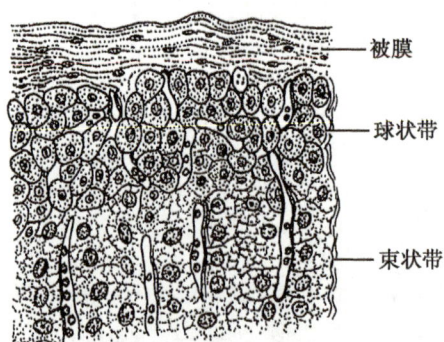

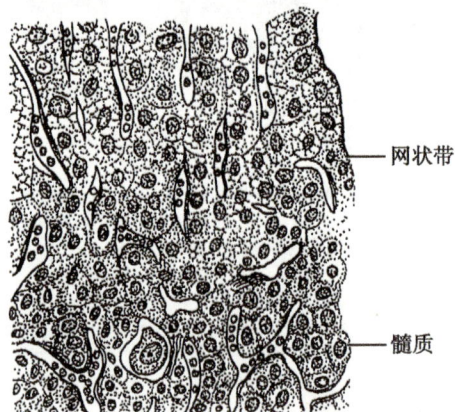

束状带细胞分泌**糖皮质激素**，主要成分为皮质醇和皮质酮，其主要作用是调节糖和蛋白质的代谢。糖皮质激素可降低机体的炎性反应，故临床上常用这种激素配合其他药物治疗严重感染和过敏性疾病。

3. **网状带**　位于皮质的深层，约占皮质的7%。细胞排列成索状，细胞索相互连接成网，网眼内有血窦。网状带细胞呈多边形，胞质呈嗜酸性，核小，染色较深（图8-7）。

网状带细胞分泌**雄激素**和少量的**雌激素**。

（二）髓质

髓质（medulla）位于肾上腺的中央，主要由髓质细胞构成。细胞排列成不规则的条索状，其间有结缔组织和血窦。髓质细胞体积较大，呈圆形或多边形，核呈圆形，核仁明显，胞质内含有许多易被铬盐染成棕黄色的颗粒，故亦称嗜铬细胞。髓质细胞可分泌两种激素：

1. **肾上腺素**　主要作用于心肌，使心率加快、心血管扩张。

2. **去甲肾上腺素**　主要作用于小动脉的平滑肌，使平滑肌收缩，血压升高。

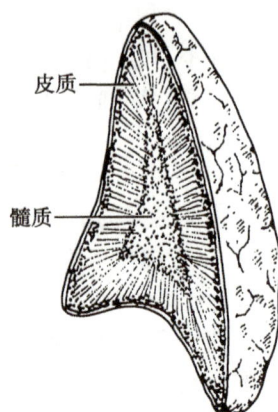

图8-7　肾上腺的微细结构

第四节　垂　体

一、垂体的形态和位置

　　垂体（hypophysis）为椭圆形小体，重量不足1g，位于颅中窝中部的垂体窝内，向上通过漏斗连于下丘脑。垂体的前上方紧邻视交叉的中部，因此当垂体有肿瘤时，可压迫视交叉，导致双眼颞侧视野偏盲（图8-8）。

　　垂体分为前部的腺垂体，后部的神经垂体。

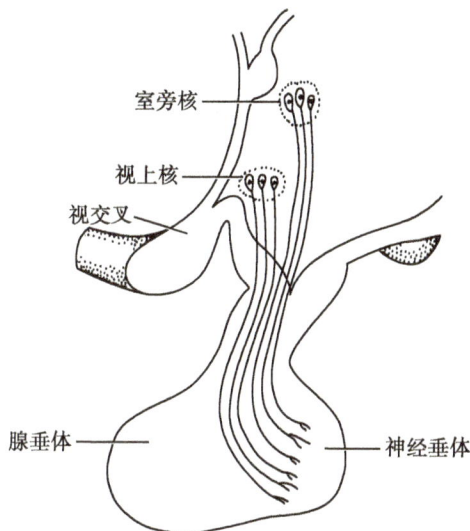

图8-8　垂体

二、垂体的微细结构

（一）腺垂体

　　腺垂体（adenohypophysis）为垂体的主要部分，主要由腺细胞构成。腺细胞排列成索状或团状，其间有丰富的血窦。腺细胞有以下三种：

　　1.**嗜酸性细胞**　数量较多，体积较大，轮廓清楚，形态不规则，胞质内含有许多粗大的嗜酸性颗粒。嗜酸性细胞可分泌两种激素：

　　（1）**生长激素**：其主要功能是促进骨骼的生长和蛋白质的合成。这种激素若分泌过多，在幼年时期可引起巨人症，在成人发生肢端肥大症；若儿童时期分泌不足，则形成侏儒症。

　　（2）**催乳激素**：此种激素可促进乳腺发育和乳汁的分泌。

　　2.**嗜碱性细胞**　数量最少，细胞呈圆形或多边形，体积大小不等，细胞质内含有嗜碱性颗粒。嗜碱性细胞可分泌三种激素：

　　（1）**促甲状腺激素**：可促进甲状腺分泌甲状腺素。

　　（2）**促性腺激素**：包括两种激素：①**卵泡刺激素**：在女性可促进卵泡的发育，在男性可促进精子的生成；②**黄体生成素**：在女性可促进黄体的形成，在男性称**间质细胞刺激素**，可促进睾丸间质细胞分泌雄激素。

（3）**促肾上腺皮质激素**：其主要作用是促进肾上腺皮质分泌糖皮质激素。

3. **嫌色细胞**   数量最多，染色浅，细胞轮廓不清晰。嫌色细胞可能是无分泌功能的幼稚细胞，也可能是上述两种细胞脱颗粒的结果（图8-9）。

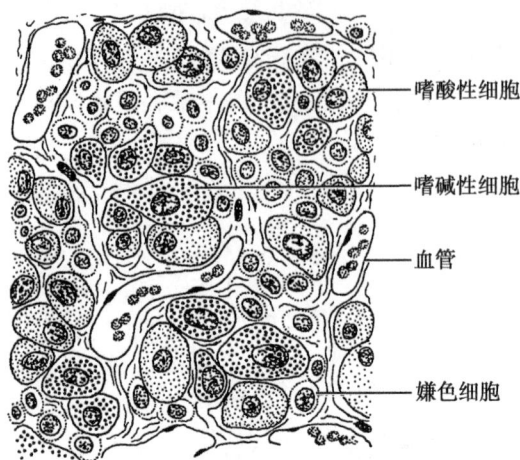

图8-9   腺垂体的微细结构

（二）神经垂体

神经垂体（neurohypophysis）由无髓神经纤维和神经胶质细胞构成，其间有丰富的血窦。无髓神经纤维来自于下丘脑的视上核和室旁核，是两个核内的分泌神经元发出的轴突，此轴突经漏斗进入神经垂体，终止于血窦的周围。视上核和室旁核内的分泌神经元可分泌激素，并经轴突运送到神经垂体释放。因此神经垂体并无内分泌功能，只是储存和释放下丘脑激素的部位。由视上核和室旁核产生的激素是：

（1）**加压素**（抗利尿激素）：由视上核分泌，可促进肾小管和集合管对水的重吸收，使尿量减少。

（2）**缩宫素**：由室旁核分泌，可促进妊娠子宫平滑肌的收缩，加速胎儿娩出，也可促进乳腺的分泌。

第五节   胸   腺

详见第九章脉管系统。

第六节   松   果   体

松果体（pineal body）为一淡红色的椭圆形小体，位于背侧丘脑的后上方。松果体在儿童时期较发达，一般7岁后开始逐渐退化。松果体分泌的激素，一般认为有抑制性成熟的作用（见图11-13）。

●— **知识链接** ∨ ●—

肥胖与健康

　　肥胖已成为中国乃至全球面临的严重的公共健康问题。目前我国肥胖者已超过7000万人。肥胖者心脏病发病率是正常体重的2.5倍，高血压、糖尿病发病率分别为3倍和3倍以上，动脉硬化、癌症发病率分别是2～3倍和1倍多，另外肥胖与脑血管疾病、脂肪肝、胆结石、性功能障碍等有密切的关系。

　　肥胖分为单纯性肥胖和继发性肥胖两种。单纯性肥胖症是指机体摄入热能超过消耗热能，引起体内脂肪积蓄过多；继发性肥胖主要由疾病引起。国外报道，单纯性肥胖者的平均寿命一般比正常体重者短；45岁以上体重超过正常20%的人，每超过1kg，寿命缩短64天。

　　如何预防肥胖的发生，首先要充分认识肥胖对人体的危害，了解婴幼儿、青春期、妊娠前后、更年期、老年期各年龄阶段容易发胖的知识及预防方法。其次要饮食平衡合理，加强运动锻炼，保持心情舒畅，养成良好的生活习惯。这样就可以保证体重不超标，有一个健康、体力充沛的身体。

（蒋建平）

思考题

　　1. 试述甲状腺、甲状旁腺、肾上腺的位置及作用。
　　2. 简述脑垂体的位置及分部。垂体分泌哪些激素，为什么神经垂体无分泌功能却含有激素？

第九章 脉管系统

学习目标

掌握：1. 心血管系统的组成及体循环与肺循环的概念。

2. 心的位置、外形及各心腔的形态结构。

3. 左、右冠状动脉的起始、行程、分支及分布范围。

4. 心的体表投影。

5. 头颈部、上肢的动脉分支及分布。

6. 胸部、腹部的动脉分支及分布。

7. 盆部、下肢的动脉分支及分布。

8. 头静脉、贵要静脉和肘正中静脉的行程、注入部位及临床意义。

9. 大隐静脉的起始、行程和注入部位及临床意义。

10. 淋巴结、脾的微细结构。

熟悉：1. 血管壁的微细结构及微循环血管。

2. 心壁的微细结构。

3. 心传导系统的组成。

4. 主动脉的起止、行程和分布。

5. 上、下腔静脉的组成和收集范围。

6. 肝门静脉的组成和主要属支及其收集范围。

7. 淋巴系统的组成、淋巴干的名称、胸导管的收集范围和注入部位。

了解：1. 心包的构成和心包腔的概念。

2. 人体各部的淋巴引流。

脉管系统是人体内一系列连续且封闭的管道系统，包括心血管系统和淋巴系统。

心血管系统能不断地将消化系统吸收的营养物质、肺吸纳的O_2和内分泌腺分泌的激素输送到全身或者是相应的器官、组织和细胞；并将机体产生的代谢产物如CO_2、尿素、无机盐和多余的水输送到肺、肾、皮肤等器官排出体外，以保证机体新陈代谢的正常进行和内环境的相对稳定。同时对机体的体温调节和防御功能亦起着重要作用。

淋巴系统是心血管系统的辅助部分，主要由淋巴器官、淋巴组织、淋巴管道组成。可产生淋巴细胞和抗体，参与机体的免疫应答，构成机体重要的防御体系。此外，淋巴系统将淋巴注入血液，可辅助体液的回收。

第一节 心血管系统

一、概 述

（一）组成

心血管系统（cardiovascular system）由心、动脉、毛细血管和静脉组成（图9-1）。

1. **心**（heart） 是推动血液流动的动力泵，为中空的肌性器官，主要由心肌构成。心被房间隔和室间隔分为左半心和右半心，左、右半心互不相通，每半心分为上方的心房和下方的心室：即右心房、右心室、左心房、左心室。同侧房室之间有房室口相通。在左、右房室口及动脉口处有防止血液逆流的瓣膜，恰似闸门，顺血流而开，逆血流而闭，使血液在心内单向流动。心在神经体液的调节下，具有"泵"一样的作用。其有节律性的收缩

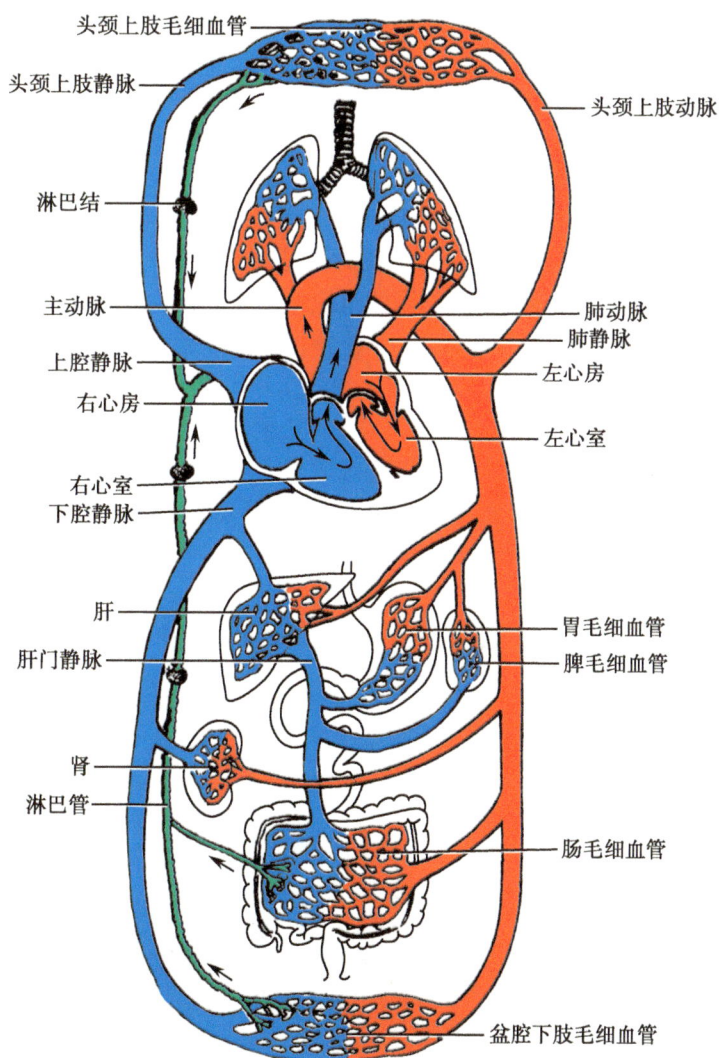

图9-1 脉管系统示意图

和舒张，不停地将血液从静脉纳入心房，流入心室，再射入动脉，推动血液循环。

2. **动脉**（artery）　是导血出心的血管，分为大动脉、中动脉和小动脉。动脉在走行中不断发出分支，管径越分越细，最后移行为毛细血管。大动脉管径较大，管壁较厚，其壁内含有大量弹性纤维，具有弹性。心室射血时管壁被动扩张，心室舒张时管壁弹性回位，推动血液向前流动。中、小动脉管壁中的平滑肌较发达，其舒缩可改变管腔的大小，对局部血流量和血压的维持具有一定影响。此外，动脉可随心的舒缩、血压的高低而搏动。故此，一些表浅动脉可用作诊脉点和止血点。

3. **静脉**（vein）　是导血回心的血管，分为小静脉、中静脉和大静脉。静脉起于毛细血管的静脉端，由小至大逐级汇合，最后注入心房。此外，有些中、小静脉与相应的动脉伴行。与伴行的动脉相比，静脉具有数量多、弹性小、管壁薄、管腔大、血流慢、容量大等特点。

4. **毛细血管**（capillary）　是介于动、静脉之间的微细血管。全身除软骨、角膜、毛发、牙釉质和晶状体外均有毛细血管分布。毛细血管血流缓慢且具有选择通透性，是血液与周围组织进行物质交换的主要部位。毛细血管互相吻合成网，其分布的疏密取决于器官或组织的代谢是否旺盛。代谢旺盛的器官或组织如肝、肾、肺、骨骼肌等，毛细血管分布较稠密。代谢低下的器官如骨、肌腱等，毛细血管分布较稀疏。

（二）血液循环

血液在心血管内周而复始、循环往复地流动过程称血液循环。依其途径不同可分为体循环和肺循环。两循环同步进行、互相连通。

1. **体循环**（systemic circulation）　又称大循环。当心室收缩时，血液由左心室射入主动脉及其分支到达全身毛细血管，与周围组织、细胞进行物质交换，后经各级静脉返回右心房。体循环的特点是血液流经范围广、流程较长。体循环的主要功能是将O_2和营养物质输送给全身各组织细胞，并将组织细胞产生的CO_2和代谢产物运送回心。

2. **肺循环**（pulmonary circulation）　又称小循环。当心室收缩时，血液从右心室射入肺动脉干及其各级分支，最终到达肺泡毛细血管，在此与肺泡进行气体交换，再经肺静脉注入左心房。肺循环的特点是循环途径较短，其主要功能是吸纳O_2和释放CO_2。

（三）血管吻合及侧支循环

人体内血管之间的吻合非常广泛，且形式较多。除动脉与毛细血管，毛细血管与静脉的连通外，还有动脉与动脉，静脉与静脉，动脉与静脉之间借吻合支形成的血管吻合（图9-2）。

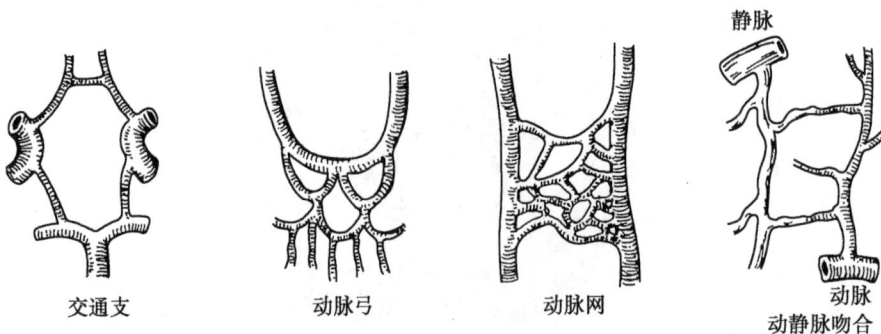

交通支　　　动脉弓　　　动脉网　　　静脉 动脉 动静脉吻合

图9-2　血管的吻合形式

1. **动脉间吻合** 人体有些部位的两条动脉干之间借交通支相连，如颅底的大脑动脉环等；在经常活动或易受压的部位附近常有多条动脉的分支相互吻合形成动脉网，如关节动脉网等；有些动脉的末端或其分支直接吻合形成血管弓，如掌浅弓、掌深弓等。此外有些较大的动脉干在行程中发出与其平行的侧副管，再与其远侧发出的返支连接形成侧副吻合。病理情况下，如主干发生阻塞，血液可经侧副吻合到达阻塞以下的主干及其分布区域，使之获得代偿和恢复。这种通过侧副支吻合形成的循环通路称侧支循环。侧支循环的形成对保证器官在病理状态下的血液供应具有重要意义（图9-3）。

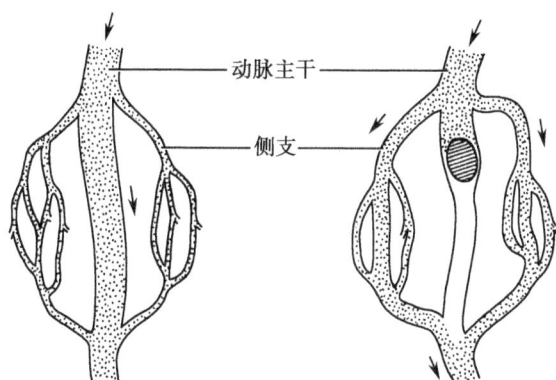

图9-3 侧支循环模式图

2. **静脉间的吻合** 静脉间的吻合除具有与动脉间吻合相似的吻合形式外，还具有吻合更加广泛、形式更加多样性的特点。在浅静脉之间吻合形成静脉弓（网），在深脉静之间形成静脉丛，以保证器官扩大或管壁受压时的血流通畅。

3. **动静脉吻合** 指小动脉与小静脉之间借吻合支直接连通。此吻合形式主要存在于手、足、鼻、唇、消化道黏膜、肾皮质、生殖器勃起组织等处。其意义在于缩短循环途径，调节局部血流量和局部温度。

（四）血管的微细结构

1. **血管一般结构** 血管除毛细血管外，其管壁由内向外依次分为内膜、中膜和外膜。此外，血管壁内还含有血管和神经分布。

（1）**内膜**（tunica intima）：是管壁的最内层，一般分为三层：即内皮、内皮下层和内弹性膜。内皮为单层扁平上皮，贴于管腔面，其游离面较光滑，直接与血液接触，可减少血液流动阻力。内皮下层由结缔组织构成，位于内皮与内弹性膜之间，内含少许胶原纤维、弹性纤维。当内皮细胞损伤时，内皮下层有修补作用。内弹性膜由弹性蛋白组成，膜上有许多小孔。在血管横切面上，内弹性膜常呈波浪状。

（2）**中膜**（tunica media）：介于内膜与外膜之间，由平滑肌和结缔组织构成。中膜的弹性纤维使扩张的血管具有回缩作用，胶原纤维起维持张力的作用。

（3）**外膜**（tunica adventitia）：外膜主要由疏松结缔组织构成。血管壁的结缔组织细胞主要以成纤维细胞为主，当血管受损时，成纤维细胞具有修复外膜的作用。在较大血管的外膜中含有血管、淋巴管和神经。有的血管外膜与中膜之间还有弹性纤维组成的外弹性膜。

2. **大动脉的结构特点** 大动脉的管壁中有许多弹性纤维，平滑肌较少，故又称弹性动脉，其特点如下（图9-4）。

（1）**内膜**：内皮下层较厚。内弹性膜与中膜的弹性膜相连，故内膜与中膜分界不清。

（2）**中膜**：主要由40~70层弹性膜构成。每层弹性膜由弹性纤维相连，其间有环形平滑肌和少量胶原纤维和弹性纤维。

（3）**外膜**：较薄，由结缔组织构成，无明显外弹性膜，内含血管、淋巴管和神经。

3. 中动脉的结构特点　除大动脉外，解剖学中有名称的动脉多属中动脉，一般管径在1~10mm之间。中动脉管壁中有大量平滑肌，故有肌性动脉之称，其特点如下（图9-5）。

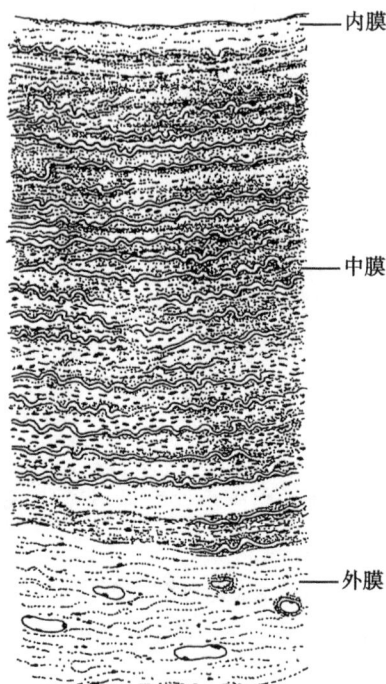

图9-4　大动脉的微细结构　　　　图9-5　中动脉的微细结构

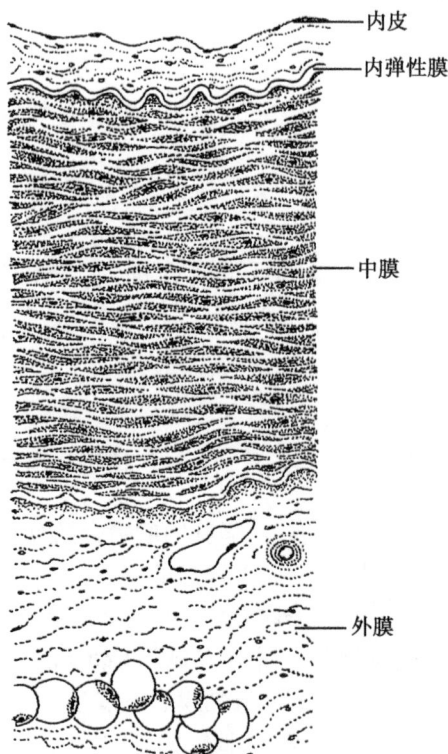

（1）**内膜**：内皮下层较薄，内弹性膜明显。

（2）**中膜**：较厚，由10~40层平滑肌构成，其间有少量弹性纤维和胶原纤维。

（3）**外膜**：其厚度与中膜相等，在中膜与外膜相交处有明显的外弹性膜。

4．小动脉结构特点　管径在0.3~1mm之间的动脉称小动脉。小动脉的三层结构较完整。中膜内有较发达的平滑肌，亦有肌性动脉之称。较大的小动脉内弹性膜较明显，但无外弹性膜（图9-6）。

5．静脉的结构特点　静脉同样具有内膜、中膜和外膜，但三层结构分界不很明显。内膜较薄，中膜稍厚，外膜最厚。与相应的动脉相比，静脉数量多，管径大，管壁薄，弹性小。此外，在某些静脉内有向心性开放的静脉瓣（图9-7，图9-8）。

6. 毛细血管

（1）**毛细血管的结构特点**：毛细血管是血液与组织进行物质交换的部位。主要由一层内皮细胞和基膜构成。其分布广，分支多，相互吻合成网。毛细血管径一般为6~9μm，较小的毛细血管横切面观察仅由一个内皮细胞围成；较大的毛细血管由2~3个内皮细胞围成。

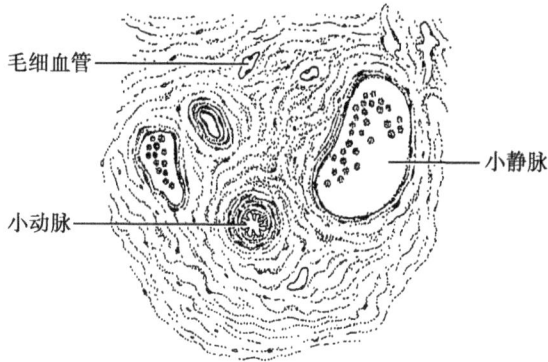

图9-6 小动脉和小静脉的微细结构

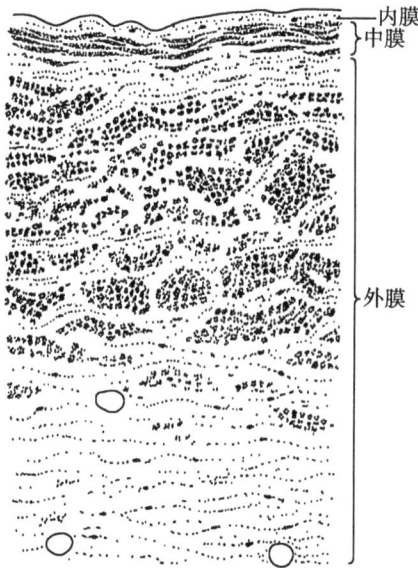

图9-7 大静脉的微细结构

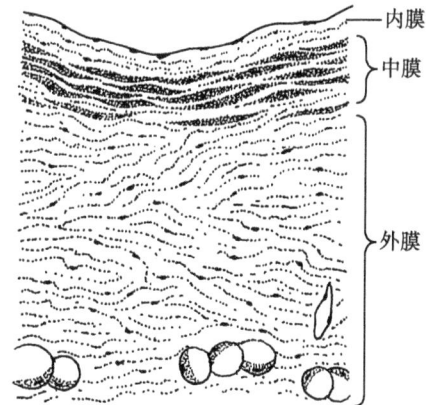

图9-8 中静脉的微细结构

内皮细胞无核的部分较薄，利于物质交换。基膜贴于内皮细胞外。有的毛细血管内皮与基膜之间有一种扁平多突的细胞，称**周细胞**（pericyte）（图9-9，图9-10），周细胞的功能尚未明了。

（2）**毛细血管的分类**：根据毛细血管内皮细胞在电镜下的结构特点，将毛细血管分为连续性毛细血管、有孔的毛细血管和血窦（图9-10）。

1）**连续性毛细血管**（continous capillary）：其特点是内皮细胞相互连续，基膜完整，细胞质内有许多吞饮小泡。主要分布于结缔组织、肌组织、肺和中枢神经等。

2）**有孔毛细血管**（fenestrated capillary）：其特点是内皮细胞不含核部分较薄，有许多小孔，直径约60~80nm（图9-10）。主要分布于胃肠黏膜，肾血管球及某些内分泌腺等。

3）**血窦**（sinusoid）：其特点是管腔大，形态不规则。主要存在于肝、脾、骨髓和一些内分泌腺。

（五）微循环

微循环（microcirculation）是指微动脉与微静脉之间的血液循环。一般由六部分组成（图9-11）。

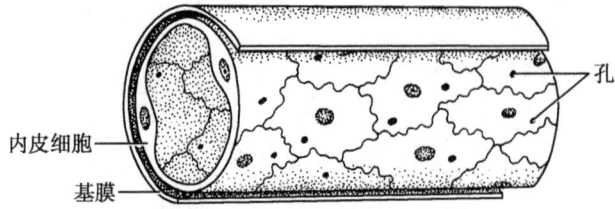

图9-9　毛细血管结构模式图

内皮细胞

基膜

孔

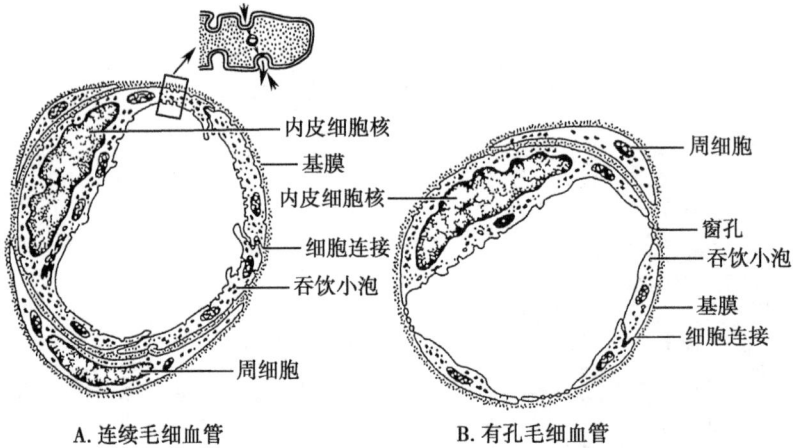

内皮细胞核

基膜

内皮细胞核

细胞连接

吞饮小泡

周细胞

A. 连续毛细血管

周细胞

窗孔

吞饮小泡

基膜

细胞连接

B. 有孔毛细血管

图9-10　两种毛细血管超微结构模式图

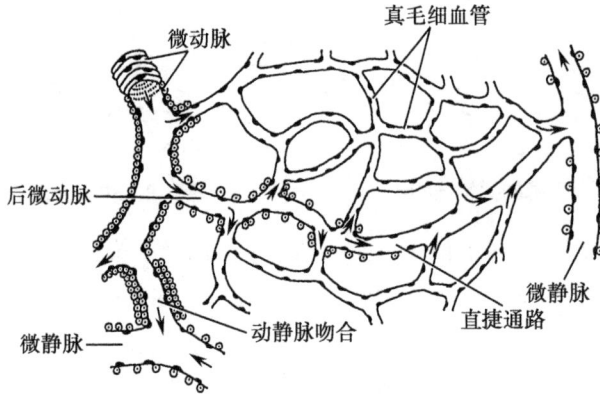

微动脉

真毛细血管

后微动脉

微静脉

动静脉吻合

微静脉

直捷通路

图9-11　微循环模式图

1. 微动脉（arteriole）　为小动脉靠近毛细血管的部分。管壁内有完整的平滑肌。平滑肌的舒缩调节着进入微循环的血流量，有总闸门之称。

2. 中间微动脉（metearteriole）　是微动脉的分支，管壁平滑肌较少。

3. 真毛细血管（true capillary）　是中间微动脉的分支。其起始处有平滑肌形成的**毛细血管前括约肌**（precapillary sphincter），是调节微循环的分闸门。一般情况下，只有少许毛细血管开放，当局部组织功能增强时，毛细血管前括约肌松弛，毛细血管内血流量随之增加。真毛细血管是物质交换的主要部位。

4. 直捷通路（thoroughtare channel）　是中间微动脉的延续部分，结构与毛细血管相同，只是管径略粗。在组织处于静止状态时，中间微动脉内的血液直接、快速进入微静脉，只有少部分血液进入真毛细血管。

5. 动−静脉吻合（arteriovenous anastomosis） 为微动脉与微静脉之间的吻合支。管壁较厚。动−静脉吻合收缩时，血液由微动脉流入毛细血管；松弛时，微动脉血液直接流入微静脉。这也是调节局部组织血流量的重要结构。

6. 微静脉（venule） 其管壁结构与毛细血管相似，但管径略粗，直接将微循环的血液导入小静脉。

二、心

（一）心的位置及外形

1. 位置 心位于胸腔的中纵隔内，约2/3位于中线的左侧，1/3位于中线的右侧，外裹心包（图9-12）。心向上与出入心的大血管相连。下方为膈，两侧借纵隔胸膜与肺相邻。其前面平对胸骨体和第2~6肋软骨；大部分被肺和胸膜所覆盖，仅下部一三角形区域（心包裸区）借心包与胸骨体下半和左第4~6软骨相邻。临床进行心内注射多在左侧第4肋间隙胸骨左缘进针，以免伤及肺和胸膜。心的后面平对第5~8胸椎；与左主支气管、食管、左迷走神经、胸主动脉相邻。

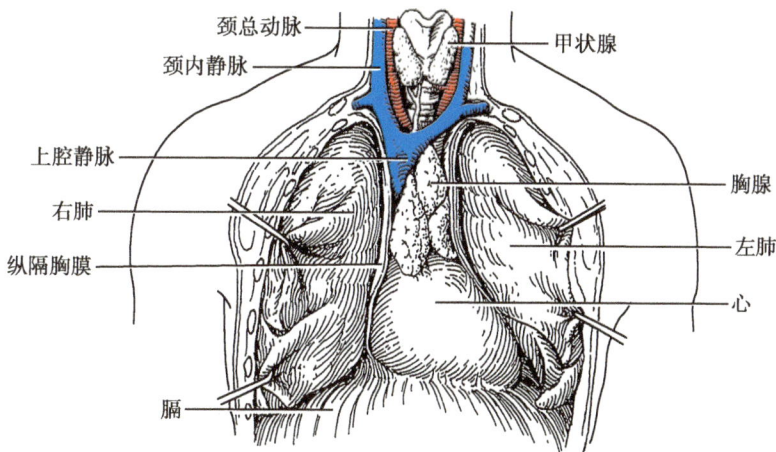

图9-12 心的位置

2. 外形 心近似倒置的圆锥体，约相当于本人拳头大小。具有一尖、一底、两面、三缘，表面有三条沟（图9-13，图9-14）。

　　心尖（cardiac apex）圆钝、游离，朝向左前下方，由左心室构成，相当于左侧第5肋间隙锁骨中线内侧1~2cm处。此处可扪及心尖搏动。

　　心底（cardiac base）朝向右后上方，与出入心的大血管相连。大部分由左心房，小部分由右心房构成。

　　两面：指胸肋面和膈面，胸肋面（前面）朝向前上方，大部分由右心房和右心室构成，小部分由左心耳和左心室构成。膈面（下面）朝向后下方，约呈水平位，借心包与膈相邻。该面大部分由左心室构成，小部分由右心室构成。

　　三缘：右缘，垂直向下，由右心房构成。左缘，斜向左下，大部分由左心室，小部分

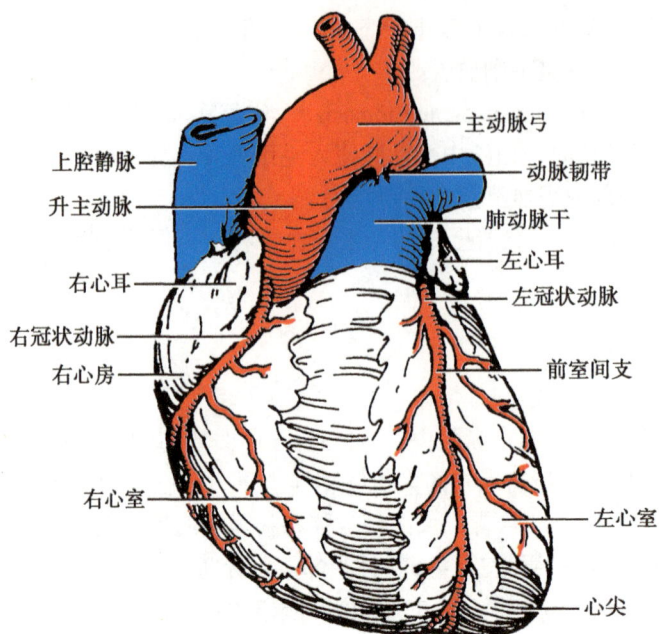

图9-13　心的外形与血管（前面）

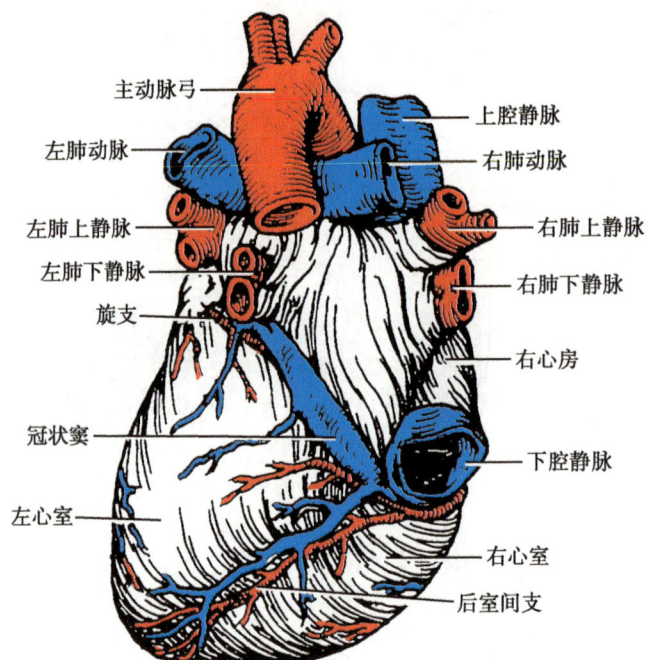

图9-14　心的外形与血管（后面）

由左心耳构成。下缘，较锐，接近水平位，由右心室和心尖构成。

三条沟：为心腔表面的分界标志。冠状沟（coronarius sulcus）近似环形，几呈冠状位。前方被肺动脉所隔断，它将心分为右上方的心房和左下方的心室。前室间沟（anterior interventricular groove）为胸肋面冠状沟向下延至心尖右侧的浅沟。后室间沟（posterior interventricular groove）为膈面冠状沟向下至心尖右侧的浅沟，是左、右心室在心表面的标志。在后室间沟与冠状沟交汇处称房室交点，是临床上常用的标志。

（二）各心腔的形态结构

1. **右心房**（right atrium）　是心腔中靠右侧的部分（图9-15）。分为前部的固有心房和后部的腔静脉窦。两部以心右缘表面的浅沟（即界沟）和腔面与界沟相对应的纵行肌隆起（即界嵴）为界。

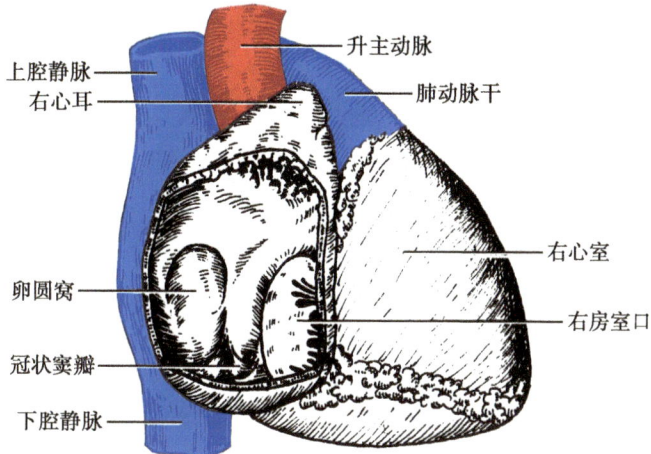

图9-15　右心房的腔面

固有心房前上方的突出部称右心耳。在右心耳腔面有许多平行的梳状肌。梳状肌由界嵴发出向前与右心耳交织成网的肌小梁相延续。固有心房左前下方有**右房室口**（right atrioventricular erifice）通向右心室。

腔静脉窦腔面光滑，上、下分别有上腔静脉口和下腔静脉口。下腔静脉口前缘有下腔静脉瓣，胎儿时期该瓣具有引导血液经卵圆孔流向左心房的作用。在下腔静脉口与右房室口之间有冠状窦口。上、下腔静脉和冠状窦分别将人体上半身，下半身和心壁的静脉血导回右心房。

右心房后内侧壁为房间隔。其下部有一浅凹，称**卵圆窝**（fossa ovalis），为胚胎时期卵圆孔闭合后的遗迹。房间隔缺损多发生在此处。

2. **右心室**（right ventricle）　位于右心房的左前下方，为心腔最靠前的部分（图9-16，图9-17）。室腔呈尖端向下的锥体形，锥底被位于后下方的右房室口和左上方的肺动脉口所占据。两口之间右室壁上的弓形肌性隆起称**室上嵴**（supraventricular crest），将室腔分为窦部（流入道）和漏斗部（流出道）。

（1）**窦部**：为右房室口斜向右心室尖之间的部分。其内面的肌束形成纵横交错的隆起称肉柱。入口为右房室口，口周缘附着由致密结缔组织构成的三尖瓣环。三尖瓣环上附着三个三角形的瓣膜，称**三尖瓣**（tricuspidvalve）。据其位置分别称前瓣、后瓣和隔侧瓣。在瓣膜的边缘和心室壁上的**乳头肌**（papillary muscles）之间连有多条结缔组织索，称腱索。乳头肌是从室壁突入室腔的锥形肌隆起，分为前乳头肌、后乳头肌和隔侧乳头肌。当心室收缩时，由于血液的推动使三尖瓣关闭右房室口。由于乳头肌的收缩，腱索牵拉，使瓣膜不至于翻向右心房，从而阻止血液逆流回右心房。鉴于三尖瓣环、三尖瓣、腱索和乳头肌在功能上的密切关联，常将四者称为**三尖瓣复合体**（tricuspid complex）。

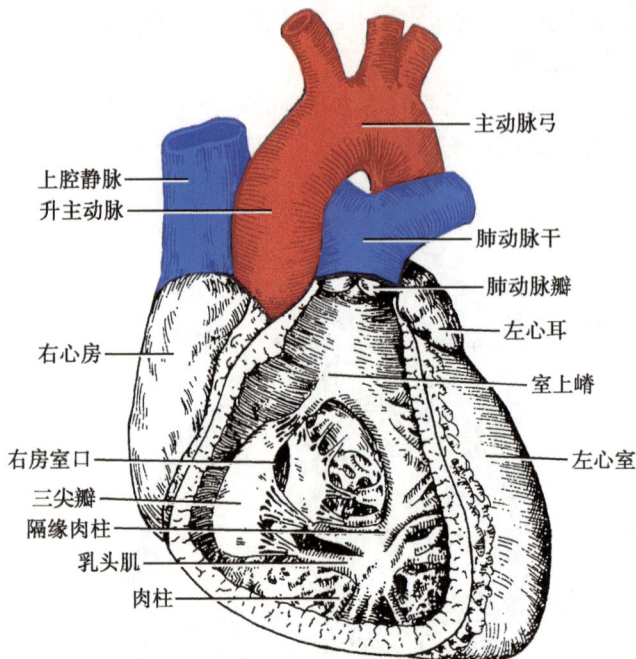

图9-16　右心室的腔面

主动脉弓
上腔静脉
升主动脉
肺动脉干
肺动脉瓣
左心耳
右心房
室上嵴
右房室口
左心室
三尖瓣
隔缘肉柱
乳头肌
肉柱

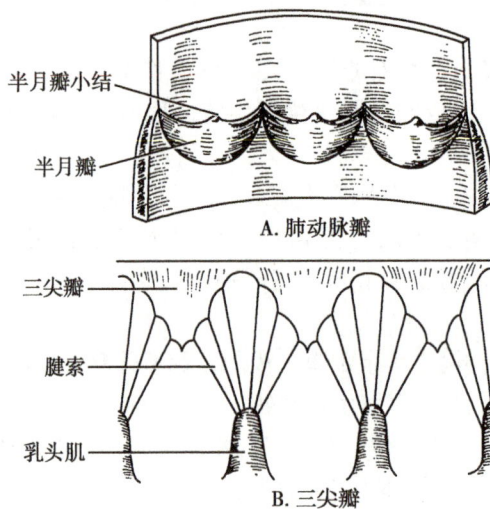

半月瓣小结
半月瓣

A. 肺动脉瓣

三尖瓣
腱索
乳头肌

B. 三尖瓣

图9-17　心瓣膜模式图

（2）**漏斗部**：又称**动脉圆锥**（conus arteriosus），位于窦部左上方，腔面较光滑，形似倒置的漏斗。其上端借肺动脉口通肺动脉干。肺动脉口周缘的纤维环上附有三个袋口向上的半月状瓣膜，称**肺动脉瓣**（pulmonary valve）。当右心室收缩时，血液冲开肺动脉瓣，使血液射入肺动脉；心室舒张时，瓣膜关闭，阻止血液逆流入右心室。

3. 左心房（atrium sinistrum）　位于右心房的左后方（图9-18）。分为前、后两部分。前部向左前突出的部分称**左心耳**（left auricle），其内有发达的梳状肌。因其与二尖瓣邻近，是心外科常用的手术入路之一。左心房后部较大，腔面光滑，有四个入口：后方两侧分别有左肺上、下静脉和右肺上、下静脉开口。左心房的前下方有**左房室口**（left

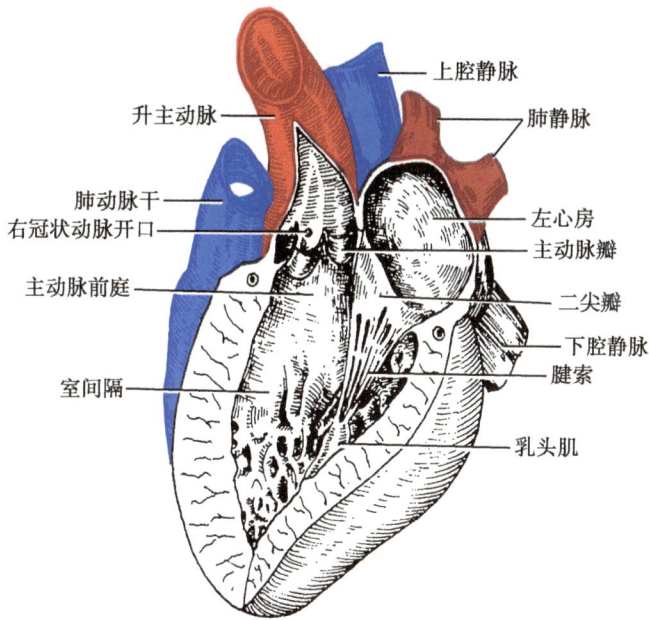

图9-18 左心房与左心室

atrioventricular orifice），通向左心室。

4. 左心室（left atrium） 位于右心室的左后下方，构成心尖及心的左缘（图9-19）。室壁厚9~12mm。室腔以二尖瓣前瓣为界，分为窦部（流入道）和主动脉前庭（流出道）两部分。

（1）**窦部**：为室腔左下方较大的区域，内壁粗糙不平。入口为左房室口，口周缘纤维环上附有**二尖瓣**（mitral valve），分为前瓣和后瓣。二尖瓣各尖瓣的边缘和心室面上也有多条腱索连于乳头肌。左室乳头肌分为前、后两个（两组）。较右室粗大，位于前、后壁上。纤维环、二尖瓣、腱索、乳头肌的功能与右心室相同，称二尖瓣复合体。

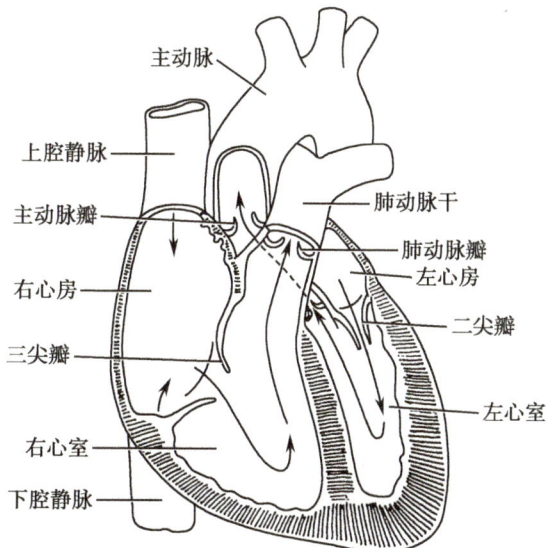

图9-19 心腔各腔的血流方向

（2）**主动脉前庭**（aortic vestibule）：为左心室前内侧的光滑部分。出口为主动脉口，口周缘纤维环上也有三个袋口向上的半月形瓣膜，称**主动脉瓣**（aortic valve），分为左、右、后瓣。每瓣与相对的动脉壁之间的内腔称**主动脉窦**（aortic sinusus），可分为左、右、后窦，其中左、右窦分别有左、右冠状动脉的开口。

（三）心壁的微细结构

心壁由心内膜、心肌膜和心外膜构成（图9-20）。

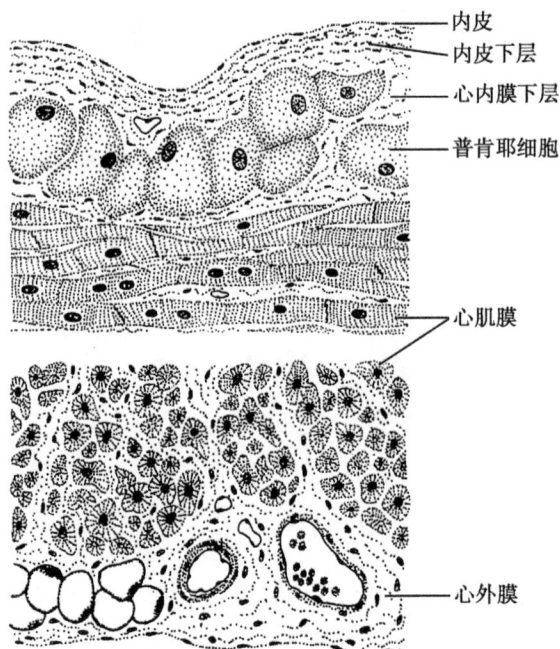

图9-20　心壁的微细结构

1. **心内膜**（endocardium）　为贴于心壁内表面的薄膜，由内皮、内皮下层和内膜下层组成。内皮与出入心的大血管的内皮相延续；内皮下层为一层细密的结缔组织；内膜下层为疏松结缔组织，内含血管、神经及心传导系纤维。

2. **心肌膜**（myocardium）　主要由心肌纤维构成，其间夹有少量疏松结缔组织和毛细血管。

心室肌较心房肌厚，两者互不连续。心室肌有三层，其走行方向是外层斜行，中层环行，内层纵行。在心房肌和心室肌之间、房室口、肺动脉口和主动脉口周围，由致密结缔组织构成坚实的纤维性支架，称心纤维性支架（图9-21）。其质地坚韧而富有弹性构成心壁的纤维骨骼，心房肌和心室肌均附于纤维骨骼上。

3. **心外膜**（epicardium）　为浆膜心包的脏层，被覆于心肌层和大血管根部。此外，在左、右心房之间有房间隔，是由两层心内膜夹少量心肌纤维和结缔组织构成。卵圆窝是房间隔的薄弱部位。在左、右心室之间有室间隔，由心肌和心内膜构成。其下部称肌部，较厚；上部中份有一卵圆形薄弱区称为膜部，室间隔缺损多发生在此。

（四）心的传导系统

心的传导系统是由特殊分化的心肌纤维构成，位于心壁内。具有产生兴奋和传导冲动，维持心正常搏动的功能。包括窦房结、房室结、房室束和Purkinje纤维网（图9-22）。

1. 窦房结（simuatrial node）　位于上腔静脉与右心耳交界处的心外膜深面，呈长椭圆形。窦房结能自动发出节律性冲动，引起心房肌收缩，并传至房室结。为心的正常起搏点。

2. 房室结（atrioventricular node）　位于冠状窦口与右房室口之间的心内膜深面，呈扁椭圆形，其前端发出房室束。房室结的功能是将窦房结发放的冲动传向心室。

3. 房室束（atrioventricular bundle）　又称His束，起于房室结，下行穿过右纤维三角至室间隔肌部上缘，分为左、右束支。右束支细长，起于房室束的末端，沿室间隔右侧心内膜深面下行，至右心室前乳头肌根部开始分散成Purkinje纤维网。分布于乳头肌和右心室壁的肌纤维上；左束支呈扁带状，沿室间隔左侧心内膜深面行走，在室间隔上、中1/3交界处分左、右两支，分别至左室前、后壁，再分支到达乳头肌根部，分散成Purkinje纤维网，分布于乳头肌和左心室肌。

4. Purkinje纤维网　左、右束支的分支在心内膜深面交织成心内膜下Purkinje纤维网，其发出的纤维进入心肌，在心肌内形成肌内Purkinje纤维，将冲动快速传至各部心室肌产生

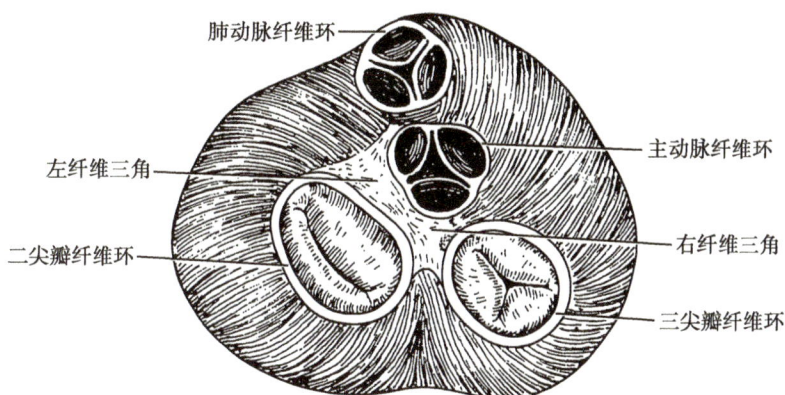

图9-21　纤维环与纤维三角

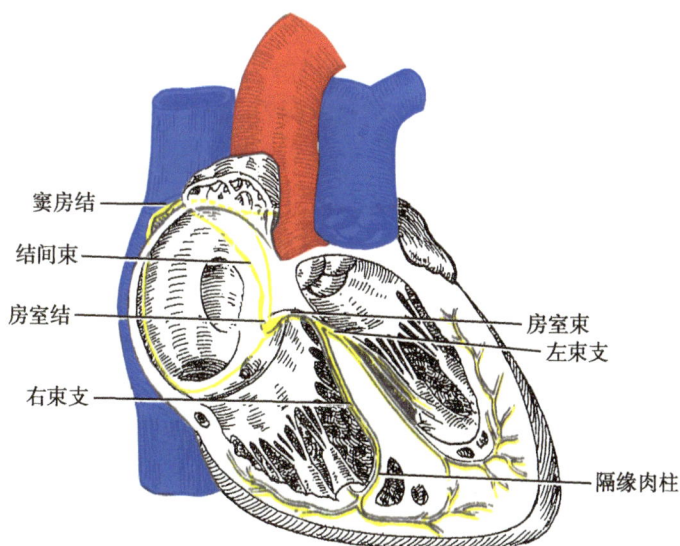

图9-22　心传导系统

同步收缩。

（五）心的血管

1. 动脉　分布于心壁的动脉为左、右冠状动脉及其分支，它们发自升主动脉（图9-13，图9-14）。

（1）**右冠状动脉**（right coronary artery）：起自主动脉右窦，经右心耳与肺动脉干之间，入冠状沟，向右后方行走至房室交点处，分为后室间支和左室后支。右冠状动脉沿途发出分支分布于右心房、右心室、室间隔后1/3及左室后壁的一部分。还发出分支至窦房结和房室结。

（2）**左冠状动脉**（left coronary artery）：起于主动脉左窦，经左心耳与肺动脉干之间左行，立即分旋支和前室间支：旋支，沿冠状沟向左后方行至膈面，并分支分部于左心房及左心室膈面；前室间支，沿前室间沟下行至心尖切迹，终于后室间沟下部。前室间支向左、右两侧和深面发出三组分支，分别分部于左室前壁、右室前壁一小部分及室间隔前2/3区域。

● 知识链接 ●

冠心病和心绞痛

冠状动脉性心脏病（coronary artery heart disease，CHD）简称冠心病，是一种最常见的心脏病，是指因冠状动脉狭窄、供血不足而引起的心肌功能障碍和（或）器质性病变，故又称缺血性心肌病（IHD）。习惯上把冠状动脉性心脏病视为冠状动脉粥样硬化性心脏病。冠心病的发病随年龄的增长而增高，程度也随年龄的增长而加重。由于其发病率高，死亡率高，严重危害着人类的身体健康，因而被称作是"人类的第一杀手"。

心绞痛（angina pectoris）是冠状动脉供血不足，心肌急剧、暂时缺血与缺氧所引起的以发作性胸痛或胸部不适为主要表现的临床综合征。其特点为阵发性的前胸压榨性疼痛感觉，常发生于劳动或情绪激动时，可持续数分钟，经休息或用硝酸酯类制剂可缓解或消失。

---

2. 静脉　心壁的静脉血绝大部分汇入冠状窦注入右心房。

冠状窦（coronary sinus）位于心膈面的冠状沟内，开口于右心房。主要属支有：心大静脉，与冠状动脉的前室间支伴行，起自心尖右侧上升转向左后方，沿冠状沟注入冠状窦；心中静脉，与后室间支伴行，上升注入冠状窦；心小静脉，行于右冠状沟内，绕过心右缘注入冠状窦。

此外，还有一些心壁内的小静脉直接注入各心腔内。

（六）心的体表投影

心在胸前壁的体表投影可用下列四点及其连线表示（图9-23）。

1. 左上点　在左侧第2肋软骨下缘，距胸骨左缘1.2cm处。

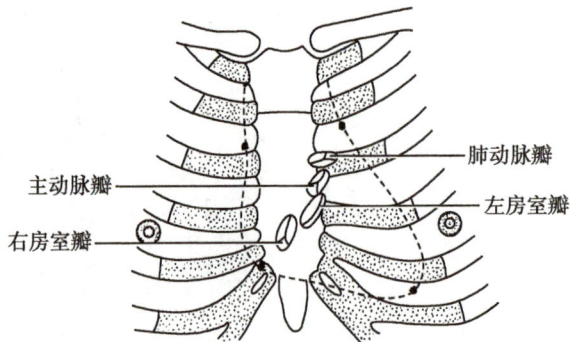

图9-23　心的体表投影

肺动脉瓣
主动脉瓣
左房室瓣
右房室瓣

2.右上点 在右侧第3肋软骨上缘,距胸骨右缘1cm处。

3.右下点 位于右侧第6胸肋关节处。

4.左下点 位于左侧第5肋间隙距前正中线7~9cm处。

用弧线连接上述四点即为心在胸前壁的体表投影。

(七)心包

心包(pericardium)为包裹心和出入心大血管根部的膜性囊,分纤维心包和浆膜心包（图9-24）。

纤维心包(fibrous pericardium)是坚韧的结缔组织囊,上方与出入心的大血管外膜相续,下方与膈的中心腱相附着。

浆膜心包(serous pericardium)分脏、壁两层。脏层构成心外膜,壁层衬于纤维心包的内面。脏、壁两层在出入心的大血管根部相互移行,两层之间的腔隙称**心包腔**(pericardial cavity),内含少量浆液,起润滑作用。心包具有保护心和阻止心过度扩张,并使心固定于正常位置的功能。

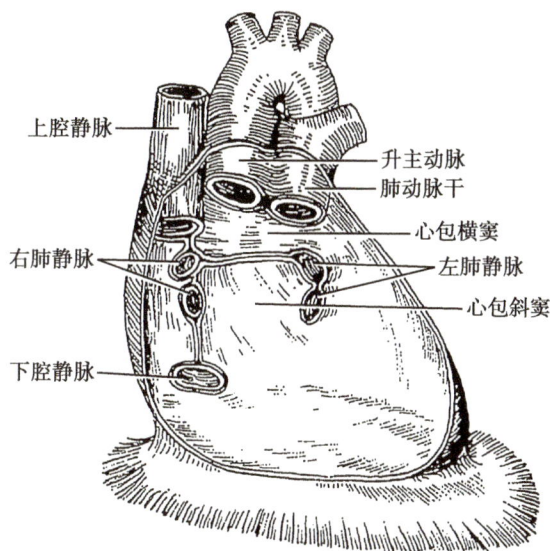

图9-24 心包

三、肺循环的血管

1.肺动脉干(pulmonary trunk) 系一粗而短的动脉干,起于右心室,经升主动脉右侧向左后上方斜行至主动脉弓的下方,分为左、右肺动脉。

左肺动脉(left pulmonary artery)较短,分上、下两支,分别进入左肺上、下叶。

右肺动脉(right pulmonary artery)较长,分三支分别进入右肺上、中、下叶。

左、右肺动脉的各分支在肺实质内反复分支,与各级支气管伴行,最后到达肺泡壁形成毛细血管网。

在肺动脉干分叉处稍左侧与主动脉弓下缘之间有一结缔组织索,称**动脉韧带**(arterial ligament),是胚胎时期动脉导管闭锁后的遗迹。动脉导管在出生后六个月尚未闭锁,则称动脉导管未闭,为先天性心脏病之一。

2. 肺静脉（pulmonary veins）　起自肺泡毛细血管网，并逐级汇合成左肺上、下静脉和右肺上、下静脉，经肺门出肺，注入左心房。肺静脉内为含氧量较高的动脉血。

四、体循环的动脉

体循环的动脉行程和配布有其一定的规律：①对称性和节段性分布：如头颈、躯干和四肢的血管；②多与其他血管和神经伴行；③安全隐蔽和短距离分布：动脉多在身体屈侧、深部或安全隐蔽处；④与器官的形态和功能相适应：如关节周围的关节网和胃肠等处的血管弓（图9-25，图9-26）。

体循环的动脉主干为**主动脉**（aorta），是全身最大的动脉。由左心室发出，先向右上斜行，再弯向左后方至第4胸椎体下缘水平。沿脊柱左前方下行，穿膈的主动脉裂孔入腹腔，继续降至第4腰椎体的下缘水平，分左、右髂总动脉。依其行程分为升主动脉、主动脉

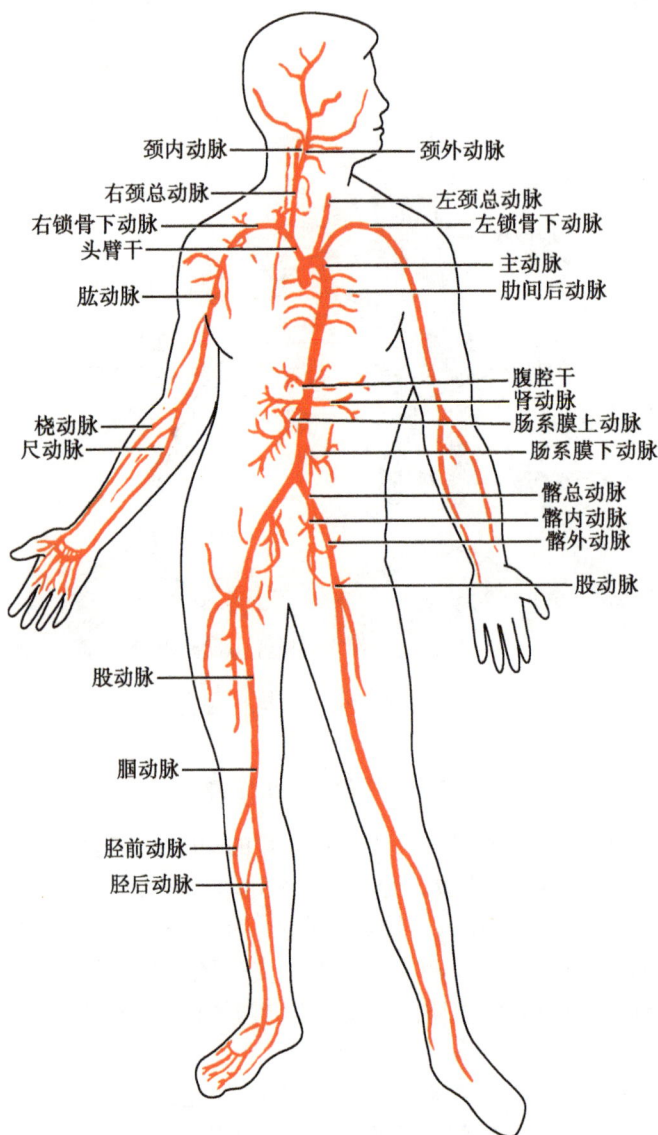

图9-25　全身动脉分布示意图

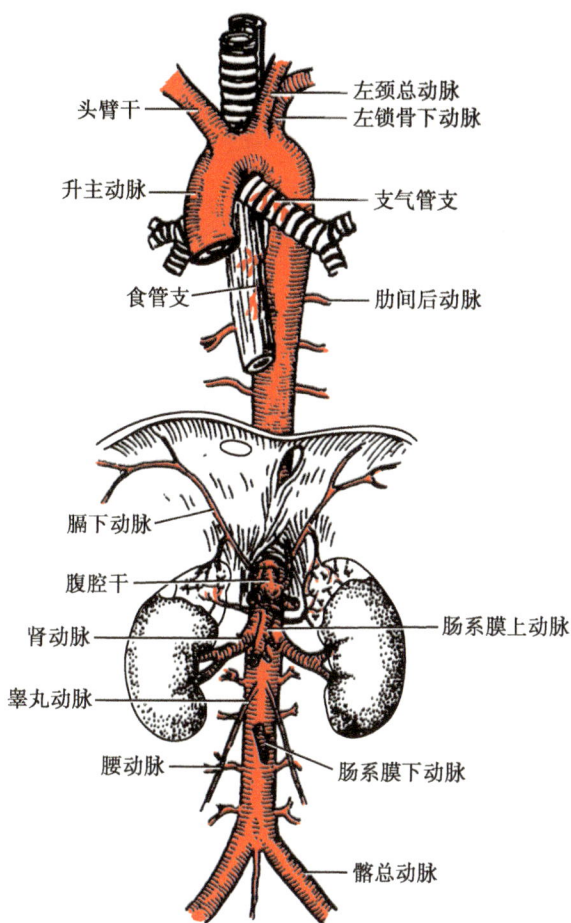

图9-26 主动脉行程及分布概况

弓和降主动脉。降主动脉又以膈的主动脉裂孔为界，分为胸主动脉和腹主动脉。

升主动脉（ascending aorta）发自左心室，位于上腔静脉与肺动脉干之间，向右前上方斜行，达右侧第2胸肋关节的高度移行为主动脉弓。升主动脉起始部发出左、右冠状动脉。

主动脉弓（aorta arch）由升主动脉移行而来，位于胸骨柄的后方，是右侧第2胸肋关节弯向第4胸椎体下缘之间的弓形动脉。其下端移行为胸主动脉。移行处管径略小称主动脉峡。主动脉弓壁内有压力感受器，具有调节血压的作用。在主动脉弓的下方近动脉韧带处有2~3个粟粒状小体，称**主动脉小球**（aortic glomera），为化学感受器，参与调节呼吸。主动脉弓的凸侧发出3个向上的分支，从右至左，分别为头臂干、左颈总动脉和左锁骨下动脉。头臂干向右斜行至右胸锁关节的后方分为右颈总动脉和右锁骨下动脉。

（一）头颈部的动脉

头颈部的动脉主干为左、右颈总动脉，右侧起自头臂干，左侧起自主动脉弓。两侧颈总动脉均经同侧胸锁关节的后方，沿气管、食管和喉的外侧上行，至甲状软骨上缘高度，分为颈内动脉和颈外动脉。颈总动脉、颈内静脉和迷走神经共同被包于颈动脉鞘内（图9-27）。

在颈总动脉分叉处有两个重要结构，即颈动脉窦和颈动脉小球。**颈动脉窦**（carotid sinus）是颈总动脉末端和颈内动脉起始处的膨大部分。窦壁内有压力感受器，当血压升高

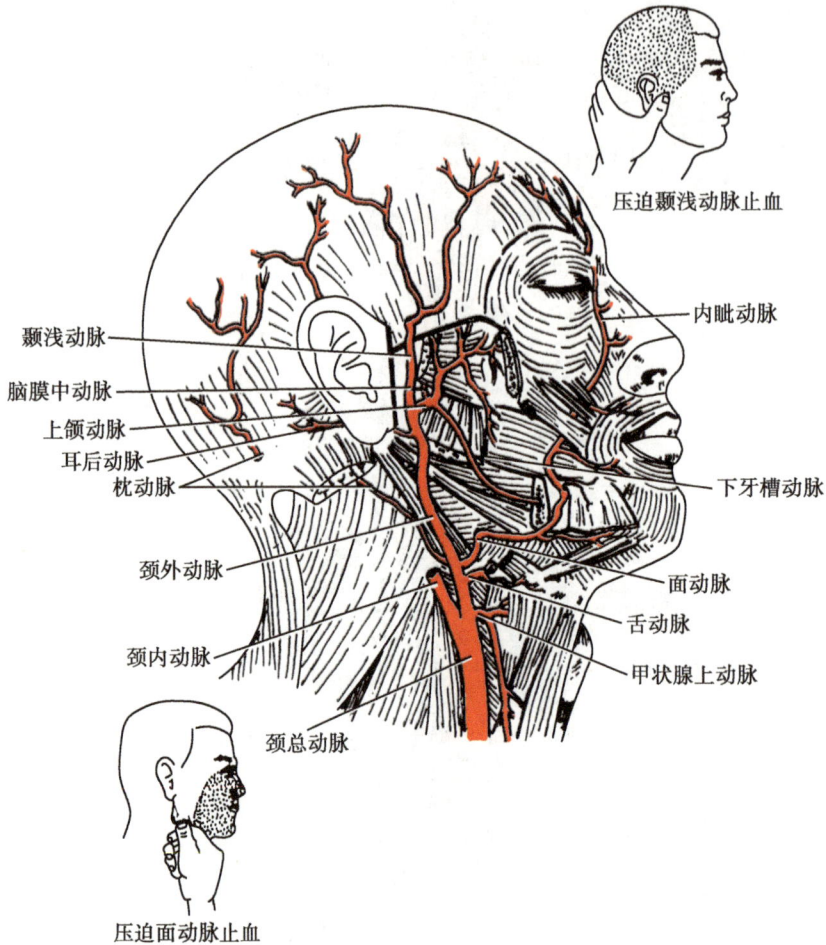

图9-27　颈外动脉及其分支

时，可反射性引起心跳减慢减弱、血管扩张、血压下降。**颈动脉小球**（carotid glomus）附着于颈总动脉分叉处的后壁，为一扁椭圆形小体，为化学感受器。能感受血液中CO_2浓度的变化。当CO_2浓度升高时，可反射性促使呼吸加深加快。

1. **颈外动脉**（external carotid artery）　起自颈总动脉，初行于颈内动脉前内侧。后经前方绕至前外侧，穿腮腺至下颌处，分为颞浅动脉和上颌动脉两个终支。颈外动脉的主要分支有：

（1）**甲状腺上动脉**（superior thyroid artery）：发自颈外动脉起始处，行向前下方，分布于甲状腺上部和喉。

（2）**舌动脉**（lingual artery）：平舌骨大角处发出，经舌骨舌肌深面入舌内，分支分布于舌、腭扁桃体及舌下腺。

（3）**面动脉**（facial artery）：在舌动脉稍上方，由颈外动脉发出，经下颌下腺深面至咬肌前缘，绕过下颌骨下缘至面部，又经口角和鼻翼外侧上行至内眦，易名为**内眦动脉**。面动脉分支分布于下颌下腺、面部和腭扁桃体等。

面动脉在咬肌前缘绕下颌骨下缘处，位置表浅，活体上可触及动脉搏动。当面部出血时，可在此处压迫止血。

（4）**颞浅动脉**（superficial temporal artery）：经外耳门前方上行，越颧弓根至颞部皮下，分支分布于腮腺、额、颞、顶部的软组织及眼轮匝肌。在活体，可在外耳门前方触及颞浅动脉搏动，当头前外侧部出血时，可在此压迫止血。

（5）**上颌动脉**（maxillary artery）：为颈外动脉的终支之一。经下颌颈深面入颞下窝，沿途分支分布于外耳道、中耳、硬脑膜、腭、牙、牙龈、咀嚼肌、鼻腔等处。其中最重要的分支为**脑膜中动脉**（middle meningeal artery），它向上穿棘孔入颅中窝，分前、后两支，分布于颅骨和硬脑膜。前支需经过颅骨翼点内面，颞部骨折时易损伤出血，引起硬膜外血肿。

2. 颈内动脉（internal carotid artery） 由颈总动脉发出后经咽的外侧垂直上升至颅底，再经颈动脉管入颅腔（图9-28），分支分布于脑和视器（详见中枢神经系统）。

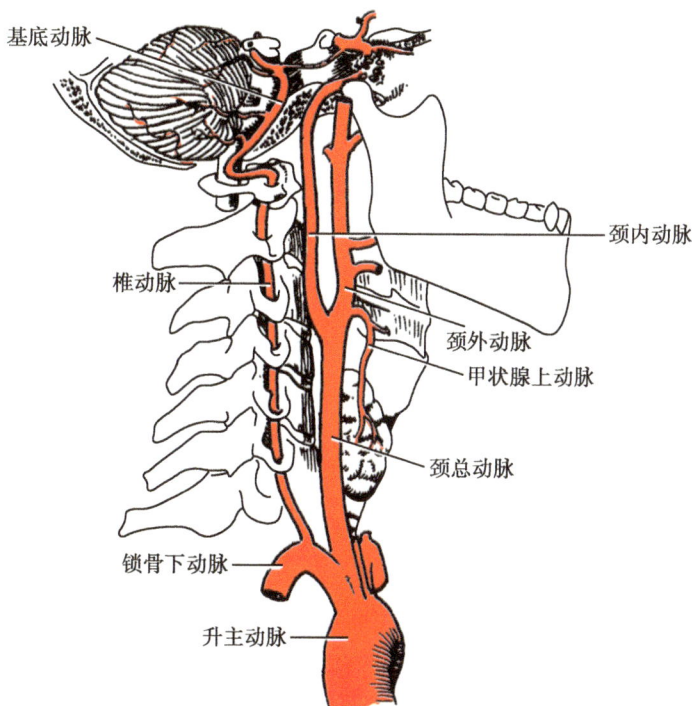

图9-28 颈内动脉与椎动脉的走行

（二）锁骨下动脉及上肢的动脉

1. 锁骨下动脉（subclavian artery） 左侧起自主动脉弓，右侧起自头臂干。锁骨下动脉从胸锁关节后方斜向外达颈根部，经胸膜顶的前方，穿过斜角肌间隙，呈弓形向外，至第1肋外侧缘移行为腋动脉。锁骨下动脉的主要分支有（图9-29）：

（1）**椎动脉**（vertebral artery）：沿前斜角肌内缘上行，穿上6个颈椎的横突孔；经枕骨大孔入颅腔。两侧椎动脉汇合成为一条基底动脉，分支分布于脑和脊髓（详见中枢神经系统）。

（2）**胸廓内动脉**（internal thoracic artery）：发出部位在椎动脉起始相对处，向下入胸腔，约在胸骨外侧缘1cm处，沿1~7肋软骨的后面下降，分为**肌膈动脉**和**腹壁上动脉**。后者穿膈肌进入腹直肌鞘内，并与腹壁下动脉吻合。胸廓内动脉沿途分支分布于胸前壁、乳房、心包和膈。

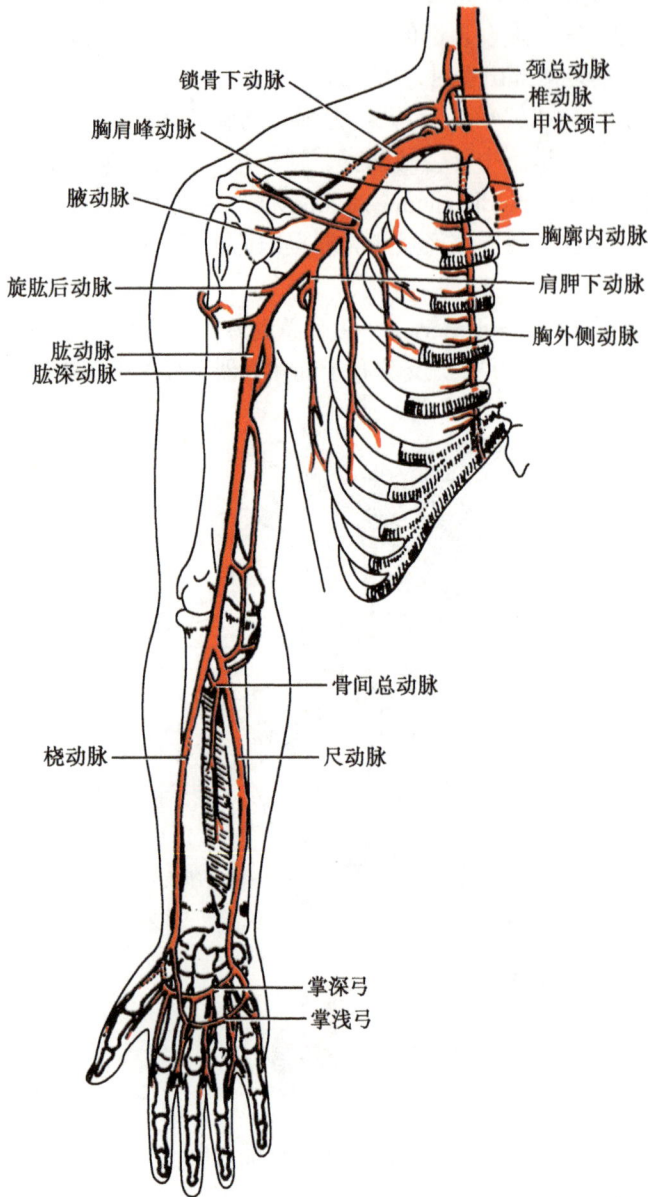

图9-29　上肢的动脉

（3）**甲状颈干**（thyrocervical trunk）：为一短干，自发出后立即分为数支至颈部和肩部。其中主要分支甲状腺下动脉向上内经颈血管鞘后方，至甲状腺侧叶分数支进入腺体，并分布于咽、喉、甲状腺等处。

2. 上肢的动脉

（1）**腋动脉**（axillary artery）：位于腋窝，在第1肋外缘续于锁骨下动脉，并于大圆肌和背阔肌下缘移行为肱动脉。主要分布于三角肌、胸大肌、胸小肌和肩关节等处。

（2）**肱动脉**（brachial artery）：续于腋动脉，沿肱二头肌内侧沟下行至肘窝深部，并于桡骨颈高度分为桡动脉和尺动脉。在肘窝内上方，肱二头肌内侧，肱动脉位置较表浅，活体可触及搏动，此处为测量血压时听诊的部位。当上肢远侧部发生大出血时，可在臂中部的内侧将肱动脉压向肱骨，进行止血。

肱动脉主要分布于肱三头肌和肱骨，其终支参与肘关节网。

（3）**桡动脉**（radia artery）（图9-30，图9-31）：在肘窝深处，平桡骨颈高度自肱动脉分出，与桡骨平行下降。先行走于肱桡肌与旋前圆肌之间。继而到达腕关节上方经肱桡肌腱与桡侧腕屈肌腱之间浅出，并绕桡骨茎突至手背，穿第1掌骨间隙到手掌深面。桡动脉发出掌浅支后，其末端与尺动脉的掌深支吻合成掌深弓。桡动脉下段在腕关节前面桡侧处位置表浅，可触及搏动，是诊脉的常见部位。桡动脉主要分布于前臂的桡侧肌群。

（4）**尺动脉**（ulnar artery）：在尺侧腕屈肌和指浅屈肌之间下行，经豌豆骨桡侧至手掌（图9-30），发出掌深弓后，其末端与桡动脉掌浅支吻合成掌浅弓。尺动脉沿途发出分支分别营养前臂尺侧肌群及尺骨、桡骨。

（5）**掌浅弓和掌深弓**（图9-32，图9-33）

1）**掌浅弓**（superficial palmar arch）：由尺动脉末端和桡动脉的掌浅支吻合而成，位于掌腱膜深面，弓的最凸部分不超过掌中纹，手掌切开引流时，避免伤及掌浅弓。掌浅弓发出三支指掌侧总动脉和一支小指尺掌侧动脉。每支指掌侧总动脉，又各分出两支指掌侧固有动脉，分别走行于第2~5指的相对缘；小指尺掌动脉走行于小指掌面尺侧缘。

2）**掌深弓**（deep palmar arch）：由桡动脉的末端和尺动脉的掌深支吻合而成。平腕掌关节高度，位于屈指肌腱深面。主要发出三条掌心动脉，至掌指关节附近，分别注入相应的指掌侧总动脉。

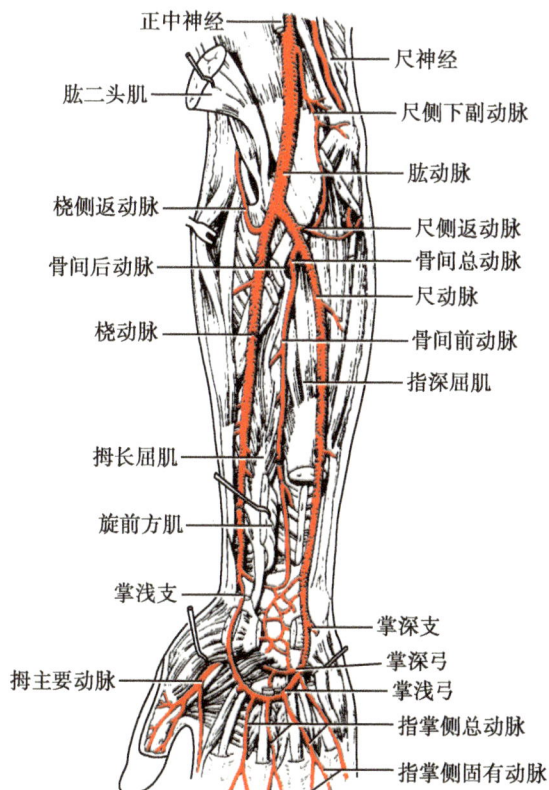

图9-30 前臂的动脉（掌侧面）　　图9-31 前臂的动脉（背侧面）

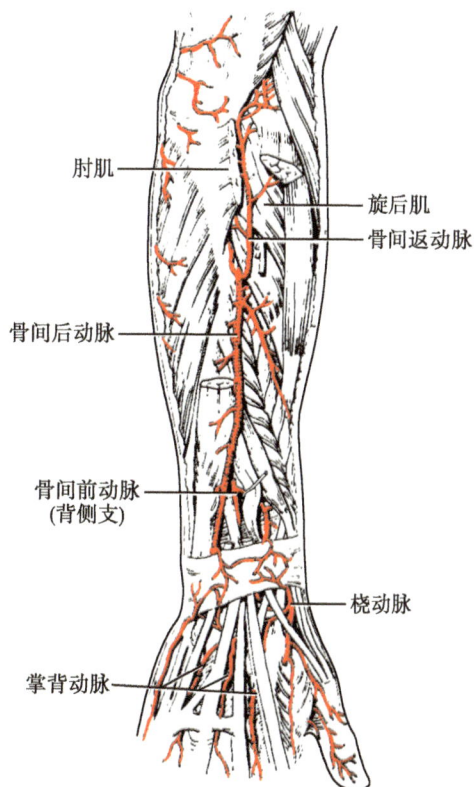

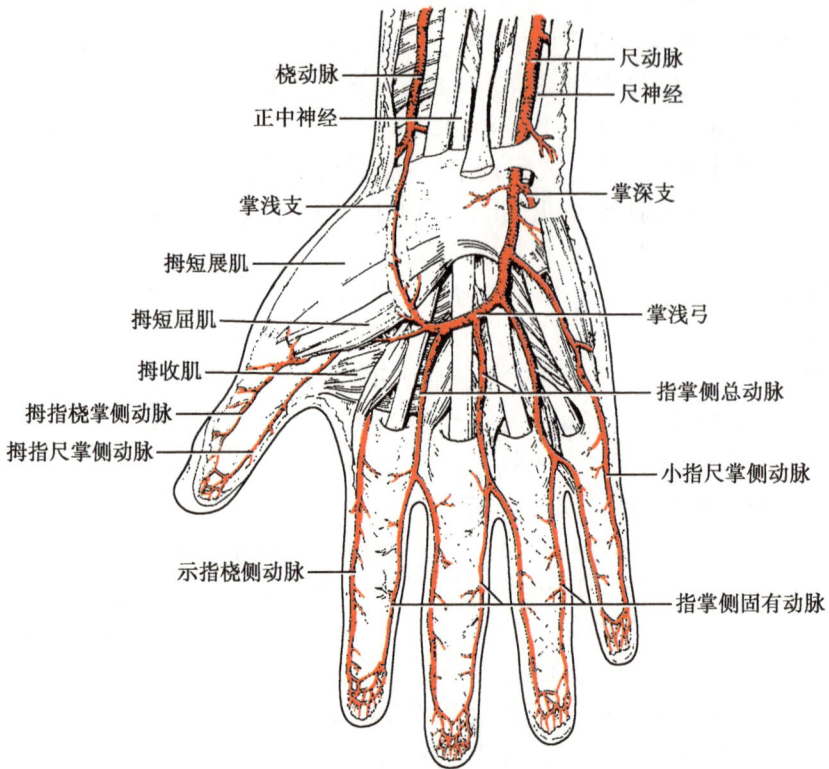

图9-32 手部的动脉（掌侧面浅层）

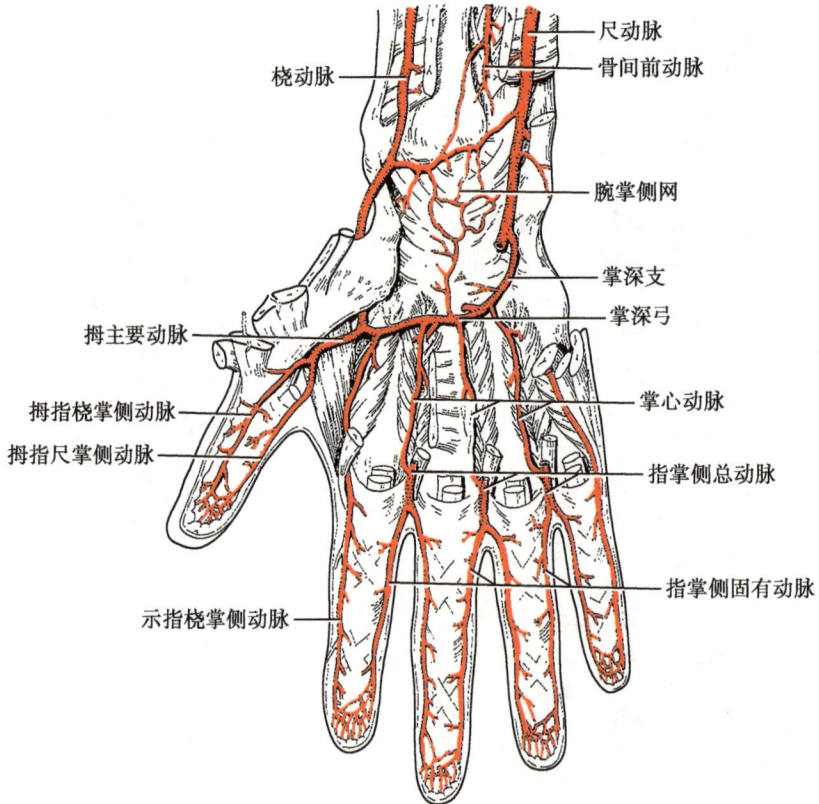

图9-33 手部的动脉（掌侧面深层）

掌浅弓和掌深弓的形成与手的功能相适应。当手抓握物体，掌浅弓受压时，血液可经掌深弓流通，以保证手指的血液供应。

（三）胸部的动脉

胸主动脉（thoracic aorta）为胸部动脉的主干。于第4胸椎的下缘续于主动脉弓，沿脊柱左侧下行，后转至前方，达第12胸椎的高度穿膈的主动脉裂孔，移行为腹主动脉（图9-34）。

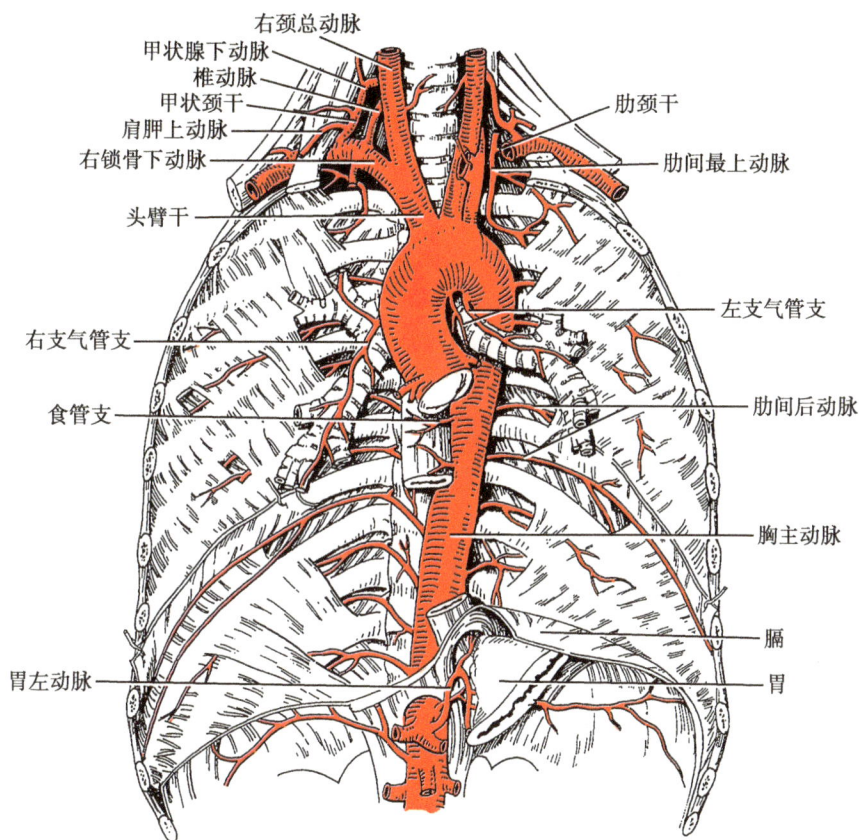

右颈总动脉
甲状腺下动脉
椎动脉
甲状颈干
肩胛上动脉
右锁骨下动脉
头臂干
右支气管支
食管支
胃左动脉
肋颈干
肋间最上动脉
左支气管支
肋间后动脉
胸主动脉
膈
胃

图9-34　胸主动脉及其分支

胸主动脉发出壁支和脏支：

1. 壁支　主要有**肋间后动脉**（pasterier intercostal arteries）和**肋下动脉**（subcostal artery）。除1、2对肋间后动脉外，其余均发出前后两支，后支较小，分布于脊髓及其被膜，背部的皮肤和肌肉。前支沿肋沟前行，分支分布于胸壁和腹壁上部。

2. 脏支　包括支气管支、食管支和心包支，是一些分布于气管、支气管、食管和心包的细小分支。

（四）腹部的动脉

腹主动脉（abdominal aorta）为腹部动脉的主干，在膈的主动脉裂孔处，续于胸主动脉，并沿脊柱左前方下降，达第4腰椎的下缘，分为左、右髂总动脉。腹主动脉的分支亦有壁支和脏支（图9-35）。

1. 壁支　主要有腰动脉、膈下动脉和骶正中动脉。

（1）**腰动脉**：左、右各4支。分布于腹后壁、脊髓及其被膜。

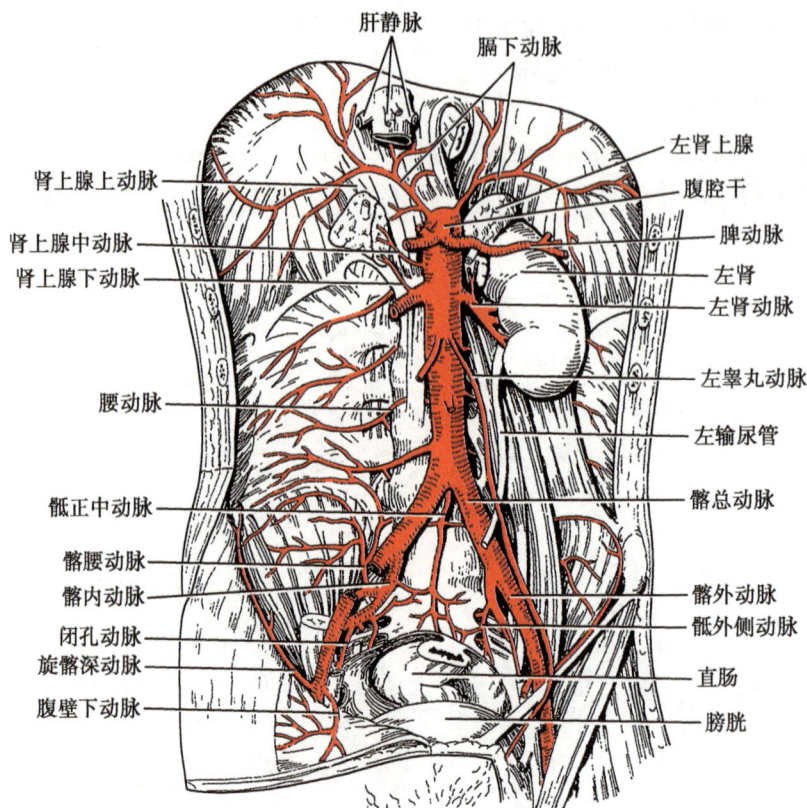

图9-35 腹主动脉及其分支

（2）**膈下动脉**：左、右各一，分布于膈和肾上腺。

（3）**骶正中动脉**：来自腹主动脉分为左、右髂总动脉分叉处的后壁，沿骶骨前面下降，分支营养盆腔后壁的组织。

2. 脏支 分为成对和不成对的两种。成对的有肾上腺中动脉、肾动脉、睾丸动脉（卵巢动脉）；不成对的有腹腔干，肠系膜上、下动脉。

（1）**肾上腺中动脉**（middle suprarenal artery）：约在第1腰椎高度发自腹主动脉，分布于肾上腺。

（2）**肾动脉**（renal artery）：约在第1~2腰椎之间起自腹主动脉。横行至肾门，分前、后两干，经肾门入肾后再分为肾段动脉，营养肾组织。右肾动脉较左肾动脉稍长。

（3）**睾丸动脉**（testicular artery）：在肾动脉起始处的下方发自腹主动脉前壁，沿腰大肌前面斜向下外，入腹股沟管，参与精索的组成，故又称为精索内动脉，分布于睾丸和附睾。在女性该动脉则名为卵巢动脉，在卵巢悬韧带内下降入盆腔，分布于卵巢和输卵管。

（4）**腹腔干**（celiac trunk）（图9-36，图9-37）：约在第12胸椎高度发自腹主动脉前壁，为一短干。其分支为胃左动脉、肝总动脉和脾动脉。

1）**胃左动脉**（left gastric artery）：起始后向左上方行走，达胃的贲门处转向右侧，在肝胃韧带内沿胃小弯右行与胃右动脉吻合。沿途分支至食管的腹段、贲门及胃小弯附近的胃壁。

2）**肝总动脉**（common hepatic artery）：起始后沿胰头上缘行向右前方，达肝十二指肠韧带内，分为肝固有动脉和胃十二指肠动脉。

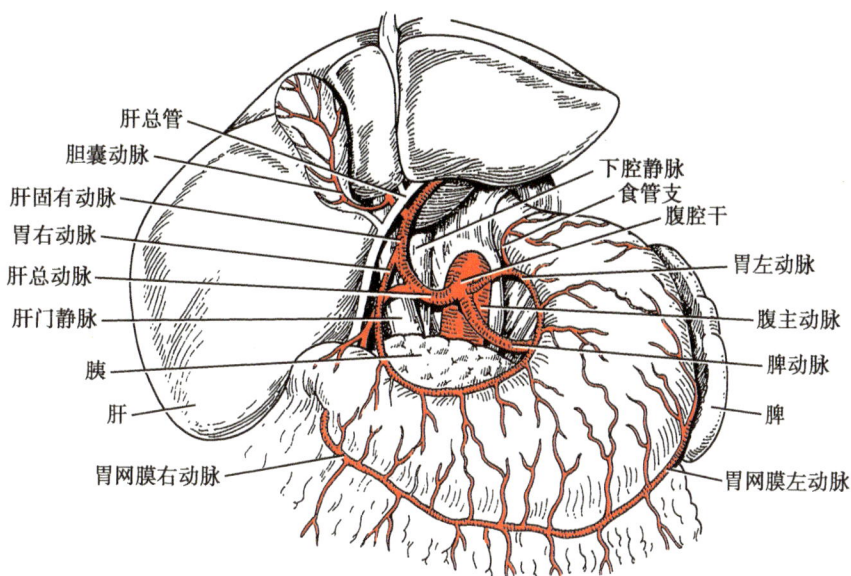

图9-36 腹腔干及其分支（胃前面）

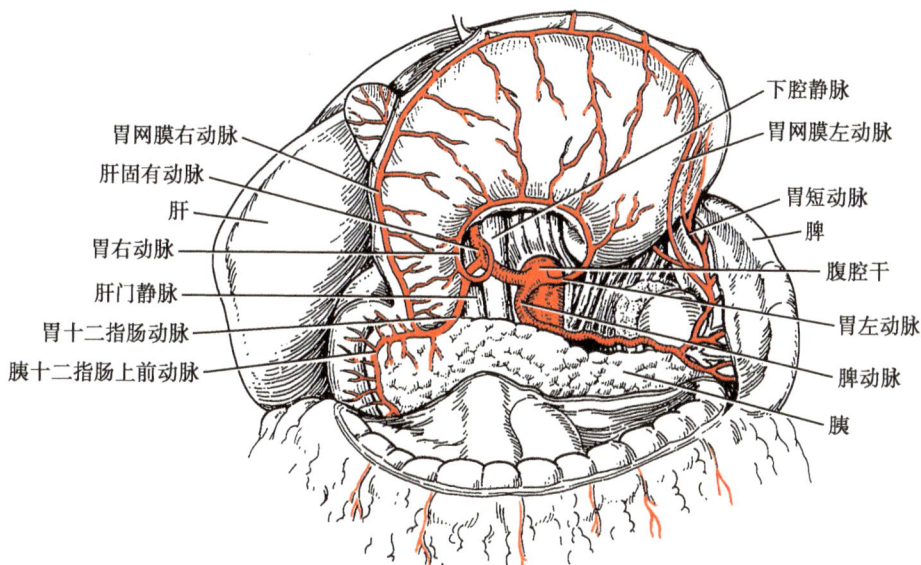

图9-37 腹腔干及其分支（胃后面）

肝固有动脉（proper hepatic artery）：行于肝十二指肠韧带内肝门静脉前方，胆总管左侧，到达肝门分为左、右两支，分别进入肝左、右叶，右支在入肝门前还发出胆囊动脉，分布于胆囊。肝固有动脉还发出胃右动脉，于小网膜内行至幽门上缘，再沿小弯向左，与胃左动脉吻合。沿途发出分支分布于十二指肠上部、胃小弯附近的胃壁。

胃十二指肠动脉（gastroduodenal artery）：起始后经十二指肠上部后方下降，在幽门下缘分为胃网膜右动脉和胰十二指肠上动脉。胃网膜右动脉在大网膜内沿胃大弯左行，沿途发出分支至胃大弯侧和大网膜，并与胃左动脉吻合。胰十二指肠上动脉分前、后两支。在胰头和十二指肠降部之间下降。分布于胰头和十二指肠。

3）**脾动脉**（splenic artery）：上缘左行至脾门；分数支入脾。脾动脉在胰上缘走行中

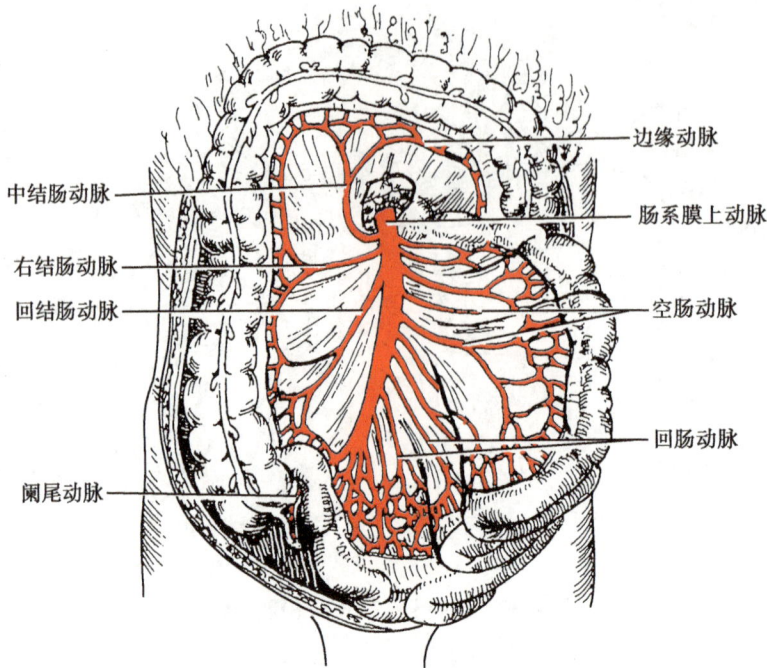

图9-38　肠系膜上动脉及其分支

发出多条胰支,分布于胰体和胰尾;发出3~5条胃短动脉经胃脾韧带至胃底;还发出胃网膜
左动脉沿胃大弯右行,与胃网膜右动脉吻合,分布于胃大弯及大网膜。

　　(5)**肠系膜上动脉**(superies mesenteric artery):约平第1腰椎高度起自腹主动脉前
壁。经胰头与胰体交界处后方下降,经十二指肠水平部的前面进入小肠系膜根,斜向右下
至右髂窝。其分支如下(图9-38):

　　1)**胰十二指肠下动脉**:于胰头与十二指肠之间,分支分布于胰和十二指肠,并与胰
十二指肠上动脉吻合。

　　2)**空肠动脉**(jejunal artery)和**回肠动脉**(ileal artery):由肠系膜上动脉左侧发出,
行于肠系膜内,共有12~16支。相邻的肠动脉互相吻合成动脉弓,空肠有1~2级动脉弓,回
肠有3~5级动脉弓。动脉弓反复分支吻合,最后
一级动脉弓发出直小动脉进入肠壁。

　　3)**回结肠动脉**(ileocolic artery):为肠
系膜上动脉右壁最下方的分支,斜向右下方至
盲肠附近,分数支分布于回肠末端、盲肠、
阑尾和升结肠的起始部。其中分布于阑尾的
分支,行经阑尾系膜的游离缘,称**阑尾动脉**
(appendicular artery)(图9-39)。

　　4)**右结肠动脉**(right colic artery):在回结
肠动脉的上方发出,分布于升结肠,并与回结
肠动脉和中结肠动脉的分支吻合。

　　5)**中结肠动脉**(middle colic artery):在胰
的下缘附近起自肠系膜上动脉,行于横结肠系

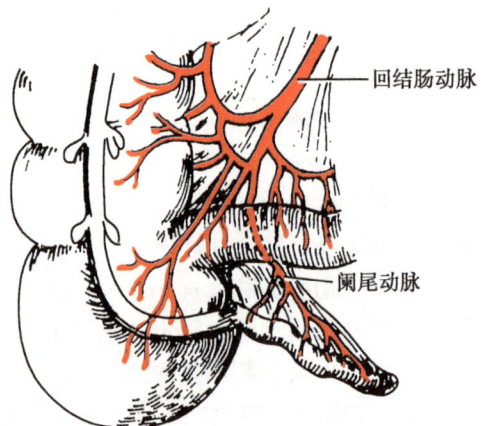

图9-39　阑尾动脉

膜内，分布于横结肠，并分左、右支，分别与左、右结肠动脉吻合。

（6）**肠系膜下动脉**（inferior mesenteric artery）：约在第3腰椎高度，发自腹主动脉前壁，沿腹后壁行向左下方。其主要分支有（图9-40）：

1）**左结肠动脉**（left colic artery）：沿腹后壁左行，分支分布于结肠左曲和降结肠，并与中结肠动脉和乙状结肠动脉吻合。

2）**乙状结肠动脉**（sigmoid artery）：一般为2~3支，斜向左下方进入乙状结肠系膜内。分布于乙状结肠，并与左结肠动脉相吻合。

3）**直肠上动脉**（superior rectal artery）：为肠系膜下动脉的延续，下行至第3骶椎处分为左、右两支沿直肠两侧下降，分布于直肠上部并与直肠下动脉和肛动脉的分支相吻合。

（五）盆部和下肢的动脉

盆部的动脉主干是**髂总动脉**（common iliac artery），左、右各一，于第4腰椎体下缘发自腹主动脉，向外下方斜行，至骶髂关节的前方，分为髂内动脉和髂外动脉（图9-41）。

1. 髂内动脉（internal iliac artery） 是一短干，沿盆腔侧壁下行，发出脏支和壁支。

（1）脏支

1）**脐动脉**（umbilical artery）：是胎儿时期的动脉干，出生后远侧闭锁形成脐内侧韧带，近侧仍保留管腔，并发出2~3支膀胱上动脉，分布于膀胱。

2）**膀胱下动脉**（inferior vesical artery）：沿盆腔侧壁下行。男性分布于膀胱及前列腺、精囊。女性分布于膀胱和阴道。

3）**直肠下动脉**（inferior rectal artery）：起始后行向内下方，分布于直肠下部。并与直肠上动脉、肛动脉发生吻合。

4）**子宫动脉**（uterine artery）：沿盆腔侧壁向内下进入子宫阔韧带。在距子宫颈外侧约2cm处，跨越输尿管前面并与之交叉，沿子宫颈外侧上行。分支分布于子宫、输卵管、卵巢和

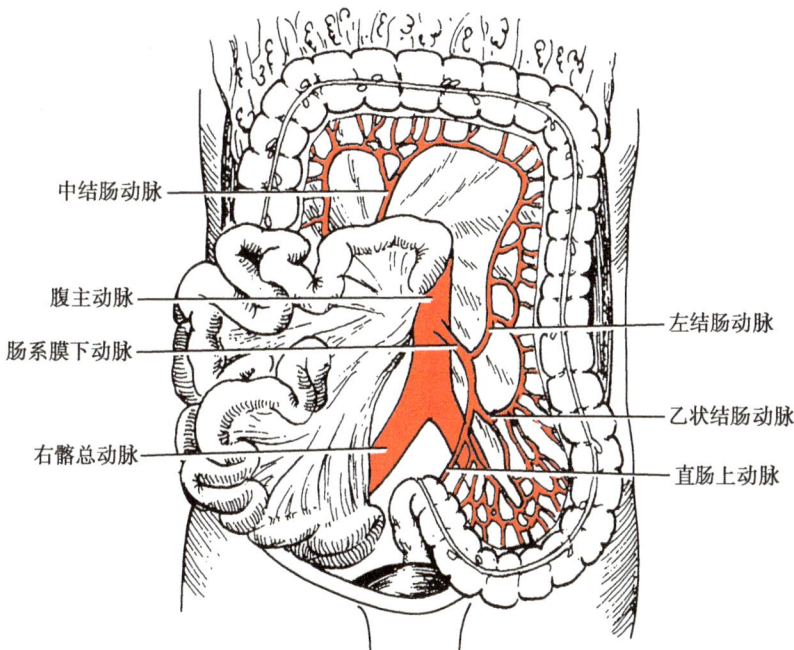

图9-40 肠系膜下动脉及其分支

男性（右侧）

髂总动脉
髂外动脉
髂内动脉
臀上动脉
脐动脉
腹壁下动脉
闭孔动脉
膀胱上动脉
膀胱下动脉
臀下动脉
阴部内动脉
直肠下动脉
输尿管
输精管

女性（右侧）

髂总动脉
臀上动脉
髂内动脉
臀下动脉
输尿管
阴部内动脉
髂外动脉
脐动脉
直肠上动脉
膀胱上动脉
阴道动脉
闭孔动脉
子宫动脉
卵巢
直肠
子宫
阴道
尿道

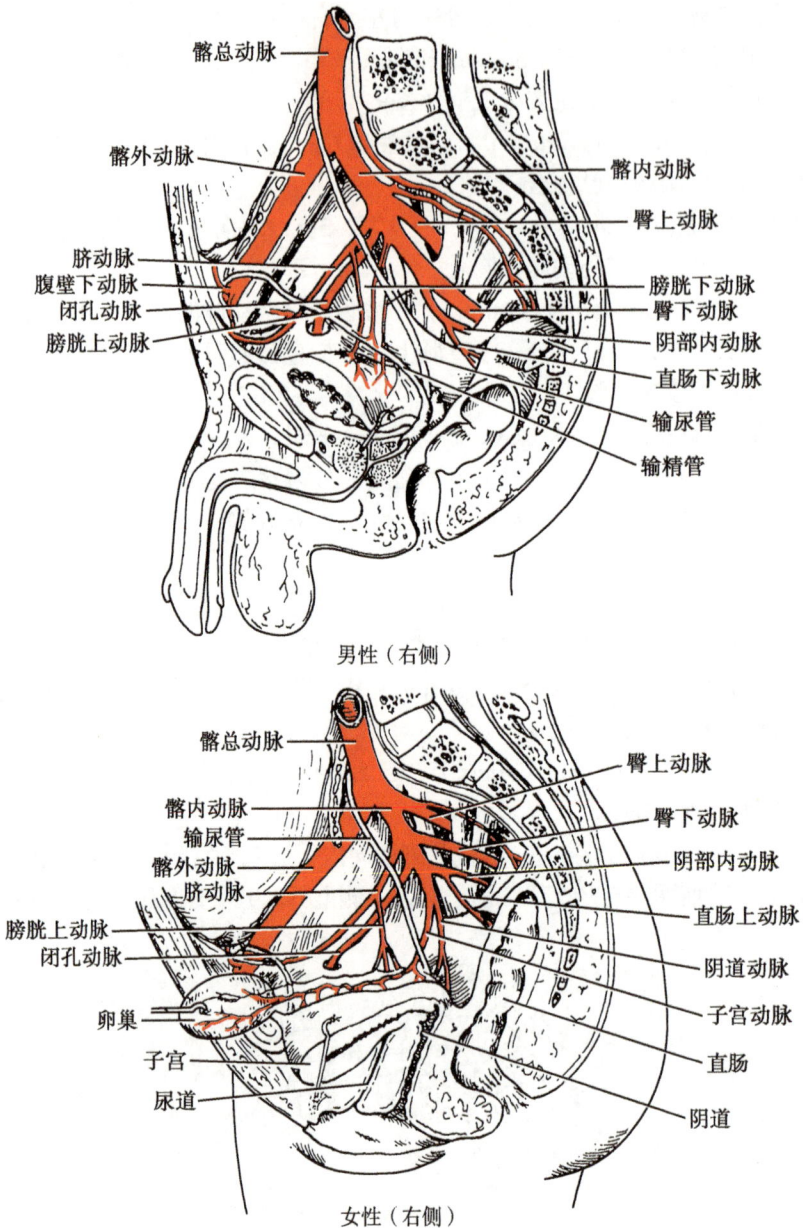

图9-41 盆腔的动脉

阴道（图9-42）。在行子宫切除术结扎子宫动脉时，应尽量靠近子宫壁，避免伤及输尿管。

5）**阴部内动脉**（internal pudendal artery）：从梨状肌下孔出盆腔，进入会阴深部（图9-43），分支分布于肛区及外生殖器等处。分布于肛区的分支称肛动脉；分布于会阴肌及相应皮肤的分支称会阴动脉；分布于尿道、尿道球和阴茎的称阴茎（蒂）动脉。

（2）**壁支**

1）**闭孔动脉**（obturator artery）：沿骨盆侧壁行向前方，穿闭孔膜出骨盆腔，分支分布于股内侧部和髋关节。

2）**臀上动脉**（superior gluteal artery）：经梨状肌上孔出骨盆腔，分支分布于臀中肌、臀小肌和髋关节。

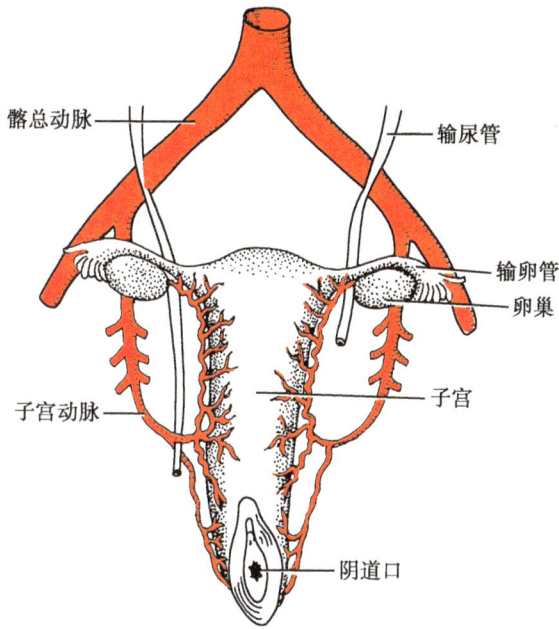

图9-42 子宫动脉

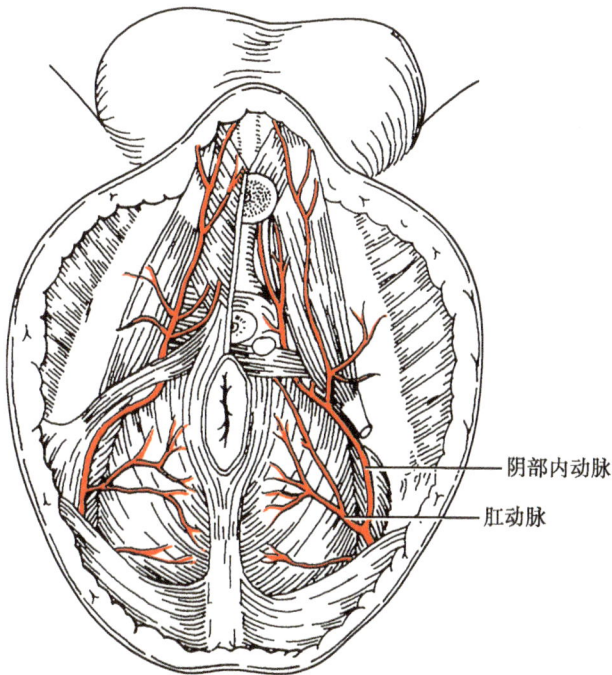

图9-43 会阴的动脉

3）**臀下动脉**（inferior gluteal artery）：经梨状肌下孔出骨盆腔，至臀大肌面，分支分布于臀大肌及臀部和股部的皮肤。

2. 髂外动脉（external iliac artery）　　沿腰大肌内侧缘下行，经腹股沟韧带中点稍内侧的后方进入股前部，移行为股动脉。髂外动脉在腹股沟韧带的上方发出腹壁下动脉。腹壁下动脉向内上进入腹直肌鞘，分布于腹直肌，并与腹壁上动脉吻合。

3. 下肢的动脉

（1）**股动脉**（femoral artery）：在腹股沟韧带深面由髂外动脉移行而来，下行经股三角、收肌管至腘窝，移行为腘动脉。在腹股沟韧带稍下方，股动脉位置表浅，可触到其搏动。当下肢出血时可在此处将股动脉压向耻骨上支进行压迫止血。股动脉的主要分支为股深动脉（图9-44）。股动脉主要分布于大腿肌、髋关节和股骨。

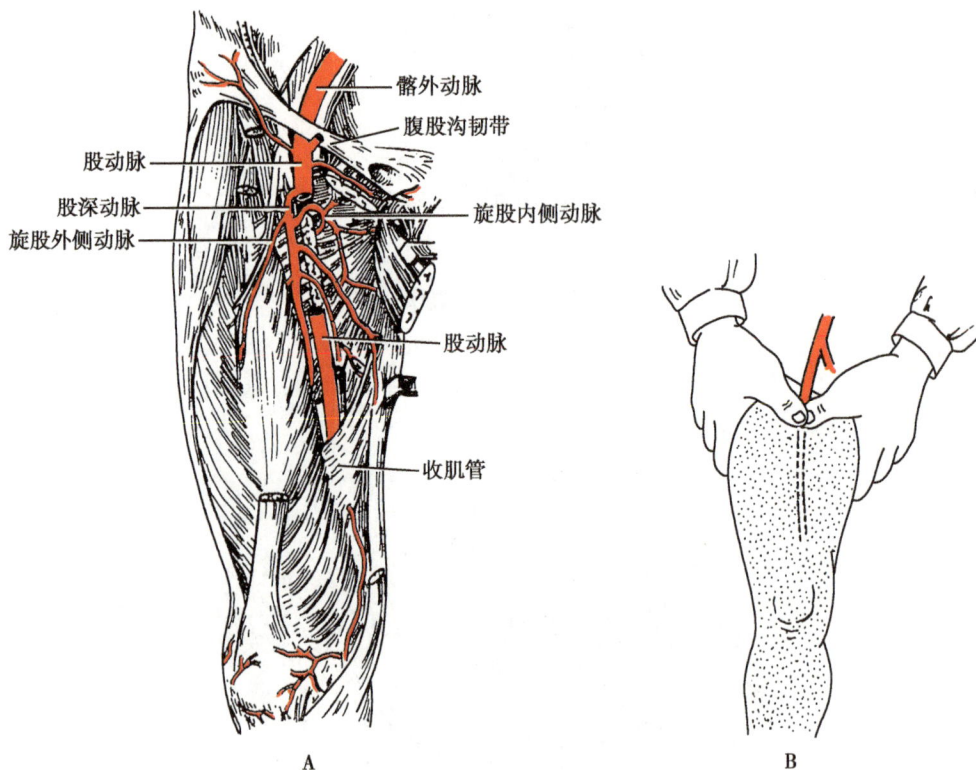

髂外动脉
腹股沟韧带
股动脉
股深动脉
旋股外侧动脉
旋股内侧动脉
股动脉
收肌管

A　　　　　　　　　B

图9-44　股动脉及其分支

（2）**腘动脉**（popliteal artery）：续于股动脉，经腘窝深部下行至小腿骨间膜上方分为胫前、胫后动脉（图9-45），并发出分支分布于膝关节及附近诸肌。

（3）**胫后动脉**（posterior tibial artery）：沿小腿后群浅、深层肌之间下行，经内踝后方进入足底，分为足底内侧动脉和足底外侧动脉。主要分支有：

1）**腓动脉**（peroneal artery）：由胫后动脉起始处分出，斜向下外，分支分布于胫、腓骨和附近肌（见图9-45）。

2）**足底内侧动脉**：较小，沿足底内侧前行分布于足底内侧部肌和皮肤（图9-48）。

3）**足底外侧动脉**：沿足底外侧斜行，至第5跖骨底处转向内侧至第1跖间隙，与足背动

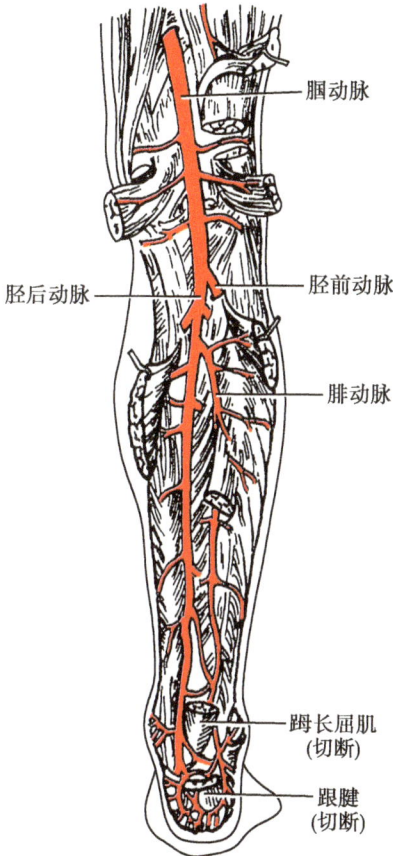

图9-45 小腿后面的动脉

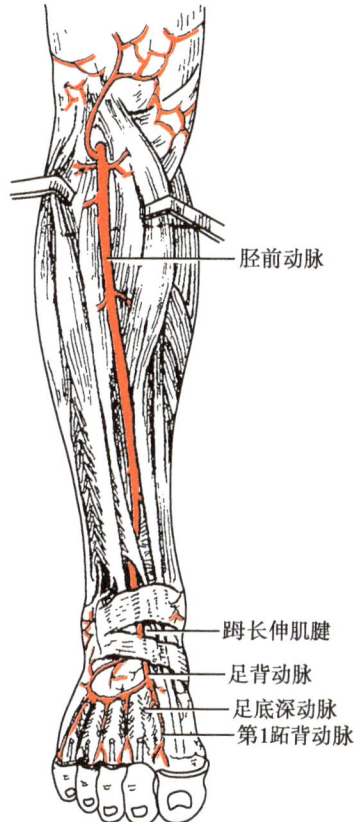

图9-46 小腿前面与足背的动脉

脉的足底深动脉吻合构成足底弓，分支分布于足趾。

（4）**胫前动脉**（anterior tibial artery）：由腘动脉分出后，穿小腿骨间膜，至小腿前群肌之间（图9-46），下行至足背移行为足背动脉。沿途发出分支分布于小腿前群肌和附近皮肤，并分支参与膝关节网。

（5）**足背动脉**（dorsal artery of foot）：续于胫前动脉，经跨长伸肌腱的外侧前行，至第1跖骨间隙近侧端分为第1趾背动脉和足底深动脉（图9-47），沿途分支分布于足背、足趾等处。

足背动脉，位置表浅，在踝关节前方，内、外踝连线中点。跨长深肌腱和趾长深肌腱外侧，可触及搏动。足背部出血时可在该处向深部压迫足背动脉进行止血。

附：全身体循环动脉的分支（表9-1）

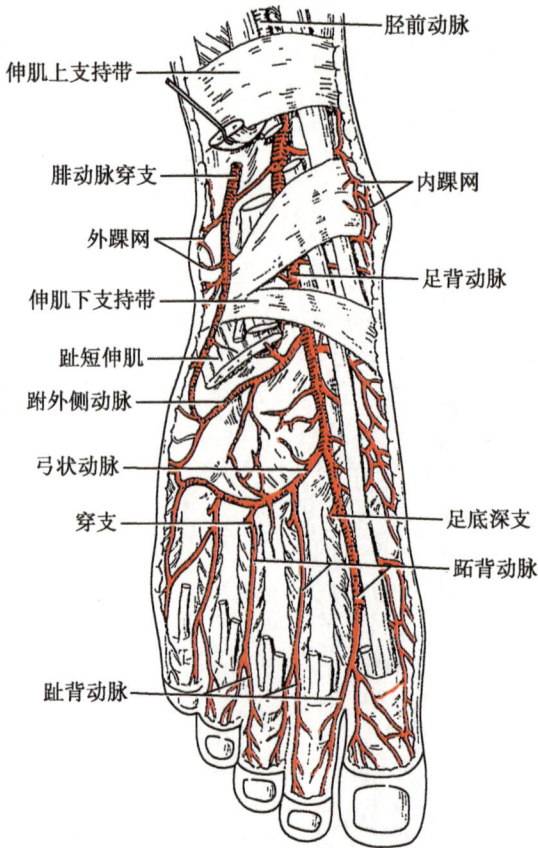

图9-47 足背动脉及其分支

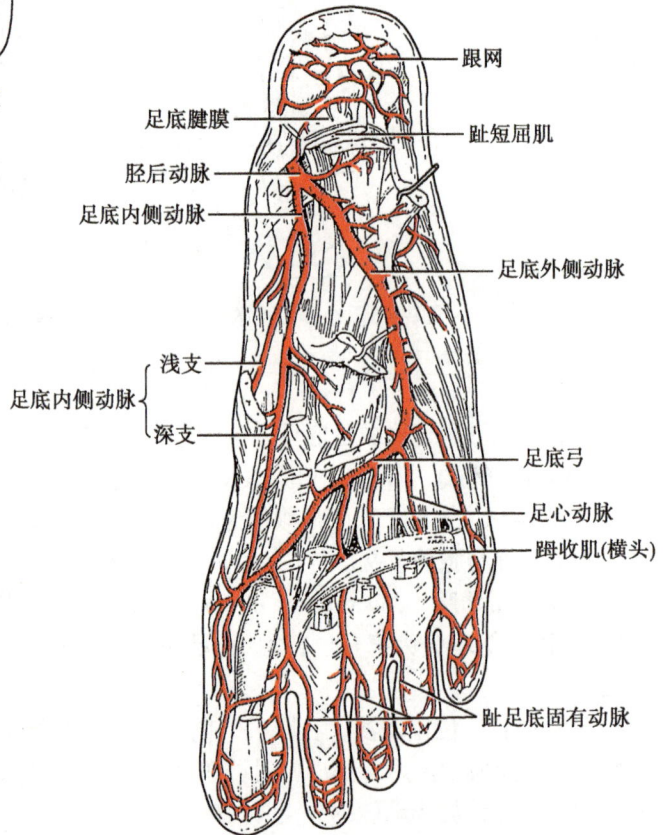

图9-48 足底的动脉（右侧）

表9-1 体循环动脉的分支

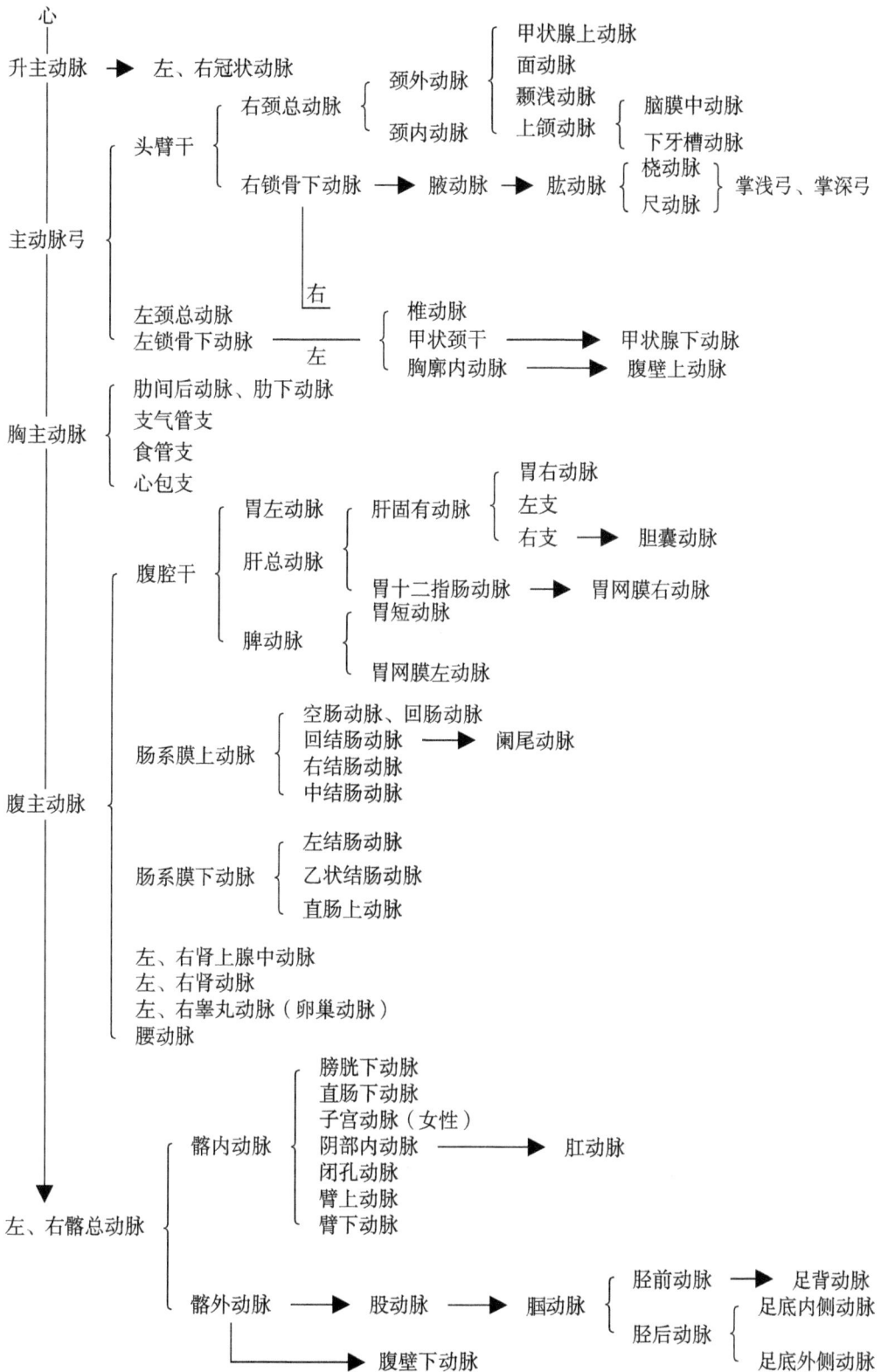

心
升主动脉 → 左、右冠状动脉

主动脉弓
　头臂干
　　右颈总动脉
　　　颈外动脉
　　　　甲状腺上动脉
　　　　面动脉
　　　　颞浅动脉
　　　　上颌动脉
　　　　　脑膜中动脉
　　　　　下牙槽动脉
　　　颈内动脉
　　右锁骨下动脉 → 腋动脉 → 肱动脉
　　　桡动脉
　　　尺动脉 } 掌浅弓、掌深弓
　左颈总动脉
　左锁骨下动脉
　　右
　　左
　　　椎动脉
　　　甲状颈干 → 甲状腺下动脉
　　　胸廓内动脉 → 腹壁上动脉

胸主动脉
　肋间后动脉、肋下动脉
　支气管支
　食管支
　心包支

腹主动脉
　腹腔干
　　胃左动脉
　　肝总动脉
　　　肝固有动脉
　　　　胃右动脉
　　　　左支
　　　　右支 → 胆囊动脉
　　　胃十二指肠动脉 → 胃网膜右动脉
　　脾动脉
　　　胃短动脉
　　　胃网膜左动脉
　肠系膜上动脉
　　空肠动脉、回肠动脉
　　回结肠动脉 → 阑尾动脉
　　右结肠动脉
　　中结肠动脉
　肠系膜下动脉
　　左结肠动脉
　　乙状结肠动脉
　　直肠上动脉
　左、右肾上腺中动脉
　左、右肾动脉
　左、右睾丸动脉（卵巢动脉）
　腰动脉

左、右髂总动脉
　髂内动脉
　　膀胱下动脉
　　直肠下动脉
　　子宫动脉（女性）
　　阴部内动脉 → 肛动脉
　　闭孔动脉
　　臀上动脉
　　臀下动脉
　髂外动脉 → 股动脉 → 腘动脉
　　　胫前动脉 → 足背动脉
　　　胫后动脉
　　　　足底内侧动脉
　　　　足底外侧动脉
　　→ 腹壁下动脉

五、体循环的静脉

（一）概述

静脉（vein）是心血管系统中导血回心的血管，始端连于毛细血管，末端连于右心房。静脉在回心过程中，不断接纳属支，管径也逐级增大。静脉与动脉相比，具有如下特点：静脉中的血液压力低，流速慢，又因为壁薄，收缩力弱，故静脉不仅比相应动脉的管腔略大，而且数量也较动脉多，从而使回心血量得以与心的输出量保持平衡。

体循环的静脉分为浅静脉和深静脉。浅静脉又称为皮下静脉。较大的浅静脉是临床上做静脉穿刺的血管。浅静脉数量较多，不与动脉伴行，最后汇入深静脉。深静脉位于深筋膜深面，多与动脉伴行，其名称和收集范围大多与其伴行动脉的名称和分布范围相当。

静脉管壁内表面有向心性开放的静脉瓣（图9-49），可防止血液逆流。四肢的浅静脉，静脉瓣较多。大静脉、肝门静脉和面静脉等，一般无静脉瓣。

静脉之间有丰富的吻合及交通支。在某些部位或器官周围形成静脉网或静脉丛，如手背静脉网、食管和盆腔脏器周围的静脉丛等。

体循环的静脉分为上腔静脉系、下腔静脉系和心静脉系。心静脉系已在心的血管中叙述。

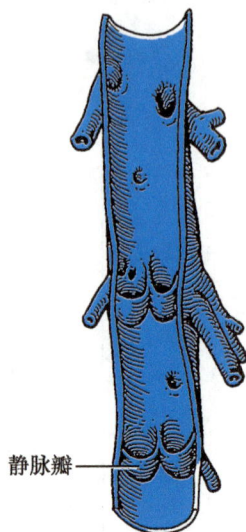

静脉瓣

图9-49　静脉瓣

● 知识链接 ●

静 脉 曲 张

静脉曲张是静脉系统最常见的疾病，形成的主要原因是由于先天性血管壁内膜比较薄弱或长时间维持相同姿势很少改变，导致血液蓄积下肢，在日积月累的情况下破坏静脉瓣而产生静脉压过高，使血管扩张突出皮肤表面的症状。静脉曲张多发生在下肢，阴囊、精索、腹腔静脉、胃和食管静脉等也会发生静脉曲张。

（二）上腔静脉系

上腔静脉系收集头颈、上肢、胸壁及部分胸腔脏器和脐以上腹前外侧壁的静脉血。上腔静脉系的主干为上腔静脉，位于上纵隔内，由左、右头臂静脉合成，沿升主动脉的右缘下降，注入右心房（图9-50）。

1. 头颈部的静脉　头颈部主要的静脉是颈内静脉和颈外静脉（图9-51）。

（1）颈内静脉（internal jugular vein）：为头颈部的静脉主干（图9-52）。上端在颈静脉孔处与乙状窦相续。先沿颈内动脉和颈总动脉的外侧下行至胸锁关节的后方，与锁骨下静脉汇合成头臂静脉，其汇合处的夹角称静脉角。

颈内静脉先行于颈动脉鞘内，由于静脉壁与颈动脉鞘紧密相连和胸膜腔负压的影响，颈内静脉经常处于张开状态，损伤时空气容易逸入，导致静脉内空气栓塞，严重者可致死亡。颈内静脉的属支可分为颅内支和颅外支。颅内支通过硬脑膜窦收集脑和视器等处的静

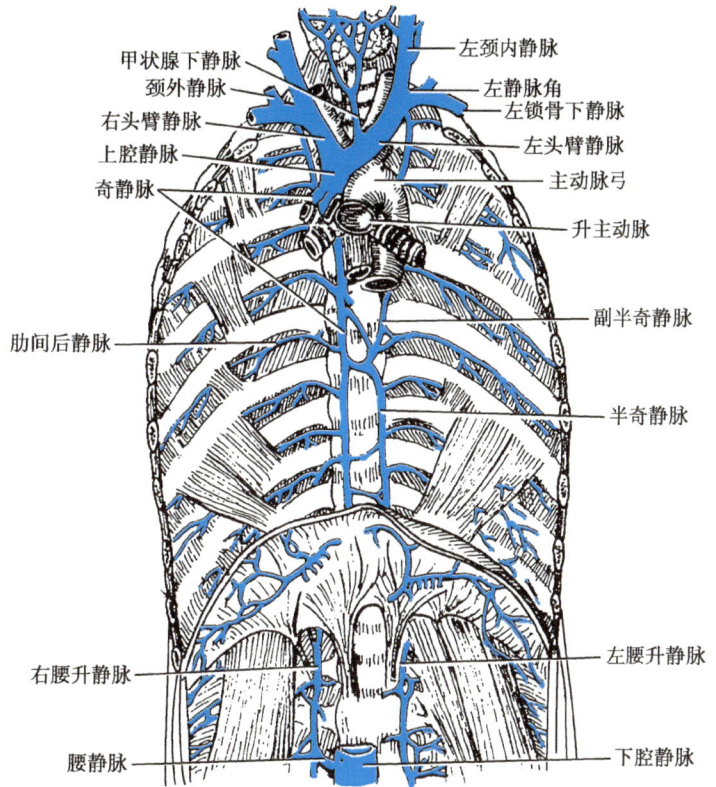

甲状腺下静脉
颈外静脉
右头臂静脉
上腔静脉
奇静脉

左颈内静脉
左静脉角
左锁骨下静脉
左头臂静脉
主动脉弓
升主动脉

肋间后静脉

副半奇静脉

半奇静脉

右腰升静脉

左腰升静脉

腰静脉

下腔静脉

图9-50 上腔静脉及其属支

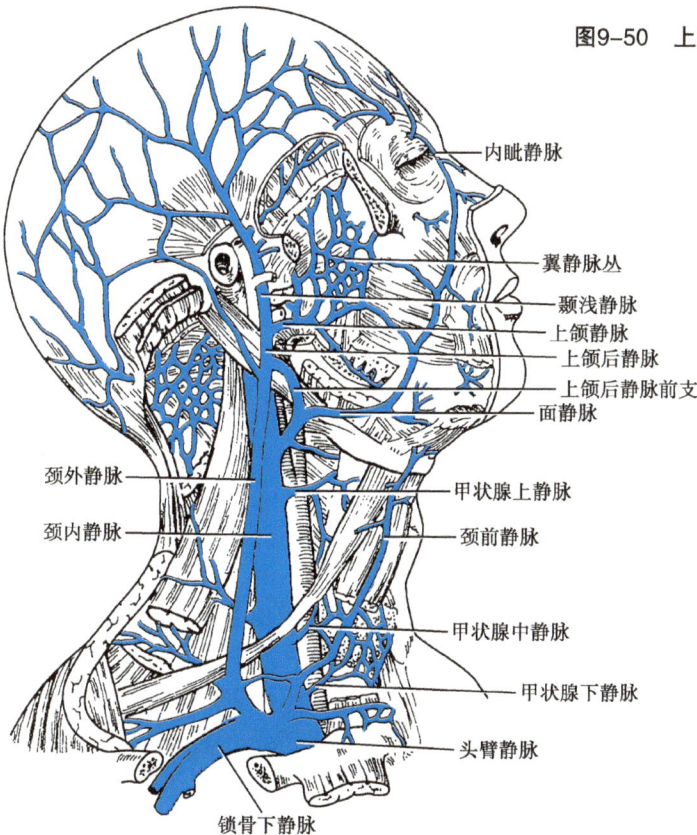

内眦静脉
翼静脉丛
颞浅静脉
上颌静脉
上颌后静脉
上颌后静脉前支
面静脉
甲状腺上静脉
颈前静脉
甲状腺中静脉
甲状腺下静脉
头臂静脉

颈外静脉
颈内静脉

锁骨下静脉

图9-51 头颈部的静脉

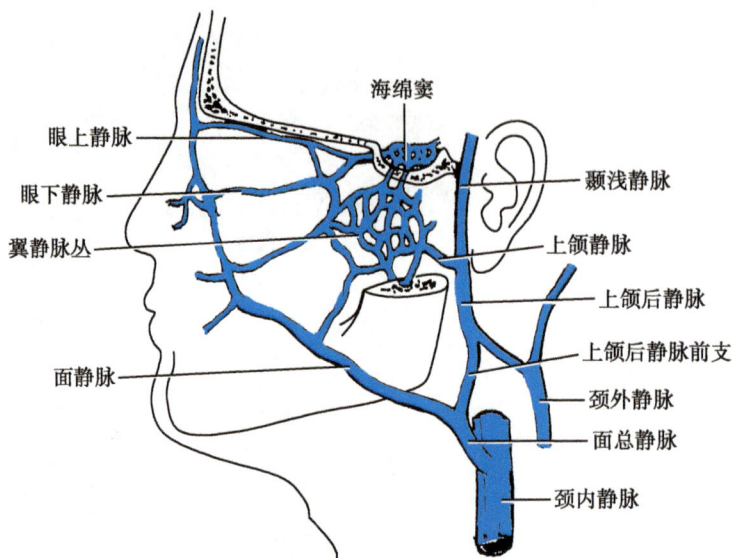

图9-52   面静脉与颅内海绵窦的交通

脉血。颅外支主要收集面部、颈部、咽和甲状腺等处的静脉血，其主要属支是面静脉。

面静脉（facial vein）起自内眦静脉，与面动脉伴行至下颌角下方，与下颌后静脉的前支汇合后，汇入颈内静脉。面静脉借内眦静脉、眼静脉与颅内的海绵窦相通。由于面静脉在口角上方一般无静脉瓣，故面部尤其是鼻根至两侧口角之间的三角区（危险三角）内发生化脓性感染时，切忌挤压，以防细菌逆行经内眦静脉、眼静脉进入颅内，导致颅内感染。

（2）**颈外静脉**（external jugular vein）：是颈部最大的浅静脉。由下颌后静脉的后支和耳后静脉、枕静脉等汇合而成。收集颅外和面部的静脉血，其主干在下颌角平面起始于腮腺的下方，沿胸锁乳突肌表面，斜向后下，在锁骨中点上方大约2cm处注入锁骨下静脉。颈外静脉位置表浅且恒定，故临床儿科常在此做静脉穿刺。

2. 锁骨下静脉和上肢的静脉

（1）**锁骨下静脉**（subclavian vein）：在第1肋的外侧缘移行于腋静脉，行至同名动脉的前下方。途中汇集颈外静脉，最后与颈内静脉汇合成头臂静脉。锁骨下静脉的管壁与第1肋的骨膜及邻近的筋膜结合较紧密，因此其位置较固定，管腔较大，可作为静脉穿刺或长期导管输液的部位。锁骨下静脉的属支除腋静脉外，主要有颈外静脉。

（2）**上肢的静脉**：分深静脉和浅静脉。深静脉与同名动脉伴行，最终汇入腋静脉。较大的浅静脉主要有三条，即头静脉、贵要静脉和肘正中静脉（图9-53）。

1）**头静脉**（cephalic vein）：起自手背静脉网桡侧，沿前臂的桡侧和臂的外侧面上行，至三角肌与胸大肌之间注入腋静脉。

2）**贵要静脉**（basilic vein）：起自手背静脉网尺侧，沿前臂尺侧和臂的内侧面上行，至臂的中部注入肱静脉。

3）**肘正中静脉**（median cubital vein）：是肘窝处斜行于皮下的粗短静脉干，变异较多，一般由头静脉发出，经肱二头肌腱膜的表面向内侧汇入贵要静脉。临床上常选择此静脉进行药物注射和采血。

3. 胸部的静脉

（1）**奇静脉**（azygos vein）：自右膈脚处起于右腰升静脉，在食管的后方沿胸椎体的右

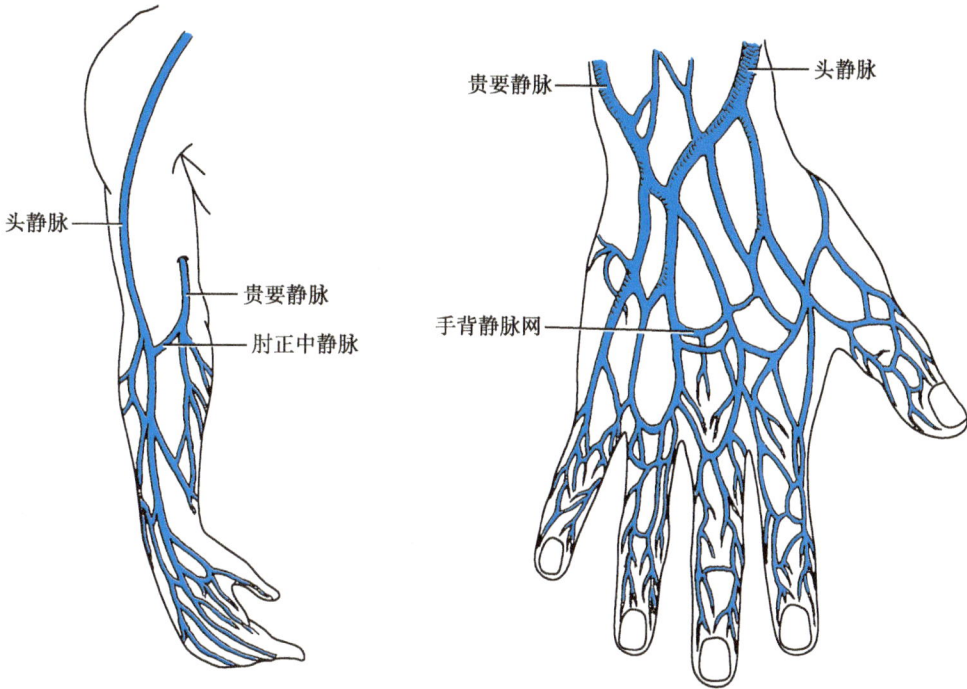

图9-53 上肢的浅静脉及手背静脉网

前方上行，至第4~5胸椎高度向前，经右肺根的上方，汇入上腔静脉。沿途收集右肋间后静脉、食管静脉、支气管静脉及半奇静脉的血液。

（2）**半奇静脉**（hemiazygos vein）：起自左腰升静脉，穿过膈左侧中间脚和内侧脚之间入胸腔，沿脊柱左侧上行，达第9~10胸椎高度向右横过脊柱前面注入奇静脉。半奇静脉收集左下部肋间后静脉、食管静脉和副半奇静脉的血液。

（3）**副半奇静脉**（accessory vein）：汇集左侧中、上部的肋间后静脉，沿脊柱左缘下行注入半奇静脉，或直接向右跨过脊柱前面注入奇静脉。

（4）**椎静脉丛**：位于椎管内和脊柱的周围，纵贯脊柱全长（图9-54）。据其所在部位分为椎内丛和椎外丛。椎内丛位于硬膜外腔内，它汇集脊髓和椎骨等处的静脉血。椎

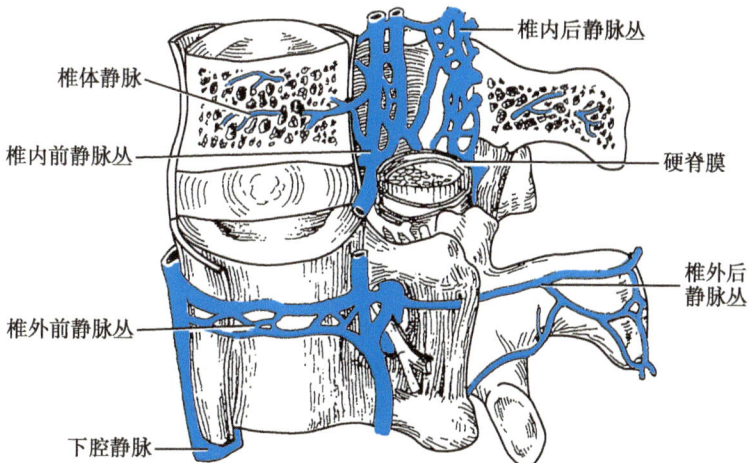

图9-54 椎静脉丛

外丛是位于椎管外围绕脊柱形成的静脉丛，收集椎体及脊柱附近的静脉血。椎内丛和椎外丛相互吻合连通，最后分别注入邻近椎静脉、肋间后静脉及腰静脉和骶外侧静脉等。此外，其上端还与颅内的硬脑膜静脉窦相交通。因此，椎静脉丛是沟通上、下腔静脉系的重要通路。

（三）下腔静脉系

下腔静脉系主干为**下腔静脉**（inferior vena cava），它是全身最大的静脉，在第5腰椎平面由左、右髂总静脉汇合而成。下腔静脉沿脊柱右前方上行，经肝后面的腔静脉窝，穿过膈的腔静脉孔进入胸腔，立即穿过心包注入右心房。收集下肢、盆部和腹部（脐以上腹前外侧壁除外）的静脉血（图9-55）。

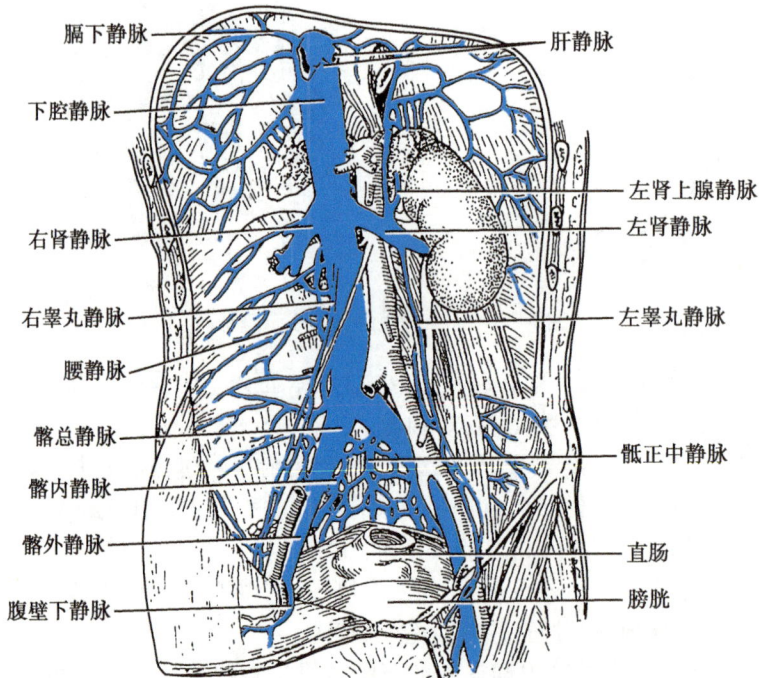

图9-55 下腔静脉及其属支

1.盆部和下肢的静脉

（1）**髂总静脉**（common iliac vein）：左、右各一，在骶髂关节前方由髂内、髂外静脉汇合而成。一般左髂总静脉长于右髂总静脉，左、右髂总静脉在第5腰椎平面汇合成下腔静脉。

1）**髂内静脉**（internal iliac vein）：在坐骨大孔稍上方由盆部的静脉汇合而成后，沿髂内动脉后内侧上行，至骶髂关节前方与髂外静脉汇合成髂总静脉。髂内静脉的属支分壁支和脏支。壁支包括：臀上、下静脉，闭孔静脉，骶外侧静脉等。脏支包括：直肠静脉丛、膀胱静脉丛和子宫静脉丛等（图9-56）。

2）**髂外静脉**（external vein）：髂外静脉是股静脉的直接延续，主要收集下肢及腹前外侧壁下部的静脉血。

（2）**下肢的静脉**：也分为浅静脉和深静脉。深静脉多与同名动脉伴行，最后汇集于股静脉。股静脉在腹股沟韧带深面移行为髂外静脉。在股三角的上部，股静脉位于股动脉内

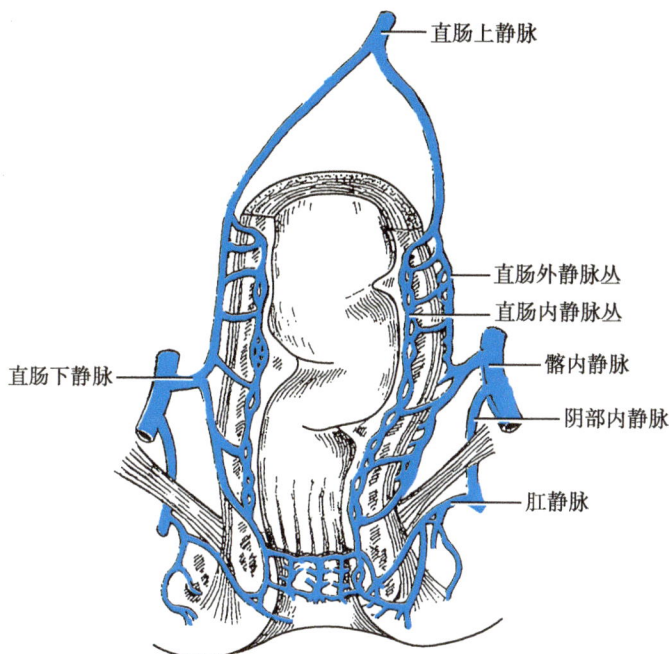

图9-56 直肠的静脉

侧，且位置恒定，因此可借股动脉搏动而定位，在此作股静脉穿刺和插管。下肢的浅静脉有两条主干，即大隐静脉和小隐静脉（图9-57）。

1）**大隐静脉**（great saphenous vein）：是全身最大的浅静脉。在足背的内侧起自足背静脉网，经内踝前方沿小腿及股内侧面上升。在腹股沟韧带的下方，注入股静脉，临床上常在内踝前上方进行大隐静脉穿刺或静脉切开术。

2）**小隐静脉**（small saphenous vein）：在足背外侧起自足背静脉网，经外踝后方，沿小腿后面上升至腘窝处注入腘静脉（图9-57）。

2. 腹部的静脉 其主干为下腔静脉，直接或间接注入下腔静脉的属支分壁支和脏支。

（1）**壁支**：包括1对膈下静脉和4对腰静脉，均与同名动脉伴行，并直接注入下腔静脉。

（2）**脏支**：主要有肾静脉、肾上腺静脉、睾丸静脉、肝静脉及肝门静脉。

1）**肾静脉**（renal veins）：左、右各一，起自肾门，与同名动脉伴行，注入下腔静脉。左肾静脉长于右肾静脉。左肾静脉除收集肾的血液外，还收集左睾丸静脉（或左卵巢静脉）和左肾上腺静脉的血液。

2）**肾上腺静脉**（suprarenal veins）：左、右各一，左肾上腺静脉注入左肾静脉，右肾上腺静脉直接注入下腔静脉。

3）**肝静脉**（hepatic veins）：一般有肝右静脉、肝中静脉和肝左静脉，均位于肝实质内。收集肝窦回流的血液，在肝后缘注入下腔静脉。

4）**睾丸静脉**（testicular veins）：左、右各一，起自睾丸和附睾。最初有数条小静脉，在精索内彼此吻合，形成蔓状静脉丛，向上逐级汇合成一条静脉。右睾丸静脉直接注入下腔静脉，而左睾丸静脉则注入左肾静脉，故此，左睾丸静脉常因回流不畅造成静脉曲张。

女性的**卵巢静脉**（ovarian veins）起自卵巢静脉丛，在卵巢悬韧带内上行合并成卵巢静脉，回流方式同睾丸静脉。

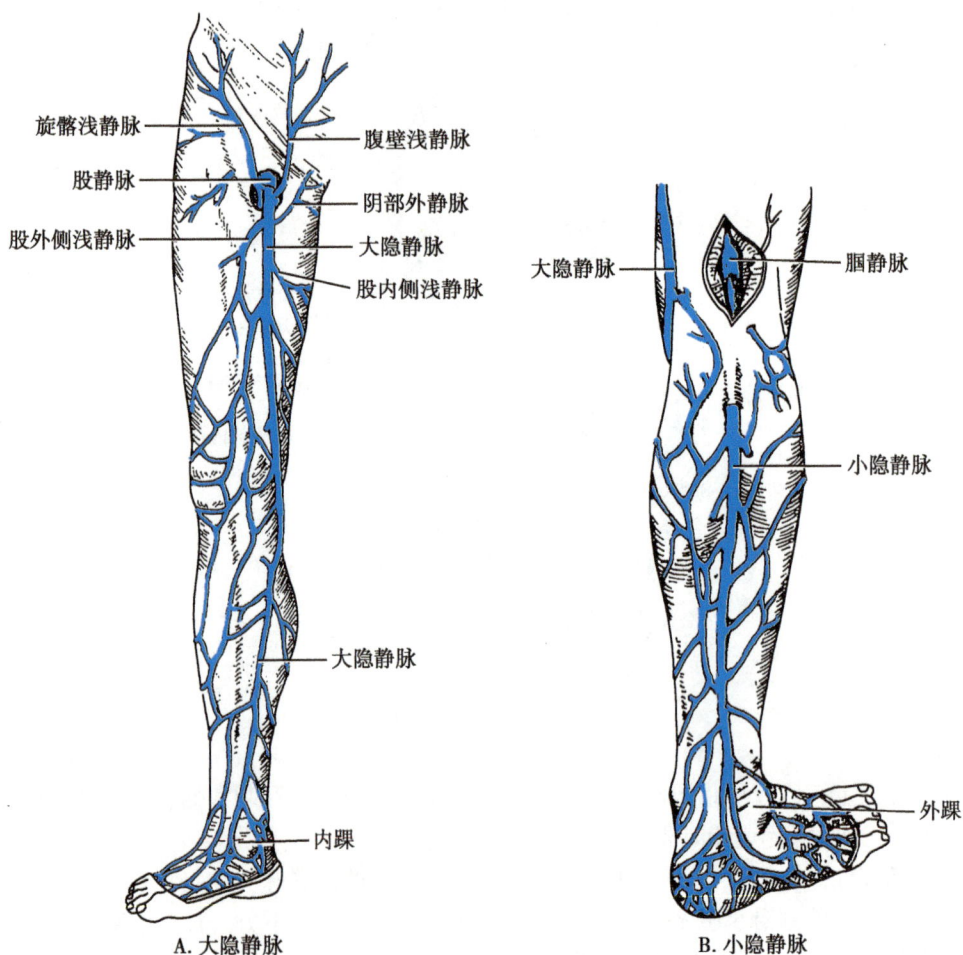

图9-57　下肢的浅静脉

5）**肝门静脉**（hepatic portal veins）：为一短干，长约6~8cm。由肠系膜上静脉和脾静脉在胰头和胰体交界处的后方汇合而成（图9-58）。向右斜行进入肝十二指肠韧带内，经肝固有动脉和胆总管的后方上行达肝门。分左、右两支，分别进入肝左叶和肝右叶，并在肝内反复分支，最后汇入肝血窦。

肝门静脉收集腹腔内除肝以外的所有不成对器官的静脉血，如胃、小肠、大肠（直肠下段除外）、胰、脾及胆囊等处的静脉血。

肝门静脉的属支主要有：①**肠系膜上静脉**（superior mesenteric vein）：与同名动脉伴行，走行于小肠系膜内，收集十二指肠至结肠左曲之间肠管及部分胃和胰腺的静脉血注入肝门静脉。②**肠系膜下静脉**（inferior mesenteric vein）：与同名动脉伴行，一般注入脾静脉，收集降结肠、乙状结肠及直肠上部的静脉血。③**脾静脉**（splenic vein）：由数条小静脉在脾门处汇合而成，经胰后方、脾动脉下方向右行，与肠系膜上静脉汇合成肝门静脉。脾静脉收集脾、胰及部分胃的静脉血，还接纳肠系膜下静脉。④**胃左静脉**（left gastric vein）：在胃小弯侧与胃左动脉伴行，收集胃及食管下段的静脉血。⑤**胃右静脉**（right gastric vein）：与胃右动脉伴行，并与胃左静脉吻合，注入肝门静脉前多接收幽门前静脉。后者是胃与十二指肠的分界标志之一。胃右静脉收集同名动脉分布区的静脉血。⑥**胆囊静脉**（cystic vein）：收集胆囊壁的静脉血，注入肝门静脉或其右支。⑦**附脐静脉**（paraunbilical vein）：是起于脐周静脉

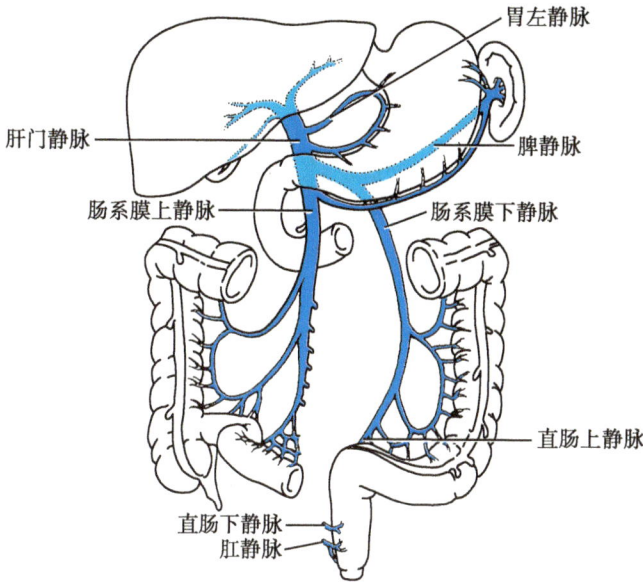

图9-58 肝门静脉及其属支

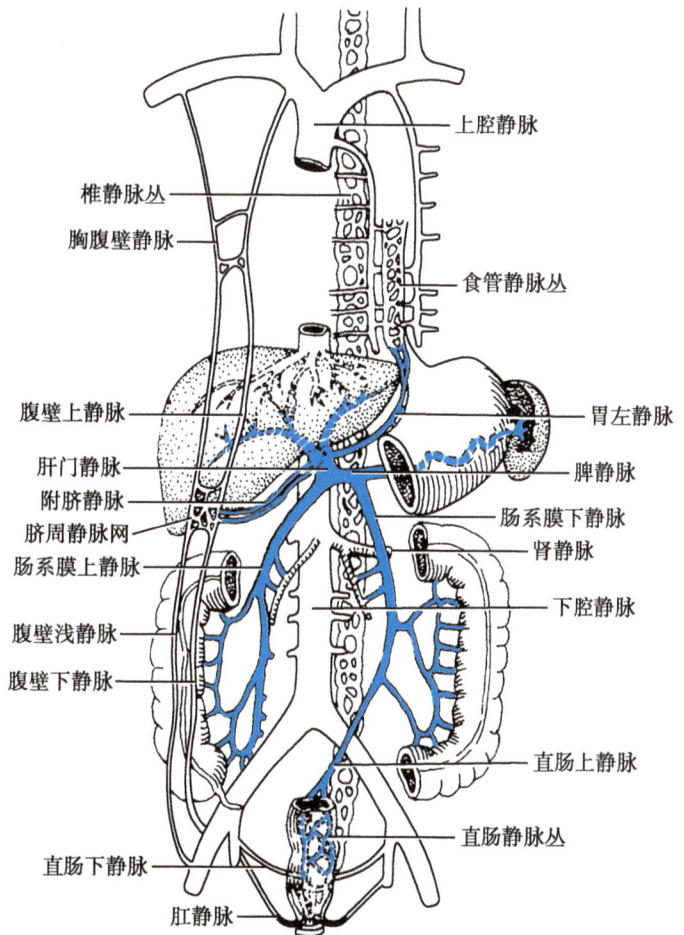

图9-59 肝门静脉与上下腔静脉间的吻合

网的数条小静脉，沿肝圆韧带向肝下面行走注入肝门静脉。

　　肝门静脉的属支与上、下腔静脉系之间有丰富的吻合（图9-59）。在肝门静脉因病变而回流受阻时，可通过这些吻合形成侧支循环。故此，肝门静脉与上、下腔静脉的吻合有重要的临床意义。其主要吻合部位有：①通过食管静脉丛使肝门静脉的属支胃左静脉与上腔静脉系中的奇静脉间相互吻合而交通；②通过直肠静脉丛使肝门静脉的属支肠系膜下静脉与下腔静脉系的髂内静脉之间相吻合而交通；③通过脐周静脉网使肝门静脉的属支附脐静脉与上腔静脉系的胸腹壁静脉和腹壁上静脉间相吻合，或者与下腔静脉系的腹壁下静脉、腹壁浅静脉间相吻合而交通。

　　正常情况下，肝门静脉系与上、下腔静脉系之间的吻合较细小，血流量也较少。当肝门静脉血液回流受阻时，侧支循环形成，而导致原来较细小的静脉丛逐渐扩大而直至曲张。如食管静脉丛曲张继而破裂可引起呕血，直肠静脉丛曲张继而破裂可导致便血，脐周静脉丛曲张而出现脐周围小静脉曲张。

　　附：全身体循环的主要静脉回流（表9-2）

表9-2　体循环的主要静脉回流

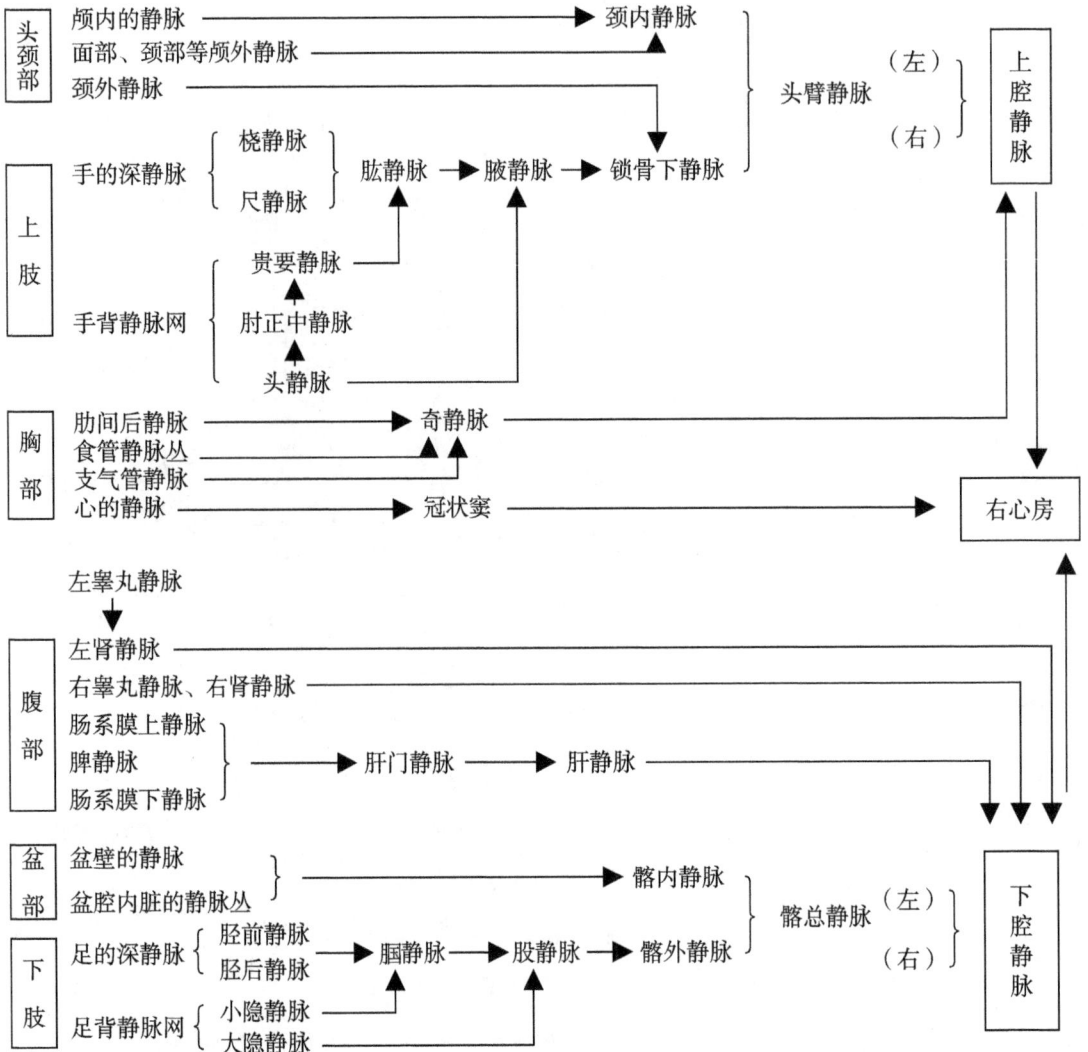

第二节 淋 巴 系 统

一、概　　述

　　淋巴系统是脉管系统的组成部分，由淋巴管道、淋巴器官和淋巴组织组成。当血液流经毛细血管的动脉端时，部分水及营养物质渗入组织内，成为组织液。组织液与细胞进行物质交换后，其大部分经毛细血管的静脉端渗入静脉，小部分则渗入毛细淋巴管成为淋巴（图9-60）。

　　淋巴为无色透明液体，但小肠淋巴管中的淋巴，因含小肠绒毛上皮合成的乳糜微粒（复合糖脂蛋白），而呈乳白色，所以称为乳糜。淋巴在淋巴管道内向心流动，途经淋巴组织或淋巴器官，最后汇入静脉。淋巴系统不仅能协助静脉进行体液回流，且淋巴组织和淋巴器官具有产生淋巴细胞、过滤异物和产生抗体等功能，故淋巴系统不仅有引导体液回流入心的功能，而且也是人体的重要防御系统。

二、淋 巴 管 道

　　淋巴管道包括毛细淋巴管、淋巴管、淋巴干和淋巴导管。

（一）毛细淋巴管

　　毛细淋巴管（lymphatic capillary）是淋巴管道的起始部分。它以膨大的盲端起于组织间隙，相互吻合成网。管径粗细不等，多伴行毛细血管的分布，一般比毛细血管略粗。管壁由一层内皮构成，无基膜，其通透性大于毛细血管，一些大分子物质如蛋白质、癌细胞、细菌、异物等容易进入毛细淋巴管。毛细淋巴管分布甚广，除脑、脊髓、上皮、角膜、晶状体、牙釉质、软骨等处外，几乎遍布全身（图9-61）。

（二）淋巴管

　　淋巴管（lymphatic capillary）由毛细淋巴管汇集而成。管壁结构与小静脉相似。但管径较细，管壁较薄。由于瓣膜较多，使充盈的淋巴管外观呈串珠状。淋巴管在向心行程中经过一个或多个淋巴结。淋巴管亦分浅、深两种，浅淋巴管位于皮下，多与浅静脉伴行；深

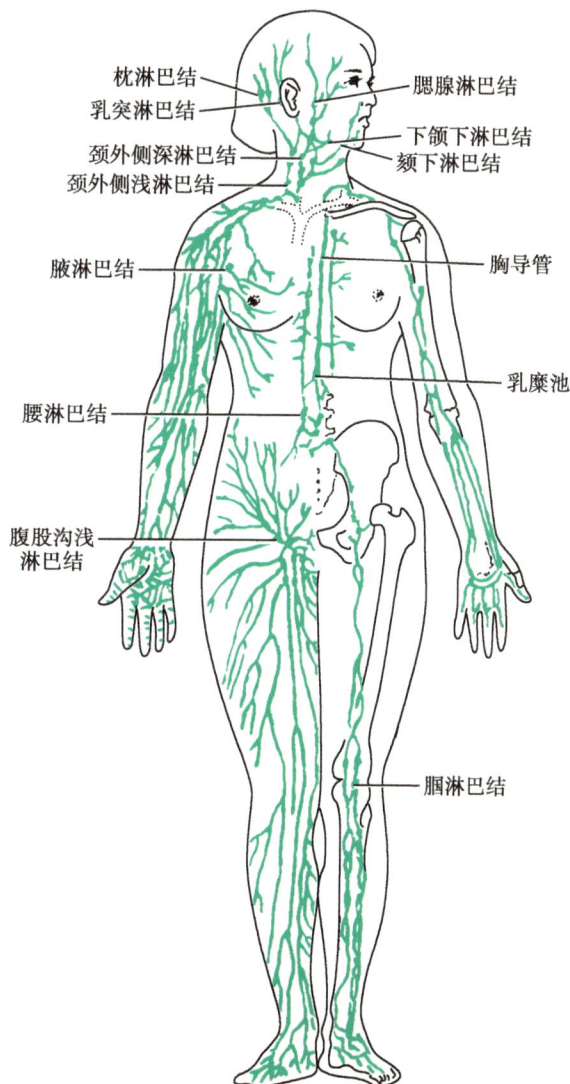

枕淋巴结
乳突淋巴结
颈外侧深淋巴结
颈外侧浅淋巴结
腋淋巴结
腰淋巴结
腹股沟浅淋巴结
腮腺淋巴结
下颌下淋巴结
颏下淋巴结
胸导管
乳糜池
腘淋巴结

图9-60　全身淋巴系统分布模式图

淋巴管多与深部血管神经伴行。浅、深淋巴管之间有广泛吻合（图9-62）。

（三）淋巴干

淋巴干（lymphatic capillary）由淋巴管汇集而成。全身各部的浅、深淋巴管通过一系列的淋巴结后，其最后一群淋巴结的输出管汇集成较大的淋巴干。全身共有9条淋巴干：即左、右颈干，左、右锁骨下干，左、右支气管纵隔干，左、右腰干和1条肠干。

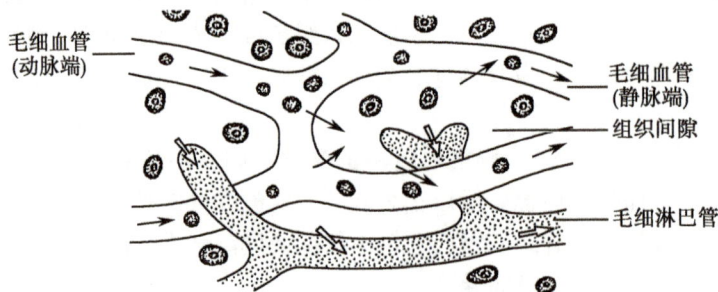

图9-61　毛细淋巴管

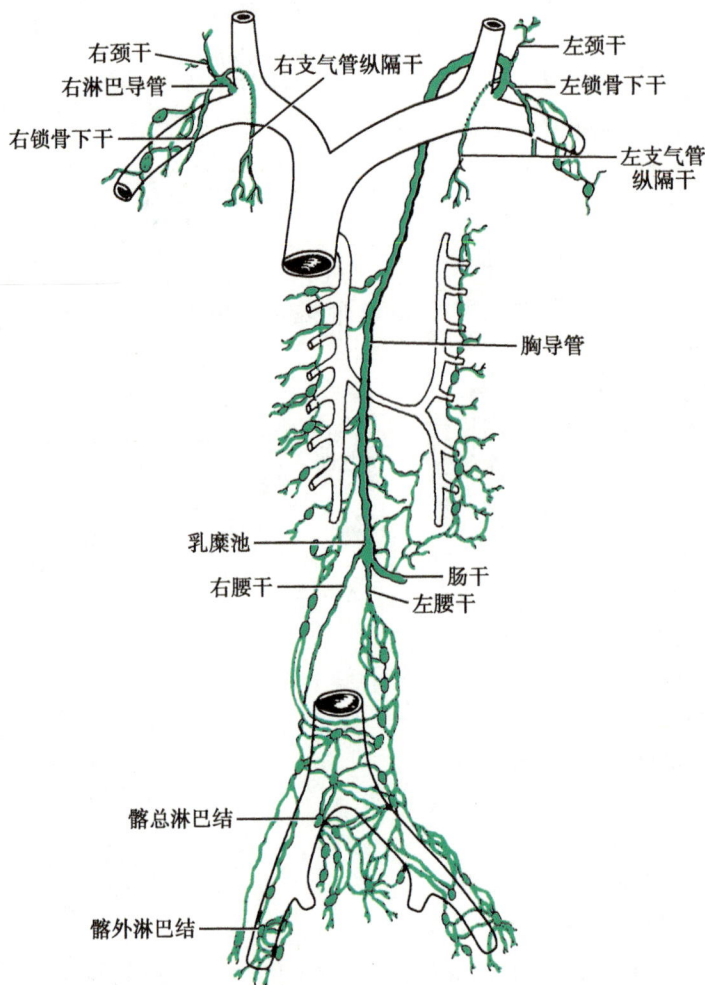

图9-62　胸导管和右淋巴导管

（四）淋巴导管

全身9条淋巴干最后汇集成2条淋巴导管，即胸导管和右淋巴管，分别注入左、右静脉角（图9-62）。

1. 胸导管（thoracic duct） 是全身最大的淋巴导管，长30~40cm，起于第1腰椎体前方的**乳糜池**（cisterna chyli）。乳糜池为胸导管始端的膨大，由左、右腰干和肠干汇合而成。胸导管沿脊柱前方上行经膈的主动脉裂孔入胸腔，在食管后方沿脊柱右前方上行，至第5胸椎附近向左侧偏斜，继续向上出胸廓上口达颈根部，并注入左静脉角。在注入静脉前，还收纳左颈干、左锁骨下干和左支气管纵隔干。胸导管收集左半身及右下半身的淋巴，约占人体3/4的淋巴。

2. 右淋巴管（right lymphatic duct） 为一短干，长约1.5cm，由右颈干、右锁骨下干和右支气管纵隔干汇合而成，注入右静脉角。右淋巴导管收集右头颈部、右上肢、右半胸壁、右肺和右半心的淋巴，约占人体1/4的淋巴（图9-62）。

三、淋 巴 器 官

淋巴器官包括淋巴结、脾、胸腺和扁桃体等。

（一）淋巴结

1. 淋巴结的形态 淋巴结（lymph nodes）为扁椭圆小体，大小不等，质较软。淋巴结的一侧凹陷，称淋巴结门，有1~2条输出淋巴管和血管、神经出入，淋巴结的隆凸面，有数条输入淋巴管进入（图9-61）。

2. 淋巴结的微细结构 淋巴结的表面为结缔组织构成的被膜。被膜的结缔组织伸入淋巴结内，形成粗细不等的小梁。小梁在淋巴结内分支并互相连接成网，构成淋巴结的支架。支架的网眼内充满淋巴组织。淋巴结的实质分为浅层的皮质和深层的髓质，皮质和髓质内有淋巴窦通过（图9-63）。

（1）**皮质**：位于被膜的下方，由浅层皮质，副皮质区和皮质淋巴窦构成。

1）**浅层皮质**：位于皮质浅层，淋巴细胞密集成团，形成许多淋巴小结。淋巴小结主要由B细胞构成，其间有少量的T细胞和巨噬细胞。在细菌、病毒等抗原的刺激下，淋巴小结中央部的B细胞能分裂、分化，形成生发中心，产生新的B细胞。

2）**副皮质区**：位于浅皮质深层，是一片弥散的淋巴组织。主要由胸腺迁移而来的T细胞构成，故称胸腺依赖区，T细胞经抗原刺激后，可发生免疫应答（免疫反应）。

3）**皮质淋巴窦**：是淋巴结内淋巴流经的通道。淋巴窦的壁由内皮细胞构成，窦内有许多巨噬细胞和网状细胞等。淋巴在淋巴窦内流动缓慢，有利于巨噬细胞对异物的清除。

（2）**髓质**：由髓索和髓质淋巴窦构成。

1）**髓索**：髓索呈条索状，分支相互连接成网，内有B细胞、T细胞、浆细胞和

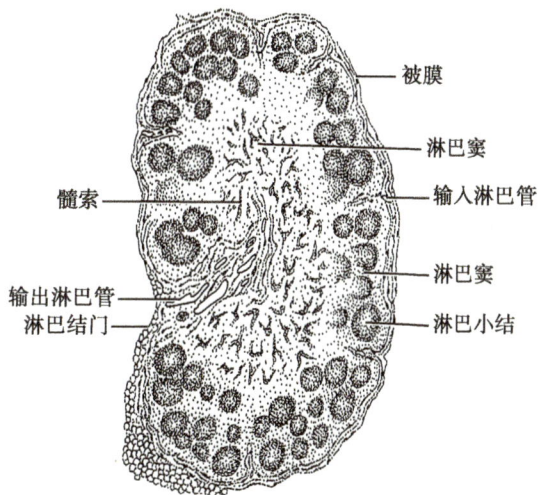

图9-63 淋巴结的微细结构

巨噬细胞等。

2）髓质淋巴窦：髓质淋巴窦与皮质淋巴窦结构相似，但较宽大。腔内巨噬细胞较多，有较强滤过作用。

淋巴结的主要功能是滤过淋巴，产生淋巴细胞和浆细胞，参与机体的免疫活动。

人体某一部位的淋巴引流至一定的淋巴结，该淋巴结则被称为这个区域或器官的**局部淋巴结**（regional nodes）。当局部有感染时，毒素、细菌、寄生虫或癌细胞等可沿淋巴管侵入相应的局部淋巴结，引起淋巴结肿大。因此，了解局部淋巴结的位置、收纳范围及流注方向对诊断和治疗某些疾病有重要意义。

（二）脾

1. 脾的位置和形态　脾为人体最大的淋巴器官，位于左季肋区，胃的左侧与膈之间，相当于第9~11肋的深面。其长轴与第10肋一致（图9-64）。正常人的脾在肋弓下不能触及。脾呈暗红色，质软而脆。在遭受暴力打击时，易破裂出血。

脾呈扁椭圆形，分为脏、膈两面，上、下两缘，前、后两端。膈面平滑隆凸，与膈相贴；脏面凹陷，近中央处为脾门，是血管、神经出入的部位。脾的下缘钝厚，上缘较薄，具有2~3个脾切迹，是脾大时触诊脾的标志。脾的前端较宽，朝前外方；后端圆钝，朝后内方。

2. 脾的微细结构　脾的表面为被膜，由致密结缔组织构成，内含少许平滑肌纤维。被膜的外面覆有一层间皮。被膜的结缔组织和平滑肌纤维伸入脾内，形成小梁，并互相分支连接成网，构成脾的支架。脾的实质主要由白髓和红髓两部分组成（图9-65）。

（1）**白髓**：主要由排列密集的淋巴组织构成，在脾的切面上呈分散的灰白色小点状，分为动脉周围淋巴鞘和淋巴小结两部分。动脉周围淋巴鞘主要由大量的T细胞和巨噬细胞围绕中央动脉而成。淋巴小结呈球形，又称脾小体，位于动脉周围淋巴鞘的一侧，其形态与淋巴结内的淋巴小结相似，主要由B细胞构成。

（2）**红髓**：由脾索和脾窦构成。脾索呈索状，互相连接成网。脾索内有许多B细胞、网状细胞、巨噬细胞及浆细胞等。脾窦位于脾索之间，为外形不规则的腔隙。窦壁由一层

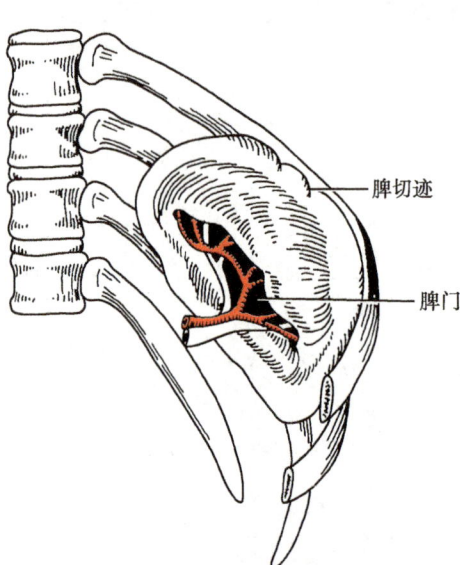

图9-64　脾的形态位置　　　　　　　图9-65　脾的微细结构

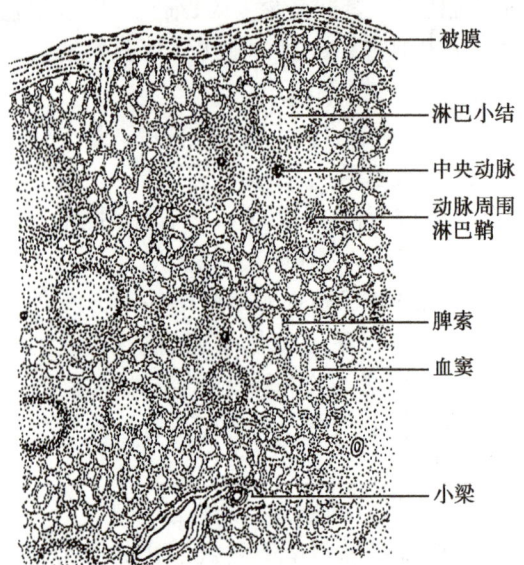

杆状的内皮细胞平行排列而成，窦壁外有较多的吞噬细胞，吞噬细胞的突起可通过内皮间隙伸向窦腔。

3. 脾的功能

（1）**滤过血液**：巨噬细胞能吞噬进入血液内的细菌、异物等，以及体内衰老的红细胞及血小板。

（2）**造血功能**：脾产生淋巴细胞。但在某些病理状态下，脾也具有产生多种细胞的能力。

（3）**免疫应答**：当细菌等抗原物质进入机体时，可引起脾内T、B两种细胞的免疫应答。

（4）**储存血液**：脾内有丰富的血窦，可储存大约40ml左右的血液。

（三）胸腺

1. 胸腺的位置和形态 胸腺（thymus）位于上纵隔的前部，贴近心包上方，大血管的前面，少数人的胸腺可向上突入颈根部。胸腺上窄下宽，分为左、右两叶，新生儿及幼儿时期相对较大。随着年龄的增长，胸腺继

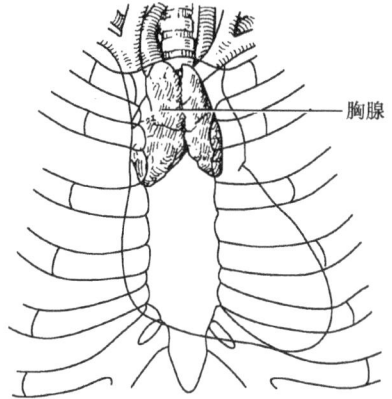

图9-66 胸腺的形态位置

续发育，至青春期后，逐渐萎缩，腺组织被脂肪组织所代替，称为胸腺残件（图9-66）。

2. 胸腺的微细结构 胸腺表面有结缔组织形成的被膜。结缔组织伸入到胸腺实质内，将胸腺分为许多不完全小叶，称胸腺小叶。每小叶又分为皮质和髓质（图9-67）。

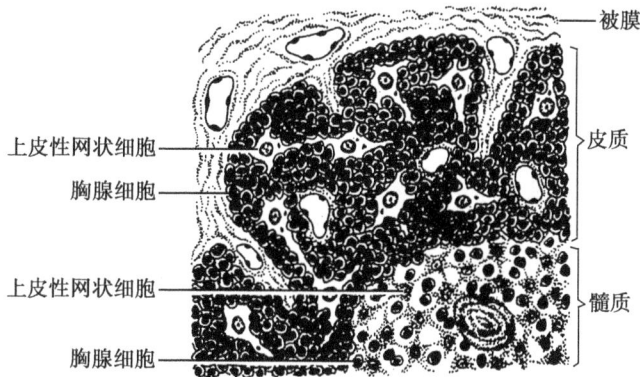

A. 胸腺皮质

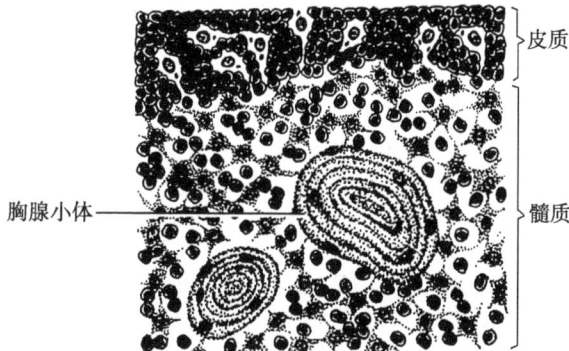

B. 胸腺髓质

图9-67 胸腺的微细结构（高倍）

胸腺的实质主要由淋巴细胞和上皮性网状细胞构成。在皮质内的淋巴细胞排列密集，而髓质内则较稀疏。胸腺内的淋巴细胞绝大多数都是初始T细胞，无免疫应答能力。

3. 胸腺的功能　胸腺的功能是分泌胸腺素和产生T细胞。胸腺素由上皮性网状细胞分泌，它可以使从骨髓迁移来的造血干细胞分裂、分化成T细胞。随血流离开胸腺后，即成为有免疫应答能力的T细胞，播散到淋巴结和脾内，成为这些器官内T细胞的发生来源。因此，胸腺是人体重要的免疫器官，但是当T细胞已充分繁殖并播散到机体的其他淋巴器官后，胸腺的重要性也就逐渐降低。

四、人体各部的淋巴引流

（一）头颈部的淋巴引流

1. 头面部的淋巴引流　头面部的淋巴多回流于头颈交界处呈环形排列的淋巴结，如枕淋巴结、乳突淋巴结、腮腺淋巴结、下颌下淋巴结和颏下淋巴结。其输出管直接或间接注入颈外侧深淋巴结（图9-68）。上述淋巴结中较重要的有**下颌下淋巴结**（submandibular lymph nodes），位于下颌三角内，约有4~6个，收纳面部和口腔的淋巴管。面部大部分淋巴管直接或间接注入下颌下淋巴结，故此面部有炎症和肿瘤时常引起该淋巴结肿大。

2. 颈部的淋巴引流　颈部的淋巴结分为颈前淋巴结和颈外侧淋巴结两组。

（1）**颈前淋巴结**（anterior cervical lymph nodes）：沿颈前浅静脉分布，收集舌骨下方及喉、甲状腺、气管等器官的淋巴。其输出管注入颈外侧深淋巴结。

（2）**颈外侧淋巴结**（lateral cervical lymph nodes）：包括颈外侧浅淋巴结和颈外侧深淋巴结（图9-68）。

1）**颈外侧浅淋巴结**（superficial lateral cervical lymph nodes）：位于胸锁乳突肌表面近后缘处，沿颈外静脉排列，接受乳突淋巴结、枕淋巴结、耳下淋巴结及部分下颌下淋巴结的输出管。颈外侧浅淋巴结的输出管注入颈外侧深淋巴结。

2）**颈外侧深淋巴结**（deep lateral cervical lymph nodes）：大约10~15个，沿颈内静脉周围排列。颈外侧深淋巴结群中较重要的淋巴结有：①咽后淋巴结：位于鼻咽部的后方，

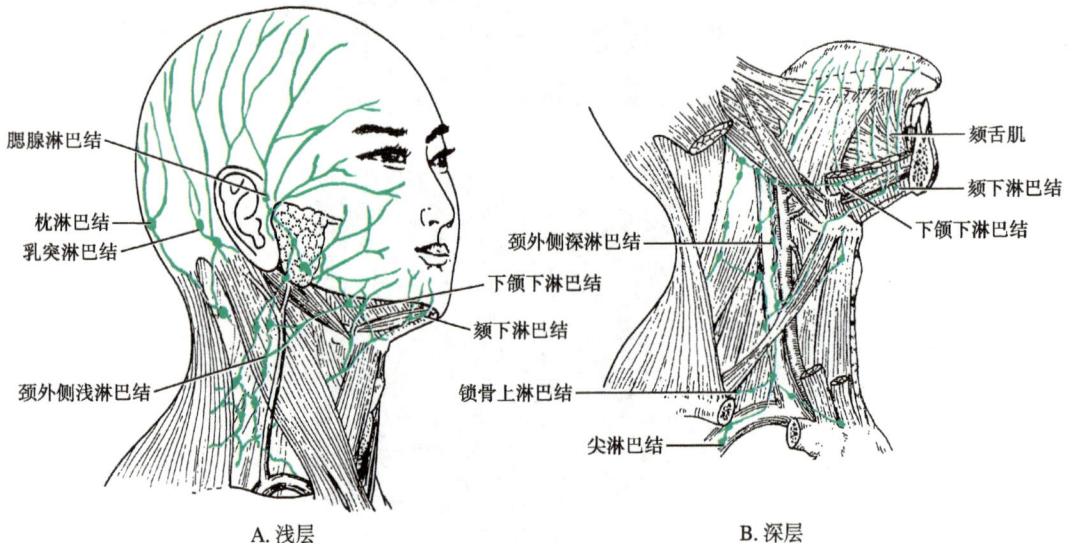

腮腺淋巴结
枕淋巴结
乳突淋巴结
颈外侧浅淋巴结
下颌下淋巴结
颏下淋巴结
颈外侧深淋巴结
锁骨上淋巴结
尖淋巴结
颏舌肌
颏下淋巴结
下颌下淋巴结

A. 浅层　　　　B. 深层

图9-68　头颈部的淋巴管和淋巴结

收纳鼻、鼻旁窦、鼻咽部等处的淋巴。故鼻咽癌时先转移至此群。②颈内静脉二腹肌淋巴结：又称角淋巴结，位于二腹肌后腹与颈内静脉交角处，收纳舌后及腭扁桃体的淋巴管。③颈内静脉肩胛舌骨肌淋巴结：位于肩胛舌骨肌中间腱与颈内静脉交叉处，收纳颏下和舌尖部的淋巴管。④锁骨上淋巴结：位于锁骨下动脉和臂丛附近，食管癌和胃癌后期，癌细胞可沿胸导管和左颈干转移至左锁骨上淋巴结。颈外侧深淋巴结直接或间接地收纳头颈胸壁上部、乳房上部和舌、咽、腭扁桃、喉、气管、甲状腺等器官的淋巴管，其输出管汇合成颈干。左颈干注入胸导管，右颈干注入右淋巴导管。

（二）上肢的淋巴引流

上肢的浅淋巴管多与浅静脉伴行，深淋巴管多与深血管伴行。其注入的淋巴结有肘淋巴结和腋淋巴结。

1. 肘淋巴结（cubital lymph nodes） 位于肘窝和肱骨内上髁附近，又称滑车上淋巴结，1~2个，收纳手尺侧和前臂尺侧半浅、深部的淋巴管，其输出管与肱静脉伴行，注入腋淋巴结。

2. 腋淋巴结（axillary lymph nodes） 位于腋窝内血管的周围，大约15~20个，根据其位置分为5群（图9-69）：①外侧淋巴结：位于腋动脉周围，收纳上肢大部分淋巴管及肘淋巴结输出管；②胸肌淋巴结：位于胸小肌下缘，收纳胸、腹外侧壁和乳房外侧、中央部的淋巴管；③肩胛下淋巴结：位于腋窝后壁肩胛下动静脉周围，收纳项背部、肩胛处的淋巴管；④中央淋巴结：位于腋窝中央部，收纳上述3群淋巴结的输出管；⑤尖淋巴结：位于腋窝尖部，沿腋动、静脉近侧段排列，收纳中央淋巴结输出管和乳房上部的淋巴管，其输出管大部分汇成锁骨下干。左锁骨下干注入胸导管，右锁骨下干注入右淋巴导管。腋淋巴结收集上肢、乳房、胸壁和腹壁上部等处的淋巴管。

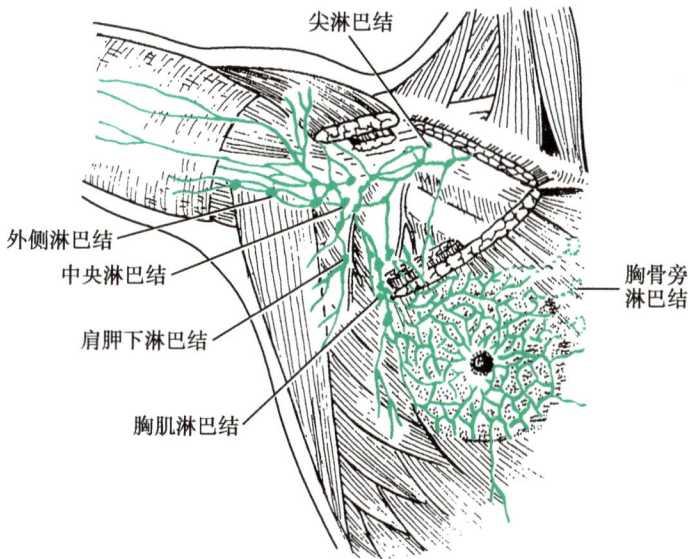

图9-69 腋淋巴结

（三）胸部的淋巴引流

1. 胸壁的淋巴引流 胸壁的浅淋巴管注入腋淋巴结，深淋巴管注入胸骨旁淋巴结、肋间淋巴结及膈上淋巴结，收纳胸壁浅、深部的淋巴管。它们的输出管分别注入纵隔前、后淋巴结或参与支气管纵隔干及直接注入胸导管。

2. **胸腔脏器的淋巴引流** 胸腔脏器的淋巴结有纵隔前淋巴结、纵隔后淋巴结、气管支气管和肺的淋巴结。其中主要有支气管肺门淋巴结（肺门淋巴结），收集肺的淋巴管，其输出管注入气管支气管淋巴结（图9-70）。该淋巴结的输出管注入气管周围的气管旁淋巴结，气管旁淋巴结与纵隔前淋巴结的输出管汇合成左、右支气管纵隔干，分别注入胸导管和右淋巴导管。

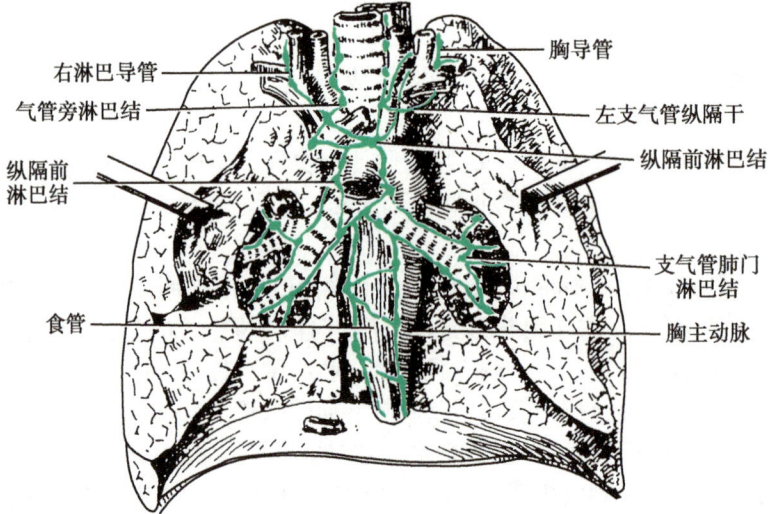

图9-70 纵隔淋巴结

（四）腹部的淋巴引流

1. **腹壁的淋巴引流** 腹前壁脐平面以上的淋巴管一般注入腋淋巴结，脐平面以下腹前壁淋巴管一般注入腹股沟浅淋巴结。腹后壁的深淋巴管注入**腰淋巴结**（lumbar lymph nodes）。左侧腰淋巴结沿腹主动脉周围分布，右侧分布于下腔静脉周围。大约30~50个，除收纳腹后壁的淋巴管外，还收纳腹腔成对脏器（肾、肾上腺、睾丸、卵巢等）的淋巴管及髂总淋巴结的输出管。腰淋巴结的输出管汇入左、右腰干，注入乳糜池。

2. **腹腔脏器的淋巴引流** 腹腔内成对脏器的淋巴管均注入腰淋巴结。不成对脏器的淋巴管分别注入沿腹腔干，肠系膜上、下动脉及其分支附近的各淋巴结。

（1）**腹腔淋巴结**（celiac lymph nodes）：位于腹腔干周围（图9-71），收集腹腔干分支分布区的淋巴管，其输出管参与肠干的组成。

（2）**肠系膜上淋巴结**（superior mesenteric lymph nodes）：位于肠系膜上动脉根部周围，收集肠系膜上动脉分支分布区的淋巴管。其输出管参与肠干的组成。

（3）**肠系膜下淋巴结**（inferior mesenteric lymph nodes）：位于肠系膜下动脉根部周围（图9-72），收纳肠系膜下动脉分支分布区的淋巴管。其输出管参与肠干的组成。

上述淋巴结群的输出管共同汇合成一条肠干，向上注入乳糜池。

（五）盆部的淋巴引流

盆部的淋巴结多沿髂内、外动脉及髂总动脉排列。主要有髂外淋巴结、髂内淋巴结和髂总淋巴结，主要收集同名动脉分布区的淋巴管，最后经左、右髂总淋巴结的输出管分别注入左、右腰淋巴结。

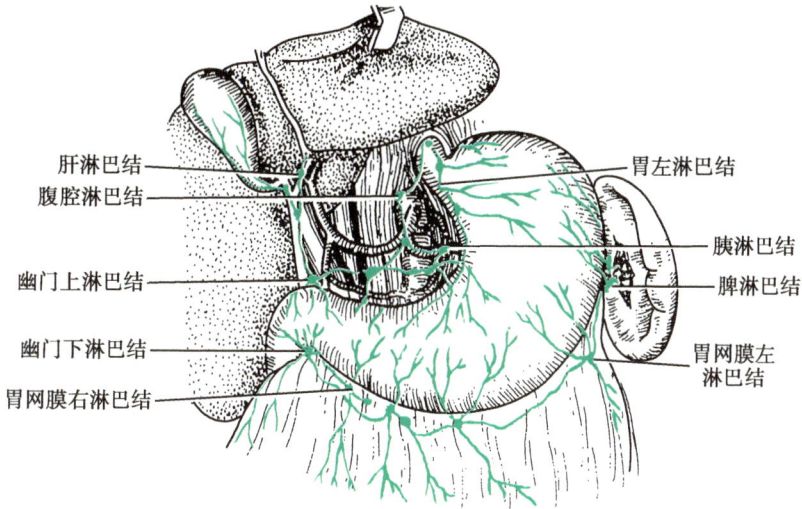

图9-71 沿腹腔干及其分支排列的淋巴结

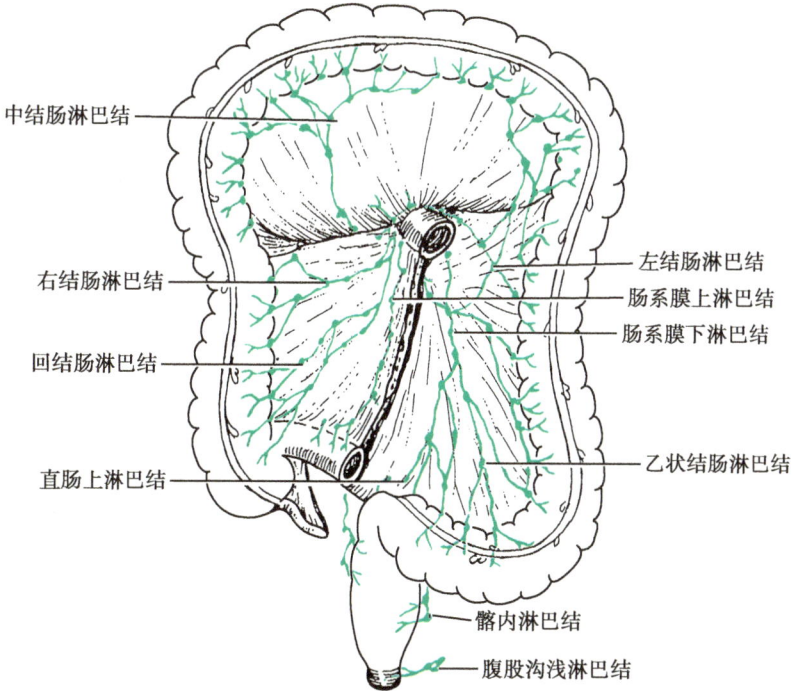

图9-72 大肠的淋巴管和淋巴结

（六）下肢的淋巴引流

下肢的淋巴管分为浅、深两种。浅淋巴管与浅静脉伴行，深淋巴管与深血管伴行，并直接或间接注入腹股沟深淋巴结。下肢的主要淋巴结有腘淋巴结，腹股沟浅、深淋巴结。

1. 腘淋巴结（popliteal lymph nodes） 位于腘窝的脂肪组织中。浅组分布于小隐静脉末端附近，深组位于腘血管周围，收纳小腿后外侧部浅淋巴管和足、小腿的深淋巴管，其输出管沿股血管上行，最后注入腹股沟深淋巴结（图9-73）。

2. 腹股沟浅淋巴结（superficial inguinal lymph nodes） 位于腹股沟韧带下方，阔筋膜深面，分上、下两组。上组5~6个，沿腹股沟韧带平行排列。下组4~5个，位于大隐静脉末端周围，收集腹前壁下部、臀部、会阴、外生殖器、下肢大部分浅淋巴管，其输出管大多注入腹股沟深淋巴结，少部分注入髂外淋巴结（图9-73）。

3. 腹股沟深淋巴结（deep inguinal lymph nodes）位于阔筋膜深面股静脉根部内侧，收纳腹股沟浅淋巴结的输出管及下肢的深淋巴管，其输出管注入髂外淋巴结。

附：全身淋巴回流简表（表9-3）

附：单核吞噬细胞系统

单核细胞以及由其分化而来的具有吞噬功能的细胞，统称单核吞噬细胞系统。该系统是人体重要的防御体系，包括结缔组织中的巨噬细胞、血液中的单核细胞、神经组织中的小胶质细胞、肝和肺以及淋巴结、脾与骨髓内的巨噬细胞。它们均来源于骨髓内的幼单核细胞，能吞噬细菌异物和体内衰老死亡的细胞。

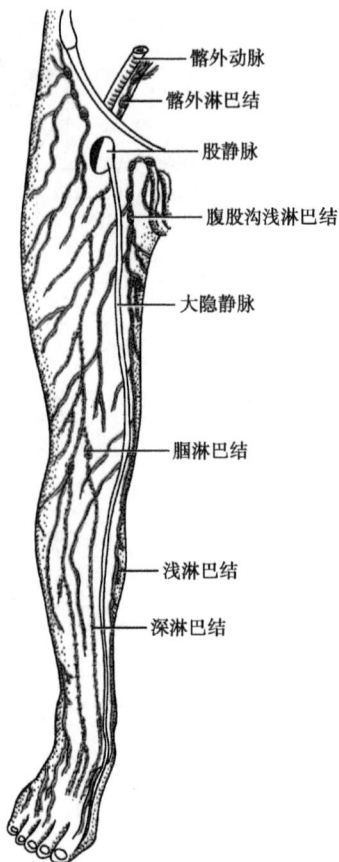

图9-73　腹股沟区及下肢的浅淋巴结

标注：髂外动脉、髂外淋巴结、股静脉、腹股沟浅淋巴结、大隐静脉、腘淋巴结、浅淋巴结、深淋巴结

表9-3　全身淋巴回流简表

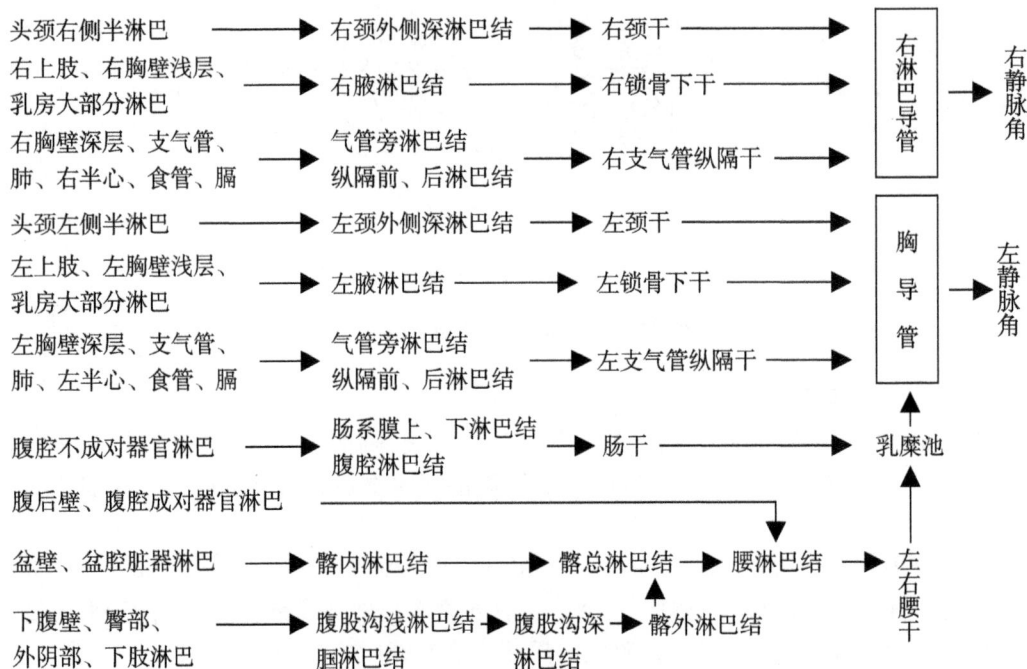

头颈右侧半淋巴 →	右颈外侧深淋巴结 →	右颈干 →		
右上肢、右胸壁浅层、乳房大部分淋巴 →	右腋淋巴结 →	右锁骨下干 →	右淋巴导管 →	右静脉角
右胸壁深层、支气管、肺、右半心、食管、膈 →	气管旁淋巴结 纵隔前、后淋巴结 →	右支气管纵隔干 →		
头颈左侧半淋巴 →	左颈外侧深淋巴结 →	左颈干 →		
左上肢、左胸壁浅层、乳房大部分淋巴 →	左腋淋巴结 →	左锁骨下干 →	胸导管 →	左静脉角
左胸壁深层、支气管、肺、左半心、食管、膈 →	气管旁淋巴结 纵隔前、后淋巴结 →	左支气管纵隔干 →		
腹腔不成对器官淋巴 →	肠系膜上、下淋巴结 腹腔淋巴结 →	肠干 →	乳糜池	
腹后壁、腹腔成对器官淋巴				
盆壁、盆腔脏器淋巴 →	髂内淋巴结 →	髂总淋巴结 → 腰淋巴结 →	左右腰干	
下腹壁、臀部、外阴部、下肢淋巴 →	腹股沟浅淋巴结 腘淋巴结 →	腹股沟深淋巴结 →	髂外淋巴结 →	

● 知识链接 ●

动脉结构的年龄变化

动脉管壁结构的发育到成年时才趋完善，可能由于心脏和动脉始终不停地进行舒缩活动，使它们易发生损伤和衰老变化，尤以主动脉、冠状动脉和脑基底动脉的变化明显。如冠状动脉和基底动脉在20岁时就开始变化，其他动脉在40岁以后才开始退化。中年时，血管壁中的结缔组织成分增多，平滑肌纤维减少；内膜增厚；中膜的弹性纤维变性，血管壁硬度增加；老年时，血管壁增厚，内膜出现脂质沉积和钙化，血管壁硬度增大。

高血压和动脉粥样硬化是"孪生姐妹"，而且是一个互为因果的疾病。高血压可以促进动脉硬化，而动脉硬化又可以加重高血压。

（孙 威 夏广军）

思考题

1. 一位患者，因右手背患疖肿，从左手背浅静脉中滴注抗生素，试述药物经何途径到达患处？经何途径从呼气中排出？又经何途径从尿中排出？

2. 当心脏收缩和舒张时，血液能在心腔内作定向流动，其结构因素有哪些？

3. 心的传导系统及支配范围如何？心冠状动脉分支及支配范围如何？

4. 肝硬化晚期的病人为什么会出现呕血、便血和腹水？

第十章　感　觉　器

学习目标

掌握：1. 眼球壁的结构。

2. 视网膜的微细结构。

3. 房水、晶状体和玻璃体的形态结构。

4. 眼球外肌的名称和作用。

5. 鼓膜位置和形态。

6. 咽鼓管位置与开口。

7. 鼓室的位置和6个壁的名称。

理解：1. 眼副器的形态与结构。

2. 眼的血管分布。

3. 皮肤微细结构。

4. 内耳螺旋器（Corti器）结构与功能。

了解：1. 泪腺和泪道的结构。

2. 外耳、中耳、内耳的分部及结构。

感觉器（sensory organs）是指能够感受特定刺激的器官，如视器、前庭蜗器等，它是由特殊感受器和附属器所构成。

感受器（receptor）是指机体内能够接受内、外环境的各种刺激并能将刺激转变为神经冲动的结构。感受器包括一般感受器和特殊感受器两种：

1. 一般感受器　由感觉神经末梢构成，广泛分布于全身各部，如皮肤内的痛觉、温度觉、触觉、压觉感受器，关节、肌肉、肌腱内的本体觉感受器和内脏、心血管等处的化学、压力感受器等。

2. 特殊感受器　由感觉细胞构成，如眼、耳、鼻、舌等器官内的视觉、听觉、嗅觉和味觉感受器等。

第一节　眼

眼（eye）是感受可见光刺激的器官，又称**视器**（visual organ），由眼球和眼副器两部分构成。

一、眼 球

眼球（eyeball）位于眶内，其后部连有视神经，并经视神经与脑相连。眼球略呈球形，具有屈光成像和感受光刺激的功能，是眼的主要部分。眼球由眼球壁和眼球内容物构成（图10-1）。

（一）眼球壁

眼球壁包括3层，由外向内依次为眼球纤维膜、眼球血管膜和视网膜。

1. 眼球纤维膜　由致密结缔组织构成，厚而坚韧，具有维持眼球的形态和保护眼球内容物的作用。眼球纤维膜分角膜和巩膜两部分。

（1）**角膜**（cornea）：占眼球纤维膜的前1/6，略向前凸，无色透明，是光线进入眼球首先要通过的结构，具有屈光作用。角膜内无血管，但有丰富的感觉神经末梢，对触觉和痛觉敏感。

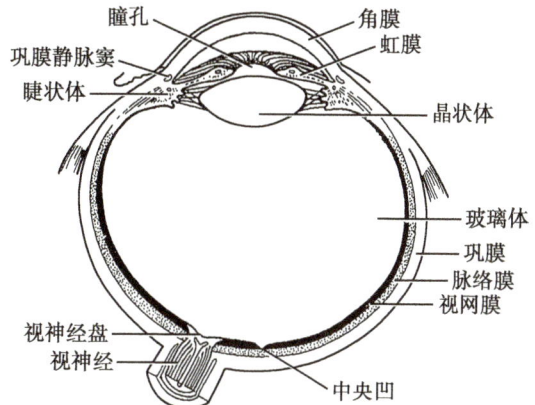

图10-1　眼球（水平切面）

（2）**巩膜**（sclera）：占眼球纤维膜的后5/6，呈乳白色，不透明。在巩膜与角膜交界处的深部，有一环形的小管，称**巩膜静脉窦**。

2. 眼球血管膜　为眼球壁的中层，由疏松结缔组织构成，含有丰富的血管和色素细胞，呈棕黑色。眼球血管膜由前向后分虹膜、睫状体和脉络膜3部分。

（1）**虹膜**（iris）：为眼球血管膜的前部，位于角膜的后方，呈圆盘状，中央有一圆孔，称**瞳孔**（pupil），是光线进入眼球内的唯一通道。虹膜内有两种不同排列方向的平滑肌：在瞳孔周围呈环形排列的称**瞳孔括约肌**，收缩后可使瞳孔缩小；自瞳孔周缘向外周呈放射状排列的为**瞳孔开大肌**，收缩后可使瞳孔开大。瞳孔开大或缩小，可调节进入眼球内光线的多少。

（2）**睫状体**（ciliary body）：位于虹膜的外后方，是眼球血管膜最肥厚的部分。睫状体的前部有许多向内突出呈放射状排列的皱襞，称**睫状突**。由睫状突发出许多睫状小带与晶状体的周缘相连。睫状体内也有平滑肌，称**睫状肌**，收缩后可使睫状突向前内移位（图10-2）。

（3）**脉络膜**（choroid）：为眼球血管膜后部的大部分，衬于巩膜的内面，薄而柔软。因脉络膜内含丰富的血管和色素细胞，故有营养眼球壁和吸收眼内散射光线的作用。

3. 视网膜（retina）　为眼球壁的内层，贴附于眼球血管膜的内面。视网膜可分为两部分：位于虹膜和睫状体内面的部分，无感光作用，称**视网膜盲部**；位于脉络膜内面的部分，有感光作用，称**视网膜视部**。

在视网膜视部中央稍内侧，与视神经相对应的部位有一圆盘状隆起，称**视神经盘**（optic disc），此处无感光作用，为生理性盲点。在视神经盘颞侧3.5mm处的稍下方，有一黄色小区，称**黄斑**（macula lutea），其中央凹陷，称**中央凹**，是感光和辨色最敏锐的部位（图10-3）。

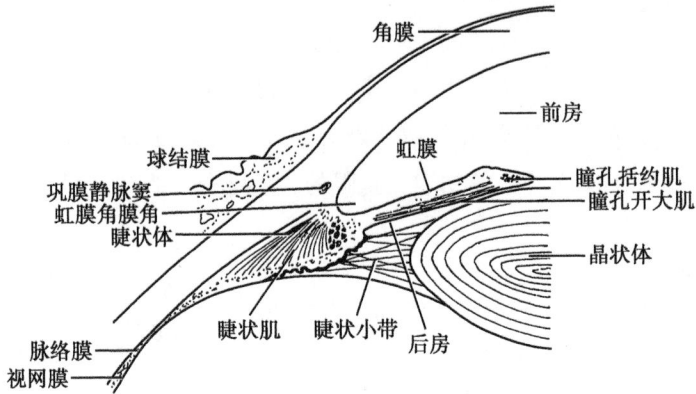

图10-2 眼球水平切面局部放大

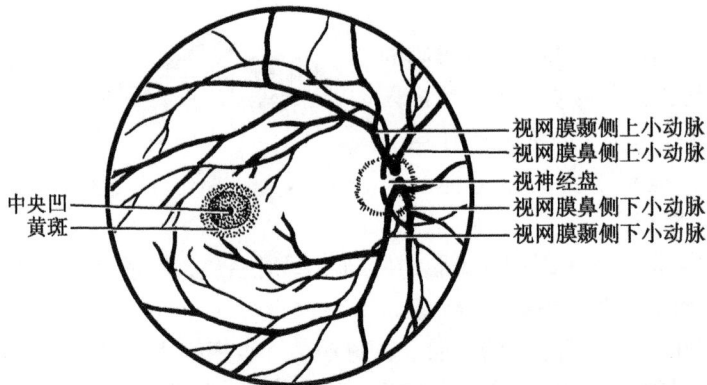

图10-3 视网膜后部（右眼）

视网膜视部的组织结构分内、外两层。外层为色素上皮层，内层为神经层，两层之间连结疏松。病理情况下，视网膜的两层之间可发生分离，称"视网膜剥离症"。

（1）**色素上皮层**：由单层色素上皮细胞构成，色素上皮细胞能吸收光线，可保护感光细胞免受过强光线的刺激。

（2）**神经层**：含有3层细胞，由外向内依次为感光细胞、双极细胞和节细胞。**感光细胞**分视锥细胞和视杆细胞两种。**视锥细胞**可感受强光和分辨颜色，**视杆细胞**仅能感受弱光，不能辨色。**双极细胞**是连接感光细胞和节细胞之间的双极神经元。**节细胞**为多极神经元，其树突与双极细胞形成突触，轴突向视神经盘集中，出视网膜后形成视神经（图10-4）。

（二）眼球内容物

眼球内容物包括房水、晶状体和玻璃体，这些结构都具有屈光性，它们与角膜一起，共同组成眼的屈光系统（图10-1，图10-2）。

1.眼房和房水

（1）**眼房**（chambers of eyeball）：为角膜与晶状体之间的腔隙，可被虹膜分隔成前房和后房，前、后房之间经瞳孔相通。前房的周边部，即虹膜与角膜之间的夹角，称**虹膜角膜角**，与巩膜静脉窦相邻。

（2）**房水**（aqueous humor）：为充满于眼房内无色透明的液体。房水除有屈光作用外，还具有营养角膜、晶状体和维持眼内压的作用。

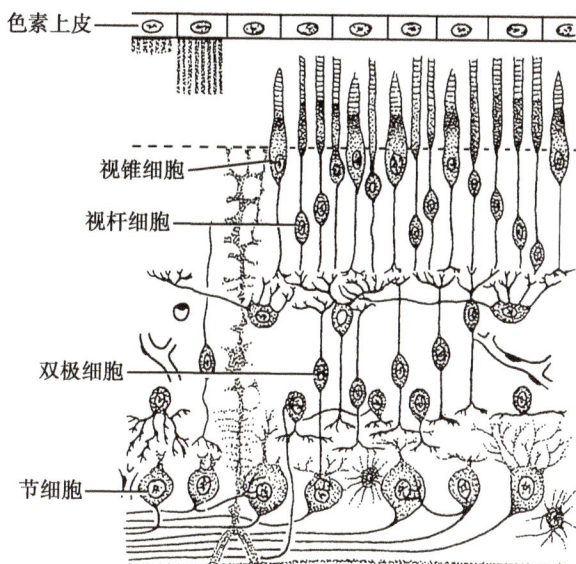

图10-4 视网膜的结构

房水由睫状体产生，自后房经瞳孔流入前房，再经虹膜角膜角渗入巩膜静脉窦，最后汇入眼静脉，此过程称**房水循环**。若虹膜与晶状体粘连或虹膜角膜角狭窄等，可造成房水循环障碍，引起眼内压升高，压迫视网膜，导致视力减退或失明，称青光眼。

2. 晶状体（lens） 位于虹膜的后方，为双面凸的透明体，具有弹性。晶状体内无血管和神经，表面包有晶状体囊。晶状体的周缘通过一些放射状的纤维与睫状突相连，这些纤维称**睫状小带**。

晶状体的表面曲度和屈光性可随睫状肌的舒缩而变化。当看近物时，睫状肌收缩，使睫状突向前内移位，靠近晶状体，睫状小带松弛，晶状体因本身的弹性而变厚，表面曲度加大，屈光性增强；反之，看远物时，睫状肌舒张，睫状突回位，睫状小带向周围牵引晶状体，使晶状体变薄，屈光性减小。通过晶状体屈光性的变化，使不同距离的物体，都能在视网膜上形成清晰的物像。老年人由于晶状体的弹性下降，睫状肌对晶状体的调节作用减退，看近物时，晶状体的屈光性不能相应增强，导致视物不清，俗称"老花眼"。另外，晶状体也可因代谢障碍等原因而变混浊，称白内障。

3. 玻璃体（vitreous body） 充填于晶状体与视网膜之间，为无色透明的胶状物质。玻璃体除有屈光作用外，还具有支撑视网膜的作用，若支撑作用减弱，可导致视网膜剥离。

二、眼 副 器

眼副器（accessory organs of eye）包括眼睑、结膜、泪器和眼球外肌等，对眼球起保护、支持和运动作用（图10-5）。

（一）眼睑

眼睑（eyelids）分上睑和下睑，位于眼球的前方，具有保护眼球的作用。上睑和下睑之间的裂隙称**睑裂**，睑裂的内侧角和外侧角分别称**内眦**和**外眦**。眼睑的边缘称**睑缘**，睑缘上有向外生长的**睫毛**。睫毛根部有皮脂腺，称**睑缘腺**。当睑缘腺发炎时，可局部红肿，俗称麦粒肿。上、下睑缘在靠近内眦处，各有一小孔，称泪点，是上、下泪小管的入口。

眼睑的组织结构由外向内可分5层：①皮肤，薄而柔软；②皮下组织，较疏松，易发生

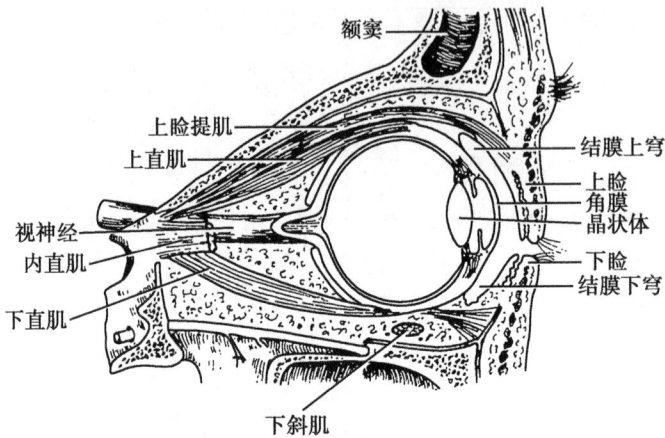

图10-5 眼副器

水肿；③肌层，主要为眼轮匝肌，收缩时使睑裂闭合；④**睑板**（tarsus），呈半月形，由致密结缔组织构成，较硬，对眼睑有支撑作用，在睑板内有**睑板腺**，其腺管开口于睑缘，可分泌油脂性液体，有润滑眼睑和阻止泪液外溢的作用，当睑板腺导管阻塞时，可形成睑板腺囊肿；⑤睑结膜，为一层较薄的黏膜，贴附于睑板的内面（图10-6）。

（二）结膜

为一层薄而透明的黏膜，富有血管，贴附于眼睑的内面和巩膜的前面。衬贴在眼睑内面的部分，称**睑结膜**，覆盖在巩膜前面的部分称**球结膜**。上、下睑的睑结膜与球结膜相移行处，分别形成**结膜上穹**和**结膜下穹**。当睑裂闭合时，各部分结膜共同围成一囊状腔隙，称**结膜囊**。

（三）泪器

泪器包括泪腺和泪道（图10-7）。

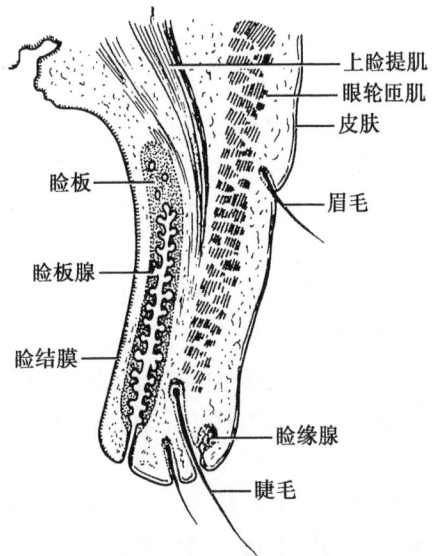

图10-6 眼睑的结构

1. **泪腺**（lacrimal gland） 位于眶上壁前外侧部的泪腺窝内，其排泄管开口于结膜上穹的外侧部。泪腺分泌泪液，泪液可湿润角膜和冲洗结膜囊内的异物。

2. **泪道** 包括泪小管、泪囊和鼻泪管。

泪小管有上、下两条，位于上、下眼睑内侧部的皮下，起于泪点，先分别行向上方和下方，再转向内侧，开口于泪囊。**泪囊**位于眶内侧壁前部的泪囊窝内，为一膜性囊，其上端为盲端，下部移行为鼻泪管。**鼻泪管**位于骨性鼻泪管内，为黏膜形成的管道，下端开口于鼻腔的下鼻道。

（四）眼球外肌

眼球外肌（extraocular muscles）配布在眼球的周围，属于骨骼肌，共有7块。即上睑提肌、内直肌、外直肌、上直肌、下直肌、上斜肌和下斜肌。其中大部分肌起自视神经管内的**总腱环**（图10-8）。

上睑提肌起自总腱环，沿眶上壁向前，止于上睑，可上提上睑，开大睑裂。

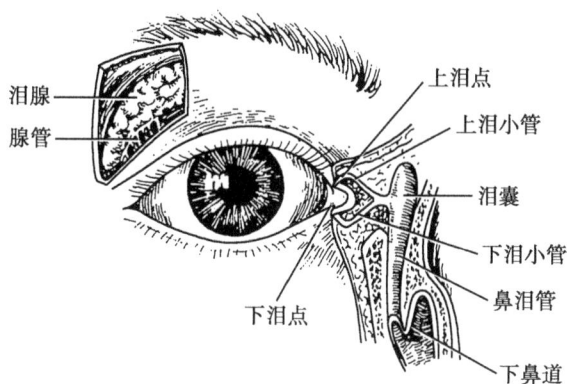

图10-7 泪器

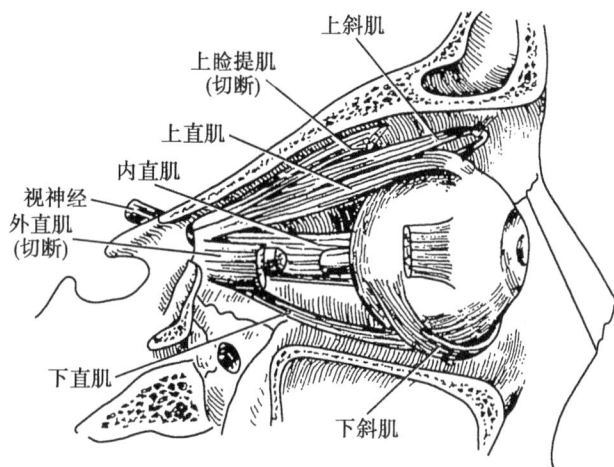

图10-8 眼球外肌

内直肌、**外直肌**、**上直肌**和**下直肌**均起自总腱环，沿眶的各壁向前，止于眼球前部的内侧、外侧、上面和下面，分别可使眼球转向内侧、外侧、内上方和内下方。

上斜肌起自总腱环，在上直肌与内直肌之间前行，至眶前部的内上方，以肌腱穿过一结缔组织形成的滑车后，转向后外，止于眼球上面的后外侧，可使眼球转向下外方。**下斜肌**起自眶下壁的前内侧部，沿眶下壁行向后外，止于眼球下面的后外侧，可使眼球转向上外方。

眼球的正常转动，是上述6块运动眼球的肌协同作用的结果（图10-9）。

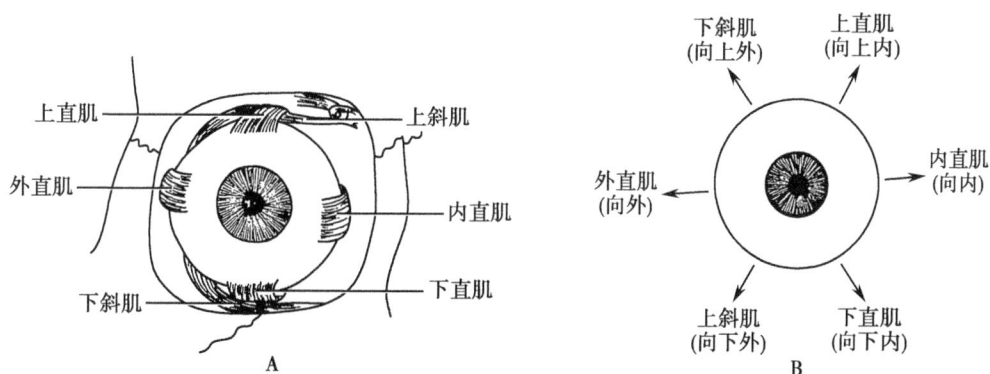

图10-9 眼球外肌作用示意图（右侧）

三、眼的血管

（一）动脉

分布到眼的动脉主要是**眼动脉**（ophthalmic artery）。眼动脉是颈内动脉在颅内的分支，经视神经管入眶，分布于眼球、泪器和眼球外肌等。其中最重要的分支是**视网膜中央动脉**（central artery of retina）。视网膜中央动脉在眼球的后方穿入视神经内，随视神经行至视神经盘处，分为4支，即**视网膜鼻侧上、下小动脉**和**视网膜颞侧上、下小动脉**，分别行向各个方向，分布于视网膜。用检眼镜观察这些小动脉的形态，可协助对动脉硬化等疾病进行诊断（见图10-3）。

（二）静脉

视网膜中央静脉及其属支均与相应的动脉伴行，经视神经盘出视网膜后，离开视神经，注入**眼静脉**。眼静脉可收集眼球和眶内其他结构的静脉血，向前经内眦静脉与面静脉相通，向后汇入颅内的海绵窦。

第二节 耳

耳（ear）又称**前庭蜗器**（vestibulocochlear organ），是位觉和听觉器官。耳按部位分为外耳、中耳和内耳3部分。外耳和中耳是收集和传导声波的结构，内耳是位觉感受器和听觉感受器所在的部位（图10-10）。

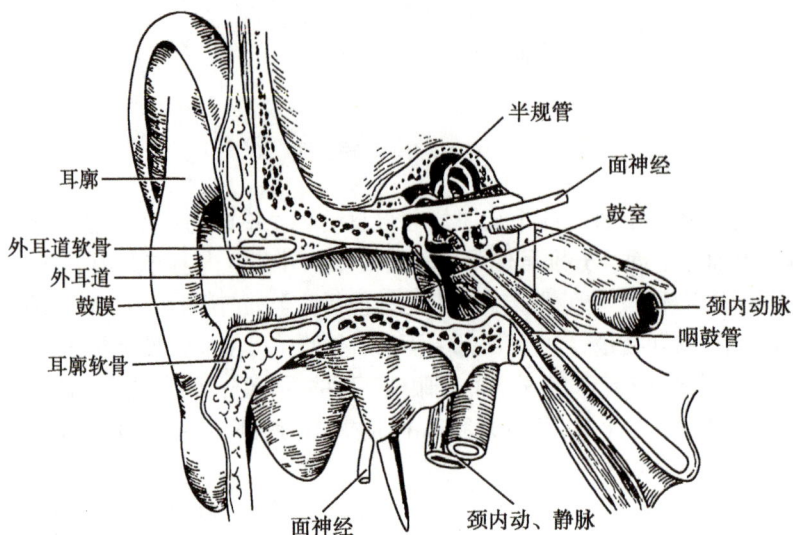

图10-10 前庭蜗器概观

一、外 耳

外耳（external ear）包括耳廓、外耳道和鼓膜3部分。

（一）耳廓

耳廓（auricle）主要由弹性软骨为支架，外被皮肤构成。耳廓的周缘卷曲，称**耳轮**。耳廓下部向下垂的部分无软骨，称**耳垂**，是临床常用的采血部位。耳廓外侧面中部有外耳门，外耳门前外方的突起，称**耳屏**（图10-11）。

（二）外耳道

外耳道（external acoustic meatus）为外耳门与鼓膜之间的管道，长约2.0~2.5cm。其外侧1/3以软骨为基础，称软骨部，内侧2/3位于颞骨内，称骨部。外耳道是一弯曲的管道，由外向内，先斜向后上，再斜向前下。临床检查外耳道和鼓膜时，向后上方牵拉耳廓，可使外耳道变直。因儿童的外耳道较短窄，检查时，则需将耳廓拉向后下方。

外耳道的皮肤内有**耵聍腺**，可分泌黄褐色的黏稠液体，称耵聍，干燥后形成痂块，可保护鼓膜。外耳道的皮下组织较少，皮肤与骨膜和软骨膜结合紧密，当外耳道发生疖肿时，因张力较大压迫感觉神经末梢而疼痛剧烈。

（三）鼓膜

鼓膜（tympanic membrane）位于外耳道的底部，为椭圆形的半透明薄膜。鼓膜呈倾斜位，与外耳道的下壁构成约45°角。鼓膜呈浅漏斗状，其中心向内凹陷，称**鼓膜脐**。鼓膜的上1/4区为**松弛部**，下3/4为**紧张部**。活体观察鼓膜时，可见松弛部呈淡红色，紧张部呈灰白色。从鼓膜脐向前下方有一三角形的反光区，称**光锥**，中耳的一些疾患可引起光锥改变或消失（图10-12）。

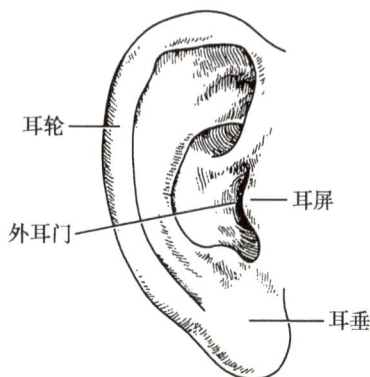

图10-11 耳廓

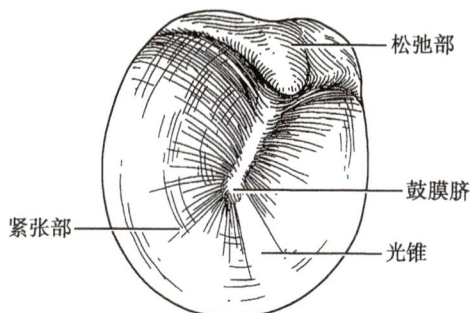

图10-12 鼓膜（外面观）

二、中 耳

中耳（middle ear）包括鼓室、咽鼓管、乳突窦和乳突小房。

（一）鼓室

鼓室（tympanic cavity）是颞骨岩部内的一个不规则含气小腔，位于鼓膜与内耳之间。鼓室的内壁衬有黏膜，并与咽鼓管和乳突小房等处的黏膜相延续。鼓室内有3块听小骨。

1. 鼓室壁 鼓室有不规则的6个壁：

（1）上壁：称**鼓室盖**，为一薄层骨板，鼓室借此与颅中窝相邻。

（2）下壁：称**颈静脉壁**，也为一薄层骨板，可将鼓室与颈内静脉起始部分隔。

（3）前壁：称**颈动脉壁**，与颈动脉管邻近，上部有咽鼓管鼓室口。

（4）后壁：称**乳突壁**，上部有乳突窦的开口，经乳突窦可与乳突小房相通。

（5）外侧壁：称**鼓膜壁**，主要由鼓膜构成。

（6）内侧壁：称**迷路壁**，即内耳的外侧壁。此壁的后部有两个孔，位于后上部的呈卵圆形，称**前庭窗**，有镫骨底附着。位于后下部的呈圆形，称**蜗窗**，被第二鼓膜封闭。在前庭窗的后上方有一弓形的隆起，称**面神经管凸**，其深部有面神经管，并有面神经通过。由于此处的面神经管较薄，中耳的炎症或手术易伤及面神经（图10-13）。

2. 听小骨（auditory ossicles） 由外侧向内侧依次排列为锤骨、砧骨和镫骨。**锤骨**形似小锤，锤骨柄贴于鼓膜的内面。**镫骨**形如马镫，镫骨底通过韧带连于前庭窗的边缘，将前庭窗封闭。**砧骨**位于锤骨与镫骨之间，并与两骨形成关节，共同构成**听骨链**。当声波振动鼓膜时，通过听骨链的传导，可使镫骨底在前庭窗处振动，从而将声波的振动从鼓膜传至内耳（图10-14）。

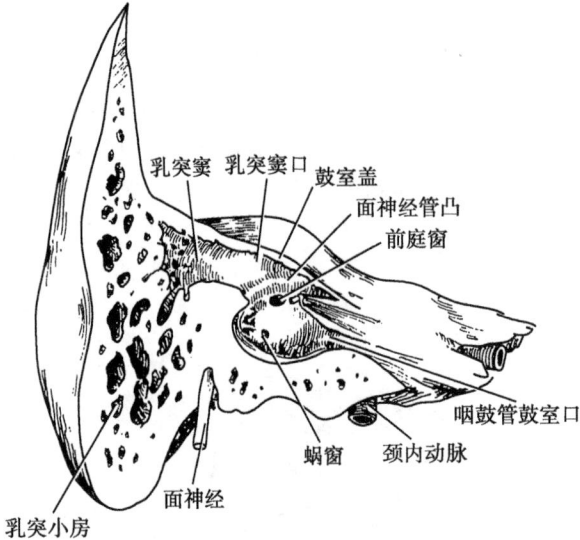

图10-13 颞骨经鼓室的切面

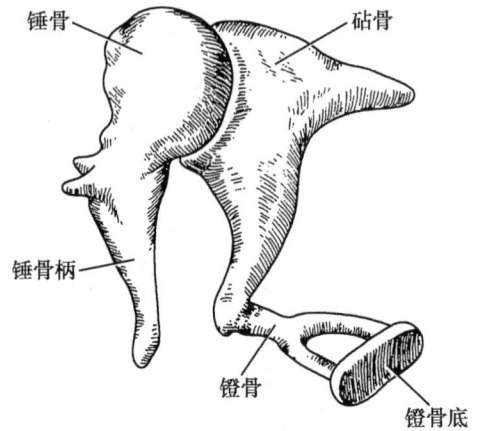

图10-14 听小骨

（二）咽鼓管

咽鼓管（auditory tube）是连通咽与鼓室的管道，管壁内面的黏膜可与咽和鼓室的黏膜相续。**咽鼓管鼓室口**开口于鼓室前壁，咽鼓管咽口开口于鼻咽部侧壁，咽口平时处于闭合状态，只有在吞咽和张大口时才开放。咽鼓管可以保持鼓膜内、外两侧的气压平衡，有利于鼓膜的振动。小儿的咽鼓管较短而平直，因此咽部的感染可通过咽鼓管蔓延至鼓室，引起中耳炎。

（三）乳突小房和乳突窦

乳突小房（mastoid cells）是颞骨乳突内的许多含气小腔，相邻的小腔互相连通。**乳突窦**（mastoid antrum）为介于乳突小房与鼓室之间的腔隙，向前开口于鼓室后壁的上部，向后下与乳突小房相通。乳突小房和乳突窦的壁都衬以黏膜，并与鼓室的黏膜相续，故中耳炎时，可并发乳突炎。

三、内 耳

内耳（internal ear）又称**迷路**（labyrinth），位于颞骨岩部内。迷路由骨迷路和膜迷路构成。骨迷路是颞骨岩部内的骨性隧道。膜迷路与骨迷路的形态相似，由套在骨迷路内的膜性小管和小囊构成。膜迷路内充满**内淋巴**，骨迷路与膜迷路之间充满**外淋巴**，内、外淋巴互不流通。

(一)骨迷路

骨迷路(bony labyrinth)由后向前分为骨半规管、前庭和耳蜗3部分(图10-15)。

1. **骨半规管**(bony semicircular canals) 为3个半环形的小管,互相垂直,根据它们的位置,分别称为前骨半规管、后骨半规管和外骨半规管。每个骨半规管都通过两个骨脚与前庭相连,其中一个骨脚膨大,称骨壶腹。

2. **前庭**(vestibule) 位于骨半规管与耳蜗之间,为一个不规则的椭圆形小腔。前庭的外侧壁即鼓室的内侧壁,有前庭窗和蜗窗。后壁与骨半规管相通,前壁与耳蜗相通。

3. **耳蜗**(cochlea) 为骨迷路的前部,形似蜗牛壳,由一条蜗螺旋管环绕蜗轴螺旋状盘绕两圈半形成。耳蜗的尖端称**蜗顶**,朝向前外侧,**蜗底**朝向后内侧。耳蜗的骨性中轴称**蜗轴**,呈圆锥形,它向蜗螺旋管内伸出一条螺旋形骨板,称**骨螺旋板**。

(二)膜迷路

膜迷路(membranous labyrinth)由后向前也分3部分,即膜半规管、椭圆囊和球囊、蜗管(图10-16)。

1. **膜半规管**(membranous semicircular ducts) 为套在骨半规管内的3个半环形膜性小管,每个膜半规管在骨壶腹内也相应膨大,称**膜壶腹**。膜壶腹内壁有一嵴状隆起,称**壶腹嵴**,为位觉感受器,可以感受旋转变速运动的刺激。

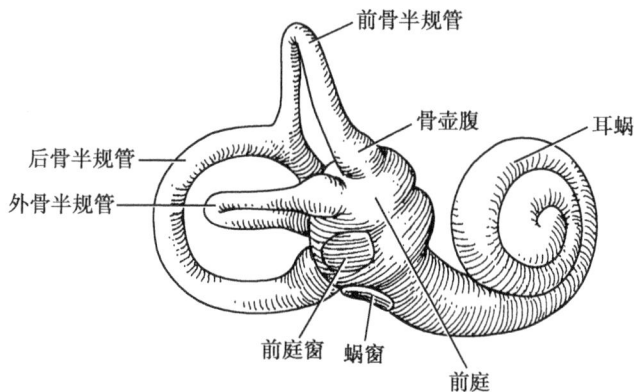

图10-15 骨迷路

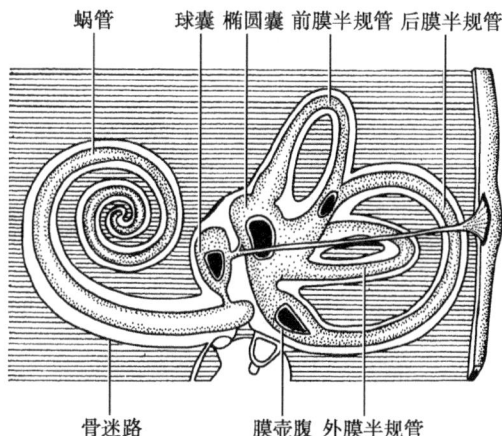

图10-16 膜迷路

2. **椭圆囊**（utricle）**和球囊**（saccule） 为前庭内的两个膜性小囊。椭圆囊位于后上方，后壁与膜半规管相通。球囊位于前下方，与蜗管相连。两囊之间也有细管相连通。在椭圆囊和球囊壁的内面各有一斑块状隆起，分别称**椭圆囊斑**和**球囊斑**，也为位觉感受器，能感受直线变速运动的刺激。

3. **蜗管**（cochlear duct） 为套在蜗螺旋管内的一条三棱形膜性管道，连于骨螺旋板的周缘部，也随蜗螺旋管旋转了两圈半。蜗管的横断面呈三角形，有上、下和外侧3个壁。蜗管的外侧壁与蜗螺旋管相贴，上壁称**前庭膜**，下壁称**基底膜**，在基底膜上有突向蜗管内腔的隆起，随蜗管延伸呈螺旋形，称**螺旋器**（Corti器），为听觉感受器（图10-17，图10-18）。

蜗管和骨螺旋板一起将蜗螺旋管分隔成上、下两部，上部称**前庭阶**，下部称**鼓阶**，两部在蜗顶处相通。前庭阶和鼓阶内都充满外淋巴，并分别与前庭窗和蜗窗相通。

声波经耳廓和外耳道传至鼓膜，使鼓膜振动，再经听骨链传至前庭窗，使得前庭阶和鼓阶的外淋巴振动，继而引起蜗管内的内淋巴振动，刺激基底膜上的螺旋器，产生神经冲动。冲动由蜗神经传至脑的听觉中枢，产生听觉（图10-19）。

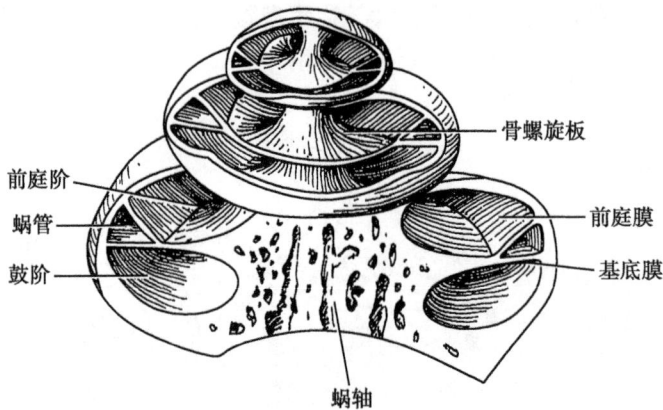

图10-17 耳蜗的构造

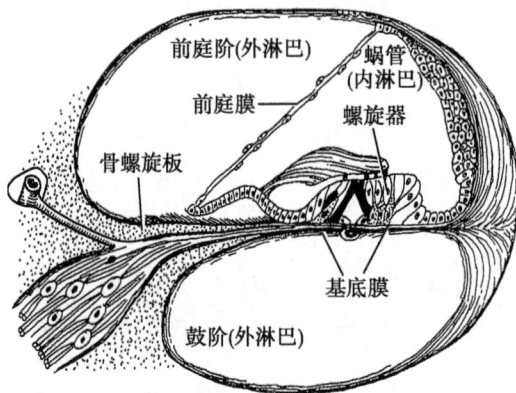

图10-18 蜗螺旋管的横切面

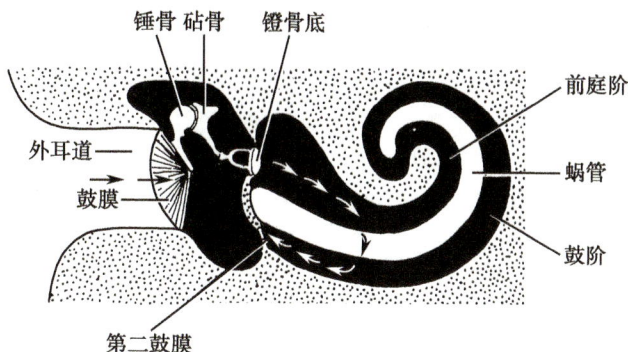

图10-19 声波传导途径示意图

● 知识链接 ●

内耳与听觉

内耳位于颞骨，也称"迷路"。按部位分为前庭、半规管和耳蜗三部分，前庭和半规管负责人体的平衡功能，而耳蜗负责听觉。内耳按层次又分为外层的骨迷路和内层的膜迷路，骨迷路内充满着外淋巴液，膜迷路内充满着内淋巴液，它由耳蜗蜗管血管纹生成。内、外淋巴液互不相通。螺旋器是听觉感受装置，是内耳的关键部位，它位于基底膜上，由内、外毛细胞（听觉感受细胞），支持细胞，网状膜与盖膜等构成。毛细胞的大部分、网状膜和盖膜均浸浴在其周围的内淋巴液中。

耳蜗的听觉功能主要有：①传音：即将前庭窗所感受到的声波传送到毛细胞。②感音：即将螺旋器接受到的声能转换成蜗神经电位传递给蜗神经，再经蜗神经传到大脑听觉中枢，产生听觉。这就是耳蜗的传音和感音机制。

第三节 皮　　肤

皮肤（skin）覆盖于全身的表面，总面积可达1.2~2.0m²，具有保护深层结构、感受刺激、调节体温、排泄废物和吸收等功能。

一、皮肤的结构

皮肤分为浅、深两层，浅层称表皮，深层称真皮。

（一）表皮

表皮（epidermis）由角化的复层扁平上皮构成，其厚度因部位不同差异较大，平均厚度为0.1mm。根据上皮细胞的结构特点，从基底到表面可分为5层，即基底层、棘层、颗粒层、透明层和角质层（图10-20）。

1. **基底层**　位于表皮的最深层，借基膜与深层的真皮相连。基底层是一层排列整齐的矮柱状细胞，此层细胞有较强的分裂增殖能力，可不断产生新生细胞，故基底层又称生发层。

2. **棘层**　由4~10层多边形细胞构成。细胞较大，表面有许多细小的棘状突起。

3. **颗粒层**　由2~3层梭形细胞构成。细胞质内有许多粗大的透明角质颗粒。

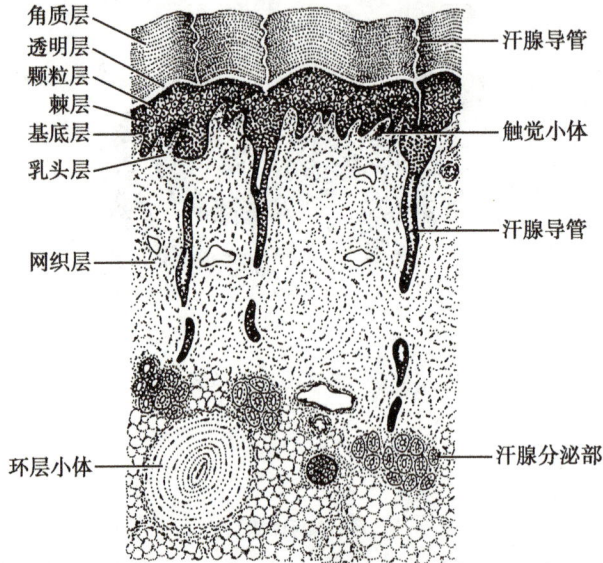

图10-20 皮肤的结构

4. **透明层** 由数层扁平无核的细胞组成。细胞质呈均质透明状。

5. **角质层** 由多层角质细胞构成。角质细胞的细胞质内充满嗜酸性的角质蛋白，对酸、碱和摩擦等有较强的抵抗力。

正常情况下，基底层细胞不断分裂增殖，新生的细胞向浅部推移，依次转化成各层细胞，最后成为皮屑而脱落。

（二）真皮

真皮（dermis）位于表皮的深面，由致密结缔组织构成，可分为乳头层和网织层两层。

1. **乳头层** 为真皮的浅层，它以许多乳头状的突起突向表皮。乳头内有丰富的毛细血管和感受器，如游离的神经末梢、触觉小体等。

2. **网织层** 位于乳头层的深面，较厚，与乳头层无明显的分界。此层的结构致密，胶原纤维和弹性纤维交织成网，使皮肤具有较大的韧性和弹性。此层内含有许多细小的血管、淋巴管和神经，以及毛囊、汗腺、皮脂腺和环层小体等。

皮下组织即浅筋膜，不属于皮肤的组成部分，但其纤维与真皮直接连续。皮下组织由疏松结缔组织构成，含有脂肪组织、较大的血管、淋巴管和神经。皮下注射即将药物注入此层，而皮内注射是将药物注入真皮内。

● 知识链接 ●

肤色的奥秘

一个人的肤色与多种因素有关，如皮肤的折光性、毛细血管的分布、血液的流量、表皮的厚薄、胡萝卜素的含量等，但主要取决于表皮内黑色素的含量。黑色素的多少、分布和疏密决定了皮肤的"黑度"。黑种人的黑色素几乎密集分布于表皮各层，而黄种人和白种人的黑色素则主要分布于表皮最下层的基底层内。白种人的黑色素细胞比黄种人更少。皮肤血管和其中的血液能使皮肤"黑里透红"或"白里透红"。

二、皮肤的附属器

皮肤的附属器包括毛发、皮脂腺、汗腺和指（趾）甲（图10-21）。

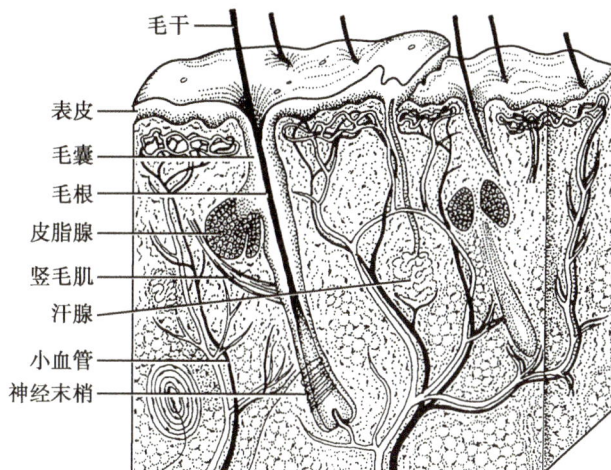

图10-21 皮肤附属器模式图

（一）毛发

人体的皮肤除手掌、足底等处外，均有**毛发**。毛发分毛干和毛根两部分。毛干外露于皮肤的表面，毛根埋于皮肤内的毛囊中。毛囊由上皮组织和结缔组织构成，毛囊的下端较膨大，底部凹陷，结缔组织突入其内，形成**毛乳头**。毛乳头对毛发的生长有重要的作用。毛囊的一侧与真皮之间有一束平滑肌，称**竖毛肌**，此肌受交感神经支配，收缩时，可使毛发竖立，出现"鸡皮疙瘩"。

（二）皮脂腺

皮脂腺位于毛囊与竖毛肌之间，其排泄管很短，开口于毛囊。皮脂腺可分泌皮脂，有滋润皮肤和毛发的作用。

（三）汗腺

全身的皮肤，除乳头和阴茎头等处外，都有**汗腺**，但以手掌和足底最多。汗腺是管状腺，其分泌部位于真皮的网织层内，弯曲盘绕成团。汗腺分泌的汗液经导管排到皮肤表面，具有湿润皮肤、调节体温和水电介质平衡等作用。

在腋窝、会阴等处的皮肤，含有大汗腺。其分泌物较浓稠，分解后有特殊的气味。大汗腺在青春期较发达，以后随着年龄的增长而逐渐退化。

（四）指（趾）甲

指（趾）甲位于手指和足趾远端的背面，由表皮角化增厚形成。甲的远端露于体表，称**甲体**，近端埋入皮肤内，称**甲根**。甲根基部的上皮称**甲母质**，是甲的生长点，拔甲时不可破坏。甲体的两侧与皮肤之间的沟，称**甲沟**。

（曲永松）

思考题

1.简述眼、耳的分部，各部有哪些结构。

2.光线穿过哪些结构才能到达视网膜上感光? 视网膜将光刺激转变为神经冲动后又经过哪些神经传向大脑?

3.鼓室各壁的组成及中耳内的结构有哪些?

4.小儿咽鼓管的结构特点有哪些?

第十一章 神经系统

学习目标

掌握：1. 神经系统的区分和常用术语。

2. 脊髓的位置、特点及椎管的位置关系。

3. 脑干的分部。小脑的位置。大脑半球各部的主要沟、回、裂。

4. 脊髓的内部结构。

5. 内囊的位置、分部及通过的传导束。

6. 大脑皮质躯体运动区、躯体感觉区、视区和听区的位置及功能。

7. 全身感觉、运动传导通路的组成及作用。

8. 硬膜外隙、蛛网膜下隙位置及临床意义。

9. 大脑前、中、后动脉的分部范围。

10. 各神经丛的位置及分支。

理解：1. 脊神经的组成成分。

2. 臂神经丛、骶神经丛的分支、分布。

3. 12对脑神的名称、性质和分布。

4. 交感神经、副交感神经在结构和功能上的区别。

5. 脑脊液产生及循环途径。

了解：1. 内脏神经的概念。

2. 胸神经前支的分布范围。

3. 大脑动脉环的组成及意义。

第一节 概　述

神经系统（nervous system）由脑、脊髓以及连于脑和脊髓的周围神经组成。神经系统是人体结构和功能最复杂的系统，由数以亿万计的、互相联系的神经细胞组成。神经系统在人体功能调节中起主导作用，它既可以联络和调节体内各器官、系统的功能，使之互相联系、互相配合成为统一的有机整体；又可以对体内、外各种环境变化做出迅速而完善的适应性调节，从而维持机体内环境的相对稳定。

人类神经系统的形态和功能是经过漫长的进化过程而形成的。在人类的长期进化过程中，由于生产劳动、语言交流和社会生活的发生和发展，使人类大脑皮质在结构和功能上发生了质的飞跃，同时又促进了思维、语言交流和生产劳动的高度发展。因此，人类大脑皮质是思维、意识活动的物质基础，不仅能被动地适应环境的变化，还能主动地认识世界和改造世界。

一、神经系统的区分

神经系统按其所在位置分为**中枢神经系统**（central nervous system）和**周围神经系统**（peripheral nervous system）（图11-1）。中枢神经系统包括脑和脊髓，分别位于颅腔和椎管内；周围神经系统包括脑神经、脊神经和内脏神经。脑神经与脑相连，脊神经与脊髓相连，内脏神经通过脑神经和脊神经附于脑和脊髓。根据周围神经在各器官、系统中所分

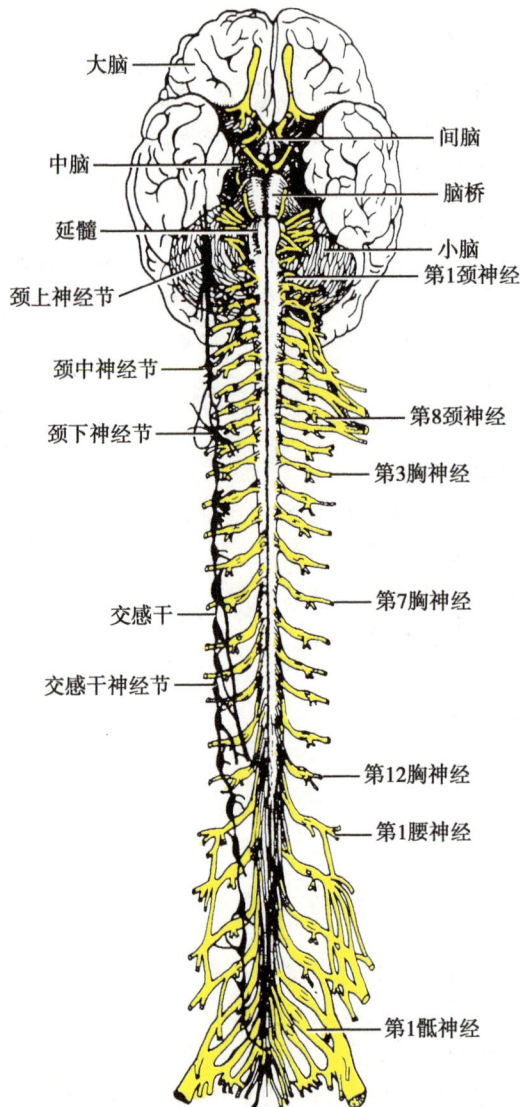

图11-1　神经系统的构成

```
                              ┌ 脑
              ┌ 中枢神经系统 ┤
              │               └ 脊髓        ┌ 脊神经
              │          ┌ 按与中枢关系 ┤
神经系统 ┤          │              └ 脑神经
              │          │                         ┌ 躯体感觉神经
              └ 周围神经系统 ┤          ┌ 躯体神经 ┤
                         │          │          └ 躯体运动神经
                         └ 按分布范围 ┤          ┌ 内脏感觉神经
                                    └ 内脏神经 ┤          ┌ 交感神经
                                              └ 内脏运动神经 ┤
                                                          └ 副交感神经
```

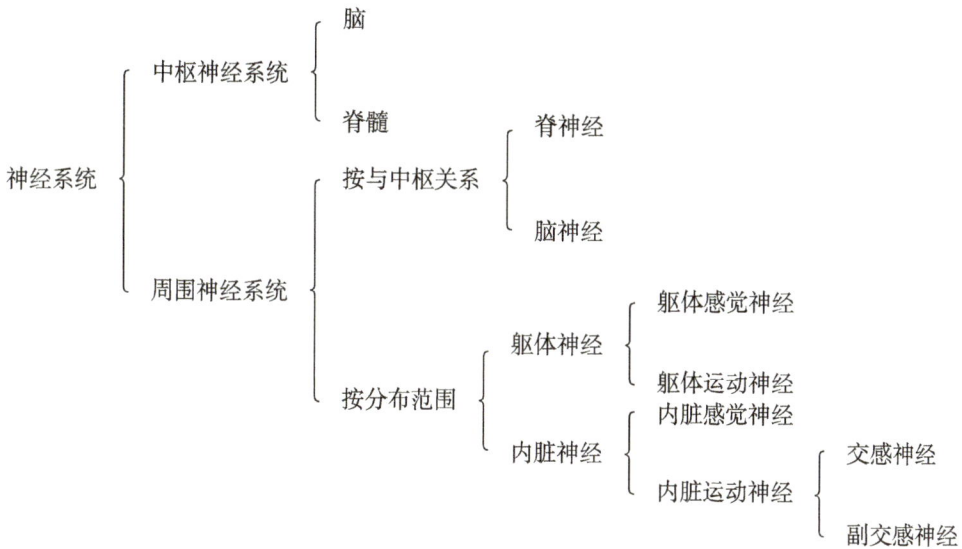

布的对象不同，又可将周围神经系统分为**躯体神经**（somatic nerves）和**内脏神经**（visceral nerves）。躯体神经分布于体表、骨、关节和骨骼肌；内脏神经分布于内脏、心血管、平滑肌和腺体。躯体神经和内脏神经均含有**感觉神经**和**运动神经**。内脏运动神经又分为**交感神经**和**副交感神经**。

二、神经系统的活动方式

神经系统的基本活动方式是反射。神经系统在调节机体活动时，对内、外环境的刺激做出适宜的反应，称为**反射**（reflex）。执行反射活动的结构基础是**反射弧**（reflex are），包括感受器→传入（感觉）神经→中枢→传出（运动）神经→效应器（图11-2）。如叩击髌韧带出现的膝反射，其感受器位于髌韧带内，传入神经是股神经，中枢在脊髓腰段，传出神经为股神经，引起股四头肌收缩。如果反射弧中任何一部分损伤，都会出现反射障碍。

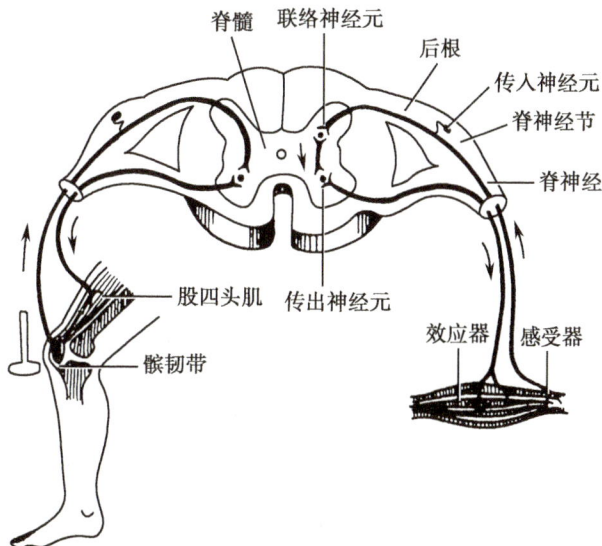

图11-2 反射弧示意图

因此，临床上常用检查反射的方法来诊断神经系统的疾病。

三、神经系统的常用术语

在神经系统中，不同部位的神经元胞体和突起有不同的集聚方式，因而命名为不同的术语。

在中枢神经系统内，神经元胞体和树突集聚处，在新鲜标本上呈灰色，称为**灰质**（gray matter）；在大脑和小脑表面的灰质，称为**皮质**（cortex）。在中枢神经系统内，神经纤维集聚处，色泽白亮，称为**白质**（white matter）；在大脑和小脑内部的白质，称为**髓质**（medulla）。形态和功能相同的神经元胞体集聚形成的团块，在中枢神经系统内，称为**神经核**（nucleus）；在周围神经系统内，称为**神经节**（ganglion）。在中枢神经系统内，起止、行程和功能相同的神经纤维聚集成束，称为**纤维束**（fascichlus）；在周围神经系统内，由不同功能的神经纤维聚集成束，并被结缔组织包裹形成圆索状的结构，称为**神经**（nerve）。

在中枢神经系统内，由灰质和白质混杂而形成的结构，称为**网状结构**（reticular formation），即神经纤维交织在一起，灰质团块散在其中。

第二节　中枢神经系统

一、脊　髓

（一）脊髓的位置和外形

脊髓（spinal cord）位于椎管内，上端在枕骨大孔处与延髓相连，下端在成人平第1腰椎下缘；新生儿约平第3腰椎下缘。

脊髓呈前后略扁的圆柱形，全长粗细不等，有2处膨大，即**颈膨大**（cervicai enlargement）和**腰骶膨大**（lumbosacral enlargement）。脊髓末端变细呈圆锥状，称为**脊髓圆锥**（conus medullaris），其向下延续为1条无神经组织的细丝，称为**终丝**（filum terminale），向下止于尾骨的背面。在脊髓圆锥下方，腰、骶、尾神经根围绕终丝形成**马尾**（cauda epuina）（图11-3）。

脊髓表面有6条纵行的沟或裂。前面正中的深沟为**前正中裂**；后面正中的浅沟为**后正中沟**。在脊髓的两侧有左右对称的**前外侧沟**和**后外侧沟**。

脊髓两侧连有神经根，经前外侧沟穿出的为**前根**，由运动纤维组成；经后外侧沟进入的为**后根**，由感觉纤维组成。每条脊神经后根上都有一膨大，称为**脊神经节**（spinal ganglion）。前根与后根在椎间孔处合成**脊神经**（图11-4），脊神经共有31对。每对脊神经根附着的脊髓部分，称为1个**脊髓节段**。因此，脊髓有31个节段，即颈段8节、胸段12节、腰段5节、骶段5节和尾段1节。

（二）脊髓的内部结构

脊髓主要由灰质和白质构成，脊髓各节段的内部结构大致相似，在横切面上，可见到中央有呈蝶形或H形的灰质，灰质的周围为白质（图11-5）。此外，在灰质和白质交界处，还有网状结构。

1.灰质　纵贯脊髓全长，中央有一管，称为**中央管**（central canal）。每侧灰质分别向前方和后方伸出**前角（柱）**和**后角（柱）**，在脊髓的第1胸节至第3腰节的前、后角之间还有向外侧突出的**侧角（柱）**。

（1）**前角**：主要由运动神经元的胞体构成，其轴突组成前根，支配躯干和四肢的骨骼肌。根据形态和功能的不同，前角运动神经元可分为 α 运动神经元和 β 运动神经元。α 运动神经元支配骨骼肌的运动；β 运动神经元主要参与调节肌张力。

（2）**后角**：主要由联络神经元胞体构成，接受由后根传入的感觉冲动。后角的神经元主要组成缘层、胶状质、后角固有核和胸核等核团，其中后角固有核发出的纤维上行至背侧丘脑。

（3）**侧角**：内含有交感神经元胞体，它发出的轴突随脊神经前根出椎管。在脊髓的第2~4骶节，虽无侧角，但在前角的基底部，相当于侧角的部位，含有副交感神经元胞体，称为**骶副交感核**，它发出的轴突也随脊神经前根出椎管。由侧角或骶副交感核内神经元发出的轴突随脊神经前根出椎管后，支配平滑肌和心肌的运动及腺体的分泌。

2. 白质 位于灰质的周围，每侧白质又被脊髓的纵沟分为3个索。前正中裂和前外侧沟之间的白质为**前索**；后正中沟和后外侧沟之间的白质为**后索**；前、后外侧沟之间的白质为**外侧索**。各索由传导神经冲动的上、下行纤维束构成。其中上行传导束主要有脊髓丘脑束、薄束和楔束等；下行传导束主要有皮质脊髓束等。

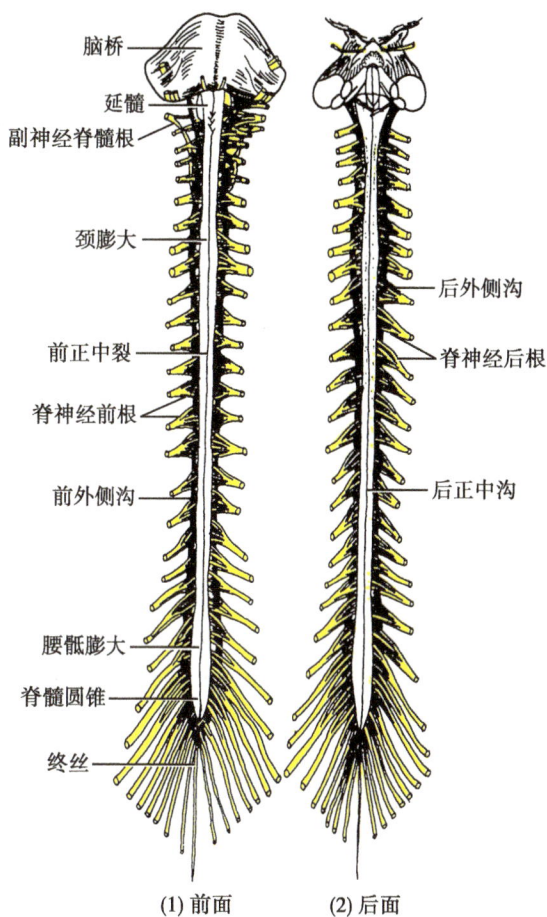

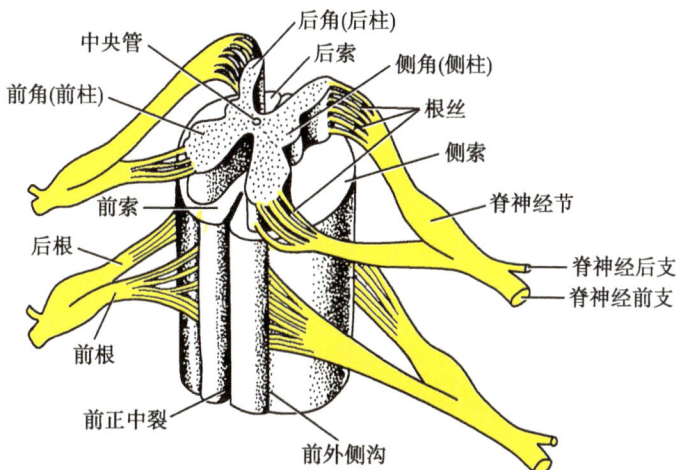

图11-3 脊髓的外形

(1) 前面　(2) 后面

图11-4 脊髓结构示意图

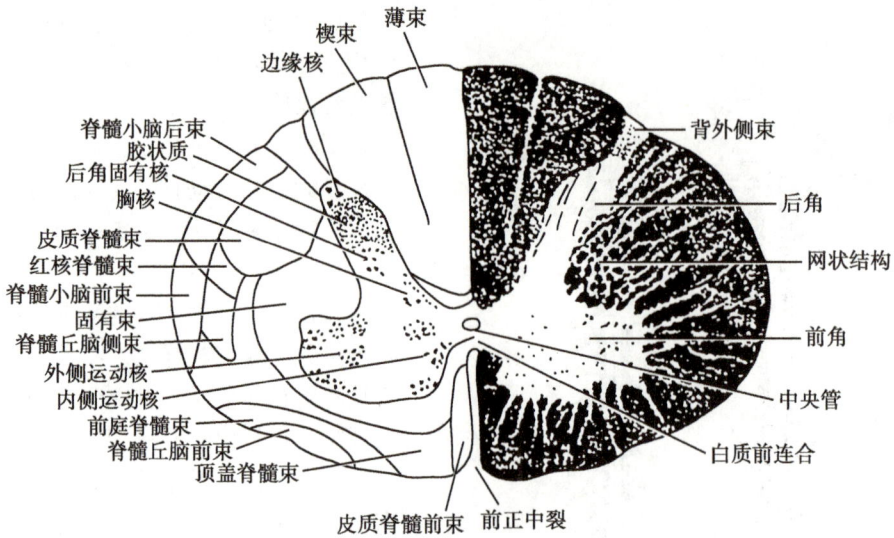

图11-5　脊髓颈段横切面

（1）**脊髓丘脑束**（spinothalamic tract）：上行于前索和外侧索的前半部，可分为**脊髓丘脑前束**和**脊髓丘脑侧束**。该纤维束主要起于后角固有核，斜经白质前连合交叉至对侧，上行经脑干，终止于背侧丘脑（图11-6）。其中脊髓丘脑前束传导粗触觉冲动；脊髓丘脑侧束传导痛觉和温度觉冲动。

（2）**薄束**（fasciculus gracilis）和**楔束**（fasciculus cuneatus）：薄束和楔束上行于后索，均由脊神经节的中枢突组成，上行至延髓分别止于薄束核和楔束核（图11-7）。薄束和楔束主要传导肌、腱和关节等处的位置觉、运动觉和振动觉及精细触觉（辨别两点距离和物体的纹理粗细等）。

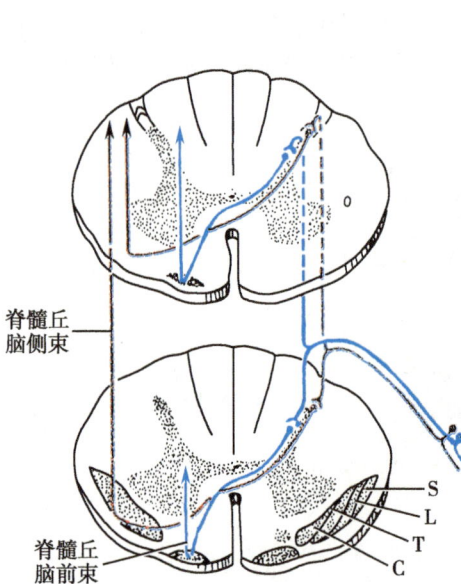

图11-6　脊髓丘脑侧束和前束

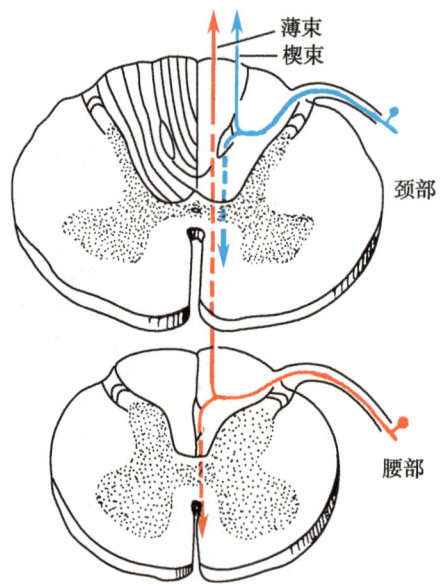

图11-7　薄束和楔束

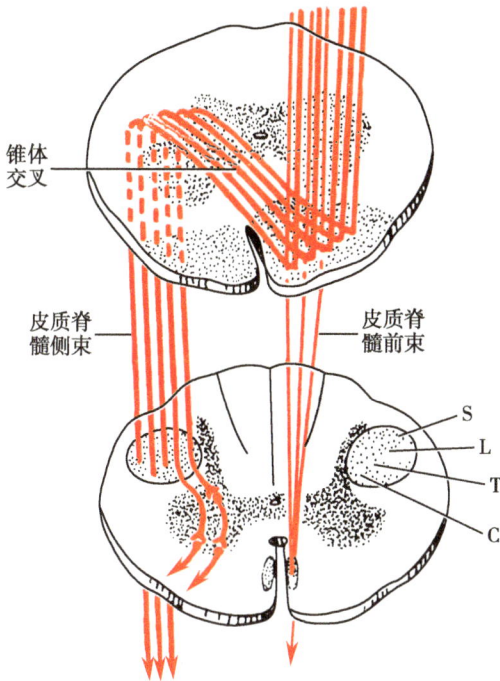

图11-8　皮质脊髓侧束和前束

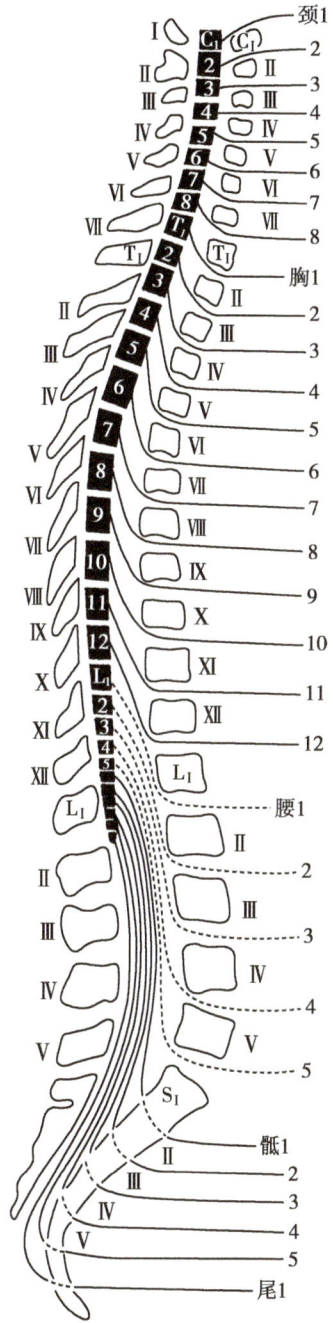

图11-9　脊髓节段与椎骨的对应关系

（3）**皮质脊髓束**（corticospinal tract）：起于大脑皮质躯体运动区的锥体细胞，是最重要的下行纤维束。皮质脊髓束经内囊和脑干下行至延髓锥体交叉处，大部分纤维交叉至对侧降入脊髓形成**皮质脊髓侧束**；不交叉的纤维下行于脊髓前正中裂两侧形成**皮质脊髓前束**（图11-8）。

1）皮质脊髓侧束：下行于脊髓外侧索的后部，止于同侧脊髓前角运动神经元，管理骨骼肌的随意运动。

2）皮质脊髓前束：下行于脊髓前索，此束一般不超过胸髓，部分纤维经白质前连合逐节交叉至对侧前角运动神经元；不交叉的纤维止于同侧前角运动神经元，主要管理颈深肌群和躯干肌的随意运动。

（三）脊髓节段及其与椎骨的对应关系

成人脊髓和脊柱的长度并不相等，这是由于胚胎自第4个月起，脊柱的增长速度比脊髓快。因此，脊髓节段与椎骨并不完全对应（图11-9，表11-1）。了解脊髓节段与椎骨的对应关系，在临床上对病变和麻醉的定位具有重要意义。

表11-1 成人脊髓节段与椎骨的对应关系

脊髓节段	对应椎骨	具体举例
颈段C_{1-4}	与同序数椎骨等高	如颈段第2节对应第2颈椎
颈段C_{5-8}	比同序数椎骨高1个椎骨	如颈段第6节对应第5颈椎
胸段T_{1-4}	比同序数椎骨高1个椎骨	如胸段第3节对应第2胸椎
胸段T_{5-8}	比同序数椎骨高2个椎骨	如胸段第6节对应第4胸椎
胸段T_{9-12}	比同序数椎骨高3个椎骨	如胸段第11节对应第8胸椎
腰段L_{1-5}	与第10~12胸椎平对	
骶、尾段	与第12胸椎和第1腰椎平对	

（四）脊髓的功能

1. 传导功能 脊髓通过上行纤维束，将脊神经分布区的各种感觉冲动传至脑；同时，脊髓又通过下行纤维束接受脑的调控。脊髓是脑与脊髓和周围神经系统联系的重要通路。

2. 反射功能 脊髓是某些反射的低级中枢，如排便反射和髌反射等。

二、脑

脑（brain）位于颅腔内，成人脑平均约重1400g。脑可分为**端脑**、**间脑**、**小脑**和**脑干**四部分（图11-10，图11-11），脑干自上而下由**中脑**、**脑桥**和**延髓**组成。

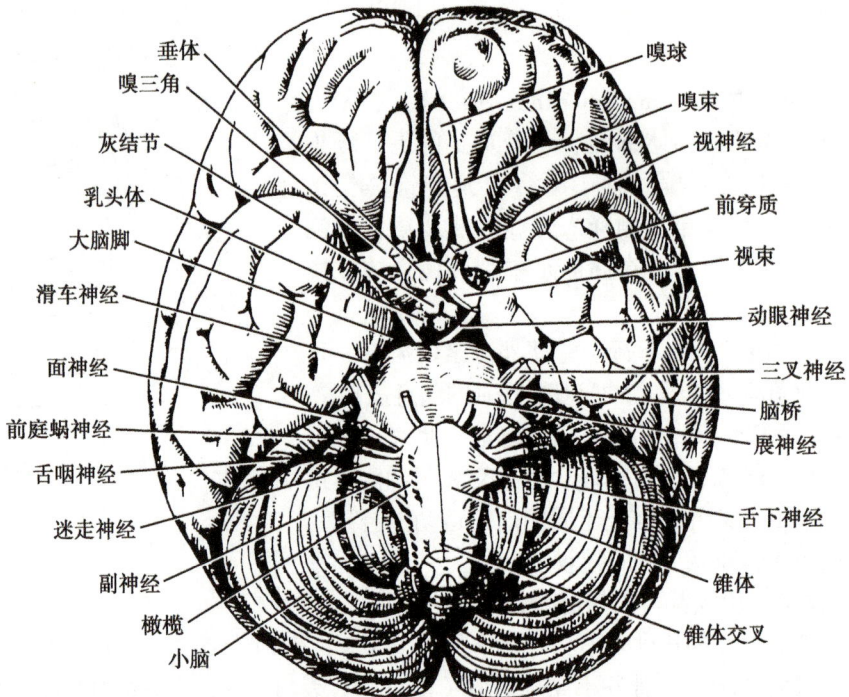

图11-10 脑的底面

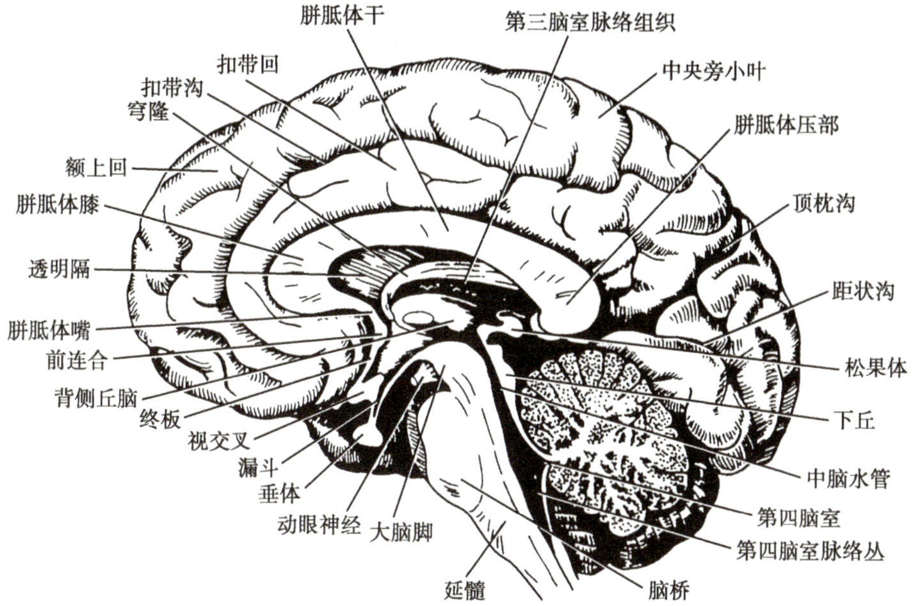

图11-11 脑的正中矢状面

（一）脑干

脑干（brain stem）上接间脑，下在枕骨大孔处续于脊髓，背侧与小脑相连（图11-12，图11-13）。中脑内有一狭窄的管道为**中脑水管**。

1.脑干的外形

（1）腹侧面：延髓（medulla oblongata）位于脑干的最下部，腹侧面正中有与脊髓相续的前正中裂，其两侧各有一纵行隆起，称为**锥体**（pyramid），锥体的下方形成**锥体交叉**

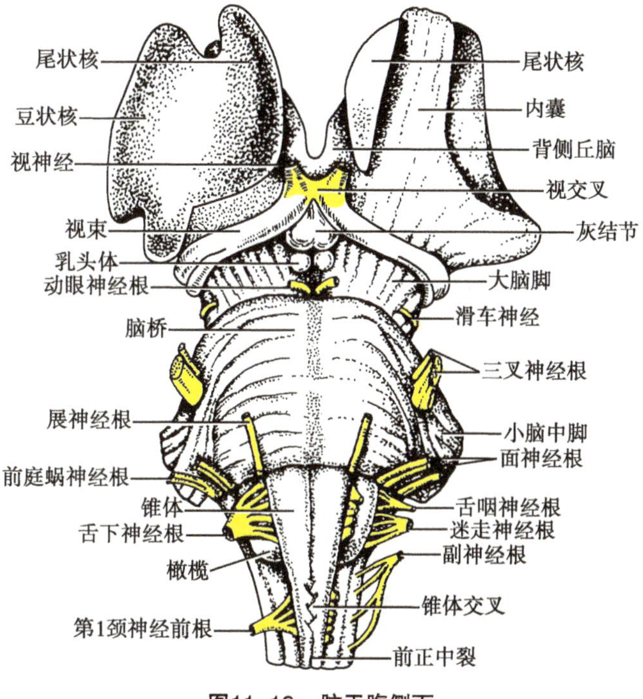

图11-12 脑干腹侧面

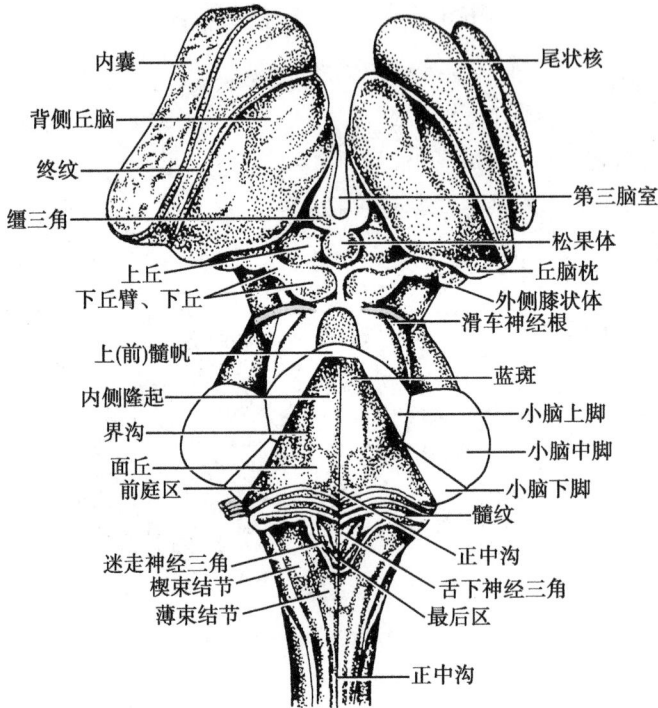

图11-13 脑干背侧面

（decussation of pyramind）。锥体的外侧可见一卵圆形隆起，称为**橄榄**（olive）。延髓向上借横行的延髓脑桥沟与脑桥分界。

脑桥（pone）腹侧面宽阔而膨隆，称为**脑桥基底部**。基底部正中有一纵行浅沟，称为**基底沟**（basilar sulcus），有基底动脉通过。脑干外侧逐渐变窄，借小脑脚与背侧的小脑相连。

中脑（midbrain）位于脑干的最上部。两侧粗大的柱状结构，称为**大脑脚**（cerebral peduncle），两脚之间的凹窝为**脚间窝**。

（2）**背侧面**：延髓背侧面下部的正中沟两侧可见2对隆起，内侧的为**薄束结节**（gracile tubercle），内有薄束核；外侧的**楔束结节**（cuneate tubercle），内有楔束核。在延髓背侧面的上部和脑桥背侧面共同形成菱形凹陷，称为**菱形窝**（rhomboid fossa），构成第四脑室底。

中脑的背侧面有2对隆起，上方的1对称为**上丘**（superior colliculus），为视觉反射中枢；下方的1对称为**下丘**（inferior colliculus），为听觉反射中枢。

脑神经共有12对，与脑干相连的有10对，其中与中脑相连的有动眼神经和滑车神经；与脑桥相连的有三叉神经、展神经、面神经和前庭蜗神经；与延髓相连的有舌咽神经、迷走神经、副神经和舌下神经。

2. 脑干内部结构　脑干内部结构由灰质、白质和网状结构组成。

（1）**灰质**：脑干的灰质由于神经纤维左右交叉，使灰质分散成许多团块状，称为**神经核**，其中与脑神经相连的，称为**脑神经核**；另外是参与组成神经传导通路或反射通路的，称为**非脑神经核**。

1）**脑神经核**：按性质和排列位置的不同，主要分为躯体运动核、躯体感觉核、内脏运动核和内脏感觉核（图11-14，图11-15）。

躯体运动核：共有8对，均纵列于正中线的两侧。其中中脑内有**动眼神经核**和**滑车神经**

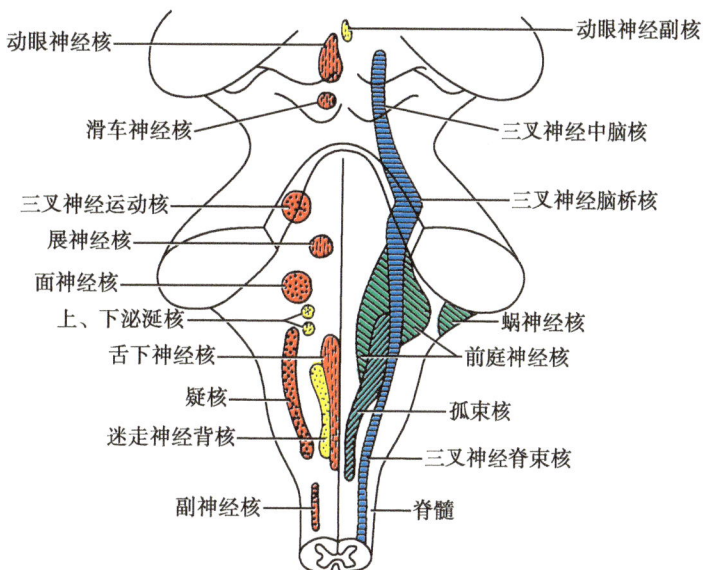

图11-14　脑神经核在脑干背侧面的投影

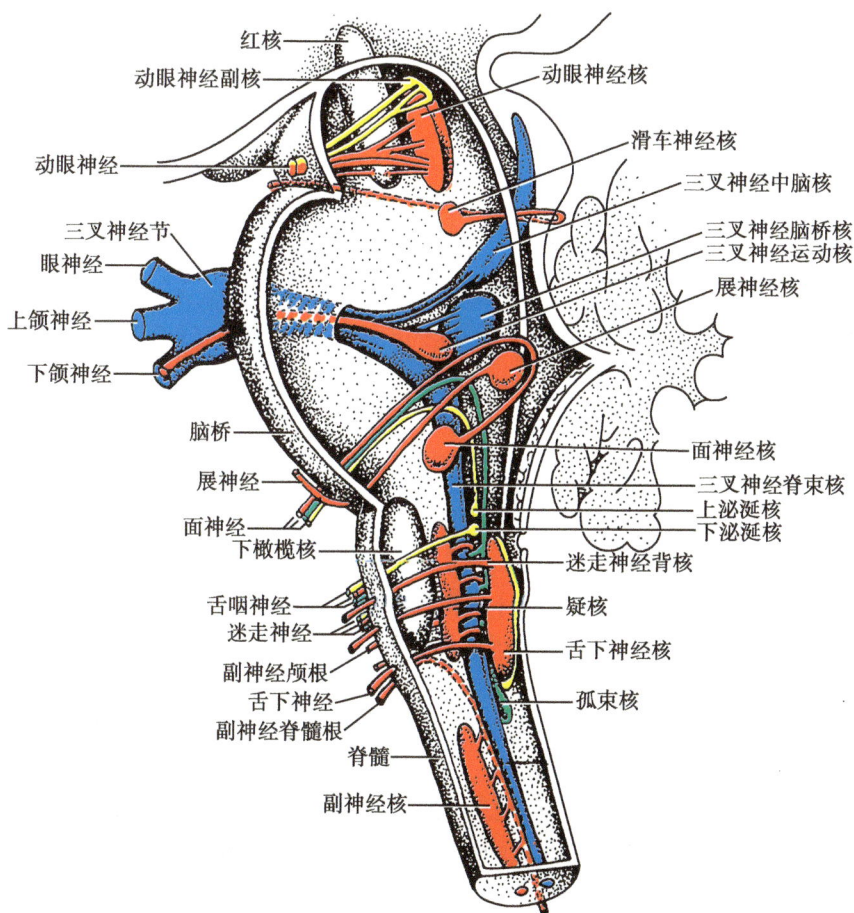

图11-15　脑神经核在脑干侧面的投影

核；脑桥内有**三叉神经运动核**、**展神经核**和**面神经核**；延髓内有**疑核**、**副神经核**和**舌下神经核**。

内脏运动核：共有4对，纵列于躯体运动核的外侧，均为副交感神经核。其中中脑内有**动眼神经副核**；脑桥内有**上泌涎核**；延髓内有**下泌涎核**和**迷走神经背核**。

内脏感觉核：仅有1对**孤束核**，位于延髓内脏运动核的外侧。

躯体感觉核：共有5对，位于内脏感觉核的外侧。其中**三叉神经中脑核**、**三叉神经脑桥核**和**三叉神经脊束核**分别位于中脑、脑桥和延髓；**前庭神经核**和**蜗神经核**位于脑桥和延髓。脑神经核在脑干的位置及分布见表11-2。

表11-2　脑神经核的性质、名称、位置及分布

性质	名称	位置	分布
躯体运动核	动眼神经核	上丘平面	上直肌、上睑提肌、内直肌、下直肌和下斜肌
	滑车神经核	下丘平面	上斜肌
	三叉神经运动核	脑桥中部	咀嚼肌
	展神经核	脑桥中部	外直肌
	面神经核	脑桥下部	面肌、茎突舌骨肌和喉肌
	疑核	延髓	腭肌、咽肌和喉肌
	副神经核	延髓	胸锁乳突肌和斜方肌
	舌下神经核	延髓	舌内肌和舌外肌
内脏运动核	动眼神经副核	上丘平面	瞳孔括约肌和睫状肌
	上泌涎核	脑桥下部	泪腺、舌下腺和下颌下腺
	下泌涎核	延髓上部	腮腺
	迷走神经背核	延髓	胸、腹腔脏器及结肠左曲以上消化管
内脏感觉核	孤束核	延髓	胸、腹腔脏器及结肠左曲以上消化管、舌味蕾
躯体感觉核	三叉神经中脑核	中脑	面肌和咀嚼肌（深感觉）
	三叉神经脑桥核	脑桥	头面部、鼻腔和口腔（触觉）
	三叉神经脊束核	延髓	头面部（痛、温觉）
	前庭神经核	脑桥、延髓	壶腹嵴、椭圆囊斑和球囊斑
	蜗神经核	脑桥、延髓	螺旋器

2）非脑神经核：主要包括薄束核、楔束核、红核和黑质等核团。

薄束核（gracile nucleus）和**楔束核**（cuneate nucleus）：分别位于延髓薄束结节和楔束结节的深面，是薄束和楔束的终止核，也是传导本体感觉和精细触觉的中继核团。由薄束核和楔束核发出的纤维，在中央管的腹侧左右交叉（内侧丘系交叉），交叉后的纤维形成内侧丘系。

红核（red nucleus）：呈圆柱状，位于中脑上丘平面的被盖部。主要接受来自小脑和大脑皮质的纤维，并发出红核脊髓束下行至脊髓。

黑质（substantia nigra）：是位于中脑被盖和大脑脚底之间的板状灰质，黑质细胞主要合成多巴胺，其内还含有黑色素。临床上的震颤麻痹可能与黑质病变引起的多巴胺减少有关。

（2）白质：主要由上、下行纤维束构成。

1）上行纤维束

脊髓丘系（spinal lemniscus）：脊髓丘脑束进入脑干后，组成脊髓丘系，上行于内侧丘系的背外侧，终止于背侧丘脑的腹后外侧核。传导对侧躯干和四肢的温、痛、粗触觉。

内侧丘系（medial lemniscus）：由薄束核和楔束核发出的传入纤维，在中央管的腹侧左右交叉后形成内侧丘系。内侧丘系上行终止于背侧丘脑的腹后外侧核。传导对侧躯干和四肢的本体感觉和精细触觉。

三叉丘系（trigeminal lemniscus）：由三叉神经脑桥核和三叉神经脊束核发出的纤维交叉至对侧，组成三叉丘系，上行于内侧丘系的背外侧，终止于背侧丘脑的腹后内侧核。传导对侧头面部的触觉、痛觉和温度觉。

2）下行纤维束

锥体束（pyramidal tract）：是大脑皮质发出的控制骨骼肌随意运动的下行纤维束，经内囊、中脑、脑桥下行进入延髓锥体。锥体束分为皮质核束和皮质脊髓束：**皮质核束**（皮质脑干束）（corticonuclear tract）在下行过程中陆续止于各脑神经躯体运动核；**皮质脊髓束**（corticospinal tract）在延髓形成锥体，其中大部分纤维交叉至对侧形成**皮质脊髓侧束**，小部分纤维不交叉形成**皮质脊髓前束**。

（3）网状结构：在脑干的中央区域，由纵横纤维交织成网，网眼内散布着大小不等的神经元胞体，此区域称为网状结构。网状结构内的神经元树突分支多且长，接受来自所有感觉系统的信息，并且可直接或间接地与中枢神经系统各部发生广泛联系。网状结构的功能也是多方面的，它涉及大脑皮质的兴奋性、脑和脊髓的运动控制以及内脏活动的调节等方面。

3. 脑干的功能

（1）传导功能：大脑皮质与小脑、脊髓相互联系的上、下行纤维束都要经过脑干，故脑干具有传导神经冲动的功能。

（2）反射功能：脑干内有许多反射中枢。如中脑内的瞳孔对光反射中枢、脑桥内的角膜反射中枢以及延髓内的心血管活动中枢和呼吸中枢即"生命中枢"等。

（3）网状结构的功能：脑干网状结构有维持大脑皮质觉醒、调节骨骼肌张力和调节内脏活动等功能。

（二）小脑

1. 小脑的位置和外形　小脑（cerebellum）位于颅后窝内，在延髓和脑桥的背侧，借小脑下脚、中脚和上脚与脑干相连。小脑与脑干之间的腔隙为第四脑室。

小脑两侧膨隆的部分，称为**小脑半球**（cerebellar hemisphere），中间窄细的部分，称为**小脑蚓**（vermis of cerebellum）。小脑上面平坦，在小脑半球上面的前1/3与后2/3交界处，有一深沟称为原裂。小脑半球下面近枕骨大孔处的膨出部分，称为**小脑扁桃体**（tonsil of cerebellum）。当颅内压增高时，小脑扁桃体可嵌入枕骨大孔，从而压迫延髓，形成**枕骨大孔疝**或称为**小脑扁桃体疝**，导致呼吸、循环障碍，危及生命（图11-16）。

2. 小脑的分叶　根据小脑的发生、功能和纤维联系，小脑可分为3叶。

（1）绒球小结叶（flocculonodular lobe）：位于小脑下面的最前部，包括绒球、绒球脚和小脑蚓前端的小结，因在发生上最古老，又称为**古小脑**（archicerebellum）。

（2）前叶（anterior lobe）：位于小脑上部原裂以前的部分，还包括小脑下面的蚓垂和蚓锥体，因在发生上晚于绒球小结叶，又称为**旧小脑**（paleocerebellum）。

（3）后叶（posterior lobe）：位于原裂以后的部分，占小脑的大部分。在进化中属于新发生的结构，故称为**新小脑**（neocerebellum）。

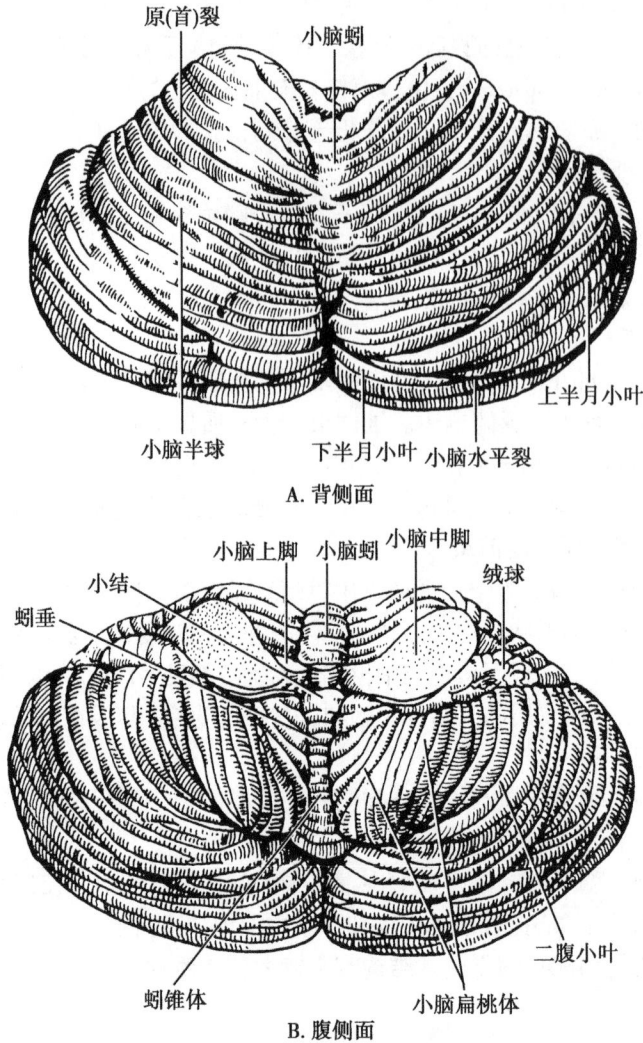

原(首)裂 小脑蚓

上半月小叶

小脑半球 下半月小叶 小脑水平裂

A. 背侧面

小脑上脚 小脑蚓 小脑中脚

小结 绒球

蚓垂

二腹小叶

蚓锥体 小脑扁桃体

B. 腹侧面

图11-16 小脑外形

3. 小脑的内部结构 小脑表面的灰质，称为**小脑皮质**；深面的白质，称为**小脑髓质**。小脑髓质内有数对灰质核团，称为**小脑核**。小脑核有齿状核、栓状核、球状核和顶核，其中最大的核是齿状核（图11-17）。

4. 第四脑室（fourth ventricle） 是位于延髓、脑桥与小脑之间的腔隙，呈四棱锥状，其底为菱形窝，顶朝向小脑。第四脑室向上借中脑水管与第三脑室相通，向下续脊髓中央管，并借1个正中孔和2个外侧孔与蛛网膜下隙相通。第四脑室内的脉络组织上的血管反复分支，夹带着软膜和室管膜上皮突入室腔，形成第四脑室脉络丛，具有分泌脑脊液的功能（图11-18）。

5. 小脑的功能 小脑具有维持身体平衡（古小脑）、调节肌张力（旧小脑）和协调骨骼肌运动（新小脑）等功能。

（三）间脑

间脑（diencephalon）位于中脑和端脑之间，主要由背侧丘脑、后丘脑和下丘脑组成。间脑内部的矢状位腔隙为**第三脑室**（图11-19）。

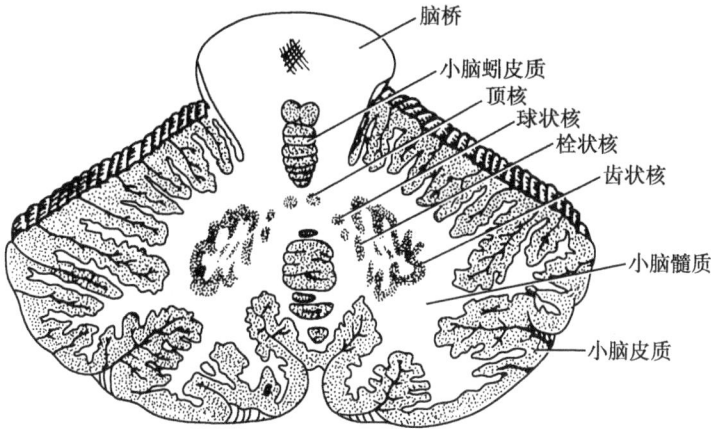

图11-17　小脑核

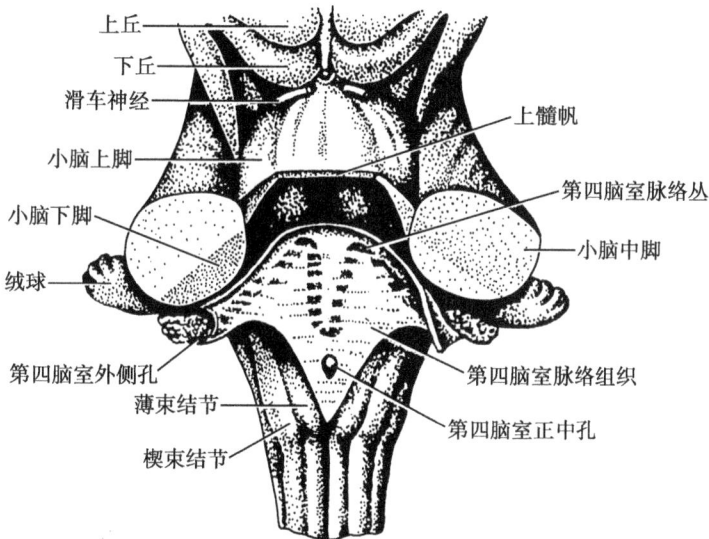

图11-18　第四脑室脉络组织

1. **背侧丘脑**（dorsal thalamus）　又称为**丘脑**，是间脑背侧的1对卵圆形灰质核团块，外邻内囊，内邻第三脑室。丘脑前端的隆凸为**丘脑前结节**；后端的膨大为**丘脑枕**。背侧丘脑内部被"Y"字形的内髓板（白质板）分成前核群、内侧核群和外侧核群。**前核群**位于内髓板的前上方，其功能与内脏活动有关。**内侧核群**位于内髓板的内侧，是内脏感觉和躯体感觉冲动的整合中枢。**外侧核群**位于内髓板的外侧，可分为腹侧群和背侧群。腹侧群又可分为腹前核、腹中间核和腹后核。**腹后核**又分为腹后内侧核和腹后外侧核。

腹后核是躯体感觉传导路中第3级神经元胞体所在处，接受脊髓丘系、内侧丘系和三叉丘系的纤维，发出的纤维组成丘脑中央辐射（丘脑皮质束），上行至大脑皮质的躯体感觉区，与全身各部的感觉传导有关（图11-20）。

2. **后丘脑**（metathalamus）　位于丘脑枕的下外方，包括1对内侧膝状体和1对外侧膝状体。**内侧膝状体**与听觉冲动的传导有关；**外侧膝状体**与视觉冲动的传导有关。

3. **下丘脑**（hypothalamus）　位于背侧丘脑的前下方，包括视交叉、灰结节、乳头体、漏斗和垂体。

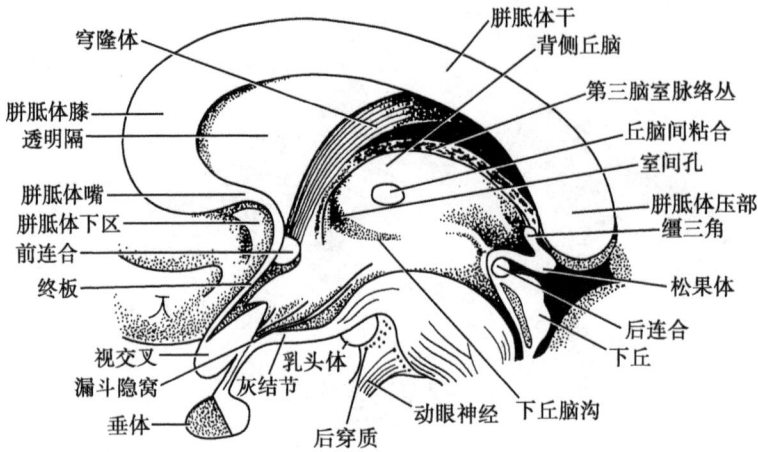

图11-19　间脑内侧面

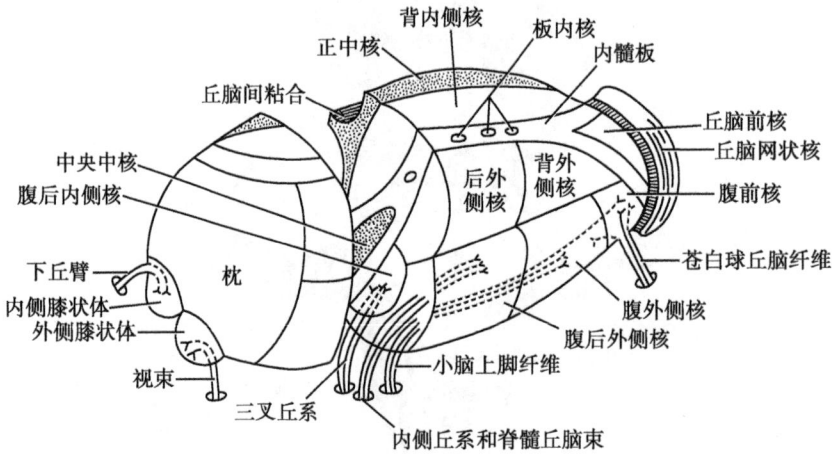

图11-20　右侧背侧丘脑核团的立体示意图

下丘脑结构较复杂，内有多个核群，其中最重要的有位于视交叉上方的**视上核**和位于第三脑室侧壁的**室旁核**，两核均能分泌加压素和缩宫素，经漏斗运至神经垂体贮存（图11-21）。

下丘脑是调节内脏活动的较高级中枢，对内分泌、体温、摄食、水平衡和情绪反应等也起重要的调节作用。

4. 第三脑室（third ventricle）　是位于两侧背侧丘脑和下丘脑之间的矢状位腔隙，向下借中脑水管与第四脑室相通，前部借室间孔连通端脑的左、右侧脑室。第三脑室内也含有脉络丛。

（四）端脑

端脑（telencephalon）由左、右大脑半球借**胼胝体**连接而成。两侧大脑半球之间被**大脑纵裂**隔开；大脑半球与小脑之间隔有**大脑横裂**。大脑半球表面的灰质，又称为**大脑皮质**；皮质深面的白质为**髓质**，髓质内埋藏着一些灰质团块，称为**基底核**。大脑半球内的腔隙，称为**侧脑室**。

1. 大脑半球的外形及分叶　大脑半球表面凹凸不平，凹陷处为**大脑沟**（cerebral

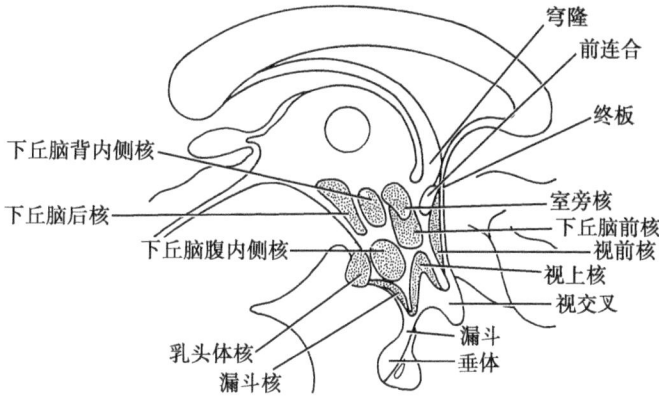

图11-21　下丘脑的主要核团

sulci），沟之间的隆起为**大脑回**（cerebral gyri）。每侧大脑半球分为背外侧面、内侧面和下面，并借3条叶间沟分为5个叶。

（1）大脑半球的叶间沟：**外侧沟**在大脑半球的背外侧面，起于半球下面，行向后上方；**中央沟**也在大脑半球的背外侧面，自半球上缘中点，斜向前下；**顶枕沟**位于半球内侧面后部，自下斜向后上。

（2）大脑半球的分叶：**额叶**（frontal lobe）为在外侧沟之上、中央沟之前的部分；**顶叶**（parietal lobe）为在中央沟之后、顶枕沟之前的部分；**颞叶**（temporal lobe）为在外侧沟以下的部分；**枕叶**（occipital lobe）位于顶枕沟后方；**岛叶**（insula）位于外侧沟的深部（图11-22~图11-24）。

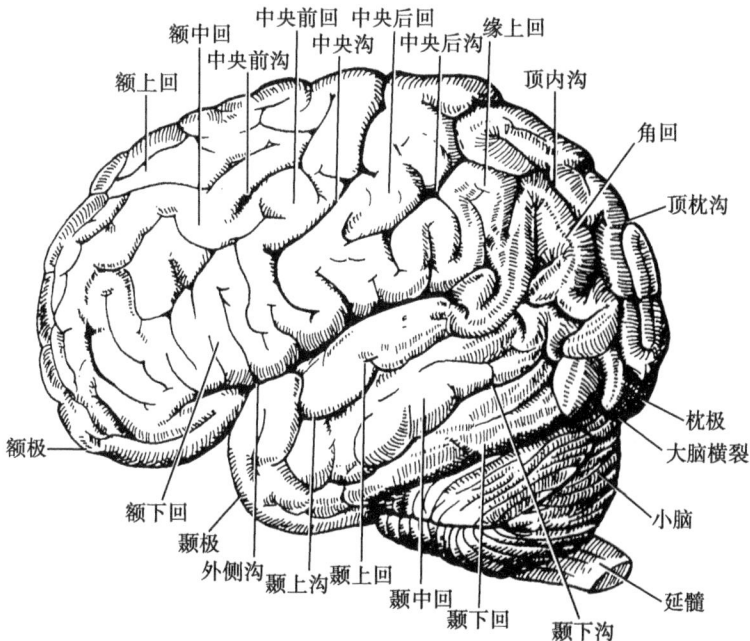

图11-22　大脑半球背外侧面

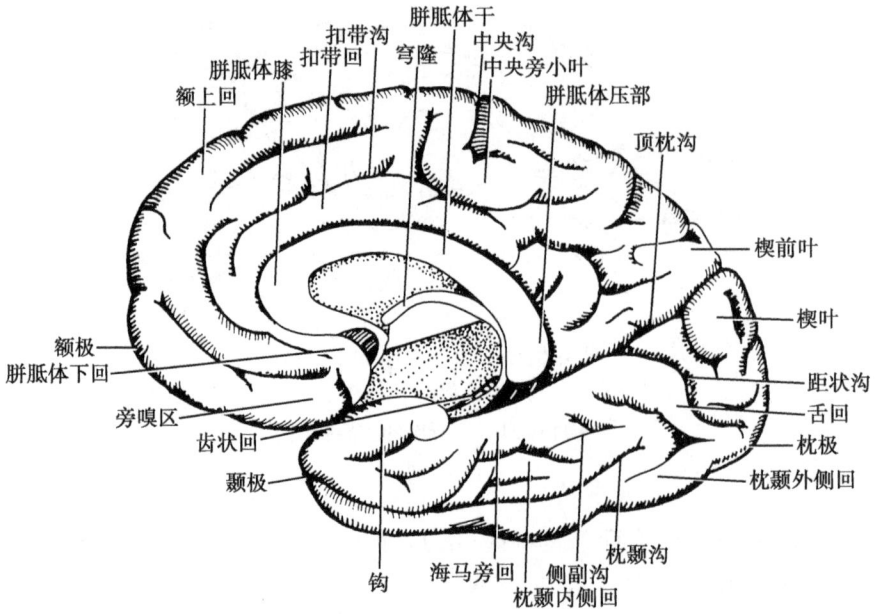

图11-23 大脑半球内侧面

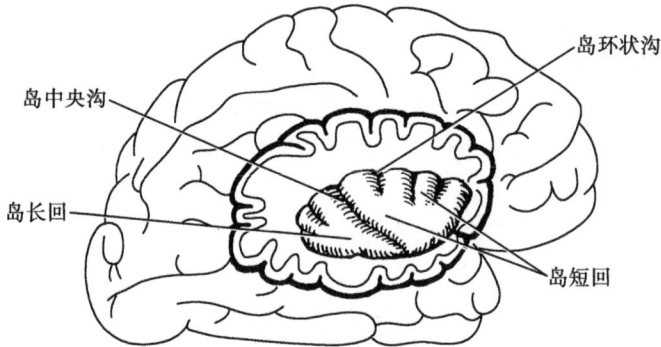

图11-24 岛叶

2. 大脑半球重要的脑沟、脑回

（1）背外侧面：额叶可见到与中央沟平行的**中央前沟**，两沟之间的脑回，称为**中央前回**。在中央前沟的前方有**额上沟**和**额下沟**，两沟上、下方的脑回分别称为**额上回**、**额中回**和**额下回**。在颞叶的外侧沟的下壁上有数条斜行向内的短回，称为**颞横回**，在颞上沟和外侧沟之间还可见到**颞上回**。在顶叶，有与中央沟平行**中央后沟**，两沟之间的脑回，称为**中央后回**，在外侧沟末端有一环行脑回，称为**缘上回**，围绕在颞上沟末端的脑回，称为**角回**。

（2）内侧面：在中央可见呈弓状的**胼胝体**（corpus callosum），围绕胼胝体的上方，有弓状的**扣带回**及位于扣带回中部上方的**中央旁小叶**（paracentral lobule），此叶由中央前回和后回延续到内侧面构成。在枕叶，还可见到**距状沟**，距状沟与顶枕沟之间的区域，称为**楔叶**（cuneus）。

（3）下面：在额叶下面前端有一椭圆形结构，称为**嗅球**（olfactory bulb），与嗅神经相连；嗅球向后延续成**嗅束**（olfactory tract），嗅束向后扩大为**嗅三角**（olfactory trigone），均与嗅觉传导有关（见图11-10）。在颞叶下面有两条前后走行的沟，外侧为**枕颞沟**，内侧的为**侧副沟**。侧副沟内侧的脑回，称为**海马旁回**，其前端弯向后上，称为**钩**。在海马旁回的上内侧为**海马沟**，在海马沟的上方有呈锯齿状的窄条皮质，称为**齿状回**。在齿状回的外侧、侧脑室下角底壁上有一弓状隆起，称为**海马**（图11-23）。

由扣带回、海马旁回、海马和齿状回等结构共同组成**边缘叶**。边缘叶及其邻近的皮质及皮质下结构，如杏仁体、下丘脑、上丘脑、丘脑前核群和中脑被盖等结构，共同组成**边缘系统**。边缘系统不仅与嗅觉有关，还与内脏活动、情绪、记忆、行为和生殖等有关。

3. 大脑半球的内部结构

（1）**大脑皮质功能定位**：大脑皮质是中枢神经系统发育最复杂最完善的部位，也是运动、感觉的最高中枢及语言、思维的物质基础。大脑皮质主要由大量的神经元及神经胶质细胞组成。据统计，成人大脑皮质有130亿~140亿个神经元。在大脑皮质的不同部位，机体各种功能活动的最高中枢与大脑皮质具有定位关系，因而形成了不同功能、相对集中的特定皮质区，称为**大脑皮质的功能定位**（图11-25）。

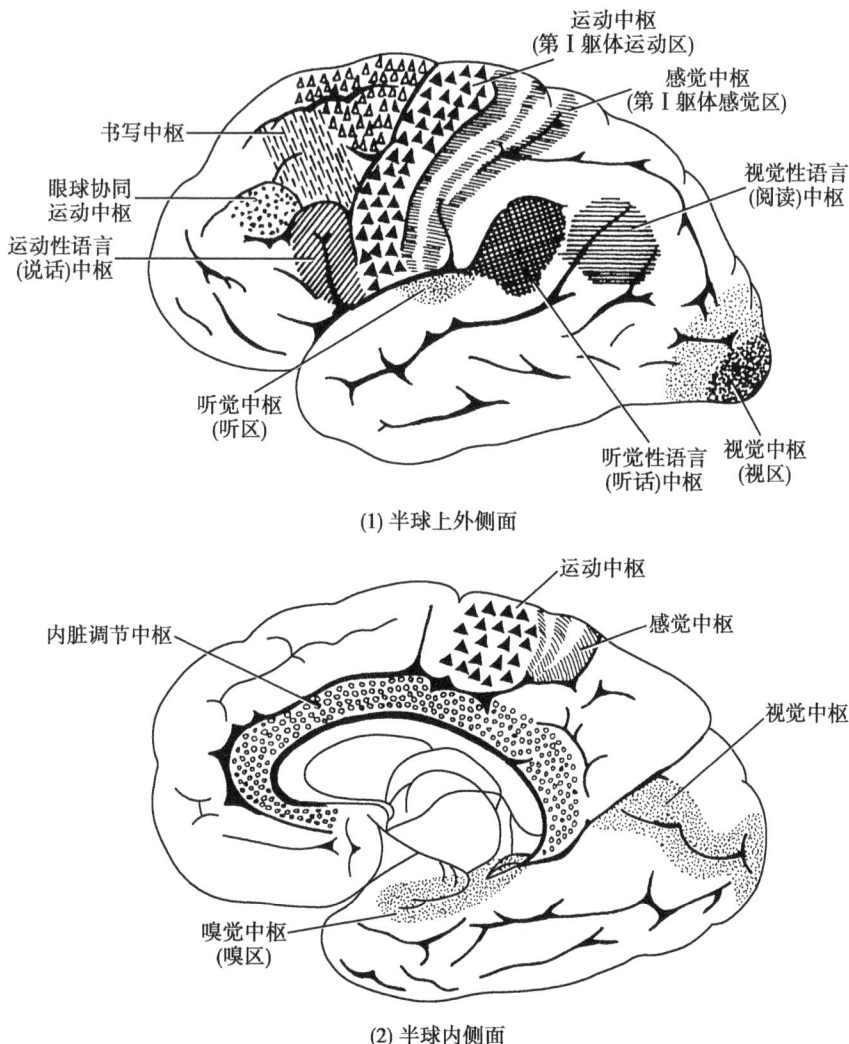

(1) 半球上外侧面

(2) 半球内侧面

图11-25 大脑皮质的主要中枢

1）**躯体运动区**：位于中央前回和中央旁小叶的前部，管理对侧半身的骨骼肌运动。身体各部在此区的投影大致如倒置的人形（头面部不倒置）。若躯体运动区某一局部损伤，相应部位的骨骼肌运动将会发生障碍（图11-26）。

2）**躯体感觉区**：位于中央后回和中央旁小叶的后部，接受背侧丘脑传来的对侧半身的感觉纤维。身体各部在此区的投影与躯体运动区相同。若躯体感觉区某一部位受损，将引起对侧半身相应部位的感觉障碍（图11-27）。

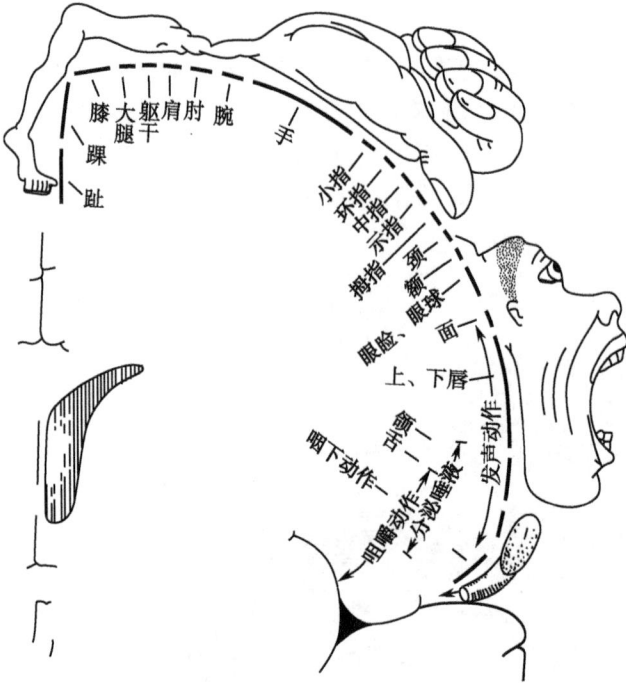

图11-26　人体各部在第Ⅰ躯体运动区的定位

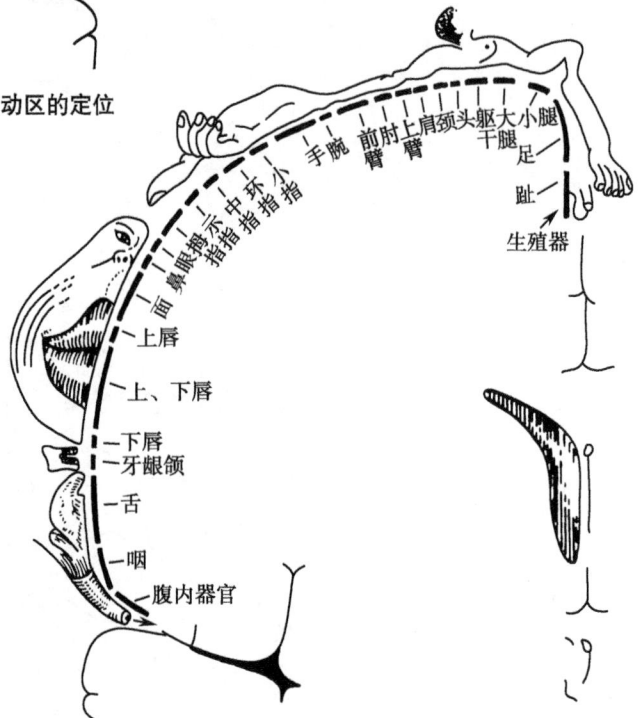

图11-27　人体各部在第Ⅰ躯体感觉区的定位

3）**视区**：位于枕叶内侧面距状沟两侧的皮质，每侧视区接受同侧视网膜颞侧半和对侧视网膜鼻侧半的纤维。

4）**听区**：位于颞横回，每侧听区接受双侧的听觉纤维。

5）**内脏活动中枢**：位于边缘叶。

6）**语言中枢**：人类大脑皮质与动物的本质区别是能进行思维和意识等高级活动，并能进行语言表达。故人类大脑皮质上具有相应的语言中枢，如书写、听话、说话和阅读等中枢（图11-25，表11-3）。

表11-3　大脑皮质的语言代表中枢及功能障碍

语言代表中枢	中枢部位	损伤后语言障碍
运动性语言中枢（说话中枢）	额下回后部	运动性失语症（不会说话）
书写中枢	额中回后部	失写症（丧失写字能力）
听觉性语言中枢（听话中枢）	颞上回后部	感觉性失语症（听不懂讲话）
视觉语言性中枢（阅读中枢）	角回	失读症（不懂文字含义）

人类两侧大脑半球在功能上有所分工，一般左侧半球在语言功能上占优势，右侧半球在非语言性认知功能，如音乐欣赏、空间辨认、深度知觉等方面占优势。脑的高级功能向一侧大脑半球集中的现象称一侧优势，这侧大脑半球称为**优势半球**。大部分人的语言功能优势半球在左侧，这与遗传有一定关系，但主要是与后天长期应用右手劳动有关。在儿童期如果左侧半球受损，还有可能改在右侧半球重建这种优势，恢复语言功能。

（2）**基底核**（basal nuclei）：为埋藏在大脑髓质内的灰质团块，包括尾状核、豆状核和杏仁体等（图11-28）。

1）**纹状体**（corpus striatum）：包括豆状核和尾状核。**豆状核**（lentiform nuclei）位于背侧丘脑的外侧，可分为壳（位于外侧部）和**苍白球**（位于内侧部）两部分。**尾状核**（caudate nuclei）围绕在豆状核和背侧丘脑周围，呈"C"形弯曲，分为头、体、尾3部分。

由于在种系发生上的时间不同，尾状核与壳称为**新纹状体**，苍白球称为**旧纹状体**。纹状体具有调节肌张力和协调各肌群运动等作用。

2）**杏仁体**（amygdaloid body）：位于海马旁回的深面，与尾状核的尾部相连，与内脏活动、行为和内分泌等有关。

（3）**大脑髓质**：位于皮质的深面，由大量的神经纤维组成，可分为联络纤维、连合纤维及投射纤维3种。

1）**联络纤维**（association flbers）：是联

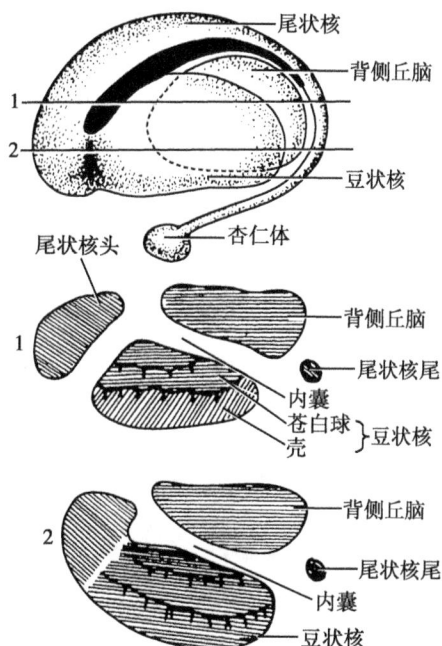

图11-28　纹状体和背侧丘脑示意图（示内囊位置）

系同侧大脑半球回与回或叶与叶之间的纤维（图11-29）。

2）**连合纤维**（commissural fibers）：是联系左、右两侧大脑半球的横行纤维，主要有胼胝体、前连合等。**胼胝体**位于大脑纵裂的深面，正中矢状面呈弓状，由前向后分为胼胝体嘴、胼胝体膝、胼胝体干和胼胝体压部（图11-30）。

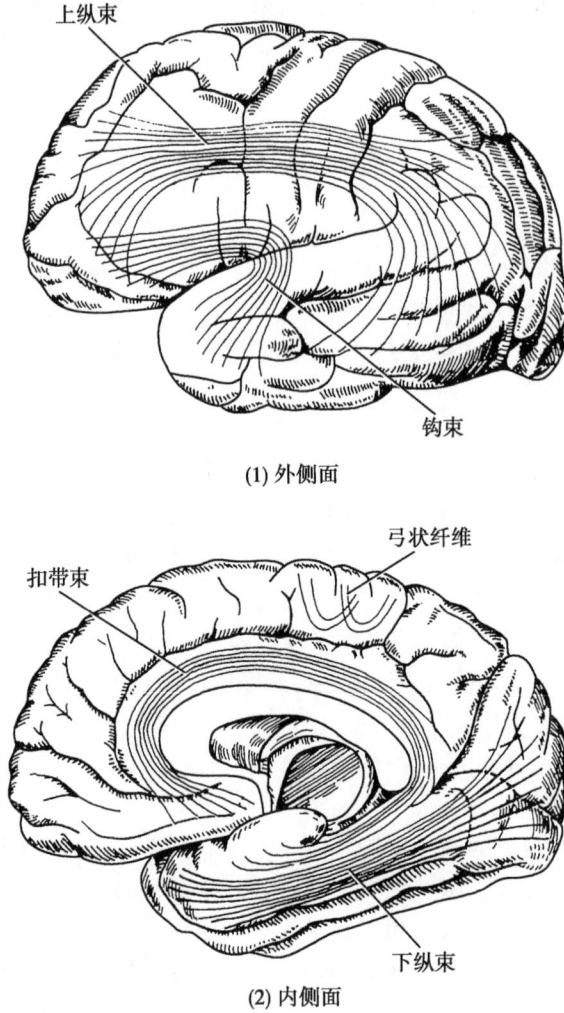

上纵束

钩束

(1) 外侧面

弓状纤维

扣带束

下纵束

(2) 内侧面

图11-29 大脑髓质联络纤维

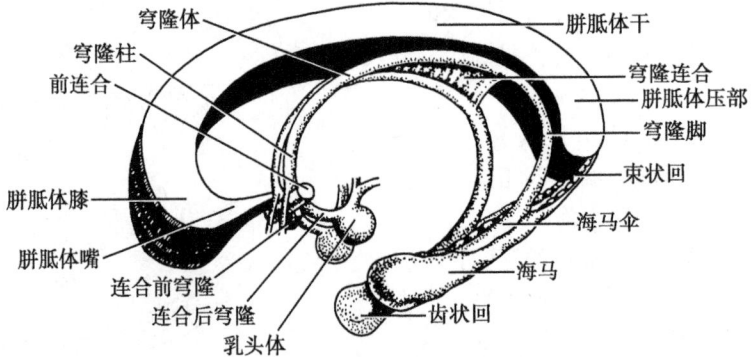

穹隆体

穹隆柱

前连合

胼胝体干

穹隆连合

胼胝体压部

穹隆脚

束状回

胼胝体膝

海马伞

胼胝体嘴

海马

连合前穹隆

连合后穹隆

齿状回

乳头体

图11-30 胼胝体、前连合与穹隆连合

3）**投射纤维**（projection fibers）：是联系大脑皮质和皮质下结构的上、下行纤维，这些纤维大部分经过内囊。

内囊（internal capsule）是位于背侧丘脑、尾状核与豆状核之间的上、下行纤维。在大脑水平切面上，内囊呈"＞＜"形，可分为内囊前肢、内囊膝和内囊后肢三部分。**内囊前肢**

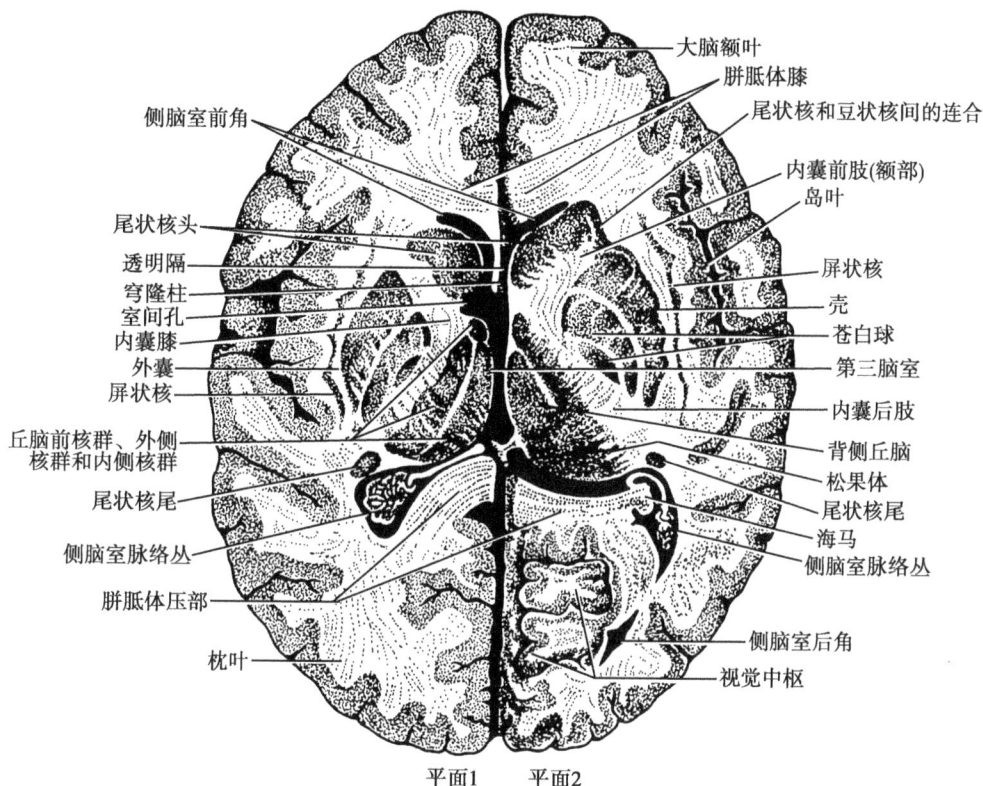

图11-31 大脑水平切面

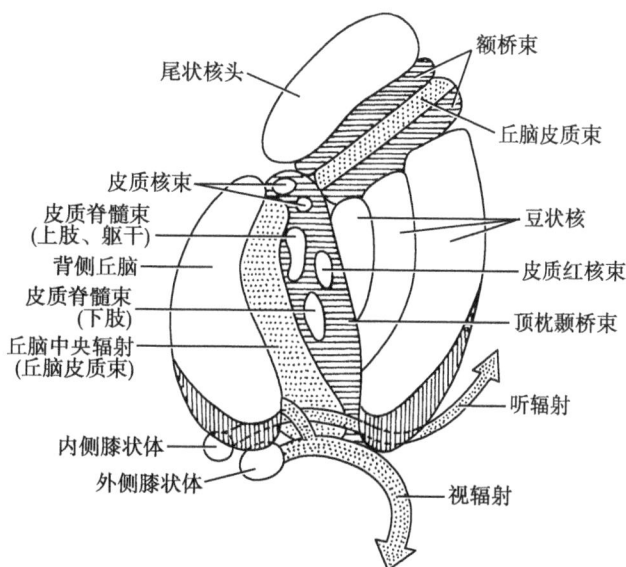

图11-32 内囊示意图

位于豆状核与尾状核之间；**内囊后肢**位于豆状核与背侧丘脑之间，主要有皮质脊髓束、丘脑皮质束以及视辐射（传导视觉冲动）和听辐射（传导听觉冲动）等通过；前、后肢相交处，称为**内囊膝**，有皮质核束通过，内囊是大脑皮质与下级中枢联系的"交通要道"（图11-31，图11-32）。

当一侧内囊出血，血块压迫内囊纤维时，会出现严重的功能障碍。如内囊膝和后肢受损，可引起"三偏综合征"，即对侧半身的肢体运动障碍、对侧半身的感觉障碍及双眼对侧半视野偏盲。

（4）**侧脑室**（lateral ventricle）：位于大脑半球内，左、右各一，可分为前角、中央部、后角和下角。侧脑室借室间孔与第三脑室相通，室腔内有脉络丛，可分泌脑脊液（图11-33）。

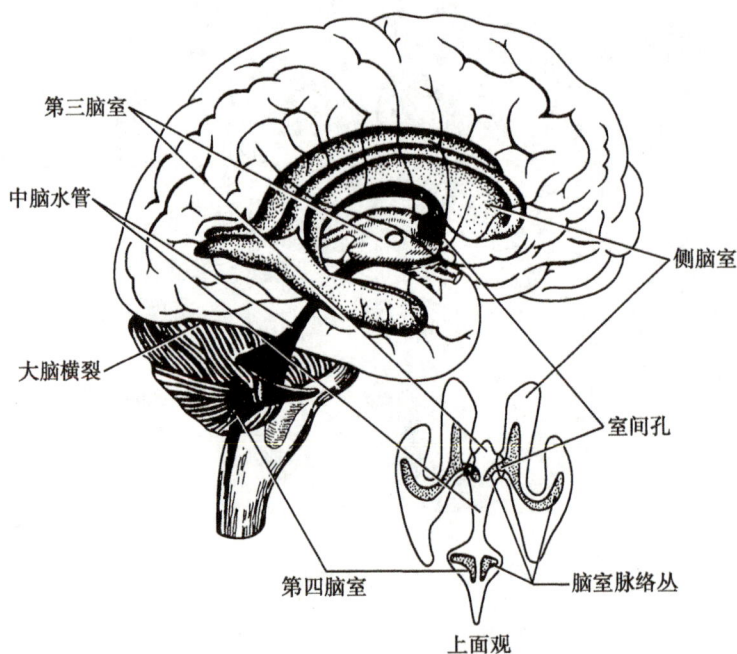

图11-33　脑室系统投影图

● 知识链接 ●

你知道人体大脑的奥妙吗？

　　成人的大脑皮质表面积约为0.25m²，约含有120亿~140亿个神经细胞，它们之间有着广泛而复杂的联系，是高级神经活动的中枢。大脑皮层通过髓质传导纤维与神经中枢相联系。脑细胞每天能记录生活中大约8600万条信息。据估计，人的一生能凭记忆储存100万亿条信息。如能把大脑的活动转换成电能，相当于一只20W灯泡的功率。根据神经学家的部分测量，人脑的神经细胞回路比今天全世界的电话网络还要复杂1400多倍。每一秒，人的大脑中进行着10万种不同的化学反应。人体多种感觉器官不断接受的信息中，仅有1%的信息经过大脑处理，其余99%均被筛去。大脑神经细胞之间最快的神经冲动传导速度可超过400km/h。

三、脑和脊髓的被膜

脑和脊髓的表面有三层被膜，由外向内依次为硬膜、蛛网膜和软膜。它们对脑和脊髓具有保护、营养和支持作用。

（一）脊髓的被膜

1. 硬脊膜（spinal dura mater） 为厚而坚硬的致密结缔组织膜，呈管状包绕脊髓。硬脊膜上端附着于枕骨大孔边缘，与硬脑膜延续；下端附于尾骨。硬脊膜与椎管之间的狭窄腔隙，称为**硬膜外隙**（epidural space），其内除有脊神经根通过外，还有疏松结缔组织、脂肪、淋巴管和静脉丛等。临床将麻醉药物注入此隙以阻断脊神经的传导，称为硬膜外麻醉（图11-34）。

2. 脊髓蛛网膜（spinal arachnoid mater） 为半透明的薄膜，位于硬脊膜的深面，向上与脑蛛网膜相延续。脊髓蛛网膜与软脊膜之间的腔隙，称为**蛛网膜下隙**（subarachnoid space），内含脑脊液。蛛网膜下隙在脊髓下端至第2骶椎之间扩大，称为**终池**（terminal cistern），内有马尾，因此临床上常在第3、4或第4、5腰椎进行腰穿。

3. 软脊膜（spinal pia mater） 紧贴脊髓表面，薄而富含血管，在脊髓下端移行为终丝。

（二）脑的被膜

1. 硬脑膜（cerebral dura mater） 由内、外两层构成，外层即颅骨内面骨膜，内层较为坚硬。硬脑膜在颅顶与颅骨结合疏松，颅顶骨折时常因硬膜血管损伤而在硬膜与颅骨之间形成硬膜外血肿。

硬脑膜内层折叠成若干个板状突起，深入脑的各部裂隙中。重要的有（图11-35）：

（1）**大脑镰**（cerebral falx）：形如镰刀，深入大脑纵裂中。

（2）**小脑幕**（tentorium of cerebellum）：呈半月形，深入大脑横裂中。小脑幕前缘游离，称为小脑幕切迹，切迹前邻中脑。当颅骨压增高时，两侧海马旁回和钩可被挤入小脑幕切迹下方，压迫中脑的大脑脚和动眼神经，形成小脑幕切迹疝。

硬脑膜在某些部位两层分开，构成含静脉血的腔隙，称为**硬脑膜窦**。主要有上矢状窦、下矢状窦、直窦、横窦、乙状窦和海绵窦等。

（1）**上矢状窦**（superior sagittal sinus）：位于大脑镰上缘内。

（2）**下矢状窦**（inferior sagittal sinus）：位于大脑镰下缘内。

（3）**直窦**（straight sinus）：位于大脑镰与小脑幕的结合处，向后与上矢状窦汇合成窦汇。

（4）**横窦**（transverse sinus）和**乙状窦**（sigmoid sinus）：横窦位于小脑幕后缘，左右各

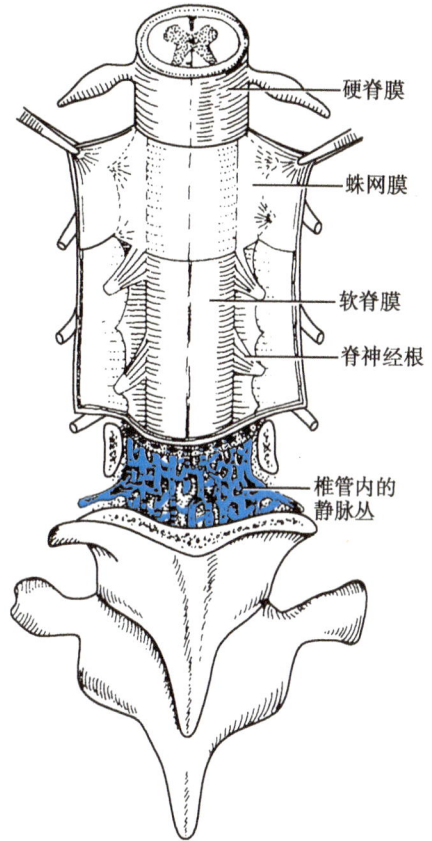

图11-34 脊髓的被膜

硬脊膜
蛛网膜
软脊膜
脊神经根
椎管内的静脉丛

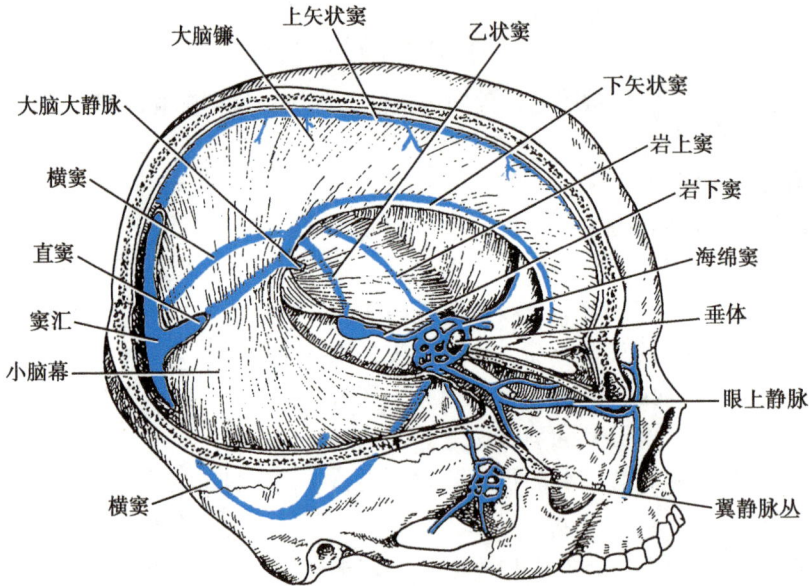

图11-35　硬脑膜及静脉窦

一，向下弯曲成乙状窦，乙状窦向下续为颈内静脉。

（5）**海绵窦**（cavernous sinus）：位于垂体窝两侧，为硬脑膜两层之间不规则的腔隙，其内有重要的血管、神经通过。

硬脑膜窦收集颅内静脉血，并与颅外静脉相通，故头面部的感染有可能经静脉蔓延到硬脑膜窦，引起颅内感染。

2. 脑蛛网膜（cerebral arachnoid mater）　为薄而透明的膜，包绕整个脑。脑蛛网膜下隙在某些部位扩大，称为**蛛网膜下池**，如在小脑与延髓之间的**小脑延髓池**。脑蛛网膜在上矢状窦周围形成许多颗粒状突起，突入上矢状窦内，称为**蛛网膜粒**。脑脊液通过蛛网膜粒渗入上矢状窦，这是脑脊液回流静脉的重要途径。

3. 软脑膜（cerebral pia mater）　为富有血管的薄膜，紧贴于脑的表面，对脑有营养作用。在脑室附近，软脑膜的血管反复分支形成毛细血管丛，并与软脑膜和室管膜上皮共同突入脑室内，形成**脉络丛**，是产生脑脊液的主要结构。

四、脑脊液及其循环

脑脊液是无色透明液体，由各脑室内的脉络丛产生，流动于脑室及蛛网膜下隙内，它是处于不断产生和回流的相对平衡状态，成人脑脊液总量约为150ml。脑脊液有运输营养物质、带走代谢产物、减缓外力对脑的冲击和调整颅内的压力等作用。当脑发生某些疾病时，脑脊液的成分出现变化，可抽取脑脊液进行检验，以助诊断。

脑脊液循环从侧脑室开始，经室间孔进入第三脑室，向下经中脑水管流到第四脑室，再经第四脑室的正中孔和外侧孔流到蛛网膜下隙，通过蛛网膜粒渗入上矢状窦，最后流入颈内静脉（图11-36）。如脑脊液的循环通路受阻，可引起颅内压增高和脑积水。

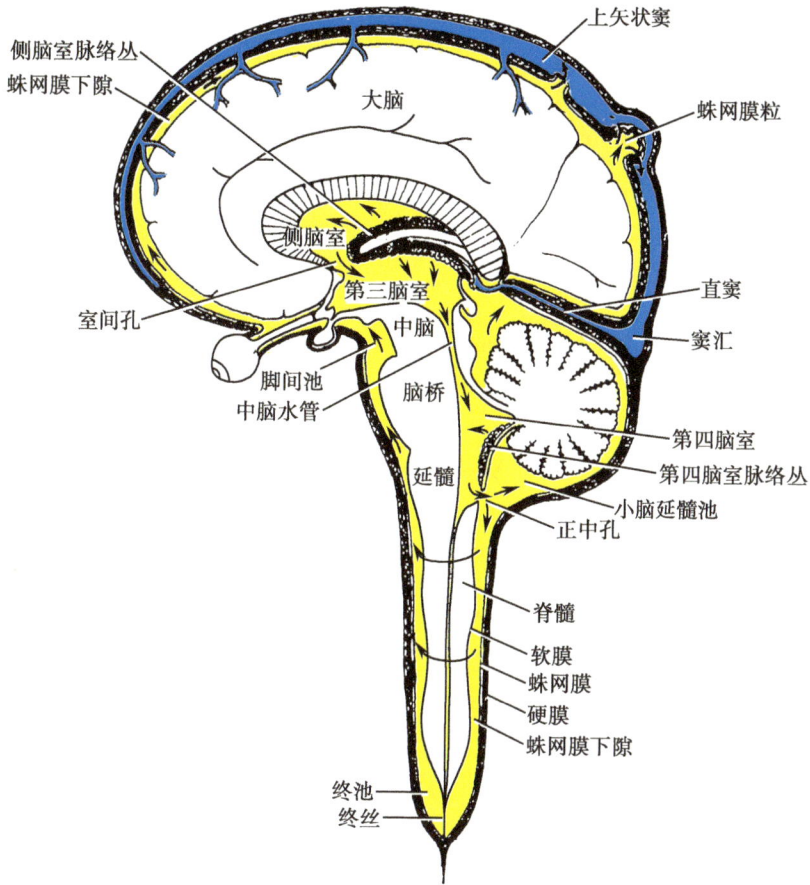

图11-36 脑脊液循环模式图

脑脊液循环途径：

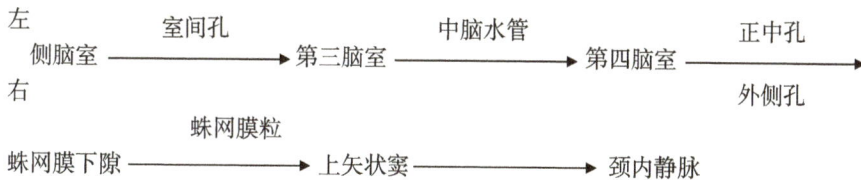

左
　　　　　　室间孔　　　　　　　　中脑水管　　　　　　　　正中孔
侧脑室 ──────→ 第三脑室 ──────→ 第四脑室 ──────→
右　　　　　　　　　　　　　　　　　　　　　　　　　　　外侧孔

　　　　　　　蛛网膜粒
蛛网膜下隙 ──────→ 上矢状窦 ──────→ 颈内静脉

五、脑和脊髓的血管

（一）脊髓的血管

1. 脊髓的动脉　脊髓的动脉来源于椎动脉和节段性动脉。椎动脉发出一条**脊髓前动脉**和两条**脊髓后动脉**，脊髓前动脉沿前正中裂下降；脊髓后动脉沿后外侧沟下降，在颈段中部合成1条下行。节段性动脉是由颈升动脉、肋间后动脉和腰动脉发出的脊髓支，进入椎管后与脊髓前、后动脉吻合，共同营养脊髓（图11-37）。

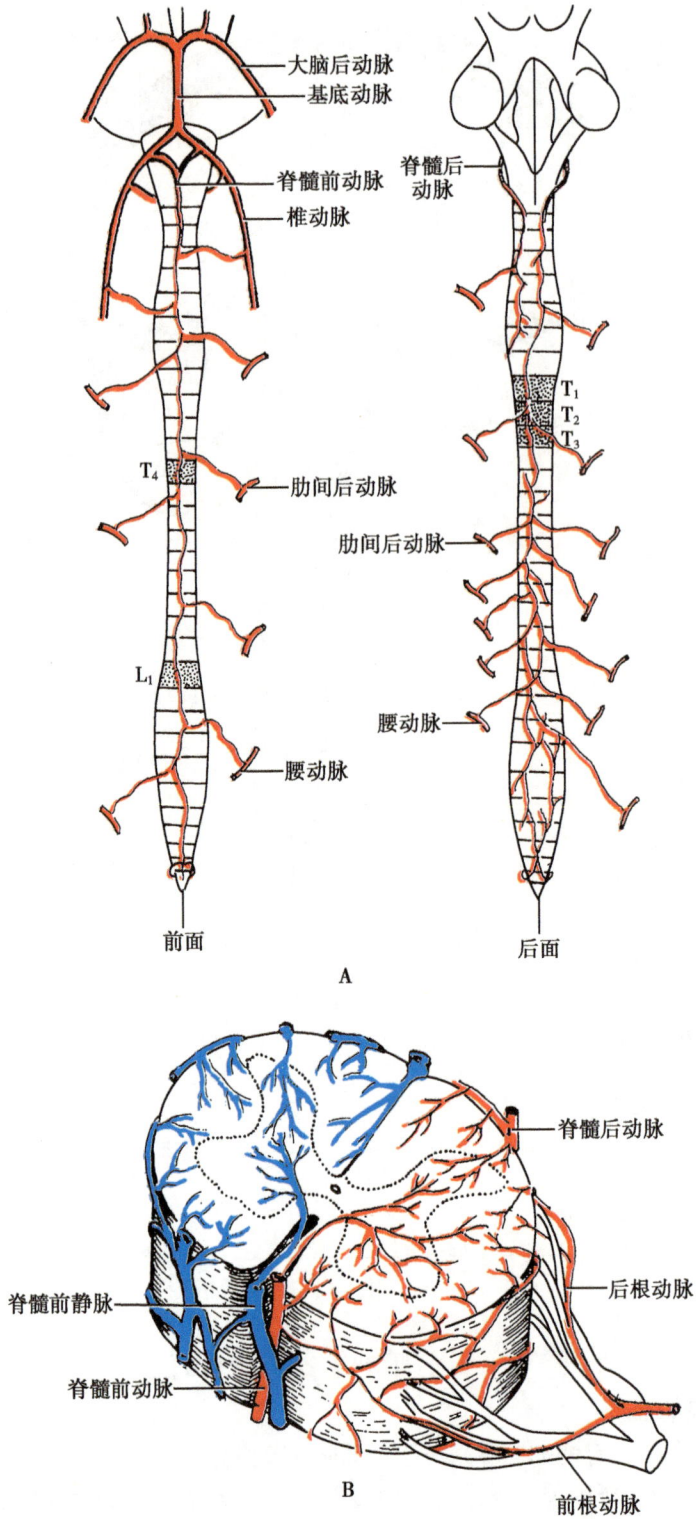

图11-37 脊髓的动脉

2.脊髓的静脉 较动脉多而粗，分布大致与动脉相同，收集的静脉血注入椎内静脉丛。

（二）脑的血管

1.脑的动脉 脑的动脉主要来自**颈内动脉**和**椎动脉**，前者供应大脑半球前2/3和部分间脑；后者供应大脑半球后1/3、间脑后部、小脑和脑干（图11-38）。颈内动脉和椎动脉都发出**皮质支**和**中央支**，皮质支营养皮质和浅层髓质；中央支营养间脑、基底核和内囊等。

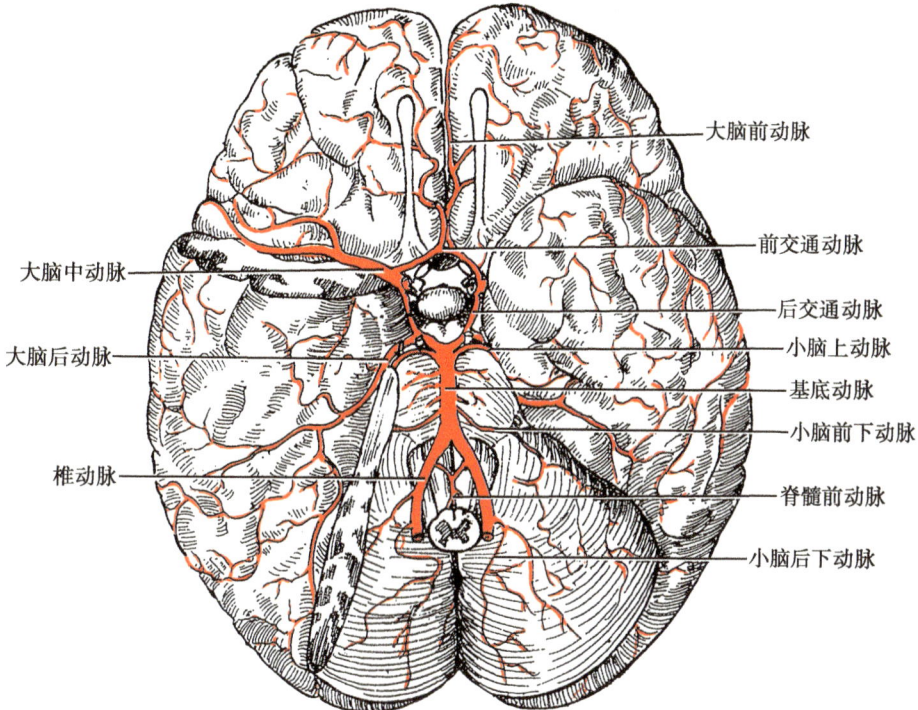

大脑前动脉

前交通动脉

大脑中动脉

后交通动脉

大脑后动脉

小脑上动脉

基底动脉

椎动脉

小脑前下动脉

脊髓前动脉

小脑后下动脉

图11-38 脑底面的动脉

（1）**颈内动脉**（internal carotid artery）：起自颈总动脉，经颈动脉管入颅。颈内动脉在颅内的分支主要有：

1）**大脑前动脉**（anterior cerebral artery）：发出后进入大脑纵裂，沿胼胝体上方向后行。皮质支分布于顶枕沟以前的半球内侧面和背外侧面的上缘。中央支穿入脑实质，营养尾状核、豆状核和内囊等。此外，在左、右大脑前动脉之间还连有**前交通动脉**（图11-39）。

2）**大脑中动脉**（middle cerebral artery）：是颈内动脉主干的延续，进入外侧沟后行，沿途发出的皮支营养半球背外侧面的大部分。在大脑中动脉的起始处，发出一些细小的中央支（豆纹动脉）垂直进入脑实质，分布于内囊等处，在患有高血压动脉硬化的病人，这些动脉容易破裂而导致脑出血，故有"出血动脉"之称（图11-40，图11-41）。

3）**后交通动脉**（posterior communicating artery）：发出后与大脑后动脉吻合。

（2）**椎动脉**（vertebral artery）：起自锁骨下动脉，向上穿过第6~1颈椎横突孔，经枕骨大孔进入颅内，在脑桥基底部下缘，左、右椎动脉合成1条**基底动脉**（basilar artery）。基底动脉沿脑桥基底沟上行，至脑桥上缘分为左、右大脑后动脉（图11-38）。

大脑后动脉（posterior cerebral artery）是基底动脉的终支，绕大脑脚向后，行向颞叶下面和枕叶内侧面。其皮质支营养颞叶和枕叶，中央支营养后丘脑和下丘脑等处。

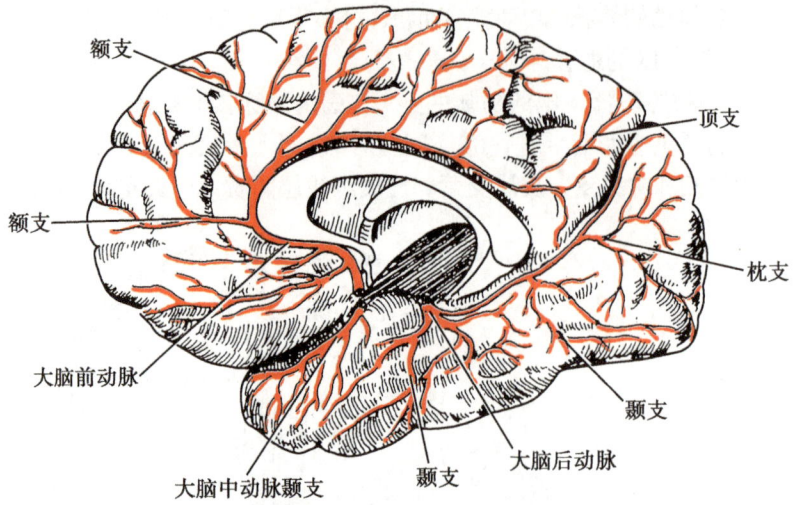

额支

顶支

额支

枕支

大脑前动脉

颞支

大脑中动脉颞支

颞支

大脑后动脉

图11-39 大脑半球内侧面的动脉分布

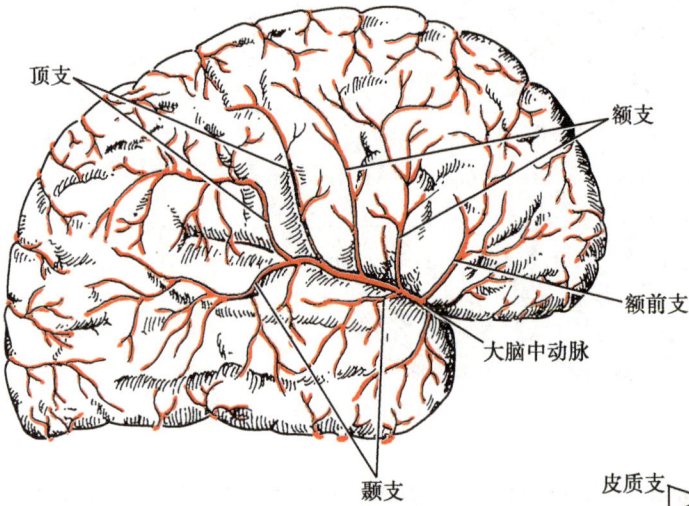

顶支

额支

额前支

大脑中动脉

颞支

图11-40 大脑半球背外侧面的动脉分布

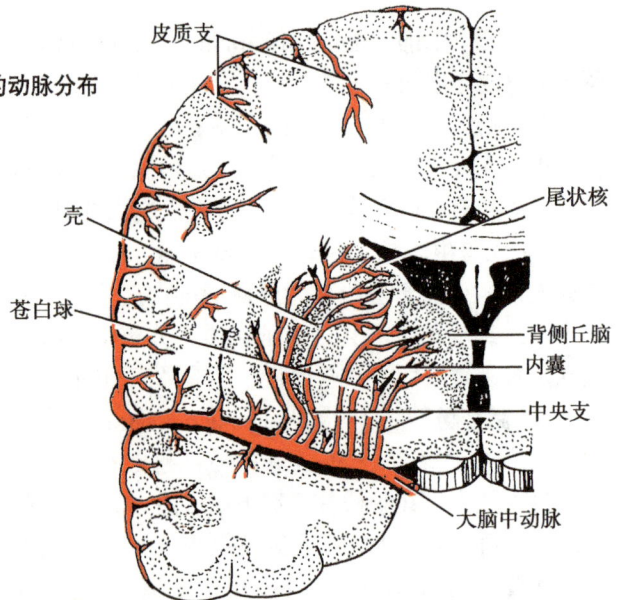

皮质支

尾状核

壳

背侧丘脑

苍白球

内囊

中央支

大脑中动脉

图11-41 大脑中动脉的皮质支和中央支

（3）**大脑动脉环**（Willis环）（cerebral arterial circle）：在脑的下面，由前交通动脉、大脑前动脉、颈内动脉、后交通动脉和大脑后动脉彼此吻合而成（图11-38）。该环围绕在视交叉、灰结节和乳头体周围，可将颈内动脉与椎动脉及左右大脑半球的动脉相吻合。通过大脑动脉环的调节，可使血流重新分布，补偿缺血的部分，维持脑的血液供应及功能。

2. **脑的静脉**　脑的静脉不与动脉伴行，脑的静脉血主要由硬脑膜窦收集，最终汇入颈内静脉（图11-42）。

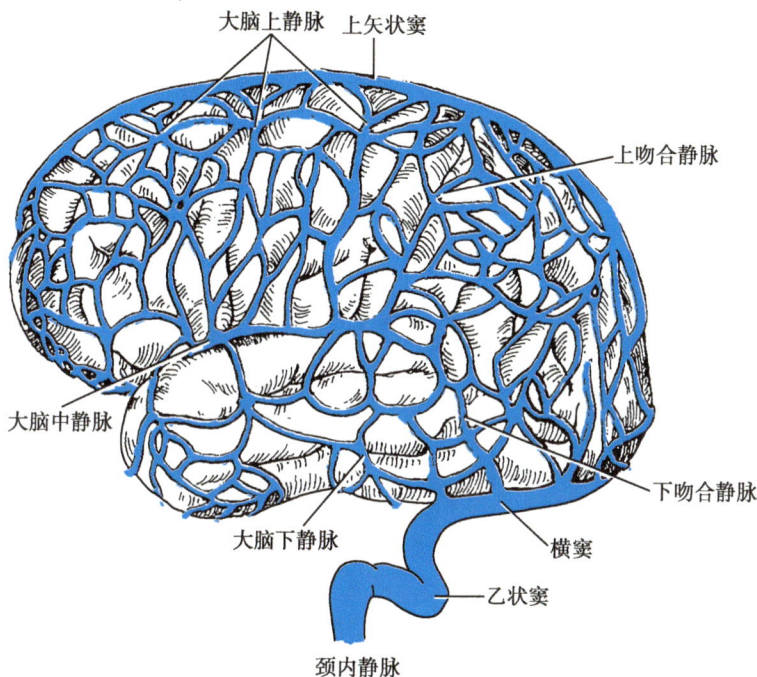

图11-42　大脑浅静脉

● **知识链接**

蛛网膜下隙出血

　　蛛网膜下隙出血是指颅内血管破裂，血液流入蛛网膜下隙的一种临床综合征。引起蛛网膜下隙出血最常见的原因为颅内动脉瘤、脑血管畸形、高血压动脉粥样硬化、颅底异常血管网症、脑瘤、血液病等。它占急性脑血管病的10%~20%，蛛网膜下隙出血具有易复发性，再次出血多在首次出血后1个月内，危险性最大，6个月后再发率下降，以后每年再发者为3%~6%。再次复发出血时病情多较严重，死亡率可高达40%，所以要特别注意防止再出血。

（苏传怀）

第三节　周围神经系统

周围神经系统包括脑神经、脊神经和内脏神经。根据周围神经连接部位的不同，将与脑相连的称为脑神经，与脊髓相连的称为脊神经。根据周围神经分布对象的不同，又可将周围神经系统分为**躯体神经**（somatic nerves）和**内脏神经**（visceral nerves）。躯体神经分布于体表、骨、关节和骨骼肌；内脏神经通过脑神经和脊神经附于脑和脊髓，分布于内脏、心血管和腺体。

一、脊　神　经

脊神经（spinal nerves）共31对，每对脊神经借运动性前根与感觉性后根与脊髓相连，二者在椎间孔处汇合成**脊神经**（图11-43）。后根在近椎间孔处有一椭圆形膨大，称为**脊神经节**（spinal ganglia），主要由假单极神经元胞体构成。

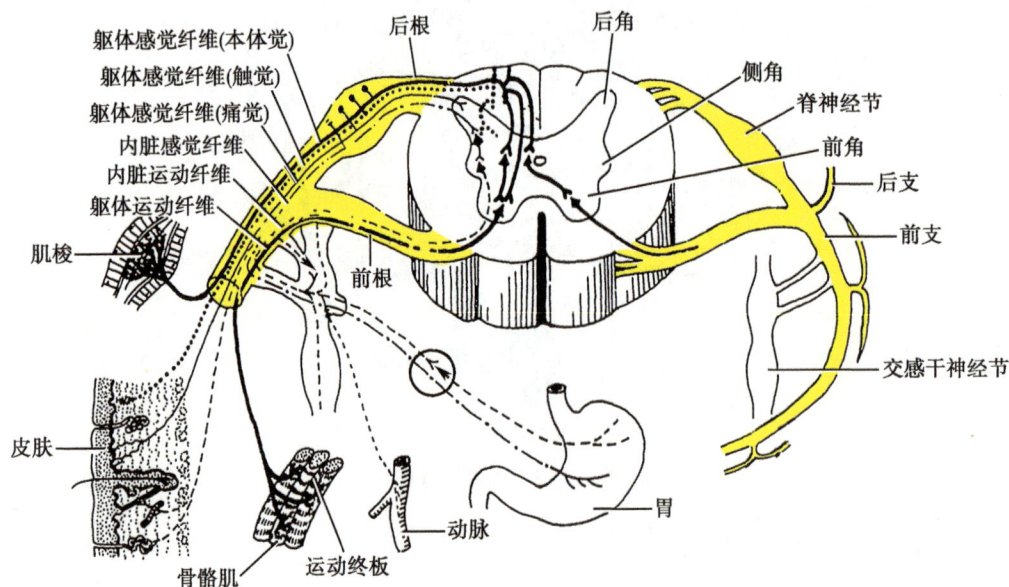

图11-43　脊神经的纤维成分及其分布示意图

每对脊神经都是混合性神经，既含感觉纤维又含运动纤维。根据脊神经分布范围和功能的不同，脊神经所含的纤维成分可分为4种：

1. 躯体感觉纤维　来自脊神经节中的假单极神经元，分布于皮肤、骨骼肌、肌腱和关节等处。

2. 内脏感觉纤维　来自脊神经节中的假单极神经元，分布于内脏、心血管和腺体等处。

3. 躯体运动纤维　发自脊髓前角，分布于骨骼肌，支配其运动。

4. 内脏运动纤维　发自交感低级中枢和副交感低级中枢，支配平滑肌和心肌的运动，控制腺体的分泌。

脊神经按连接的部位分为颈神经8对、胸神经12对、腰神经5对、骶神经5对和尾神经1对。脊神经出椎间孔后，主要分为前支和后支。**脊神经前支**粗长，主要分布于躯干前外侧和四肢的肌、关节和皮肤等处。**脊神经后支**细短，主要分布于项、背、腰、骶部的深层肌和皮肤。当脊神经受损伤时，引起相应部位的肌肉运动障碍和皮肤感觉障碍

脊神经前支，除胸神经前支外，均分别交织成丛，共形成有颈丛、臂丛、腰丛和骶丛，再由丛发出分支布于相应区域。

（一）颈丛

颈丛（cervical plexus）由第1~4颈神经前支组成（图11-44），位于胸锁乳突肌上部的深面。颈丛分支有皮支和肌支，皮支较粗大，位置表浅，由胸锁乳突肌后缘中点穿出，其穿出点为颈部皮肤的阻滞麻醉点（图11-45）。颈丛的主要分支有：

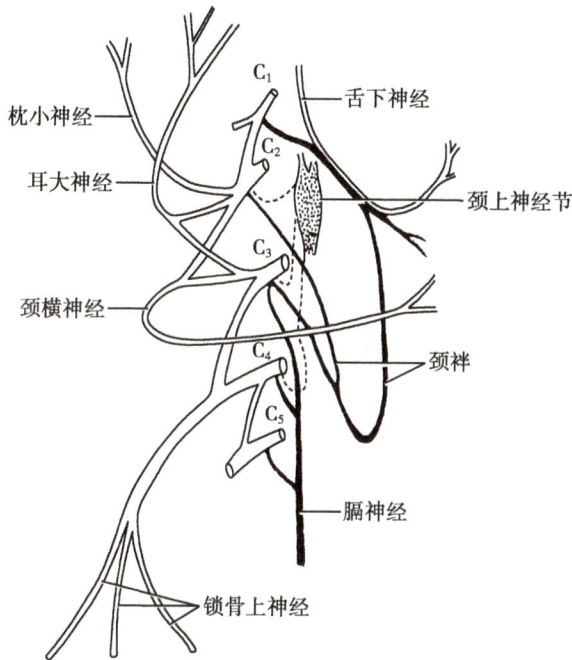

图11-44 颈丛的组成

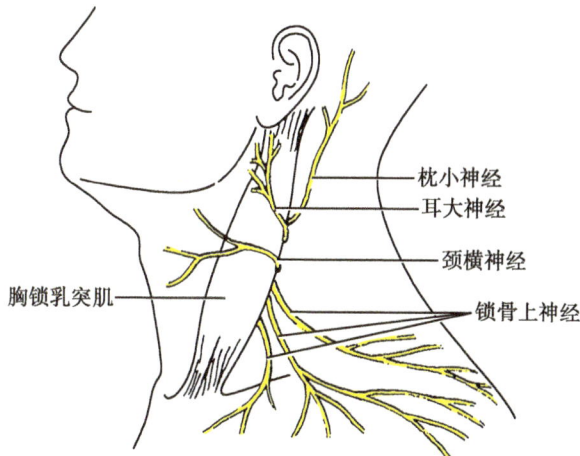

图11-45 颈丛的皮支

1. **枕小神经**　沿胸锁乳突肌后缘上升，分布于枕部和耳廓后上1/3皮肤。

2. **耳大神经**　沿胸锁乳突肌表面上升至耳廓下方，分布于耳廓及其周围皮肤。

3. **颈横神经**　沿胸锁乳突肌表面前行，分布于颈前部皮肤。

4. **锁骨上神经**　位于颈横神经下方，分3支分别向前下、外下和后下方走行，分布于颈下部、胸壁上部和肩部皮肤。

5. **膈神经**（phrenic nerve）　是颈丛的深支，属混合性神经。膈神经经锁骨下动、静脉之间入胸腔，经过肺根的前方，在心包与纵隔胸膜之间下行至膈。其运动纤维支配膈；感觉纤维分布于心包、胸膜和膈下的腹膜。此外，右膈神经的感觉纤维还分布于肝、胆囊和肝外胆道等处（图11-46）。

膈神经受刺激可出现膈肌痉挛，导致呃逆，当一侧膈神经麻痹时可引起呼吸障碍。

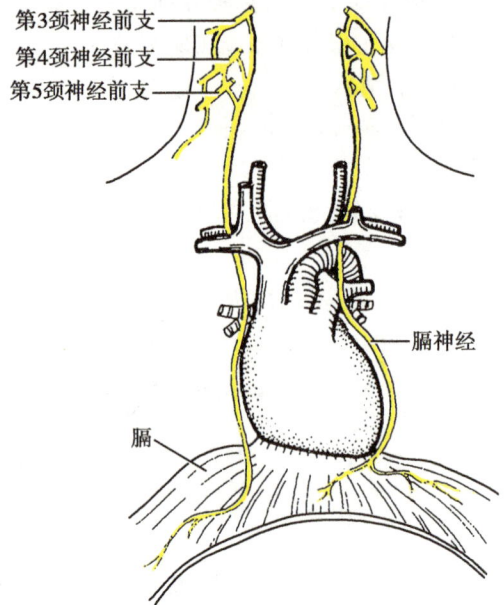

图11-46　膈神经

（二）臂丛

臂丛（brachial plexus）由第5~8颈神经的前支和第1胸神经的前支大部分纤维组成（图11-47）。臂丛自斜角肌间隙穿出，经锁骨中点后方入腋窝，围绕腋动脉排列。臂丛的主要分支有：

1. **胸长神经**　沿前锯肌表面下行并支配该肌。

2. **肌皮神经**（musculocutaneous nerve）　穿喙肱肌下行于肱二头肌与肱肌之间，沿途发出肌支支配上述三肌。在肘关节附近，于肱二头肌腱外侧穿出深筋膜续为前臂外侧皮神经，分布于前臂外侧部的皮肤（图11-48）。

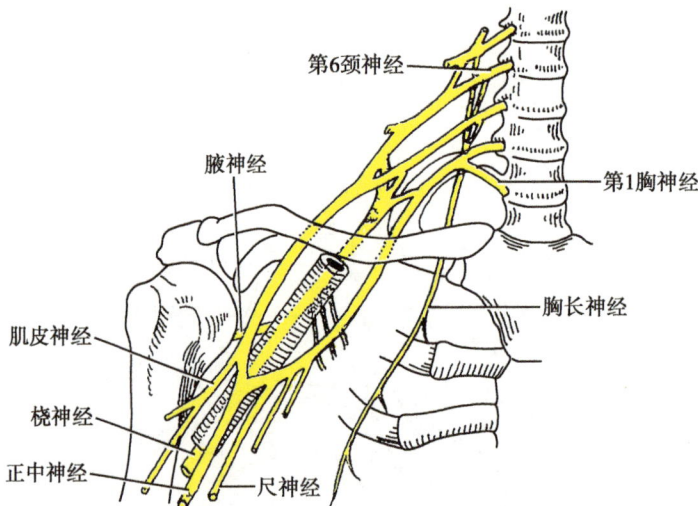

图11-47　臂丛的组成

3. **正中神经**（median nerve） 自臂丛发出后，沿肱二头肌内侧缘伴肱动脉下行至肘窝。在前臂前面，经前臂指浅、深屈肌之间下行，穿腕管后行至手掌，在掌腱膜深方分出3条指掌侧总神经，每条指掌侧总神经至手掌骨远端处又分为2条指掌侧固有神经（图11-48，图11-49）。

正中神经在前臂的肌支支配前臂肌前群（肱桡肌、尺侧腕屈肌和指深屈肌尺侧半除外）。在手掌近侧部发出分支支配鱼际肌（拇收肌除外）和第1、2蚓状肌。正中神经的皮支分布于手掌桡侧2/3皮肤、桡侧三个半指掌面及中、远节手指背侧面皮肤。

4. **尺神经**（ulnar nerve） 伴肱动脉内侧下行至臂中部，穿内侧肌间隔经尺神经沟入前臂，在尺侧腕屈肌和指深屈肌之间伴尺动脉内侧下行至手掌（图11-48，图11-49）。肱骨下端骨折易伤及尺神经。

尺神经在前臂上部分支支配尺侧腕屈肌和指深屈肌尺侧半，手背支分布于手背尺侧半和尺侧两个半指背皮肤。手掌支分布于手掌尺侧1/3、尺侧一个半手指掌面皮肤及小鱼际肌、拇收肌、骨间肌和第3、4蚓状肌（图11-50）。

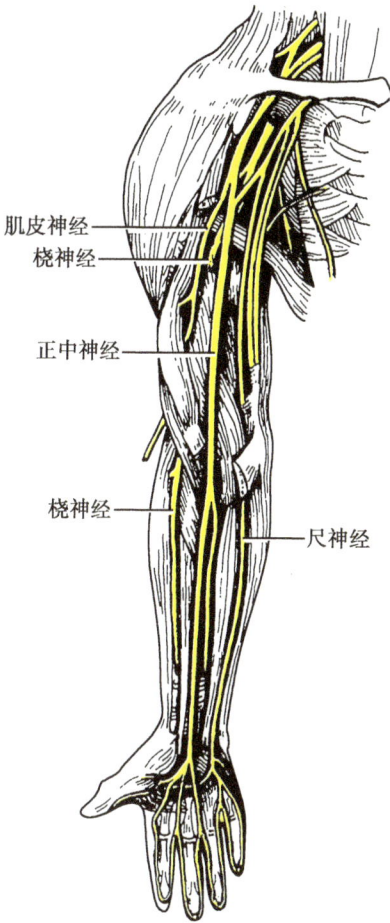

图11-48 上肢前面的神经

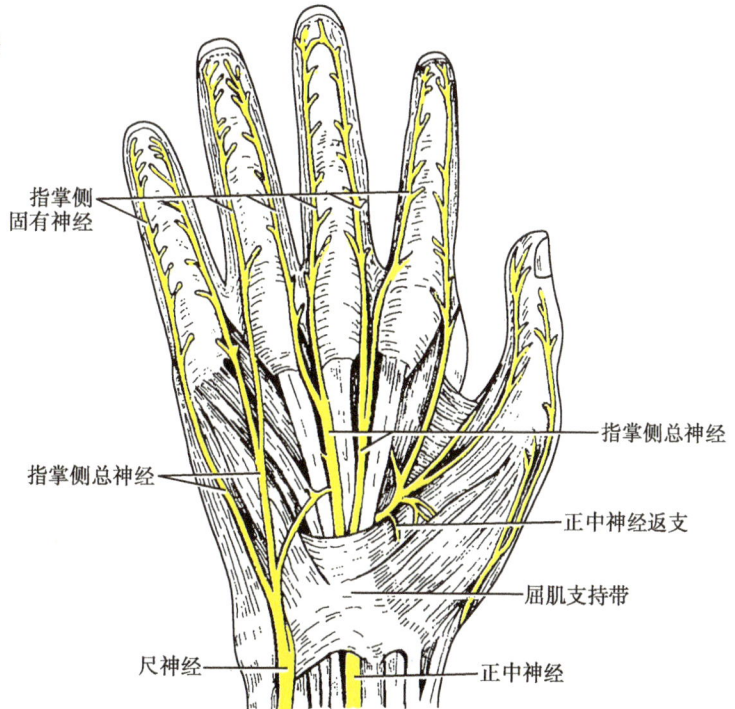

图11-49 手掌前面的神经

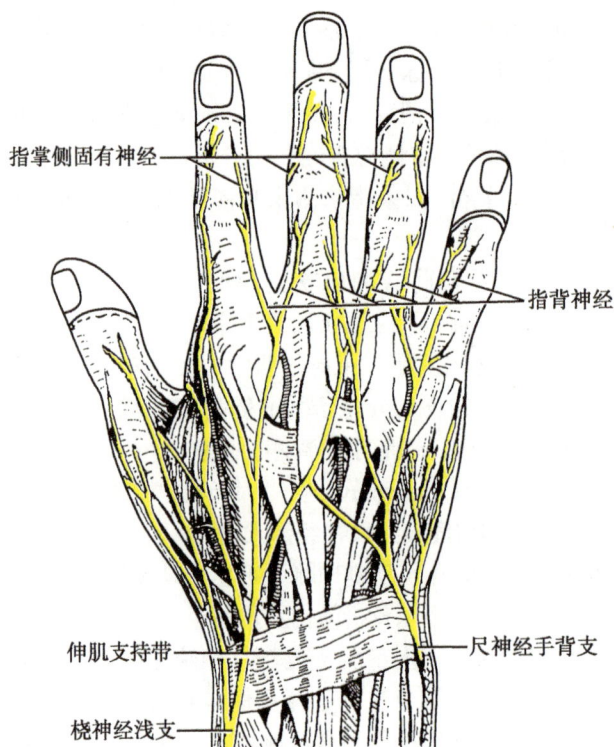

图11-50　手掌后面的神经

5. **桡神经**（radial nerve）　伴肱深动脉走行于肱三头肌长头与内侧头之间，经桡神经沟向外至肱骨外上髁上方，穿外侧肌间隔至肱桡肌与肱肌之间，随即分浅、深两支。浅支沿桡动脉桡侧下降，至前臂中、下1/3交界处经肱桡肌腱深面转至背面下行至手背，分布于手背桡侧半和桡侧两个半手指近节背面皮肤（图11-50）。深支穿旋后肌至前臂肌后群浅、深两层之间下降，支配肱桡肌和前臂肌后群。桡神经于肱骨中1/3以上发出肌支支配肱三头肌；发出皮支分布于臂背面和前臂背面皮肤（图11-51）。肱骨中段骨折易伤及桡神经。

6. **腋神经**（axillary nerve）　绕肱骨外科颈至三角肌深面，分支支配三角肌、小圆肌及肩部、臂上1/3外侧部皮肤（图11-51）。肱骨外科颈骨折易伤及腋神经。

（三）胸神经前支

胸神经前支共12对，除第1对的大部分和第12对的小部分分别参与组成臂丛和腰丛外，其余均不形成神经丛，独立行走。第1~11对胸神经前支均各自行于相应的肋间隙中，称为**肋间神经**（intercostal nerve）。第12胸神经前支的大部分行于第12肋下

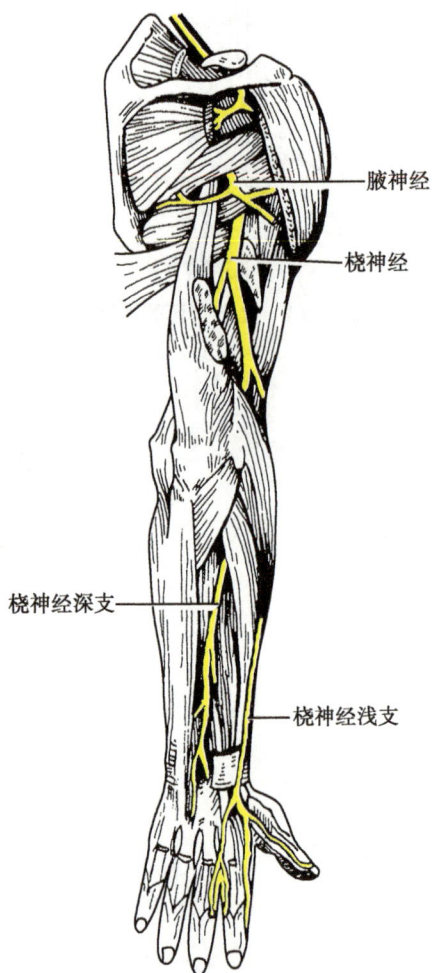

图11-51　上肢后面的神经

缘，称为**肋下神经**（subcostal nerve）。肋间神经行于肋间内、外肌之间沿肋沟前行。上6对肋间神经到达胸骨外侧缘穿至皮下，下5对肋间神经斜越肋弓后走向前下，与肋下神经同行于腹内斜肌与腹横肌之间进入腹直肌鞘，在腹白线附近穿至皮下（图11-52）。

胸神经的肌支支配肋间肌和腹肌的前外侧群，皮支分布于胸、腹部的皮肤以及胸膜和腹膜壁层。

胸神经皮支在胸、腹壁的分布有明显的节段性，呈环带状分布。其规律是：T_2 平胸骨角平面，T_4平乳头平面，T_6平剑突平面，T_8平肋弓平面，T_{10}平脐平面，T_{12}平脐与耻骨联合上缘连线中点平面。了解这种分布规律，有利于脊髓疾病的定位诊断。

（四）腰丛

腰丛（lumbar plexus）由第12胸神经前支的一部分、第1~3腰神经前支及第4腰神经前支的一部分组成，位于腹后壁腰大肌深面（图11-53）。腰丛除发出短小分支分布于髂腰肌和腰方肌之外，尚发出下列分支：

1. 髂腹下神经（iliohypogastric nerve）**和髂腹股沟神经**（ilioinguinal nerve） 两者出腰大肌外侧行于腹内斜肌和腹横肌之间，至髂前上棘前方又穿行于腹内、外斜肌之间。髂腹下神经至腹股沟管浅环上方浅出至皮下，分布于腹下区和髂区的皮肤。髂腹股沟神经与精索或子宫圆韧带同出腹股沟管浅环，分布于髂区及阴囊或大阴唇皮肤。此二神经肌支支配腹肌前外侧群的下部。

2. 生殖股神经（genitofemoral nerve）自腰大肌前面穿出后在该肌浅面下降，分为两支。皮支分布于阴囊或大阴唇及附近皮肤；肌支支配提睾肌。

3. 股神经（femoral nerve） 在腰大肌与髂肌之间下行。经腹股沟韧带深面，股动脉外侧进入股三角，分布于股前群肌、耻骨肌和大腿前部至膝关节前面的皮肤。股神经最长的皮支称为隐神经，经膝关节内侧浅出皮下达足内侧缘，分布于小腿内侧和足背内侧缘皮肤

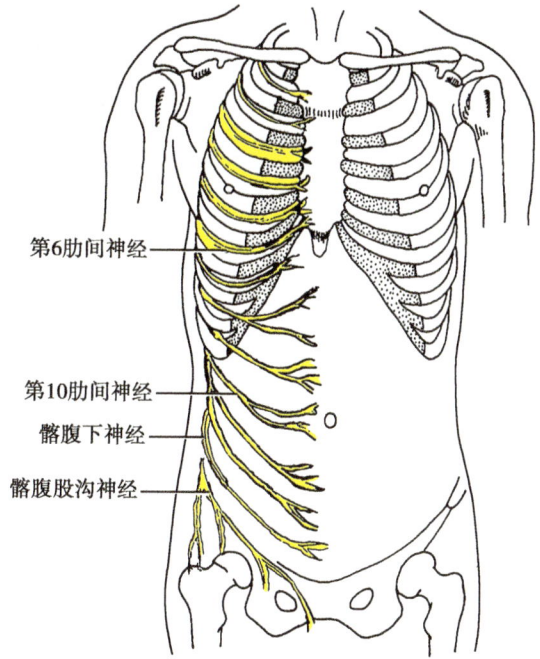

第6肋间神经

第10肋间神经
髂腹下神经
髂腹股沟神经

图11-52　胸神经前支

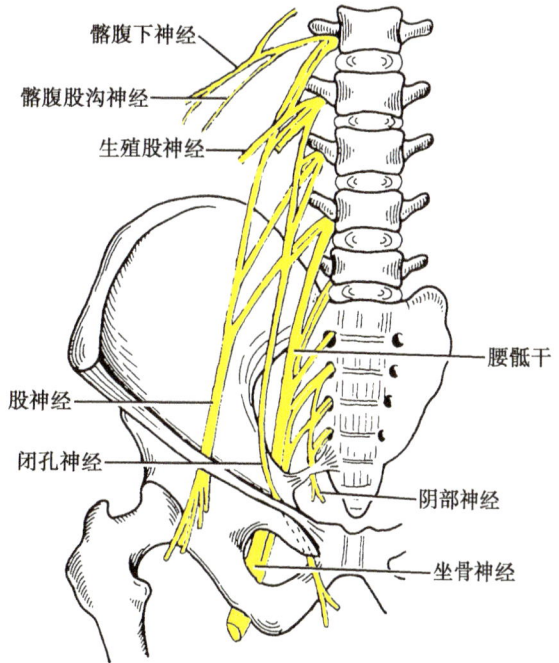

髂腹下神经
髂腹股沟神经
生殖股神经

股神经
闭孔神经

腰骶干
阴部神经
坐骨神经

图11-53　腰、骶丛的组成

（图11-54）。

4. 闭孔神经（obturator nerve）　于腰大肌内侧缘穿出，并沿小骨盆侧壁前行，经闭膜管出骨盆至大腿内侧，分前支和后支支配股内侧群肌和大腿内侧的皮肤（图11-53，图11-54）。

（五）骶丛

骶丛（sacral plexus）位于骶骨和梨状肌前面，由腰骶干（由第4腰神经前支的一部分和第5腰神经前支组成）及全部骶神经和尾神经的前支组成（图11-52）。骶丛除发出小支支配髋部的小肌外，还有以下重要分支：

1. 臀上神经（superior gluteal nerve）　伴臀上动、静脉经梨状肌上孔出骨盆，行于臀中肌、臀小肌之间，支配臀中肌、臀小肌和阔筋膜张肌（图11-55）。

2. 臀下神经（inferior gluteal nerve）　伴臀下动、静脉经梨状肌下孔出骨盆，支配臀大肌。

3. 阴部神经（pudendal nerve）　伴阴部内动、静脉出梨状肌下孔，绕坐骨棘经坐骨小孔入坐骨肛门窝，向前分布于会阴部和外生殖器（图11-53，图11-55）。分支有：①肛神经：

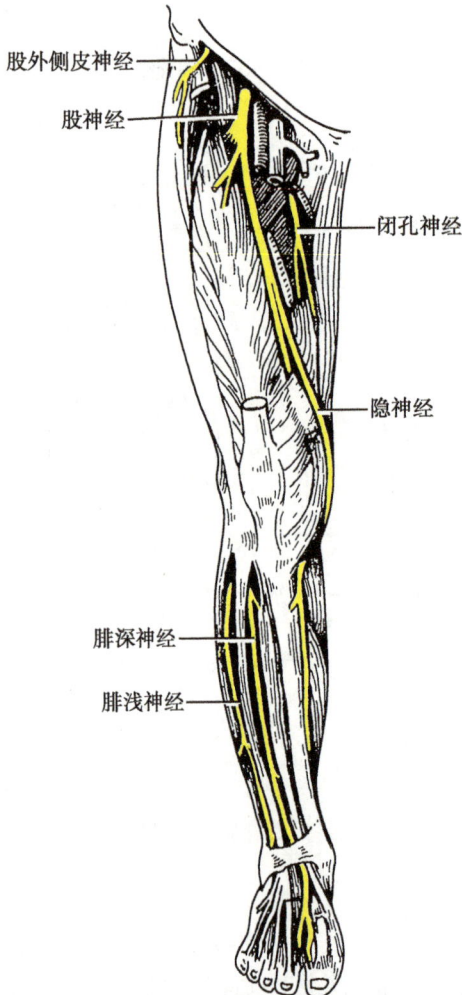

图11-54　下肢前面的神经　　　　图11-55　下肢后面的神经

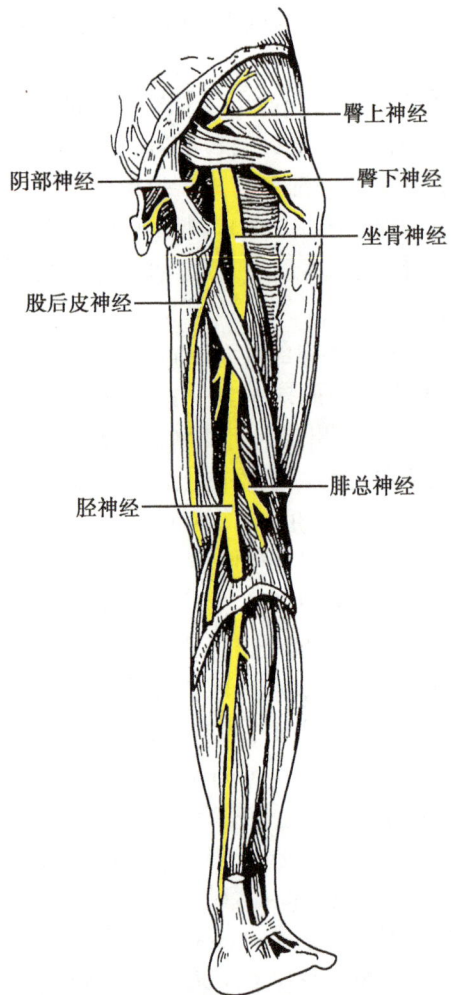

分布于肛门皮肤和肛门外括约肌；②**会阴神经**：分布于阴囊或大阴唇后部皮肤和会阴诸肌；③**阴茎（阴蒂）背神经**：行于阴茎或阴蒂背侧，主要分布于阴茎或阴蒂头、包皮及阴茎皮肤等处，行包皮环切术时可阻滞麻醉此神经。

4. **坐骨神经**（sciatic nerve） 是全身最粗大的神经，自梨状肌下孔出骨盆后位于臀大肌深面，经股骨大转子和坐骨结节之间中点下降，至大腿后面行于股二头肌的深面，到腘窝上角处分为胫神经和腓总神经（图11-55）。坐骨神经在下行途中发出肌支支配股后群肌。

（1）**胫神经**（tibial nerve）：续于坐骨神经下行于腘窝中央，于小腿肌后群浅、深层肌之间伴胫后动、静脉经内踝后方达足底，分为足底内、外侧神经，分布于足底肌和足底的皮肤。在腘窝及小腿部，胫神经发出分支支配小腿肌后群及小腿后面和足外侧缘皮肤。

（2）**腓总神经**（common peroneal nerve）：沿腘窝外侧缘下行，绕腓骨颈穿腓骨长肌上端达小腿前面，分为腓浅神经和腓深神经。

1）**腓浅神经**（superficial peroneal nerve）：行于腓骨长、短肌之间并分布于此二肌，皮支分布于小腿外侧、足背和第2~5趾背的皮肤。

2）**腓深神经**（deep peroneal nerve）：伴胫前动脉下行达足背，分布于小腿前肌群，足背肌和第1~2趾相对缘的趾背皮肤。

● **知识链接** ●

坐骨神经痛

坐骨神经痛是一种常见疾病，表现为腰腿痛，疼痛沿坐骨神经的走行分布，并向一侧臀部、大腿后面、腘窝、小腿外侧和足背放射。原发性坐骨神经痛可以由坐骨神经炎症的刺激引起，而更多的是由于组成坐骨神经的脊神经根受压导致的继发性坐骨神经痛。坐骨神经由来自L_4~S_3脊神经前支所组成，因此这些神经根受压时往往引起坐骨神经相应分布区的疼痛。临床上多见于L_5、S_1的椎间盘突出，压迫了S_1脊神经的神经根导致的坐骨神经痛。另外，来自盆腔内、臀区和大腿后区的压迫也有可能导致坐骨神经痛。

二、脑 神 经

脑神经（cranial nerve）是连于脑的神经，共12对，其顺序用罗马数字表示，分别是：Ⅰ嗅神经、Ⅱ视神经、Ⅲ动眼神经、Ⅳ滑车神经、Ⅴ三叉神经、Ⅵ展神经、Ⅶ面神经、Ⅷ前庭蜗神经、Ⅸ舌咽神经、Ⅹ迷走神经、Ⅺ副神经、Ⅻ舌下神经（图11-56）。

脑神经中所含纤维成分较脊神经复杂，按其性质概括为以下4种纤维成分：

1. **躯体感觉纤维** 将头、面部浅、深感觉以及位听器和视器的感觉冲动传入脑内有关的神经核。

2. **内脏感觉纤维** 将来自头、颈、胸、腹脏器以及味、嗅器的感觉冲动传入脑内有关神经核。

3. **躯体运动纤维** 为脑干内躯体运动核发出的纤维，分布于眼球外肌、舌肌、咀嚼肌、面肌、咽喉肌和胸锁乳突肌等。

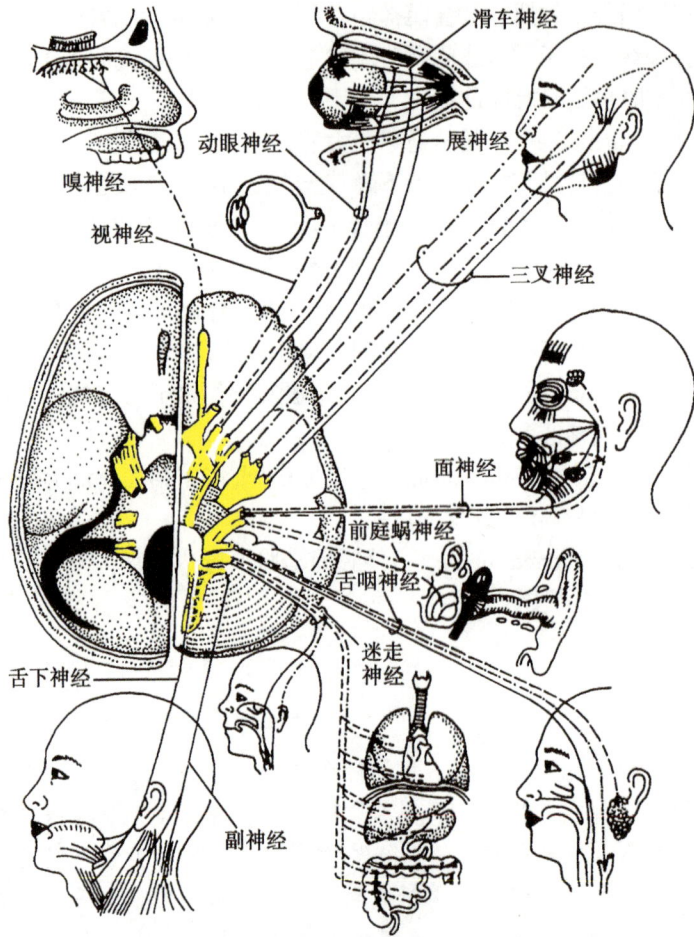

图11-56 脑神经概况

——运动纤维 ┄┄┄ 感觉纤维 ---- 副交感纤维

4. 内脏运动纤维 为脑干的内脏运动神经核发出的神经纤维，支配平滑肌、心肌和腺体。

每对脑神经内所含神经纤维成分多者4种，少者1种。如果按各脑神经所含的主要纤维成分的不同进行分类，12对脑神经可分为以下3类：

感觉性神经：嗅神经、视神经和前庭蜗神经。

运动性神经：动眼神经、滑车神经、展神经、副神经和舌下神经。

混合性神经：三叉神经、面神经、舌咽神经和迷走神经。

（一）嗅神经

嗅神经（olfactory nerve）为感觉性神经，起始于鼻腔的嗅黏膜，由鼻中隔上部和上鼻甲黏膜内嗅细胞的中枢突聚集成15~20条嗅丝，穿筛孔入颅前窝终于嗅球，将嗅觉冲动传入大脑（图11-56）。

（二）视神经

视神经（optic nerve）为感觉性神经，传导视觉冲动，其纤维始于视网膜的节细胞，该细胞的轴突于视网膜后部汇集成视神经盘，然后穿过巩膜组成视神经。视神经于眶内行向后内，穿视神经管入颅中窝。两侧视神经纤维在交叉沟处交织形成视交叉，再组成两侧视束止于外侧膝状体（图11-56）。

（三）动眼神经

动眼神经（oculomotor nerve）为运动性神经，由躯体运动纤维和内脏运动纤维（副交感）组成。其躯体运动纤维发自动眼神经核，支配上直肌、下直肌、内直肌、下斜肌和提上睑肌；副交感纤维发自动眼神经副核，轴突组成动眼神经的副交感神经节前纤维，在睫状神经节内换神经元后，其节后纤维分布于瞳孔括约肌和睫状肌，完成瞳孔对光反射和调节反射（图11-57，图11-58）。

（四）滑车神经

滑车神经（trochlear nerve）为运动性神经，其纤维起于滑车神经核，该神经自中脑背侧下丘下方出脑后，绕经大脑脚外侧，向前穿海绵窦外侧壁，经眶上裂入眶内，支配上斜肌（图11-57，图11-58）。

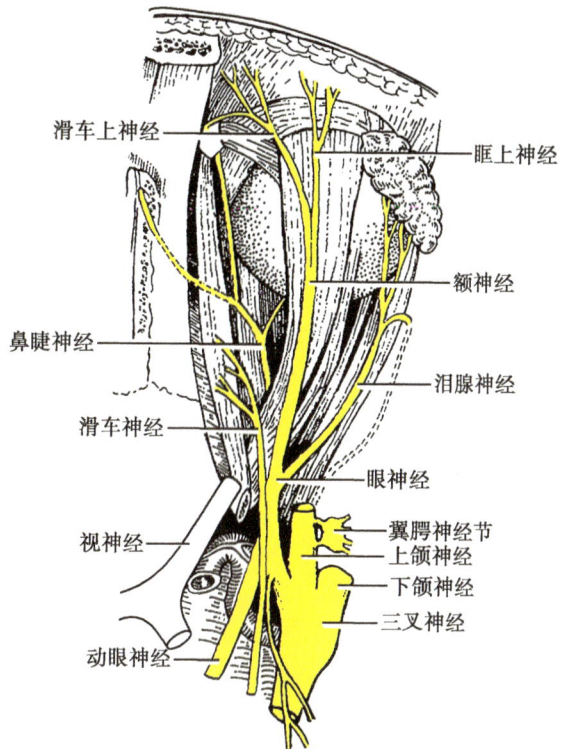

图11-57 眶内神经上面观

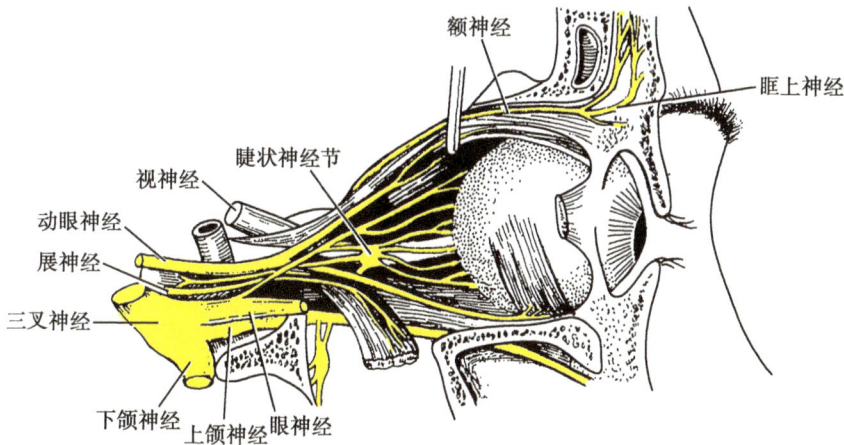

图11-58 眶内神经侧面观

（五）三叉神经

三叉神经（trigeminal nerve）为混合性神经，是最粗大的脑神经，由较大的感觉根和较小的运动根组成。躯体运动纤维始于三叉神经运动核，其轴突组成三叉神经运动根，自脑桥与小脑中脚移行处出脑，随下颌神经分布并支配咀嚼肌等。躯体感觉纤维的胞体集中在**三叉神经节**，该节位于颞骨岩部的三叉神经压迹处，呈扁平半月形，中枢突聚集成粗大的三叉神经感觉根，于脑桥与小脑中脚移行处入脑后止于三叉神经脑桥核和三叉神经脊束核，周围突组成眼神经、上颌神经和下颌神经，分布于面部的皮肤、口腔、鼻腔、鼻旁窦的黏膜等处（图11-59，图11-60）。

1. 眼神经（ophthalmic nerve）　为感觉性神经，自三叉神经节发出后向前进入海绵窦外侧壁，至眶上裂附近分3支经此裂入眶，分布于额顶部、上睑和鼻背皮肤以及眼球、泪腺、结膜和部分鼻腔黏膜。

（1）泪腺神经：沿外直肌上缘前行至泪腺，分布于泪腺和上睑皮肤。

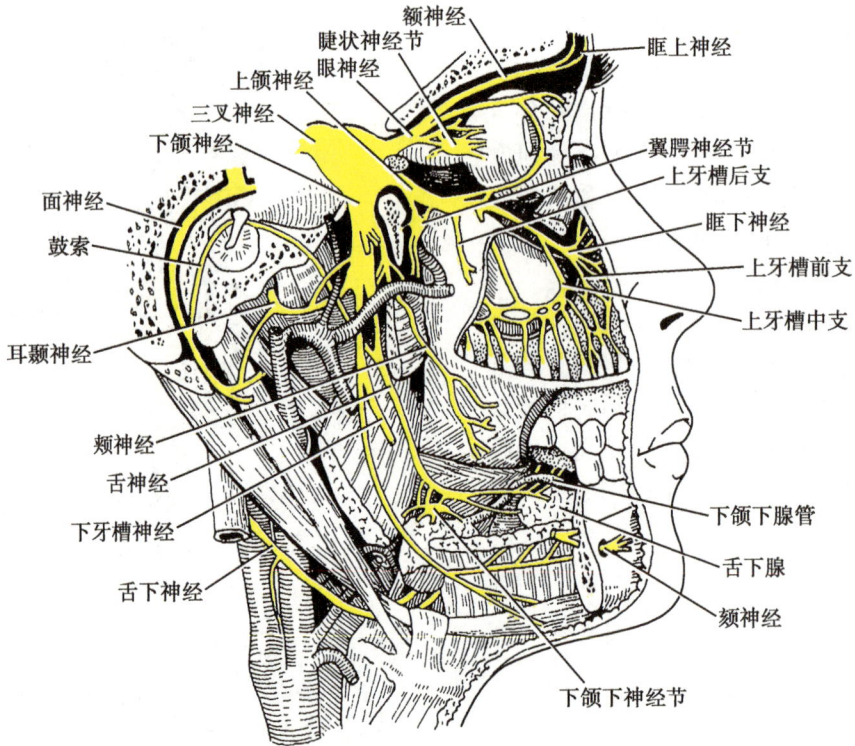

图11-59　三叉神经的分布

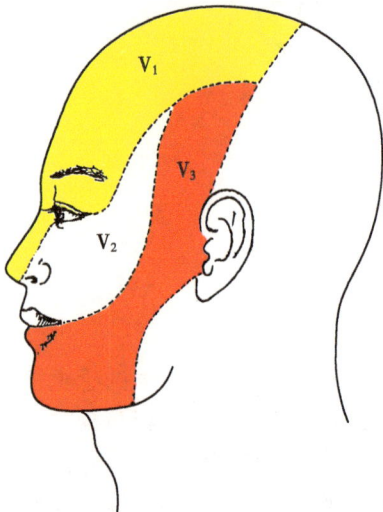

图11-60　三叉神经皮支的分布范围
V₁-眼神经　V₂-上颌神经　V₃-下颌神经

（2）额神经：较粗大，在上睑提肌上方前行分2~3支，其中经眶上切迹（或眶上孔）出眶者称为**眶上神经**。额神经出眶后分布于上睑内侧和额顶部皮肤。

（3）鼻睫神经：在上直肌深面，越过视神经上方达眶内侧壁，分支分布于鼻腔黏膜、泪囊、鼻背皮肤和眼球等。

2. 上颌神经（maxillary nerve）　为感觉性神经，自三叉神经节发出后，立即进入海绵窦外侧壁，经圆孔出颅入翼腭窝，再经眶下裂续为眶下神经。分支分布于眼裂与口裂之间的皮肤，上颌牙龈、鼻腔和口腔黏膜等处。

（1）眶下神经：是上颌神经的终支，通过眶下孔到面部，分布于下睑、鼻翼和上唇的皮肤。

（2）上牙槽神经：经上颌体后方穿入骨质，分支分布于上颌窦、上颌各牙和牙龈。

3. 下颌神经（mandibular nerve）　为混合性神经，自三叉神经节发出后经卵圆孔出颅达颞下窝立即分为多支。其中躯体运动纤维支配咀嚼肌等，躯体感觉纤维分布于下颌各牙、牙龈、舌前和口腔底黏膜以及口裂以下的面部皮肤。

（1）耳颞神经：以两根起始，向后包绕脑膜中动脉后合成一干，穿腮腺实质后伴颞浅动脉，向上分支分布于耳廓前面和颞部皮肤与腮腺等处。

（2）颊神经：沿颊肌外面前行，穿此肌后分布于颊黏膜以及颊部直至口角的皮肤。

（3）舌神经：在下牙槽神经的前方，经翼外肌深面下行呈弓形向前，达口底黏膜深面，分布于口腔底及舌前2/3的黏膜。

（4）下牙槽神经：该神经在舌神经的后方，经下颌孔入下颌管，最后自颏孔浅出称为颏神经。下牙槽神经感觉纤维分布于下颌牙齿、牙龈、颏部及下唇的皮肤与黏膜。

（六）展神经

展神经（abducent nerve）为运动性神经，由展神经核发出后，从延髓脑桥沟出脑，向外上经颞骨岩部尖端进入海绵窦内，出窦后经眶上裂入眶，在外直肌内侧面进入并支配该肌（图11-58）。

（七）面神经

面神经（facial nerve）为混合性神经，含3种纤维成分。内脏运动纤维（副交感）起自上泌涎核，在神经节内换神经元后，节后纤维分布于泪腺、下颌下腺、舌下腺及鼻腭部的黏膜腺。躯体运动纤维起于面神经核，其轴突支配面部表情肌。内脏感觉纤维的胞体位于膝神经节内，其中枢突止于孤束核，周围突分布于舌前2/3黏膜的味蕾，感受味觉。

面神经自延髓脑桥沟外侧部出脑后，与前庭蜗神经伴行，经内耳门入内耳道，穿过内耳道底进入面神经管，再从茎乳孔出颅，向前穿过腮腺达面部。在面神经管的起始部，有

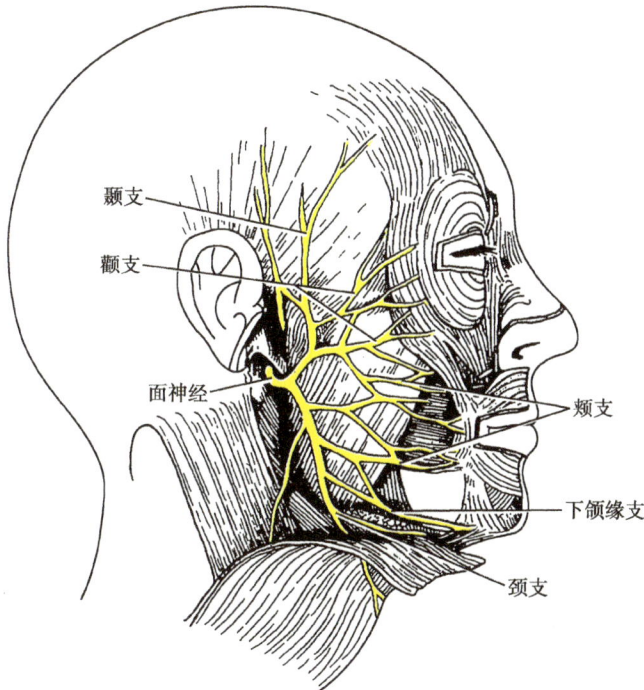

图11-61　面神经在面部的分支

膨大的**膝神经节**，它由内脏感觉神经元的胞体构成。

1. 面神经管外的分支　面神经主干进腮腺后形成丛，在腮腺前缘呈辐射状发出5支支配面肌和颈阔肌，即颞支、颧支、颊支、下颌缘支和颈支（图11-61）。

2. 面神经管内的分支

（1）岩大神经：含副交感节前纤维，自膝神经节处分出至翼腭窝进入**翼腭神经节**，在节内换神经元后，发出的节后纤维随三叉神经分布于泪腺和鼻腭部的黏膜腺，支配腺体分泌。

（2）鼓索：是混合性神经，在面神经出茎乳孔前发出，由面神经管进入鼓室后，沿鼓膜内面前行，穿岩鼓裂出鼓室达颞下窝加入舌神经。其中的内脏感觉纤维随舌神经分布于舌前2/3黏膜，感受味觉。鼓索内含的副交感神经的节前纤维在下颌下神经节换神经元，发出的节后神经纤维分布于舌下腺和下颌下腺，管理两腺的分泌。

● **知识链接** ●

面神经瘫痪

面神经的行程复杂，与内耳道、鼓室、鼓膜、乳突和腮腺等结构位置关系密切。面神经在面神经管外有炎症或损伤时，出现患侧面肌瘫痪，枕额肌瘫痪导致患侧额纹消失；眼轮匝肌瘫痪导致不能闭眼，角膜反射消失；颊肌瘫痪导致鼻唇沟变浅，不能鼓腮；颈阔肌瘫痪导致口角偏向健侧；口轮匝肌瘫痪导致不能吹口哨，唾液从口角流出。在面神经管内炎症或损伤时，除出现上述症状外，如果味觉纤维受损，则出现患侧舌前2/3味觉障碍；如果副交感神经纤维受损，则出现患侧泪腺和唾液腺的分泌障碍。

（八）前庭蜗神经

前庭蜗神经（vestibulocochlear nerve）又称为位听神经，为躯体感觉性神经。由前庭神经和蜗神经组成，分别传导平衡觉和听觉（图11-62）。

1. 前庭神经（vestibular nerve）　传导平衡觉冲动，其神经元胞体位于内耳道底的前庭神经节，为双极神经元，其周围突分布于内耳的球囊斑、椭圆囊斑和壶腹嵴；中枢突聚集成前庭神经与蜗神经同行经内耳门于延髓脑桥沟外侧入脑，终于前庭神经核及小脑。

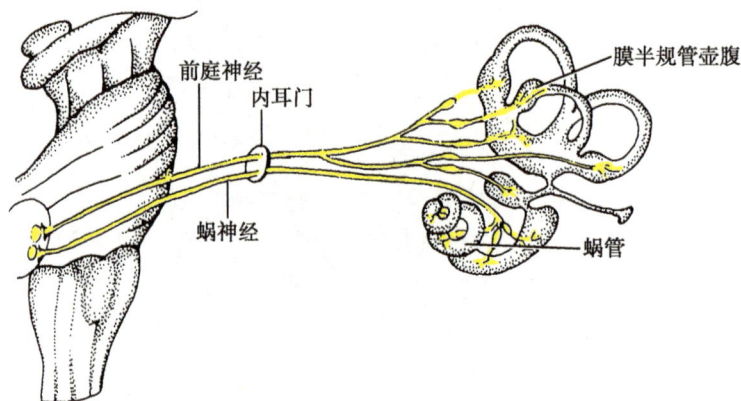

图11-62　前庭蜗神经

2. 蜗神经（cochlear nerve） 传导听觉冲动，神经元胞体位于内耳蜗轴内的蜗（螺旋）神经节，也是双极神经元。其周围突分布于螺旋器；中枢突在内耳道聚成蜗神经，出内耳门进入颅后窝，伴前庭神经入脑，止于脑干的蜗神经核。

（九）舌咽神经

舌咽神经（glossopharyngeal nerve）为混合性神经，含4种纤维成分。内脏运动纤维（副交感）起于下泌涎核，在卵圆孔下方的耳神经节换神经元，节后纤维管理腮腺的分泌；躯体运动纤维起于疑核，支配茎突咽肌；内脏感觉纤维的胞体位于颈静脉孔下方的下神经节，中枢突入脑干终于孤束核，周围突分布于咽、咽鼓管、鼓室、舌后1/3黏膜、味蕾、颈动脉窦和颈动脉小球；躯体感觉纤维很少，胞体位于上神经节，中枢突止于三叉神经脊束核，周围突分布于耳后皮肤。舌咽神经的主要分支有（图11-63，图11-64）：

1. 鼓室神经（tympanic nerve） 起自下（岩）神经节，进入鼓室，与交感神经纤维形成鼓室丛。自丛发出岩小神经出鼓室，进入耳神经节换神经元，发出的副交感神经节后纤维随耳颞神经分布于腮腺，管理腮腺分泌。

2. 颈动脉窦支（carotid sinus branch） 属内脏感觉性纤维。在颈静脉孔下方发出，有1~2

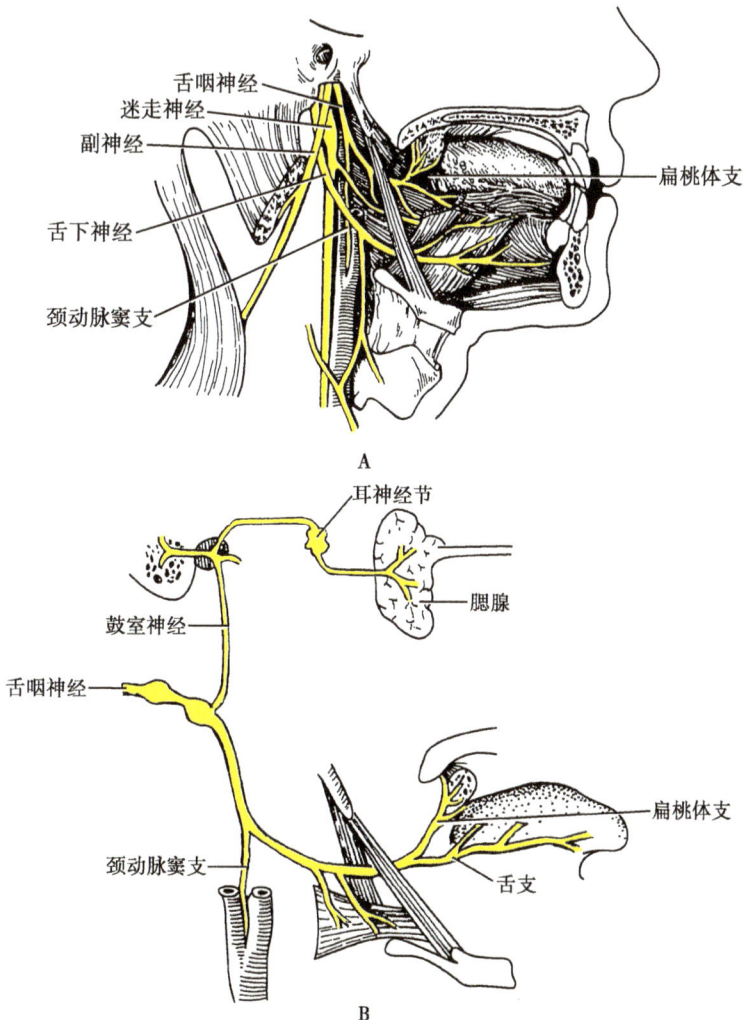

图11-63 舌咽神经

支分布于颈动脉窦和颈动脉小球，分别感受血压和CO_2浓度的变化，反射性地调节血压和呼吸。

3. 舌支　舌咽神经的终支，在舌神经的上方分布于舌后1/3的黏膜和味蕾，管理一般感觉和味觉。

4. 咽支　有数支，在咽壁上与迷走神经和交感神经形成咽丛，自丛发支至咽黏膜、腺体和咽肌，传导一般感觉和支配咽肌运动。

（十）迷走神经

迷走神经（vagus nerve）为混合性神经，是脑神经中行程最长，分布最广的神经。含有4种纤维：内脏运动纤维（副交感），起于迷走神经背核，主要分布到颈、胸和腹部多种脏器，控制平滑肌、心肌和腺体的活动；躯体运动纤维，起于疑核，支配咽喉肌；内脏感觉纤维，主要分布到颈、胸和腹部多种脏器，传导内脏感觉冲动；躯体感觉纤维，主要分布到硬脑膜、耳廓和外耳道，传导一般感觉冲动。

迷走神经在下行的过程中，分别在颈、胸、腹部发出分支，管理其器官的活动及感觉。迷走神经在各部的主要分支有（图11-64，图11-65）：

1. 喉上神经（superior nerve）　发自下神经节，沿颈内动脉内侧下行，于舌骨大角处分为内、外两支。内支分布于会厌、舌根及声门裂以上的喉黏膜；外支支配环甲肌。

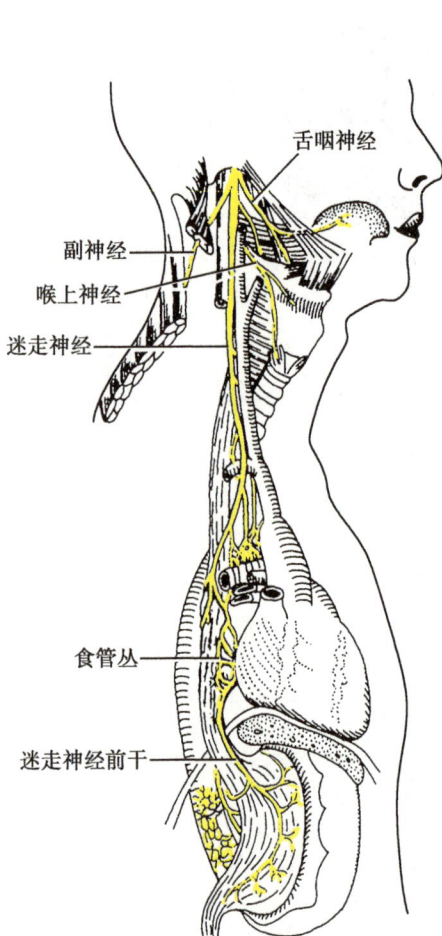

图11-64　舌咽神经、迷走神经和副神经

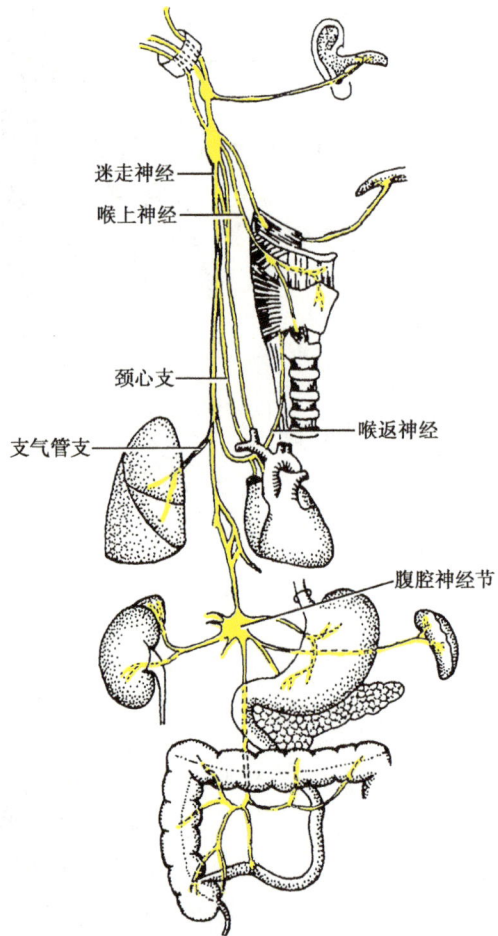

图11-65　迷走神经的分布

2. 喉返神经（recurrent nerve） 左、右喉返神经返回的位置不同。左喉返神经绕主动脉弓，返回至颈部；右喉返神经绕右锁骨下动脉，返回至颈部。在颈部，两侧的喉返神经均上行于气管与食管之间的沟内，在甲状腺侧叶深面入喉。喉返神经的运动纤维支配除环甲肌外的喉肌；感觉纤维分布于声门裂以下的喉黏膜。

3. 支气管支、食管支和胸心支 是迷走神经在胸部的细小分支，分别加入肺丛、食管丛和心丛。

4. 胃后支 是迷走神经的终支，分布于胃后壁。

5. 腹腔支 较粗大，加入腹腔丛并与交感神经伴行，随腹腔干、肠系膜上动脉和肾动脉及它们的分支分布于肝、脾、胰、肾以及结肠左曲以上消化管。

（十一）副神经

副神经（accessory nerve）为运动性神经，起于副神经核。副神经在迷走神经下方出脑干，经颈静脉孔出颅，在颈内动、静脉之间行向后外，支配胸锁乳突肌和斜方肌（图11-64）。

（十二）舌下神经

舌下神经（hypoglossal nerve）为运动性神经，起于舌下神经核。纤维由延髓的前外侧出脑，经舌下神经管出颅。先在颈内动、静脉之间深面下行，至下颌角处行向前，沿舌骨舌肌浅面穿颏舌肌入舌，支配舌内、外肌（图11-66）。

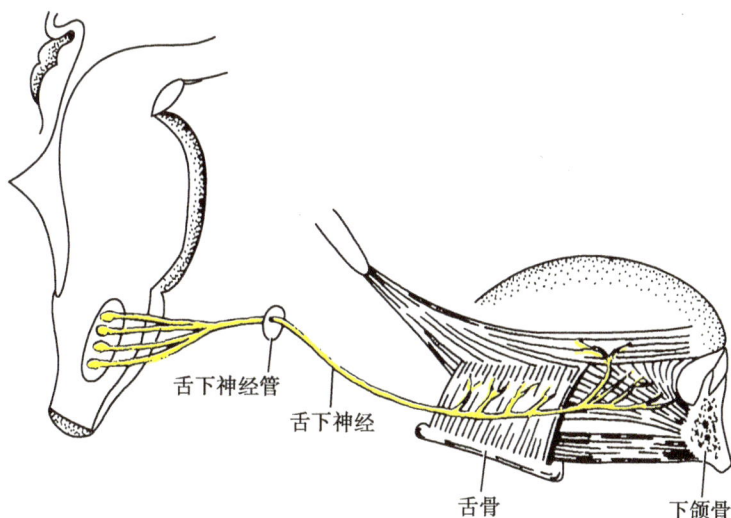

图11-66 舌下神经

三、内脏神经

内脏神经（visceral nerve）主要分布于内脏、心血管和腺体，与躯体神经一样也含有传入（感觉）纤维和传出（运动）纤维。内脏运动神经在很大程度上不受意志的支配，故又称**自主神经**，管理平滑肌、心肌的运动和腺体的分泌。内脏感觉神经分布于内脏、心血管壁的内感受器。

（一）内脏运动神经

内脏运动神经与躯体运动神经一样都在大脑皮质及皮质下各级中枢的控制下，互相协调、互相制约，以维持机体内、外环境的相对平衡。但两者在结构、功能与分布范围上也有较大的差别（表11-4）。

表11-4　躯体运动神经和内脏运动神经的比较

	躯体运动神经	内脏运动神经
低级中枢	脑干躯体运动核、脊髓灰质前角	脊髓灰质侧角、脑干及骶副交感核
支配对象	骨骼肌	平滑肌、心肌、腺体
低级中枢至效应器的神经元	仅一级神经元	由两级神经元构成，有节前、节后纤维之分
神经纤维特点	为有髓纤维，传导速度较快	为无髓或薄髓纤维，传导速度较慢
支配器官形式	仅以一种纤维独立支配	多数器官为交感、副交感纤维双重支配
功能特征	受意识支配	不受意识支配
分布特点	直接到达效应器	在器官附近或壁内先形成神经丛，由神经丛再发出分支支配效应器

内脏运动神经（图11-67）自低级中枢至效应器的神经通路由两级神经元组成。第一级神经元称为**节前神经元**，胞体位于脑干和脊髓内，由它们发出的轴突称**节前纤维**，第二级神经元称为**节后神经元**，胞体位于周围部的内脏神经节内，由它们发出的轴突称**节后纤维**。

根据内脏运动神经形态结构、生理功能的不同，可将其分为交感神经和副交感神经，均由中枢部和周围部两部分组成。

1. 交感神经（sympathetic nerve）　交感神经的低级中枢位于脊髓的第1胸节至第3腰节的侧角；交感神经的周围部包括交感神经节、交感干和神经纤维。

（1）**交感神经节**：交感神经节根据位置的不同，可分为椎旁节和椎前节。

1）**椎旁节**（ganglia sympathetic trunk）位于脊柱两侧，共21~26对，其中颈节3对、胸节10~12对、腰节4~5对、骶节2~3对和尾节1个，尾节因不成对称**奇神经节**。椎旁节借节间支连成两条**交感干**（图11-68），该干上端达颅底，下端两干于尾骨前会合于奇神经节。

2）**椎前节**位于脊柱前方，包括成对的**腹腔神经节**和**主动脉肾神经节**，以及单个的**肠系膜上神经节**、**肠系膜下神经节**，分别位于同名动脉根部附近。椎前节接受内脏大、小神经和腰内脏神经的纤维，发出节后纤维随同名动脉脏支到各脏器。

（2）**交感神经纤维**：每一个交感干神经节都与相应的脊神经之间有交通支相连。交通支分白交通支和灰交通支。**白交通支**主要由发自脊髓灰质侧角细胞的节前纤维组成，因有髓鞘呈白色，故称白交通支；**灰交通支**由椎旁节细胞发出的节后纤维组成，多无髓鞘，色灰暗，故称灰交通支（图11-69）。

1）**节前纤维**：由交感神经低级中枢发出的轴突构成，经脊神经前根、前支，经白交通支至交感干，进入交感干后可有三种去向：①终于相应的椎旁节；②在交感干内上升或下降，然后终于上方或下方的椎旁节；③经椎旁节和内脏神经终于椎前节。

2）**节后纤维**：由交感神经节细胞发出的轴突构成，其终末分布于效应器。交感神经节后纤维也有三种去向：①经灰交通支返回脊神经，并随其分支分布于躯干、四肢的血管、汗腺和竖毛肌等；②在动脉周围形成神经丛并随动脉分支分布到所支配的器官；③由椎旁节直接发出分支到达所支配的器官。

（3）**交感神经的分布**

1）**颈部**：颈交感干位于颈血管鞘的后方，颈椎横突的前方，每侧通常有上、中、下3

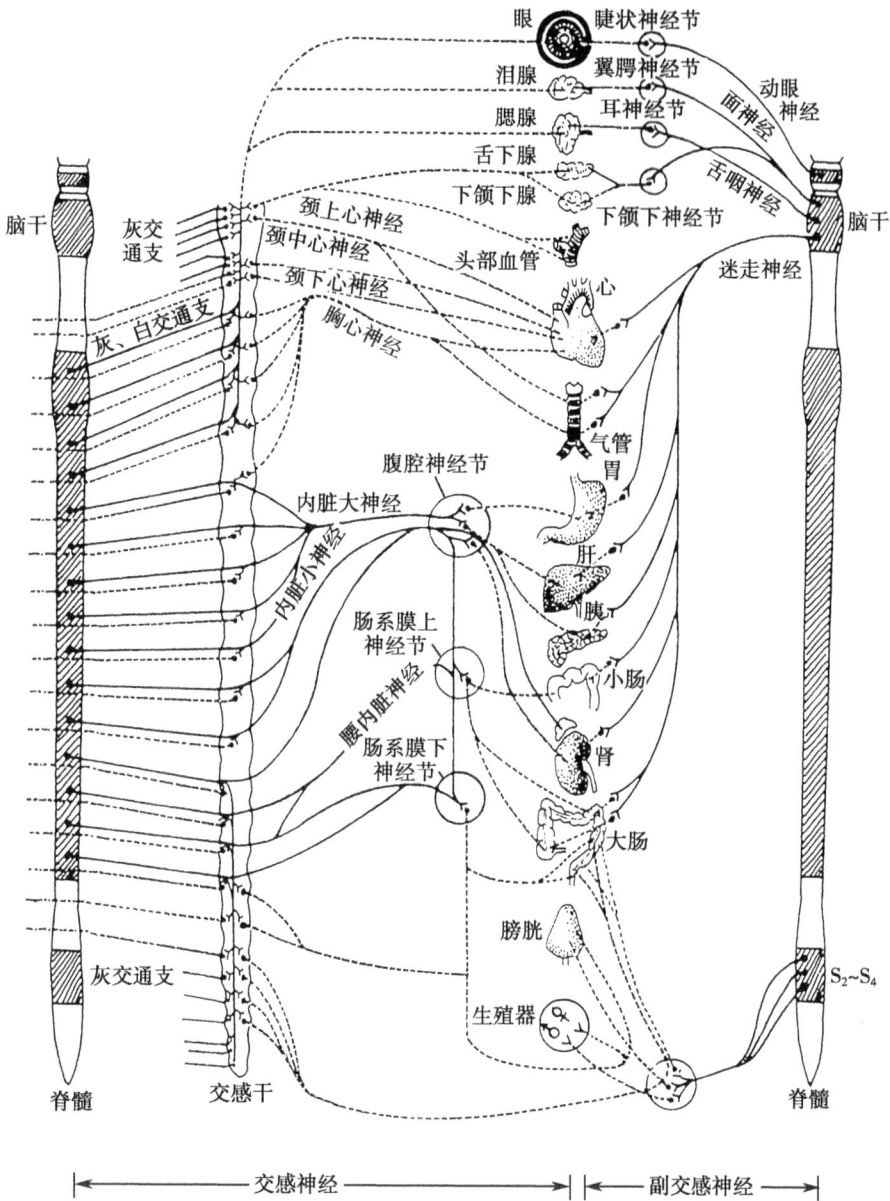

图11-67 内脏运动神经概况

——节前纤维 ---- 节后纤维

个颈交感神经节。①颈上神经节最大，呈梭形，位于第2、3颈椎横突前方；②颈中神经节最小，平对第6颈椎处，有时缺如；③颈下神经节较大，位于第7颈椎平面，常与第1胸交感节合并成颈胸（星状）神经节。

自颈交感神经节发出的节后纤维分布大致如下：①经灰交通支加入8对颈神经分布于头、颈、上肢的血管、汗腺、竖毛肌等。②攀附动脉形成颈内、外动脉丛，锁骨下动脉丛和椎动脉丛，随动脉分布于头、颈部、上肢的平滑肌和腺体。此外，从颈内动脉丛分出一支到虹膜，支配瞳孔开大肌。③发出心上、中、下3支神经与迷走神经心支一起，在心底部组成心丛，分布于心及大血管。④发出咽支进入咽壁并与迷走、舌咽神经的咽支组成咽丛分布咽壁。

2）胸部：胸交感干位于肋头前方，一般有10~12对胸交感神经节。节后纤维分布

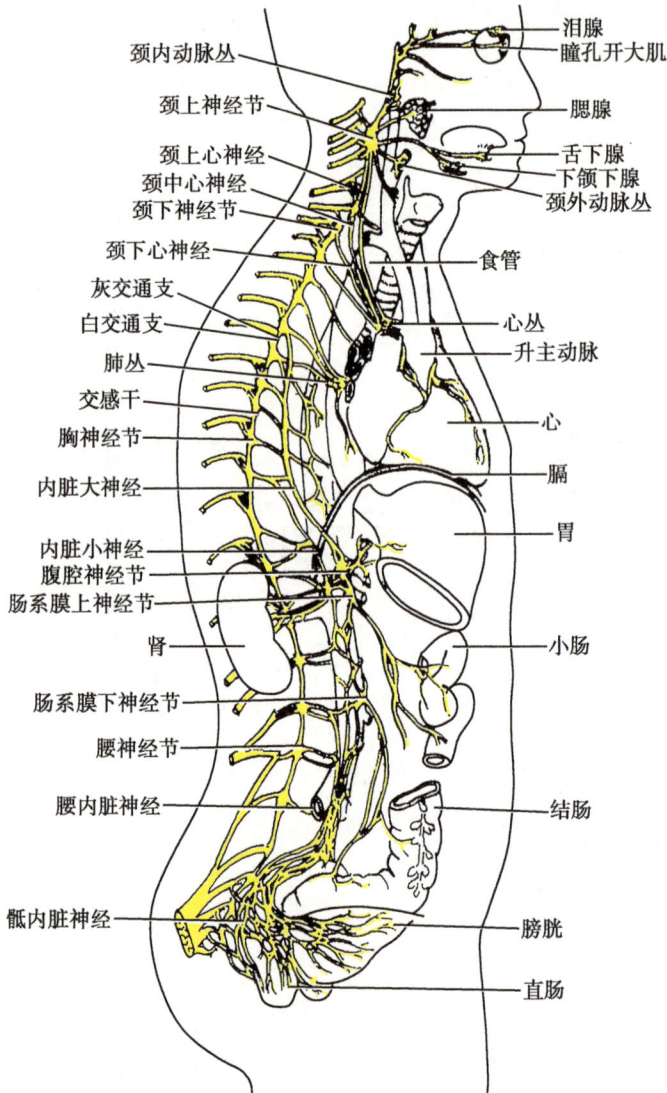

图11-68 交感干及其分布模式图

标注（由上至下，左侧）：颈内动脉丛、颈上神经节、颈上心神经、颈中心神经、颈下神经节、颈下心神经、灰交通支、白交通支、肺丛、交感干、胸神经节、内脏大神经、内脏小神经、腹腔神经节、肠系膜上神经节、肾、肠系膜下神经节、腰神经节、腰内脏神经、骶内脏神经

标注（右侧）：泪腺、瞳孔开大肌、腮腺、舌下腺、下颌下腺、颈外动脉丛、食管、心丛、升主动脉、心、膈、胃、小肠、结肠、膀胱、直肠

为：①经灰交通支随12对胸神经分布于躯干的血管、汗腺和竖毛肌；②由上胸部交感干神经节发出的节后纤维在肺根附近与迷走神经的分支一起组成肺丛，分布于气管、支气管和肺等；③由中、下胸部交感干神经节发出的纤维是路过此节的交感节前神经纤维，它们在胸椎体两侧组成内脏大、小神经（图11-67，图11-68），它们分别起自第5~9和第10~12胸节侧角，穿过膈后分别终于腹腔神经节和主动脉肾神经节。由它们发出的交感节后纤维和迷走神经的分支一起在腹主动脉起始部前方、腹腔干和肠系膜上动脉根部周围组成腹腔丛。由丛发出许多副丛伴腹主动脉分支分布于肝、脾、肾和结肠左曲以上的消化管等腹腔脏器。

3）腰部：腰交感干位于腰椎的前外侧与腰大肌内侧缘之间，通常有4~5对腰交感干神经节。其节后纤维的去向有：①经灰交通支随腰神经分布；②**腰内脏神经**由穿经腰交感干神经节的节前纤维组成，参加腹主动脉丛和肠系膜下丛，并在这些丛的神经节内换神经元。节后纤维分布至结肠左曲以下的消化管及盆腔脏器并有纤维随血管分布到下肢。

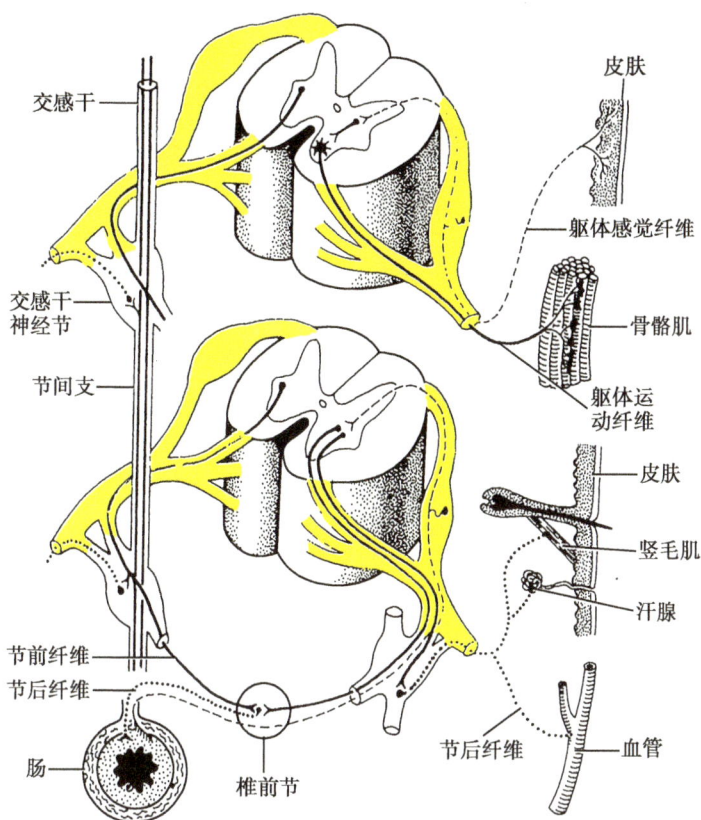

图11-69 交感神经纤维的走行模式图

4）盆部：盆部（骶）交感干位于骶前孔内侧，通常有2~3对骶交感干神经节和一个奇神经节。借灰交通支连接相应的骶、尾神经，并随这些神经分支分布。还发出分支加入盆丛，分布于盆腔器官。

2. 副交感神经（parasympathetic nerve）　**副交感神经**的低级中枢位于脑干的副交感神经核（即第Ⅲ、Ⅶ、Ⅸ、Ⅹ对脑神经相应的内脏运动核）和脊髓骶2~4节灰质的副交感神经核内；周围部包括副交感神经节和副交感神经纤维。

（1）副交感神经节：多位于器官附近或器官的壁内，故分为器官旁节和器官内节。

1）器官旁节：位于所支配器官附近，多数体积较小，而位于颅部的较大，如睫状神经节、下颌下神经节、翼腭神经节和耳神经节等。

2）器官内节：散在分布于所支配器官的壁内，又称壁内神经节。

（2）副交感神经纤维

1）颅部副交感神经纤维：由动眼神经副核发出的节前纤维，随动眼神经入睫状神经节内换神经元，其节后纤维支配瞳孔括约肌和睫状肌。由上泌涎核发出的节前纤维，随面神经至翼腭神经节和下颌下神经节换神经元，节后纤维分布于泪腺、下颌下腺、舌下腺。由下泌涎核发出的节前纤维，随舌咽神经入耳神经节换神经元，其节后纤维分布于腮腺。由迷走神经背核发出的节前纤维，随迷走神经至心、肺、肝、脾、胰、肾及结肠左曲以上消化管的器官旁节或壁内节换神经元并支配上述器官。

2）**骶部副交感神经纤维**：由脊髓骶2~4节副交感核发出的轴突（节前纤维）组成盆内

脏神经，在副交感神经节内换神经元后，发出节后纤维分布于结肠左曲以下消化管、盆腔脏器及外阴等（图11-70）。

3. 交感神经与副交感神经的主要区别　交感神经和副交感神经都是内脏运动神经，但在形态结构、分布范围和功能上，两者有许多不同之处，主要区别见表11-5。

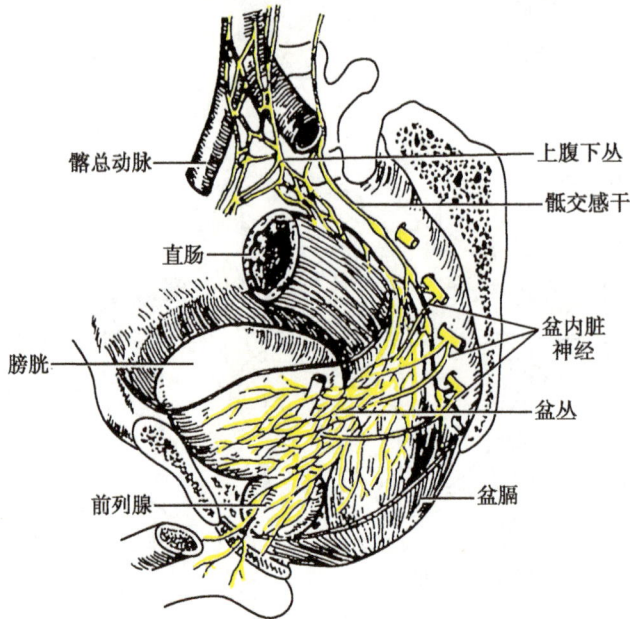

图11-70　盆部内脏神经丛

表11-5　交感、副交感神经比较简表

比较项目	交感神经	副交感神经
低级中枢位置	脊髓胸1至腰3节侧角	脑干副交感核、脊髓第2~4骶节副交感核
周围神经节	椎旁节和椎前节	器官旁节和器官内节
节前、节后纤维	节前纤维短、节后纤维长	节前纤维长、节后纤维短
分布范围	全身血管和内脏平滑肌、心肌、腺体、竖毛肌、瞳孔开大肌等、肾上腺髓质	部分内脏平滑肌、心肌、腺体、瞳孔括约肌、睫状肌等

体内绝大多数内脏器官接受交感神经和副交感神经的共同支配，它们对同一器官的作用既互相拮抗，又互相统一，使体内各器官功能活动达到动态平衡，从而使机体更好地适应内、外环境的变化。当机体处于剧烈运动、兴奋或紧张时，交感神经活动增强，具体表现为心跳加快、血压升高、支气管扩张、瞳孔开大、毛发竖立、消化功能抑制，以调动机体潜力适应环境的剧烈变化。当机体处于安静或睡眠状态时，副交感神经活动增强，表现为心跳减慢、血压降低、支气管收缩、瞳孔缩小，消化功能增强，有利于机体消化吸收、储存能量、恢复体力。

4. 内脏神经丛　交感神经、副交感神经和内脏感觉神经在分布于脏器的过程中，常相互交织在一起形成内脏神经丛，再由丛发出分支到达所支配的器官，主要的神经丛有：

（1）**心丛**：位于心底部，随动脉分布于心肌。

（2）**肺丛**：位于肺根前、后分布于肺、支气管等。

（3）**腹腔丛**：是最大的内脏神经丛，围绕腹腔干和肠系膜上动脉根部的周围，丛内有一对**腹腔神经节**，接受**内脏大神经**来的节前纤维，节的下外侧部突出，称**主动脉肾节**，接受**内脏小神经**来的节前纤维。此外还有一些副丛，如肝、肾、脾、胰及肠系膜上丛等，随同各血管分布到相应器官。

（4）**腹主动脉丛**：是腹腔丛在腹主动脉表面向下延续的部分。此丛分出肠系膜下丛，还有一部分纤维参与腹下丛和髂外动脉丛。

（5）**腹下丛**：可分为上、下腹下丛。上腹下丛是腹主动脉丛向下延续的部分，位于第5腰椎前面，两侧髂总动脉之间。下腹下丛（盆丛）是上腹下丛延续，它还组成直肠丛、膀胱丛、前列腺丛和子宫阴道丛等，分布于盆腔各脏器（图11-70）。

（二）内脏感觉神经

内脏感觉神经接受内脏的各种刺激，并将其传到中枢。中枢可通过内脏运动神经直接调节内脏器官的活动，也可以通过神经-体液间接调节其活动。内脏感觉神经元胞体位于脑神经节或脊神经节内，周围突为粗细不等的有髓或无髓纤维，随交感、副交感纤维或躯体神经的分支分布于内脏器官或血管，中枢突或随脑神经止于孤束核，或随脊神经止于脊髓灰质后角。

在中枢内，内脏感觉纤维可经过一定的传导途径，将冲动传导到大脑皮质，产生内脏感觉。同时借中间神经元与内脏运动神经元联系完成内脏反射，或与躯体运动神经元联系，形成内脏-躯体反射。

内脏感觉神经虽然在形态结构上与躯体感觉神经大致相同，但有其自己的特点。

1. 内脏感觉纤维的数目较少，痛阈较高，正常的内脏活动一般不引起感觉，较强烈的内脏活动才能引起感觉。

2. 内脏对切割、烧灼等刺激不敏感，而对膨胀、牵拉、痉挛以及化学刺激、缺血和炎症等刺激敏感。

3. 内脏感觉的传入途径分散，即一个脏器的感觉纤维可经几个节段的脊神经进入中枢，而一条脊神经又含几个脏器的感觉纤维，因此，内脏痛是弥散性的，且定位不准确。

在某些内脏器官发生病变时，常在体表的一定区域产生感觉过敏或疼痛，这种现象称为**牵涉性痛**。例如心绞痛时常在胸前区及左臂内侧皮肤感到疼痛，肝、胆疾病时可在右肩感到疼痛等。了解牵涉痛部位，对某些内脏疾病的诊断具有一定意义。

第四节　神经系统的传导通路

人体各种感受器接受内、外环境的刺激，并转换成神经冲动，经传入神经上行传入中枢神经系统的相应部位，最后传至大脑皮质，产生相应的意识感觉，这种神经传导通路称为感觉传导通路。同时，大脑皮质发出的指令，沿传出纤维，经脑干和脊髓的运动神经元至效应器，做出相应的反应，这种神经传导通路称为运动传导通路。因此，在神经系统内存在着两类传导通路：感觉（上行）传导通路和运动（下行）传导通路。

一、感觉传导通路

（一）躯干和四肢的本体感觉和精细触觉传导通路

本体感觉又称为**深感觉**，是指肌、腱、关节的位置觉、运动觉和振动觉。在深感觉传导路中还传导皮肤的精细触觉（如辨别两点距离、物体纹理等）。二者传导通路相同，均由三级神经元组成（图11-71）。本节主要叙述躯干和四肢的深感觉传导通路（因头面部的尚不十分明确）。

第一级神经元位于脊神经节内，其周围突随脊神经分布于躯干和四肢的骨骼肌、腱、关节以及皮肤的感受器，中枢突经脊神经后根进入脊髓，在脊髓的后索内组成薄束和楔束上行至延髓，分别止于延髓的薄束核和楔束核。

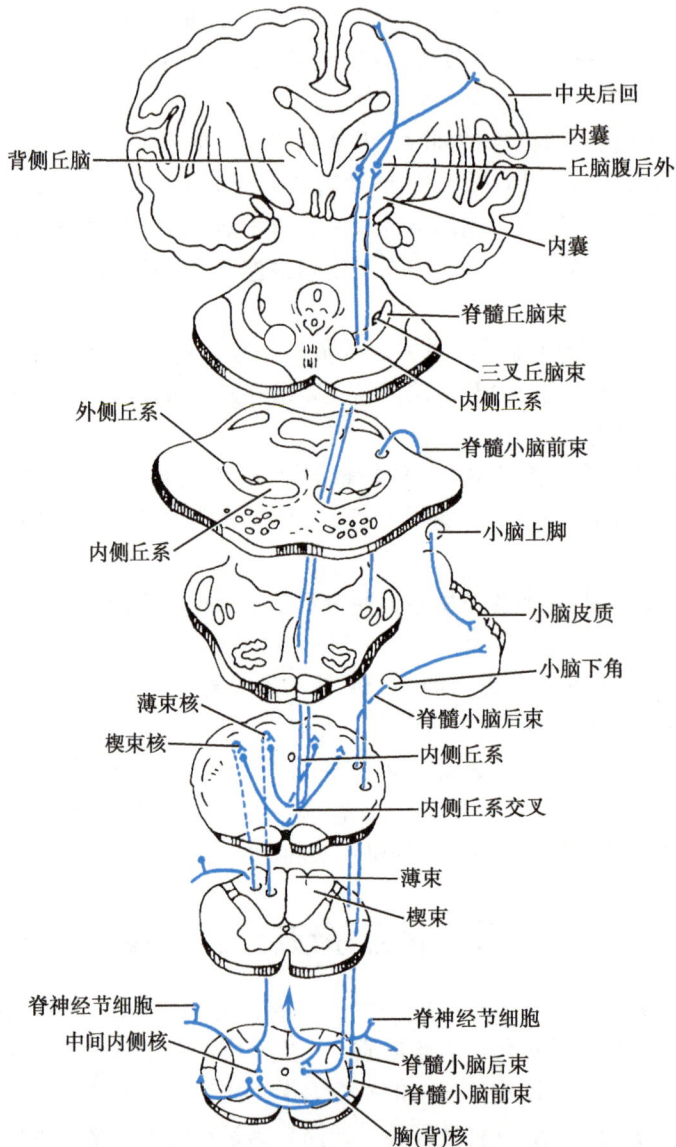

图11-71　躯干和四肢的本体感觉和精细触觉传导通路

第二级神经元在延髓的薄束核和楔束核内，其轴突发出的纤维束形成内侧丘系交叉，交叉后形成内侧丘系上行，止于背侧丘脑腹后外侧核。

第三级神经元位于背侧丘脑腹后外侧核内，由此核发出丘脑皮质束（丘脑中央辐射）经内囊后肢上行至大脑皮质的中央后回上2/3及中央旁小叶后部。

（二）躯干和四肢的痛温觉、粗触觉和压觉传导通路

又称**浅感觉传导通路**，传导躯干和四肢的痛温觉、粗触觉和压觉。此传导通路也由三级神经元组成（图11-72）。

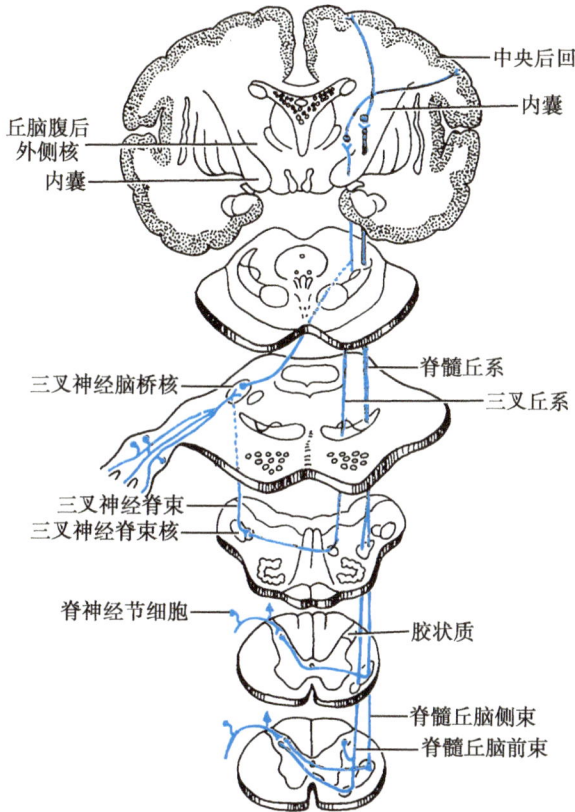

图11-72 痛、温度觉和粗触觉传导通路

第一级神经元位于脊神经节内，其周围突随脊神经分布于躯干和四肢皮肤的感受器，中枢突随脊神经后根入脊髓后角的固有核。

第二级神经元位于脊髓后角固有核内，由其轴突组成的纤维交叉至对侧，组成脊髓丘脑前束（传导粗略触觉和压觉）和脊髓丘脑侧束（传导痛温觉）上行，至脑干合成脊髓丘脑束，向上止于背侧丘脑腹后外侧核。

第三级神经元位于背侧丘脑腹后外侧核内，由此核发出丘脑皮质束（丘脑中央辐射），经内囊后肢上行至大脑皮质的中央后回上2/3及中央旁小叶后部。

（三）头面部的痛温觉和触压觉传导通路

主要由三叉神经传入，传导头面部皮肤、口腔、鼻腔黏膜的感觉冲动，由三级神经元组成。

第一级神经元位于三叉神经节内，其周围突组成三叉神经感觉支，分布于头面部的皮

肤和口腔、鼻腔黏膜感受器,中枢突经三叉神经根进入脑干,止于三叉神经脊束核和三叉神经脑桥核。

第二级神经元位于三叉神经脊束核(痛温觉)和三叉神经脑桥核(触压觉)内,由其轴突组成纤维交叉至对侧组成三叉丘系上行,止于背侧丘脑腹后内侧核。

第三级神经元位于背侧丘脑腹后内侧核内,由此核发出丘脑皮质束(丘脑中央辐射),经内囊后肢上行到中央后回下1/3的皮质(图11-72)。

(四)视觉传导通路

由三级神经元组成。视网膜的感光细胞接受光的刺激并产生神经冲动,经双极细胞(第一级神经元)传给节细胞(第二级神经元),节细胞的轴突组成视神经,经视神经管入颅形成视交叉,并向后延续为视束。在视交叉中,只有来自鼻侧半视网膜的纤维交叉至对侧,而颞侧半视网膜的纤维不交叉。因此,每侧视束是由同侧颞侧半的视网膜的纤维和对侧鼻侧半视网膜的纤维组成(图11-73)。视束向后行止于外侧膝状体(第三级神经元),由它发出的纤维组成**视辐射**(optic radiation),经内囊后肢上行,终止于枕叶距状沟两侧的皮质,产生视觉。

视觉传导通路不同部位的损伤,临床症状各不相同。如一侧视神经损伤,引起患侧眼全盲;一侧视束或视辐射损伤,则引起双眼对侧半视野(即患侧鼻侧半视野和健侧颞侧半视野)同向性偏盲。

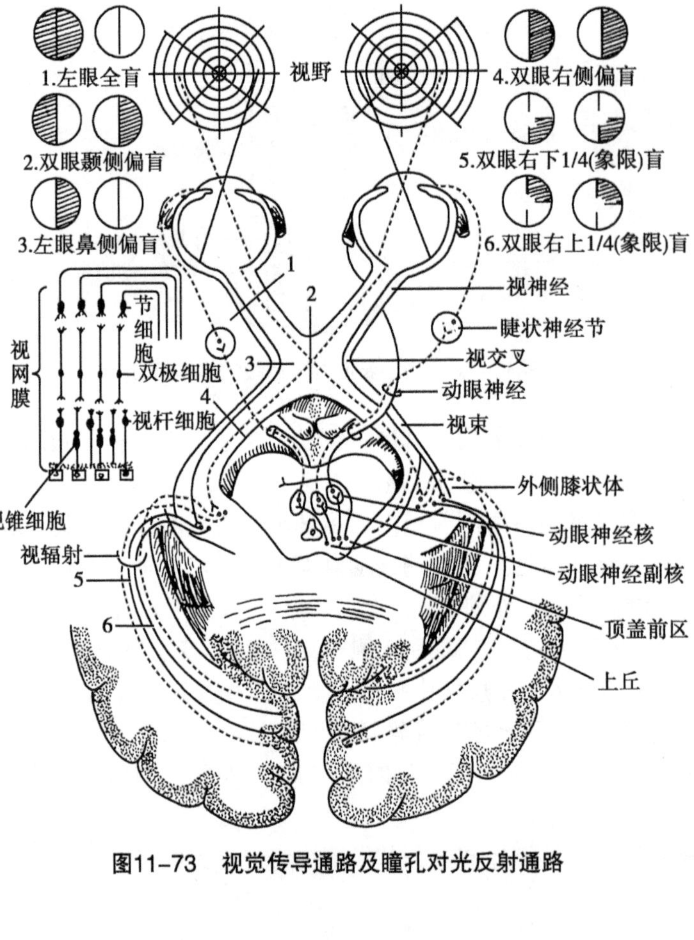

图11-73   视觉传导通路及瞳孔对光反射通路

二、运动传导通路

大脑皮质是躯体运动的最高级中枢，其对躯体运动的调节是通过锥体系和锥体外系两部分传导通路来实现的。

（一）锥体系

锥体系（pyramidal system）主要管理骨骼肌的随意运动，由上、下两级神经元组成。上运动神经元是位于大脑皮质内的锥体细胞，其轴突组成了下行纤维束，这些纤维束在下行的过程中要通过延髓锥体，故名为**锥体系**，其中下行至脊髓前角的纤维，称为**皮质脊髓束**；下行至脑干内止于躯体运动核的纤维，称为**皮质核束**（皮质脑干束）。锥体系下运动神经元的胞体分别位于脑干躯体运动核和脊髓前角内，所发出的轴突分别参与脑神经和脊神经的组成。

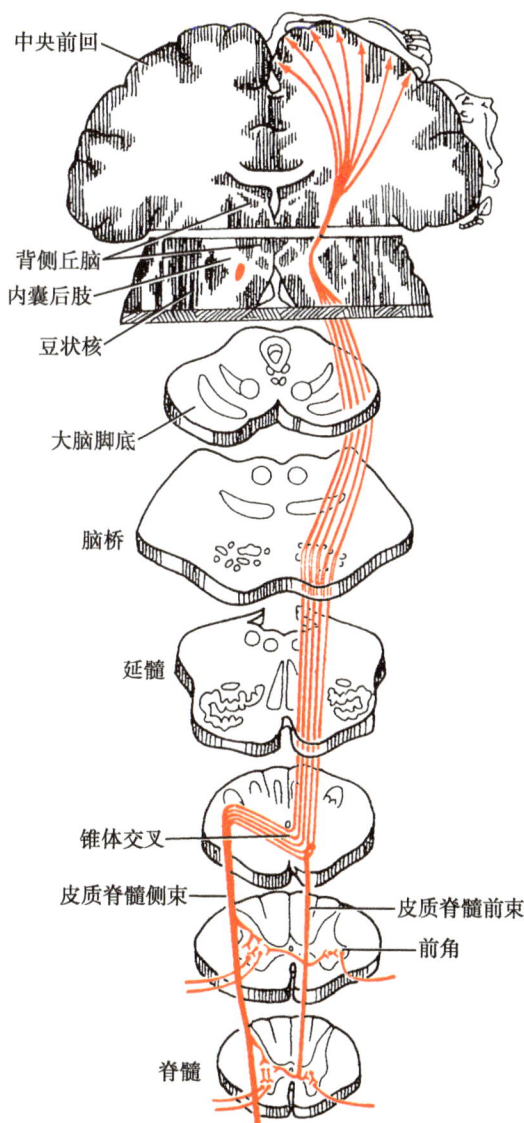

图11-74 皮质脊髓束

1. **皮质脊髓束**（corticospinal tract） 上运动神经元的胞体主要在中央前回上2/3和中央旁小叶前部的皮质，其轴突组成**皮质脊髓束**下行，经内囊后肢、中脑、脑桥至延髓锥体，在锥体的下端，大部分纤维左、右交叉形成**锥体交叉**，交叉后的纤维沿脊髓外侧索下行，形成皮质脊髓侧束，沿途逐节止于脊髓各节段的前角运动神经元。小部分未交叉的纤维，在同侧脊髓前索内下行，形成皮质脊髓前束，分别止于同侧和对侧的脊髓前角运动神经元（只到达胸节）。下运动神经元为脊髓前角运动神经元，其轴突组成脊神经的前根，随脊神经分布于躯干和四肢的骨骼肌（图11-74）。

2. **皮质核束**（corticonuclear tract） 上运动神经元的胞体位于中央前回的下1/3皮质内，由其轴突组成**皮质核束**，经内囊膝下行至脑干，大部分纤维止于双侧的脑神经运动核，但面神经核（支配面肌）的下部和舌下神经核（支配舌肌）只接受对侧皮质核束的纤维。下运动神经元的胞体位于脑干的脑神经运动核内，其轴突随脑神经分布到头、颈、咽、喉等处的骨骼肌（图11-75）。

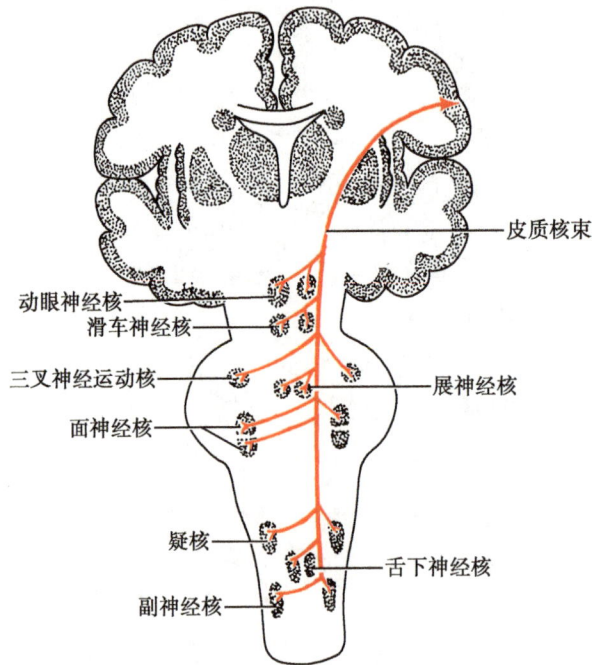

图11-75 皮质核束

临床上发现，皮质核束的上运动神经元损伤，产生对侧眼裂以下的面肌和对侧舌肌瘫痪，表现为病灶对侧鼻唇沟消失、口角偏向患侧、流涎、不能作鼓腮、露齿等动作，伸舌时舌尖偏向健侧，称为**核上瘫**。一侧面神经核的神经元损伤引起的瘫痪，可致患侧所有的面肌瘫痪，表现为额纹消失、眼不能闭、口角偏向健侧、鼻唇沟消失等；一侧舌下神经核的神经元受损，可致患侧全部舌肌瘫痪，表现为伸舌时舌尖偏向患侧。两者均为下运动神经元损伤，故统称为**核下瘫**（图11-76，图11-77）。

（二）锥体外系

锥体外系（extrapyramidal system）一般是指锥体系以外管理骨骼肌运动的纤维束，包括除锥体系以外与躯体运动有关的各种下行传导通路。其组成包括大脑皮质、纹状体、红核、

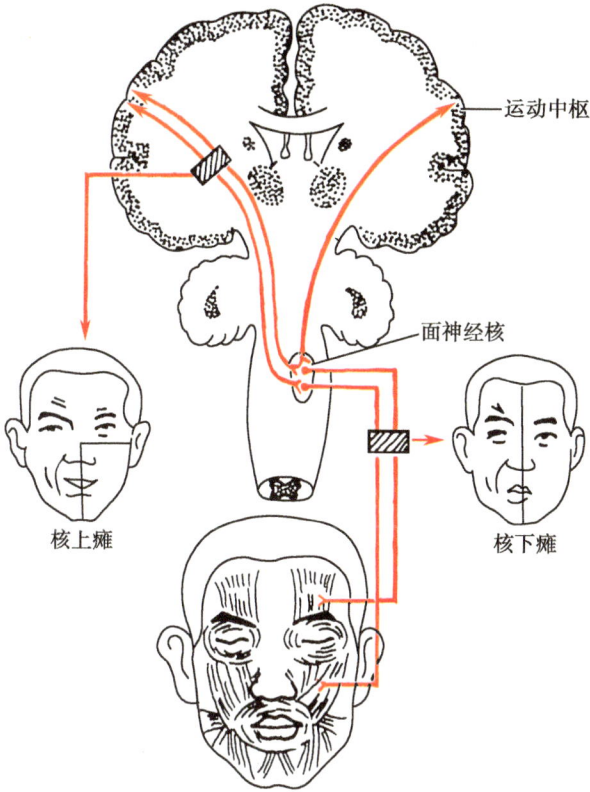

图11-76 面神经核上、下瘫

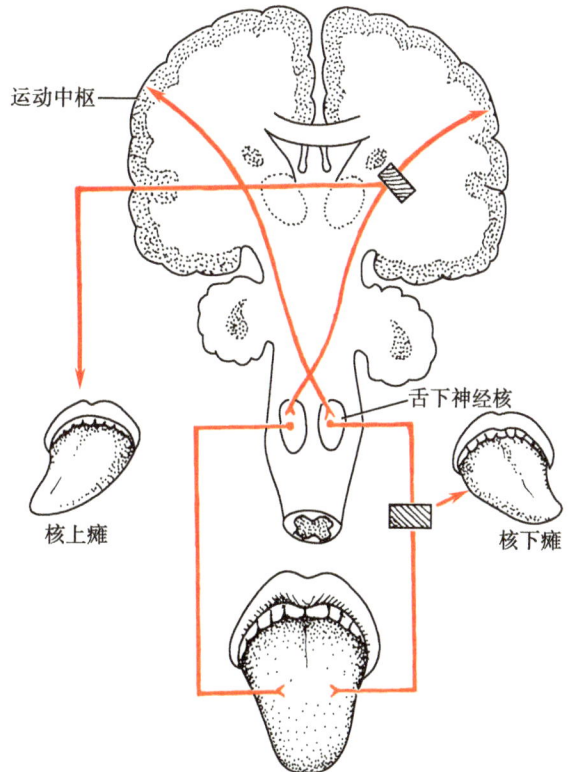

图11-77 舌下神经核上、下瘫

黑质、小脑、脑干网状结构等。其纤维起自大脑皮质中央前回以外的皮质，在上述组成部位多次换元，最后终于脊髓前角运动神经元或脑神经运动核，通过脊神经或脑神经，支配相应的骨骼肌。锥体外系对脊髓反射的控制常是双侧的，其主要功能是调节肌紧张，维持肌群的协调性运动，与锥体系配合共同完成人体的各种随意运动。

（汪家龙）

思考题

1. 试述神经系统的组成与分部。
2. 一位患脑出血的病人为什么会出现"三偏征"？
3. 硬膜外麻醉穿刺时，针头经过哪些结构到达硬膜外隙？
4. 臀部肌肉注射为什么要选择在外上四分之一区域内进针？简述坐骨神经的行程、分支和支配范围。
5. 大脑皮质的功能定位（运动、感觉、视觉）各在何处？
6. 试述躯干及四肢浅感觉、深感觉传导通路。
7. 颈丛、臂丛、腰丛、骶丛的位置和主要分支有哪些？
8. 三叉神经分支有哪些，分布范围如何？
9. 简述脑脊液的产生及循环途径。

第十二章　人体胚胎发育概要

学习目标

掌握：1. 胚泡的形成；植入的部位、蜕膜的分部。
　　　2. 胎盘的结构与功能。
理解：1. 三胚层的形成与分化。
　　　2. 胎膜的种类及作用。
　　　3. 胎儿血液循环的特点及出生后的变化。
了解：1. 生殖细胞的发育。
　　　2. 致畸因素及致畸敏感期。

人体胚胎学（human embryology）是研究人体出生前发生、发育过程及其规律的科学。包括生殖细胞的发生、受精、卵裂和胚泡的形成、植入，蜕膜、胚层的形成与分化、胎膜和胎盘、先天性畸形的发生原因等主要内容。

人体胚胎发育从受精卵形成到胎儿娩出计算胎龄，称**受精龄**，历时38周（约266天）。受精龄分为三个时期：第1~2周称**胚前期**，从受精卵形成到二胚层形成，是胚胎发生阶段；第3~8周称**胚期**，从三胚层形成到各器官、系统原基的建立，胚外形初具人形，是胚胎早期发育阶段；第9~38周称**胎期**，胎儿逐渐长大，各器官的结构和功能逐渐完善，是胎儿发育阶段。

从妊娠满28周至出生后1周的时期，称**围生期**。此期需加强对胎儿、新生儿、孕产妇进行一系列保健和护理以及制定防治措施、指导优生、优育工作，如孕产妇并发症的防治，胎儿的生长发育、健康状况的预测和监护，以减少新生儿的死亡。

第一节　生殖细胞的发生

一、精子的发生和成熟

1. 精子的发生　自青春期开始，在垂体促性腺激素的刺激下，睾丸生精小管的精原细胞，经过2~3次有丝分裂，变成初级精母细胞，其染色体组型为46，XY，初级精母细胞完成第一次成熟分裂，形成两个次级精母细胞，其染色体的数目减半，即为23条，其中性染色体为X或Y。次级精母细胞完成第二次成熟分裂，形成两个精子细胞，其染色体的数目仍为23条，但其DNA含量减少了一半。精子细胞经过形态和结构的变化形成精子。一个初级精母细胞经过两次成熟分裂形成四个精子，每个精子的染色体数和DNA含量均减少一半。其中含X染色体和含Y染色体的精子各占一半（图12-1）。

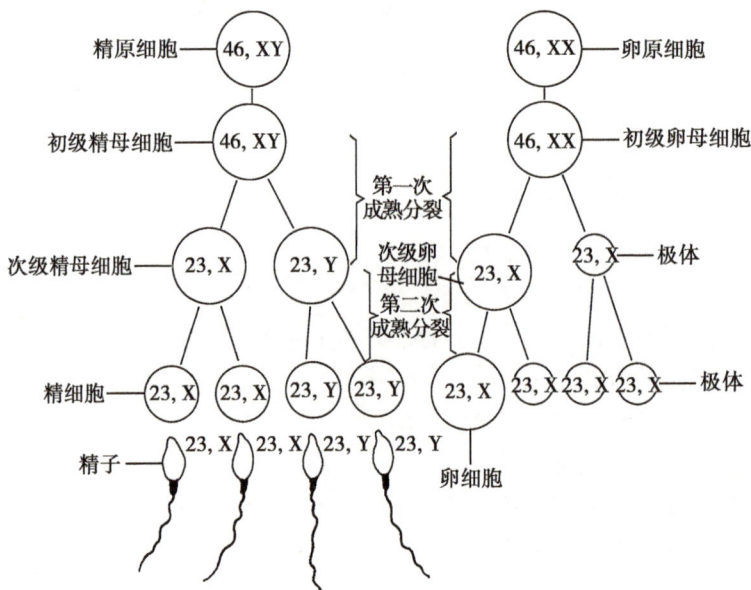

图12-1　精子和卵子发生过程示意图

2. 精子的成熟和获能　精子形成后进入附睾，逐渐达到功能上的成熟，并获得运动能力，但尚无受精能力。因为在男性生殖管道中有抑制精子释放顶体酶的因子，只有进入女性生殖管道后，特别是在子宫和输卵管中，其内含有解除这种抑制作用的酶，从而使精子能释放顶体酶，溶解放射冠和透明带，获得受精能力，此过程称为**获能**。精子在女性生殖管道内能存活1~3天，但其受精能力只能维持24小时左右。

二、卵子的发生和成熟

卵子的发生与精子类似，也要经历两次成熟分裂，其染色体数目和DNA含量均减少一半。但不同的是：卵子发生开始于胚胎时期，发育两次中断，恢复需要条件，只有受精后的卵子才能成熟，而且只能形成一个大而圆的成熟卵子，其染色体组型为23，X（图12-1），另外形成三个小细胞称极体，无受精能力。

在胚胎时期，由卵原细胞分化而来的初级卵母细胞，已开始了第一次成熟分裂，但停留在第一次成熟分裂前期。直到出生后进入青春期，在垂体促性腺激素的作用下，卵巢中分期分批生长发育的初级卵母细胞才恢复并完成第一次成熟分裂，形成一个次级卵母细胞和一个第一极体。排卵时，次级卵母细胞已开始了第二次成熟分裂，但停留在第二次成熟分裂中期。排出的卵若受精，则完成第二次成熟分裂，形成一个大而圆的成熟卵子及其第二极体。排出的卵若未受精，则不能完成第二次成熟分裂，于排卵后24小时退化。

第二节　胚胎的早期发育

一、受　精

精子与卵细胞相互融合成一个受精卵的过程称为**受精**（fertilization）。受精一般发生在排卵后的12~24小时之内，部位多在输卵管壶腹部。

（一）受精过程

1. 当获能的精子接触到卵细胞周围的放射冠时，其顶体发生**顶体反应**，释放出顶体酶，溶解放射冠与透明带，打开进入卵细胞的通道。

2. 精子进入卵周隙，并以头部紧贴卵细胞的表面，随后二者细胞膜融合，精子的核及胞质进入卵细胞质内。此时诱发了**透明带反应**，使透明带发生一系列结构变化，阻止多余精子穿过透明带，保证了人卵细胞正常的单精受精。

3. 精子的穿入激发卵细胞迅速完成第二次成熟分裂，生成一个成熟的卵子及第二极体。

4. 穿入的精子形成雄原核，成熟卵子形成雌原核。雄、雌原核向细胞中部靠拢并相互融会，核膜消失，染色体混合，重新组合成二倍体的**受精卵**（fertilized ovum）（图12-2）。

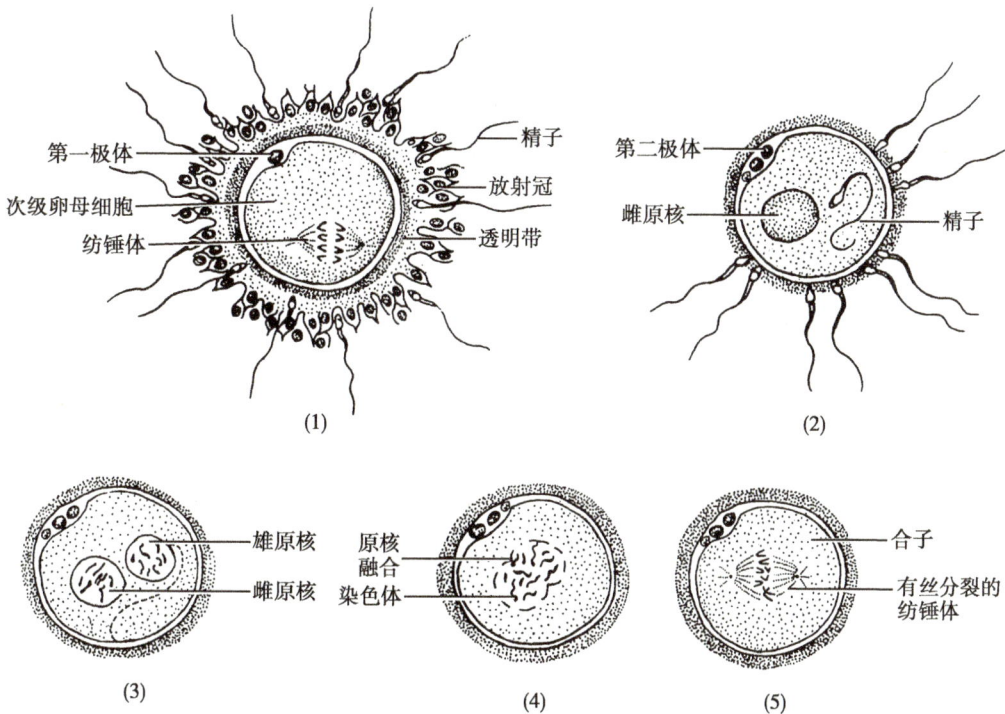

图12-2　受精过程示意图

受精后24~48小时在母体血清中出现一种免疫抑制和生长调节作用的妊娠相关蛋白，称**早孕因子**（early pregnancy factor，EPF）。早孕因子能够抑制母体免疫排斥反应，起到保护受精卵的作用。也是目前最早确认妊娠的生化标志之一。

（二）受精的意义

1. 受精标志着新生命的开始，激发卵细胞由代谢缓慢转入代谢旺盛期，从而启动细胞不断分裂和分化，直至发育成一个新个体。

2. 受精恢复了二倍体核型，维持了物种的稳定性。

3. 受精决定新个体的性别。含X染色体的精子和卵子结合，受精卵染色体组型是46，XX，新个体为女性；含Y染色体的精子与卵子结合，受精卵染色体组型是46，XY，新个体为男性。

4. 受精是父母双方遗传基因随机组合的过程，使新个体既保持了双亲的遗传特征，又具有不同于亲代的特异性。

（三）受精的必备条件

1. 排卵前的卵细胞必须处于第二次成熟分裂中期。

2. 精液中精子的数量和质量必须正常。若精子总数少于正常，畸形精子、活动能力弱的精子数量超过正常比例，均可导致男性不育。

3. 男、女生殖管道畅通，发育正常的精子与卵细胞必须适时相遇。

目前临床上使用避孕套、子宫帽、输精管结扎、输卵管结扎等人工避孕方法，都是根据阻止受精的原理而设计的，从而达到避孕目的。

二、卵裂和胚泡的形成

（一）卵裂

受精卵不断进行的有丝分裂称**卵裂**（cleavage）。卵裂所形成的子细胞称**卵裂球**（blastomere）。卵裂发生在透明带内面，在细胞有丝分裂中，还伴随着细胞分化；随着卵裂球数目增加，每一个卵裂球体积越来越小。受精后30小时左右，形成2个卵裂球；40小时左右，形成4个卵裂球；第3天左右，卵裂球多达12~16个，形似桑椹状的实心胚称**桑椹胚**（morula）；由于输卵管平滑肌的节律性收缩、上皮细胞纤毛的摆动以及管内形成的液体流，受精卵在输卵管内，一边进行卵裂，一边逐渐向子宫方向移动。第4天左右，桑椹胚不断分裂，并由输卵管进入了子宫腔（图12-3，图12-4）。

（二）胚泡的形成

在子宫腔内，桑椹胚的细胞继续分裂增殖。当卵裂球多达100个左右时，细胞分化更加明显，细胞间出现了一些小的腔隙，逐渐融合成一个大腔，腔内充满液体。这时透明带开始变薄溶解，整个胚呈囊泡状，称为**胚泡**（blastocyst）。

胚泡由三部分构成：①**滋养层**（trophoblast），由单层扁平细胞构成，围成胚泡腔

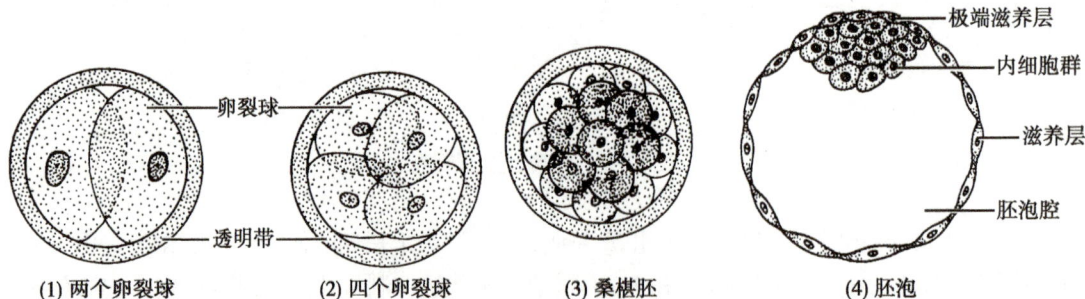

(1) 两个卵裂球　　(2) 四个卵裂球　　(3) 桑椹胚　　(4) 胚泡

图12-3　桑椹胚和胚泡

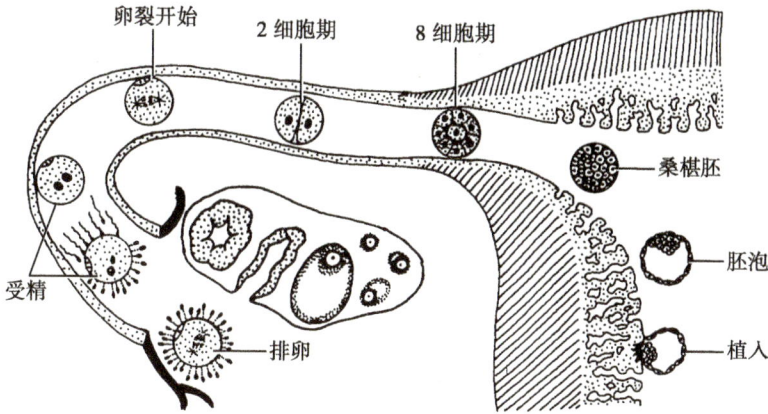

图12-4　排卵、受精、卵裂和植入的位置

的壁，有吸收营养的作用。覆盖在内细胞群表面的滋养层称为**极端滋养层**。②**胚泡腔**（blastocoele），为胚泡中央的腔，内有液体。③**内细胞群**（inner cell mass），是附着在胚泡腔一侧的极端滋养层内面的一团多能细胞（图12-3），将来发育为胚胎和部分胎膜。

三、植入与蜕膜

（一）植入

胚泡埋入子宫内膜功能层的过程称为**植入**（imolantation），又称**着床**（imbed），开始于受精后第5~6天，于第11~12天完成。

1. 植入过程　包绕胚泡的透明带溶解消失后，胚泡极端滋养层黏附于子宫内膜，并分泌溶组织酶，溶解处于分泌期的子宫内膜功能层形成缺口，使胚泡沿缺口逐渐浸入，当胚泡全部进入子宫内膜后，缺口由附近的上皮增殖修复（图12-5）。

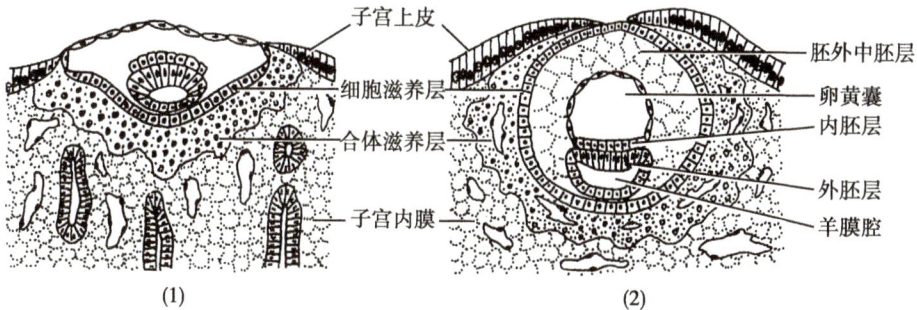

图12-5　植入过程

在植入过程中，进入子宫内膜的滋养层细胞迅速增殖、分化为两层，外层细胞质相互融合，细胞界限消失，称**合体滋养层**（syncytiotrophoblast）；内层细胞界限清楚，呈立方形，称**细胞滋养层**（cytotrophoblast）。细胞滋养层分裂增殖旺盛，不断产生新细胞加入合体滋养层。在合体滋养层中出现一些小的腔隙，其内充满母体血液。滋养层可直接从母体血中吸取营养供胚泡发育。

2. 植入部位　胚泡植入部位通常在子宫体上部或子宫底，最多见于子宫后壁。若植入在近子宫颈处，则形成**前置胎盘**，分娩时，易发生胎盘早剥而大出血，或因堵塞产道而难产。若在子宫以外植入，称**宫外孕**。其中发生于输卵管的妊娠最多见。此外，宫外孕还可以发生于卵巢、腹膜腔、肠系膜、子宫阔韧带、子宫直肠陷窝等处。宫外孕胚胎多因营养供应不足早期死亡，少数胚胎发育到较大后破裂，引起孕妇大出血，甚至危及生命。

3. 植入条件　植入必备的条件有：①雌激素和孕激素分泌必须正常；②子宫内环境必须正常；③胚泡准时进入子宫腔，且透明带及时溶解消失；④子宫内膜发育阶段与胚胎发育同步。

临床上常用避孕方法如宫内节育器、短效口服避孕药和探亲避孕药，是根据人为干扰植入条件而达到避孕目的。而避孕失败后的补救措施——人工流产，则是采取机械性或药物性的办法，将已经植入的胚胎与子宫内膜分离后排出体外，以中止妊娠。

（二）蜕膜

在胚泡植入的作用下，处于分泌期的子宫内膜的功能层发生了**蜕膜反应**。子宫内膜进一步增厚，血液供应更丰富，子宫腺分泌更旺盛，基质细胞肥大，胞质充满糖原和脂滴。故胚泡植入后的子宫内膜功能层改称**蜕膜**（deciduas）。

根据胚泡与蜕膜的位置关系，将蜕膜分为三部分（图12-6）：①**基蜕膜**（decidua basalis），位于胚泡深部的蜕膜，将参与胎盘的构成。②**包蜕膜**（decidua capsularis），覆盖在胚泡表面的蜕膜。③**壁蜕膜**（decidua parietalis），为其余部分的蜕膜，与包蜕膜围成子宫腔。

随着胚胎的生长发育，包蜕膜逐渐凸向子宫腔内，最终子宫腔消失，包、壁蜕膜相贴并融合。

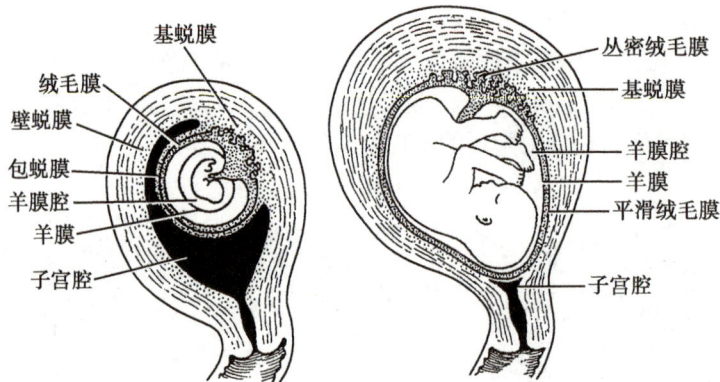

图12-6　胎膜和蜕膜的位置关系

四、胚层的形成与分化

（一）二胚层的形成（第2周）

在第2周胚泡植入过程中，滋养层在不断发育形成绒毛膜的同时，内细胞群也在不断发育，形成的二胚层是胚胎发育的原基。此外，形成的羊膜腔、卵黄囊和胚外中胚层等辅助结构，对胚胎的发育起营养和保护作用（见图12-5）。

1. 上胚层和下胚层的形成　受精后第7~8天，内细胞群的细胞增殖分化，形成上、下胚层并紧密相贴，呈圆盘状，称**二胚层胚盘**（bilaminar germ disc）。**上胚层**（epiblast）是靠近极端滋养层的一层柱状细胞，位于胚盘的背侧；**下胚层**（hypoblast）是靠近胚泡腔的一层立方细胞，位于胚盘的腹侧。

2. **羊膜腔和卵黄囊的形成**　受精后第8天，由上胚层分化出一层扁平状羊膜细胞，被推向背侧，贴在细胞滋养层的内面形成羊膜。羊膜与上胚层的周缘相延续，共同围成的腔称**羊膜腔**，腔内的液体称羊水，上胚层构成羊膜腔的底。受精后第9天，下胚层周缘的细胞增生向腹侧生长延伸，并逐渐覆盖于细胞滋养层的内表面，形成**卵黄囊**，下胚层构成卵黄囊的顶。

3. **胚外中胚层的形成**　受精后第10~11天，在细胞滋养层与卵黄囊和羊膜之间，出现一些星状细胞和疏松的网状结构，称**胚外中胚层**（图12-5）。受精后第12~13天，在胚外中胚层细胞之间出现一些小腔隙，逐渐融合成一个大腔，称**胚外体腔**。胚外中胚层被胚外体腔分隔成两部分，分别贴附在细胞滋养层内面及卵黄囊和羊膜的外面。受精后第14天左右，在细胞滋养层内面仅相连有一束胚外中胚层，将羊膜腔、卵黄囊及二胚层胚盘悬于胚外体腔中，这一束胚外中胚层称**体蒂**（body stalk）。体蒂将发育为脐带的成分。

（二）三胚层的形成（第3周）

第3周胚的主要变化是原条的出现及三胚层胚盘的形成。

1. **原条的发生**　第3周初，上胚层细胞增殖，并迁移至胚盘尾端中轴线上，形成一条细胞索，称**原条**（primitive streak）。原条的出现决定了胚体的中轴及头尾方向，原条所在的一端为胚体尾侧，其前方为头端。原条头端膨大呈结节状，称**原结**（primitive node）。原结背面中央的凹陷，称**原凹**（primitive pit）。原条背面中央凹陷的浅沟，称**原沟**（primitive groove）（图12-7，图12-8）。

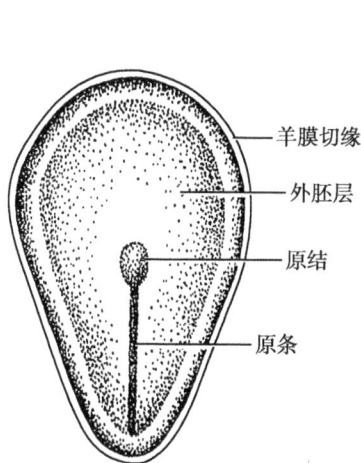

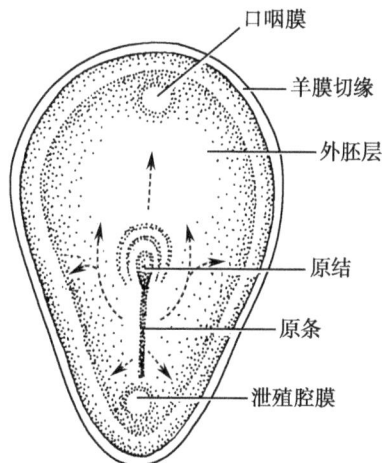

图12-7　胚盘（背面）　　　图12-8　胚盘外胚层细胞的迁移示意图

2. **中胚层的形成**　上胚层细胞增殖并通过原条下陷迁移，一部分上胚层细胞在上胚层与下胚层间向四周迁移，逐渐形成一层新的细胞层，即为**胚内中胚层**（intraembryonic mesoderm），简称**中胚层**（mesoderm）（图12-9）。另一部分上胚层细胞迁入下胚层，并逐渐置换全部下胚层细胞，形成的新细胞层称**内胚层**（endoderm）。内胚层和中胚层形成后，上胚层改称**外胚层**（ectoderm）。由内、中、外胚层构成的胚盘，称**三胚层胚盘**（trilaminar germ disc）。由此可见，三胚层胚盘的内、中、外胚层均起源于上胚层。

3. **脊索的发生**　原结或原凹处的上胚层细胞增殖，并在内、外胚层之间向胚盘头端延伸，形成一条单独的细胞索以后衍化成**脊索**（notochord）。脊索对神经管和椎体的发生具有重要的诱导作用。脊索最后退化为成年人椎间盘内的髓核。在脊索的头侧和原条的尾侧，

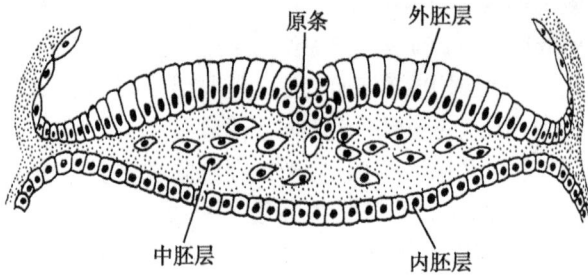

图12-9 胚盘横切（示中胚层的发生）

各有一个无中胚层的椭圆形区域，此处内、外胚层直接相贴呈薄膜状，分别称**口咽膜**和**泄殖腔膜**。口咽膜前端的中胚层称生心区，是心发生的部位（图12-8）。随着胚体的发育，脊索向尾侧延伸，原条逐渐向尾侧缩短，最终消失。若原条细胞残留，在未来人体骶尾部可分化形成由多种组织构成的**畸胎瘤**。

（三）三胚层的分化（第4~8周）

从第4~8周，三个胚层分化并形成各种组织和器官原基。

1. 外胚层的分化

（1）**神经管的形成及分化**：在脊索诱导下，其背侧中轴的外胚层增厚形成一个头宽尾窄的细胞板层，称**神经板**（neural plate）。神经板中央凹陷，称**神经沟**，两侧缘高起，称**神经褶**。第3周末，神经褶自胚体中部开始愈合，并向头、尾两端延伸。在头端、尾端尚未闭合的孔，分别称为**前神经孔**和**后神经孔**（图12-10），第4周末两孔闭合形成一条完全封闭的管，称**神经管**（neural tube）。神经管是中枢神经系统的原基。神经管的头端膨大分化为脑、松果体、神经垂体和视网膜等；尾端较细分化为脊髓。

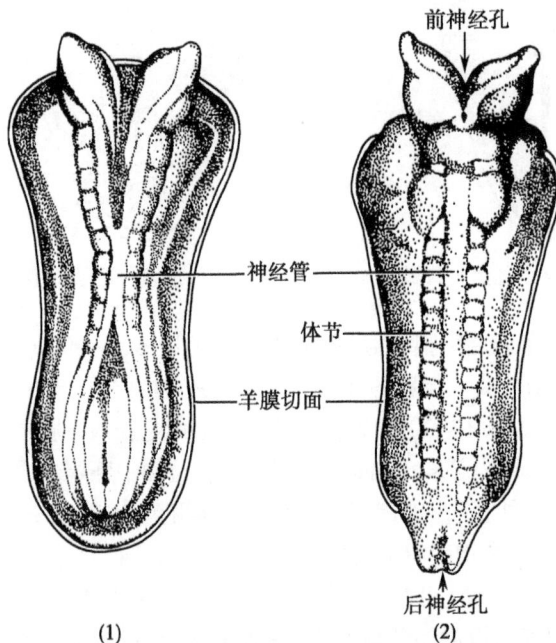

(1)   (2)

图12-10 神经管及体节的形成（背面观）

若前神经孔不闭合，则形成无脑儿；若后神经孔不闭合，则形成脊髓裂兼脊柱裂（图12-10）。

（2）**神经嵴形成**：当神经沟闭合形成神经管时，神经板外侧缘的细胞不进入神经管壁，在神经管背外侧形成两条纵行的细胞索称**神经嵴**（neural crest）。神经嵴是周围神经系统的原基，分化为脑神经节、脊神经节、自主神经节和神经。神经嵴细胞还迁徙形成肾上腺髓质的嗜铬细胞、皮肤的黑素细胞及APUD系统的某些细胞等。

除神经管和神经嵴外的表面外胚层，被覆在胚体外表，将分化为皮肤的表皮及附属器、晶状体、内耳、腺垂体、口、鼻腔和肛门的上皮等。

2. 中胚层的分化 第3周末，脊索两侧的中胚层分化为三部分，由中轴向两侧依次为：轴旁中胚层、间介中胚层和侧中胚层（图12-11）。

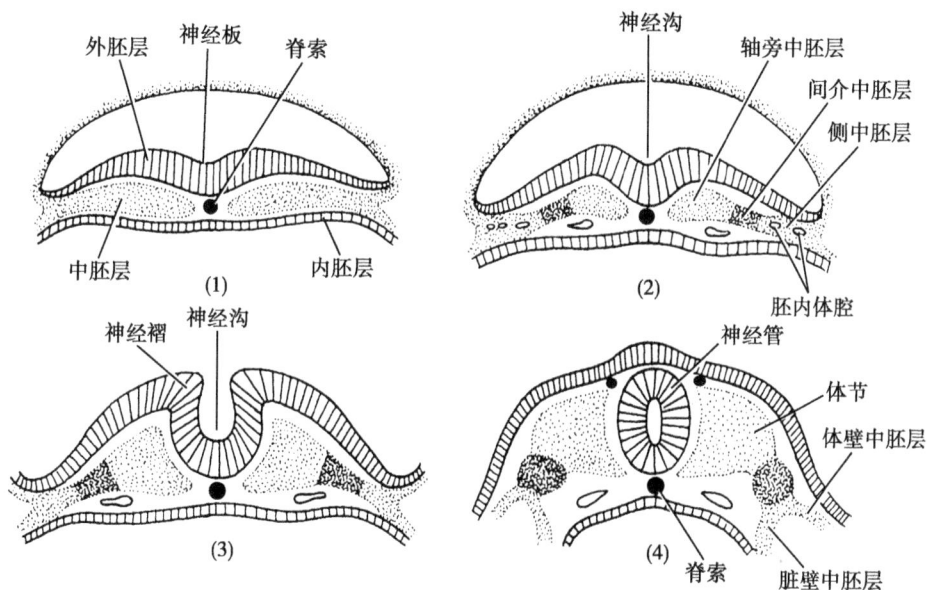

图12-11 胚盘横切（示中胚层的早期分化和神经管的形成）

（1）**轴旁中胚层**（paraxial mesoderm）：紧邻脊索两侧的中胚层细胞迅速增殖，形成一对纵行的细胞索，即轴旁中胚层。它随即断裂形成**体节**（somite）。第20天左右，第一对体节在颈区发生，以后以每天3对的速度向尾端进展，第5周时，共42~44对体节，是推测胎龄的重要标志之一。体节分化为背侧的皮肤真皮、中轴骨骼和骨骼肌。

（2）**间介中胚层**（intermediate mesoderm）：是轴旁中胚层与侧中胚层之间的细窄区域。间介中胚层分化为泌尿系统和生殖系统的大部分器官和结构。

（3）**侧中胚层**（lateral mesoderm）：是中胚层最外侧的部分。内部先出现一些小腔隙，逐渐融合而成的一个大腔称**胚内体腔**，它将侧中胚层分为两层：与外胚层相贴的部分称**体壁中胚层**（parietal mesoderm）；与内胚层相贴的部分称**脏壁中胚层**（visceral mesoderm）。体壁中胚层是形成体腔壁层及体壁骨骼与肌肉的原基，将分化为胸、腹部和四肢的皮肤真皮、骨骼、骨骼肌、血管和腹膜、胸膜及心包膜的壁层等；脏壁中胚层是形成体腔脏层及内脏平滑肌与结缔组织的原基，将分化为消化、呼吸系统的肌组织、结缔组织、血管和腹膜、胸膜及心包膜的脏层等。胚内体腔将来分化为心包腔、胸膜腔及腹膜腔。

此外，中胚层还分化出一些散在分布的星形细胞和胶样基质，充填在各个胚层之间，称**间充质**（mesenchyme），具有强大的分化潜力，可分化为结缔组织、平滑肌、心血管系统和淋巴管系统等。

3. 内胚层的分化　随着胚盘卷折变成胚体，使卵黄囊顶壁的内胚层卷入胚体内形成一条纵行管，称**原始消化管**。其头段称**前肠**，封闭于始端的口咽膜在第4周时破裂；尾段称**后肠**，封闭于末端的泄殖腔膜至第8周时才破裂、消失；与卵黄囊相连的中段称**中肠**。

原始消化管是消化系统和呼吸系统上皮发生的原基。前肠分化为喉以下呼吸道、肺、咽、中耳、甲状腺、甲状旁腺、胸腺、食管、胃、十二指肠上份、肝、胆和胰等处的上皮；中肠分化为十二指肠中份至横结肠右2/3部的上皮；后肠分化为横结肠左1/3部分至肛管上段的上皮（图12-12）。

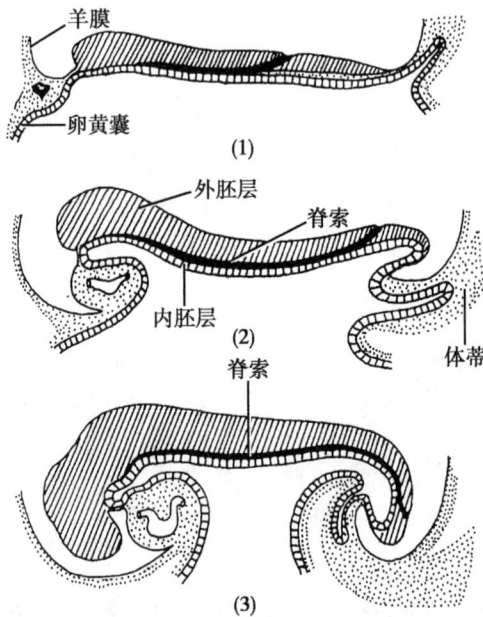

图12-12　人胚矢状切示胚体头、尾两端的反折和肠管的发生

（四）胚体的形成（第5~8周）

早期胚盘为扁平鞋底状，第4周初，由于胎盘各处生长不平衡，特别是体节及神经管的迅速生长，使胚盘中轴比边缘增殖快，并向羊膜腔内隆起，同时形成头褶、尾褶和侧褶。随着胚体的生长，头、尾及侧褶逐渐进一步发展，中胚层和外胚层在腹侧愈合，结果胚体由扁平状变为圆柱状。

胚体在第5~8周其外形有明显变化，至第8周末已初具人形，故此称为胚胎完成期。该期主要变化是胚体头部起初向腹侧弯曲呈C字形，继而头部逐渐抬起，躯干变直；眼、耳、鼻及颜面逐渐生长形成；胚体出现肢芽，逐渐生长成四肢；外生殖器已发生，但不能分辨性别；脐带形成，神经、肌肉发育。

此期是人胚外形及内部器官、系统原基发生的重要时期，同时对致畸因子的影响极其敏感。所以孕妇在此期间要注意保健，如果胚胎发生发育障碍，会产生先天性畸形。三胚层分化见表12-1。

表12-1　三胚层分化

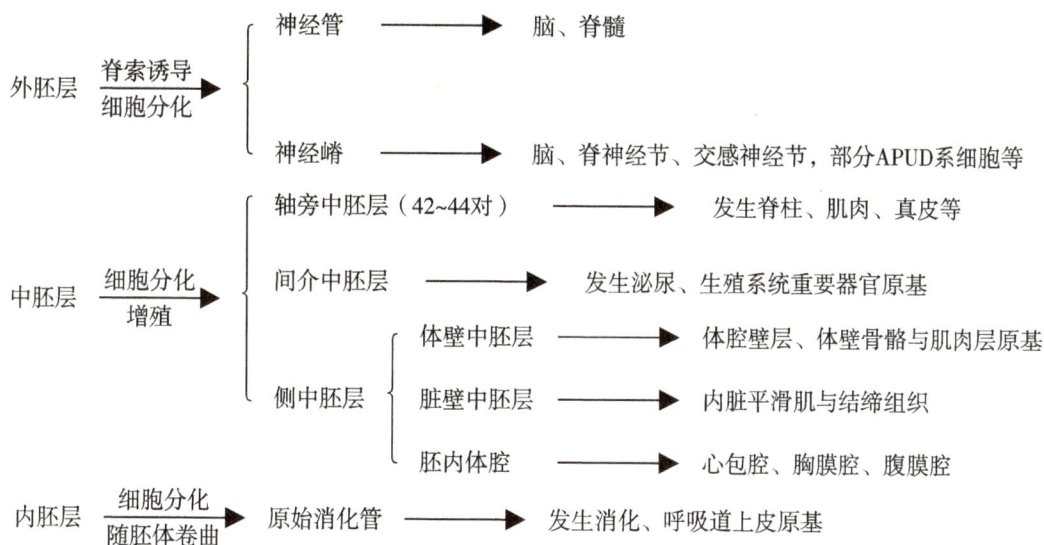

第三节　胎膜与胎盘

胎膜、胎盘是胚胎发育中形成的附属结构，将胚体与母体紧密地结合在一起，并对胚胎起保护、营养、呼吸、排泄等作用。当胎儿娩出后，胎膜和胎盘脱离子宫并被排出体外，总称**衣胞**（afterbirth）。

一、胎　膜

胎膜（fetal membrane）包括绒毛膜、羊膜、卵黄囊、尿囊和脐带等，对胚胎起保护和营养作用。若胎膜发育异常，将严重影响胎儿的正常发育，甚至引起先天性畸形。

（一）绒毛膜

1. 绒毛膜的形成　绒毛膜（chorion）由合体滋养层、细胞滋养层和紧贴其内的胚外中胚层构成（图12-13）。第2周末，以细胞滋养层为中轴，外包合体滋养层，一起向外形成许多突起，称**初级绒毛干**（primary stem villus）。第3周初，胚外中胚层长入初级绒毛干内成为中轴，外包细胞滋养层和合体滋养层称**次级绒毛干**（secondary stem villus）。第3周末，次级绒毛干中轴的胚外中胚层中出现血管网，并与胚体内的血管相通，称为**三级绒毛干**（the tertiary stem villus）（图12-14）。绒毛干末端的细胞滋养层细胞增殖，穿出合体滋养层，伸达蜕膜组织，将绒毛干固定于基蜕膜上，此绒毛称**固定绒毛**，而周围向表面发出分支，形成许多细小的绒毛，称**游离绒毛**。绒毛的合体滋养层细胞游离面有微绒毛，可增加表面积。绒毛干之间的腔隙称**绒毛间隙**（intervillus space），与子宫内膜小血管相通。绒毛浸浴在充满母体血液的绒毛间隙中，有利于绒毛内毛细血管与绒毛间隙之间的物质交换。

2. 绒毛膜的演变　胚胎早期，绒毛膜表面的绒毛分布均匀。第6周以后，随着胚胎发育，包蜕膜侧的绒毛膜因受压，血供减少而绒毛逐渐退化消失，形成**平滑绒毛膜**（smooth chorion）；基蜕膜侧的绒毛膜因营养丰富，绒毛生长茂盛，形成**丛密绒毛膜**（villous chorion）。丛密绒毛膜将来参与构成胎盘，平滑绒毛膜、包蜕膜与壁蜕膜融合在一起。

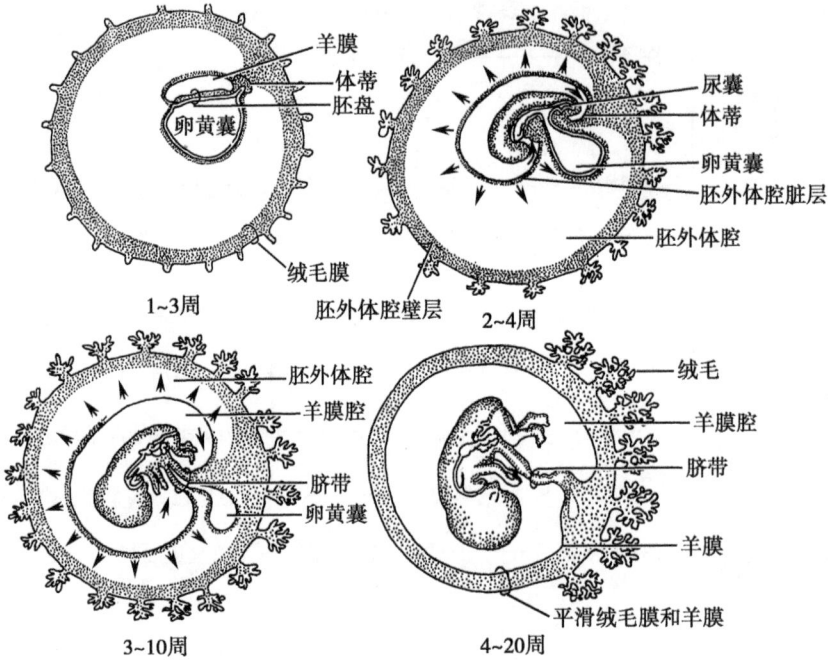

图12-13　胎膜的形成与发展

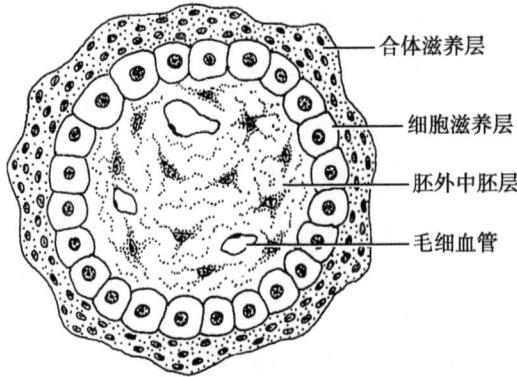

图12-14　早期绒毛的断面

在绒毛膜的发育过程中，若血管发育不良或与胚体血管未通连，胚体可因缺乏营养而发育迟缓或死亡。如果绒毛表面滋养层细胞过度增生，绒毛变成囊泡状，绒毛中轴部分的间质水肿，血管消失，形成很多大小不等的葡萄状水泡，称**葡萄胎**；如果滋养层细胞恶性变，则为**绒毛膜上皮癌**。

（二）羊膜

羊膜（amnion）是一层半透明的薄膜。由羊膜上皮和胚外中胚层构成。早期附着于胚盘周缘的羊膜，随着胚体形成向腹侧移动，将卵黄囊、体蒂、尿囊等包围形成脐带。由于羊膜腔迅速扩大，羊膜已与绒毛膜相贴，胚外体腔消失（图12-13）。

羊膜腔内充满**羊水**（amniotic fluid），羊水来源于羊膜上皮细胞的分泌和胎儿的尿液。羊水内含有胎儿的脱落上皮细胞和一些胎儿的代谢产物。羊水的去路主要是胎儿吞饮和羊膜吸收。胎儿吞咽羊水后，经胃肠道吸收，其代谢产物由胎儿血液循环运至胎盘由母体排出，使羊水不断更新。

足月胎儿的羊水约为1000~1500ml。若少于500ml为羊水过少，若多于2000ml为羊水过多。羊水过多过少，常提示有胎儿发育异常：羊水过多常见于消化管闭锁、无脑儿和脑积水等，羊水过少常见于胎儿无肾和尿道闭锁等。

羊膜和羊水在胎儿发育中具有重要的保护作用。胎儿在羊水中可较自由地活动，有利于骨骼肌的发育，可防止胎儿肢体粘连；能缓冲外部对胎儿的振动和压迫；在分娩时还有扩张宫颈和冲洗产道的作用。

（三）卵黄囊

卵黄囊（yolk sac）位于原始消化管腹侧。人胚卵黄囊的出现是生物进化过程的重演。卵黄囊外面的胚外中胚层多处形成血岛，是最早期血细胞和血管发生的部位。卵黄囊尾侧壁上的内胚层分化形成原始的生殖细胞，并移向正在发育的生殖腺，将形成精原细胞或卵原细胞。

随着胚盘向腹侧包卷，卵黄囊顶壁的内胚层形成原始消化管，其余部分留在胚外，仅借缩窄的卵黄蒂与中肠相连。卵黄蒂于胚胎第5~6周闭锁为实心的细胞索，卵黄囊也随之闭锁（图12-13）。如果卵黄蒂退化后，其与肠管相接处遗留一个小盲囊，称梅克尔憩室。如果卵黄囊不闭锁，则肠道便可通过此管在脐部与外界相通，这种先天畸形称脐粪瘘。

（四）尿囊

尿囊（allantois）是第3周时卵黄囊尾侧的内胚层向体蒂内突出的一个盲囊。尿囊壁的胚外中胚层分化形成尿囊动脉和尿囊静脉。最终演变成为脐动脉和脐静脉（图12-13）。人胚的尿囊很不发达，仅存数周即大部分退化。尿囊根部演化为膀胱的一部分，膀胱尖至脐内形成一条细管，随后闭锁成韧带。如果胎儿出生后仍未闭锁，膀胱中的尿液就会通过此管溢出脐外，这种畸形称脐尿瘘。

（五）脐带

脐带（umbilical cord）是连于胎儿脐部与胎盘间的一条圆条索状结构，它是胎儿与胎盘间物质运输的通道（图12-13）。

脐带表面包有羊膜，早期内有卵黄囊、尿囊、两条脐动脉、一条脐静脉及胶样黏液性结缔组织。以后卵黄囊和尿囊闭锁消失。临床上可从脐带血中提取出造血干细胞，用于白血病的治疗。

脐带长40~60cm，直径1.5~2cm，脐带过短会影响胎儿娩出，引起胎盘早期剥离而出血过多。脐带过长可发生脐带缠绕胎儿颈部、四肢，引起胎儿发育异常或胎儿窒息死亡。

二、胎　盘

足月胎儿的**胎盘**（placenta）呈圆盘状，中央厚，周边薄，重约500g，直径15~20cm，平均厚约2.5cm。胎盘分为胎儿面和母体面。胎儿面有羊膜被覆，表面光滑，中央或近中央处附着有脐带，透过羊膜可见下方的血管从脐带附着处向周围呈放射状走行。母体面是基蜕膜与子宫的剥离面，粗糙不平，可见由不规则浅沟分隔出15~30个胎盘小叶（图12-15）。

（一）胎盘的结构

胎盘是由胎儿部分的丛密绒毛膜和母体部分的基蜕膜共同组成。

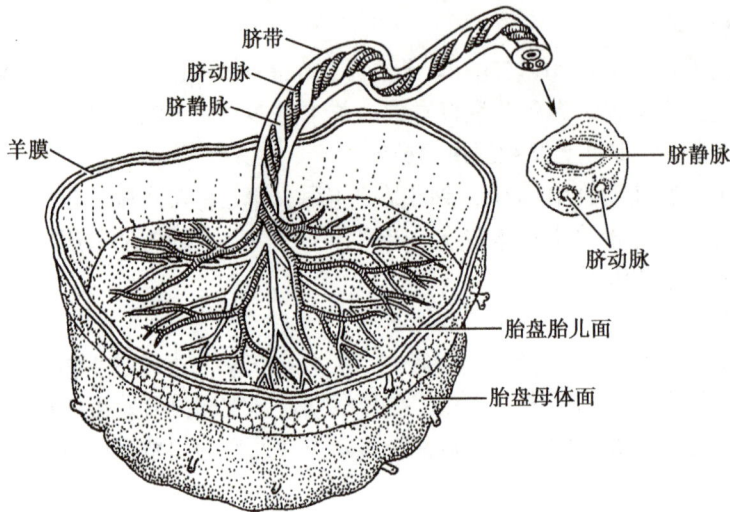

图12-15 胎盘整体观

1. 胎儿部分 由丛密绒毛膜构成。丛密绒毛膜上大约有60个绒毛干，绒毛干呈树枝状分支，形成许多细小的绒毛。在每一个胎盘小叶内含有1~4个绒毛干及其分支。

2. 母体部分 由基蜕膜构成。基蜕膜间隔一定距离向绒毛间隙发出**胎盘隔**（placental septum），将胎盘分隔出一个个胎盘小叶。胎盘隔不完全分隔绒毛间隙，所以绒毛间隙互相连通，来自母体的动脉血可在相邻胎盘小叶间流动（图12-16）。

（二）胎盘的血液循环

胎盘内有母体和胎儿两套血液循环（图12-16）。母体的动脉血由子宫内膜的螺旋动脉注入绒毛间隙，在此与绒毛内毛细血管进行物质交换后，母体的动脉血变成了静脉血，经子宫内膜小静脉、子宫静脉返回母体。胎儿的静脉血来自脐动脉，分支注入绒毛内毛细血管网，在此进行物质交换后，胎儿的静脉血变成了动脉血，经脐静脉返回胚体。在胎盘内，胎儿血与母体血各自循环，互不相通，二者之间进行物质交换的结构称**胎盘膜**

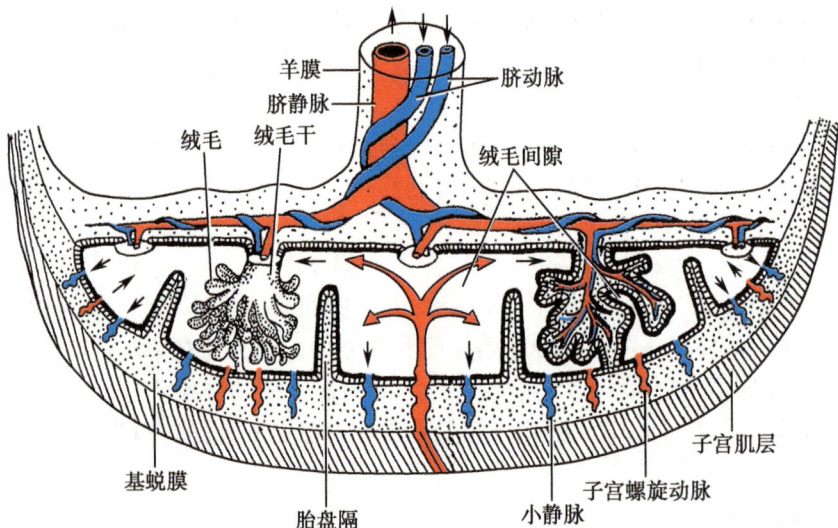

图12-16 胎盘结构模式图

（placental membrane）或称**胎盘屏障**（placental barrier），由合体滋养层、细胞滋养层及基膜、绒毛内结缔组织、毛细血管基膜及内皮构成。妊娠后期，绒毛内结缔组织逐渐减少，细胞滋养层退化，两基膜紧密相贴为一层，更有利于物质交换。故妊娠后期的胎盘膜仅由合体滋养层、基膜和毛细血管内皮组成（图12-16）。

（三）胎盘的功能

1. 物质交换功能　胎儿发育所需要的氧和营养物质必须从母体获得，其代谢产物也须通过母体排出。胎儿血与母体血之间是通过胎盘膜进行物质交换。因此，胎盘既是胎儿的营养器官，又是胎儿进行呼吸和排泄的器官。

2. 屏障功能　正常情况下，胎盘膜能阻挡母体血内大分子物质进入胎体，如一般细菌及大分子病原微生物不能通过胎盘膜，所以胎盘是胎儿的一道重要的防卫屏障。但是这一屏障并不严密，大部分药物（如沙利度胺、抗生素、吗啡、巴比妥类、氯丙嗪、乙醚、奎宁、砷剂等）、病毒（如风疹、麻疹、水痘、脊髓灰质炎及艾滋病）和激素均可以通过胎盘膜进入胎体，引起先天性畸形，故孕妇要注意孕期保健，用药时应考虑对胎儿的影响。

3. 内分泌功能　胎盘的合体滋养层能分泌多种激素，对维持妊娠、保证胎儿正常发育起着极为重要的作用。分泌的主要激素有：①**人绒毛膜促性腺激素**（human chorionic gonadotropin，hCG）：由合体滋养细胞合成，其作用一个是促使卵巢中的月经黄体转变为妊娠黄体；二是防止胚胎被母体免疫排斥，从而维持妊娠。HCG在受精后第6日开始分泌，受精后第7日就能在孕妇血清中和尿中测出，可用于早期妊娠的诊断指标之一。第8周达高峰，以后逐渐减少，第4个月降到最低水平，产后数天消失。②**人胎盘催乳素**（human placental lactogen）：又称绒毛膜催乳素，该激素在受精后两个月开始出现，第8个月达到高峰，直到分娩。催乳素能促进母体乳腺生长发育，又可促进胎儿的生长发育。③**孕激素**：妊娠第4个月开始分泌，当卵巢内妊娠黄体退化，由胎盘分泌的孕激素继续维持妊娠。④**雌激素**：与孕激素一样有维持妊娠的作用。

第四节　胎儿血液循环

胎儿与外界的物质交换必须通过胎盘进行，所以胎儿心血管系统的结构特点和血液循环途径与出生后大不相同。

一、胎儿心血管系统的结构特点（图12-17）

1. 卵圆孔（foramen ovale）　在胎儿房间隔右面的尾侧部有一个卵圆孔，孔上有瓣膜。由于胎儿出生前未呼吸，肺循环无功能，胎儿右心房内血液的压力高于左心房，所以右心房的血液可冲开其瓣膜经卵圆孔流入左心房。

2. 动脉导管（ductus arteriosus）　是连接肺动脉干与主动脉的一条动脉血管，引导来自肺动脉干的血液流入降主动脉。

3. 脐动脉（umbilical artery）　左、右各一，自髂内动脉发出，经胎儿脐部进入脐带，其分支续为胎盘的绒毛内毛细血管。

4. 脐静脉（umbilical vein）和**静脉导管**（ductus venosus）　位于脐带内的一条脐静脉，经胎儿脐部进入胎体内，入肝后续为静脉导管，与下腔静脉相通，并有分支通肝血窦。

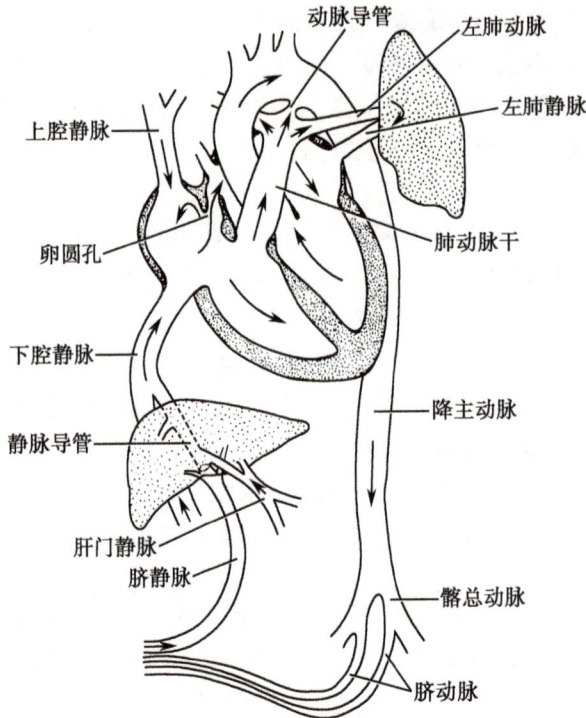

图12-17   胎儿的血液循环途径

二、胎儿的血液循环途径

胎儿血液循环至胎盘的绒毛内毛细血管，进行物质交换后，胎儿的静脉血变为含氧和营养物质丰富的动脉血，经脐静脉回流入胎儿。当回流入肝时，小部分血液经脐静脉的肝内分支进入肝血窦，再经肝静脉汇入下腔静脉；大部分血液经静脉导管汇入下腔静脉（图12-17）。此处，动脉血与静脉血混合后流回右心房，大部分血液经卵圆孔流入左心房，再经过左心室流入升主动脉，经主动脉弓的三大分支流入头颈部和上肢，其余的血液流入降主动脉。由上腔静脉流入右心房的血液，与少量未能进入左心房的下腔静脉血液再次混合，经右心室入肺动脉干。肺动脉干内的血液，仅小部分经左、右肺动脉参与肺循环，大部分经动脉导管流入降主动脉。降主动脉中的血液一部分供应躯干和下肢，大部分血液经脐动脉流入胎盘进行物质交换。

三、出生后心血管系统的变化

胎儿出生后，脐带结扎使胎盘血液循环中断，肺开始呼吸，肺循环发挥气体交换的功能。于是，新生儿心血管系统发生相应的改变（图12-18）。

1. 卵圆孔封闭为卵圆窝   胎儿出生后，肺静脉的血液大量回流进入左心房，所以左心房的压力升高，使卵圆孔封闭。胎儿出生后1年左右，卵圆孔即完全闭合，并在房间隔的右侧形成卵圆窝。

2. 动脉导管闭锁为动脉韧带   由于肺动脉内的血液大量流入肺内，动脉导管便逐渐闭锁，形成动脉韧带。如果出生后，动脉导管不闭锁或闭锁不全，则肺动脉干与主动脉仍然相通，称**动脉导管未闭**。

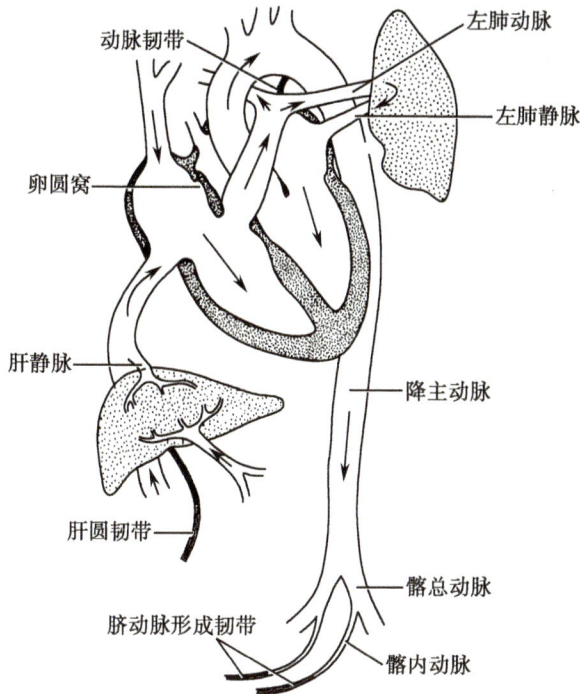

图12-18　胎儿出生后血液循环途径的变化

3. 脐动脉闭锁为韧带　由于脐带结扎，脐血液循环停止，脐动脉远段大部分闭锁为韧带，近段小部分保留并发出膀胱上动脉。

4. 肝圆韧带和静脉韧带形成　由于脐带结扎，脐静脉内血流中断，脐静脉闭锁形成肝圆韧带，静脉导管闭锁形成静脉韧带。

第五节　双胎、多胎和联胎

一、双　　胎

一次分娩出两个新生儿称**双胎**（twins），又称孪生。双胎可以来自两个受精卵，称**双卵双胎**或**双卵孪生**，也可来自一个受精卵，称**单卵双胎**或**单卵孪生**。双胎中2/3是双卵双胎。

（一）双卵双胎

双卵双胎是一次排出两个卵细胞分别受精后发育而成。每个胚胎都有独立的胎膜、胎盘，如果两个胚胎植入部位靠近，绒毛膜和胎盘可以融合。两个胎儿的性别可同也可不同，其相貌、血型及组织抗原性均同一般的兄弟姐妹，仅是同龄而已。双卵双胎有家族性双胎史，其发生率随母体年龄的增长而增高。

（二）单卵双胎

单卵双胎是由单个卵细胞受精后发育成的两个胎儿。这种孪生儿的遗传基因完全一样，因此性别相同，容貌、体态、性格和生理特性等极为相似。两个体之间由于血型及组织抗原性均相同，可以互相进行组织和器官移植而不引起免疫排斥反应。

单卵双胎的发生可有以下几种情况（图12-19）。

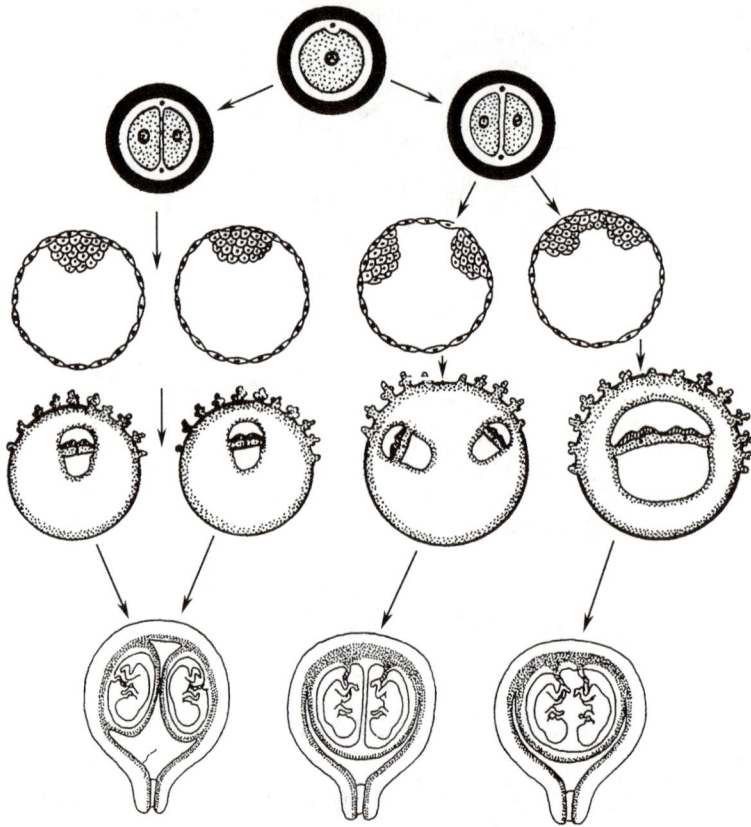

图12-19　三种类型的一卵双胎形成示意图

1. 分离出两个卵裂球，形成两个胚泡　在卵裂初期，如果形成的两个卵裂球互相分离，则发育成两个胚泡，它们分别植入，各自发育成一个胚胎。两胎儿有各自的胎盘、脐带、绒毛膜和羊膜腔。

2. 一个胚泡形成两个内细胞群　如果在胚泡时期，形成两个内细胞群，各自发育为一个胚胎。两胎儿共用一个胎盘和一个绒毛膜，但各自有独立的脐带和羊膜腔。

3. 一个胎盘形成两个原条　如果在一个胎盘上形成两个原条，各自诱导周围组织细胞形成两个完整的胚胎。两个胎儿共用一个胎盘、一个绒毛膜和一个羊膜腔，各自有独立的脐带。这种双胎发育，如果分离不完全则形成联胎。

二、多　　胎

一次分娩出两个以上新生儿称**多胎**（multiplets）。多胎形成的原因与双胎相同，有多卵多胎，单卵多胎和混合性多胎几种类型，常为混合性多胎。多胎发生率低，三胎为万分之一，四胎为百万分之一，四胎以上更为罕见，多不易存活。

三、联　　胎

两个未完全分离的单卵双胎称**联体双胎**（conjoined twins）或称**联体畸胎**，简称**联胎**。当一个胎盘形成两个原条，分别发育为两个胚胎的过程中，两个胚胎分离不完全时，发生局部相连形成联体畸胎。联体双胎有对称型和不对称型两类。对称型联体双胎：指两个胚胎一样大小，根据联体的部位分为头联体、胸腹联体、颜面胸腹联体及臀部联体等。不对称型联体双胎：指两个胚胎一大一小，小者常发育不全，形成寄生胎；如果小而发育不全的胚胎被包裹在大的胚胎体内则称为胎中胎。

第六节　先天性畸形与优生

一、先天性畸形

先天性畸形（congenital malformation）是指胚胎发育中形成的形态、结构异常，出生时即可见，属出生缺陷的一种。出生缺陷还包括功能、代谢和行为等方面的先天性异常，要在出生后才逐渐显现出来。

（一）先天性畸形的发生概况

先天性畸形的发生率一般在1%~2%左右，在新生儿死亡中先天性畸形占的比例更大，可达20%~30%。先天性畸形以消化系统、皮肤及四肢为多见，新生儿畸形多数为单发，多发性畸形约占畸形病例的1/5。先天性畸形的发生与父母年龄也有关，一般来说，母龄大于35岁或父龄大于40岁，先天性畸形的发生率是正常生育年龄的3~4倍。

世界卫生组织把12种先天畸形列为各国常规监测的对象。而我国以这12种先天畸形为基础，并根据我国的具体情况增加了多见或比较多见的9种畸形，其中尿道上裂和尿道下裂合为一类，上肢和下肢短肢畸形也合为一类，共19种，包括无脑儿，脊柱裂，脑积水，尿道上、下裂，短肢畸形（上、下肢），腭裂，全部唇裂，先天性髋关节脱位，食管闭锁及狭窄，直肠及肛门闭锁，唐氏综合征，畸形足，多指（趾）与并指（趾），血管瘤，先天性心血管病，色素痣，幽门肥厚，内脏外翻，膈疝等。

（二）常见畸形简介

1. **无脑畸形**（anencephaly）**和脊柱裂**（spina bifida）　正常情况下，胚胎第4周末神经管应完全闭合。如果头侧的前神经孔未闭，就会形成无脑畸形；尾侧的后神经孔未闭，就会形成脊髓裂。无脑畸形常伴有颅顶骨发育不全；脊髓裂常伴有相应节段的脊柱裂。

2. **脑积水**（hydrocephalus）　是一种比较多见的先天畸形，多由脑室系统发育障碍、脑脊液生成和吸收失去平衡所致，以中脑导水管和室间孔狭窄或闭锁最常见。由于脑脊液不能正常循环，致使脑室中积满液体或在蛛网膜下腔中积存大量液体。

3. **唇裂**（cleft lip）　常发生于上唇，多偏于人中一侧，也有双侧唇裂的。

4. **腭裂**（cleft palate）　常与唇裂同时存在，发生在硬腭部位。

5. **食管闭锁及狭窄**　在消化管的发生过程中，食管上皮细胞曾过度增生，致使消化管腔闭锁，之后，过度增生的细胞发生程序性死亡，使闭锁的管腔随之恢复正常。如果上述重建过程受阻，就会形成食管的闭锁或狭窄。

6. **肛门闭锁和直肠闭锁**　肛门闭锁是由于肛膜未破导致，也可因肛凹未能与直肠末端相通引起，肛管上皮过度增生后未能再度吸收也可引起。肛门闭锁常伴有直肠阴道瘘或直肠尿道瘘。直肠闭锁常因尿直肠隔向背侧偏移导致。

7. **脐粪瘘**（umbilical fistula）　发生在脐部，卵黄蒂未退化与脐孔之间留有管道，形成瘘管，肠腔粪便可以从脐孔溢出。

8. **房间隔缺损**（atrial septal defect）　是先天性心脏病中最常见的一种，其中最为常见的是卵圆孔未闭，使左、右心房的血流可相通。

9. 法洛四联症（tetralogy of Fallot） 是儿童常见的一种先天性心脏病，包括肺动脉狭窄、室间隔缺损、主动脉骑跨和右心室肥大四种畸形。

10. 动脉导管未闭 是常见的先天性心脏病之一，特别是女性患者，是由于主动脉和肺动脉之间的通道未闭合所致。

（三）先天性畸形的发生原因

引起先天性畸形的原因可分为遗传因素、环境因素和遗传因素与环境因素相互作用三大类。在导致人类各种先天性畸形的因素中，遗传因素约占25%，环境因素占10%，遗传因素与环境因素相互作用和原因不明者占65%。

1. 遗传因素 引起先天性畸形的遗传因素，除亲代畸形的遗传外，主要是配子或胚体细胞的遗传物质改变，包括染色体畸变和基因突变。

（1）**染色体畸变**（chromosome aderration）：可由亲代遗传，也可由生殖细胞的发生异常引起。包括染色体数目异常和染色体结构异常。①染色体数目异常：当染色体数目减少表现为单体型。常染色体的单体型胚胎几乎不能成活；性染色体的单体型胚胎的成活率仅有3%，且有畸形。如先天性卵巢发育不全症，就是少了一条性染色体（45，XO），患者矮小、卵巢内无卵泡、乳腺及外生殖器发育差。当染色体数目增多表现为三体型。如21号常染色体的三体型可引起先天愚型（47，XY），又称唐氏综合征，患儿面容呆滞，颈短身矮，睑裂小，眼距宽，口张舌露，智力低下；性染色体的三体型可引起先天性睾丸发育不全（47，XXY），患者体高、乳房发达、胡须少、睾丸小、无精子。②染色体结构异常：如5号染色体的短臂部分断裂缺失，可引起**猫叫综合征**。

（2）**基因突变**（gene mutation）：染色体组型不改变，染色体外形无异常，但DNA分子碱基对的组成或排列顺序发生改变，即染色体上基因的突变而引起的疾病，基因突变主要引起微观结构或功能方面的遗传性疾病，如镰状细胞贫血、苯丙酮酸尿症等，可引起的畸形有软骨发育不全、肾上腺肥大、大头畸形、多囊肾、多发性结肠息肉、皮肤松垂症等。再如雄激素不敏感综合征，患者尽管有睾丸且能分泌雄激素，但因X染色体中决定雄激素受体的位点上基因发生突变，导致胎儿的组织细胞对分泌的雄激素不敏感，故体型与外生殖器的表现型为女性。

2. 环境因素 引起先天性畸形的环境因素统称为**致畸因子**（teratogen）。致畸的环境因素种类很多，归纳起来可分为三大类：

（1）**生物因素**：已确定的有风疹病毒、巨细胞病毒、单纯疱疹病毒、弓形体、梅毒螺旋体等。它们或者穿过胎盘膜直接作用于胚体，或者作用于母体，改变母体内环境，如引起母体发热、缺氧、脱水、酸中毒等，还可通过干扰胎盘的功能、破坏胎盘膜，间接地影响胚胎的发育。如风疹病毒可使胎儿发生先天性耳聋、小眼、动脉导管未闭、房间隔和室间隔缺损等畸形。

（2）**化学因素**：随着工业的高速发展，各种化学物质的出现，化学污染也日益严重。工业"三废"、农药、药物、食品添加剂和防腐剂等，均含有致畸因子。致畸性化学因子有某些多环芳香碳氢化合物、某些亚硝基化合物、某些含磷的农药、重金属如铅、镉等。

致畸性药物包括抗肿瘤、抗惊厥、抗生素、抗凝血、激素等种类的药物。如抗肿瘤药甲氨蝶呤可引起无脑畸形、小头畸形及四肢畸形；大量链霉素可引起先天性耳聋；长期服用性激素可导致胎儿生殖系统畸形；抗凝血剂香豆素在妊娠早期应用可引起胎儿鼻发育异常；沙利度胺可使胚胎发生无肢或短肢、小肠闭锁等畸形。

另外，吸烟、酗酒、缺氧甚至严重的营养不良均有致畸作用。流行病学的调查结果显示，吸烟者所生的新生儿平均体重明显低于不吸烟者，吸烟愈多，其新生儿的体重愈轻。香烟中的尼古丁可使子宫内血管血流缓慢，导致胎儿供养不足，吸烟所产生的其他有害物质，如氰酸盐可影响胎儿的正常发育。孕妇吸烟严重还可导致流产；孕妇过量饮酒也可引起胎儿多种畸形，称胎儿酒精综合征，表现为发育迟缓、小头、小眼等。

（3）**物理因素**：各种射线、机械性压迫和损伤等均对人类胚胎有致畸作用。如大剂量X射线的照射，可引起基因突变而发生畸形。

3. 遗传因素与环境因素的相互作用　流行病学调查发现，相同条件下同时怀孕的孕妇，在同一次风疹的流行中都受到了感染，但其所生新生儿中，有的完全正常，而有的却出现了先天性畸形。这就说明，先天性畸形的发生是环境因素与遗传因素相互作用、相互影响的结果。

（四）致畸敏感期

处于不同发育阶段的胚胎对致畸因子作用的敏感程度不同。胚胎各器官在发育的一定时期内，受到致畸因子作用后，最易发生畸形的发育时期称**致畸敏感期**（susceptible period）。在这一时期的孕期保健最为重要。

在第1~2周的胚前期，受到致畸因子作用后，很少发生畸形。若致畸因子作用过强，胚胎死亡。

在第3~8周的胚期，正是各器官早期发育阶段，若受致畸因素的作用，往往产生较严重的畸形。故此期是大多数器官的致畸敏感期。由于每个器官发生的时期不同，所以致畸敏感期的先后长短也不相同（图12-20）。

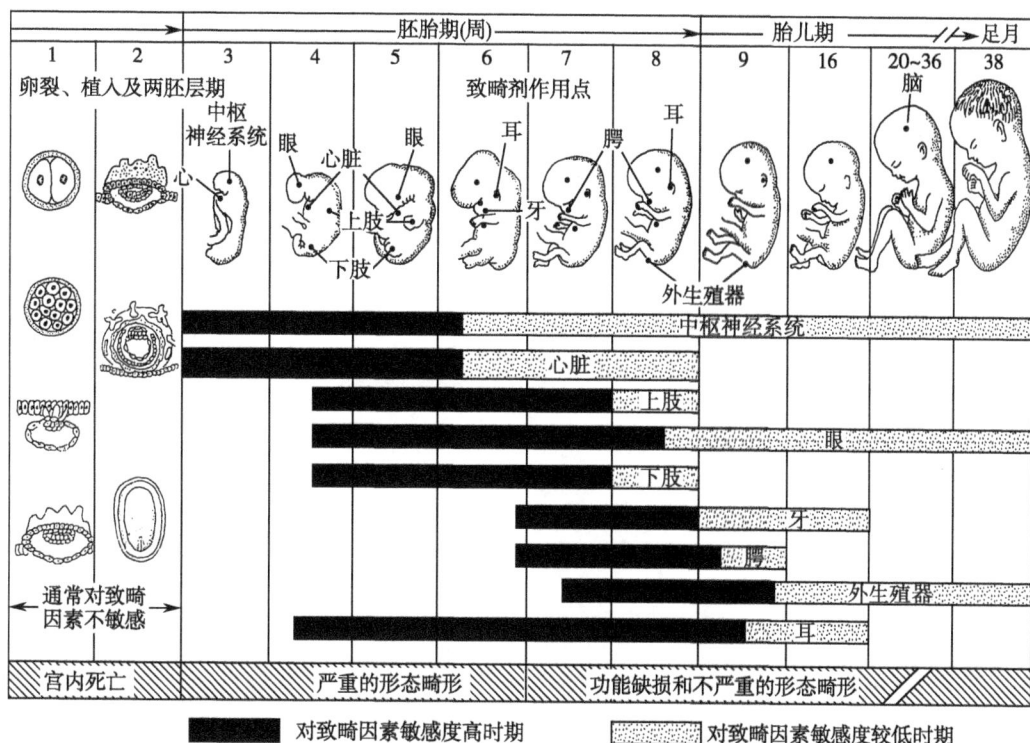

图12-20　人体主要器官的致畸敏感期

在第9~38周的胎儿期，受致畸因子的作用也会发生畸形，但多属微观结构异常和功能缺陷，一般不出现宏观形态的畸形。

不同致畸因子对胚胎作用的致畸敏感期也不同，即使同一致畸因子对胚胎作用的致畸敏感期不同，其致畸作用也不相同。例如沙利度胺的致畸敏感期为受精后的第21~40天内；而风疹病毒作用的致畸敏感期为受精后的第1个月时，畸形发生率为50%，第2个月时降至22%，第3个月时只有6%~8%。

二、优　生

优生是以遗传学为基础，改善人体遗传素质的科学。我国人口政策包括控制人口数量与提高人口素质。优生则是提高人口素质的重要环节。优生是社会性问题，所有夫妇都希望有健康的后代，因此，先天性畸形的预防格外重要。

我国政府针对先天性畸形及遗传疾病发病率较高的情况，根据国情制定了较完善的优生措施，例如进行宣传教育、普及优生知识、禁止近亲结婚、作好孕妇及胎儿的保健工作、改善胚胎发育的内部环境、防止有害环境因素造成的畸形或疾病、提高健康水平等。在婚前应进行遗传咨询，对不适宜生育的夫妇可建议采取如他精人工授精等生殖工程学措施；在妊娠期间要避免接触各种致畸因子，同时进行妊娠监护，对有遗传性疾病家族史的夫妇尤其要进行产前检查，尽早发现畸形胎儿，以便采取相应对策。常用的产前检查方法有：

1. 羊水检查　可在妊娠第15周以后进行，用羊膜穿刺法取羊水。可做羊水细胞的染色体组型检查和DNA分析，也可进行细胞学检查或做羊水化学成分的检测，测定某些物质的含量，如开放性的神经管畸形，其羊水乙酰胆碱酯酶同工酶和甲胎蛋白的含量高于正常数十倍，以确定胎儿染色体有无异常，胎儿性别以及代谢异常等，为优生提供科学依据。

2. 绒毛膜活检　在妊娠第8周即可进行，检查绒毛膜细胞的染色体组型，也可做DNA分析。

3. 仪器检查　B型超声波扫描因其简便安全，已成为常规的产前检查方法，不仅能诊断胎儿外部畸形，还可检查出某些内脏畸形。胎儿镜是用光导纤维制成的内镜，可直接观察胎儿外部形态，还可采取胎儿血液、皮肤等样本做进一步检查。

● **知识链接** ●

预产期的推算

以孕妇的末次月经第一天的年、月、日计算预产期。当末次月经的所在月份在1~3月时，预产期的年不变、月数加9、日数加7（例如：末次来月经日是2010年1月8日，则预产期是2010年10月15日）。当末次月经的月份在4~12月时，预产期为年加1，月数减3，日数加7（例如：末次月经是2010年12月10日，其预产期是2011年9月17日）。

（刘启蒙）

思考题

1. 简述胚泡植入的部位、各种胎膜的结构和功能。
2. 何谓胎盘屏障、胚盘?
3. 胎儿血液循环与母体血液循环有何关系,出生后有哪些变化?
4. 致畸因素有哪些,何谓致畸敏感期,优生优育的措施有哪些?

第十三章　局部解剖学概要

学习目标

掌握：1. 颅顶部软组织的结构特点及局部应用解剖。
　　　2. 面神经在面部的分支、分布。
　　　3. 三叉神经在面部的分布。
　　　4. 腹前外侧壁及腹股沟区的结构。
　　　5. 子宫的位置、血管分布和毗邻。
　　　6. 胸部、腹部及盆部局部应用解剖知识。
理解：1. 腮腺位置及导管的开口。
　　　2. 面部血管的行程、分布。
　　　3. 穿出梨状肌下孔的结构名称，坐骨神经的行走途径及支配范围。
　　　4. 盆部器官的结构。
　　　5. 大隐静脉及其属支。
了解：1. 头部境界及表面解剖。
　　　2. 颅、内外静脉的交通关系。

局部解剖学（topographic anatomy）是将人体分为八个部位（头、颈、胸、腹、盆、会阴、上肢、下肢），研究人体各局部结构的层次、器官间毗邻关系和形态的科学。它是基础医学与临床医学间的桥梁课，对临床的应用，尤其对手术学科和影像学科具有很强的实用意义。

护理专业局部解剖学着重强调各部位重要的骨性、肌性标志以及局部的层次结构等，借以确定深部器官的体表投影和位置，以利于疾病的诊断和护理操作。

第一节　头　　部

一、概　　述

头部（head）由颅部和面部两部分组成。颅部由8块脑颅骨连结成颅腔，容纳脑及其被膜；面部由15块面颅骨构成面部支架，容纳视器、前庭蜗器、口腔、鼻等器官。动脉供应来自颈内、外动脉，经颈内、外静脉回流；淋巴直接或间接注入颈外侧深淋巴结；神经主要为脑神经。

（一）境界和分区

头部以下颌骨下缘、下颌角、乳突、上项线和枕外隆凸的连线与颈部分界。借眶上缘、颧弓上缘、外耳门上缘和乳突的连线分为后上方的颅部和前下方的面部。

（二）表面解剖

1. 表面标志（见图3-22，图3-23）

（1）枕外隆凸：为头部后正中向后下突出的隆起，其后部颅底内面为窦汇。临床上实施颅后窝开颅术作正中切口时应注意勿伤及此窦。枕外隆凸向两侧水平延伸的骨嵴称上项线，其深面有横窦，也是大、小脑的分界线。

（2）乳突：位于耳垂后方的骨突起，其深面后半有乙状窦；其根部的内前方有茎乳孔，面神经由此出颅。临床上行乳突根治术时应防止伤及乙状窦和面神经。

（3）颧弓：由外耳门向前方的骨突起。其上缘相当于大脑颞叶前端之下缘；下缘与下颌切迹间的半月形中点为封闭咬肌神经及上、下颌神经阻滞麻醉的进针点。

（4）髁突：位于颧弓下方、耳屏的前方，在张口、闭口运动中可触及髁突向前、后滑动。若滑动受限，将导致张口困难。

（5）下颌角：为下颌底与下颌支后缘相汇处，是骨折的好发部位。

（6）眉弓：位于眶上缘上方、眉毛深面的骨性弓状隆起，男性较明显，其深面内侧半有额窦，并正对大脑额叶下缘。

（7）眶上缘：极易摸到，在其内、中1/3交界处多可触及眶上切迹（或眶上孔），有眶上血管和神经等通过，为额部手术局部麻醉的注射部位。

（8）眶下孔：位于眶下缘中点的下方约1cm处，有眶下血管和神经等通过，面部手术时可在此进行阻滞麻醉。

（9）颏孔：成人多位于下颌第二前磨牙或第一、二前磨牙之间的下方，下颌体上、下缘中点微上方处，距前正中线约2~3cm。该孔多呈卵圆形，开口向后外上方，有颏血管和神经等通过。

（10）**前囟点**（bregma）：为冠状缝与矢状缝的交点。在新生儿因此处颅骨尚未完成骨化，仅借结缔组织膜性连结，称前囟，呈菱形，生后1~1.5岁闭合。临床上可通过触摸检查小儿前囟的情况，有助于某些疾病的诊断和治疗。如闭合延迟，多见于佝偻病、脑积水及呆小症等；前囟凹陷多见于重度脱水和营养不良；胎儿前囟也是产前检查胎位的标志之一。

（11）**人字点**（lambda）：位于枕外隆凸上方约6cm处、矢状缝后端与人字缝相交点。新生儿后囟即位于此处，较小，呈三角形，生后2~3个月闭合。患佝偻病、脑积水时闭合较晚。后囟也是孕妇产前检查胎位的标志之一。

（12）耳屏：为外耳门前方的扁平突起。按压时如出现疼痛，多为外耳道疾病。在其前方约1cm处可触及颞浅动脉的搏动，并可在此检查颞下颌关节的活动情况。

（13）咬肌：覆盖于下颌支表面，做闭口咬牙或咀嚼运动时明显可见，用手触摸为较坚实的长方形肌块。腮腺管在颧弓下方约一横指处横过咬肌表面，略呈直角急转向内，穿颊脂体开口于上颌第2磨牙相对的颊黏膜处。行咬肌有关手术时，应注意辨认和保护。

（14）眼睑：俗称"眼皮"，分上、下睑。由于眼睑皮下组织疏松，缺少脂肪，易发生水肿（有时见于健康人低枕睡眠或睡眠不足者）。病理性水肿多见于心、肺、肾等疾病或过敏反应。

（15）鼻翼：为鼻尖两侧或鼻前孔外侧呈半球形的隆起部，其下缘游离，皮肤较厚，有丰富的汗腺和大型皮脂腺，与皮下组织结合较牢固，无移动性，为痤疮和疖的好发部位。小儿呼吸困难时常出现鼻翼扇动，表现为鼻翼随呼吸而起伏，即当患者吸气时，鼻翼向外扩张，呼气时又恢复原位。多见于心力衰竭、重症肺炎等。

（16）鼻唇沟：即鼻翼外侧至口角外侧的凹陷部分，双侧呈对称的"八"字形分布，向外牵拉口角或发笑时尤为明显。面神经麻痹时，患侧鼻唇沟因面肌瘫痪而变浅或消失，为面瘫的典型体征之一。

（17）人中：位于上唇表面皮肤正中，从鼻柱向下至红唇缘的纵行浅沟，常用作面部中线的标志。人中的上、中1/3交点处称人中穴，为一急救穴。临床上常针刺或用手按压该穴，以抢救休克、昏迷等危重患者。

2. 体表投影   头部主要结构的体表投影常以头部表面的6条标志线为依据（图13-1）：①下水平线：为外耳门上缘至眶下缘最低点的连线；②上水平线：为眶上缘最高点与下水平线平行的线；③前垂直线：为经颧弓中点与下水平线相垂直的线；④中垂直线：为经过下颌骨髁突的垂线；⑤后垂直线：为经乳突根部后缘与下水平线相垂直的线；⑥矢状线：为从鼻根沿颅顶正中线到枕外隆凸的线。

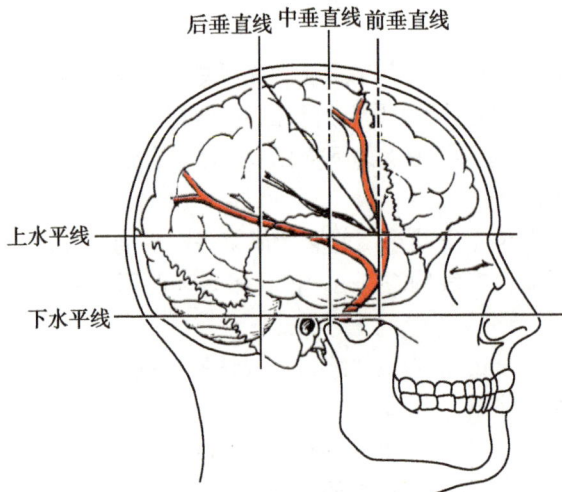

图13-1   脑膜中动脉和大脑主要沟、回的体表投影

（1）大脑中央沟：相当于上水平线与前垂直线交点至后垂直线与矢状线交点的连线。该线前、后各1.5cm范围的区域分别为中央前回和中央后回的体表投影。

（2）大脑外侧沟：相当于中央沟的投影线与上水平线的分界线。

（3）翼点：位于颧弓中点上方约2cm处，相当于前垂直线与上水平线的交点。此处为颅骨的薄弱区之一，其深面有脑膜中动脉前支经过，如遭暴力打击易发生骨折，并常伴有该动脉的破裂出血，形成硬膜外血肿。

（4）脑膜中动脉：其主干相当于前垂直线与下水平线的交点，自此向上至翼点的连线为该动脉前支的投影。

（5）面动脉：该动脉进入面部的位置在下颌底与咬肌前缘的交点处，自此点至口角外侧1cm、再至眼内眦的连线为面动脉的投影。面部外伤出血时可在该动脉进入面部处压向下颌体，而达临时止血的目的。

（6）面神经：于乳突前缘距乳突尖上方约1cm处出茎乳孔，继而向前内经耳垂下方穿入腮腺。面神经出茎乳孔处可因腮腺手术、面部外伤、肿瘤压迫等受累，引起面瘫——表现为患侧额纹消失、不能闭眼、鼻唇沟平坦、口角歪向健侧等。

（7）腮腺管：体表投影位于鼻翼与口角间中点至耳垂连线的中1/3段。当咬肌紧张时，可在咬肌表面触及。

二、颅　顶

颅顶按层次结构分为额顶枕区和颞区。

（一）额顶枕区

额顶枕区（fronto-parieto-occipital region）前界为眶上缘，后界为枕外隆凸和上项线，两侧界为颞上线。覆盖此区的软组织由浅入深分五层，依次为：皮肤、浅筋膜、枕额肌及其帽状腱膜、腱膜下间隙和颅骨外膜（图13-2）。其中浅部3层紧密结合，不易分离，常合称**"头皮"**（scalp）。

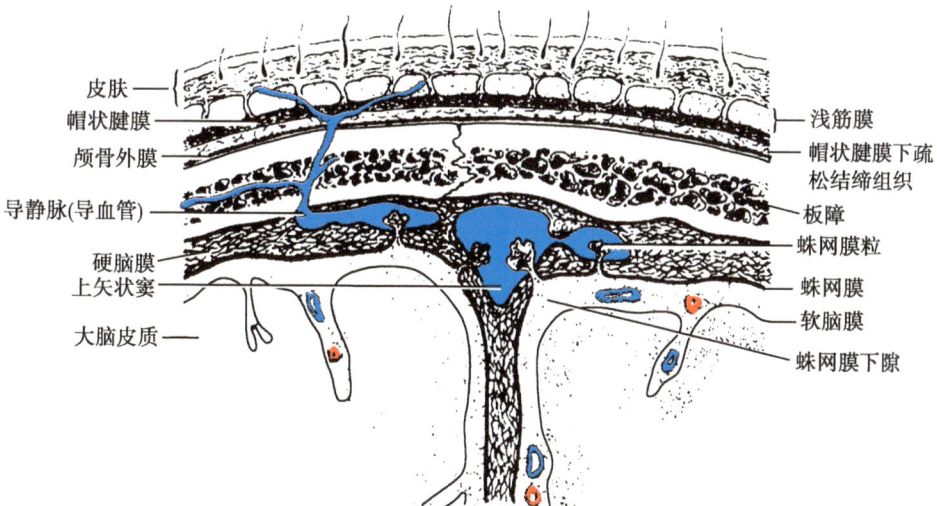

图13-2　颅顶层次（额状断面）

1. **皮肤**　额部较薄，顶、枕部厚而致密，含有大量毛囊、汗腺和皮脂腺，为疖肿和皮脂腺囊肿的好发部位，同时也是良好的供皮区。

2. **浅筋膜**　由致密结缔组织和脂肪组织构成。其中致密结缔组织形成的大量纵向纤维小格，将皮肤和帽状腱膜紧密连结，并将脂肪分隔成无数小格，内有丰富的血管、神经及淋巴管穿行。此层感染时，炎症渗出物不易扩散，早期即可压迫神经末梢引起剧痛。小格内的血管壁被周围结缔组织紧密固定，致使创伤后血管断端难以回缩闭合，故出血较多，常需压迫或缝合止血。

头皮的血管和神经多相伴呈辐辏状走行，按其位置和分布可分为前、后两组（图13-3）。前组：距前正中线约2cm处有滑车上动、静脉和滑车上神经，2.5cm处有眶上动、静脉和眶上神经，均分布于额、顶区软组织。后组：有枕动、静脉和枕大神经，分布于枕区。

颅顶血管和神经的走行与分布特点，具有重要临床意义：①由于神经分布互相重叠，故在局麻时如仅阻滞某一支神经，常效果不佳，而需扩大神经阻滞的范围；②动脉来源于颈内、外动脉，分支间吻合广泛，即使大面积头皮撕裂，也不易缺血坏死；③血管和神经从颅周向颅顶走行，在行头皮单纯切开时，为避免伤及血管和神经应采取放射状切口；如

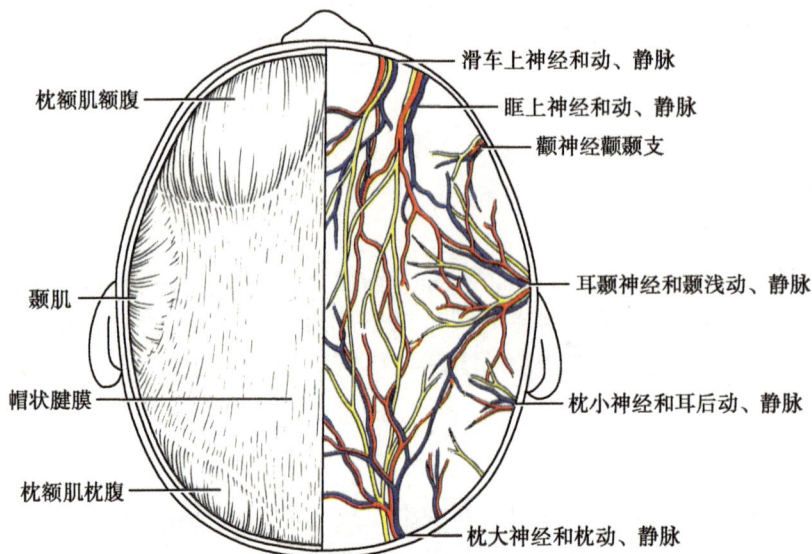

图13-3　枕额肌和颅顶部的血管、神经

开颅手术做皮瓣时，皮瓣的蒂应在下方，以保留蒂内血管和神经主干，有利于皮瓣成活和保留感觉功能。

3. 腱膜下间隙（subaponeurotic space）　又称腱膜下疏松结缔组织，实际是一个较大的潜在间隙，头皮借此层与颅骨外膜疏松结合，头皮撕脱伤多自此层分离。此层内出血或化脓时，可迅速蔓延并扩散至整个颅顶。此间隙内有导静脉，可将颅顶的静脉与板障静脉及颅内硬脑膜窦连通，如发生炎症，可经其蔓延至颅骨及颅内。因此，临床上常将该层称为颅顶部的"危险区"。在此层植入头皮扩张器，依靠其深面坚硬的颅骨作衬垫，扩张其浅面的有发头皮来修复秃发区，是当今治疗秃发最有效的美容方法之一。

4. 颅骨外膜　由致密结缔组织构成，借少量疏松结缔组织与每块颅骨表面疏松结合，但在骨缝处则紧密连结。当发生骨膜下感染或血肿时，常局限于一块颅骨的范围内。

（二）颞区

颞区（temporal region）位于颅顶的两侧部，上界为颞上线，下界为颧弓上缘，前界为额骨与颧骨的结合部，后界为颞上线的后下段。

此区的软组织由浅入深亦分5层：皮肤、浅筋膜、颞筋膜、颞肌和颅骨外膜（图13-2）。

1. 皮肤　前部较薄，移动性较大；后部较厚。

2. 浅筋膜　含脂肪组织及纤维隔较少。耳廓前方有颞浅动、静脉和耳颞神经，后方有耳后动、静脉及耳大神经与枕小神经。

3. 颞筋膜　较致密，上方附着于颞上线，向下分为浅、深两层，分别附着于颧弓的外侧面和内侧面。

4. **颞肌**　起自颞窝及颞筋膜深面，肌纤维向下集中经颧弓深面止于下颌骨冠突。颞区为理想的开颅手术入路，即使术后部分颞骨缺损，颞肌和颞筋膜也可很好地保护颅内结构。

5. **颅骨外膜**　较薄，紧贴颅骨表面，故此区很少发生骨膜下血肿。

（三）颅顶骨的结构特点和临床意义

颅顶各骨随年龄增长其发育各有其特点：①新生儿期在矢状缝的前、后端分别为膜状的前、后囟。触诊前囟可判断颅内压的高低，脱水时可下陷。②自4岁起颅骨逐渐分化出外板、板障和内板，至成年各骨相连处形成相互交错的齿状缝，并逐渐由内向外形成骨性愈合。根据骨缝愈合的程度，法医学和体质人类学可用来判断年龄。③颅顶各骨的板障静脉共有四组（图13-4），在X线片上易误诊为骨折线，应注意区别。④在成人，外板较厚，耐受张力较大，但弧度较内板为小；内板较薄，质地较脆。如发生骨折，内板损伤程度较重；有时外板尚保持完整，而内板却已骨折。颞骨鳞部终身为一较薄的骨板，是超声探查的窗口。

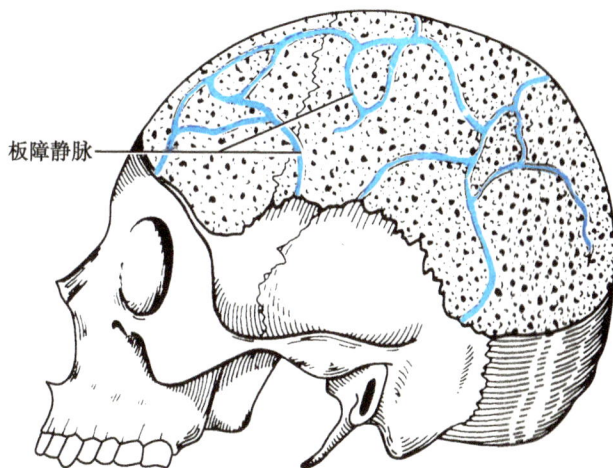

板障静脉

图13-4　板障静脉

三、颅　　底

颅底内面由前向后可明显地区分为颅前窝、颅中窝和颅后窝。其结构特点是各窝内硬脑膜与颅底各骨紧密连结，有许多血管和神经穿过颅底，骨质厚薄不一，所承受压力、张力各异。因此，颅底薄弱处最易发生骨折，并多伴有硬脑膜的撕裂，同时可伤及通过其中的血管和神经（图13-5）。

1. **颅前窝**　骨质最薄，眶板骨折时可形成眶内血肿，进而出现结膜下血肿；筛板骨折可造成鼻腔内出血和脑脊液鼻漏，并可导致嗅觉丧失。

2. **颅中窝**　孔裂较多，骨质厚薄不一。特别是垂体窝和鼓室盖处骨质较薄，且其下方分别有蝶窦和鼓室，是易发生骨折的部位。鼓室盖的骨折，血液和脑脊液可流入鼓室，并可经咽鼓管流入鼻咽；如同时伴有鼓膜破裂，也可从外耳道流出；中耳炎可向上蔓延，引起耳源性脑膜炎。垂体窝的骨折，血液和脑脊液则可经蝶窦流入鼻腔。如伤及行于眶上裂的4条神经，则出现眶上裂综合征——表现为患眼固定于正中位，不能转动，上睑下垂，瞳孔散大，角膜反射消失，额部皮肤感觉障碍等。垂体肿瘤可向前压迫视交叉出现视觉障

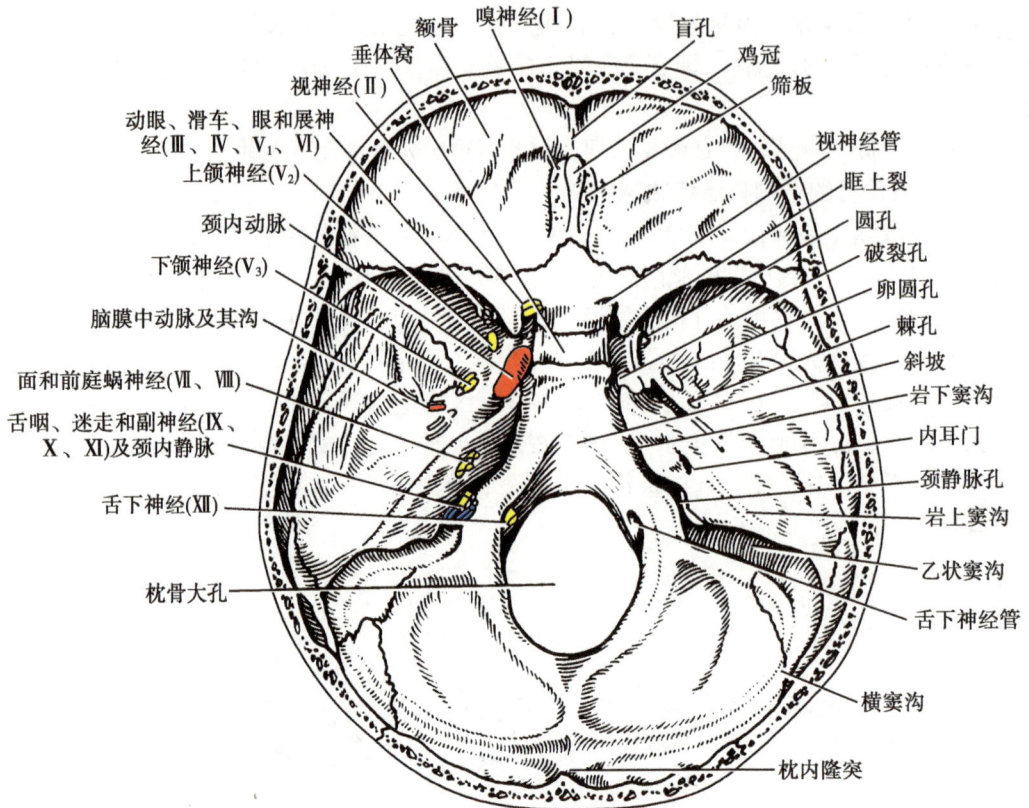

图13-5　颅底内面结构及十二对脑神经穿颅部位

碍，向两侧可压迫海绵窦，发生海绵窦淤血及相应脑神经症状，亦可向下侵及蝶窦。

3. 颅后窝　骨质较厚，由颞骨和枕骨组成，容纳小脑和脑干。一旦骨折，多后果严重。当血肿压迫延髓时可出现呼吸抑制而死亡；如伤及行于颈静脉孔内的神经（舌咽神经、迷走神经、副神经），可出现颈静脉孔综合征——表现为舌音语言障碍，腭弓麻痹伴有鼻音，声音嘶哑，逐渐发生吞咽困难，导致呼吸性肺炎。此综合征也可发生在此处转移肿瘤的压迫。颅内占位性病变或颅内压升高时，可将小脑扁桃体挤压嵌入枕骨大孔，压迫延髓形成枕骨大孔疝（小脑扁桃体疝），严重时可造成呼吸或心跳骤停而死亡。

四、面　　部

（一）面部浅层

1. 面部软组织层次　由浅入深为皮肤、浅筋膜、深筋膜和面肌（图13-6）。

（1）皮肤：薄而柔软，富于弹性。其中以上睑部最薄，易于水肿；含有较多汗腺、皮脂腺和毛囊，好发皮脂腺囊肿和疖肿。真皮内胶原纤维按一定方向排列形成皮肤的自然皮纹，选择手术切口时应尽可能与皮纹一致，以减少术后瘢痕。

（2）浅筋膜：厚薄不一，由疏松结缔组织构成。其中颊部脂肪组织最厚，称颊脂体；睑部脂肪少而疏松，易出现水肿，此层内含有丰富的血管、神经和淋巴管。

（3）深筋膜：不明显。

（4）面肌：薄而纤细，属于皮肌，主要分布于眼、耳、口、鼻周围，其特征是起自面颅诸骨或筋膜，止于皮肤，收缩时牵拉皮肤产生各种表情。面肌损伤时，应仔细缝合，否

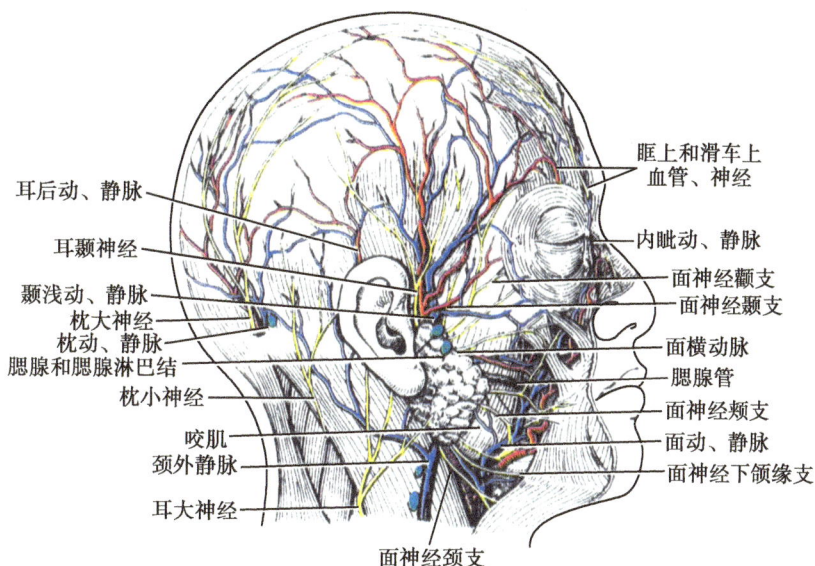

图13-6　面部浅层结构

则愈后双侧不对称，影响美容。面肌和咀嚼肌的名称、位置和作用见运动系统。

2. **面部浅层的血管、神经和淋巴**　动脉主要为面动脉及其分支，静脉回流主要经面静脉及其属支汇入颈内静脉，淋巴回流主要经头部淋巴结直接或间接汇入颈外侧深淋巴结；三叉神经的皮支司面部浅感觉，运动纤维司咀嚼肌运动；面神经司面肌运动。

（二）腮腺咬肌区

腮腺咬肌区（parotideomasseteric region）系指腮腺和咬肌所在的区域。其上界为颧弓和外耳道，前界为咬肌前缘，后界为乳突和胸锁乳突肌前缘，下界为下颌底。浅部为皮肤和浅筋膜，深部为茎突和咽侧壁。

腮腺大部位于下颌后窝内，深面为咽周间隙。腮腺、咬肌周围有颈深筋膜浅层，它分

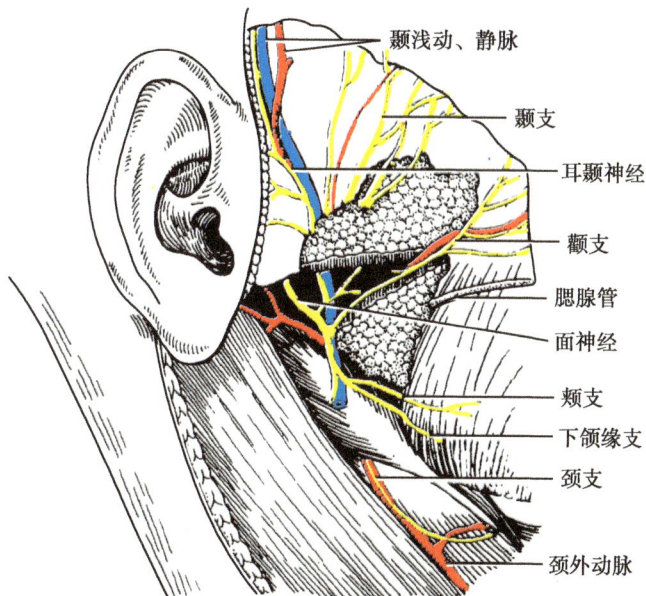

图13-7　穿过腮腺的结构

浅、深两层包绕腮腺形成腮腺鞘。该鞘与腺体紧密结合，并发出许多小隔深入腮腺实质内将其分为许多小叶。腮腺管自腮腺前缘深面发出，经颧弓下方约1cm处前行，至咬肌前缘直角弯向内侧，穿过颊脂体和颊肌等，开口于上颌第2磨牙牙冠相对颊黏膜上的腮腺乳头。

腮腺内有颈外动脉及其分支（颞浅动脉和上颌动脉）、下颌后静脉及其属支（颞浅静脉和上颌静脉）、面神经丛及其分支、下颌神经的分支（耳颞神经）等（图13-7）。腮腺肿瘤时可压迫面神经引起面瘫，化脓性炎症时脓液可经腮腺管乳头流入口腔。

五、局部应用解剖

（一）头皮静脉穿刺术

头皮静脉穿刺术（puncture of scalp vein）为小儿科静脉穿刺常用技术之一。

1. **解剖特点**　分布于颅外软组织内的头皮静脉，数目众多，表浅易见（图13-3），在额部及颞区相互吻合呈网状分布。头皮静脉管壁被头皮内纤维隔固定，不易滑动，且无瓣膜，正逆方向均可穿刺，只要方便操作即可，特别适合于小儿静脉穿刺。主要静脉有：①滑车上静脉：起自冠状缝处的小静脉，沿额部皮下下行，与眶上静脉吻合成内眦静脉；②眶上静脉：自额结节处起始斜向内下，在内眦处构成内眦静脉；③颞浅静脉：起自颅顶和颞区的软组织，在颞筋膜浅面、颧弓稍上方汇合成前、后两支，前支与眶上静脉相交通，后支与枕静脉、耳后静脉吻合。前、后支在颧弓根部汇合成颞浅静脉，后者下行至腮腺内与上颌静脉汇合成下颌后静脉。

2. **应用要点**　穿刺时依次经皮肤、浅筋膜、静脉壁。穿刺要领：皮肤消毒后固定好皮肤和静脉，针尖斜面向上，与皮肤呈15°~30°夹角，在静脉表面或旁侧刺入皮下，再沿静脉近心方向潜行然后刺入静脉，见回血后再沿静脉进针少许，将枕头放平，固定。由于头皮静脉被固定在头皮纤维隔内，管壁回缩能力较差，穿刺完毕要适当压迫局部，以免出血形成皮下血肿。

（二）前、后囟穿刺术

前、后囟穿刺术（puncture of anterior and posterior fontanelle）适合于前、后囟未闭合的婴幼儿，即将针刺入前、后囟处的上矢状窦（图13-8）。

1. **解剖特点**　上矢状窦位于颅内正中线上、大脑镰的上缘，前起盲孔，后止窦汇。前囟位于冠状缝和矢状缝前端之间，呈菱形，出生后3个月时直径为2.6cm，随后逐渐变小，1~1.5岁闭合；后囟位于人字缝与矢状缝后端相交处，生后2~3个月闭合。前、后囟处从皮肤至上矢状窦的软组织厚度分别为4.0~4.5mm和4.5~5.0mm。

2. **应用要点**　①体位：前囟穿刺取仰卧位，后囟穿刺取侧卧位，操作者立于患儿头

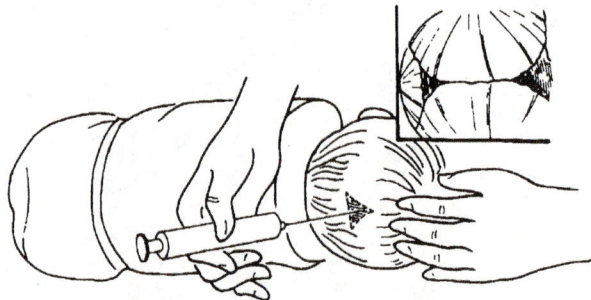

图13-8　后囟穿刺的部位与方向

侧，助手右手托着患儿颈部，左手固定头部，使上矢状窦与台面垂直。②穿刺点和方向：前囟穿刺点选在前囟后角正中，后囟穿刺选在后囟正中，可用执笔式将注射器刺入。前囟穿刺时针与头皮间斜向45°进针，针尖指向眉间；后囟穿刺则刺向颅顶方向，针与头皮呈35°~40°角，穿刺深度4~5mm，最多不超过10mm。③穿刺层次：依次经过皮肤、浅筋膜、帽状腱膜及囟的膜性结构达上矢状窦。④注意事项：新生儿后囟穿刺易于成功，稍大患儿应选择前囟穿刺。因前囟处上矢状窦较细，穿刺难度大，进针方向应沿头部正中矢状方向，不可偏向两侧，以免伤及脑组织。穿刺时应边进针边回抽，有落空感后即停止进针。针头不宜过粗，因上矢状窦壁弹性差，拔针后针孔不会立即自行闭合，应压迫局部片刻，以减少漏血形成血肿。

第二节 颈 部

一、概 述

颈部（neck）位于头、胸与上肢之间，所占区域狭小，重要器官密集。前方中线上有呼吸道和消化道的颈部，两侧有纵行排列的神经、大血管和淋巴结，颈根部有胸膜顶、肺尖以及神经干和大血管等。颈部诸结构之间借疏松结缔组织相连，活动度较大，深筋膜在器官、血管和神经干周围形成筋膜鞘和筋膜间隙。颈部诸肌参与头颈部运动以及呼吸、发音和吞咽等功能。

（一）境界和分区

颈部的上界即头部的下界，下界为胸骨颈静脉切迹、胸锁关节、锁骨上缘、肩峰至第7颈椎棘突的连线。

颈部以斜方肌前缘为界，分为前方狭义的颈部（固有颈部）和后方的项部。固有颈部为两侧斜方肌前缘和脊柱颈部之前的部分，项部为两侧斜方肌前缘和脊柱颈部后方间的区域。固有颈部以胸锁乳突肌前、后缘为界分为颈前区、胸锁乳突肌区和颈外侧区。颈前区以舌骨为界分为舌骨上区和舌骨下区。舌骨上区又以二腹肌为界，从前向后分为颏下三角、下颌下三角和下颌后窝；舌骨下区又以肩胛舌骨肌上腹为界，分为上方的颈动脉三角和下方的肌三角。颈外侧区以肩胛舌骨肌下腹为界，分为上方的枕三角和下方的锁骨上三角（锁骨上窝）（图13-9）。

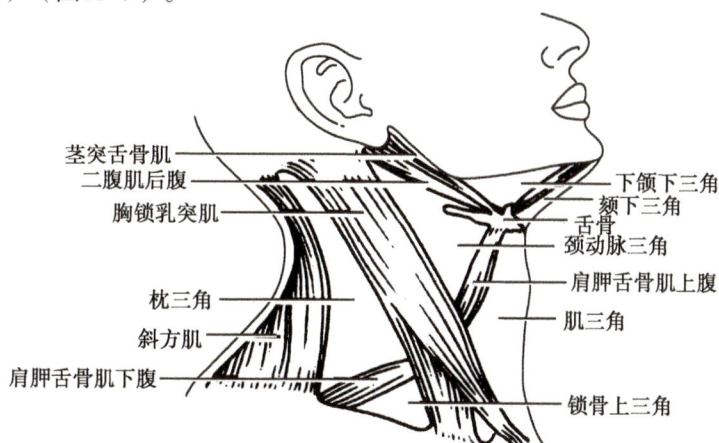

图13-9 颈部的分区

（二）表面解剖

1. 表面标志（图13-10）

（1）舌骨：位于颈前正中上部，约平第3颈椎高度。循舌骨向后外可触及舌骨大角，为寻找舌动脉的标志。

（2）甲状软骨：位于舌骨下方，在男性喉结明显可见，其上缘平第4颈椎水平，颈总动脉在此处分为颈内、外动脉。

（3）环状软骨：位于甲状软骨下方，平对第6颈椎横突。它是喉与气管、咽与食管的分界标志，也是计数气管环和甲状腺触诊的标志。

（4）胸锁乳突肌：单侧收缩时可见该肌轮廓明显，其后缘中点处为颈丛皮支集中浅出的部位，临床上习惯称"神经点"

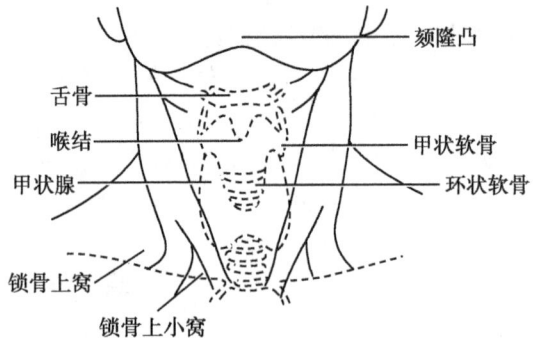

图13-10 颈部的体表投影

（punctum nervosum），可在此处行颈丛皮支阻滞麻醉；其前缘为暴露颈总动脉、颈内动脉和颈内静脉等结构的切口部位。

（5）胸骨上窝（suprasternal fossa）：位于胸骨颈静脉切迹的上方，可在此处鉴别气管是否移位或行气管切开术。

（6）锁骨上大窝（greater supraclavicular fossa）：又称肩胛舌骨肌锁骨三角或锁骨上窝，位于锁骨中1/3上方，在此处可触及锁骨下动脉搏动，稍上方为臂丛阻滞麻醉的注射部位。在吸气性呼吸困难时，此窝和胸骨上窝在吸气时加深，为呼吸困难的"三凹症"之一。如在左侧触及肿大的锁骨上淋巴结，常为胃癌或食管癌转移最先侵害的淋巴结之一。

（7）锁骨上小窝：为胸锁乳突肌胸骨头和锁骨头之间的三角形小窝，其深面分别有左锁骨下动脉和头臂干分叉，动脉外侧有颈内静脉，为颈内静脉穿刺插管的部位之一。

2. 体表投影（图13-11）

（1）颈外静脉：自下颌角至锁骨中点的连线。因其位置表浅，隔皮可见，尤其在用力憋气时可见其充盈，小儿科常在此进行静脉注射、输液或采血等操作。

（2）颈总动脉和颈外动脉：自下颌后窝中点至胸锁关节的连线。在甲状软骨上缘平面以下为颈总动脉，以上为颈外动脉。临床上常在此行颈外动脉插管化疗，是治疗颌面部恶性肿瘤的方法。

（3）副神经：自下颌后窝的中点经胸锁乳突肌后缘中、上1/3交点至斜方肌前缘中、下1/3交点的连线。临床上常在此摘取淋巴结作活检。

（4）臂丛：自胸锁乳突肌后缘中、下1/3交点至锁骨中、外1/3交点稍内侧的连线。临床上常在此进行臂丛阻滞麻醉，以实施上肢手术。

（5）锁骨下动脉：为锁骨内侧半向上的弧形线，其最高点在锁骨上方约1cm处。当上肢外伤大出血时，可在此将动脉向后下压向第1肋，以达临时止血的目的。

（6）胸膜顶和肺尖：为锁骨内侧1/3向上的弧线，其最高点在锁骨上方2~3cm处。临床上行臂丛阻滞麻醉、颈部静脉穿刺插管或针灸时，应特别注意，以免损伤后引起气胸等。

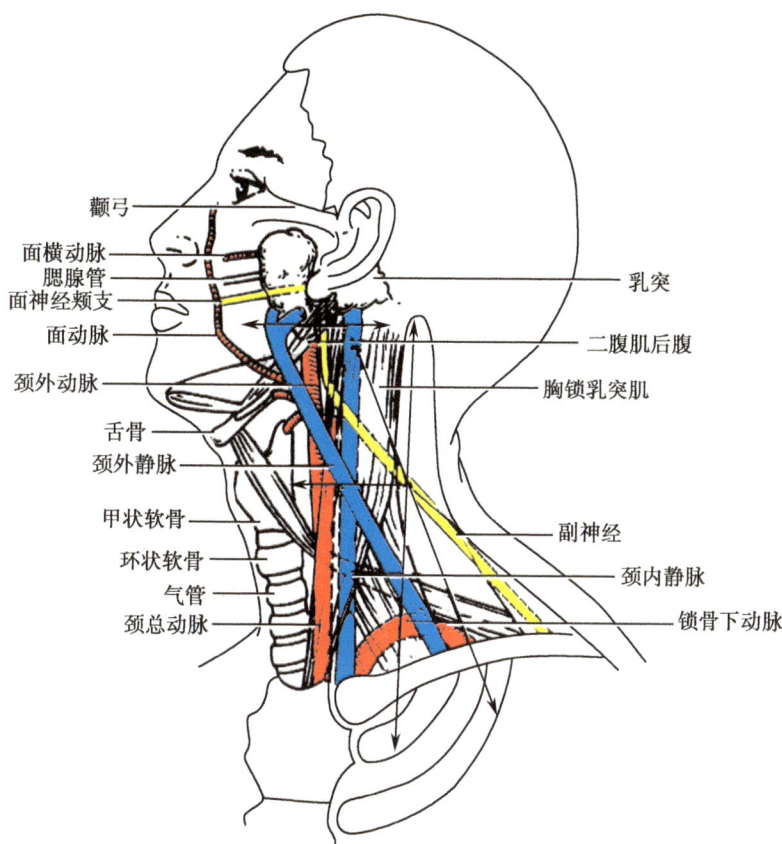

图13-11　颈部有关器官的体表投影

二、颈筋膜和筋膜间隙

（一）颈筋膜

1. 浅筋膜（superficial fascia）　较薄，在颈前部，内含颈阔肌，颈部手术时必须把横断的颈阔肌及其筋膜缝合，以免愈后形成较宽的瘢痕。此层内还有颈丛的皮支、浅静脉及淋巴结等（图13-12，图13-13）。

2. 深筋膜　分为以下三层。

（1）浅层：又称**封套筋膜**（investing fascia），相当于其他部位的深筋膜，较致密，环绕整个颈部。在斜方肌、胸锁乳突肌处分两层包绕二肌并构成其肌鞘。此层上方附着于颈部上界的各结构，并延续为腮腺咬肌筋膜，向下附着于颈部下界诸结构。

（2）中层：又称**气管前筋膜**（pretracheal fascia），较薄弱，局限于颈前部。其中前部包绕喉与气管、咽和食管、甲状腺（形成甲状腺鞘）和舌骨下肌群。在两侧包绕颈总动脉和

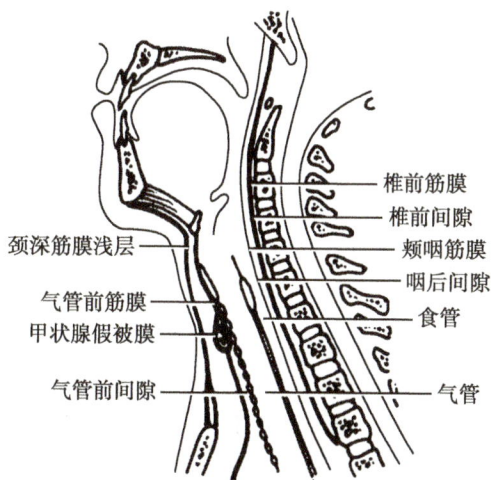

图13-12　颈筋膜（正中矢状断面）

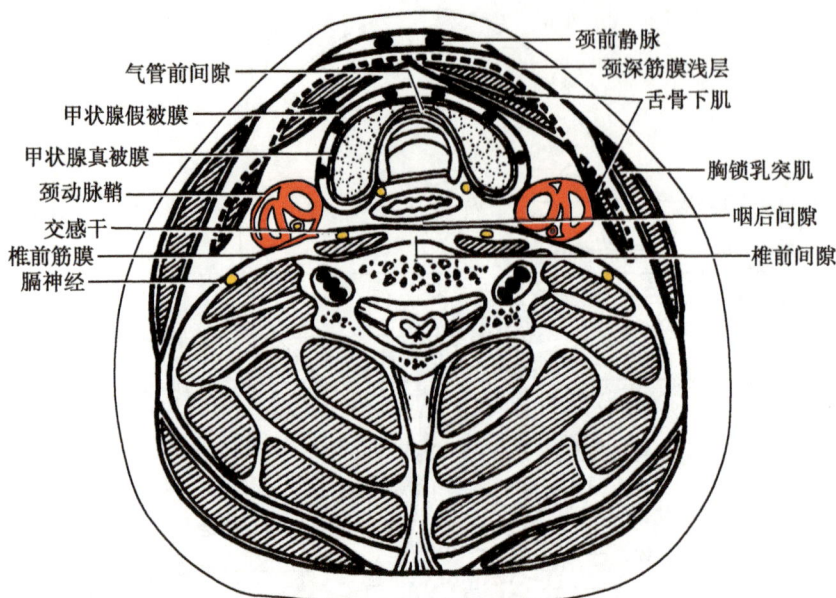

图13-13 颈筋膜（横断面）

颈内动脉、颈内静脉及迷走神经，形成颈动脉鞘。颈内静脉壁与该鞘紧密连结，损伤后不易塌陷，吸气时可造成空气栓塞。

（3）深层：亦称椎前筋膜（prevertebral fascia），包绕椎前肌、斜角肌和项部诸肌，向上附着于颅底，向下续于胸内筋膜，并向外延伸包绕锁骨下动脉及臂丛至腋腔，形成腋鞘。

（二）筋膜间隙

1. 气管前间隙（pretracheal space） 位于气管颈部与气管前筋膜之间，向上通上纵隔。当发生感染或出血时，可相互蔓延。

2. 咽后间隙（retropharyngeal space） 位于咽后壁与椎前筋膜之间，向外延续为咽外侧间隙，向下通下纵隔，感染时可相互蔓延。

3. 椎前间隙（prevertebral space） 位于颈部脊柱与椎前筋膜之间，向下可达后纵隔，也可沿腋鞘至腋窝。颈部结核时，脓液可沿此间隙向周围扩散。

三、颈 前 区

（一）颏下三角

颏下三角（submental triangle）由两侧的二腹肌前腹和舌骨体围成。其浅面为皮肤、浅筋膜和颈深筋膜浅层，深面由两侧的下颌舌骨肌及其筋膜构成。此三角内有1~3个颏下淋巴结和颈前静脉。

（二）下颌下三角

下颌下三角（submandibular triangle）由二腹肌前、后腹和下颌底围成（图13-14）。其浅面有皮肤、浅筋膜（含颈阔肌）和颈深筋膜浅层，深面有下颌舌骨肌、舌骨舌肌和咽中缩肌等。该三角内有下颌下腺及周围的血管（下颌后静脉、面动脉、舌动脉）、淋巴结（下颌下淋巴结）和神经（舌神经、舌下神经）等。

（三）颈动脉三角

颈动脉三角（carotid triangle）由二腹肌后腹、肩胛舌骨肌上腹和胸锁乳突肌上份前缘

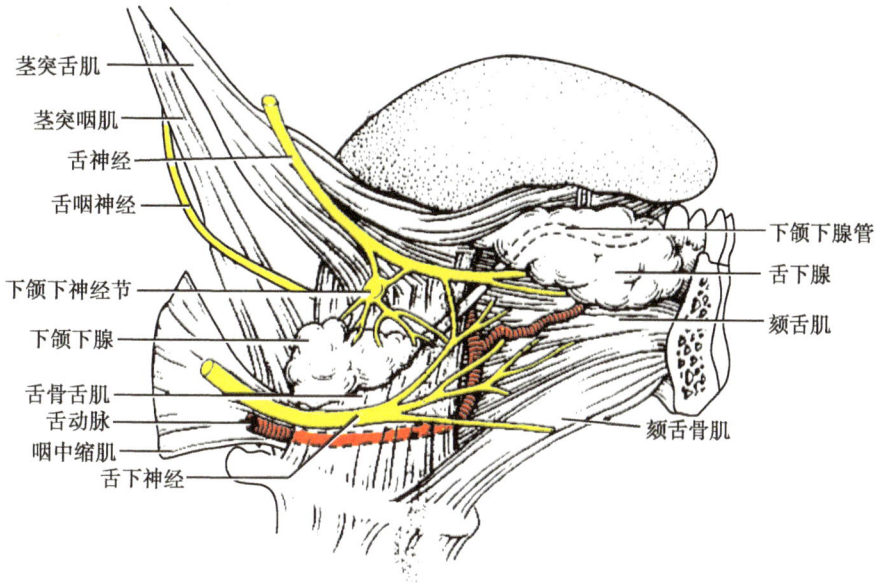

图13-14　下颌下三角的内容

围成。其浅面有皮肤、浅筋膜（含颈阔肌）和颈深筋膜浅层，深面有椎前筋膜、咽侧壁及其筋膜。三角内有颈内静脉及其属支、颈总动脉及其分支（颈内动脉、颈外动脉）、舌下神经及其降支、迷走神经及其分支（喉上神经、颈心支）、副神经和部分颈外侧深淋巴结等（图13-15）。

（四）肌三角

　　肌三角（muscular triangle）由胸锁乳突肌前缘、肩胛舌骨肌上腹和前正中线围成。其

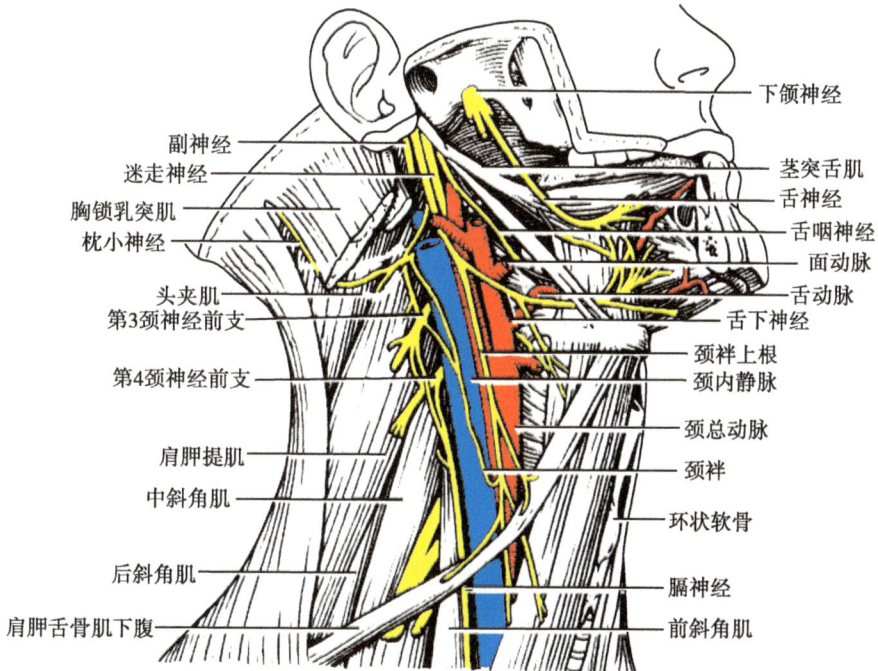

图13-15　颈动脉三角的内容

浅面的层次由浅入深依次为皮肤、浅筋膜（含颈阔肌及颈前静脉）和颈深筋膜浅层。深面为椎前筋膜。该三角内有舌骨下肌群、甲状腺、甲状旁腺、喉与气管颈部、咽与食管颈部等（图13-16）。

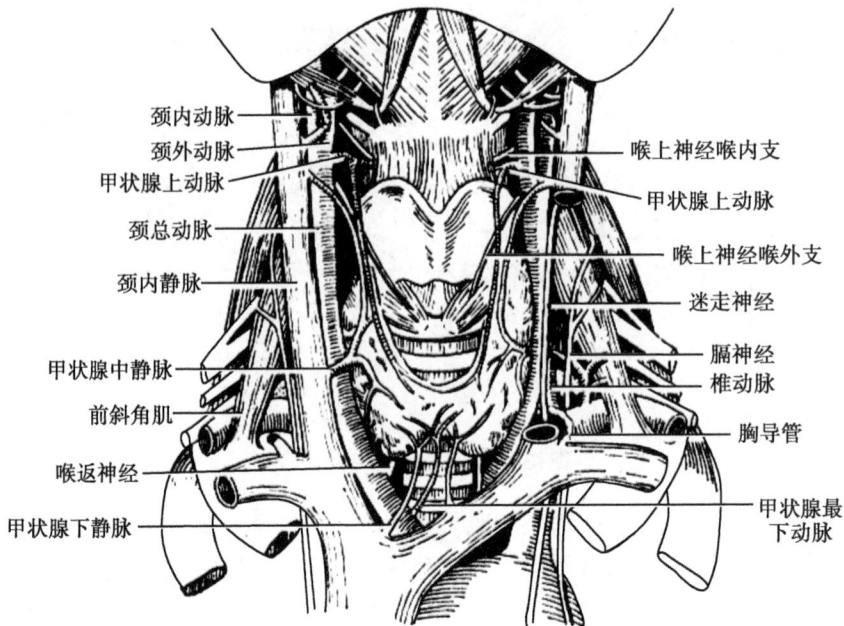

图13-16　颈前区的血管和神经

1. 甲状腺

（1）形态、位置和毗邻（见第八章内分泌系统第一节）

（2）被膜：颈深筋膜中层包绕甲状腺形成甲状腺鞘，称假被膜；由甲状腺的结缔组织形成的外膜称真被膜（纤维囊）。假被膜将甲状腺连于甲状软骨、环状软骨和气管软骨环，其移行部称甲状腺悬韧带。因此，在吞咽时甲状腺可随喉上、下移动，临床上可据此判断是否为甲状腺的肿块等。真、假被膜之间组织疏松，有甲状腺的血管和喉上神经、喉返神经及甲状旁腺。行甲状腺部分切除时应在两层被膜间进行。

（3）甲状腺前方的层次：由浅入深依次为皮肤、浅筋膜（含颈阔肌）、颈深筋膜浅层和中层（包被舌骨下肌群并形成甲状腺假被膜）。

（4）血管：动脉主要有（图13-17）：①甲状腺上动脉，来自颈外动脉；②甲状腺下动脉，来自锁骨下动脉的分支甲状颈干；③甲状腺最下动脉，来自头臂干或主动脉弓，分布于峡部，出现率为10%，行低位气管切开或甲状腺手术时应注意。甲状腺的静脉主要有甲状腺上、中、下静脉，前二者汇入颈内静脉，后者在气管颈部前方两侧常吻合成甲状腺奇静脉丛，然后汇入头臂静脉；峡部有时可见甲状腺最下静脉，于气管前方汇入头臂静脉。

（5）甲状腺邻近的神经：主要有喉上神经和喉返神经，均为迷走神经的重要分支，其行程与甲状腺的血管关系密切，甲状腺手术时应特别注意（图13-16，图13-17）。①喉上神经：分内、外两支，内支伴喉上动脉（甲状腺上动脉的分支）穿甲状舌骨膜入喉；外支伴甲状腺上动脉主干下行，于甲状腺侧叶上极上方约1cm处与动脉分离，弯向内侧至环甲

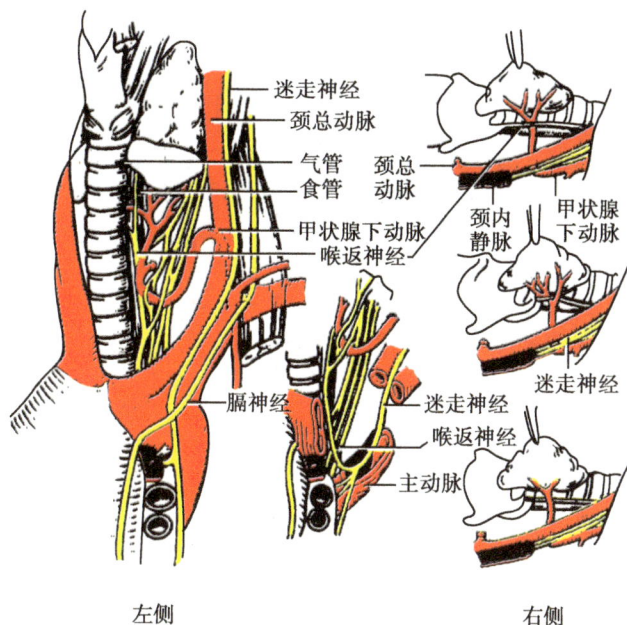

图13-17　甲状腺下动脉与喉返神经的关系

肌。因此，结扎甲状腺上动脉时应紧靠其侧叶上极，以免伤及该神经。②喉返神经：左、右侧分别勾绕主动脉弓和右锁骨下动脉，然后上行于食管气管旁沟内，至环甲关节后方入喉，改称喉下神经。喉返神经行至甲状腺侧叶内后方时与甲状腺下动脉相互交叉，其交叉方式有三种：动脉与神经分支相互交织者占41%，动脉在前者占38%，神经在前者占20%；尚有少数不交叉者。行甲状腺次全切除术结扎甲状腺下动脉时，应特别注意相互交织和神经在前的两型，要远离甲状腺下极结扎动脉。

2. **气管颈部**　位于颈前正中，于第6颈椎体下缘，上接环状软骨，于胸骨颈静脉切迹平面下续气管胸部。该段位置表浅，当仰头时可被拉长，位置变浅。因此，行气管切开时应严格保持头部正中位并后仰，以利操作。

气管颈部前面的层次由浅入深依次为：皮肤、浅筋膜、颈深筋膜浅层、舌骨下肌群和气管前筋膜等。在第2~4气管软骨环前方有甲状腺峡横过，其下方有甲状腺下静脉、奇静脉丛以及可能出现的甲状腺最下动脉，手术中应仔细辨认。

3. **食管颈部**　平环状软骨下缘续于咽，行于气管颈部的稍左后方，经胸廓上口入胸腔续食管胸部。故行食管颈部手术时多选择左侧入路。食管外侧有颈部交感干，后方隔椎前筋膜邻椎前肌和颈椎，两侧邻颈动脉鞘和甲状腺侧叶。

四、胸锁乳突肌区和颈根部

（一）胸锁乳突肌区

胸锁乳突肌区（sternocleidomastoid region）是指胸锁乳突肌在颈外侧所占据和覆盖的区域。该区浅层有颈外静脉、颈丛皮支和颈外侧浅淋巴结；肌的深层有颈袢、颈动脉鞘和交感干等（图13-18，图13-19）。

1. **颈袢**　一般位于颈动脉鞘的浅层，其分支支配舌骨下肌群。

2. **颈动脉鞘**　由颈深筋膜中层形成，其内包裹内侧的颈总动脉或颈内动脉、外侧的颈

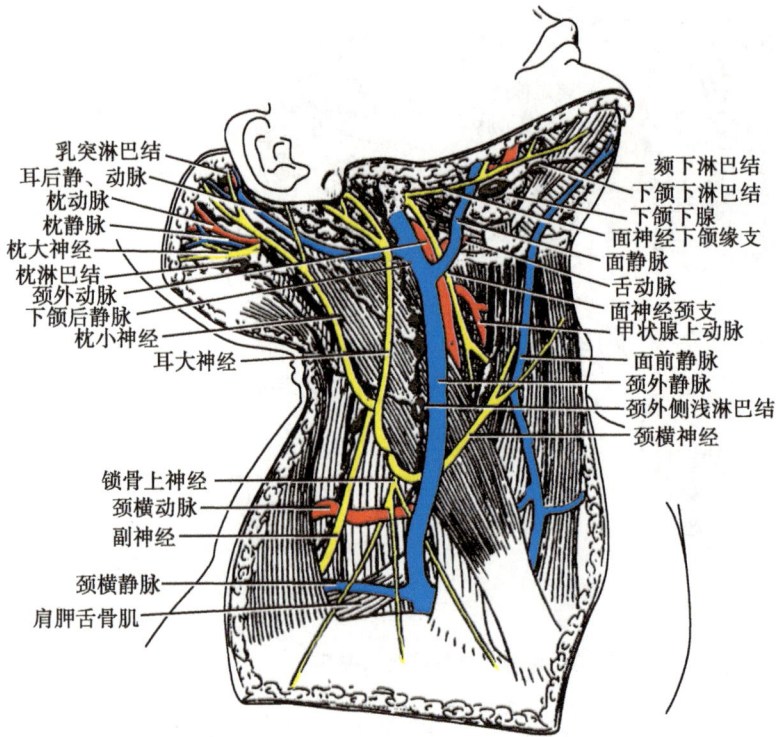

图13-18　颈部浅层结构（右侧）

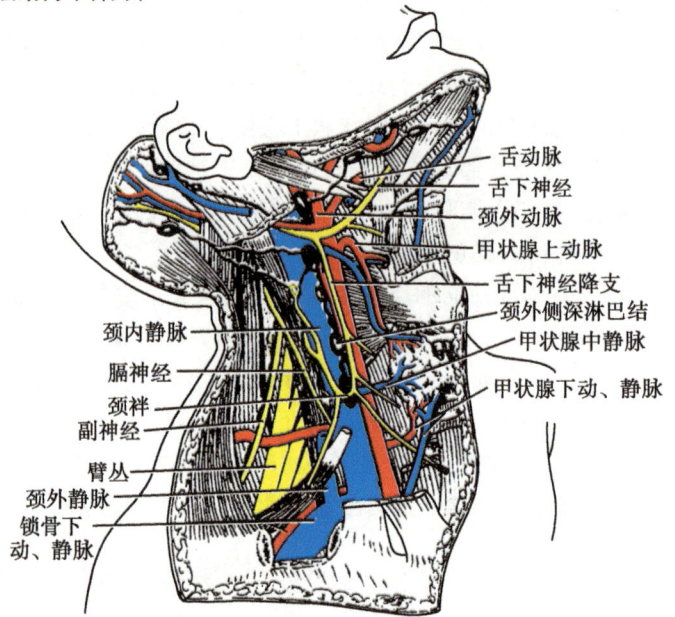

图13-19　颈部深层结构（右侧）

内静脉以及二者之间后方的迷走神经。该鞘周围有许多颈外侧深淋巴结。

3. 颈交感干　位于脊柱两侧，椎前筋膜的深面。自上而下有上、中、下3个交感神经节。颈上神经节最大呈梭形，位于第2～3颈椎横突前方。颈中神经节较小平第6颈椎横突。颈下神经节往往与第1胸神经节合并，称**星状神经节**，位于第1肋颈的前方。

（二）颈根部

颈根部（root of neck）是指颈、胸之间的过渡区，位于胸廓上口平面，包括胸锁乳突肌区和颈外侧区的最下部以及出入胸廓上口的诸结构，如臂丛、锁骨下血管、胸膜顶、肺尖和胸导管等（图13-20）。胸膜顶和肺尖常高出锁骨内侧1/3上方2~3cm，在颈部针刺时，应注意勿伤及，以免造成气胸。臂丛在锁骨中点上方较集中，且位置表浅，行上肢手术在此处进行麻醉时，也应注意其内侧的胸膜顶。胸导管注入处的狭窄，可造成胸导管内压升高，形成腹水等体征。个别人存在颈肋，可压迫臂丛产生胸廓上口综合征——表现为手指和手的尺神经分布区的麻木和感觉异常，也可在上肢肩带和同侧肩背部疼痛并向上肢放射等。锁骨下动脉受压可表现为手臂或手的缺血性疼痛、麻木、疲劳、感觉异常、发凉和无力，受压动脉远侧端扩张形成血栓致使远侧端缺血；如静脉同时受压则有疼痛、肿胀、酸痛、肢体远侧端肿胀和青紫等。

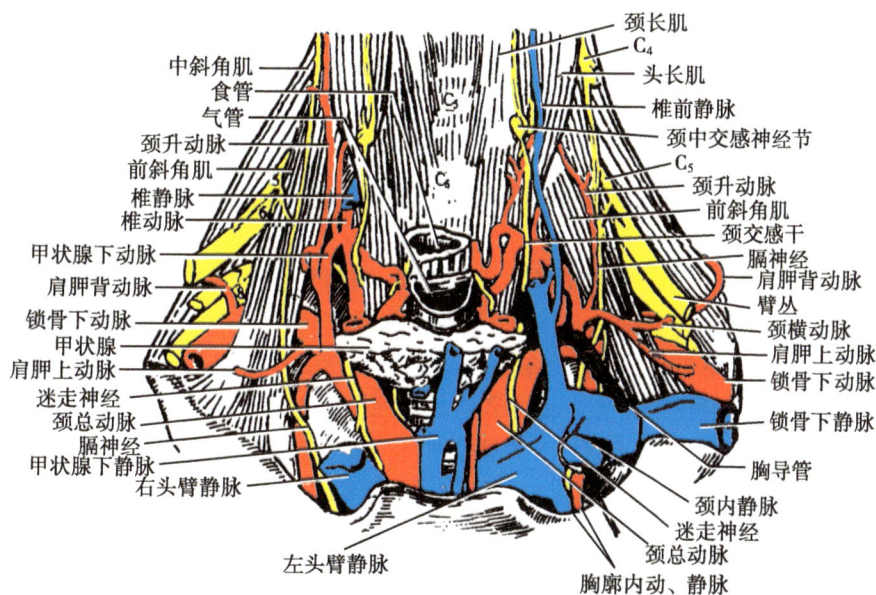

图13-20 颈根部（前面）

五、局部应用解剖

（一）颈内静脉穿刺术

颈内静脉穿刺术（puncture of internal jugular vein）是将穿刺针刺入颈内静脉内的一项操作，在此基础上可将导管植入右心房，进行全胃肠外营养疗法、中心静脉压测定、建立体外循环等，现已广泛用于临床（图13-21）。

1. 解剖特点 ①颈内静脉以二腹肌后腹为界将其分为上、下两段，上段前方浅层有胸锁乳突肌，深层有肩胛舌骨肌上腹、副神经、耳大神经和枕动脉等；下段前方有胸锁乳突肌、舌骨下肌群、颈前静脉和颈外侧深淋巴结等。②在颈根部，右侧颈内静脉与颈总动脉之间有一小的间隙，而左侧二者间有重叠。③体表投影为颈部保持正中位时自耳垂向下至锁骨胸骨端的连线，甲状软骨上缘平面以上为上1/3段，以下部分再等分为中、下1/3两段，各段中点处口径分别为12.0mm、13.9mm、14.6mm。胸锁乳突肌位置恒定，其前、后缘距上、中、下三段中点的水平距离分别为12.0mm和19.4mm、13.9mm和12.7mm、14.6mm和9.3mm。

2. 应用要点 ①部位选择：因上段颈总动脉与颈内静脉有一定重叠，且靠近颈动脉窦，不宜穿刺；下段位于锁骨上小窝内，虽标志明显，但位置较深；中段位置表浅，操作视野充分，穿刺时可避开一些重要结构，较安全，一般常选用。②穿刺层次：依次经皮肤、浅筋膜、胸锁乳突肌、颈动脉鞘达颈内静脉。③进针方向：在选定穿刺点后（中段穿刺），针尖对向胸锁关节后方，针与皮肤呈35°～40°角，边进针边抽吸，有落空感表示针已进入颈内静脉（有回血）。④注意事项：进针插管的深度需考虑个体体型与身高，一般自穿刺处到胸锁关节的距离加头臂静脉与上腔静脉长度即可进入右心房。右侧头臂静脉及上腔静脉长度分别为：男，44.4mm和60.6mm；女，38.8mm和57.2mm。

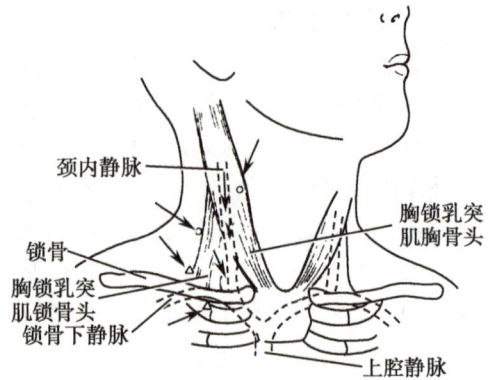

图13-21 颈内静脉的体表投影和穿刺点

（二）锁骨下静脉穿刺术

锁骨下静脉穿刺术（puncture of subclavian vein）是目前介入治疗乃至静脉高营养常用的血管入路。

1. 解剖特点 锁骨下静脉为腋静脉的延续，起自第1肋外侧缘，轻度弓形向上行经锁骨内侧半后面时，正好位于锁骨、第1肋和前斜角肌之间，并借前斜角肌与锁骨下动脉隔开，行至胸锁关节后面与颈内静脉合成头臂静脉。锁骨下静脉的平均长度为37.6mm，平均外径为11.6mm。该静脉的前上方有锁骨和锁骨下肌，后方隔前斜角肌（厚度约5mm）与锁骨下动脉相邻，下方为第1肋，内后方为胸膜顶（静脉后壁距胸膜约5mm）。由于该静脉壁与颈部固有筋膜、第1肋骨膜、前斜角肌和锁骨下筋膜等结构相愈着，故其位置固定，不易发生移位、塌陷，有利于穿刺；但管壁不易回缩，若操作不慎致空气进入可形成气栓。该入路一般不会伤及胸膜，操作方便，且成功率高。

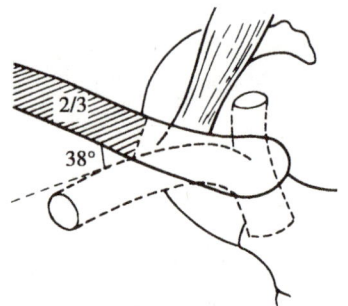

2. 应用要点 ①穿刺部位：选择在锁骨下方内、中1/3交点处（图13-22）。②体位：仰卧、头后伸并偏向对侧，肩垫高，或将床尾稍抬高，有利于穿刺时血液向针内回流，并可避免气栓。穿刺侧上肢外展45°，后伸30°，以向后牵拉锁骨。③层次：依次穿经皮肤、浅筋膜、胸大肌、锁骨下肌至锁骨下静脉。④方向和深度：针头与胸壁纵轴成45°，与胸壁平面成15°角，进针深度30～40mm。

图13-22 锁骨下静脉与锁骨、前斜角肌的关系

第三节 胸 部

一、概 述

胸部（thorax）位于颈部和腹部之间，其上部两侧与上肢相连。胸部由胸壁、胸腔和胸

腔内器官组成。胸壁由胸廓和软组织构成，参与呼吸运动；胸腔由胸壁和膈围成，中央被纵隔占据，两侧为肺及其胸膜和胸膜腔。胸腔经胸廓上口与颈部相通，下部借膈与腹腔相隔。

（一）境界和分区

胸部的上界即颈部的下界，两侧以三角肌前、后缘与上肢分界；下界相当于胸廓下口，为剑突、肋弓、第11肋前端、第12肋下缘和第12胸椎棘突的连线，借此与腹部分界。胸廓下口被膈封闭，由于膈呈穹隆状，故胸部表面的界限并不代表胸腔的真正范围，肝、脾、肾等腹腔器官位于胸壁下部的深面，当胸壁外伤时可累及这些器官。另外，胸膜顶、肺尖、小儿胸腺等可经胸廓上口突入颈根部，故在颈根部针刺、手术和臂丛阻滞麻醉时应注意保护这些结构。

胸部分为胸壁和胸腔。每侧胸壁又可分为胸前区、胸外侧区和胸背区。其中胸前区位于前正中线和腋前线之间，胸外侧区位于腋前、后线之间，胸背区位于腋后线和后正中线之间。胸腔分为中部和左、右部，纵隔占据中部，左、右部容纳肺和胸膜等。

（二）表面解剖

1.表面标志（图13-23）

（1）颈静脉切迹：为胸骨柄上缘中部的切迹，成年男性向后平对第2胸椎体下缘，女性平对第3胸椎体。

（2）胸骨角：为胸骨柄与胸骨体连接处，微向前突，向后平对第4胸椎体下缘，两侧连结第2肋软骨，可作为计数肋的标志。胸骨角平面为上、下纵隔的分界，并与主动脉弓的起止端、气管杈大致相当，胸导管在此平面转向左行。

（3）剑突：向后平对第9胸椎体，上接胸骨体，称剑胸结合，两侧与第7肋软骨连结。

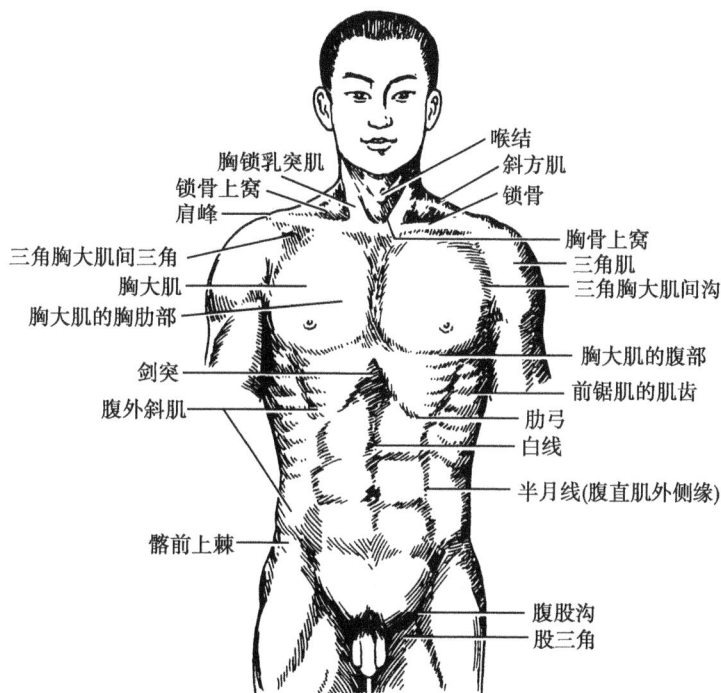

图13-23　躯干前面的体表标志

剑突与肋弓间的夹角称剑肋角，其中左侧剑肋角常作为心包穿刺的进针部位。

（4）肋弓：为第8~10肋软骨前端依次与上位肋软骨相连而成。两侧肋弓与剑胸结合共同构成胸骨下角，为70°~110°，角内夹有剑突。肋弓是肝、胆囊和脾的触诊标志。

（5）乳头：男性位于锁骨中线与第4肋间隙相交处，女性位置变化较大。

（6）锁骨：位于颈、胸交界处，全长皮下可触及。位于锁骨外侧1/3下方的浅窝称锁骨下窝，其深面有臂丛、腋血管等通过。

（7）肋和肋间隙：常作为胸腔和腹腔上部器官的定位标志。

（8）肩胛骨：两臂自然下垂时，肩胛骨下角平对第7肋和第7胸椎棘突，可作为计数肋的标志；肩胛冈内侧端平对第3胸椎棘突，可作为手术和体检的定位标志。

2.体表投影

（1）心：见脉管系统。

（2）肺及胸膜：见呼吸系统。

二、胸壁及乳房

（一）胸壁的层次

胸壁以胸廓为支架，外覆盖以皮肤、肌和筋膜，内衬胸内筋膜和壁胸膜。其层次由浅入深依次为皮肤、浅筋膜、深筋膜、胸廓外肌层、胸廓和肋间肌、胸内筋膜和壁胸膜（图13-24）。

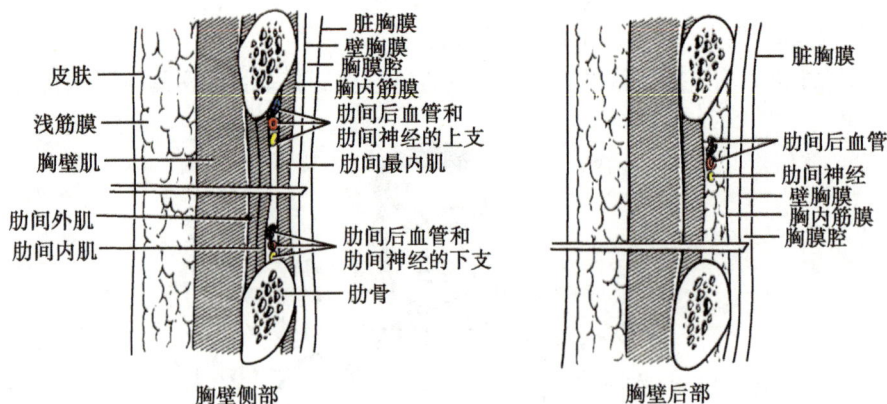

图13-24 胸壁层次及胸膜腔穿刺部位

1. 皮肤 胸前、外侧壁的皮肤较薄，背部较厚，除胸骨表面部分外，其余各部活动性较大。

2. 浅筋膜 与颈部、上肢和腹部的浅筋膜相续，其厚度个体差异较大，并与个体的发育、营养状况、性别和年龄等有关。胸骨处较薄，其余部分较厚。该层内含有浅血管、淋巴管、皮神经和乳腺等。

（1）浅血管：浅动脉主要来自胸廓内动脉和肋间后动脉的分支。浅静脉构成静脉网，较大者有胸腹壁静脉，经胸外侧静脉注入腋静脉。肝门静脉高压时，该静脉参与构成肝门-腔静脉系侧支循环。

（2）皮神经：胸前、外侧区的皮神经分别来自颈丛和上部肋间神经。颈丛的皮支如锁骨上神经；肋间神经的皮支呈明显的节段性分布，临床上可根据其分布确定麻醉平面和脊

髓损伤的定位诊断。

3. **深筋膜** 浅层较薄，覆盖于胸大肌、前锯肌表面，向上附着于锁骨，向下续于腹外斜肌表面的筋膜，向内侧附着于胸骨，向后与胸背区筋膜相续。深层位于胸大肌深面，向上附着于锁骨，向下包绕锁骨下肌和胸小肌等，并与腋筋膜相续。位于喙突、锁骨下肌和胸小肌处的筋膜称锁胸筋膜。手术切开时应注意保护穿出该筋膜的胸外侧神经，以免引起胸大、小肌瘫痪。

4. **胸廓外肌层** 浅层有胸大肌、腹直肌和腹外斜肌上部，深层有锁骨下肌、胸小肌和前锯肌。其中胸大肌较宽大，且位置表浅，临床上常用以填充胸部残腔或修复胸壁缺损。

5. **胸廓和肋间隙** 胸廓除支持、保护胸腔器官外，主要参与呼吸运动，其形状有明显的个体差异，与年龄、性别和健康状况等有关。肋间隙内有肋间肌（由外向内依次为肋间外肌、肋间内肌和肋间最内肌）附着，并有肋间血管、肋间神经以及结缔组织等。

6. **胸内筋膜** 衬贴于胸廓内面，向上覆盖于胸膜顶上方，称胸上筋膜；向下覆盖于膈上面，称膈上筋膜。其中位于胸骨、肋和肋间肌内面的部分较厚，脊柱两侧的部分较薄。

（二）乳房

乳房（mamma）为哺乳动物特有的结构。人类乳房为成对器官，男性为静止性器官，女性于青春期后受雌激素的影响开始发育生长，在妊娠和哺乳期有分泌活动。

1. **位置** 乳房位于胸前部、胸大肌及其筋膜的表面，介于第3~6肋之间，内侧至胸骨旁线，外侧可达腋中线。成年未产妇乳头平第4肋间隙或第5肋。

2. **形态** 成年女性未产妇的乳房呈半球形，紧张而富有弹性（图13-25，图13-26）。乳房中央的突起称乳头，乳头顶端有许多输乳管的开口。乳头周围呈环形颜色较深的皮肤区域称乳晕，其表面有许多小隆起，深面为乳晕腺，可分泌脂性物质以润滑乳头。乳头和乳晕的皮肤均较薄，易受损伤。

乳房在妊娠后期及哺乳期增生，明显变大；停止哺乳后，乳腺萎缩，乳房变小，形态

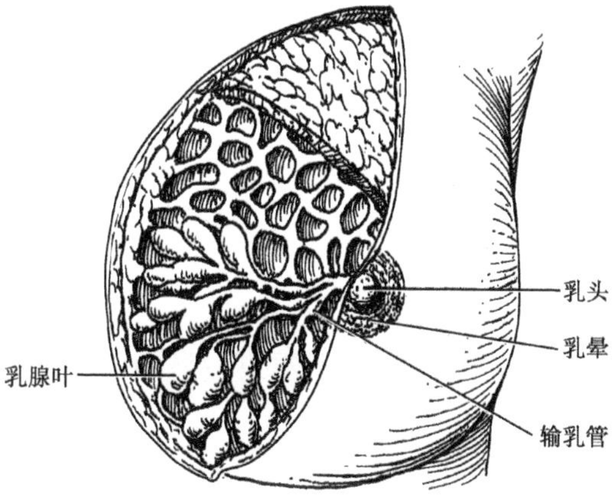

图13-25 女性乳房

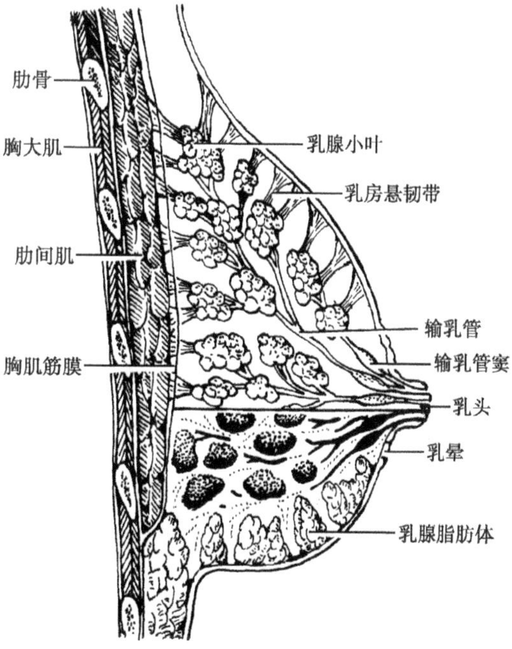

图13-26 女性乳房矢状切面

也发生相应改变。老年女性乳房萎缩更加明显。

3. 结构 乳房由皮肤、乳腺、脂肪组织和纤维组织构成。其中脂肪组织主要位于皮下，纤维组织主要包绕乳腺，并发出纤维隔嵌入乳腺叶间，将乳腺分为15~20个乳腺叶。每一乳腺叶有一条输乳管，输乳管在近乳头处膨大形成输乳管窦，其末端变细开口于乳头。乳腺叶和输乳管围绕乳头呈放射状排列，因此乳房手术时应尽量作放射状切口，以减少对乳腺叶和输乳管的损伤。在乳房皮肤与乳腺深面的胸肌筋膜间连有许多纤维组织小束，称**乳房悬韧带**（suspensory ligaments of breast）或Cooper韧带，对乳房起固定作用。乳腺癌早期，该韧带可受侵而缩短，牵拉表面皮肤产生一些凹陷，为乳腺癌早期的常见体征。

4. 血液供应 动脉主要来自胸廓内动脉（第3~6穿支）、胸外侧动脉和第3~7肋间后动脉（外侧穿支）以及胸肩峰动脉的分支。静脉回流分浅、深两组：浅静脉在乳头周围皮下形成乳房皮下静脉网；深静脉与上述各动脉的分支伴行，分别汇入胸廓内静脉、腋静脉、奇静脉或半奇静脉，最后汇入上腔静脉，并经肺循环入肺。故晚期乳腺癌可沿此途径发生肺转移。

5. 淋巴回流 女性乳房的淋巴管非常丰富，当发生炎症或癌肿时，多经淋巴途径扩散和转移。因此，了解乳房的淋巴回流途径及淋巴结群的位置具有重要的临床意义。乳房的淋巴主要注入腋淋巴结（图13-27）。主要引流途径有6个：①乳房外侧和中央部的淋巴管注入胸肌淋巴结；②上部的淋巴管注入尖淋巴结；③内侧部的淋巴管注入胸骨旁淋巴结；④内下部的淋巴管与腹前壁和膈的淋巴管相交通，并和肝的淋巴管吻合；⑤深部的淋巴管穿胸肌直接注入尖淋巴结；⑥内侧部浅层的淋巴管与对侧乳房的淋巴管交通。因此，乳腺癌发生淋巴转移时，可首先侵犯腋淋巴结和胸骨旁淋巴结。

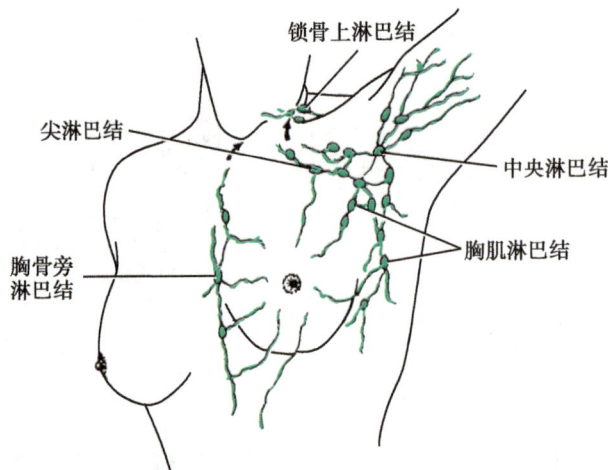

图13-27 乳房的淋巴引流

6. 乳腺癌时乳房表面形态变化的解剖学基础

（1）皮肤凹陷：由于癌肿累及乳房悬韧带，致使韧带挛缩，加之癌肿与皮肤粘连、固定，牵拉皮肤出现凹陷。

（2）乳头回缩：位于乳头下的癌症侵及输乳管及其周围组织时，可引起粘连、固定，内牵乳头造成乳头内陷。如癌肿位置偏离一侧，则可使乳头偏向患侧。

（3）乳房皮肤呈"橘皮样变"：由于癌肿侵及并压迫皮肤内毛细淋巴管，造成淋巴管阻塞，淋巴淤积，引起毛囊小凹周围的皮肤出现淋巴水肿，皮肤发生貌似橘皮样改变。乳房出现上述病理改变时，应高度怀疑乳腺癌。

三、胸　腔

胸腔（thoracic cavity）由胸壁和膈围成，上经胸廓上口通颈部，下借膈与腹腔分界。胸腔可分为3部分，即位于正中偏左的纵隔以及容纳肺和胸膜囊的左、右部。

（一）肺

肺位于胸腔内、纵隔的两侧，借肺根和肺韧带固定于纵隔上。

1. 肺门和肺根　肺内侧面中部的凹陷称肺门，临床上常称第一肺门，有主支气管、肺动脉、肺静脉、神经和淋巴管等出入。各肺叶支气管、肺血管的分支与属支等出入肺叶的部位称第二肺门。

出入肺门的诸结构借结缔组织连结，被胸膜包绕组成肺根。两肺根内主要结构的排列位置有一定的顺序。从前向后两侧相同，依次为肺静脉、肺动脉、主支气管。自上而下左、右各异，右侧依次为上叶支气管、肺动脉、中下叶支气管、肺上静脉和肺下静脉；左侧依次为肺动脉、主支气管、肺上静脉和肺下静脉（图13-28）。

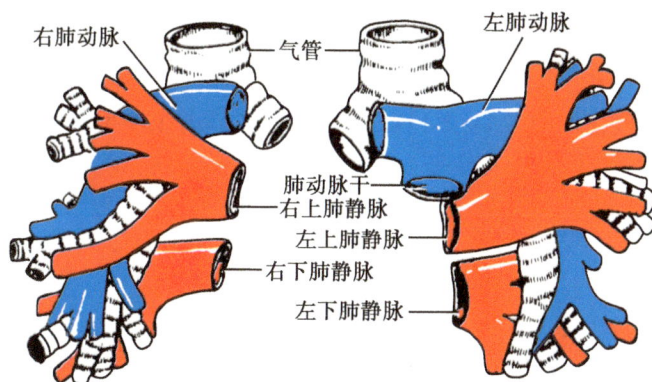

图13-28　肺根结构的排列关系（前面）

肺根的毗邻亦左、右不同。右肺根上方有奇静脉弓跨过，前方有上腔静脉、右膈神经和心包膈血管，后方与奇静脉、右迷走神经相邻。左肺根上方有主动脉弓跨过，前方有左膈神经、心包膈血管，后方有胸主动脉和左迷走神经。

2. 肺的血管　肺有两套功能不同的血管。一套属于肺循环的肺动脉和肺静脉，主要功能是参与气体交换；另一套属于体循环的支气管动脉和支气管静脉，主要功能是营养肺内支气管和肺。

3. 肺的神经　为迷走神经和交感神经的分支，二者在肺门处组成肺丛，由肺丛发出分支沿各级支气管至肺组织和脏胸膜。其中运动纤维支配支气管、血管的平滑肌和腺体。当迷走神经兴奋时，支气管平滑肌收缩、血管舒张、腺体分泌；交感神经兴奋时则相反。胸部手术刺激胸膜和肺组织时，易引起胸膜肺休克，如在肺门神经丛处作局部阻滞麻醉，可起到预防作用。

4. 肺的淋巴引流　肺的淋巴管丰富，分浅、深两组：浅淋巴管位于脏胸膜深面，深淋巴管在肺内沿各级支气管走行,最后注入肺门淋巴结。

(二)纵隔

纵隔(mediastinum)为两侧纵隔胸膜之间全部器官、结构和结缔组织的总称。正常情况下,两侧胸膜腔压力均衡,纵隔位置相对固定。当一侧发生气胸时,即可造成纵隔摆动或移位,引起呼吸和循环功能障碍。纵隔也是多种肿瘤如畸胎瘤、神经源性肿瘤以及结核的好发部位。

1. 纵隔的境界 前界为胸骨和肋软骨内侧部,后界为脊柱胸部,两侧界为纵隔胸膜,上界为胸廓上口,下界为膈。

2. 纵隔的区分(见第五章呼吸系统第四节)

3. 纵隔的内容和配布 纵隔内的结构主要包括心、心包、大血管、气管、食管等,各纵隔的内容和配布如下:

(1)上纵隔:由前向后分为三个层次:前层有胸腺、左右头臂静脉和上腔静脉,中层有主动脉弓及其分支、膈神经和迷走神经,后层有气管及气管旁淋巴结、食管和胸导管等。

(2)下纵隔:①前纵隔:内含胸腺下部、2~3个纵隔前淋巴结和少量疏松结缔组织。②中纵隔:内含心包及其两侧的膈神经和心包膈血管、心及其出入心的大血管根部。③后纵隔:气管杈和左、右支气管占据上部前份,食管及其神经丛自气管杈以下占据后纵隔前部,紧贴心包后壁;胸主动脉居食管后方,两侧分别为奇静脉和半奇静脉,再向后为交感干的胸部;胸导管走行于降主动脉和奇静脉之间等。

4. 纵隔的整体观(图13-29～图13-31) 近年来随着纵隔手术的广泛开展,从侧面观察纵隔诸结构的形态、位置及其毗邻关系颇具临床实用价值。通常以肺根和肺韧带为定位标志。

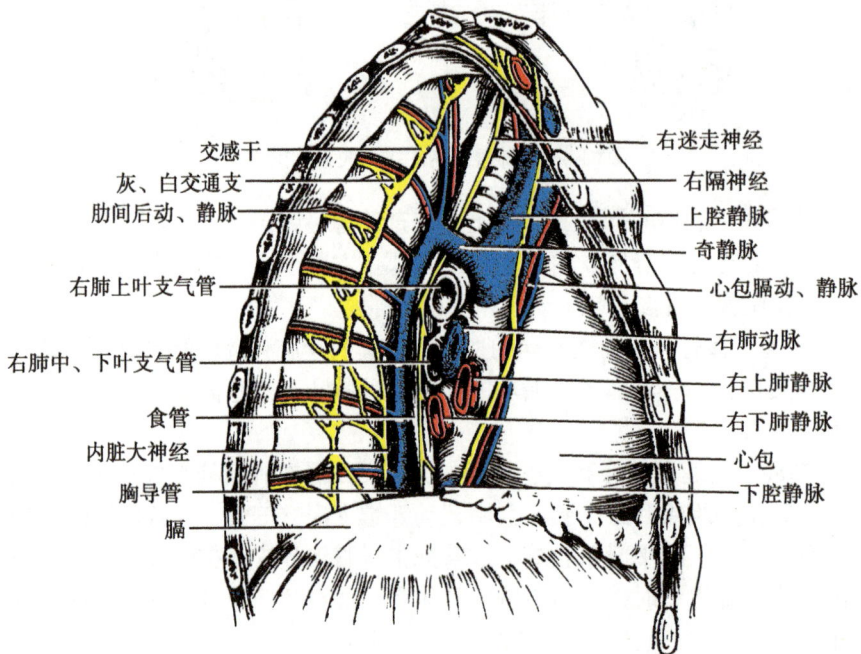

交感干
灰、白交通支
肋间后动、静脉
右肺上叶支气管
右肺中、下叶支气管
食管
内脏大神经
胸导管
膈

右迷走神经
右膈神经
上腔静脉
奇静脉
心包膈动、静脉
右肺动脉
右上肺静脉
右下肺静脉
心包
下腔静脉

图13-29 纵隔右侧面观

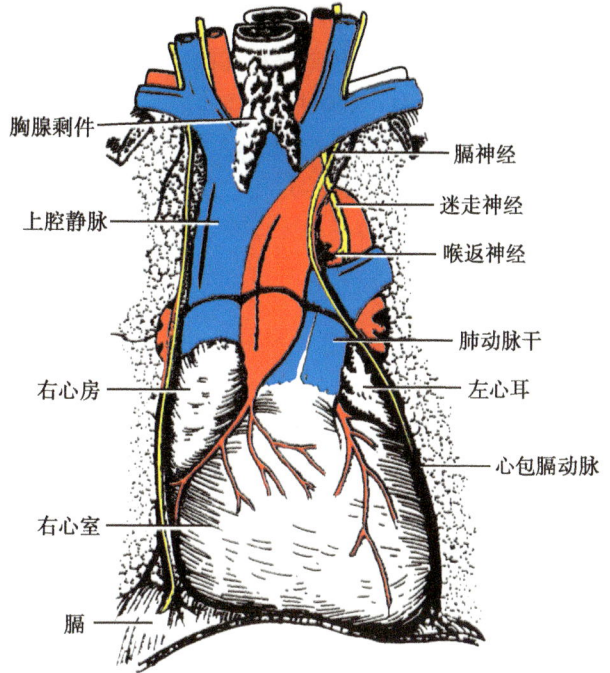

图13-30　纵隔前面观

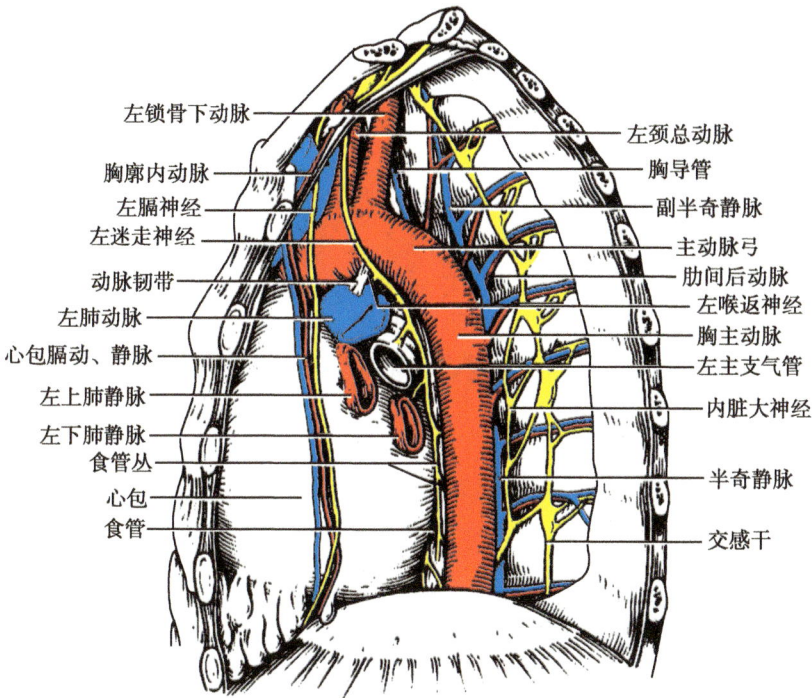

图13-31　纵隔左侧面观

（1）纵隔的右侧面：因此面可看到若干大静脉，故又称纵隔静脉面。其中右肺根略居中央，上方有奇静脉弓、气管等，前上方有上腔静脉、右膈神经和心包膈血管，前下方有心包隆凸，后方依次有食管及其神经丛、胸导管等，右后方依次有奇静脉、右交感干及内脏大神经，下方有下腔静脉。

（2）纵隔的左侧面：因此面可看到若干大动脉，故又称纵隔动脉面。其中左肺根居中央，上方有主动脉弓及其分支（左颈总动脉和左锁骨下动脉），前下方有心包隆凸，左膈神经和心包膈血管沿主动脉弓左前方、肺根的前方及心包侧壁下降至膈；左迷走神经沿主动脉弓左前方、肺根后方下行，并在主动脉弓左前方发出喉返神经。后方有胸主动脉、左交感干及内脏大神经。由锁骨下动脉、脊柱和主动脉弓围成食管上三角，内含食管上份和胸导管。由心包、胸主动脉和膈围成食管下三角，内含食管下份。

四、局部应用解剖

胸外心按压术（closed cardiac massage）是抢救心跳骤停病人的一项基本技术，主要通过有节律地胸外按压将心挤压于胸骨和脊柱之间，迫使血液从左、右心室排入主、肺动脉；放松时，胸骨及两侧的肋借助弹性回缩而复位，此时胸腔负压增加，静脉血向心回流，心腔得到充盈。如此反复按压以代替心自主功能，推动血液循环，并可借助机械刺激恢复心的自主节律。

1. 解剖特点　胸廓由胸椎、肋和胸骨及其连结构成，具有一定的弹性和活动性，能允许胸前壁在外力作用下有一定幅度的移位而抵及心前壁，从而可有效地挤压心，这是胸外心按压术的形态学基础。

2. 应用要点　①施术者双手重叠，放在病人胸骨下2/3处（图13-32），每次按压使胸骨下陷3~4cm（成人），随即放松。每分钟约60次。②按压部位要准确，不能选在剑突下方或左、右胸腹部，也不能偏向左侧。如在左胸心前区按压，易引起肋骨外侧或胸肋关节处骨折，骨折端可刺破胸膜和肋间血管，甚至刺破肺而引起血胸、气胸或肺不张等综合征。③按压力量要均匀、适度，要使心像正常一样收缩，既要保证效果，又可防止并发症。如力量过大、过猛，特别是老年人因骨质疏松、弹性下降，易发生肋骨骨折，造成一系列的并发症；儿童只能单手按压，或根据患儿身材大小采用单指或两指尖按压（胸骨下陷的幅度应为其前后径的1/5）。④有些病人不宜采用，如多发性肋骨骨折、胸廓畸形（鸡胸、桶状胸等）、心包填塞症、双侧气胸、妊娠后期、胸部穿通伤等。

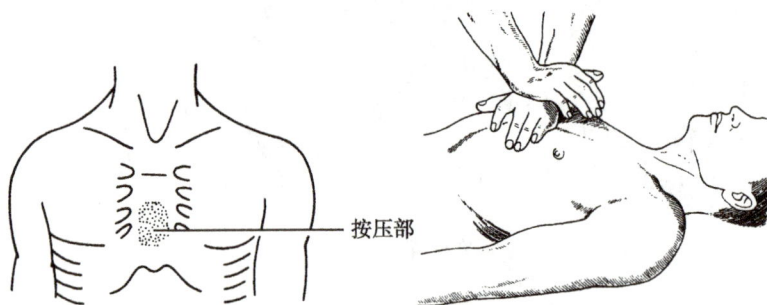

按压部

图13-32　胸外心按压部位及手法

第四节　腹　　部

一、概　　述

腹部（abdomen）位于胸部和盆部之间，分为腹壁、腹腔和腹腔脏器。腹部后方以脊柱为支架，腹前外侧壁由肌和筋膜等软组织构成。由腹壁和膈围成的空腔称腹腔，其上方与膈穹隆一致，下方借小骨盆上口通盆腔。腹腔内包含消化系统、泌尿系统等大部分器官、血管、神经、淋巴和腹膜等。

（一）境界和分区

腹部的上界即胸部的下界，下界为耻骨联合上缘、腹股沟、髂嵴至第5腰椎棘突的连线。腹壁以腋后线为界分为腹前外侧壁和腹后壁。

为了描述和确定腹腔脏器的位置，临床上通常用两条横线和两条垂直线将腹部分为三部九区（见图4-2）：即腹上部的腹上区和左、右季肋区；腹中部的脐区和左、右腹外侧区；腹下部的腹下区（耻区）和左、右髂区（腹股沟区）。

（二）表面解剖

1. 表面标志（图13-23）

（1）耻骨联合：位于腹前壁正中线下端、阴阜的深面，可清楚触及，其上缘是骨盆入口标志之一。

（2）耻骨嵴和耻骨结节：前者为耻骨联合上缘向外侧的横行骨嵴，由此再向外可触及圆丘状骨性隆起为耻骨结节。

（3）髂嵴：为髂骨上缘，呈"~"形，全长可触及，其前、后端的突起分别为髂前上棘和髂后上棘；距髂前上棘后方5~7cm处髂嵴向外的突起称髂结节。连结两侧髂嵴最高点的连线平第4腰椎棘突，常用以计数椎骨，也是临床上行腰椎穿刺的定位标志。

（4）白线：位于腹前壁正中线的深面，中部有脐环。脐环以上较宽，以下较窄。

（5）脐：位于腹前壁正中线上，相当于第3~4腰椎水平，是腹壁的薄弱处之一，易发生脐疝。

（6）腹直肌：位于白线两侧，收缩时可见其腱划处浅的横沟及其间的肌腹隆起。

（7）**半月线**（linea semilunaris）：即腹直肌的外侧缘。

（8）腹股沟：腹前壁与大腿交界处的浅沟，其深面有腹股沟韧带。

2. 体表投影

（1）幽门平面：又称Addison平面，为通过脐至剑胸结合处连线中点的平面（或耻骨联合上缘至胸骨颈静脉切迹连线的中点）。位于此平面上的结构有：第9肋软骨前端、胆囊底、幽门、胰体、肾门等。

（2）肝下缘：在正常成人肝下缘大部分与右侧肋弓平行，一般不应触及，在前正中线上可低于剑突约3cm。在幼儿其下缘较低，在肋弓下可触及。

（3）胆囊底：位于右肋弓与右腹直肌外侧缘相交处。患胆囊炎时此处可有明显压痛。

（4）阑尾根部：位于脐至右髂前上棘连线的中、外1/3交点处，称**麦氏**（McBurney）点。患阑尾炎时此处常有压痛。

（5）腹腔大部分器官：一般成人腹腔主要器官在腹前壁的投影如表13-1。

表13-1 腹腔主要器官在腹前壁的投影

右季肋区	腹上区	左季肋区
①右半肝大部分	①右半肝小部分、左半肝大部分	①左半肝小部分
②部分胆囊	②胆囊	②贲门、胃底、部分胃体
③结肠右曲	③幽门部和部分胃体	③脾
④部分右肾	④胆总管、肝动脉和肝门静脉、小网膜	④胰尾
	⑤十二指肠大部分	⑤结肠左曲
	⑥胰大部分	⑥部分左肾
	⑦肾上腺和两肾一部分	
	⑧腹主动脉、下腔静脉	
右外侧区	脐区	左外侧区
①升结肠	①充盈时的胃大弯	①降结肠
②部分回肠	②横结肠	②部分空肠
③右肾下部	③大网膜	③左肾下部
	④左、右输尿管	
	⑤十二指肠小部分	
	⑥部分空、回肠	
	⑦腹主动脉、下腔静脉	
右髂区	腹下区	左髂区
①盲肠	①回肠袢	①大部分乙状结肠
②阑尾	②充盈时的膀胱	②回肠袢
③回肠末端	③妊娠后期的子宫	
	④部分乙状结肠	
	⑤左右输尿管	

（6）腹主动脉：于前正中线幽门平面上方2.5cm处至脐左下2cm处，此处也是主动脉分叉部的表面投影点。沿主动脉投影带出现的搏动性肿块，可能为腹主动脉瘤，应与体质较弱、腹壁较薄者正常触到的腹主动脉搏动相鉴别。

（7）腹腔干：于前正中线上幽门平面上方1.5cm处向前。

（8）脾动脉：位于幽门平面，自前正中线水平向左约15cm。

（9）肠系膜上动脉：位于幽门平面近前正中线处以凸向左侧的肋弓斜向右髂前上棘，长约12cm。

（10）肠系膜下动脉：自脐上2.5cm、前正中线左侧1cm处起，至脐下4cm处前正中线上止。

（11）肾动脉：在幽门平面稍下方，自腹主动脉两侧向外，长约4cm。

二、腹前外侧壁

（一）腹前外侧壁的层次

腹前外侧壁的层次由浅入深依次为皮肤、浅筋膜、深筋膜与肌层、腹横筋膜、腹膜下筋膜和壁腹膜。因部位不同，层次与结构有所变化，故在选择手术切口时，应熟悉其特点。

1. **皮肤**　较薄，弹性大，除前正中线及腹股沟处与深层结构紧密连结外，其余各部均疏松地与皮下组织连结，移动性较大。因此，外科常在腹前壁取皮瓣修复皮肤缺损。

2. **浅筋膜**　较厚，由疏松结缔组织和脂肪组织构成，个体差异较大，并与年龄、营养等相关。该层在脐平面以下分为两层：浅层为脂肪层，称Camper筋膜；深层为膜样层，称Scarpa筋膜，较致密，于前正中线上附着于白线，两侧向下续大腿阔筋膜，在耻骨联合处与阴囊肉膜、会阴浅筋膜、阴茎浅筋膜相续。

该层中含有浅血管、皮神经和浅淋巴管。①浅动脉：位于腹下部，较细，主要有发自股动脉的腹壁浅动脉和旋髂浅动脉。②浅静脉：多且吻合成网，尤其在脐周更丰富（脐周静脉网）。在脐以上经胸腹壁静脉汇入腋静脉，在脐以下经腹壁浅静脉汇入大隐静脉。③皮神经：由胸7~12和腰1神经前支的皮支分布，具有明显的节段性。④浅淋巴管：脐以上者注入腋淋巴结，脐以下注入腹股沟浅淋巴结。

3. **深筋膜和肌层**　腹前外侧壁的深筋膜很薄弱，包被于各肌表面。肌层包括位于前正中线两侧的腹直肌和前外侧的三块扁肌：腹外斜肌、腹内斜肌和腹横肌（见图3-70，图3-71）。

肌层内穿行着深部血管、神经和淋巴管（图13-33）：①动脉：来自第7~11肋间后动脉和肋下动脉，行于腹内、外斜肌之间；发自胸廓内动脉的腹壁上动脉与发自髂外动脉的腹壁下动脉行于腹直肌与腹直肌鞘后层之间并吻合。②静脉：与同名动脉伴行。③神经：包括第7~11肋间神经、肋下神经、髂腹下神经和髂腹股沟神经。④淋巴管：腹壁上部的深淋巴管注入肋间淋巴结，下部注入髂外淋巴结。

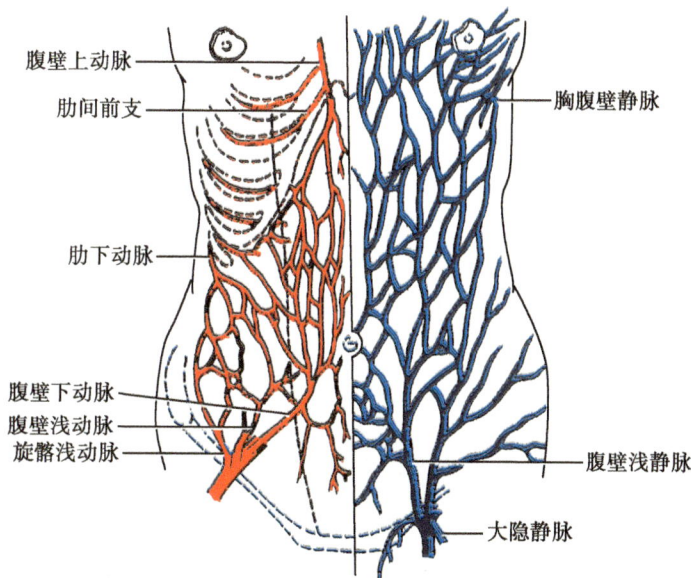

图13-33　腹前外围壁的血管

　　4. 腹横筋膜　位于腹直肌鞘和腹横肌深面，为腹内筋膜的一部分，向上续膈下筋膜，向下续髂筋膜和盆筋膜。该层与腹横肌疏松结合，与腹直肌鞘后壁紧密结合，故手术时常作一层切开。

　　5. 腹膜下筋膜　又称腹膜外脂肪，为腹横筋膜与壁腹膜间的疏松结缔组织，将二者分开形成一潜在间隙。临床上可经此对膀胱、子宫、肾等器官行腹膜外手术。

　　6. 壁腹膜　为腹前外侧壁的最内层，向上续于膈下腹膜，向下续盆腔腹膜。

　　壁腹膜在脐以下腹前壁内面覆盖于韧带和血管的表面形成5条皱襞（图13-34）：①脐正中襞：位于前正中线上，由膀胱尖连至脐，内含脐尿管索，为胚胎期脐尿管闭锁后的遗迹。②脐内侧襞：位于脐正中襞外侧，内含脐动脉索，为胚胎期脐动脉闭锁后的遗迹。③脐外侧襞：位于最外侧，内有腹壁下动、静脉。在腹股沟韧带的上方，于脐内侧襞的内、外侧分别形成腹股沟内侧窝和外侧窝，其位置正对腹股沟浅、深环，均为腹壁的薄弱处以及疝的好发部位。

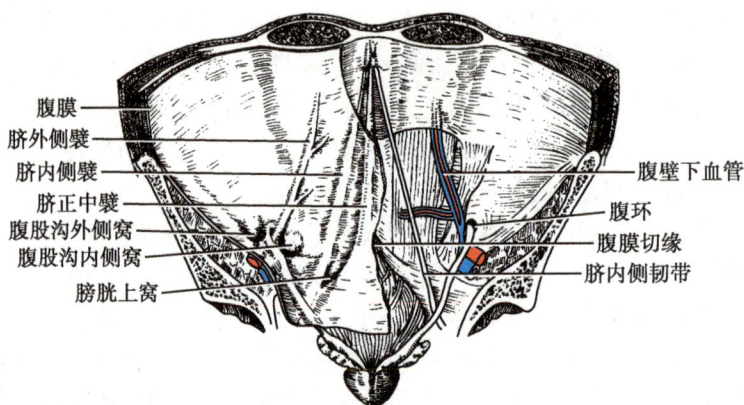

图13-34　腹前壁下部的皱襞和凹窝（后面观）

（二）腹前外侧壁常用手术切口

　　腹腔内脏器官的疾病需进行手术治疗时，多数必须逐层切开腹壁，部位不同，切口的层次有所差别（图13-35）。

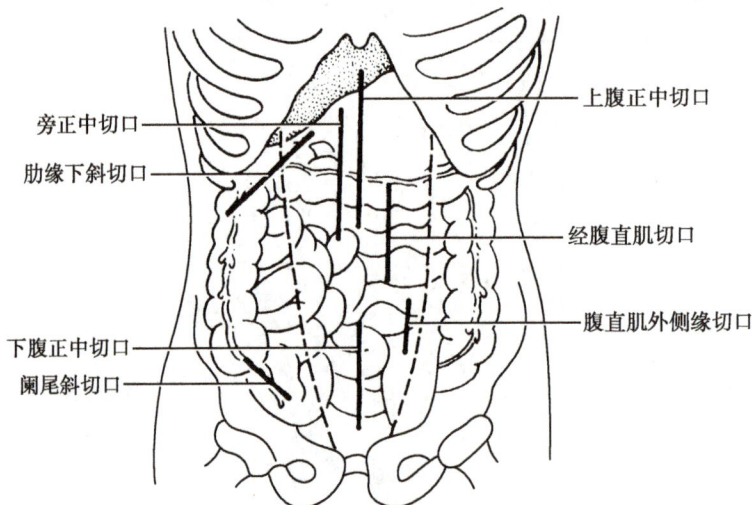

图13-35　腹前壁手术常用切口

1. **正中切口** 即沿腹前壁正中线所作的纵形切口，为腹部常用切口之一。切口层次由浅入深依次为：皮肤、浅筋膜、白线与腹横筋膜、腹膜下筋膜和壁腹膜。此切口优点是能快速切开腹壁进入腹膜腔，且不损伤腹肌，血管、神经损伤亦少；缺点是血运较差，有时影响切口愈合。

2. **旁正中切口** 即沿前正中线旁开1~2cm的纵形切口。切口层次依次为：皮肤、浅筋膜、腹直肌鞘前壁、向外牵开腹直肌后再切开腹直肌鞘后壁、腹横筋膜、腹膜下筋膜和壁腹膜。此切口优点是对腹壁血管、神经的损伤很少，并可视手术需要随时延长切口，术后恢复快，故外科常用。

3. **经腹直肌切口** 即经腹直肌中线的纵形切口。其层次同旁正中切口。缺点是需劈开腹直肌，血管、神经损伤较多。因其手术野显露良好，也为外科常用。

4. **肋缘下斜切口** 即自剑突下2cm起沿肋弓下缘下方2~3cm斜向外下方所作的切口。需依次切开皮肤、浅筋膜、腹直肌鞘前壁、腹直肌、腹直肌鞘后壁、腹横筋膜、腹膜下筋膜和壁腹膜。如向外下延长切口还需切开三层扁肌。其优点是对肝、胆囊、脾等手术显露良好；缺点是需切开的肌较多，血管、神经损伤较大。

5. **右下腹斜切口** 又称麦氏切口，为阑尾炎手术时常用。通常选在脐与右髂前上棘连线的中、外1/3交点处作一与此连线垂直的切口。依次切开皮肤、浅筋膜、腹外斜肌腱膜、按纤维方向分开腹内斜肌和腹横肌、腹横筋膜、腹膜下筋膜和壁腹膜。优点是损伤少、愈合快；缺点是显露范围较小，不利于切口扩大和延长。

（三）腹股沟区

1. **境界和结构特点** 境界：内侧界为腹直肌外侧缘，上界为髂前上棘至腹直肌外侧缘的水平线，下界为腹股沟韧带。结构特点：①腹外斜肌在此区移行为较薄的腱膜；②腹内斜肌和腹横肌的下缘与腹股沟韧带内侧半之间形成一狭窄间隙（腹股沟管），且无肌覆盖；③站立时此区所承受的压力比平卧时高3倍。因此，该区成为腹前外侧壁的一个薄弱区，易发生腹股沟疝。

2. **层次结构** 与腹前外侧壁相同，但较薄弱。由浅入深依次为：皮肤、浅筋膜、腹外斜肌腱膜、腹内斜肌、腹横肌、腹横筋膜、腹膜下筋膜和壁腹膜。

3. **腹股沟管** 为腹股沟韧带内侧半上方的斜形裂隙，长约4~5cm。男性有精索通过，女性有子宫圆韧带通过。腹股沟管有四壁两口（见图3-72）。

前壁：为腹外斜肌腱膜，在外侧1/3处还有腹内斜肌的起始部。

后壁：为腹横筋膜，内侧份有腹股沟镰。

上壁：为腹内斜肌和腹横肌的弓状下缘。

下壁：为腹股沟韧带。

内口：为腹股沟管深环，位于腹股沟韧带中点上方约一横指处，内侧有腹壁下动脉。

外口：为腹股沟管浅（皮下）环，是腹外斜肌腱膜在耻骨结节外上方的一个三角形裂隙。其大小通常仅可通过一指尖，发生疝后则变大。

4. **腹股沟三角**（inguinal triangle） 又称**海氏**（Hesselbach）**三角**，由腹直肌外侧缘、腹股沟韧带和腹壁下动脉围成。该三角向前正对腹股沟浅环，向后正对腹股沟内侧窝。腹腔内容物若经此处向外突出，可经浅环直达皮下称腹股沟直疝。因此，可将腹壁下动脉作为术中鉴别直疝与斜疝的标志。

5. **睾丸下降与斜疝的关系** 在胚胎早期，睾丸位于腹后壁腹膜外、肾的两侧；随胚胎发育，在睾丸引带牵引下逐渐下降，至胚胎3个月时睾丸降至髂窝，7个月时移至腹股沟管腹环处，出生前1个月进入腹股沟管，出生前降至阴囊。若出生后睾丸仍停留在下降途中则称隐睾症。临床上主张应尽早手术将睾丸纳入阴囊中，以免影响日后生育，甚至睾丸恶变。

在睾丸下降之前，腹膜已有一盲囊突向阴囊，称腹膜鞘突（图13-36）。睾丸降入阴囊后，鞘突除包绕睾丸和附睾的部分形成睾丸鞘膜外，其余部分完全闭锁成为鞘韧带。如鞘突不闭锁，仍以长袋与腹膜腔相通，则形成先天性腹股沟斜疝或交通性鞘膜积液。由于右侧睾丸较左侧下降得慢，鞘突闭锁时间相对较迟，故发生斜疝的机会较多。

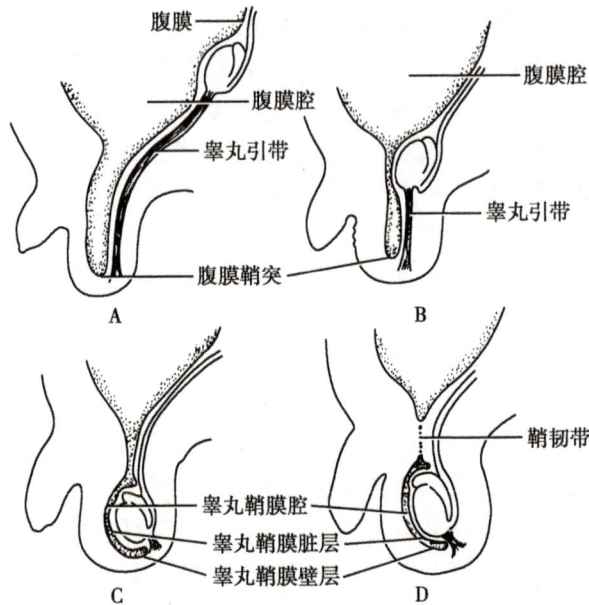

图13-36 睾丸下降

三、腹膜腔与腹腔脏器

（一）腹膜腔及其分区

腹膜腔是由覆盖于腹、盆腔器官外表面的脏腹膜和衬贴于腹、盆壁内面的壁腹膜相互移行共同围成的不规则潜在性浆膜腔。在男性，腹膜腔为一完全封闭的腔隙，女性可借输卵管腹腔口经输卵管、子宫、阴道与外界相通。通常以横结肠及其系膜将腹膜腔分为结肠上区和结肠下区。

1. 结肠上区 亦称膈下间隙（图13-37），介于膈与横结肠及其系膜之间，被肝分为肝上、下间隙。肝上间隙借镰状韧带、冠状韧带和左三角韧带再分为右肝上间隙、左肝上前间隙和左肝上后间隙。肝下间隙以肝圆韧带为界分为右肝下间隙（即肝肾隐窝）和左肝下间隙。左肝下间隙又以小网膜和胃为界再分为左肝下前间隙和左肝下后间隙（即网膜囊）。居于膈与肝裸区之间的部分称膈下腹膜外间隙。上述任何一个间隙若发生脓肿均称膈下脓肿，其中以右肝上、下间隙脓肿较为多见。

2. 结肠下区 位于横结肠及其系膜以下，以升、降结肠，小肠系膜根和乙状结肠系膜根为界分为4个间隙（图13-38）。①右结肠外侧沟（右结肠旁沟）：位于升结肠的右侧，向上可通肝上、下间隙，向下通髂窝和盆腔。当化脓性阑尾炎时，脓液可沿此沟向上引起膈下脓肿；膈下脓肿也可沿此沟向下至盆腔。②左结肠外侧沟（左结肠旁沟）：位于降结肠左侧，因其上端有横位的膈结肠韧带与膈下间隙隔开，故此沟中的脓肿只能向下流入盆腔。③左肠系膜窦：位于小肠系膜根与降结肠及乙状结肠系膜根之间，可向下直通盆腔。④右肠系膜窦：位于小肠系膜根与升结肠之间，此窦几乎封闭，仅借十二指肠空肠曲与横结肠系膜根之间的空隙通左肠系膜窦。故此窦内的脓液一般局限于窦内，当脓液较多时，才向他处扩散。

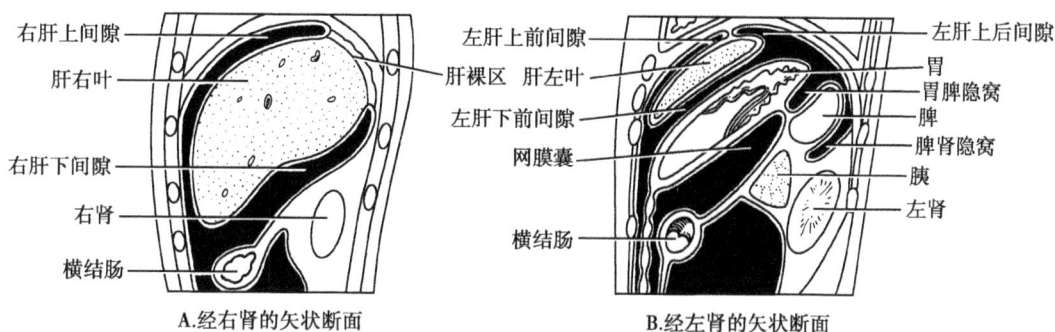

A.经右肾的矢状断面　　　　　　　B.经左肾的矢状断面

图13-37　膈下间隙矢状切面示意图

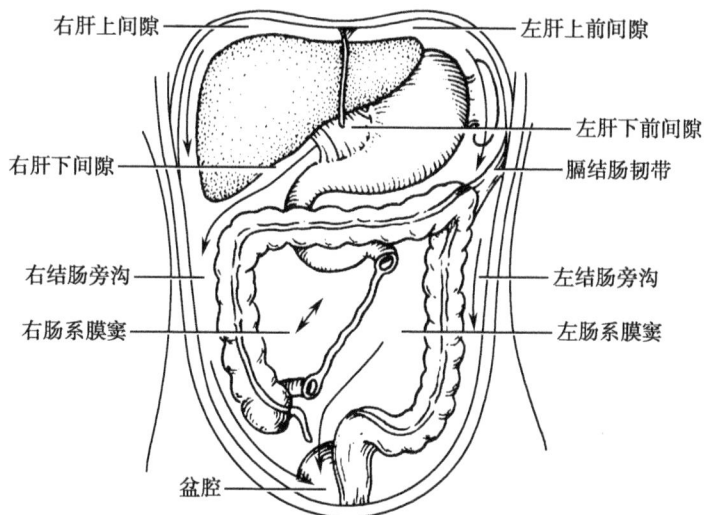

图13-38　腹膜腔的交通

（二）结肠上区的器官

结肠上区介于膈与横结肠及其系膜之间。此区内主要有食管腹部、胃、十二指肠、肝及肝外胆道、胰、脾等器官及其血管、神经、淋巴等。

（三）结肠下区的器官

结肠下区介于横结肠及其系膜与小骨盆上口之间。此区内主要有空肠、回肠、盲肠、阑尾、结肠等器官及其血管、神经、淋巴等。

四、腹膜后隙

腹膜后隙（retroperitoneal space）位于腹后壁的壁腹膜与腹内筋膜之间，上自膈起，下至骶岬。在小骨盆上口处与盆腔腹膜后间隙相通，两侧向外与腹膜下筋膜相续，向上可通后纵隔。因此间隙广泛，当感染时可向上、向下蔓延。此间隙内含有丰富的疏松结缔组织和一些重要器官，如胰、十二指肠大部、肾、肾上腺、输尿管腹部等器官以及腹主动脉、下腔静脉、腰交感干、腹腔丛和淋巴结等重要结构。由于该间隙内疏松结缔组织较多，壁腹膜容易分离，故腹膜后隙器官的手术多采用腹膜外手术入路，常作腰部斜切口进入该间隙（图13-39）。

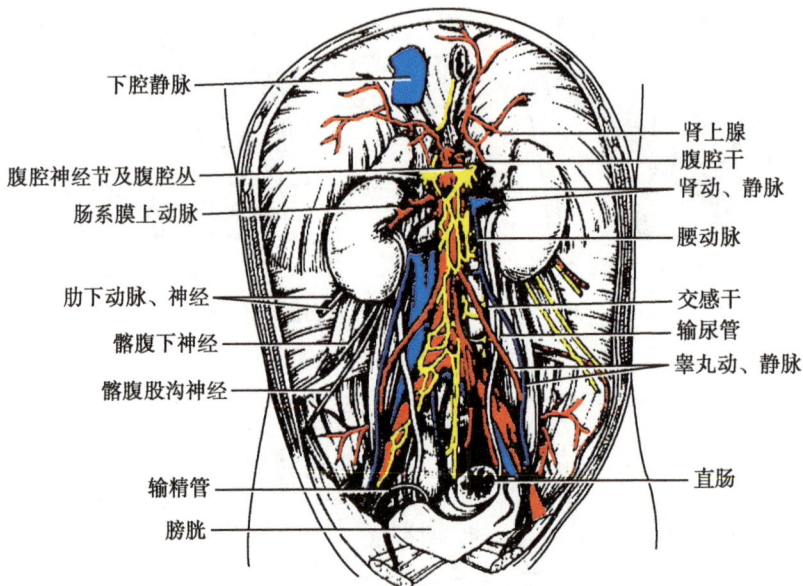

图13-39　腹膜后隙的结构

五、局部应用解剖

腹腔穿刺术（puncture of abdominal cavity）是借助穿刺针直接从腹前壁刺入腹膜腔的一项诊疗技术。穿刺的目的：①明确腹膜腔积液的性质，以协助诊断；②适量抽出腹水，以减轻病人腹腔内压力；③向腹膜腔内注入药物；④注入一定量的空气形成人工气腹，使膈升高，减少肺活动，以促使肺空洞愈合或空洞出血的止血。

1.解剖特点　腹壁的层次见前述。

2.应用要点

（1）穿刺部位：可选择以下三处（图13-40）：①下腹部旁正中穿刺点：脐与耻骨联合上缘连线的中点上方1cm偏左或右侧1~2cm处；②左下腹部穿刺点：脐与右髂前上棘连线的中、外1/3段交界处；③侧卧位穿刺点：脐平面与腋前线或腋中线交点处，适合于腹膜腔少量积液的诊断性穿刺。

（2）穿刺层次：①下腹部旁正中穿刺点：依次穿经皮肤、浅筋膜、白线或腹直肌鞘内侧缘、腹横筋膜、腹膜下筋膜、壁腹膜，进入腹膜腔。②左下腹部穿刺点：依次穿经

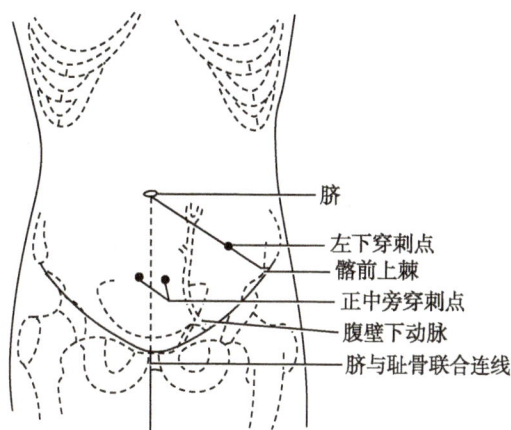

图13-40　腹腔穿刺点

皮肤、浅筋膜、腹外斜肌、腹内斜肌、腹横肌、腹横筋膜、腹膜下筋膜、壁腹膜，进入腹膜腔。

（3）进针深度与速度：速度不宜过快，以免刺破漂浮在腹水中的空、回肠和乙状结肠。术前嘱病人排空膀胱。进针深度视病人具体情况而定。

第五节　盆　　部

一、概　　述

盆部由盆壁、盆腔及盆腔内的器官所组成。盆腔由骨盆、盆壁肌、盆底肌及其筋膜共同构成。盆腔内的器官主要包括泌尿系统、生殖系统及消化系统的盆腔内部分。

（一）境界

盆部的前面以耻骨联合上缘、耻骨结节、腹股沟和髂嵴前份的连线与腹部分界；后面以髂嵴后份和髂后上棘至尾骨尖的连线与腰部、骶尾部分界。

（二）体表标志

在盆部上界外侧，可触到髂嵴；沿髂嵴向前，可触到髂前上棘；再向前下沿腹股沟可扪及耻骨结节；自此向内可触到耻骨嵴和耻骨联合上缘；沿髂嵴向后，可触到髂后上棘。

二、盆　筋　膜

盆筋膜（pelvic fascia）是腹内筋膜的直接延续，按其部位可分为盆壁筋膜、盆膈上筋膜和盆脏筋膜。

（一）盆壁筋膜

盆壁筋膜（parietal pelvic fascia）覆盖于盆壁内面。其中位于骶骨前方的部位称骶前筋膜；位于梨状肌表面的部分称梨状肌筋膜；位于闭孔内肌表面的部分称闭孔内肌筋膜，该筋膜的上部（耻骨联合后面至坐骨棘的连线上）明显增厚，形成肛提肌腱弓，为肛提肌起端和盆膈上筋膜的附着处，是维持膀胱、前列腺和尿道位置的重要结构（图13-41）。

（二）盆膈上、下筋膜

盆膈上筋膜（superior fascia of pelvic diaphragm）为盆壁筋膜向下的延续，覆盖于肛提

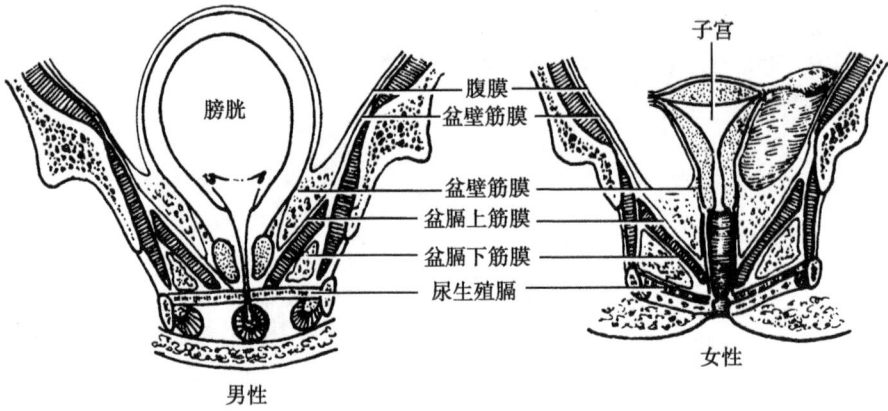

图13-41 盆部筋膜

肌和尾骨肌上面。该筋膜向盆内器官周围移行而形成盆脏筋膜。

盆膈下筋膜（inferior fascia of pelvicdiaphragm）为覆盖于肌提肌和尾骨肌下面的筋膜，是臀筋膜向会阴部的直接延续。

盆膈上、下筋膜及其间的肛提肌、尾骨肌共同构成**盆膈**（pelvic diaphragm），形成盆腔的底，封闭骨盆下口的大部分，其中央有肛管通过。盆膈具有支持、承托和固定各盆腔器官的作用，盆膈不发达或损伤可发生脱肛或生殖道脱垂。

（三）盆脏筋膜

盆脏筋膜（visceral pelvic fascia）是盆膈上筋膜的延续，包绕在盆内器官的周围,并因之而命名，如膀胱筋膜、子宫筋膜。有些器官周围的盆脏筋膜比较发达而形成筋膜鞘（图13-42），如前列腺鞘。盆脏筋膜延伸至器官之间形成筋膜隔，如直肠膀胱隔、直肠阴道隔。盆脏筋膜还形成韧带，如子宫主韧带、骶子宫韧带。这些盆脏筋膜形成的筋膜鞘、筋膜隔及韧带等，具有支持和固定器官的作用。

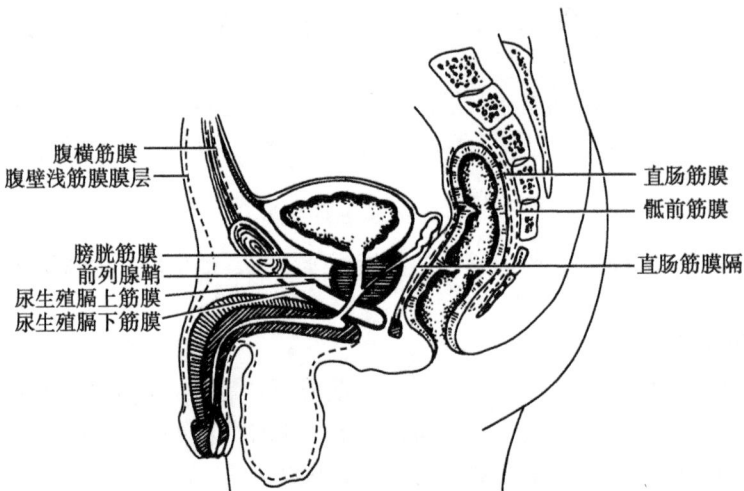

图13-42 男性盆部筋膜（正中矢状切面）

三、盆筋膜间隙

在盆壁筋膜与盆脏筋膜之间或相邻的盆脏筋膜之间存在多个筋膜间隙，称盆筋膜间隙，内有疏松结缔组织，并有神经、血管走行，手术时有利于器官的分离，也易于形成积液。其中较为重要的有：

（一）耻骨后隙

耻骨后隙（retropubic space）位于耻骨联合与膀胱之间，也称膀胱前隙。耻骨骨折引起的血肿和膀胱前壁损伤引起的尿外渗易潴留在此间隙内，外科手术的耻骨上切口可经此间隙到达膀胱，而避免伤及腹膜腔（图13-43）。

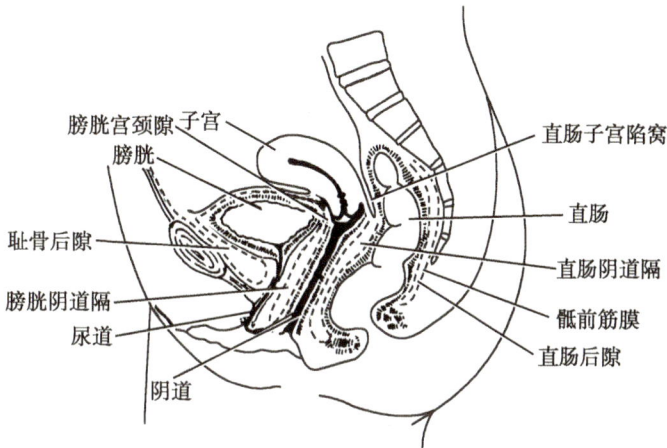

膀胱宫颈隙　子宫
膀胱
耻骨后隙
膀胱阴道隔
尿道
阴道

直肠子宫陷窝
直肠
直肠阴道隔
骶前筋膜
直肠后隙

图13-43　盆筋膜间隙和筋膜隔

（二）骨盆直肠隙

骨盆直肠隙位于盆底腹膜和盆膈之间，后方为直肠筋膜，前方在男性为膀胱及前列腺的筋膜，在女性为子宫及阴道上部的筋膜。在女性该间隙又称**直肠阴道隙**，为一潜在的间隙，较易分离，分娩造成的直肠阴道隔伸展和撕裂，可使直肠向阴道后壁膨出，甚至改变肛管的角度而影响排便。

（三）直肠后隙

直肠后隙位于直肠筋膜与骶前筋膜之间，又称骶前间隙。此间隙向上与腹膜后隙相通，因此临床上腹膜后隙的注气造影或骶前封闭即经尾骨旁进针至骶骨前方，气体沿直肠后隙上升可达肾周围的脂肪囊内。

（四）膀胱阴道隙

膀胱阴道隙位于膀胱筋膜与阴道筋膜之间。

（五）膀胱宫颈隙

膀胱宫颈隙为膀胱阴道隙向上的延续，位于膀胱筋膜和子宫颈筋膜之间，该间隙易于分离，在做子宫全切时，即在此间隙将膀胱和子宫颈钝性分离。

上述筋膜间隙之间相互通连，因此筋膜间隙内的脓肿、血肿或尿外渗等可能互相蔓延。

四、盆腔器官

盆腔器官因性别不同有所差异，但其基本排列位置还是一致的，前方为膀胱及尿道，后方是直肠，两者之间为生殖器，在男性有输精管、精囊腺和前列腺，在女性为卵巢、输卵管、子宫及阴道。

盆腔的腹膜是腹腔腹膜的延续，衬于腹前壁内面的壁腹膜向下移行至膀胱的上面、两侧及后面。在男性，腹膜继续向后覆盖输精管壶腹和精囊上面，再向后移行至直肠，覆盖直肠的前面和两侧。在膀胱和直肠之间，腹膜转折移行形成直肠膀胱陷凹（见图4-35）。在女性，腹膜向后覆盖子宫大部和阴道穹后部，然后反转至直肠。腹膜在膀胱与子宫之间形成膀胱子宫陷凹，在直肠与子宫之间形成直肠子宫陷凹（见图4-35）。这些陷凹是腹膜腔的最低部位，腹膜腔内的渗出液、脓液或血液，常积聚于此。直肠子宫陷凹积脓时，可以切开阴道穹后部的阴道壁及其腹膜进行排脓。盆腔器官较多，这里仅重点叙述膀胱、直肠、前列腺、子宫、子宫附件和阴道等。

（一）膀胱

1. 膀胱的位置　膀胱位于盆腔前部，耻骨联合后方。在膀胱与直肠之间，男性有精囊和输精管壶腹，女性为子宫及阴道上部。小儿膀胱的位置稍高，在排空时仍超出耻骨联合上缘以上。随年龄增长，膀胱位置逐渐下降。在成人膀胱空虚时，完全位于小骨盆内，当膀胱充盈时，盖于其上方的腹膜被推向上，使膀胱前壁直接与腹前壁接触（图13-44）。因此在耻骨联合上缘，可经腹前壁行腹膜外膀胱穿刺或手术，以避免伤及腹膜。

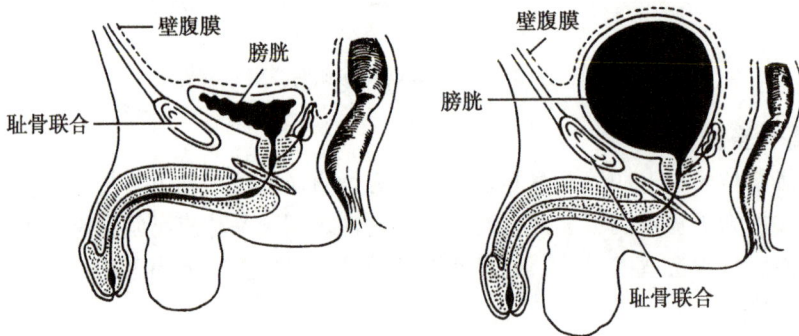

图13-44　膀胱的位置变化

2. 膀胱的血管　膀胱上动脉分布于膀胱上、中部，膀胱下动脉分布于膀胱下部、精囊、前列腺；膀胱下部周围有静脉丛汇入和动脉同名的静脉，再注入髂内静脉。

（二）直肠

1. 直肠的位置和形态　直肠位于盆腔后部、骶骨前方，相当于第3骶椎上缘高度接续乙状结肠，向下穿盆膈延续为肛管。直肠不再具有结肠带、肠脂垂和系膜。男性直肠前方和膀胱、前列腺、精囊相邻；女性与子宫和阴道相邻。临床上常用直肠指诊触及上述结构。

直肠并不直，在矢状面上有骶曲和会阴曲。骶曲与骶骨弯曲相一致，凸向后；会阴曲绕尾骨尖转向后下，凸向前。在冠状面上，直肠还有三个不甚恒定的侧方弯曲，一般中间的一个弯曲较大，凸向左侧，上、下两个凸向右侧。在进行直肠镜或乙状结肠镜检查时，应注意这些弯曲，以免损伤肠壁。

　　直肠腔下部明显膨大称**直肠壶腹**，内有三个半月形的横向黏膜皱襞，称**直肠横襞**，其中位于右侧中间的直肠横襞最大，也最恒定，距肛门约7cm，是临床诊断直肠肿瘤位置关系的标志。

　　2. **直肠的血管**　分布于直肠的动脉主要有直肠上动脉和直肠下动脉。直肠上动脉为肠系膜下动脉的分支，在直肠上端分为左、右两支，分布于直肠壁。直肠下动脉为髂内动脉的分支，主要分布于直肠的前下部。肛管有肛动脉分布（图13-45）。直肠的静脉与同名动脉伴行，在直肠壁内形成丰富的直肠静脉丛。静脉丛的血液一部分通过直肠上静脉回流入肠系膜下静脉，再至肝门静脉；另一部分通过直肠下静脉和肛静脉，经阴部内静脉和髂内静脉汇入下腔静脉。

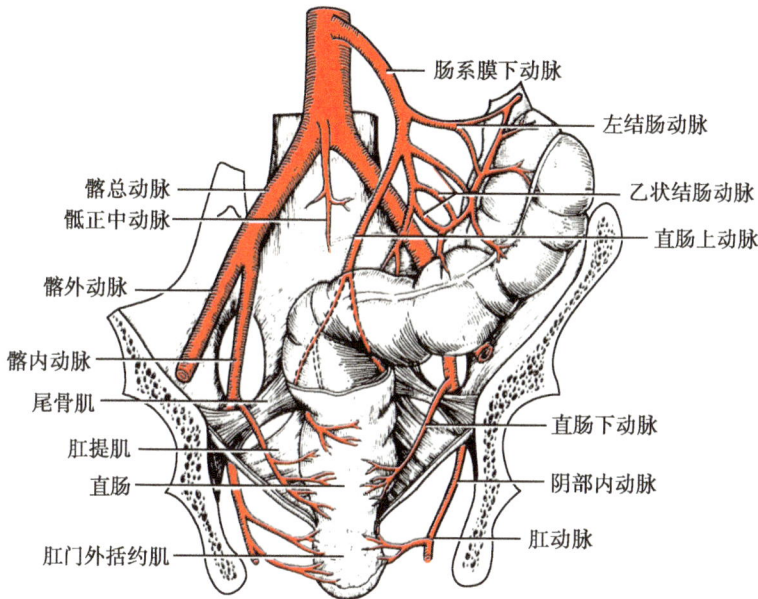

图13-45　直肠和肛管的动脉

　　3. **直肠的淋巴回流**　直肠的大部分淋巴管沿直肠上血管向上，注入直肠上淋巴结；小部分淋巴管向两侧，沿直肠下血管行走，入髂内淋巴结。直肠的淋巴管与乙状结肠、肛管以及邻近器官的淋巴管之间有广泛交通，故直肠癌可沿这些路径进行转移。清除收纳直肠淋巴液的淋巴结是直肠癌根治的重要措施之一。

　　（三）前列腺

　　1. **形态和位置**　前列腺由平滑肌和腺组织构成，质地较硬。其形态和大小均与栗子相似。前列腺位于膀胱颈的下方，下端固定在尿生殖膈上。前方为耻骨联合，二者之间有前列腺静脉丛和疏松结缔组织，两侧为肛提肌。前列腺后面正中有一浅沟称前列腺沟，与直肠壶腹相对。肛门指诊时可根据前列腺沟的存在与否及其硬度、大小等，协助诊断前列腺疾病，并可进行前列腺按摩。

　　2. **结构和分叶**　前列腺表面覆以两层被膜，内层称**前列腺囊**（prostatic capsule），为一坚韧的纤维膜，紧包于前列腺表面，故前列腺脓肿常引起剧痛。外层称**前列腺鞘**（prostatic fascia），为盆脏筋膜形成的筋膜鞘，包于前列腺囊的周围。在囊和鞘之间有静脉丛，因此在进行前列腺切除术时，腺体应由囊内取出，而不应在囊与鞘之间操作，以免造成静脉丛损伤，难以止血。

前列腺的大部分从后方和侧方包绕尿道。在结构上可将前列腺分为五叶，即前、中、后叶及两侧叶。前叶很小，在尿道前面；中叶位于尿道和射精管之间；两侧叶紧贴尿道侧壁；后叶位于射精管以下和侧叶之后。当前列腺肥大特别是中叶、侧叶肥大时，可压迫尿道而引起排尿困难和尿潴留（图13-46）。

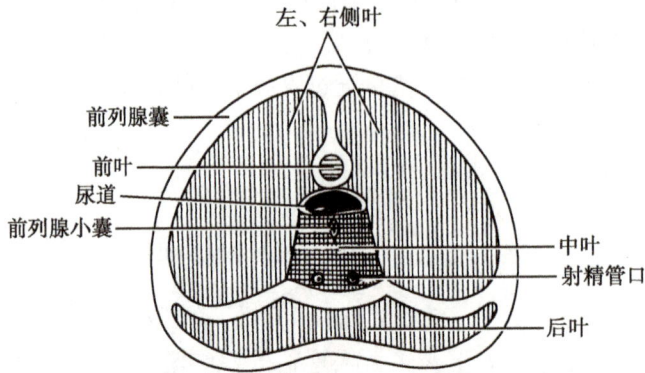

图13-46 前列腺（横断面模式图）

小儿前列腺较小，腺组织不发达，随着年龄的增长而腺组织逐步增长，老年时腺组织退化。老年性前列腺肥大是结缔组织增生的病理现象，常导致尿潴留，需进行前列腺摘除术。

3. **血管和淋巴** 前列腺的血供主要来自膀胱下动脉的分支前列腺动脉。前列腺的静脉丛汇入髂内静脉（图13-47），前列腺的静脉与骶骨、腰椎和髂骨的静脉交通，当出现前列腺癌有腰骶部和髂部浸润时，为早期转移表现。前列腺的静脉还可以通过直肠上静脉汇入肝门静脉，因此，前列腺癌可向肝内转移。

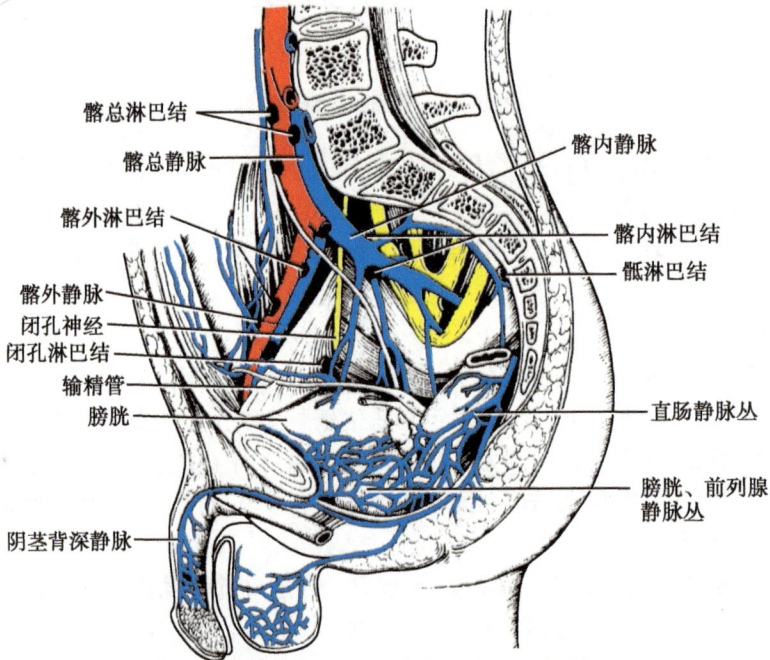

图13-47 盆部的静脉与淋巴

前列腺的淋巴管形成淋巴管丛，一组注入髂外淋巴结，另一组注入髂内淋巴结，再流入髂总淋巴结和腹主动脉淋巴结。前列腺癌可经淋巴转移至上述淋巴结。

（四）子宫

1. 子宫的位置和毗邻　子宫位于盆腔中央、膀胱和直肠之间，两侧借子宫阔韧带连于盆腔侧壁。正常子宫呈前倾前屈位。其正常位置，主要由盆膈及子宫周围的韧带所固定、承托。如果这些结构发育不良或分娩受伤，可引起子宫脱垂。

2. 子宫的韧带　固定子宫的韧带有子宫主韧带、子宫阔韧带、子宫圆韧带和骶子宫韧带。

（1）子宫主韧带：位于由子宫颈侧缘向两侧连于骨盆侧壁，由平滑肌和纤维组织所构成。子宫主韧带有防止子宫颈向两侧移位和防止子宫下垂的作用。

（2）子宫阔韧带：由子宫前后壁的腹膜在子宫两侧汇合而成，向外侧伸展到盆腔侧壁，其上缘游离，内含输卵管。卵巢固有韧带、卵巢和子宫圆韧带，均包于此韧带内。子宫阔韧带可限制子宫向两侧活动。

（3）子宫圆韧带：由平滑肌和结缔组织构成，起自子宫角及输卵管子宫口处的前下方，在子宫阔韧带内走向前外方至骨盆侧壁，经腹股沟管而终止于大阴唇皮下。子宫圆韧带可使子宫保持前倾位置。

（4）骶子宫韧带：由平滑肌和纤维组织所构成。自子宫颈后面呈弓形向后，绕过直肠两侧连至骶骨前面，将子宫向后上方牵引，固定子宫颈，与子宫圆韧带起协同作用，维持子宫前倾前屈位。

3. 子宫的血管　子宫的动脉主要来自子宫动脉，该动脉由髂内动脉发出后，沿盆腔侧壁向前内下行，进入子宫阔韧带基底部，在距子宫颈1～2cm处，从前上方越过输尿管，此处子宫动脉与输尿管呈交叉关系。在子宫切除术结扎子宫动脉时，必须注意输尿管与子宫动脉的解剖位置，以免误伤输尿管（图13-48）。子宫动脉在阴道上方2.5cm处，分为上、下两支。上支沿子宫外侧缘迂曲上行达子宫角与卵巢动脉吻合，沿途发子宫支分布于子宫体及输卵管；下支较小称阴道支，分布于子宫颈和阴道。子宫的静脉起始于子宫两侧的静脉丛，汇入髂内静脉。

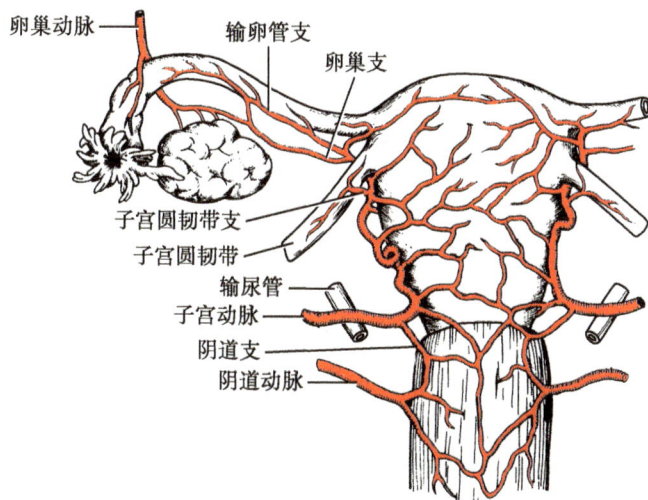

图13-48　女性内生殖器的动脉

4. 子宫的淋巴流   子宫底和子宫体上部的淋巴管，大部分向外侧沿子宫阔韧带上部，伴随卵巢血管上行注入腰淋巴结；另一部分沿子宫圆韧带注入腹股沟浅淋巴结。子宫体下部的淋巴向外经子宫阔韧带基底部，大部分沿盆腔外侧壁向上至髂外淋巴结，部分伴子宫血管到髂内淋巴结。子宫颈部淋巴注入两侧髂外淋巴结和髂内淋巴结，部分向后内注入骶淋巴结和髂总淋巴结（图13-49）。子宫癌可经上述途径广泛转移，因此手术时清除淋巴结的范围应较广泛。

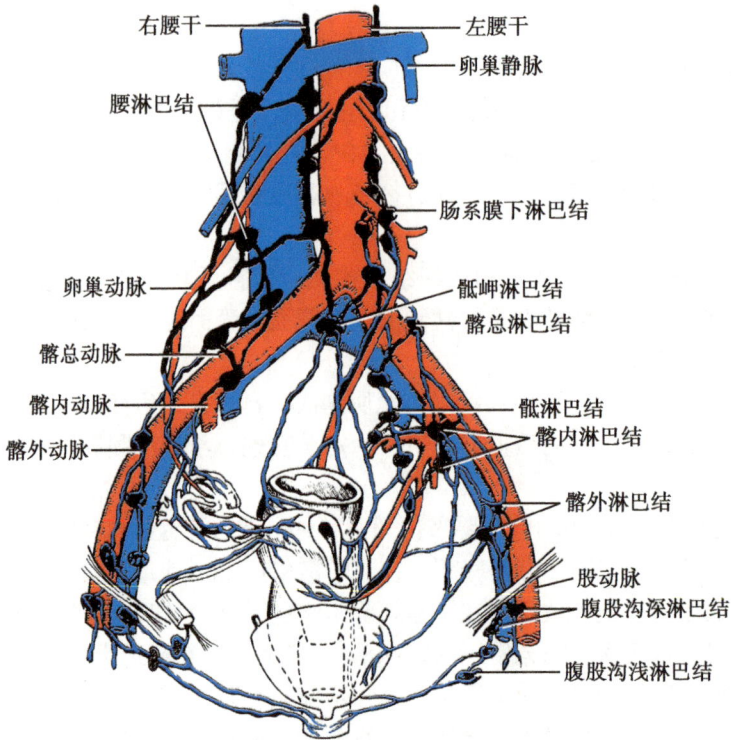

图13-49   女性内生殖器的淋巴引流

（五）子宫附件

临床上常把位于子宫侧后方的卵巢和输卵管合称子宫附件。

1. 卵巢   卵巢是女性的一对生殖腺。位于髂总动脉分叉处，卵巢上端接近输卵管腹腔口，借卵巢悬韧带悬于盆腔侧壁。卵巢下端借卵巢固有韧带连于子宫。卵巢前缘借卵巢系膜连于子宫阔韧带，卵巢后缘游离。

卵巢由卵巢动脉及子宫动脉的卵巢支供应。卵巢动脉在肾动脉下方起自腹主动脉下行至骨盆上口处跨过髂总血管，经卵巢悬韧带进入卵巢系膜内，分布于卵巢。

卵巢的静脉出卵巢门后先形成静脉丛，再逐渐汇合成两条卵巢静脉，与同名动脉伴行，右侧者汇入下腔静脉，左侧者汇入左肾静脉。

2. 输卵管   位于子宫阔韧带的游离缘内，长8～12cm,从子宫角向外侧延伸，在子宫圆韧带和卵巢固有韧带的后上方。输卵管由内侧向外侧分为四部：即子宫部、输卵管峡、输卵管壶腹和输卵管漏斗。其中输卵管峡部，壁厚腔窄，发生炎症时可导致管腔堵塞。该部位置固定，为输卵管结扎术的常用部位。女性腹膜腔可经输卵管腹腔口、输卵管、子宫腔、阴道与外界相通，故较易发生感染。

输卵管的动脉为子宫动脉的输卵管支和卵巢动脉的分支，两条动脉之间有广泛吻合。输卵管的静脉汇入卵巢静脉和子宫静脉。

（六）阴道

阴道大部分位于盆腔内，小部分位于盆膈以下会阴部的尿生殖区内。阴道前壁上部与膀胱底、膀胱颈相邻，下部与尿道相邻。阴道后壁上部与直肠子宫陷凹相邻，故阴道指诊，可在阴道穹后部触知该陷凹中的情况，如直肠子宫陷凹内有积脓时，可通过阴道穹后部穿刺或切开引流。阴道后壁的中部与直肠壶腹相邻，后壁下部与肛管之间有会阴中心腱。

五、局部应用解剖

（一）阴道后穹穿刺术

阴道后穹穿刺术（puncture of posterior vaginal fornix）是通过阴道后穹穿刺抽取直肠子宫陷凹内的炎性渗出液、血液或脓液等，以达到治疗或诊断的目的。

1. 解剖特点 阴道是由黏膜、肌层和外膜构成的肌性管状器官。前壁较短，长约6cm，后壁较长，约7cm，通常前、后壁相贴。阴道下端以阴道口开口于阴道前庭;上端较宽阔，包绕子宫颈阴道部，二者之间形成环状凹陷，即阴道穹。阴道穹可分为前穹（部）、后穹（部）及两侧穹（部）。后穹较为深幅，与直肠子宫陷凹间仅间隔以阴道后壁和一层腹膜。在坐位时，直肠子宫陷凹是腹膜腔的最低处，腹膜腔内的炎性渗出液、血液、脓液等常积存于该陷凹内。

2. 应用要点 ①部位选择：阴道后穹中央部。②体姿：患者取膀胱截石位或半卧位。③穿经层次：穿刺针经阴道后壁、盆膈筋膜、腹膜进入直肠子宫陷凹。④方法及注意事项：穿刺针应与子宫颈方向平行进针，边进针边抽吸，刺入1～2cm有落空感时即表示达直肠子宫陷凹，抽取积液。穿刺不宜过深，以免伤及直肠。子宫后位时应防止刺入子宫。必要时可作阴道后穹切开引流。

（二）膀胱穿刺术

膀胱穿刺术（vesicopuncture）适用于急性尿潴留导尿失败或禁忌导尿而又无条件施行耻骨上膀胱造瘘术者，也可用于经穿刺抽取膀胱尿液行实验室检查或细菌培养。

1. 解剖特点 膀胱是贮存尿液的肌性囊状器官，其大小、形态和位置均随尿液的充盈程度而异。成人的膀胱位于盆腔前部，耻骨联合及左、右耻骨支的后方，容量约300～500ml，空虚时完全位于小骨盆内，充盈时膨胀并上升至耻骨联合上缘以上，此时由腹前壁折向膀胱上面的腹膜也随之上移，使膀胱下外侧壁直接与腹前壁接触。儿童膀胱位置较高。

2. 应用要点 ①部位选择：穿刺点在耻骨联合上缘正中部。②体姿参考：病人取仰卧位。③穿经层次：穿刺针穿经皮肤、浅筋膜、腹白线、腹横筋膜、膀胱前壁达膀胱腔。④方法及注意事项：在耻骨联合上缘垂直进针2～3cm。若针尖向后下穿刺过深，易刺伤耻骨联合后方的静脉丛，针尖向后上穿刺过深易损伤腹膜。

第六节 会 阴

一、境界和分区

会阴（perineum）是指封闭骨盆下口的全部软组织的总称，即广义的会阴，略呈菱形。

其境界与骨盆下口一致，前界为耻骨联合下缘，后界为尾骨尖，两侧为耻骨下支、坐骨支、坐骨结节和骶结节韧带。

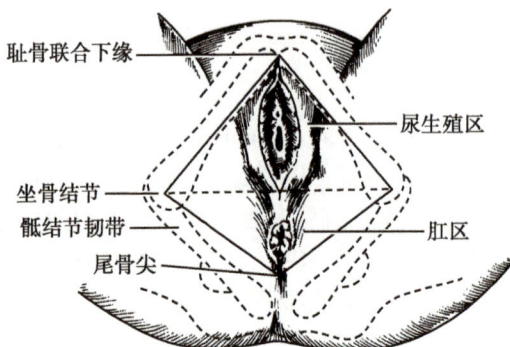

图13-50 女性会阴分区

通过两侧坐骨结节的连线，可将会阴分为前方的尿生殖区与后方的肛区（图13-50）。

二、尿生殖区

尿生殖区（urogenital region）又称**尿生殖三角**，在男性有尿道通过，在女性有尿道及阴道通过。

（一）皮肤及浅筋膜

会阴皮肤较薄，生有阴毛，含有大量汗腺和皮脂腺。

浅筋膜分为浅、深两层。浅层即脂肪层；深层即膜性层，又称**会阴浅筋膜**（superficial fascia of perineum）或Colles筋膜。会阴浅筋膜与阴囊肉膜、阴茎浅筋膜以及腹前壁的浅筋膜深层（Scarpa筋膜）相延续；两侧附着于耻骨弓和坐骨结节下缘；后方在会阴浅横肌后缘与深筋膜相愈着。

（二）深筋膜

深筋膜分为浅层和深层，浅层称尿生殖膈下筋膜，深层称尿生殖膈上筋膜。这两层深筋膜的两侧均附着于耻骨弓上，其后缘与会阴浅筋膜愈着，止于耻骨结节连线。

（三）筋膜间隙

会阴浅筋膜、尿生殖膈下筋膜和尿生殖膈上筋膜之间，形成了两个间隙。

1. 会阴浅隙（superficiale perineal space） 又称**会阴浅袋**，由会阴浅筋膜与尿生殖膈下筋膜所围成。此间隙向前上方开放，与腹前壁Scarpa筋膜深面的间隙相通（图13-51）。会阴浅隙内两侧有阴茎脚（阴蒂脚）及其表面的坐骨海绵体肌；中部有尿道球（前庭球）及其表面的球海绵体肌（阴道括约肌）；后部有一对会阴浅横肌，该肌起自坐骨结节，向内横行，止于会阴中心腱。会阴浅隙内还有阴部内血管及阴部神经的分支。

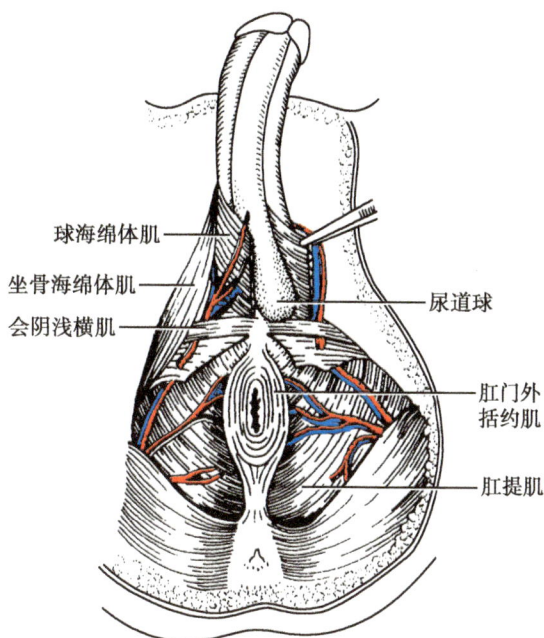

图13-51 男性会阴浅隙的内容

（图中标注：球海绵体肌、坐骨海绵体肌、会阴浅横肌、尿道球、肛门外括约肌、肛提肌）

2. 会阴深隙（deep perineal space） 又称**会阴深袋**，由尿生殖膈下筋膜和尿生殖膈上筋膜所围成。由于这两层筋膜在周边完全愈着，因此会阴深隙为一封闭的筋膜间隙。其内容除阴部内血管及阴部神经的分支外，在男性有会阴深横肌和一对尿道球腺，尿道贯穿会阴深横肌及会阴深隙。围绕尿道膜部的环形肌，称尿道括约肌，此肌有随意括约尿道的作用。在女性除尿道外，还有阴道通过，围绕尿道和阴道的环形肌束称尿道阴道括约肌。

尿生殖膈上、下筋膜和其间的会阴深横肌共同构成三角形的膈，称**尿生殖膈**（urogenital diaphragm），与盆膈共同封闭骨盆下口。

（四）会阴筋膜间隙与男性尿道的关系及临床意义

男性尿道平均长17cm，依次贯穿前列腺、尿生殖膈和尿道海绵体，分为前列腺部、膜部和海绵体部。尿道前列腺部和膜部合称后尿道，海绵体部称前尿道。

临床上男性尿道断裂发生的部位不同，尿外渗的范围也不同（图13-52）。当尿道断

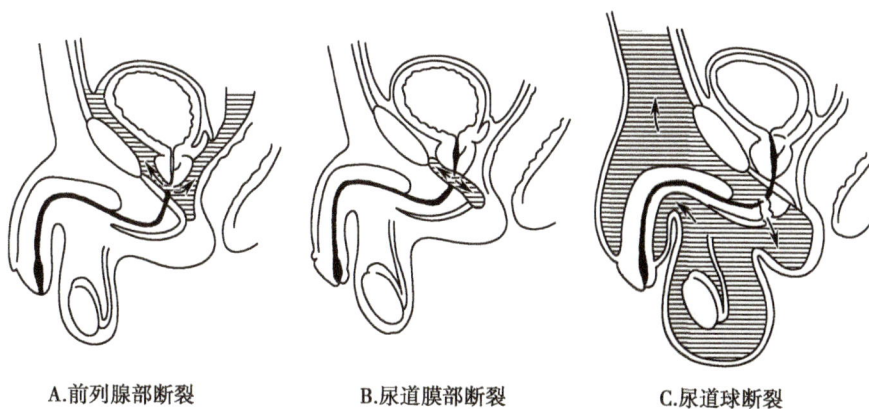

A.前列腺部断裂　　　B.尿道膜部断裂　　　C.尿道球断裂

图13-52 尿道断裂与尿外渗

裂在前列腺部，尿外渗首先进入前列腺周围和膀胱周围的蜂窝组织内，进一步向上蔓延，在前面可沿腹膜下筋膜向上蔓延，在后面可沿腹膜后隙向后蔓延。当尿道膜部断裂时，尿外渗入会阴深隙，由于此间隙为一封闭的间隙，因此尿液不易扩散，而仅限于深隙之内。当尿道断裂发生在尿道球时，因会阴浅筋膜与阴囊肉膜、阴茎浅筋膜以及腹前壁的Scarpa筋膜相续，尿外渗先在会阴浅隙内，使阴囊肿胀。继续发展，可沿会阴浅筋膜蔓延，使会阴、包皮等处皮下肿胀，进一步向上升至腹壁浅筋膜的深层之下，使耻骨上区、下腹部皮下出现弥漫性尿液浸润。由于尿生殖膈的限制，尿道球部损伤的尿外渗不能进入盆腔内。

（五）女性会阴

临床产科将阴道口与肛门之间的软组织称为**会阴**，即所谓产科会阴或狭义的会阴。该部软组织略呈楔形，浅部较宽，深部与阴道后壁、直肠前壁逐渐接近而变窄。此处浅筋膜的深面为会阴中心腱。会阴中心腱是由阴道括约肌、肛门外括约肌、会阴浅、深横肌和肛提肌交织而成的纤维肌组织。分娩时，会阴承受的压力最大，要注意保护此区，以免造成会阴撕裂。

（六）会阴中心腱

会阴中心腱（perineal central tendon）又称**会阴体**（perineal body），为位于会阴中部的腱性组织，具有加固盆底的作用（图13-53）。女性会阴中心腱更具弹性，是手术的重要标志。

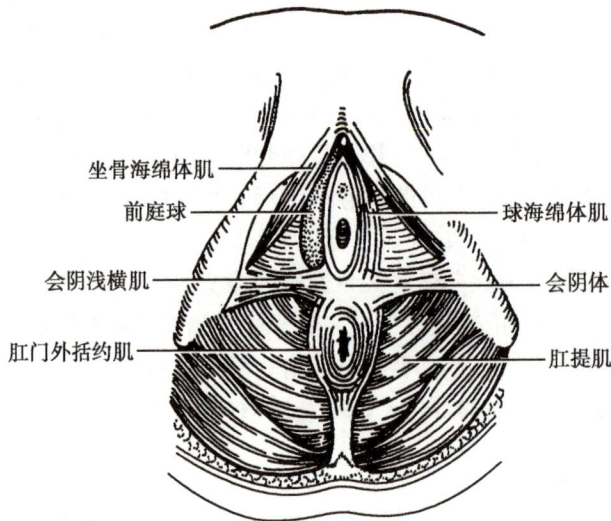

图13-53　女性会阴浅隙的内容

三、肛　　区

肛区（anal region）又称**肛门三角**，有肛门开口于此。

（一）皮肤及浅筋膜

紧靠肛门周围的皮肤较薄，形成放射状皱襞并与肛管黏膜延续，此部皮肤含有皮脂腺和汗腺。浅筋膜含脂肪组织较多，尤其在坐骨肛门窝内。

（二）坐骨肛门窝

坐骨肛门窝（ischioanal fossa）又称坐骨直肠窝，为位于肛管两侧的楔形间隙。窝的前界是会阴浅横肌与尿生殖膈的后缘，后界为骶结节韧带与臀大肌下缘，内侧壁为肛提肌及盆膈下筋膜，外侧壁为闭孔内肌及其筋膜。窝内充以大量脂肪组织。在坐骨结节上方3cm处，窝的外侧壁有一筋膜鞘称**阴部管**（pudendal canal），管内有阴部内血管和阴部神经通

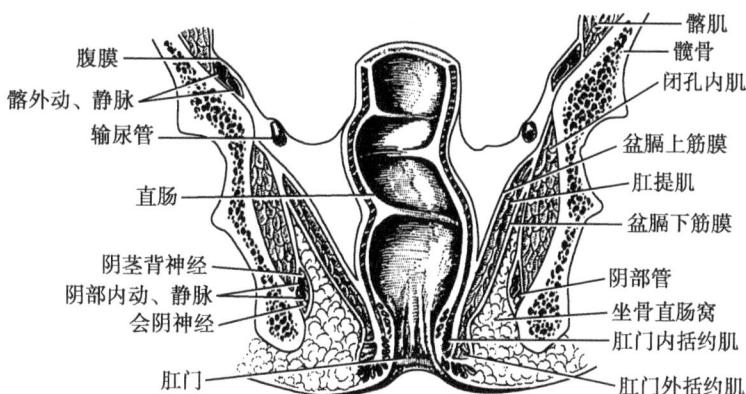

图13-54　骨盆冠状切面模式图

过，并向前内方发出扇形分支，分布于会阴部和外生殖器（图13-54）。

临床上做阴部神经阻滞麻醉时，可在坐骨结节与肛门连线中点进针，朝向坐骨棘下方作扇形浸润。坐骨肛门窝血运较差，为脓肿好发部位之一，脓肿扩散时，可穿破肛提肌形成骨盆脓肿或穿过肛管及皮肤形成肛瘘。

（三）肛管

肛管（anal canal）上续直肠，向后下绕尾骨尖，终于肛门（anus），平均长约4.5cm。肛管内平均有11条纵向黏膜皱襞，称**肛柱**。平肛柱上端的连线，称直肠线，是直肠与肛管的分界线。相邻的肛柱下端之间呈半月形的黏膜皱襞，称**肛瓣**。肛瓣与两个相邻肛柱下份之间形成的小隐窝，称**肛窦**，窦口朝上，常因粪便残渣损伤而易发生感染。各肛柱下端和肛瓣相互连成锯齿状连线，称**齿状线**或**肛皮线**。此线是内、外胚层移行处，为黏膜与皮肤的交界线。齿状线上、下的结构差别显著（表13-2）。

表13-2　齿状线上、下结构的区别

	齿状线以上	齿状线以下
上皮	复层立方上皮（黏膜，属内胚层）	复层扁平上皮（皮肤，属外胚层）
动脉	直肠上、下动脉	肛动脉
静脉	肠系膜下静脉（属肝门静脉系）	阴部内静脉（属下腔静脉系）
淋巴回流	髂内淋巴结、肠系膜下淋巴结	腹股沟浅淋巴结
神经分布	内脏神经（痛觉不敏锐）	躯体神经（痛觉敏锐）

齿状线稍下方有一呈环形隆起的光滑区，称**肛梳**（即痔环）。在肛梳的皮下组织和肛柱黏膜下，有丰富的静脉丛，有时由于各种病理原因形成静脉曲张而突起，称为痔。齿状线以上的痔称内痔；齿状线以下的痔称外痔。在肛梳的下缘有一呈浅蓝色的环形线称**白线**，为肛门内、外括约肌交界处，肛门指诊可触知为一浅沟。

（四）肛门括约肌

肛门括约肌环绕肛管周围，可分为肛门内、外括约肌两部分（图13-55）。

1. 肛门内括约肌（sphincter ani internus）　为肠壁环形肌增厚而成，围绕肛管上部，为不随意肌，可协助排便，无随意括约肛门的功能。

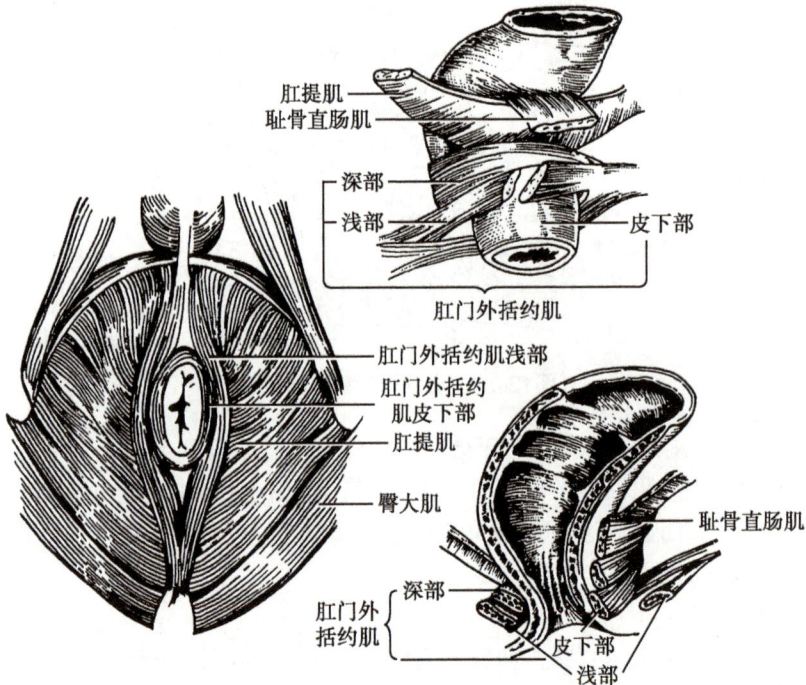

图13-55　肛门括约肌

2. 肛门外括约肌（sphincter ani externus）　环绕肛管，按其位置可分为皮下部、浅部和深部三部分。它是相当发达的横纹肌，在平常处于收缩状态，排便或排气时才放松。①皮下部：位于肛门周围皮下，肌束围成环形，肌纤维较薄弱，手术切断此部时，不致发生大便失禁。②浅部：位于皮下部的外上方，肌束围成椭圆形，前方附着于会阴中心腱，后方附着于尾骨下部及肛尾韧带。③深部：位于浅部的外上方，为环形肌。

肛门外括约肌的浅部和深部、肛提肌的耻骨直肠肌、直肠下段纵行肌和肛门内括约肌等共同围绕肛管形成一肌性环，称**肛直肠环**。此环为括约肛管、控制排便的重要结构，手术中不慎切断，可引起大便失禁。

四、局部应用解剖

男性导尿术（urethral catheterization）是用无菌导尿管自尿道插入膀胱引出尿液的方法。导尿可引起医源性感染，因此在操作中应严格掌握无菌技术，熟悉男性尿道解剖特点，以避免增加病人的痛苦。

1. 解剖特点　成年男性尿道长约17cm，管径平均5～7mm。全长可分为前列腺部、膜部和海绵体部三部分。临床上将尿道前列腺部和膜部称为后尿道，海绵体部称为前尿道。全长有三处狭窄、三处扩大和两个弯曲。在部分老年病人，因腺内结缔组织过度增生形成前列腺肥大症而压迫尿道，造成该段狭窄而致排尿困难。膜部被尿道外括约肌环绕，管径最狭窄。海绵体部为尿道最长的一段。膜部与海绵体部相接处管壁最薄，尤其是前壁，只有结缔组织包绕，此处极易损伤。

2. 应用要点 ①首先将阴茎向上提起，使其与腹壁成60°角，尿道耻骨前弯消失变直。②自尿道外口轻柔缓慢插管，使导尿管顺尿道的耻骨下弯方向进入，插入7～8cm时，相当于尿道海绵体部的中段，由于这一部位的黏膜上有尿道腺的开口、开口处形成许多大小不等的尿道陷窝，如果导尿管前端顶住陷窝则出现阻力，这时可轻轻转动导尿管便可顺利通过。当导尿管进入到尿道膜部或尿道内口狭窄处时，因刺激而使括约肌痉挛导致进管困难，此时切勿强行插入。将导尿管自尿道外口插入约20cm时，如见有尿液流出，再继续插入2cm，切勿插入过深，以免导尿管盘曲。③注意事项见膀胱穿刺术。

第七节 上 肢

一、概 述

（一）境界和分部

上肢与颈部、胸部相连，其界限上为锁骨上缘外侧1/3、肩峰；下为通过腋前、后襞在胸壁上的连线；前为三角肌胸大肌间沟；后为三角肌后缘上份。

通常将上肢分为肩、臂、肘、前臂和手部，各部又分为若干区。

（二）体表标志

1. 肩部皮下可摸到肩峰、锁骨及肩胛冈。在肩部外侧可见肱骨近侧端和三角肌形成的圆形隆起，当肩关节脱位或三角肌萎缩时，该隆起消失，呈方肩。

2. 臂部前面有肱二头肌隆起，其两侧的浅沟，分别称肱二头肌内、外侧沟。在肱二头肌内侧沟下段可摸到肱动脉的搏动，此处是肱动脉的压迫止血点。肱动脉外侧沟皮下有头静脉通过。

3. 肘部可以摸到两侧的肱骨内、外上髁和后方的尺骨鹰嘴，当肘关节伸直时，三者位于一条直线上，当肘关节屈曲90°时，三者形成一等腰三角形。肘关节脱位时，三者正常位置关系发生改变；而肱骨髁上骨折时，则无此变化。肘前部可摸到肱二头肌腱，腱的内侧可摸到肱动脉搏动，为测量血压的部位。肱骨内上髁与尺骨鹰嘴之间，称尺神经沟，尺神经由此经过，此处是尺神经容易损伤的部位。

4. 腕部两侧可摸到尺骨茎突和桡骨茎突。握拳并屈腕时，腕掌侧可见数条肌腱隆起，自桡侧向尺侧依次为桡侧腕屈肌腱、掌长肌腱、指浅屈肌腱和尺侧腕屈肌腱。桡侧腕屈肌腱的桡侧可摸到桡动脉的搏动，临床上为计数脉搏和诊脉的部位。

5. 手掌外侧隆起为鱼际，内侧隆起为小鱼际，中间为掌心。

6. 解剖学"鼻烟壶" 拇指外展时，手背桡侧呈三角形的凹陷称解剖学鼻烟壶，其近侧界为桡骨茎突；桡侧界为拇长展肌腱和拇短伸肌腱；尺侧界为拇长屈肌腱；窝底为手舟骨和大多角骨。当手舟骨骨折时，此窝因肿胀而消失，并有压痛，窝内有桡动脉走行并可触及搏动。

（三）体表投影（图13-56）

1. 腋动脉及肱动脉 将上肢外展90°，手掌向上，从锁骨中点至肘窝中点连线的上1/3段为腋动脉的投影，下2/3段为肱动脉的投影。

2. 桡动脉 相当于自肘窝中点上方一横指处至桡骨茎突尺侧的连线。

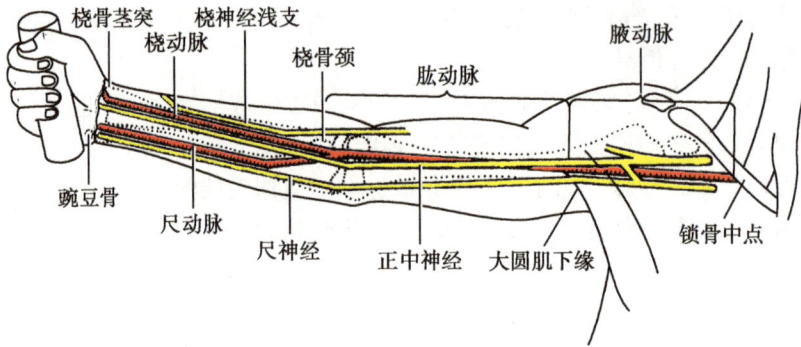

图13-56 上肢动脉干和神经干的体表投影

3. **尺动脉** 相当于自肘窝中点下方一横指处至豌豆骨桡侧的连线。

4. **正中神经** 在臂部与肱动脉一致，在前臂为从肱骨内上髁与肱二头肌腱连线中点至腕远侧纹中点稍外侧的连线。

5. **尺神经** 自腋窝顶至尺神经沟，再至豌豆骨桡侧的连线。

6. **桡神经** 自腋后襞下缘外端与臂交点处，向下斜过肱骨后方，与肱骨外上髁的连线。

（四）上肢轴线和提携角

通过肱骨头、肱骨小头和尺骨头中心的连线称上肢轴线。通过肱骨纵轴的线称臂轴。与尺骨长轴相一致的线称前臂轴。

通常臂轴与前臂轴的延长线构成向外侧开放的165°～170°的角，其补角为10°～20°，此角称提携角，亦称肘外偏角。此角若大于20°为肘外翻；0°～10°时为直肘；-10°～0°时为肘内翻（图13-57）。

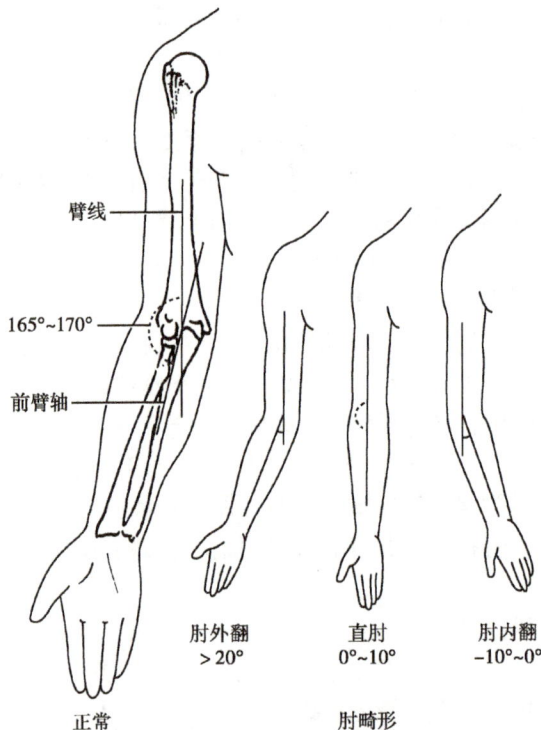

图13-57 上肢轴线及提携角

二、腋 腔

腋腔（axillary cavity）为臂上部和胸侧壁之间由肌围成的锥体形腔隙，为颈部与上肢间血管、神经的通路（图13-58）。

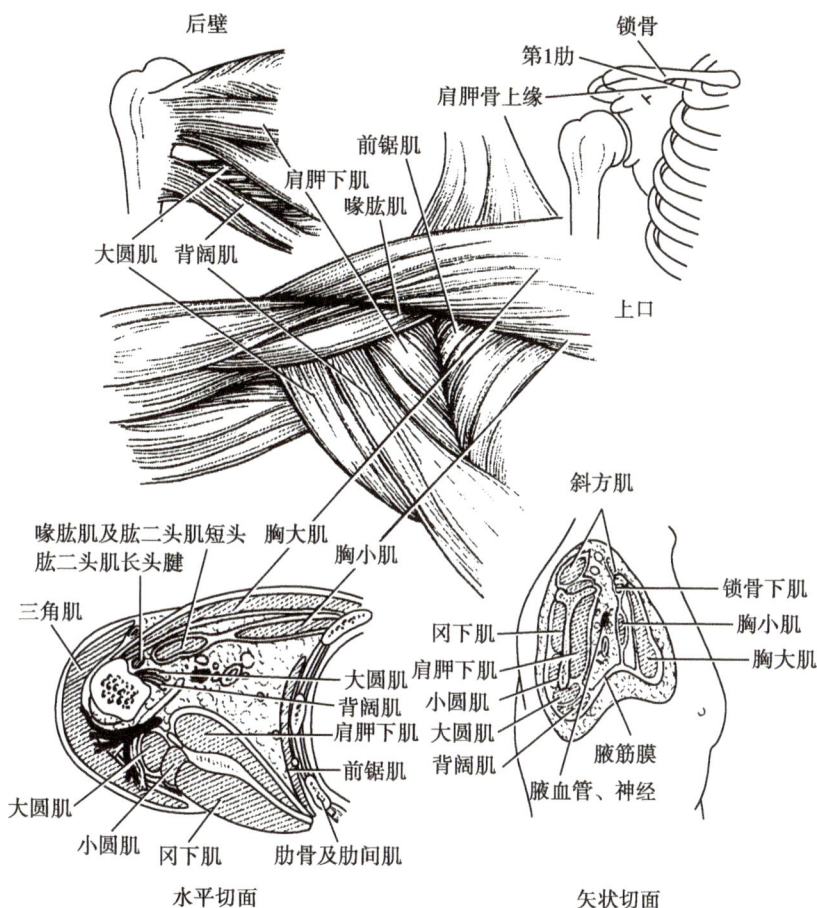

图13-58　腋窝的构成

（一）腋腔的构成

1. 腋腔的顶和底　腋腔的顶为腋腔的上口，通向颈根部。腋腔的底由皮肤、浅筋膜和腋筋膜所覆盖。皮肤较薄，成人生有腋毛，并有大量皮脂腺及汗腺。后者为大汗腺，少数人大汗腺变态，分泌臭味汗液，称腋臭。

2. 腋腔的四壁　前壁由浅入深分别为皮肤、浅筋膜、胸大肌和胸小肌及其筋膜，胸小肌连于喙突的筋膜为锁胸筋膜，有头静脉穿过；后壁为肩胛下肌、大圆肌和背阔肌；内侧壁为第1~5肋骨、肋间肌和前锯肌；外侧壁为肱骨上部的内侧面及喙肱肌、肱二头肌。

（二）腋腔的内容

腋窝内有腋动脉及其分支、腋静脉及其属支、臂丛及其分支、腋淋巴结群和丰富的疏松结缔组织（图13-59）。

1. 腋动脉　自第1肋外侧缘续于锁骨下动脉，沿腋窝外侧壁下行，以胸小肌为标志分为三段：

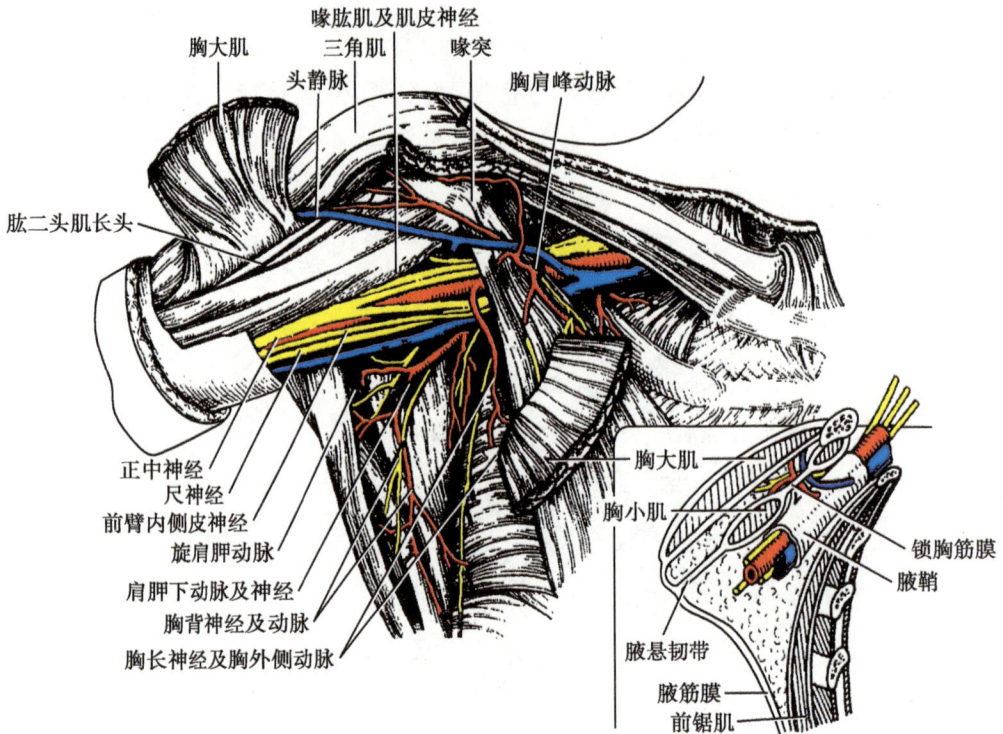

图13-59 腋窝的血管、神经

腋动脉第一段：位于胸小肌内侧，位置最深，前方有胸大肌和锁胸筋膜覆盖，内侧有腋静脉伴行，外侧与臂丛相邻。

腋动脉第二段：位于胸小肌后方，臂丛的后束、内侧束和外侧束包绕腋动脉周围。该段的分支有胸肩峰动脉和胸外侧动脉：①胸肩峰动脉穿出锁胸筋膜，分布于胸大、小肌和三角肌；②胸外侧动脉沿胸小肌下缘分布于胸壁，女性的胸外侧动脉较大，营养乳房。

腋动脉第三段：位于胸小肌下缘以下，位置较浅，由臂丛的分支包绕，该段的重要分支为旋肱后动脉和肩胛下动脉：①旋肱后动脉，伴腋神经向后绕肱骨外科颈，伴腋神经，分布于肩关节和三角肌；②肩胛下动脉沿肩胛下肌下缘向后下行，分为胸背动脉和旋肩胛动脉。胸背动脉沿腋窝后壁中线下降潜入背阔肌。旋肩胛动脉绕过肩胛骨外侧缘，分布于冈下窝，并与来自锁骨下动脉的肩胛上动脉、颈横动脉的分支吻合，从而形成了腋动脉与锁骨下动脉之间的侧支吻合。因此当结扎腋动脉时，为保证上肢远端的血液供应，最好在肩胛下动脉起始点以上结扎腋动脉。

2. 腋静脉 与腋动脉伴行，位于动脉的前内侧，由于腋动、静脉共同被包绕在一个腋鞘内，此处血管外伤时易发生腋动静脉瘘。

3. 臂丛 是颈根部臂丛的延续，与血管共同包在一个由结缔组织围成的腋鞘内，临床上臂丛阻滞麻醉就是将麻醉药注入此鞘内，以达到麻醉臂丛的目的。臂丛的三个束先在腋动脉第一段的外后方，继而围绕在腋动脉第二段的周围，即内侧束位于腋动脉内侧，后束位于腋动脉后方，外侧束位于腋动脉外侧。至腋动脉第三段时，外侧束分为肌皮神经及正中神经外侧根，后束分出腋神经、桡神经，内侧束分出尺神经和正中神经内侧根。正中神经内侧根和外侧根在腋动脉第三段前外方合成正中神经。此外，臂丛还发出胸长神经和胸背神经。胸长神经支配前锯肌，胸背神经支配背阔肌，在乳腺癌根治术清扫腋淋巴结时，应注意保护这些神经，以免损伤后影响上肢的功能。

4. 腋淋巴结群 收纳上肢、部分胸壁和乳房的淋巴。腋淋巴结数目很多，按位置可分五群（见图9-69）。

（1）胸肌淋巴结：沿胸小肌下缘、胸外侧动脉排列，收纳胸外侧壁、乳房外侧部及脐以上腹前外侧壁的淋巴。当患乳腺癌和乳腺炎时，首先侵及此群淋巴结，可在胸大肌外侧缘的深面摸到。

（2）肩胛下淋巴结：沿肩胛下血管和胸背神经分布，收纳肩胛部、背上部和颈后部的淋巴。肩胛下淋巴结肿大时，可在背阔肌外侧缘的深面摸到。

（3）外侧淋巴结：沿腋静脉远端分布，收纳上肢淋巴。肿大时可在臂上端的内侧摸到。

（4）中央淋巴结：位于腋窝中央的疏松结缔组织中，收纳上述胸肌、肩胛下和外侧淋巴结三群的淋巴回流。

（5）尖淋巴结：沿腋静脉近侧端排列，接受中央淋巴结的输出管，尖淋巴结的输出管合成锁骨下干。

乳腺癌一般先转移至胸肌淋巴结，而上肢感染则往往先侵犯外侧淋巴结。但由于上述各群淋巴结间有广泛的交通，所以做乳癌根治术时，应将上述各群淋巴结一起清扫。

三、肘 前 区

肘前区位于肘关节前方的凹陷内，略成三角形，其上、下界为通过肱骨内、外上髁连线上、下各两横指的水平线，内、外侧界分别为通过肱骨内、外上髁的垂线。

（一）浅层结构

肘前区皮肤薄而柔软，浅筋膜疏松，内有浅静脉和皮神经位于其内。走行于肱二头肌腱外侧的有头静脉和前臂外侧皮神经，走行于肱二头肌腱内侧的有贵要静脉和前臂内侧皮神经。在这两条浅静脉之间有吻合静脉相接，主要有两种吻合形式：一种是自头静脉向上内吻合于贵要静脉，称肘正中静脉；另一种形式为前臂正中静脉在肘前分为内、外两支，呈"Y"形分别吻合于头静脉和贵要静脉（图13-60）。

（二）深层结构

1. 深筋膜 肘前区的深筋膜，上续臂筋膜，下连前臂筋膜，并有肱二头肌腱膜参与而增厚。肱二头肌腱膜是从肱二头肌腱内侧，向内下散开止于前臂筋膜的部分。腱膜的游离上缘与肱二头肌腱交角处，是触及肱动脉搏动和测量血压的听诊部位；该腱膜下缘与肱二头肌腱交角处的深面，有肱动脉的末端。若此腱膜挛缩可压迫肱动脉与正中神经，导致缺血性挛缩。

2. 肘窝 是肘前区深筋膜下呈尖端朝向远侧的三角形浅窝。上界为肱骨内、外上髁的连线，下外侧界为肱桡肌，下内侧界为旋前圆肌，窝底主要是肱肌。

肘窝内容：以肱二头肌腱为标志，有关的血管神经列于其两侧。在肱二头肌腱外侧主要有前臂外侧皮神经和桡神经；在肱二头肌腱内侧主要有肱动脉和正中神经。肱骨髁上骨折时，骨折断端移位，可压迫或损伤肱动脉、肱静脉和正中神经，造成前臂缺血性挛缩或感觉障碍和瘫痪。

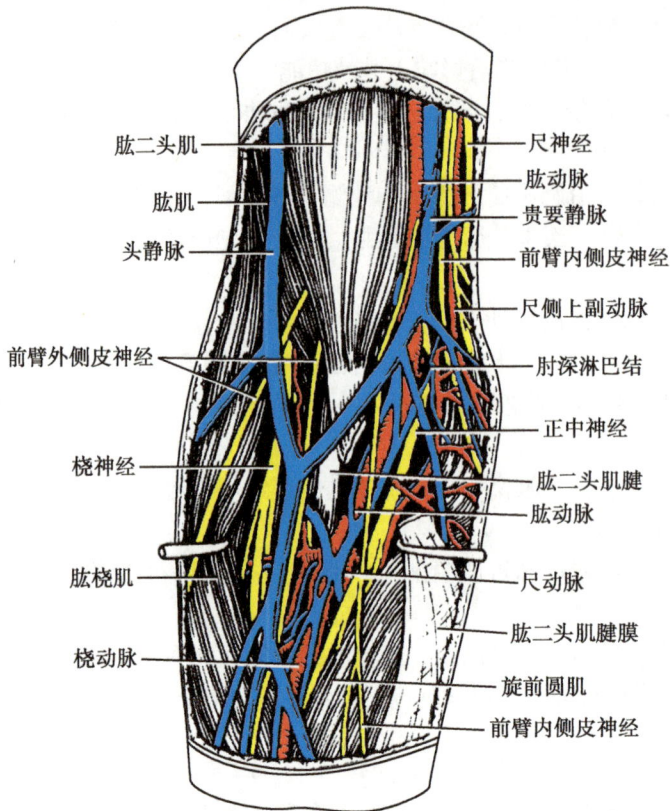

图13-60   肘前区的浅层结构

四、手   部

（一）手休息时的正常姿势

当手处于休息状态时，其正常姿势即所谓的"休息位"，此时，手指和桡腕关节的屈、伸以及拇指的外展、内收等肌力，均处于平衡和稳定状态，表现为桡腕关节背伸30°，第2~5指呈半握拳状，拇指稍外展，指尖接近示指的远侧指间关节（图13-61）。

（二）手掌

1. 手掌的层次

（1）皮肤及浅筋膜：手掌皮肤厚而致密，具有较厚的角化层，富有汗腺，但没有毛囊和皮脂腺。浅筋膜有较厚

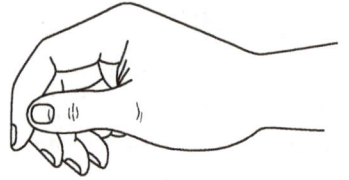

图13-61   手休息时的正常姿势

的脂肪垫，并有很多垂直的纤维隔将皮肤与掌腱膜相连，因此不易滑动而有利于手的抓、握、持物的功能。这一解剖结构特点使手掌在感染时肿胀不甚明显，脓肿不易溃破，却反而向深部扩散。由于皮肤缺乏伸缩性，伤口缝合较困难且易形成瘢痕，影响手的功能，多需植皮。

（2）深筋膜：可分为三部分，两侧部较薄弱，分别覆盖鱼际和小鱼际；中间部深筋膜的浅层增厚形成掌腱膜。深层位于骨间肌前面称骨间掌侧筋膜。

掌腱膜（palmar aponeurosis）（图13-62）呈三角形，厚而坚韧，为纵横交织成的腱性结构。其近侧端与掌长肌腱相连，远端展开分为四束分别止于第2~5指近节指骨底两侧。

掌腱膜可协助屈指，外伤或炎症时，可发生挛缩，影响手指运动。手掌深筋膜在腕前部增厚形成**屈肌支持带**（flexor retinaculum），又名腕横韧带。其桡侧端附着于大多角骨和舟骨，尺侧端附着于豌豆骨和钩骨。屈肌支持带与腕骨沟共同围成**腕管**（carpal canal）。管内有指浅、深屈肌腱、拇长屈肌腱和正中神经通过（图13-63）。正中神经位于腕管的浅层偏桡侧，容易受到屈肌支持带的压迫，产生腕管综合征，主要表现为鱼际肌力减弱，拇指、示指和中指疼痛、麻木等。

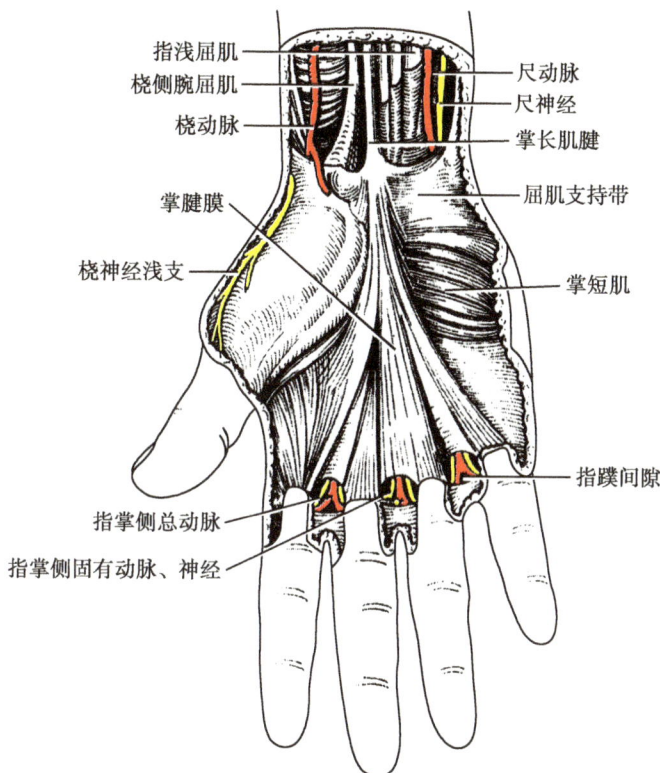

图13-62　掌腱膜

2. 掌浅弓、正中神经和尺神经的分支

（1）掌浅弓：位于屈指肌腱浅面，由尺动脉终支和桡动脉掌浅支吻合而成。该弓发出一条小指尺掌侧动脉，分布于小指尺侧缘。另发出三条指掌侧总动脉，行至掌指关节附近时，每条又各分两支指掌侧固有动脉，沿第2～5指的相对缘分布。

（2）正中神经分支：正中神经位于掌浅弓深面，通常先发一返支，与桡动脉掌浅支伴行，支配除拇收肌以外的鱼际。正中神经返支走行表浅，在掌部手术时，应防止损伤，以免引起鱼际瘫痪，影响拇指对掌功能。正中神经另分出三支指掌侧总神经，与同名动脉伴行至掌指关节附近时，每支又各分两支指掌侧固有神经，分布于桡侧三个半手指掌侧及其中、远节指背侧的皮肤，并发支支配第1、2蚓状肌。

（3）尺神经浅支：伴行于尺动脉尺侧，分为两支，即指掌侧固有神经和指掌侧总神经，后者又分为两支指掌侧固有神经。尺神经浅支分布于尺侧一个半手指掌侧皮肤。

3. 屈指肌腱和蚓状肌

（1）屈指肌腱：共有9条肌腱经腕管进入手掌，即指浅屈肌腱4条，指深屈肌腱4条和拇

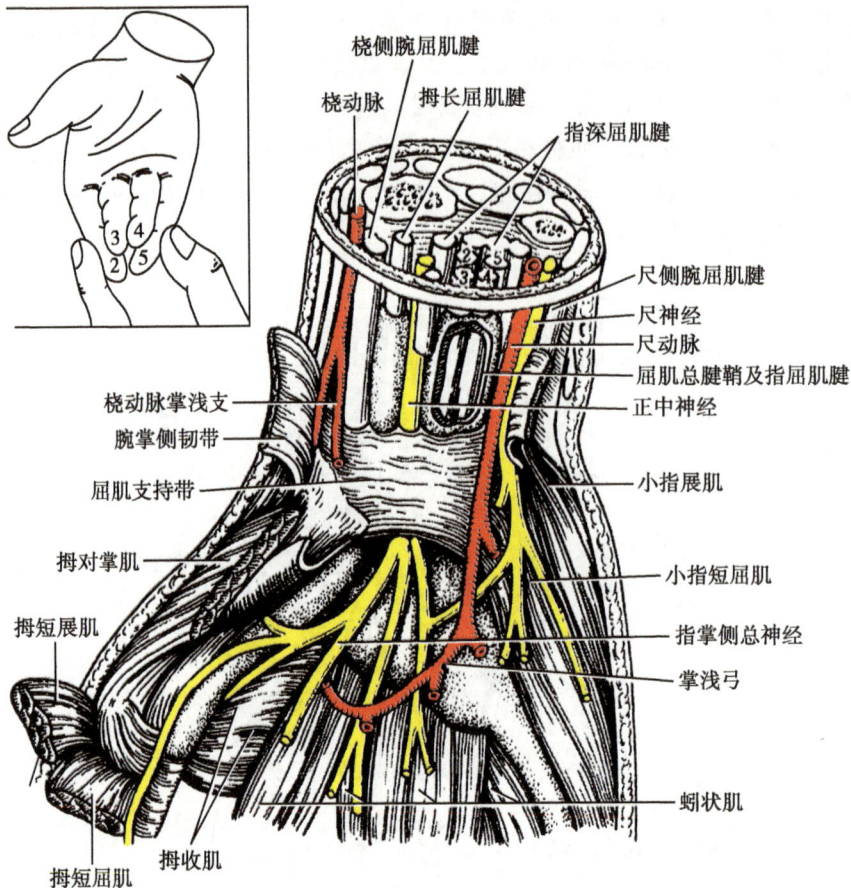

图13-63　腕前区深层结构

长屈肌腱1条，呈辐射状散开。其中拇长屈肌腱止于拇指末节；指浅屈肌腱分别在第2～5指的近节指骨中部分为两脚，止于中节指骨底两侧；指深屈肌腱在指浅屈肌腱深面，穿经指浅屈肌腱两脚之间，止于远节指骨底。

（2）蚓状肌：共4块，分别起自4条指深屈肌腱的桡侧，分别绕过第2～5指桡侧，止于近节指骨背面和指背腱膜上。具有屈掌指关节和伸指间关节的作用。

4. **掌深弓和尺神经深支**　都位于骨间掌侧筋膜深面，骨间肌表面。掌深弓由桡动脉终支和尺动脉掌深支吻合而成。自弓发出三条掌心动脉在指蹼处汇入相应的指掌侧总动脉。尺神经深支与尺动脉深支伴行，穿小鱼际进入骨间肌表面，分布于小鱼际、拇收肌、骨间肌和第3、4蚓状肌。

5. **骨间肌和拇收肌**　骨间肌包括三块骨间掌侧肌和四块骨间背侧肌，诸肌均起自掌骨。骨间掌侧肌分别止于第2、4、5指的近节指骨底和指背腱膜；骨间背侧肌分别止于第2、3、4指的近节指骨底和指背腱膜。骨间掌侧肌使2、4、5指向中指方向内收；骨间背侧肌使2、3、4指以中指为准外展。拇收肌位于第1～3掌骨及骨间肌的浅面；肌纤维横行向外止于拇指。

6. **手掌骨筋膜鞘及其内容**　掌腱膜的两侧缘分别向第5、第1掌骨发出内、外侧肌间隔，将掌腱膜浅、深两层之间的间隙分为三个骨筋膜鞘：外侧鞘、内侧鞘和中间鞘（图13-64）。

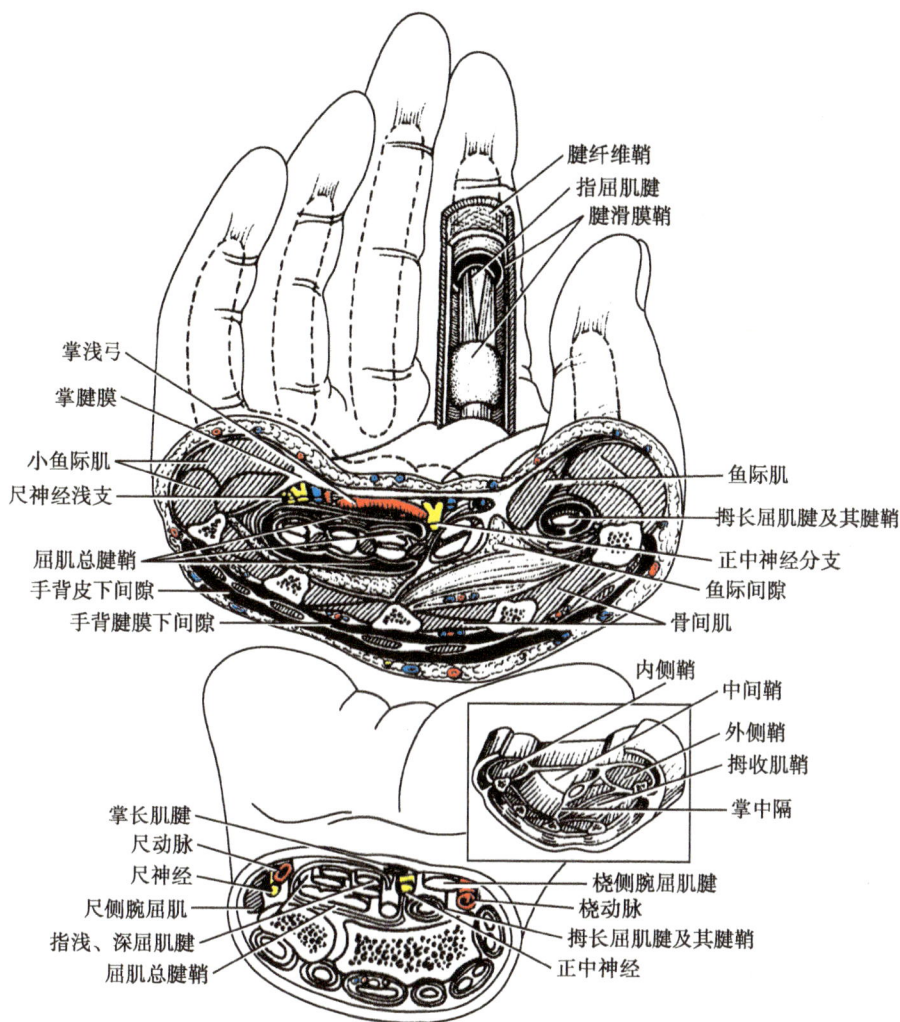

图13-64　手掌骨筋膜鞘及其内容

　　外侧鞘又称鱼际鞘，由鱼际筋膜、外侧肌间隔和第1掌骨围成。内有鱼际肌（拇收肌除外）、拇长屈肌腱及其腱鞘，以及拇指的血管、神经等。

　　内侧鞘又称小鱼际鞘，由小鱼际筋膜、内侧肌间隔和第5掌骨围成。内有小鱼际肌（掌短肌除外），小指屈肌腱及其腱鞘，以及小指的血管、神经等。

　　中间鞘位于掌腱膜、内侧肌间隔、外侧肌间隔、骨间掌侧筋膜与拇收肌筋膜之间。其内容主要有指浅、深屈肌的8条肌腱，4块蚓状肌和屈肌总腱鞘，以及掌浅弓、指血管和神经等。

　　7. 手掌筋膜间隙　在手掌屈指肌腱及蚓状肌的深面与骨间肌及其筋膜之间，有一被疏松结缔组织充满的潜在间隙称为手掌筋膜间隙。由于掌腱膜向第3掌骨发出一纤维隔，因此将其分为尺侧的掌中间隙和桡侧的鱼际间隙。

　　掌中间隙（middle palmar space）位于第3、4、5指屈肌腱和屈肌总腱鞘等结构与骨间肌及其筋膜之间，内侧界为内侧肌间隔，外侧界为附着于第3掌骨的纤维隔。该间隙近侧端可经腕管而通向前臂屈肌后间隙，远侧端沿第2~4蚓状肌通向第3~5指背侧。

鱼际间隙（thenar space）位于示指屈肌腱与拇收肌及其筋膜之间。内侧界为纤维隔，外侧界为外侧肌间隔。该间隙近侧端为盲端，远侧端沿第1蚓状肌通向第2指背侧。

上述两间隙，位置较深，充满疏松结缔组织，抵抗力弱。在手掌部外伤和炎症向深层蔓延时，都可引起该间隙的感染。筋膜间隙感染时，应及时切开引流。掌中间隙引流切口应在第3和第4掌骨小头间；鱼际间隙引流切口应沿鱼际皱纹。

8. 手掌腱鞘 通过腕管进入手掌的拇长屈肌腱和指浅、深屈肌腱，分别被两个腱鞘包绕，一个拇长屈肌腱鞘，在桡侧包绕拇长屈肌腱；另一个屈肌总腱鞘，在尺侧包绕指浅、深屈肌腱。两鞘近侧在桡骨茎突上方约2cm处起始。远侧，拇长屈肌腱鞘与拇指腱鞘相续，屈肌总腱鞘仅与小指腱鞘相续，故拇指、小指发生化脓性腱鞘炎时，可分别波及拇长屈肌腱鞘或屈肌总腱鞘。

（三）手背

手背皮肤薄而柔软，富有弹性。浅筋膜薄而松弛，移动度较大。手背浅静脉非常丰富，吻合成手背静脉网。手背的浅淋巴管与浅静脉伴行，当手指和手掌感染时，手背肿胀较手掌更为明显。

手背皮神经有桡神经浅支和尺神经手背支，各发出5条指背神经，分别分布于手背的桡侧和尺侧半以及各两个半手指背侧皮肤（示、中指及环指桡侧半中、远节指背皮肤由正中神经分支分布）。

手背肌腱位置表浅，在伸肌支持带深部都有腱鞘包绕，其中桡骨茎突附近的腱鞘是囊肿和炎症的好发部位。

（四）手指

1. 手指的血管和神经 每一手指均有4条动脉和神经，分别走行于手指掌面和背面两侧的皮下。因此手指手术常在指根部作环形阻滞麻醉。手指的切口亦应在指侧面的中线上进行。这样可避免损伤手指的血管神经，也可避免切断指横纹，形成瘢痕，影响手指功能。

2. 手指肌腱和腱鞘 除拇指外，每个手指掌侧有指浅屈肌腱和指深屈肌腱，背侧有指伸肌腱、蚓状肌腱、骨间肌腱以及支持韧带所构成的指背腱膜。

手指的指浅、深屈肌腱由指腱鞘包被。拇指及小指的腱鞘分别与手掌的拇长屈肌腱鞘和屈肌总腱鞘相通，其余三肌通常均有独立的腱鞘，各腱鞘均从掌指关节起到远节指骨底止。

指腱鞘包被指的浅、深屈肌腱，由指纤维鞘和指滑膜鞘组成（图13-65）。

（1）**指纤维鞘**：由指掌侧深筋膜增厚而成，包绕指滑膜鞘，两侧附着于指骨及关节囊，与指骨的骨膜共同形成一个骨纤维性管道。它在远、中节指骨中部处增厚，关节处较薄弱。此鞘对肌腱起约束、支持作用。

（2）**指滑膜鞘**：衬于指纤维鞘内，是包绕指浅、深屈肌腱的双层封闭的滑膜鞘。

3. 指端结构特点 手指末节掌侧面皮肤，借浅筋膜的许多纤维束连于骨膜上。这些纤维束，将浅筋膜分隔成若干小腔，腔内充满脂肪组织和血管、神经（图13-66）。当指端发生炎症时，渗出物在各小腔内不易扩散，压力很大，压迫神经、血管引起剧痛，甚至造成末节指骨坏死。因此指端炎症应尽早从侧面切开，并向深层横断纤维隔，达到减压和引流的目的。

末节指骨背侧有**指甲**（unguis），指甲近侧嵌入皮内的部分称甲根。甲根基部的生发

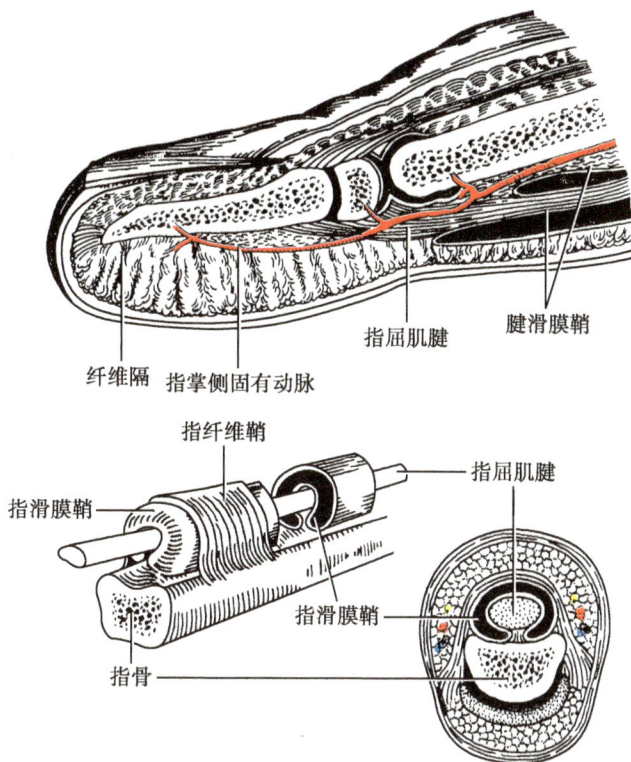

纤维隔　　指掌侧固有动脉　　指屈肌腱　　腱滑膜鞘

指滑膜鞘　　指纤维鞘　　指屈肌腱

指滑膜鞘

指骨

图13-65　指腱鞘

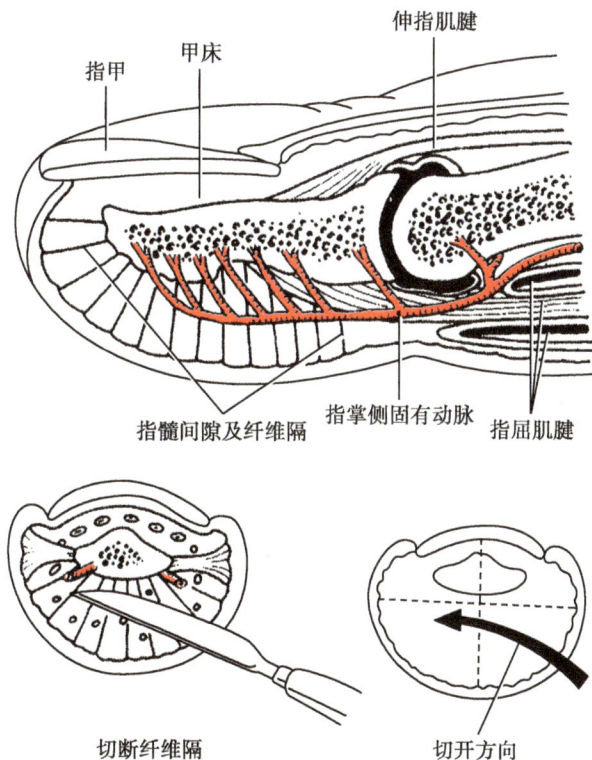

指甲　　甲床　　伸指肌腱

指髓间隙及纤维隔　　指掌侧固有动脉　　指屈肌腱

切断纤维隔　　切开方向

图13-66　指端解剖

层是指甲生长点，手术时应加以保护。围绕甲根及甲侧缘的皮肤称甲廓。甲廓与甲之间的沟称**甲沟**。甲下的真皮称甲床。甲沟处极易因外伤而感染，称甲沟炎，如不及时治疗，脓液可侵入甲床。

五、局部应用解剖

三角肌注射术（injection of deltoid muscle）是临床上肌内注射的常用部位之一。

1. 解剖特点   三角肌呈三角形，底朝上，起自锁骨外侧1/3、肩峰、肩胛冈及肩胛筋膜，整块肌位于肩部皮下，从前、外、后三面包绕肩关节。

2. 应用要点   患者取坐位或卧位。进针层次：注射针经过皮肤、浅筋膜、深筋膜至三角肌内。进针技术与失误防范：进针技术同臀肌注射法。作三角肌注射时应注意：三角肌不发达者不宜作肌内注射，以免刺至骨面，造成折针，必要时可提捏起三角肌斜刺进针。在三角肌区注射时，针尖勿向前内斜刺，以免伤及腋窝内的血管及臂丛神经。在三角肌后区注射时，针头切勿向后下偏斜，以免损伤桡神经。

第八节   下   肢

一、概   述

（一）境界和分部

下肢前以腹股沟韧带，后以髂嵴与躯干分界。可分为臀部、股部、膝部、小腿部、踝部和足部。

（二）体表标志

1. 皮下可触摸到髂嵴全长，在其前、后端可触到髂前上棘和髂后上棘。髂前上棘后上方5cm处可扪及粗大的髂结节，两侧髂嵴最高点的连线通过第4腰椎棘突。

2. 在大腿外侧上部可触及股骨大转子。

3. 在臀大肌下缘，可摸到坐骨结节。坐骨结节与髂前上棘间的连线称Nelaton线，该线恰好通过大转子尖端。当股骨颈骨折和髋关节脱位时，大转子可向上移位越过此线（图13-67）。

4. 在膝部两侧可摸到股骨和胫骨的内、外侧髁，前方可扪及髌骨、髌韧带、胫骨粗隆和腓骨头。

5. 在小腿的前内侧面皮下可摸到胫骨前嵴和胫骨内侧面，此处皮下组织少，下肢水肿时，在此压迫易显压痕。

6. 踝部两侧可见明显隆起的外踝及内踝，内踝可作为寻找大隐静脉的标志。在踝部后面可触及跟腱。

7. 在足后端可摸到跟骨结节。

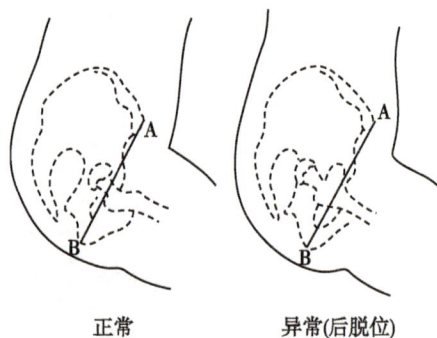

正常　　　　异常(后脱位)

图13-67   Nelaton线

（三）体表投影

1. 股动脉   将大腿微屈、外展并外旋，自腹股沟韧带中点至股骨内上髁连线的上2/3段即为股动脉的投影。

2. **足背动脉** 自内、外踝连线中点至第1、2趾间的连线，是足背动脉的投影。

3. **坐骨神经** 自髂后上棘至坐骨结节连线的上、中1/3交界处，股骨大转子与坐骨结节连线的中点稍内侧，股骨两髁之间的中点，此三点的连线大致为坐骨神经的投影。

二、臀 部

（一）境界

上界为髂嵴，下界为臀襞，内侧为骶骨、尾骨，外侧为髂前上棘至大转子间的连线。

（二）层次

1. **皮肤和浅筋膜** 皮肤很厚，含有丰富的汗腺和皮脂腺。浅筋膜发达，内有许多纤维束将皮肤连于深筋膜，形成小隔，内容大量脂肪组织，形成脂肪垫，可保护深层组织。但在骶骨后面和髂后上棘附近浅筋膜较薄，长期卧床易形成压疮。

2. **深筋膜** 又称臀筋膜，上连髂嵴，向下分为两层包被臀大肌，损伤时易产生腰腿痛。

3. **肌层** 由浅入深可分为三层：第一层为臀大肌和阔筋膜张肌；第二层为臀中肌、梨状肌等；第三层为臀小肌。梨状肌从坐骨大孔穿出，将坐骨大孔分为梨状肌上、下孔。

梨状肌上孔：位于梨状肌上缘，经梨状肌上孔穿出的有臀上神经和臀上动、静脉。在臀部误伤臀上动脉后，该动脉近心端可回缩至盆腔内，引起严重出血。

梨状肌下孔：位于梨状肌下缘，经梨状肌下孔穿出的结构由外侧向内侧依次有：坐骨神经、股后皮神经、臀下神经及臀下动、静脉，阴部内动、静脉及阴部神经。

由于上述血管、神经皆经梨状肌上、下孔出骨盆（图13-68），因此作臀部肌注射时，应于臀部的外上1/4处进针较为安全。

坐骨神经从梨状肌下孔穿出后，一般在股中、下1/3交界处即分成胫神经和腓总神经。

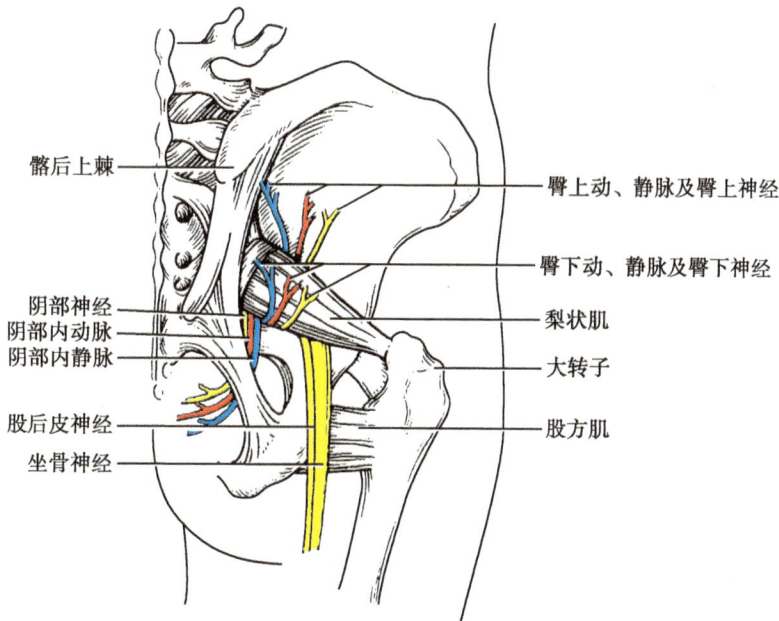

图13-68 臀部的血管和神经

但这种关系常有不少变异，有时坐骨神经从盆腔内即分成胫神经和腓总神经，其中胫神经从梨状肌下孔穿出，而腓总神经则经梨状肌上缘穿出或贯穿梨状肌而下降。当梨状肌痉挛时可压迫腓总神经而产生疼痛，临床上称为梨状肌综合征。

臀下神经和血管分布于臀大肌。阴部内血管和神经穿过坐骨小孔至坐骨肛门窝，分布于会阴部。

4. 髋关节周围动脉网 髋关节周围由髂内、外动脉及股动脉的分支组成了吻合丰富的动脉网。该吻合网两侧为旋股内、外侧动脉，上部为臀上、下动脉，下部为第一穿动脉。因此当结扎一侧的髂内动脉时，可借髋周围动脉网建立侧支循环，以代偿髂内动脉分布区的血液供应（图13-69）。

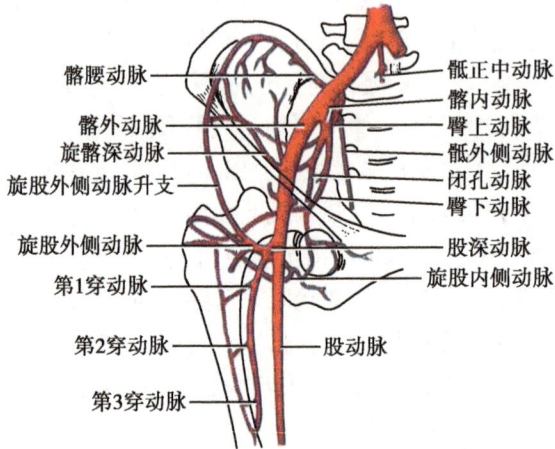

图13-69 髋关节周围动脉网

三、股前内侧区

（一）境界

股部前上方借腹股沟韧带与腹部分界，下界为经髌骨上方两横指处的环形线。由股骨内、外上髁各作一纵线，此二纵线前方之间的部分为股前区。

（二）层次

1. 皮肤和浅筋膜 内侧皮肤薄而柔软，移动性较大，临床上有时在此区切取皮瓣进行植皮。浅筋膜中有大隐静脉及其属支、腹股沟浅淋巴结。

（1）大隐静脉及其属支：大隐静脉起自足背静脉弓，经内踝前方，小腿内侧，沿大腿内侧上行，最后在耻骨结节外下方经隐静脉裂孔注入股静脉，全长约76cm。大隐静脉在汇入股静脉前接纳5条属支：①腹壁浅静脉；②阴部外静脉；③旋髂浅静脉；④股内侧浅静脉；⑤股外侧浅静脉（图13-70）。当大隐静脉曲张而需进行高位结扎时，上述五个属支均要逐个结扎，否则易造成复发。

（2）腹股沟浅淋巴结：分上、下两群，上群沿腹股沟韧带排列，收集脐以下的腹前壁、臀区、外生殖器及会阴的淋巴；下群沿大隐静脉上端排列，收集下肢沿大隐静脉而来的淋巴。以上收集区域的感染或肿瘤转移，可引起该群淋巴结肿大。

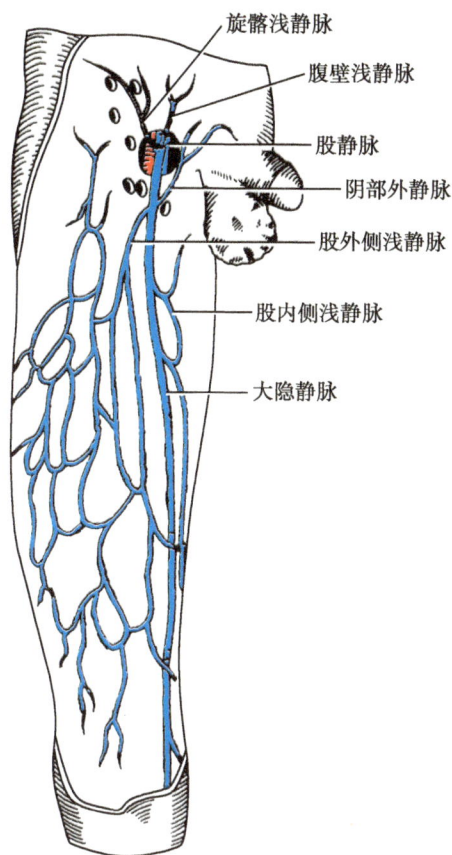

图13-70　大隐静脉及其属支

旋髂浅静脉
腹壁浅静脉
股静脉
阴部外静脉
股外侧浅静脉
股内侧浅静脉
大隐静脉

2. **深筋膜**　股部深筋膜又称**阔筋膜**，股前区的深筋膜系阔筋膜的一部分。在腹股沟韧带中、内1/3交界处的下方2.5cm处，阔筋膜有一卵圆形薄弱区，称**隐静脉裂孔**。大隐静脉在此注入股静脉。

3. **肌腔隙和血管腔隙**　为腹股沟韧带和髋骨前缘之间的间隙，是股部与腹盆部的通道，该间隙被由腹股沟韧带至髂耻隆起的**髂耻弓**（iliopectineal arch）分为两部分，内侧部分称**血管腔隙**（lacuna vasorum），有股动脉、股静脉通过，股静脉内侧为股环；外侧部分称**肌腔隙**（lacuna musculorum），有髂腰肌和股神经通过（图13-71）。

4. **股三角**（trigonum femorale）（图13-72）　位于股前内侧区上1/3部，是一个底朝上、尖朝下的三角区。其上界为腹股沟韧带，外下界为缝匠肌内侧缘，内侧界为长收肌内侧缘。前壁为阔筋膜；后壁凹陷，由肌组成，从外侧向内侧依次为髂腰肌、耻骨肌及长收肌。

股三角的内容，由外侧向内侧依次有股神经、股动脉和股静脉以及它们的分支和属支。股动脉和股静脉的上端被包被腹横筋膜和耻骨肌筋膜形成**股鞘**（femoral sheath）。肌鞘的外侧份为股

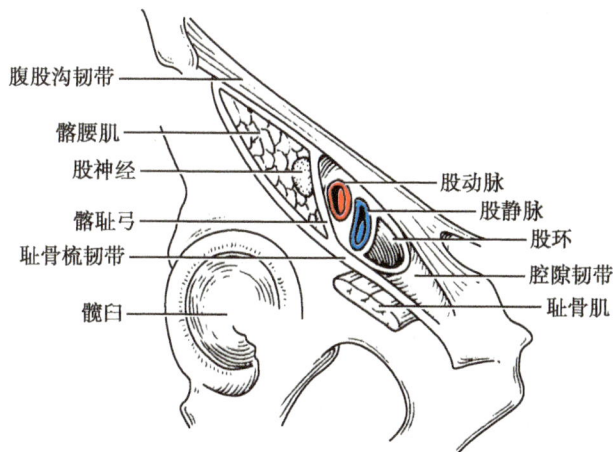

图13-71　肌腔隙和血管腔隙

腹股沟韧带
髂腰肌
股神经
髂耻弓
耻骨梳韧带
髋臼
股动脉
股静脉
股环
腔隙韧带
耻骨肌

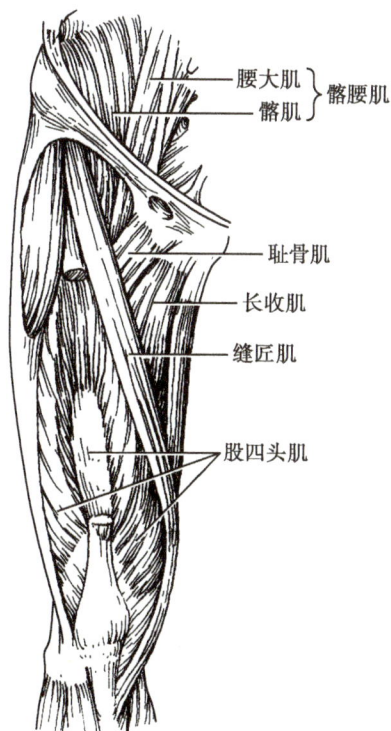

图13-72　股三角

腰大肌 } 髂腰肌
髂肌
耻骨肌
长收肌
缝匠肌
股四头肌

动脉，中份为股静脉，内侧份为股管。

5. 股管（canalis femoralis） 位于股鞘内，是股静脉内侧的一个漏斗状腔隙，长约1.5cm。股管上口为**股环**（femoral ring），与腹腔相通。股环的前界为腹股沟韧带，后界为耻骨梳韧带，内侧界为腔隙韧带，外侧界为股静脉。股环处填有脂肪组织及一个淋巴结。股管下端为盲端，位于隐静脉裂孔的深面。由于股环与腹膜腔之间只隔着很薄的腹横筋膜和腹膜，如果腹腔内容物经股环、股管突出于隐静脉裂孔，称股疝。由于股环的前、后、内侧三面均为坚强的韧带，因此疝内容物突出后不易还纳，易形成嵌顿性股疝（图13-73）。

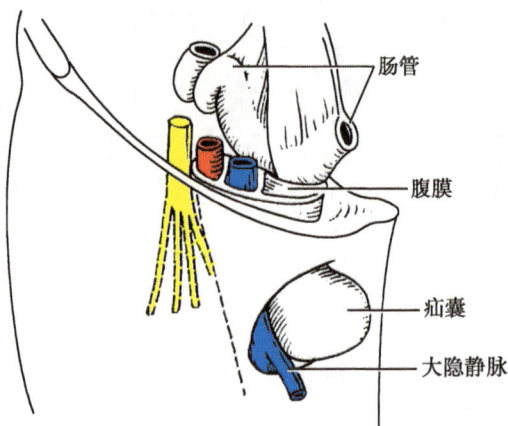

图13-73 股疝

值得注意的是，股环内上方常有腹壁下动脉和闭孔动脉的吻合支。有时此吻合支异常粗大，甚至代替了正常的闭孔动脉，称为异常闭孔动脉，出现率约为18%。手术修补股疝时，特别是切开腔隙韧带时，应予以注意，避免误伤造成大出血。

6. 收肌管（canalis adductorius） 为大腿中1/3段内侧面的一个肌筋膜管，长15～17cm。该管位于缝匠肌的深面、大收肌和股内侧肌之间，其前壁为一腱膜称大收肌腱板（图13-74）。收肌管向上通股三角，向下经**收肌腱裂孔**（adductor tendinous opening）通腘窝。管内由浅入深依次排列有隐神经、股动脉和股静脉。

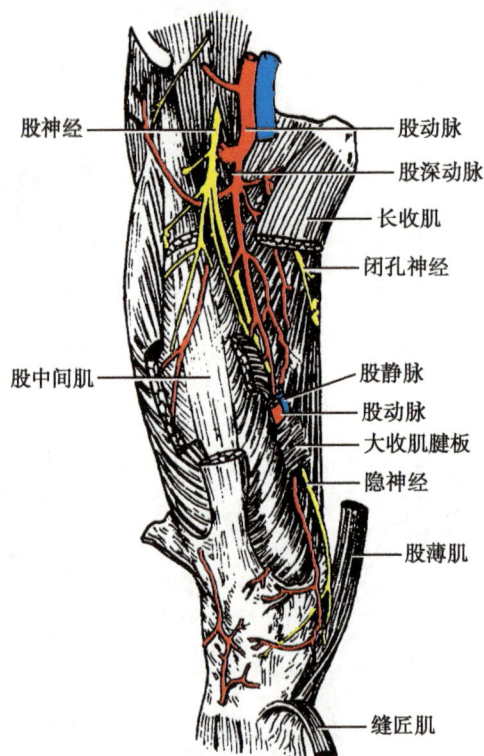

图13-74 收肌管

四、腘 窝

(一)境界

腘窝（fossa poplitea）位于膝关节的后方，呈菱形，上外侧界为股二头肌，上内侧界为半腱肌和半膜肌，下外、下内侧界分别为腓肠肌的外侧头和内侧头，窝底主要为膝关节囊的后壁和腘肌。窝顶为腘筋膜，致密而坚韧，患腘窝囊肿或动脉瘤时因受腘筋膜限制而胀痛明显。

(二)内容

在腘窝的脂肪组织中，由浅入深依次排列有胫神经、腘静脉和腘动脉。其中腘动、静脉被包在一个血管鞘中（图13-75）。由于腘动脉上段与股骨后面紧邻，当股骨髁上骨折时，远侧端向后移位，极易损伤腘动脉。腓总神经沿股二头肌腱内侧缘向下外斜行，绕过腓骨颈后下行，此处腓总神经位于皮下，位置表浅较易受伤。

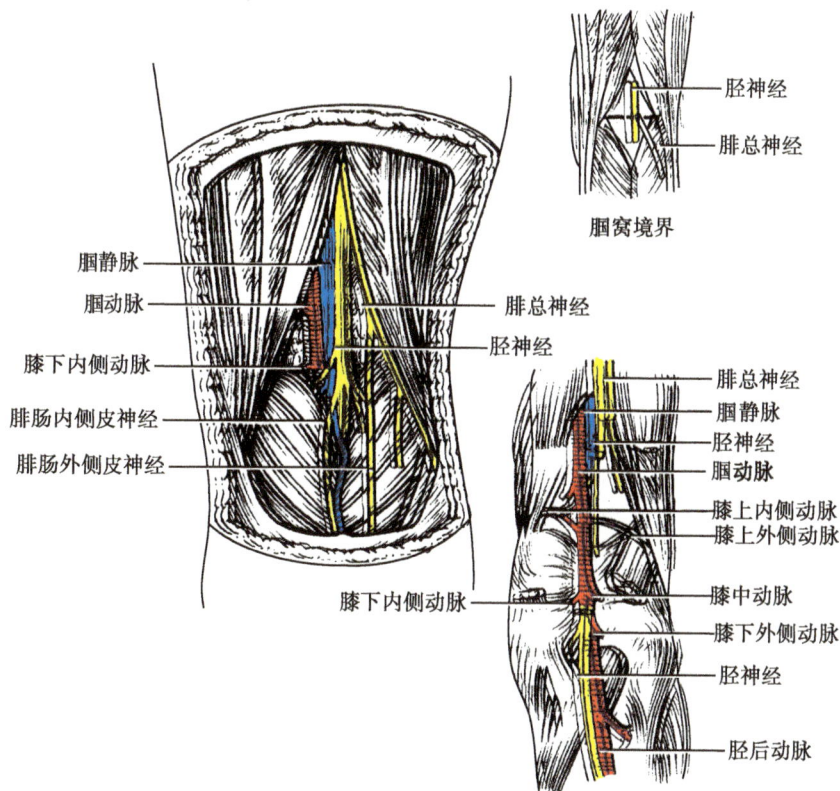

图13-75 腘窝及其内容

五、踝 管

踝管（canalis malleolaris）位于内踝后下方，是由起于内踝止于跟骨结节的屈肌支持带（分裂韧带）与深面骨面间形成的管道。其内被三个纤维隔分为四个骨纤维管，由前向后依次通过：①胫骨后肌腱；②趾长屈肌腱；③胫后动、静脉及胫神经；④踇长屈肌腱。上述各肌腱均包有腱鞘。踝管是小腿后区通向足底的重要路径，小腿和足底的感染，可经踝管相互蔓延。踝关节内后方的外伤出血也可压迫踝管内容物，引起踝管综合征（图13-76）。

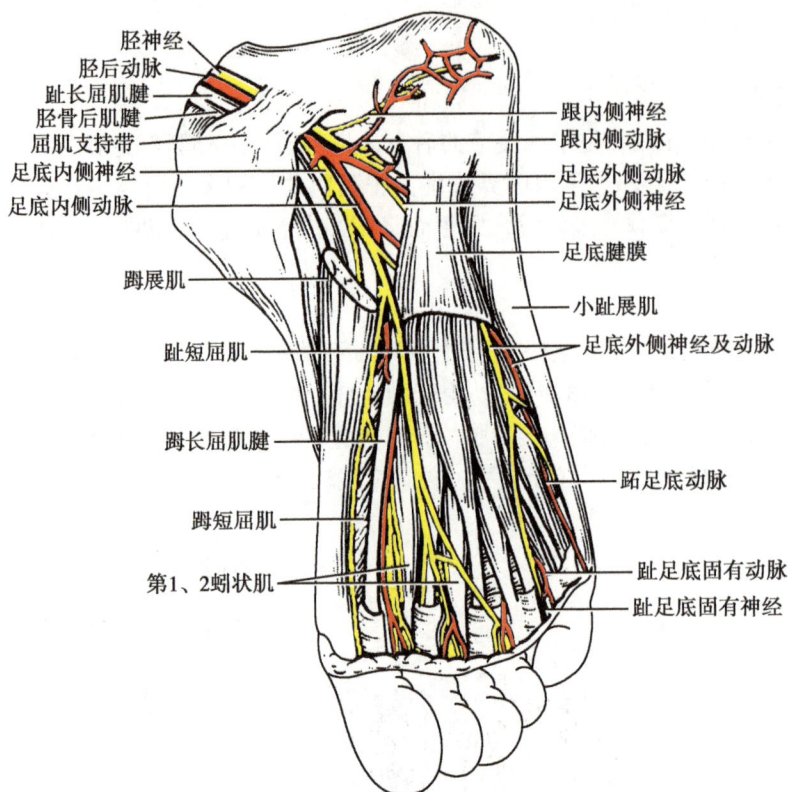

图13-76 踝管与足底

六、局部应用解剖

臀肌注射术（injection of gluteus maximus）：臀肌是临床上肌内注射的常用部位之一。

1. 解剖特点 ①臀大肌是臀肌中最大且表浅的肌，近似四方形，几乎占据整个臀部皮下。该肌以广泛的短腱起于髂前上棘至尾骨尖之间的深部结构，肌纤维向外下止于髂胫束和股骨臀肌粗隆。小儿此肌不发达，较薄。臀部的血管、神经较多，均位于该肌的深面，分别经梨状肌上孔和梨状肌下孔出入盆腔。②坐骨神经为全身最大的神经，起始处宽约2cm。坐骨神经一般经梨状肌下孔穿出至臀部，位于臀大肌中部深面，约在坐骨结节与股骨大转子连线的中点处下降至股后部。

2. 应用要点 ①部位选择：臀肌注射区的定位方法有两种。十字法：从臀裂顶点向外划一水平横线，再通过髂嵴最高点向下作一垂线，两线十字交叉，将臀区分为四区。臀部外上1/4区为臀肌注射最佳部位。连线法：将髂前上棘至骶尾连结处作一连线，将此线分为三等份，其外上1/3为注射区。②体姿参考：患者多取侧卧位，下方的腿微弯曲，上方的腿自然伸直;或取俯卧位，足尖相对，足跟分开。亦可取坐位。③穿经结构：注射针穿经皮肤、浅筋膜、臀肌筋膜至臀大肌。④进针技术与失误防范：选准注射部位，术者左手绷紧注射区皮肤，右手持注射器，使针头与皮肤垂直，快速刺入2.5～3.0cm即达臀大肌。因臀大肌发达，在肌紧张时易发生折针。注意进针深度，切勿将针梗全部刺入，一般针梗的1/3应保留在体外，以防针梗从根部焊接处折断。婴儿臀区较小，肌不发达，不宜作臀肌注射。

● **知识链接**

"绑腿"的作用

　　你知道吗，红军二万五千里长征为什么有很多人用布带缠着小腿？原来呀，人体的静脉管壁薄，其管腔内静脉血压力低，血流慢，尤其是下肢静脉离心远，加之重力的影响，使静脉血液回流困难。在正常的生理状态下，深静脉的血液可借助伴行动脉的搏动以及周围肌肉收缩的挤压而向心性回流；浅静脉缺乏这种有利因素，当人体长时间站立或行走时，会导致下肢静脉血管含血量增多，压力加大，组织液不易经静脉回流而引起下肢水肿，严重者导致浅静脉曲张，行走困难。因此在长途跋涉和长时间站立时，如果能缠上松紧适宜的"绑腿"，能帮助静脉血回流。就不会出现下肢静脉曲张。

（杨壮来）

思考题

1. 小儿头皮静脉穿刺主要血管有哪几条？
2. 进行胸腔穿刺时，其层次由浅入深依次要经过哪些结构？
3. 胸外心按压术的形态学基础与操作注意事项有哪些？
4. 简述男性导尿术与男性尿道的形态学特点。
5. 简述臀部肌内注射的形态学特点和应用要点。

人体结构学教学大纲

（供五年一贯制护理学专业用）

一、课 程 任 务

人体结构学是研究正常人体形态结构以及发生发育的一门综合性学科，是护理专业的一门重要基础课，包括传统课程中的系统解剖学、局部解剖学、组织学及胚胎学等内容，其任务是使学生获取高等护理专门人才所必需的人体形态、结构及人体发生、发育的基本知识、基本理论和基本技能，为进一步学习其他医学课程和职业技能、提高专业素质、增强适应职业变化的能力，更好地从事临床护理和社区卫生工作打下一定的基础。

二、课 程 目 标

（一）基本知识教学目标

1. 理解人体结构学的基本理论和基本概念。

2. 掌握人体主要器官的位置、形态、结构及功能。

3. 掌握人体主要器官的微细结构。

4. 了解人体发生发育过程的一般规律。

（二）能力培养目标

1. 能正确辨认和描叙人体各器官的位置、形态结构及毗邻。

2. 掌握主要器官的体表标志或体表投影及常用穿刺部位和穿刺血管的确认方法。

3. 能借助显微镜观察人体各器官微细结构的组织切片。

（三）思想教育目标

1. 具有严谨求实和创新的学习精神，具有科学的思维能力。

2. 具有救死扶伤、爱岗敬业、乐于奉献、精益求精的职业素质和良好的医德、医风情操。

3. 具有团结协作、勇于吃苦、爱护标本仪器的良好品德。

三、教学时间分配

学时分配表（供参考）

章次	教 学 内 容	学时数（小时）		
		理论	实践	合计
1	绪论	4		4
2	细胞	4	2	6
3	基本组织	8	4	12
4	运动系统	12	6	18
5	消化系统	8	4	12
6	呼吸系统	4	2	6
7	泌尿系统	4	2	6
8	生殖系统	6	4	10
9	内分泌系统	4	2	6
10	脉管系统	14	6	20
11	感觉器（皮肤）	4	2	6
12	神经系统	14	6	20
13	胚胎发育概要	8	2	10
14	局部解剖学概要	18	6	24
	合计	112	48	160
	机动	2		162

四、教学内容和要求

教　学　内　容	教　学　要　求					
	理　　论			实　　践		
	了解	理解	掌握	会	掌握	熟练掌握
绪论						
1. 人体结构学的定义及其在医学中的地位	√					
2. 人体器官的组成和系统的划分			√			
3. 人体结构学常用的方位术语			√			
4. 组织切片的制作方法		√				
一、细胞						
（一）细胞的概述	√					
（二）细胞的结构						
1. 细胞的形态和基本结构			√		√	
2. 重要细胞器的功能		√				
3. 细胞增殖						
（1）细胞周期的概念	√					
（2）期细胞各期特点	√					
二、基本组织						
（一）上皮组织						
1. 上皮组织的一般结构特点、分类、分布及功能		√				
2. 被覆上皮的结构特点、分类、分布及主要功能			√		√	
（二）结缔组织						
1. 疏松结缔组织的细胞和纤维的形态特点			√		√	
2. 网状组织的组成与分布	√					
3. 软骨组织的分类	√					
4. 骨组织的一般结构	√					
5. 血细胞的形态		√		√		
（三）肌组织						
1. 肌组织的一般结构特点、分类和分布		√			√	
2. 平滑肌和心肌的结构特点	√					

续表

教 学 内 容	教 学 要 求					
	理 论			实 践		
	了解	理解	掌握	会	掌握	熟练掌握
3. 骨骼肌的超微结构	√					
（四）神经组织						
1. 神经元的形态结构和分类			√		√	
2. 突触的概念和结构			√			
3. 神经纤维的分类和结构特点			√			
三、运动系统						
（一）骨和骨连结						
1. 概述						
（1）骨的形态、分类、构造			√			
（2）骨的连结和关节的构造			√		√	
2. 躯干骨及其连结						
（1）躯干骨的名称、位置、形态、结构及骨性标志			√	√		
（2）躯干骨的连结		√		√		
3. 颅骨及其连结						
（1）颅骨的组成、整体观、体表标志	√					
（2）新生儿颅骨特征		√				
（3）颅骨的连结	√					
4. 四肢骨及其连结						
（1）四肢骨的名称、位置、形态、结构及骨性标志			√	√		
（2）四肢骨的连结		√		√		
（二）肌						
1. 概述	√					
2. 躯干肌、头肌和四肢肌的名称、分布及其功能		√		√		
3. 常用肌性标志						√
四、消化系统						
（一）概述						
1. 内脏的概念	√					
2. 内脏的一般形态和构造		√				
3. 胸部的标志线和腹部的分区	√					

教 学 内 容	教 学 要 求					
	理 论			实 践		
	了解	理解	掌握	会	掌握	熟练掌握
4.消化系统的组成			√			
（二）消化管						
1.消化管的一般结构			√		√	
2.口腔的分部、各器官的主要形态、结构		√				
3.牙的一般结构及牙式			√		√	
4.口腔三对唾液腺位置、开口	√					
5.咽的位置、分部和交通			√		√	
6.食管的位置、分部和狭窄			√			
7.胃的形态、位置、分部及微细结构			√		√	
8.阑尾的体表投影			√		√	
9.小肠、大肠的位置、结构		√				
10.肠壁的微细结构、特点			√		√	
（三）消化腺						
1.肝的位置、形态、微细结构			√		√	
2.胆囊与输胆管道		√			√	
3.胰的形态、位置、微细结构		√				
（四）腹膜						
1.腹膜与腹膜腔的概念			√			
2.腹腔与脏器的关系及腹膜形成的结构	√			√		
五、呼吸系统						
（一）呼吸道						
1.呼吸道的形成、上下呼吸道的概念			√			
2.鼻旁窦的位置、开口处			√	√		
3.喉的构成、位置、喉腔的分部			√			
4.气管、主支气管的位置、形态及微细结构		√			√	
5.左右主支气管的形态区别		√				
（二）肺						
1.肺的位置和形态			√			

教　学　内　容	教　学　要　求					
	理　　论			实　　践		
	了解	理解	掌握	会	掌握	熟练掌握
2. 支气管肺段	√					
3. 肺的微细结构			√		√	
（三）胸膜						
1. 胸腔、胸膜和胸膜腔的概念			√			
2. 胸膜与肺的体表投影			√		√	
（四）纵隔						
1. 纵隔的概念及境界	√					
2. 纵隔的分部及内容		√		√		
六、泌尿系统						
1. 肾的形态、位置、构造、被膜层次			√	√		
2. 肾的微细结构及肾血循环特点			√		√	
3. 输尿管的分段及狭窄			√		√	
4. 膀胱的形态、位置和毗邻、膀胱壁的构造		√				
5. 尿道		√				
七、生殖系统						
（一）男性生殖器						
1. 男性生殖系统的组成			√			
2. 睾丸的位置、形态和结构	√			√		
3. 附睾及输精管、射精管的组成	√					
4. 附属腺与外生殖器	√					
5. 男性尿道的长度、分部、狭窄			√		√	
（二）女性生殖器						
1. 女性生殖器的组成			√			
2. 卵巢的形态、位置和微细结构			√		√	
3. 输卵管		√			√	
4. 子宫的位置、形态、分部及固定装置			√		√	
5. 子宫壁微细结构及内膜的周期性变化		√				
6. 阴道的位置、形态	√					
7. 女性外生殖器	√					

教 学 内 容	教 学 要 求					
	理 论			实 践		
	了解	理解	掌握	会	掌握	熟练掌握
8.乳房		√				
9.会阴		√			√	
八、内分泌系统						
（一）甲状腺						
1.甲状腺的形态和位置		√		√		
2.甲状腺的微细结构			√		√	
（二）甲状旁腺						
1.甲状旁腺的形态和位置		√		√		
2.甲状旁腺的微细结构		√				
（三）肾上腺						
1.肾上腺的形态和位置		√		√		
2.肾上腺的微细结构			√		√	
（四）垂体						
1.垂体的形态、位置和分部		√		√		
2.垂体的微细结构			√		√	
（五）松果体	√					
九、脉管系统						
（一）心血管系统						
1.概述						
（1）脉管系统的组成及血液循环			√			
（2）血管吻合及侧支循环	√					
（3）血管壁的微细结构及微循环		√		√		
2.心						
（1）心的位置与外形			√		√	
（2）心各腔的形态、结构			√		√	
（3）心壁的构造与心的传导系统		√				
（4）心的血管			√			
（5）心的体表投影			√		√	
3.肺循环的血管		√				
4.体循环的动脉						
（1）头颈部的动脉；上肢、胸部的动脉			√		√	

续表

教 学 内 容	教 学 要 求					
	理　　论			实　　践		
	了解	理解	掌握	会	掌握	熟练掌握
（2）盆部和下肢的动脉			√		√	
5. 体循环的静脉						
（1）概述		√				
（2）上腔静脉系		√			√	
（3）下腔静脉系		√			√	
（二）淋巴系统						
1. 概述		√				
2. 淋巴管道		√				
3. 淋巴器官的形态、位置及微细结构		√				
4. 人体各部的淋巴结引流	√					
十、感觉器						
（一）眼						
1. 眼球			√		√	
2. 眼副器		√				
3. 眼的血管		√				
（二）耳						
1. 外耳	√			√		
2. 中耳		√		√		
3. 内耳		√				
（三）皮肤的结构及附属器		√				
十一、神经系统						
（一）概述						
1. 神经系统的组成			√			
2. 神经系统的常用术语		√				
（二）中枢神经系统						
1. 脊髓						
（1）脊髓的位置、外形与内部结构		√			√	
（2）脊髓的节段与椎骨的对应关系			√			
（3）脊髓的功能	√					
2. 脑						
（1）脑干的外形、结构、功能			√		√	

教　学　内　容	教　学　要　求					
	理　　论			实　　践		
	了解	理解	掌握	会	掌握	熟练掌握
（2）小脑的位置、外形、结构与功能		√		√		
（3）间脑的位置、外形、结构与功能		√				
（4）端脑的外形、结构与功能			√		√	
3. 脑和脊髓的被膜		√		√		
4. 脑脊液及其循环		√				
5. 脑和脊髓的血管		√		√		
（三）周围神经系统	√					
1. 脊神经						
（1）脊神经的组成和分布		√		√		
（2）主要神经丛的位置及分支、分布		√			√	
2. 十二对脑神经的分布、性质及其功能		√		√		
3. 内脏神经	√					
（四）神经传导通路	√					
十二、人体胚胎发育概要						
1. 生殖细胞的发育	√					
2. 受精的条件、过程意义	√					
3. 卵裂和胚泡的形成、植入与蜕膜		√		√		
4. 三胚层的形成与分化		√		√		
5. 胎膜、胎盘	√		√		√	
6. 胎儿血液循环及出生后的变化	√					
7. 双胎、联胎、多胎及先天畸形与优生		√				
十三、局部应用解剖						
（一）头部						
1. 境界、分区及体表标志	√			√		
2. 局部应用解剖		√			√	
（二）颈部						
1. 境界、分区	√			√		
2. 局部应用解剖	√				√	
（三）胸、腹部						
1. 境界与分区	√			√		

续表

教 学 内 容	教 学 要 求					
	理　　论			实　　践		
	了解	理解	掌握	会	掌握	熟练掌握
2. 表面解剖	√				√	
3. 局部应用解剖		√		√		
（四）盆部、会阴部						
1. 境界、分区及体表标志	√			√		
2. 局部应用解剖	√			√		
（五）四肢						
1. 境界、分部及表面解剖	√			√		
2. 局部应用解剖		√			√	

五、大 纲 说 明

（一）本教学大纲供五年一贯制护理学专业教学使用。课程总学时为72学时，其中理论教学45学时（其中机动2学时），实践教学27学时。

（二）理论授课的教学要求分为掌握、熟悉、了解三个层次。"掌握"指学生对所学的知识熟练运用，能综合分析和解决临床护理工作的实际问题；"熟悉"是指学生对所学的知识基本掌握；"了解"是指学生对学过的知识点能记忆和理解。实践的教学要求分为熟练掌握和学会两个层次。"熟练掌握"是指学生能独立、正确、规范地完成所学的技能操作，并能熟练应用；"学会"是指学生能基本完成操作过程，会应用所学技能。

（三）教学建议

1.课堂理论教学应注意理论联系实际，积极采用现代化的教学手段，多组织学生开展必要的讨论，以启迪学生的思维，加深学生对教学内容的理解和掌握。

2.实践教学应充分调动学生学习的主动性、积极性，训练学生的语言能力和人际沟通能力。

3.学生的知识能力水平，应通过平时测验提问、模拟实践、角色扮演、演讲报告和考试等多种形式综合考评，并可结合专业特点，设计护理情景，模拟角色扮演等训练，使学生能更好地适应国内外护理临床的发展和需要。

中英文名词对照索引

H

参 考 文 献

1. 柏树令.系统解剖学. 第5版. 北京：人民卫生出版社，2001：260-270.

2. 吴先国.人体解剖学. 第4版. 北京：人民卫生出版社，2000：214-220.

3. 钟国隆.生理学. 第3版. 北京：人民卫生出版社，1999：43-82.

4. 全国卫生专业技术资格考试专家委员会.2007全国卫生专业技术资格考试指导——护理学（执业护士含护士）.北京：人民卫生出版社，2007：167-290.

5. 朱长庚.神经解剖学.北京：人民卫生出版社，2002：451-483.

6. 李厚文，孙宏.医用组织学与胚胎学. 北京：人民卫生出版社，2002：9-78.

7. 赵同光，杨壮来. 解剖学与组织胚胎学图谱. 北京：人民卫生出版社，1995：17-91.

8. 胡登焜，杨壮来. 组织学实习彩色图解. 北京：人民卫生出版社，1999：1-24.

9. 杨壮来.人体结构学.北京：人民卫生出版社，2004.

10. 杨壮来.人体结构学. 北京：高等教育出版社，2010：334-398.

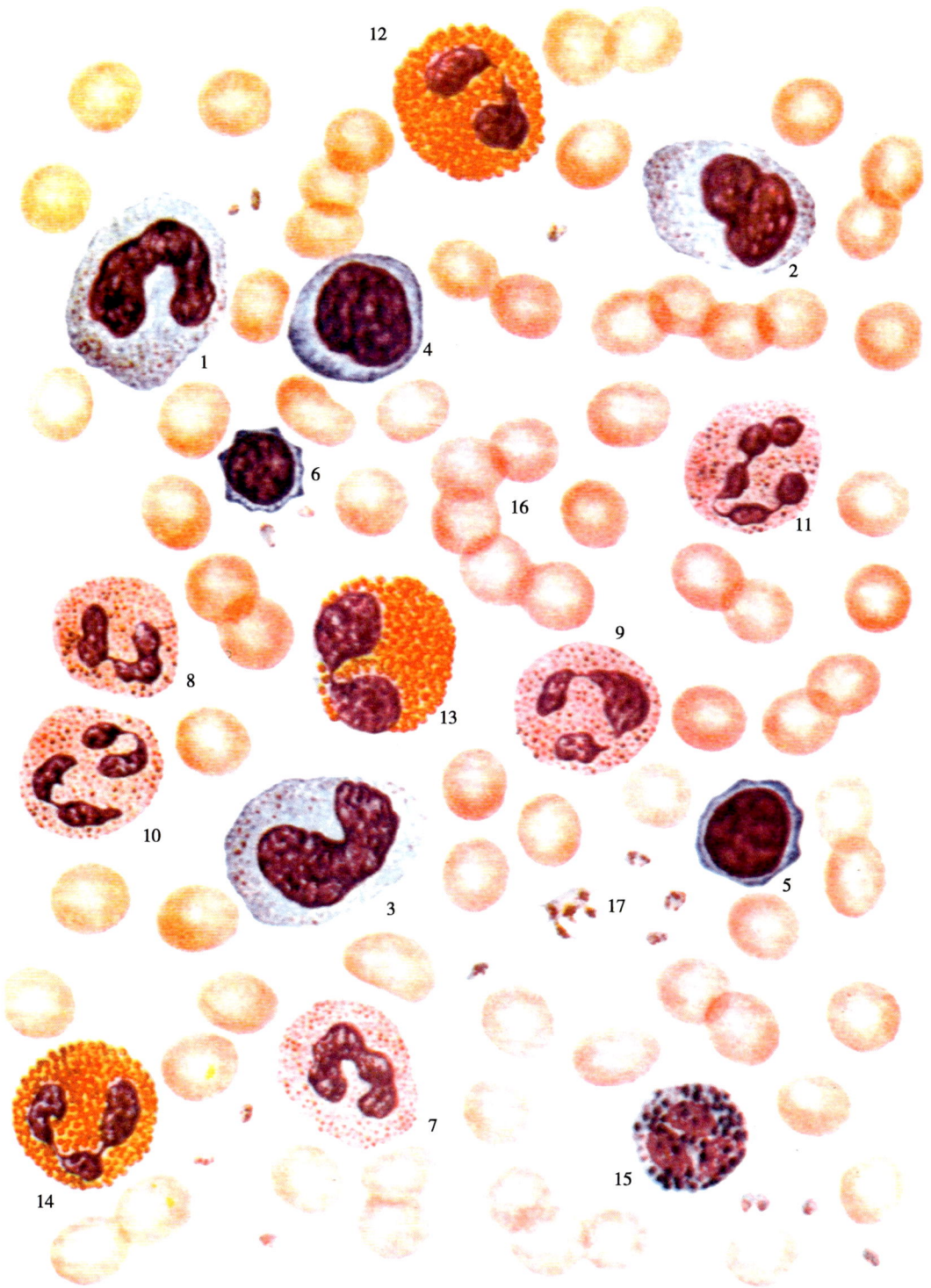

彩图1　血细胞

1~3.单核细胞　4~6.淋巴细胞　7~11.中性粒细胞
12~14.嗜酸性粒细胞　15.嗜碱性粒细胞　16.红细胞　17.血小板

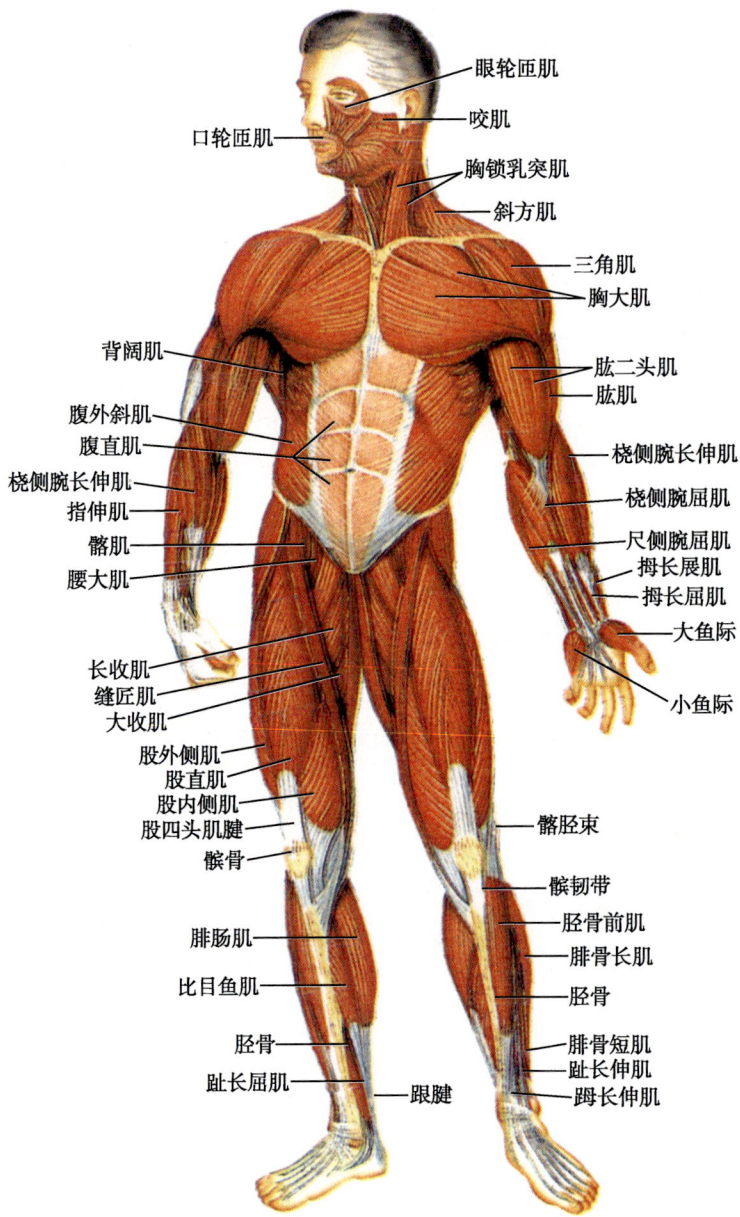

眼轮匝肌
口轮匝肌
咬肌
胸锁乳突肌
斜方肌
三角肌
胸大肌
背阔肌
肱二头肌
肱肌
腹外斜肌
腹直肌
桡侧腕长伸肌
桡侧腕长伸肌
桡侧腕屈肌
指伸肌
尺侧腕屈肌
髂肌
拇长展肌
腰大肌
拇长屈肌
大鱼际
长收肌
缝匠肌
小鱼际
大收肌
股外侧肌
股直肌
股内侧肌
髂胫束
股四头肌腱
髌骨
髌韧带
胫骨前肌
腓肠肌
腓骨长肌
比目鱼肌
胫骨
胫骨
腓骨短肌
趾长屈肌
趾长伸肌
跟腱
蹈长伸肌

彩图2　全身肌的前面观

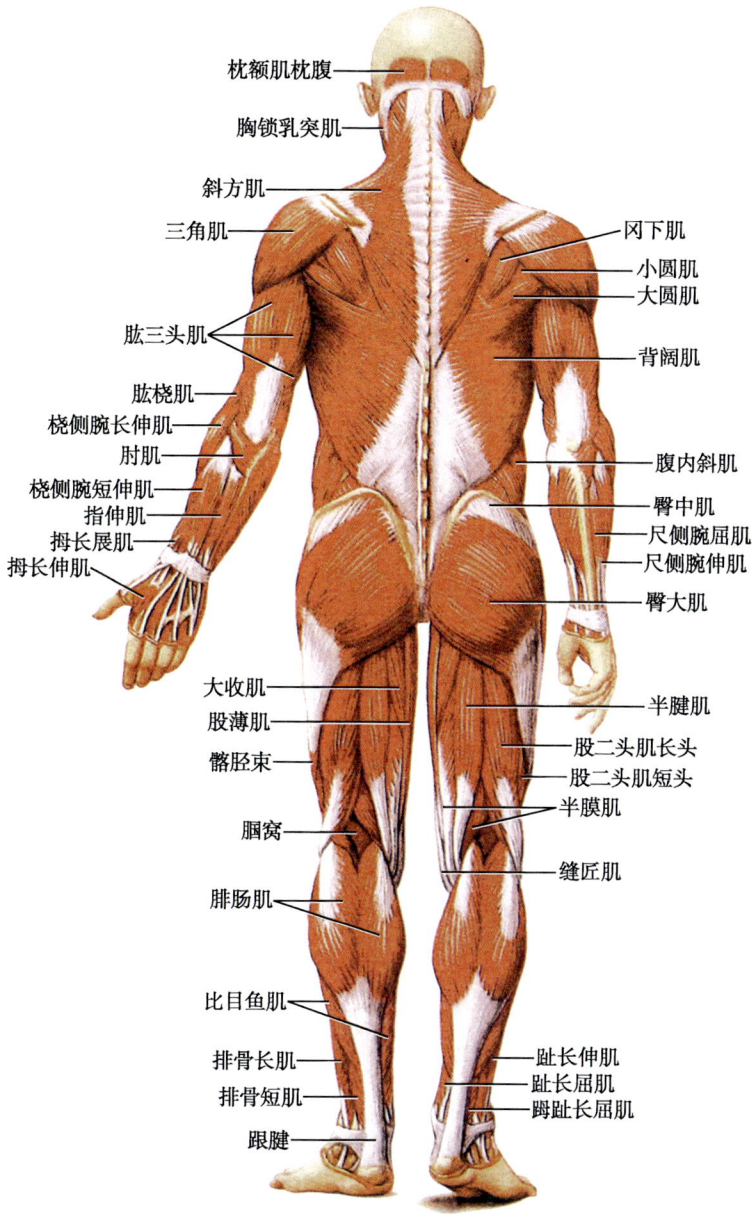

枕额肌枕腹

胸锁乳突肌

斜方肌

三角肌

肱三头肌

肱桡肌

桡侧腕长伸肌

肘肌

桡侧腕短伸肌

指伸肌

拇长展肌

拇长伸肌

冈下肌

小圆肌

大圆肌

背阔肌

腹内斜肌

臀中肌

尺侧腕屈肌

尺侧腕伸肌

臀大肌

大收肌

股薄肌

髂胫束

腘窝

腓肠肌

半腱肌

股二头肌长头

股二头肌短头

半膜肌

缝匠肌

比目鱼肌

排骨长肌

排骨短肌

跟腱

趾长伸肌

趾长屈肌

姆趾长屈肌

彩图3　全身肌的后面观